Für Rikka, meine Fee, und für Kami, meine Prinzessin.

Danksagung

Bedanken möchte ich mich an dieser Stelle zunächst bei meiner Frau Rikka Mitsam, die meine Leidenschaft für das analoge Rechnen im Allgemeinen und für elektronische Analogrechner im Besonderen nicht nur duldet, sondern auch teilt und mich stets und uneingeschränkt bei der Erstellung dieser Arbeit unterstützte. Darüber hinaus möchte ich ihr von ganzem Herzen für ihre unschätzbare Hilfe und Mühe beim Scannen von Unterlagen und bei der Bearbeitung gescannter Bilder danken.

Dank gebührt weiterhin folgenden Personen, ohne deren Hilfe und Unterstützung die vorliegende Arbeit nicht in dieser Form möglich gewesen wäre:

- Herrn Prof. Dr. Wolfgang Giloi, Herrn Prof. Dr. Rudolf Lauber, Herrn Dr. Kley und Herrn Prof. Meyer-Brötz für viele interessante und anregende Unterhaltungen sowie eine Vielzahl von Hintergrundinformationen vor allem aus dem Bereich der Analogrechnerentwicklung bei Telefunken,

- Herrn Prof. Dr. Rudolf Lauber für die Überlassung einer Reihe von Manuskripten, die während seiner Arbeit an dem Buch *Analogrechnen*[1] entstanden,

- Herrn Dr. Petzold (Deutsches Museum München), der mir mit viel Zeit und Geduld bei der Suche nach Unterlagen zur RA 463/2 zur Seite stand,

- Herrn Rothstein für die Überlassung interessanter Lehr- und Ausbildungsunterlagen von EAI sowie viele interessante Gespräche, die nicht zuletzt die in den 1960er und 1970er Jahren herrschende Konkurrenzsituation zwischen EAI und Telefunken im Nachhinein erfahrbar werden ließen,

- Herrn Dr. Frisch für die leihweise Überlassung von Unterlagen über die Untersuchung und Simulation kerntechnischer Anlagen sowie die Untersuchung von Regelkreisen für Schiffssteuerungen auf Analogrechnern,

- Bruce Baker für Bilder und Hintergrundinformationen bezüglich des Einsatzes analoger Simulatoren bei Martin Marietta,

- Bob Limes für Bilder und Informationen zur Hybridrechnerinstallation am Department for Electrical Engineering der Naval Postgraduate School,

- Eugene M. Izhikevich für die Erlaubnis, Abbildung 10.35 in der vorliegenden Arbeit verwenden zu dürfen,

---

[1] Siehe [145].

- Dag Spicer (Senior Curator des Computer History Museums, Mountain View) für die Genehmigung, Abbildung 8.12 zu veröffentlichen, sowie Herrn Alex Bochannek (ebenfalls CHM) für seine Unterstützung hierbei,

- Herrn Benjamin Heidersberger für die Erlaubnis, die Abbildungen 10.82, 10.83 sowie 10.84 verwenden zu dürfen sowie eine Vielzahl interessanter Gespräche bezüglich der Arbeiten Heinrich Heidersbergers mit seinem Rhythmographen,

- Herrn Prof. Dr. Herbert W. Franke für die Zustimmung, Abbildung 10.85 zu veröffentlichen,

- Herrn Tore Sinding Bekkedal für Abbildung 5.47, die er im Verlauf des Vintage Computer Festivals Europe 2007 auf Bitte des Autors von einer von diesem vorgeführten Simulation anfertigte,

- Herrn Arthur O. Bauer sowie Herrn Adri de Keijzer für die Erlaubnis, das in Abbildung 3.13 dargestellte Bild des Mischgerätes einer A4-Rakete in der vorliegenden Arbeit verwenden zu dürfen,

- Herrn Joachim E. Wagner für seine Geduld beim Fotografieren vieler Exponate der Sammlung des Autors sowie für seine Hilfe bei der Nachbearbeitung dieser und anderer Fotografien und Scans,

- Herrn Anthony Phillips des Stony Brook Mathematics Department für Informationen über den Kelvinschen Gezeitenrechner sowie die Zurverfügungstellung von Abbildung 2.13,

- Herrn Prof. Dr.-Ing. Gerfried Ehlert von der Fachhochschule Dortmund, FB Maschinenbau für interessante Gespräche und Unterlagen zum Einsatz von Analogrechnern in der Entwicklung und Projektierung von Walzwerken,

- Herrn Dr. Fremerey für die Überlassung einiger Aufzeichnungen und Fachartikel und interessante Diskussionen über den Einsatz elektronischer Analogrechner bei der Entwicklung magnetischer Lager,

- Frau Kinter von den Siemens Corporate Archives für ihre Unterstützung bei Recherchen in den Siemens Archiven,

- Frau Daniela Koch, Frau Dr. Karina Schreiber, Herrn Thomas Kratz und nicht zuletzt meiner Frau Rikka Mitsam für viele Stunden des Korrekturlesens sowie

- Herrn Professor Dr. Joachim Fischer von der Ernst von Siemens Kunststiftung für eine Vielzahl hervorragender Anmerkungen und Korrekturvorschläge.

Dank gebührt auch und in erster Linie Frau Prof. Dr. Wolfschmidt, die es mir ermöglicht hat, diese Arbeit als Promotionsschrift an ihrem Lehrstuhl zu schreiben und mich hierbei stets unterstützte und förderte.

dass solche Namen im Sinne der Warenzeichen- und Markenschutzgesetzgebung als frei zu betrachten wären und daher von jedermann benutzt werden dürften.

Obwohl viel Zeit und Mühe aufgewendet wurden, die Copyrightlage aller im Folgenden verwendeten Bilder zu klären, um jeweils eine Veröffentlichungserlaubnis einzuholen, war dieses Unterfangen in einigen Fällen – in erster Linie bedingt durch das Alter der zugrundeliegenden Veröffentlichungen – ergebnislos. Falls der jeweilige Zusammenhang die Verwendung derartiger Bilder zur Verdeutlichung entsprechender Sachverhalte dennoch gerechtfertigt erscheinen ließ, wurden diese trotz unklarer Copyrightlage aus wissenschaftlichen Beweggründen in das vorliegende Buch aufgenommen.

Bilder ohne Quellenangabe stellen Geräte aus der Sammlung des Autors dar.

Inhaltsverzeichnis

An analog computer is a thing of beauty and a joy forever[2].

---

[2]JOHN H. MCLEOD, SUZETTE MCLEOD, „The Simulation Council Newsletter", in *Instruments and Automation*, Vol. 31, March 1958, S. 488.

1 Einleitung

1.1 Überblick

Ziel der vorliegenden Arbeit ist, einen umfassenden Überblick über die Geschichte und Technik elektronischer Analogrechner, wie sie ab den 1940er Jahren entwickelt wurden und bis in die 1980er Jahre hinein in einer Vielzahl von Bereichen der Technik und Ingenieurwissenschaften dominierend waren, zu geben. Hierbei liegt der Schwerpunkt klar auf sogenannten *indirekten elektronischen Analogrechnern*[1], d.h. auf Systemen, in denen keine direkte Analogiebildung durchgeführt wird. Solche hierzu im Gegensatz stehenden direkten Analogien in Form von Untersuchungen an Maßstabsmodellen etc. werden nur am Rande und im Rahmen der einführenden Abschnitte behandelt.

Die folgenden Abschnitte sind wie folgt gegliedert: Nach einer Begriffsdefinition des (elektronischen) Analogrechnens sowie artverwandter Techniken und einem kurzen Überblick über mechanische Analogrechner, wie sie bis in die erste Hälfte des zwanzigsten Jahrhunderts weit verbreitet waren, werden die Entwicklungen HELMUT HOELZERs in Peenemünde sowie die Arbeiten der Bell Laboratorien im Bereich elektronischer Feuerleitanlagen dargestellt, die beide wesentliche Grundlagen für die späteren Entwicklungen allgemein einsetzbarer elektronischer Analogrechner bildeten. Auf eine vergleichsweise kurz gefasste Darstellung der wichtigsten und üblichsten Rechenelemente folgt eine Einführung in die Grundlagen der Programmierung und Anwendung von Analogrechenanlagen, wiederum gefolgt von einigen Beispielen typischer und kommerziell erfolgreicher Analogrechensysteme. Spezielle Entwicklungen wie hybride Rechenanlagen sowie digitale Differentialanalysatoren werden im Anschluss hieran ebenso wie die Simulation von Analogrechnern mit Hilfe digitaler Rechenanlagen beschrieben. Den Abschluss bilden ein sehr umfangreiches Kapitel, in welchem typische und fruchtbare Anwendungsgebiete elektronischer Analogrechner anhand einer Vielzahl von Beispielen behandelt werden sowie ein Abschnitt, der mögliche Chancen, welche die Idee des Rechnens mit Analogien auch in heutiger Zeit bietet, aufzeigt.

Zunächst werden nun entsprechend im folgenden Abschnitt die Begriffe des analogen Rechnens sowie des Analogrechners näher dargestellt und gegen andere Formen des Rechnens abgegrenzt, um für die sich anschließenden Abschnitte ein sicheres begriffliches Fundament zu legen.

---

[1] Eine Begriffsdefinition wird im folgenden Abschnitt 1.2 gegeben.

1.2   Der Begriff des Analogrechnens

Einer verbreiteten Betrachtungsweise nach werden Analogrechner durch die Verwendung eines kontinuierlichen Wertebereiches für die in einer Rechnung auftretenden Variablen charakterisiert und hiermit von Digitalrechnern, welche ausschließlich mit diskreten Variablenausprägungen zu operieren in der Lage sind, abgegrenzt. Diese Sichtweise lässt sich wie im Folgenden durch eine Reihe von Zitaten belegen.

AMBROS P. SPEISER vertritt beispielsweise in seinem Buch *Digitale Rechenanlagen*[2] folgende Betrachtungsweise:

> *Das Digitalprinzip ist dadurch gekennzeichnet, dass die Werte in einem bestimmten Zahlensystem [. . .] dargestellt sind. [. . .] Digitale Rechenanlagen kann man auch als* ziffernmäßig *oder* zählend *bezeichnen. [. . .] Ihnen steht eine andere, wichtige Klasse von Rechengeräten gegenüber, die* Analogrechner, *welche die zu verarbeitenden Werte als kontinuierlich variable physikalische Größen (z.B. Längen, elektrische Ströme) darstellen und welche die Rechenoperationen unter Verwendung physikalischer Gesetze [. . .] durchführen.*

Ähnlich, wenn auch schon ansatzweise in eine allgemeinere Richtung weisend, stellt sich die von KÄMMERER in seinem Buch *Ziffernrechenautomaten* gegebene Unterscheidung zwischen digitalen und analogen System dar – hier wird allerdings der Schwerpunkt der Differenzierung auf die Auswertung der in eine Rechnung eingebundenen Variablen gelegt[3]:

> *Zur Schaffung von Rechengeräten lassen sich physikalisch-technische Einrichtungen auf zwei prinzipiell verschiedene Arten heranziehen. Bei der einen Gruppe von Geräten tritt man an geeignete* physikalische *Größen messend heran, bei der anderen dagegen benutzt man geeignete* physikalische *oder technische Zustände zählend.*

MACKAY und FISHER[4] schlagen in ähnlicher Weise in Anlehnung an einen ursprünglich von HARTREE gemachten Vorschlag vor, Digitalrechner als computing-*machines*, Analogrechner jedoch als computing-*instruments* zu bezeichnen, um den messenden Charakter der Resultatgewinnung zu betonen, welcher nach ihrer Definition analoge Rechentechniken auszeichnet.

Diese Abgrenzung analoger Rechenanlagen von digitalen Systemen durch Unterscheidung zwischen kontinuierlichen auf der einen beziehungsweise diskreten Wertebereichen auf der anderen Seite, wie sie auch bei modernen Autoren wie SMALL[5] angetroffen werden kann, ist jedoch nur bei oberflächlicher Betrachtungsweise brauchbar. Einer allgemeinen Verwendung dieser Begriffsdefinition stehen zwei Schwierigkeiten entgegen:

---

[2]Siehe [538][S. 1].
[3]Siehe [220][S. 1].
[4]Siehe [283][S. 3].
[5]Siehe [533][S. 8].

- Zum einen stellen sich bei hinreichend feiner Auflösung Messung und Zählung aufgrund der physikalischen Systemen in aller Regel eigenen Quantelung als einander äquivalent heraus: Beispielsweise lassen sich mit Hilfe hinreichend exakter Messmethoden einzelne Ladungsträger nachweisen und somit einer Zählung direkt zugänglich machen.

- Zum anderen schlösse eine solche, ausschließlich auf der Verwendung unterschiedlicher Werterepräsentationstechniken beruhende Unterscheidung zwischen Analog- und Digitalrechnern die Einordnung spezieller Architekturen, wie sie beispielsweise in Form der in Abschnitt 8 beschriebenen digitalen Differentialanalysatoren[6] existieren, in die Klasse der Analogrechenanlagen aus, was, wie sich im Folgenden zeigen wird, ihren zugrundeliegenden Operationsprinzipien nicht gerecht würde.

Eine weitere, fruchtbarere Herangehensweise an den Begriff des analogen Rechnens ist die Verwendung des Begriffes *analog* im Sinne eines *Analogons* beziehungsweise einer *Analogie*, mit der in der Regel die Vergleichbarkeit beziehungsweise Funktionsgleichheit von auf ähnlichen Prinzipien beruhenden Methoden resp. Systemen bezeichnet wird[7]. Ausgehend von diesem Begriff des Analogons[8] können Analogrechner als Systeme aufgefasst werden, deren gemeinsames Merkmal darin besteht, Probleme zu lösen, indem Rechenelemente in einer Art und Weise miteinander verschaltet werden, die eine Struktur nach sich zieht, welche sich dem jeweils zu lösenden Problem analog verhält[9].

Hierbei ist es unwesentlich, ob es sich bei den Elementen, aus welchen sich diese Rechenschaltungen zusammensetzen, um mechanische Elemente, Bausteine aus der analogen elektronischen Schaltungstechnik, d.h. Schaltungen, die als zentralen Bestandteil sogenannte *Operationsverstärker* beinhalten[10], oder rein digitale Elemente handelt. Ausschlaggebend ist die dem ursprünglichen Problem analoge Struktur des resultierenden Aufbaus, nicht die Art und Weise seiner Implementation.

Im Sinne eines solchen Analogiebegriffes, wie er auch Grundlage der vorliegenden Arbeit ist, handelt es sich also bei allen Rechenanlagen, gleichgültig, auf welchen Arbeitsprinzipien die ihnen zugrunde liegenden Bausteine beruhen, um *Analogrechner*, falls die Einzelbausteine zur Lösung eines Problems in einer Form zusammengestellt, d.h. in der

---

[6] Zumeist werden solche Systeme als *Digital Differential Analyzer*, kurz *DDA*, bezeichnet.

[7] Eine schöne Definition des Analogiebegriffes findet sich in [117][S. 11]: „*Eine* Analogie *kennzeichnet ganz allgemein die Beschreibung von Daten, Aussagen oder Zusammenhängen (Informationen) durch andere Daten, Aussagen oder Zusammenhänge, wobei für beide Gruppen die gleichen Gesetze und Verknüpfungen gelten. Das Bedürfnis, eine solche Analogie zu suchen, kann aus verschiedenen Gründen entstehen, z.B. weil das analoge Abbild sich leichter darstellen lässt, weil es dem menschlichen Verstand leichter zugänglich ist, oder weil es mit technischen Apparaten leichter verarbeitet werden kann. Wenn die Bedingung erfüllt ist, dass für Vorbild und Analogon die gleichen Gesetze gelten, so bleibt als Bindeglied zwischen beiden nur ein Maßstab. Jede Analogie setzt demnach einen Maßstab voraus.*"
Kürzer definiert TSE in *Mechanical Vibrations* den Analogiebegriff durch „*The Term 'analogy' is defined to mean similarity of relation without identity.*"

[8] Mitunter auch kurz als *Analog* bezeichnet.

[9] Den Wert von Analogien wussten bereits KEPLER, „*Analogien sind meine zuverlässigsten Lehrmeisterinnen, vertraut mit allen Geheimnissen der Natur.*"(nach [234][S. 2]) sowie LEIBNIZ, „*Naturam cognisci per analogiam.*"(nach [234][S. 2]) zu schätzen.

[10] Siehe Abschnitt 4.2.

Regel elektronisch verschaltet, werden, die sich analog zu dem zu lösenden Problem verhält, mit ihm in der Regel also strukturell und natürlich in erster Linie funktional verwandt ist.

Während der Einsatz eines Digitalrechners zur Lösung eines gegebenen Problems beziehungsweise einer ganzen Problemklasse in der Regel die Aufstellung eines schrittweise abzuarbeitenden Lösungsverfahrens in Form eines sogenannten *Algorithmus*, dessen Gestalt in der Mehrzahl der Fälle keine direkte Beziehung zu dem zu lösenden Grundproblem aufweist, erfordert, wobei hier zusätzlich ein großes Wissen über Struktur, Aufbau und Wirkungsweise des zugrundeliegenden Digitalrechners notwendig ist, erlaubt der Analogrechner die Lösung eines Problems in der Regel ab dem Moment, in welchem das Problem in mathematischer Form – in der Regel in Form von Differentialgleichungen – beschrieben werden kann. Diese mathematische Beschreibung dient im Folgenden direkt als Grundlage für die Verschaltung der Rechenelemente des Analogrechners, aus der sich ein Analogon des zu behandelnden Systems ergibt.

Obwohl ein Analogrechner aus heutiger Sicht bei oberflächlicher Betrachtung im Vergleich zu den dominierenden und ubiquitären Digitalrechnern komplex und schwer handhabbar erscheint, erlaubt der ihm zugrundeliegende Ansatz zur Lösung von Problemen durch Bildung sich analog verhaltender Rechenschaltungen eine viel direktere Abbildung des zu lösenden Problems, als dies bei Digitalrechnern möglich ist. Darüberhinaus ist ein Analogrechner in der Regel in der Lage, seine Rechnungen in Echtzeit, d.h. in gleichem Zeitmaßstab wie dem der behandelten Problemstellung oder mitunter auch schneller durchzuführen.

Diese Sichtweise des Analogrechnerbegriffes, der zugleich mit dem Begriff der *Integrieranlage* gleichgesetzt wird, findet sich beispielsweise in folgendem Zitat aus einer Veröffentlichung des Rationalisierungskuratoriums der deutschen Wirtschaft aus dem Jahre 1957[11], obwohl hier über die Analogiebildung hinaus noch Wert auf die kontinuierliche Arbeitsweise gelegt wird, was zu einer unnötigen Einschränkung des Begriffes führt:

> *Die Entwicklung der Rechenautomaten gliedert sich in:*
>
> 1. *digital, d.h. ziffernmäßig mit diskreten Werten arbeitende Rechenautomaten hoher Genauigkeit und*
>
> 2. *analog, d.h. durch Nachbildung der mathematischen Aufgabe mittels physikalischer Gesetzmäßigkeiten stetig arbeitende, aber begrenzt genaue Integrieranlagen.*

GILOI und LAUBER stellen in ihrem Buch *Analogrechnen*[12] im Jahre 1963 ebenfalls sowohl die Verwendung kontinuierlicher Werte als auch den Aufbau physikalischer Analoga zur Untersuchung gegebener Fragestellungen heraus, wie folgendes Zitat zeigt:

> *Elektronische Rechenanlagen lassen sich nach ihrer prinzipiellen Wirkungsweise in zwei große Gruppen einteilen: in die Ziffern- oder Digitalrechner auf der einen und die Analogrechner auf der anderen Seite. Beim*

---

[11] Vergleiche [468][S. 45].
[12] Siehe [145][S. 1].

> *Digitalrechner werden alle Größen als diskrete Ziffernfolgen behandelt [...]*
> *Die erzielbare Genauigkeit hängt nur von der verwendeten Anzahl der Zif-*
> *fern ab, also etwa von der Zahl der Impulse für einen Wert. Sie hängt nicht*
> *ab von der Form oder Größe dieser Impulse. [...] Im Gegensatz dazu werden*
> *bei allen analog arbeitenden Rechengeräten den Größen, mit denen gerechnet*
> *werden soll, physikalische Größen zugeordnet, die sich kontinuierlich ändern*
> *können. [...] Bei den eigentlichen Analogrechenmaschinen kommt dem Be-*
> *griff des analogen Rechnens aber noch eine weiter gehende Bedeutung zu. Die*
> *Tatsache, dass es für physikalische Vorgänge eine gesicherte mathematische*
> *Beschreibung gibt, erlaubt es umgekehrt auch, mathematische Zusammen-*
> *hänge durch physikalische Vorgänge nachzubilden.*

Auch SYDOW hatte sich 1964 in seinem Buch *Programmierungstechnik für elektronische Analogrechner* noch nicht zur Aufgabe des kontinuierlichen Wertebereiches als Unterscheidungskriterium entschließen können[13], obwohl auch hier im Ansatz die Wertschätzung des Analogiebegriffes offenbar wird:

> *Es werden entsprechend der Arbeitsweise der Rechenelemente bzw. ent-*
> *sprechend dem Charakter der verarbeiteten Signale prinzipiell zwei Typen*
> *von Rechenmaschinen unterschieden:* digitale Rechenmaschinen *und* analo-
> ge Rechenmaschinen. *Digitale Rechenmaschinen sind gekennzeichnet durch*
> *eine ausschließlich nur unstetige Arbeitsweise ihrer Rechenelemente [...]*
> *Analoge Rechenmaschinen (*Analogrechner, Analogieanlagen*) sind charak-*
> *terisiert durch eine überwiegend stetige Arbeitsweise der Rechenelemente.*
> *Sie arbeiten mit einer unendlichen Anzahl von Informationszuständen [...]*
> *Zwei physikalische Systeme heißen einander* analog*, wenn sie, abgesehen*
> *von den Dimensionen der betrachteten Größen [...] durch dieselben Glei-*
> *chungen beschrieben werden.*

Eine Definition des Analogrechenbegriffes im Sinne der vorliegenden Arbeit, d.h. ausschließlich auf der Bildung eines Analogons, jedoch nicht auf der Arbeitsweise der hierbei zum Einsatz gelangenden Rechenelemente beruhend, findet sich beispielsweise bei CHARLESWORTH[14]:

> *An analogue computer is a piece of equipment whose component parts*
> *can be arranged to satisfy a given set of equations, usually simultaneous*
> *ordinary differential equations.*

Auch ERNST verwendet in seinem 1960 erschienenen Buch *Elektronische Analogrechner* den Begriff in diesem Sinne[15]:

> *Analoge Rechenhilfsmittel sind [...] dadurch gekennzeichnet, dass sie un-*
> *ter Anwendung gleicher Gesetze und eines Maßstabes Vorgänge untersuchen*
> *oder Rechenoperationen durchführen.*

---

[13]Nach [554][S. 11].
[14]Siehe [84].
[15]Vergleiche [117][S. 15].

Abb. 1.1: *Digitalrechner (nach [577][S. 1-40])*

Diese rein strukturelle Unterscheidung zwischen Analog- und Digitalrechnern wird durch die Abbildungen 1.1 und 1.2 schön dargestellt – vor allem die inhärente Parallelität eines Analogrechners, die durch die Bildung eines – meist physikalischen – Analogons hervorgebracht wird, steht in hartem Kontrast zu der mehr oder weniger sequentiellen Verarbeitungstechnik, die, bedingt durch das algorithmische Korsett herkömmlicher Programmierung, digitalen Systemen eigen ist[16].

Konsequenterweise müsste eigentlich anstelle von *Analogrechnern* von *Analogierechnern* gesprochen werden, was vereinzelt in der Literatur auch versucht wurde. Da sich jedoch der Begriff des *Analogrechners* durchgesetzt hat, wird auch im Rahmen der weiteren Ausführungen unter bewusstem Verzicht auf Exaktheit stets lediglich von diesem Begriff Gebrauch gemacht.

---

[16]Hierin liegt ein inhärenter Vorteil analoger Problembehandlungstechniken gegenüber digitalen Verfahren, auf welchen in Abschnitt 11.2 näher eingegangen wird.

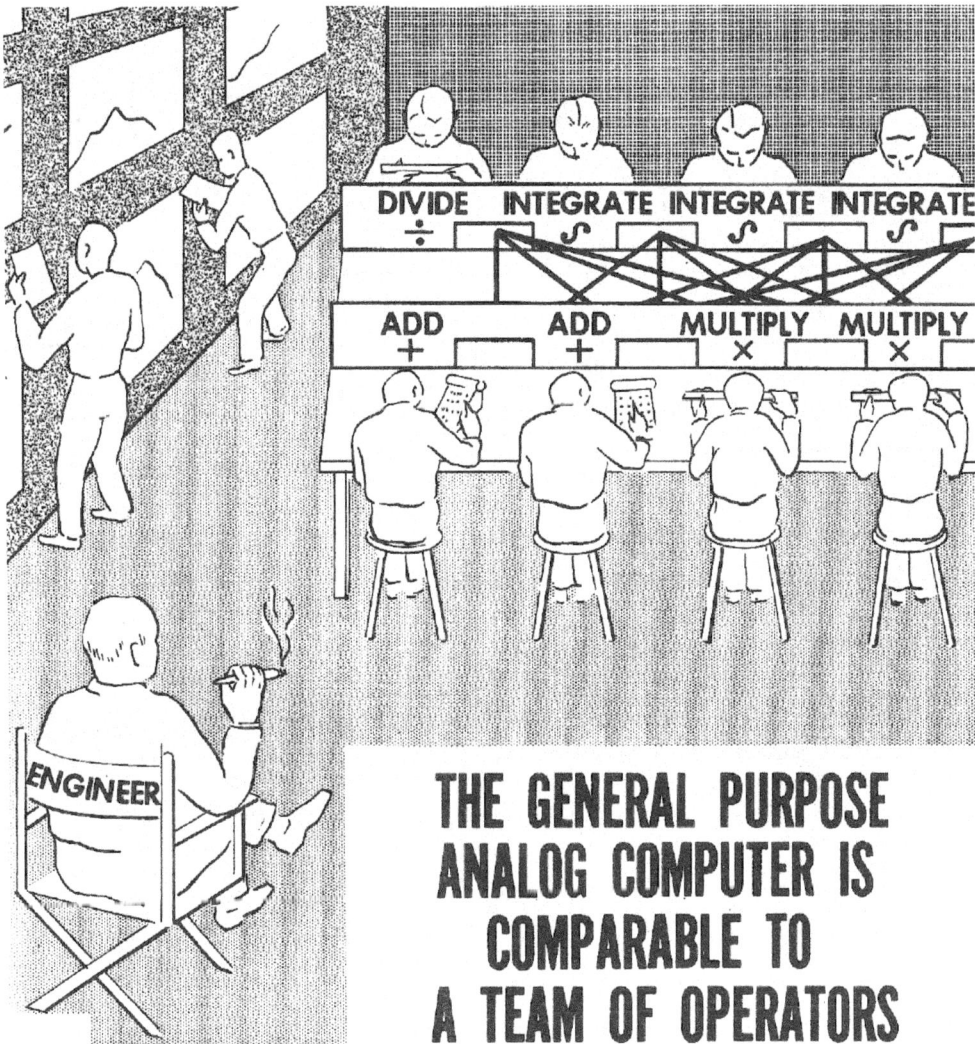

THE GENERAL PURPOSE ANALOG COMPUTER IS COMPARABLE TO A TEAM OF OPERATORS

Abb. 1.2: Analogrechner (nach [577][S. 1-41])

Das im Rahmen der folgenden Abschnitte grundlegende Merkmal eines Analogrechners ist also seine Eigenschaft, dass eine Reihe von Rechenelementen je nach Problemstellung in einer Art und Weise miteinander verknüpft werden, dass sich hieraus eine dem Grundproblem analoge Rechenschaltung ergibt. Unter der Programmierung eines Analogrechners ist folglich die Erstellung einer Rechenschaltung zu verstehen, deren Struktur eine gegebene Fragestellung widerspiegelt. Umgekehrt bleibt die Verschaltung der einzelnen Rechenelemente eines klassischen, programmierbaren Digitalrechners stets konstant, während sich die Programmierung eines solchen Systems auf die Spezifizierung einer Abfolge von Instruktionen bezieht, mit deren Hilfe eine algorithmische Lösung eines Problemes möglich gemacht wird.

Im Rahmen einer exakten Begriffsbildung sollte die bei der Implementation eines gegebenen Analogrechners verwendete Technologie jedoch nicht unbeachtet bleiben, obwohl
sie im Sinne dieser Arbeit keinen Einfluss auf die Bezeichnung Analogrechner besitzt.
Nachdem in der Elektronik die Begriffe *analog* und *digital* in aller Regel nicht im Hinblick auf die Bildung von Analogien, sondern doch nur bezogen auf die jeweils zum Einsatz gelangenden Wertebereiche von Problemvariablen verwendet werden, bietet sich
an, zunächst unter Verwendung des Begriffes der Analogierechenanlage von *analogen
Analogierechnern* beziehungsweise *digitalen Analogierechnern* zu sprechen, wobei letztere der Klasse der bereits namentlich erwähnten und in Abschnitt 8 näher behandelten
digitalen Differentialanalysatoren entsprechen, während Erstere dem entsprechen, was
in der Regel landläufig unter einem Analogrechner, sei er elektronisch oder mechanisch
in Bezug auf seinen Aufbau, verstanden wird.

Bezüglich behandelter Implementationstechniken sei bemerkt, dass mechanische Analogrechner in den folgenden Abschnitten nur kursorisch behandelt werden, sofern es
der Einführung grundlegender Ideen und Techniken des Analogrechnens dient. Dieses
Vorgehen ist dadurch motiviert, dass sich mechanische Techniken neben ihrer geschicht-
lichen Relevanz nicht zuletzt auch durch eine hohe Anschaulichkeit auszeichnen.

Der Schwerpunkt der vorliegenden Arbeit liegt jedoch klar auf elektronischen Implementationsvarianten analoger Analogierechenanlagen, die im Folgenden unter bewuss-
ter Inkaufnahme einer gewissen begrifflichen Unschärfe stets lediglich als *elektronische
Analogrechner* oder kurz als *Analogrechner* bezeichnet werden sollen.

Eine weitere zu klärende Begrifflichkeit im Zusammenhang mit Analogrechnern ist die
Unterscheidung zwischen sogenannten *direkten* und *indirekten* Analogrechnern, welche
auf dem zum Einsatz gelangenden Abstraktionsgrad der Analogiebildung an sich beruht. Ein Beispiel für eine direkte Analogiebildung zeigt Abbildung 1.3. Hierbei handelt
es sich um ein maßstabsgerechtes Modell, das während der Entwurfs- und Entwicklungs-
phasen des Daches des Münchener Olympiastadions zum Einsatz gelangte, da die sich
hierbei stellenden mathematischen Probleme einem direkten analytischen Ansatz ebenso wie einer digitalen Behandlung allein durch den immensen Umfang der Rechnungen
unzugänglich waren (nach [107][S. 53])[17]:

> *So wurde etwa für den Entwurf und für die endgültige Bestimmung der
> Architektur des Daches eine große Anzahl von sogenannten Tüllmodellen ge-
> baut, das heißt, die Seilnetzflächen wurden mit Gardinentüll simuliert [. . .]
> Daneben konnte die Form einzelner Dachflächen in Form von Seifenblasen-
> modellen kontrolliert werden.*

Andere direkte Analogietechniken beruhten beispielsweise auf der Verwendung sogenannter elektrolytischer Tanks zur Nachbildung von Potentialflächen und -räumen, die

---

[17]Ähnliche direkte Analogiemodelle werden zum Teil noch heute eingesetzt, wie [367] zeigt. Auch
bei der Untersuchung von Fragestellungen im Bereich der Strömungsdynamik kommen direkte Analogien zur Anwendung, wobei Windkanäle hier die bekanntesten Vertreter solcher Simulationsanlagen
darstellen. Ein schönes Beispiel zur Behandlung von Windströmungen im Umfeld von Hochhäusern
findet sich unter anderem in [428]. Auch im Bereich von Trainingsanlagen fanden derartige direkte
Analogiebildungen Anwendung, wie das Traininigssystem für Bombenschützen der Gleitbombe HS 293
D aus dem Jahre 1945 zeigt (siehe [548][S. 385]).

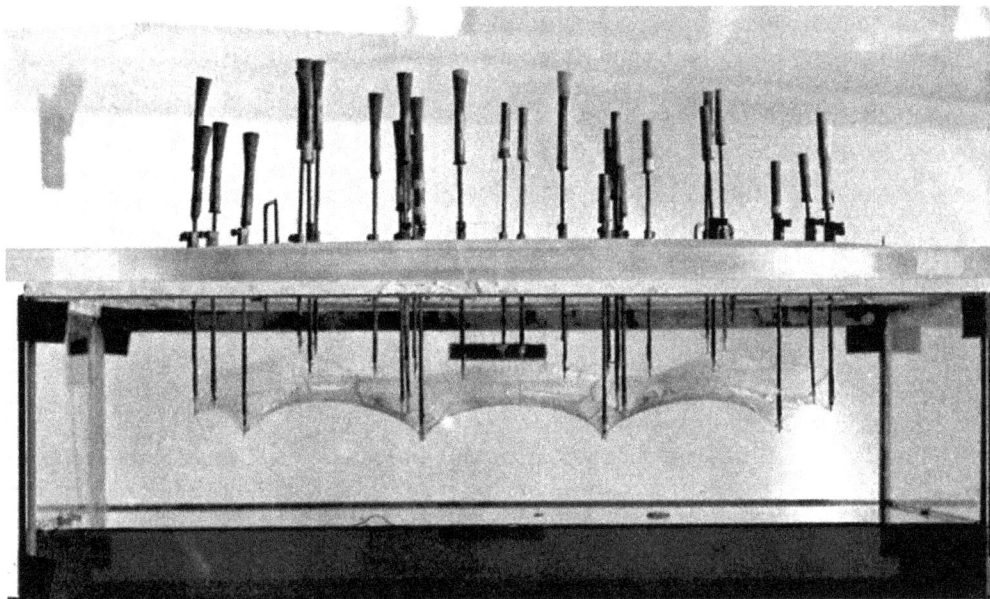

Abb. 1.3: *Vorstudie zum Münchener Olympiastadiondach in Form einer direkten Analogie (siehe [107][S. 52])*

beispielsweise bei der Untersuchung kernphysikalischer Fragestellungen eine gewisse Rolle spielten[18], sowie auf Netzwerken passiver Komponenten wie Widerständen, Induktivitäten und Kapazitäten zur Nachbildung bestimmter Sachverhalte[19]. Solche Systeme werden im Folgenden, von wenigen Ausnahmen abgesehen, nicht behandelt – ausführlichere Informationen zu direkten Analogiesystemen finden sich beispielsweise bei JACKSON ([206][S. 319 ff.]), bei PASCHKIS und RYDER ([444]), bei MASTER, MERRILL, LIST ([293]), bei LARROWE ([264]) sowie bei KARPLUS ([224]) beschrieben, auf die an dieser Stelle verwiesen sei.

Im Gegensatz zu direkten Analogrechnern zeichnen sich indirekte Analogrechner durch ein höheres Maß an Abstraktion bei der Bildung der einer Rechnung zugrundliegenden Analogie aus. Während es sich bei direkten Analogrechnern in der Regel um Spezialanfertigungen zur Behandlung nur einer einzigen Fragestellung oder im besten Falle eines sehr eng umgrenzten Fragenkomplexes handelt, stellt der indirekte Analogrechner ein Allzweckinstrument dar, das allerdings bei seiner Programmierung, bedingt durch den vergleichsweise hohen Abstraktionsgrad, eine tiefere Problemdurchdringung erforderlich macht, als dies bei direkten Analogrechnern der Fall ist[20].

---

[18]Siehe beispielsweise [162].

[19]Ein typisches Beispiel für einen solchen direkten Analogrechner, der auf der Bildung von Netzwerken aus passiven elektronischen Komponenten beruhte, stellt der um 1925 von General Electric entwickelte Netzwerkanalysator dar, mit dessen Hilfe Phase und Amplitude von Spannungen in komplexen Stromversorgungsnetzen bestimmt werden konnten (siehe [270][S. 5] und [488][S. 30]).

[20]Eine einfache Darstellung einer solchen Klassifikation von Analogrechnern findet sich beispielsweise in [488][S. 35].

Während sowohl indirekte Analogrechner als auch programmgesteuerte Digitalrechner eine exakte mathematische Formulierung des zu behandelnden Systems voraussetzen, sind direkte analoge Methoden in der Regel auch in Fällen einsetzbar, in welchen eine solche Beschreibung, sei es aus prinzipiellen oder aus Komplexitätsgründen, nicht möglich ist.

Betrachtet man Digital- und Analogrechner vergleichend, lassen sich zwei weitere prinzipielle Unterschiede erkennen, die beide auf dem unterschiedlichen Abstraktionsniveau dieser Rechnerklassen beruhen:

Bedingt durch die Notwendigkeit einer Analogiebildung, die Voraussetzung für die geeignete Verknüpfung der Rechenelemente eines Analogrechners, d.h. seine Programmierung zur Behandlung einer gegebenen Fragestellung, ist, stellt der fertig programmierte Analogrechner ein sich dem realen Originalsystem gegenüber analog verhaltendes System dar. Dies bedeutet insbesondere, dass sich dieses auf dem Analogrechner implementierte System nicht zuletzt hinsichtlich seines zeitlichen Verhaltens im Idealfall analog zu dem zugrunde liegenden realen System verhält. Durch geeignete technische Maßnahmen, auf die noch eingegangen wird, lassen sich in gewissem Rahmen beliebige Zeitdehnungen und -stauchungen realisieren, mit deren Hilfe sich beispielsweise extrem langsame Vorgänge, man denke nur an die Behandlung populationsdynamischer Vorgänge, aber auch extrem schnelle Vorgänge, wie sie unter anderem in der Reaktordynamik auftreten, behandeln und in angemessener Form untersuchen lassen.

Durch diese inhärente Problemnähe, die analogen Methoden eigen ist, kann unter Verwendung eines Analogrechners durch Variation von Parametern, die durchaus auch während eines Rechenlaufes stattfinden kann, ein gutes und direktes Gefühl für das dem betrachteten Problem eigene Verhalten gewonnen werden.

Anders stellt sich der Fall bei einem Digitalrechner dar: Bedingt durch die stark abstrahierende algorithmische Betrachtungsweise von Fragestellungen geht der direkte Bezug zum zu behandelnden System in aller Regel schnell verloren – die Möglichkeit eines experimentierenden und intuitiven Umganges mit den Parametern eines Systems ist hierbei in keinem Maße wie bei einem Analogrechner gegeben. Auch die zeitliche Äquivalenz sowie die Möglichkeit der Zeitdehnung und -stauchung sind bei digitalen Methoden nur sehr eingeschränkt gegeben, da beispielsweise die zur Berechnung eines bestimmten Integrals zwischen vorgegebenen Grenzen benötigte Rechenzeit nicht zuletzt bei vorgebener Genauigkeit stark vom Verhalten der zu integrierenden Funktion abhängt, da hier nicht beliebige Schrittweiten gewählt werden können.

Diesen beiden großen Vorteilen (elektronischer) Analogrechner gegenüber Digitalrechnern, der hohen Problemnähe sowie der immensen Rechengeschwindigkeit, steht jedoch ein oftmals ebenso schwer wiegender Nachteil gegenüber, nämlich der einer vergleichsweise geringen Genauigkeit des Analogrechners verglichen mit einem Digitalrechner.

Lässt man digitale Analogierechner, d.h. digitale Differentialanalysatoren, außer Betracht[21], so beruht das Arbeiten mit jeder Form eines elektronischen Analogrechners letztlich auf dem Messen elektrischer Größen, zumeist Spannungen, sehr selten Ströme. Die hierbei erzielbaren Genauigkeiten liegen in der Regel, d.h. bei der Mehrzahl der

---

[21]Siehe Abschnitt 8.

kommerziell entwickelten Systeme, im Bereich zwischen 10^{-3} und 10^{-4}, wobei Rechner der letztgenannten Klasse bereits als *Präzisionsanalogrechner* bezeichnet werden[22].

Im Gegensatz hierzu bereitet es einem Digitalrechnern keinerlei prinzipielle Schwierigkeiten, nahezu beliebige Rechengenauigkeiten zu erzielen[23], wobei stets durch Inkaufnahme längerer Rechenzeiten höhere Genauigkeiten erzielbar sind; umgekehrt erzwingen kürzere Rechenzeiten bei gleichbleibenden Rechenverfahren stets geringere Genauigkeiten.

Während also ein Analogrechner durch seine große Problemnähe und unerreicht hohe Geschwindigkeit besticht, ist ihm der Digitalrechner hinsichtlich der erzielbaren Rechengenauigkeit bei weitem überlegen, was die Entscheidung für einen analogen oder digitalen Problemlösungsansatz stark von den Eigenschaften des zu behandelnden Problemes abhängig macht.

Vor allem in Bereichen, in denen hohe Rechengenauigkeit von untergeordneter Bedeutung, hohe Rechengeschwindigkeit, große Problemnähe und Interaktivität jedoch essentiell sind, zeigen sich Analogrechner bis heute Digitalrechnern überlegen. Solche Schwerpunkte bei der Behandlung von Fragestellungen finden sich vornehmlich in den Ingenieurwissenschaften sowie anderen technischen Bereichen, hier insbesondere bei der Untersuchung dynamischer Systeme, während umgekehrt hohe Genauigkeit, die durchaus auf Kosten der benötigten Rechenzeit gehen kann, vor allem in den Grundlagenwissenschaften von Interesse war und ist.

Die hohe Interaktivität, die elektronische Analogrechner bei der Anwendung erlauben, bringt unter anderem folgendes Zitat aus KÄMMERERs Buch *Ziffernrechenmaschinen* zum Ausdruck[24]:

> *Das wesentliche Aufgabengebiet der Analogiemaschinen ist die orientierende Erfassung funktioneller Zusammenhänge hinsichtlich mitspielender Parameter.*

Nach diesen allgemeinen Betrachtungen zu den Begriffen Analog- beziehungsweise Digitalrechner sowie der Unterscheidung zwischen direkten und indirekten Methoden widmet sich der folgende Abschnitt einführend mechanischen Analogrechnern, wie sie in der einen oder anderen Form in bestimmten Bereichen auch heute noch zum Einsatz kommen und mitunter seit Jahrzehnten und Jahrhunderten nahezu unverändert angewandt werden.

---

[22]Eine schöne Untersuchung zur Genauigkeit elektronischer Hochgeschwindigkeitsanalogrechner findet sich beispielsweise in [37].

[23]Dies gilt naturgemäß nur unter der Voraussetzung, dass das behandelte Problem solche Genauigkeiten zulässt, d.h. sich aus numerischer Sicht hinreichend gutmütig verhält.

[24]Siehe [220][S. 1].

2   Mechanische Analogrechner

Seit vielen Jahrhunderten werden analoge Rechentechniken mit großem Erfolg bei der Behandlung mehr oder weniger komplexer Fragestellungen eingesetzt. Aus diesem Grunde befasst sich der vorliegende Abschnitt kurz mit einigen der bekannteren und einflussreicheren mechanischen Entwicklungslinien, die sich in der Regel durch ein hohes Maß an Anschaulichkeit auszeichnen und aus diesem Grunde gut für die einleitende Darstellung analoger Rechentechniken geeignet sind.

Mit zu den frühesten analogen Rechengeräten zählen die bereits um etwa 250 vor Christus entwickelten *Astrolabien*[1], bei denen es sich um Modelle des Himmelsgewölbes handelt[2], mit deren Hilfe neben einfachen Winkelmessungen am Himmel auch hierauf fußende Berechnungen durchgeführt werden können, was neben offensichtlichen Anwendungen in der Astronomie auch von nicht zu überschätzender Bedeutung beispielsweise für die frühere Seefahrt war.

Ein weiteres, bereits sehr früh entwickeltes analoges Recheninstrument, das hinsichtlich seiner Komplexität weit über ein Astrolabium hinausgeht, stellt das berühmte *Räderwerk von Antikythera* dar, dessen Entstehungsjahr etwa in die Zeit um 100 vor Christus fällt. Obwohl bereits im Jahre 1900 von Schwammtauchern in einem vor der griechischen Insel Antikythera gesunkenen antiken Schiffswrack gefunden, dauert die wissenschaftliche Untersuchung des erstaunlich komplexen Räderwerkes bis heute an[3], was neben dem schlechten Erhaltungszustand der vorhandenen Fragmente auch Folge der extrem hohen Komplexität der Vorrichtung selbst ist.

Diese Komplexität sorgt nicht nur dafür, dass auch in jüngster Zeit vermehrt in den Medien über das Räderwerk berichtet wurde[4], sondern veranlasste beispielsweise DEREK DEL SOLLA PRICE, der sich ab 1958 maßgeblich um die Aufklärung des Mechanismus bemüht hat, zu folgender Äußerung[5]:

> *Ein vergleichbares Instrument ist nirgends erhalten und ist auch in keinem wissenschaftlichen oder literarischen Text erwähnt. Nach allem, was*

---

[1]Für eine ausführlichere Beschreibung sei an dieser Stelle beispielsweise auf [106][S. 29 ff.], vor allem jedoch auf [329] verwiesen.

[2]Im Mittelalter kamen die ersten scheibenförmigen Astrolabien auf, bei denen es sich entsprechend um polare stereografische Projektionen des Sternenhimmels handelte, während ihre Vorgängerinstrumente, die sogenannten *Armillarsphären*, sphärische Abbildungen darstellten.

[3]Diese Untersuchungen werden unter dem Dach des *Antikythera Mechanism Research Project*s zusammengefasst, welches auch eine umfassende Dokumentation der bisherigen Erkenntnisse anbietet (siehe http://www.antikythera-mechanism.gr).

[4]Siehe beispielsweise [442], [426], http://www.heise.de/tp/r4/artikel/24/24093/1.html (Stand 20.12.2007) beziehungsweise auch [130].

[5]Nach [275][Kap. 2, S. 7].

wir über Wissenschaft und Technologie im hellenistischen Zeitalter wissen, dürfte es eine solche Vorrichtung eigentlich nicht geben.

Nach heutigem Stand der Forschung bildet das Räderwerk von Antikythera mit Hilfe von Zahnradgetrieben[6] komplexe astronomische Zusammenhänge wie die Berechnung von Mondphasen, Auf- beziehungsweise Untergangszeitpunkte bekannter Planeten, deren Bahnen und mit hoher Wahrscheinlichkeit auch die Vorhersage von Sonnen- und Mondfinsternissen ab, wobei sogar die Elliptizität der Mondbahn um die Erde Berücksichtigung findet[7].

Trotz oder gerade aufgrund ihrer Komplexität[8] blieb es solchen analogen Rechengeräten verwehrt, das Rechnen an sich grundlegend zu revolutionieren. Dies blieb einem wesentlich einfacheren Analogrechner, dem *Rechenschieber*, vorbehalten, der alle Bereiche der Forschung und Technik in einem zuvor ungekannten Maße veränderte und der im Folgenden kurz behandelt wird.

2.1   Rechenschieber

Die große Familie der *Rechenschieber* und *Rechenscheiben* bildet die einfachste und zugleich einflussreichste Klasse mechanischer analoger Rechengeräte – kein anderes Instrument hatte in der Zeit vor etwa 1970[9] einen vergleichbaren Einfluss auf das alltägliche Rechnen in allen nur denkbaren Bereichen wie der Rechenschieber[10].

---

[6]Hierbei fand bereits sogar ein Differentialgetriebe zur Differenzbildung Verwendung, wobei es sich um die älteste belegte praktische Verwendung eines solchen Mechanismus handelt.

[7]Siehe beispielsweise [275][Kap. 2].

[8]Es verstrichen viele Jahrhunderte, bis die Mechanik nach der Erschaffung des Räderwerkes von Antikythera wieder einen ähnlich hohen Stand erreichte, der die Entwicklung vergleichbarer Rechengeräte erlaubte, wie sie dann beispielsweise in Form komplexer Uhrwerke wie den astronomischen Uhren des Straßburger Münsters oder auch des dort befindlichen Kirchenrechners entstanden (vergleiche [275][Kap. 5]).

[9]Bereits zu Beginn der 1970er Jahre begann der rapide Niedergang der Rechenschieber – ausgelöst durch die Entwicklung erschwinglicher Taschenrechner, die einen zunehmend größeren Funktionsumfang aufwiesen und so den Rechenschieber nicht allein durch ihre höhere Genauigkeit, sondern auch und vor allem durch ihre einfachere Bedienbarkeit und Vielseitigkeit in den Hintergrund treten ließen.

[10]Bedingt durch den Schwerpunkt dieser Arbeit auf der einen sowie den Umfang des Gebietes der Rechenschieberentwicklung auf der anderen Seite, können die folgenden Ausführungen nicht mehr als überblicksartigen Charakter besitzen, so dass bereits an dieser Stelle für weitergehende Informationen zu diesem Themenbereich auf JEZIERSKIS Standardwerk zur Geschichte der Rechenschieber (siehe [213]) sowie auf die Veröffentlichungen der Oughtred Society (diese Gesellschaft versammelt unter ihrem Dach alle an der Geschichte und Technik von Rechenschiebern Interessierten), hierbei vor allem auf das Referenzhandbuch [202], verwiesen sei. Schöne Einführungen in das Rechnen mit dem Rechenschieber finden sich beispielsweise in [203] und [17].

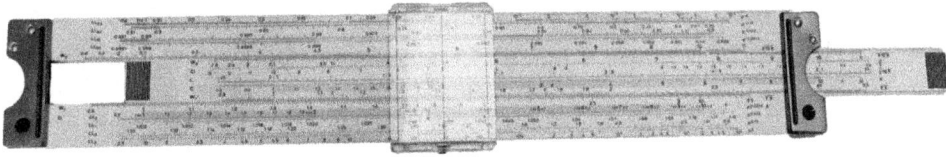

Abb. 2.1: *Beispiel eines Rechenschiebers*

Im Wesentlichen auf den von JOHN NAPIER[11] entwickelten und von HENRY BRIGGS[12] durch Einführung einer festen Basis[13] verbesserten Logarithmen und der hierauf aufbauenden, bahnbrechenden Idee von EDMUND GUNTER[14], Logarithmen als Strecken auf einer Art Lineal abzutragen, beruhend, ermöglicht der Rechenschieber in seiner einfachsten, aus zwei gegeneinander verschiebbaren, mit logarithmischer Teilung versehenen Linealen bestehenden, Form, die Durchführung von Multiplikations- und Divisionsaufgaben durch Addition beziehungsweise Subtraktion entsprechender Logarithmenwerte[15] gemäß folgender Eigenschaft:

$$\log(ab) = \log(a) + \log(b)$$

Die Idee, Additionen und Subtraktionen von Strecken auf das Gegeneinanderverschieben entsprechend unterteilter Lineale zurückzuführen, wird heute im Allgemeinen WILLIAM OUGHTRED[16] zugeschrieben, der bereits 1632 beziehungsweise 1633 zwei Arbeiten mit den Titeln „The Circles of Proportion, and the Horizontall Instrument" sowie „Two rulers of proportion" veröffentlichte, in welchen er dieses Prinzip darlegte[17]. Abbildung 2.1 zeigt das Prinzip der Streckenaddition- und -subtraktion anhand eines Rechenschiebers der Scientific Instruments Co.

---

[11] 1550 − 1617

[12] 1561 − 1630

[13] HENRY BRIGGS führte den Wert 10 als Basis seiner Logarithmen ein, wodurch sich auch die Bezeichnung *Briggscher Logarithmus* erklärt.

[14] 1581 − 1626

[15] Die Idee, Multiplikationen und Divisionen auf Logarithmieren und die Bildung von Exponentialfunktionen abzubilden, findet ihre Entsprechung in logarithmischen Multiplizierern.

[16] 1575 − 1660

[17] Lange Zeit wurde das Verdienst dieser Entwicklung auch einem Zeitgenossen WILLIAM OUGHTREDS, EDMUND WINGATE (1596 − 1656) zugeschrieben. Nicht zuletzt durch die Forschungen des Mathematikhistorikers FLORIAN CAJORIS, der sich insbesondere mit der Geschichte der Rechenschieberentwicklung befasste, konnte der hierüber entbrannte Streit zugunsten WILLIAM OUGHTREDS entschieden werden (vergleiche [213][S. 7 ff.]).

Gut zu erkennen sind die typischen Hauptbestandteile eines modernen Rechenschiebers:

- Zunächst ist hier der aus zwei parallel zueinander laufenden und durch Querstege fixierten Teilen bestehende *Körper* zu nennen, der – oft sowohl auf Vorder- als auch Rückseite – eine Reihe von Skalen trägt.

- Zwischen diesen beiden Teilen des Körpers kann die sogenannte *Zunge* verschoben werden, die ebenfalls mit Skalen versehen ist, die mehr oder minder direkte Entsprechungen von Skalen des Körpers darstellen. Durch geeignetes Verschieben der Zunge relativ zum Körper können durch einfache Addition beziehungsweise Subtraktion von logarithmisch unterteilten Strecken Produkte und Quotienten gebildet werden.

- In der Bildmitte ist als letzter Bestandteil der *Läufer* zu sehen, der im Wesentlichen als Ablesehilfe zum Einsatz kommt. Hierzu trägt der Läufer eine zentrale senkrechte Markierung auf einer durchsichtigen Scheibe, mit deren Hilfe die verschiedenen Skalen des Körpers sowie des Läufers miteinander in Beziehung gesetzt werden können. Bei zweiseitig mit Skalen versehenen Instrumenten erlaubt der Läufer auch den Übertrag eines Wertes von einer Seite des Körpers beziehungsweise der Zunge auf die andere. Darüberhinaus besitzen viele Läufer mehrere senkrechte Markierungen, mit deren Hilfe Multiplikationen und Divisionen mit festen Faktoren unter Verwendung nur einer einzigen Skala, d.h. ohne Verschieben der Zunge, durchgeführt werden können. Typische Beispiele für solche Operationen sind Umrechnungen zwischen multiplikativ verknüpften Einheiten[18] oder auch Operationen wie die Bestimmung von Kreisflächen etc.

Neben den bereits erwähnten und, sieht man von Sonderformen des Instrumentes ab, zentralen, logarithmisch unterteilten Skalen, verfügen die meisten Rechenschieber über zusätzliche Skalen, mit deren Hilfe beispielsweise Winkelfunktionen ausgewertet, Quadrate und Kuben bestimmt oder beliebig gebrochene Potenzen berechnet werden können. Diese Vielzahl möglicher und einfach auszuführender Operationen bewirkte einen ausgesprochen hohen Verbreitungsgrad des Rechenschiebers in fast allen technisch/naturwissenschaftlichen Berufsgruppen. Fand das Instrument bis in das neunzehnte Jahrhundert fast ausschließlich bei Gelehrten, d.h. Forschern und Naturwissenschaftlern, Verwendung, drang es mit dem Ende des 19. Jahrhunderts weltweit in fast alle Bereiche der Technik, der Ingenieurwissenschaften und des kaufmännischen Lebens vor und wurde zu dem Hauptrechengerät seiner Zeit überhaupt. Der enorme Verbreitungsgrad des Rechenschiebers wird durch folgendes, um etwa 1800 entstandene Zitat nach SEDLACEK[19] deutlich – zu dieser Zeit erfreute sich der Rechenschieber in England bereits großer Beliebtheit, während er nach Österreich-Ungarn, SEDLACEKS Heimat, noch nicht in diesem Maße vorgedrungen war:

> *It is said that the use of the slide rule in England is so widespread that no tailor makes a pair of trousers without including a pocket just for carrying a*

---

[18] So bieten beispielsweise fast alle modernen Rechenschieber mit entsprechenden Markierungen des Läufers die Möglichkeit, Pferdestärken in kW und umgekehrt umzurechnen.
[19] Siehe [213][S. 16].

'sliding rule'. During such a time, it is difficult to understand why the slide rule does not enjoy such well-deserved recognition in our own country.

Die, typisch für einen Analogrechner, meist auf zwei bis drei Nachkommastellen beschränkte Genauigkeit des Rechenschiebers war und ist der Mehrzahl aller Anwendungsgebiete angemessen und wurde nicht nur selten als Beschränkung, sondern mitunter gar als Vorteil empfunden, wie folgendes Zitat aus [362][S. 40] zeigt[20]:

> *Ganz falsch ist es, diese Genauigkeit [der kaufmännischen Praxis] auch bei Kalkulationen anzuwenden. Kleine Preisschwankungen ändern das Ergebnis so stark, dass die Genauigkeit des Rechenschiebers völlig ausreicht. [...] sie befreien uns nur von Zahlenballast!*

Seit dem Beginn des zwanzigsten Jahrhunderts war der Rechenschieber als Werkzeug, aber auch als Statussymbol ganzer Generationen von Wissenschaftlern, Ingenieuren und Technikern nicht mehr wegzudenken, was sich auch in der Literatur dieser Zeit widerspiegelt, wie die folgenden Zitate zeigen. Das erste ist aus ROBERT MUSILS „Mann ohne Eigenschaften"[21] entnommen[22] – hier werden ROBERT MUSILS Herkunft als Sohn eines Ingenieurs und Hochschulprofessors sowie seine eigene Ausbildung als Ingenieur deutlich, dem der Umgang mit dem Rechenschieber als Arbeitsmittel und Alltagsgegenstand vertraut war, wenngleich er ihm und der damals vorherrschenden Kultur des Alles-berechnen-wollens ironisch kritisch gegenübersteht:

> *Die Welt ist einfach komisch, wenn man sie vom technischen Standpunkt ansieht; unpraktisch in allen Beziehungen der Menschen zueinander, im höchsten Grade unökonomisch und unexakt in ihren Methoden; und wer gewohnt ist, seine Angelegenheiten mit dem Rechenschieber zu erledigen, kann einfach die gute Hälfte aller menschlichen Behauptungen nicht ernst nehmen. Der Rechenschieber, das sind zwei unerhört scharfsinnig verflochtene Systeme von Zahlen und Strichen; der Rechenschieber, das sind zwei weiß lackierte, ineinander gleitende Stäbchen von flach trapezförmigem Querschnitt, mit deren Hilfe man die verwickeltsten Aufgaben im Nu lösen kann, ohne einen Gedanken nutzlos zu verlieren; der Rechenschieber, das ist ein kleines Symbol, das man in der Brusttasche trägt und als einen harten weißen Strich über dem Herzen fühlt: wenn man einen Rechenschieber besitzt, und jemand kommt mit großen Behauptungen oder großen Gefühlen, so sagt man: Bitte einen Augenblick, wir wollen vorerst die Fehlergrenzen und den wahrscheinlichsten Wert von alledem berechnen!*

---

[20]Diese Beschränkung auf eine geringe Anzahl signifikanter Nachkommastellen findet sich aus diesem Grunde auch bei frühen Taschenrechnern wie dem HP-35 und anderen, die sich zu ihrer Zeit gegen die noch erdrückende Übermacht der Rechenschieber behaupten mussten und aus diesem Grunde selbst die Ableseungenauigkeit dieser Instrumente nachbildeten, um Benutzern den Umstieg zu erleichtern. Nicht umsonst wurden manche Taschenrechner wie beispielsweise der eben erwähnte HP-35 als *Electronic Slide Rule* bezeichnet und beworben (so zum Beispiel im *HP-35 User Manual*).

[21]Siehe [331][S. 37].

[22]Vergleiche auch die schöne Facharbeit von MARGARETE EICHELBAUER (siehe [113]).

Die große technische und wirtschaftliche Bedeutung, die den Rechenschiebern bei der Erreichung der technischen Höchstleistungen dieser Zeit zuteil wurde, wird anhand der Beschreibung der Plünderung der Konstruktionsbüros von Focke-Wulf nach dem Zusammenbruch des Dritten Reiches deutlich, wie sie CONRADIS in seiner Biografie des deutschen Flugzeugkonstrukteurs KURT TANK[23] beschreibt:

> *Aber da nun alles das, was sie suchen, so schnell nicht herausgefunden werden kann, wird in langen Lastwagenkolonnen alles abgefahren, was mit Focke-Wulf zu tun hat, nicht nur die Zeichnungen, Berechnungen, Aktenschränke und die wissenschaftliche Bibliothek, auch alle Reissbretter, Schreibtische, Lineale und Dreiecke, Tabellen und Zeichenstifte. Vor allem die Rechenschieber.*

Nicht allein die Konstruktionsunterlagen der bahnbrechenden Flugzeuge, die unter der Leitung KURT TANKs vor und während der Kriegsjahre entstanden, fanden das Interesse der Alliierten, sondern auch und nicht zuletzt die qualitativ hochwertigen Rechenschieber, ohne welche diese Entwicklungen nicht möglich gewesen wären. Auch KURT TANK selbst trennte sich von seinem Rechenschieber nie, wie folgendes abschließende Zitat aus oben genanntem Werk[24] belegt:

> *Nerven, Herz und – ja, den ganz kleinen Rechenschieber für unterwegs, und sei es im engsten Düsenjäger, den hat er auch behalten!*

Neben Allzweckrechenschiebern mit in der Hauptsache logarithmischer Skalenteilung sowie mehr oder weniger vielen Zusatzskalen für die Berechnung weiterer Funktionen entstand parallel zu diesen eine schier unüberschaubare Vielzahl spezieller Ausführungen, mit deren Hilfe Aufgabenstellungen aus in der Regel eng umgrenzten Gebieten gelöst werden können, für die oft nur empirisch ermittelte Daten vorliegen[25]. Ein typisches Beispiel hierfür zeigt Abbildung 2.2 in Form des Flugrechners E-6B, mit dessen Hilfe eine Vielzahl typischer Berechnungen, wie sie bei der Vorbereitung und Durchführung von Flügen auftreten, durchgeführt werden können. Mit seiner Hilfe ist es einem Piloten beispielsweise möglich, die wahre Geschwindigkeit über Grund in Abhängigkeit von Windgeschwindigkeit, -richtung, Kurs und anderen Parametern vergleichsweise genau, schnell und unkompliziert zu ermitteln. Solche analogen Rechengeräte werden bis heute in der Luftfahrt, wenn auch in der Hauptsache zu Ausbildungszwecken und von Hobbyfliegern, eingesetzt[26].

Auch in den Anfängen der Raumfahrttechnik wurden spezielle Rechenschieber beziehungsweise Rechenscheiben eingesetzt – so verfügten beispielsweise die Astronauten der

---

[23]Siehe [90][S. 256].

[24]Vergleiche [90][S. 273].

[25]Für bestimmte Spezialanwendungen werden von einigen Firmen noch immer Rechenschieber bzw. Rechenscheiben gefertigt. Exemplarisch seien hier die Firmen IWA (`http://www.iwa.de`) sowie Greschner (`http://www.greschner-rechner.de`) genannt, die Rechenschieber und -scheiben beispielsweise in Form von Einheitenrechnern, Passungswählern aber auch Maschinenzeitrechenstäben herstellen und vertreiben.

[26]Auch Neuentwicklungen in diesem Bereich sind nicht unüblich, wie beispielsweise der Momentenrechner zur Berechnung von Flugzeugschwerpunkten von JOHANNES LEMBURG zeigt (siehe [269]).

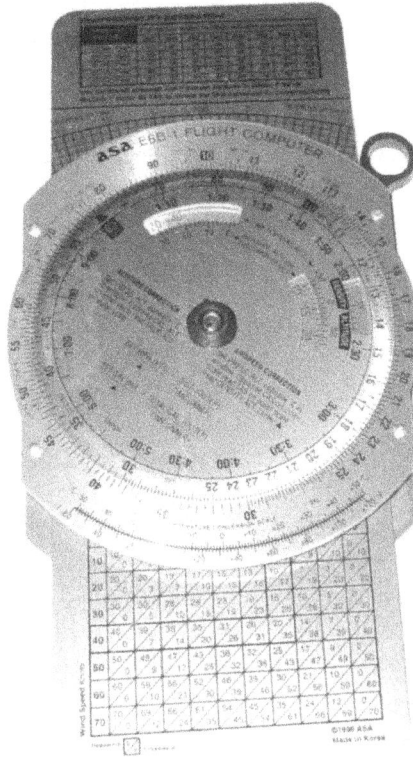

Abb. 2.2: Der E-6B Flight Computer

Mercury-Kapseln stets über eine Rechenscheibe, mit deren Hilfe schnelle grundlegende Navigationsprobleme gelöst werden konnten[27].

Ein ausgefallenes und seltenes Beispiel für eine Spezialrechenscheibe zeigt Abbildung 2.3 in Form eines sogenannten *Nuclear Weapon Effects Computers*, der in den 1950er und 1960er Jahren für den Zivilschutz entwickelt wurde. Hintergrund dieser Implementationsvariante war – neben den im Wesentlichen auf empirischen Daten beruhenden Berechnungen – vor allem die Einfachheit des Instrumentes und seiner Bedienung sowie die Sicherstellung der Funktionsfähigkeit des Gerätes unter allen denkbaren Einsatzbedingungen. Mit Hilfe dieses Rechengerätes können für bestimmte Parameter wie die Menge der freigesetzten Energie einer gezündeten Nuklearwaffe in Megatonnen, die Entfernung zum Explosionszentrum etc. Kenngrößen wie die zu erwartende Anzahl Toter, Verletzter und Verschütteter grob bestimmt werden[28].

---

[27] Eine ausführliche Beschreibung dieses Instrumentes findet sich beispielsweise in [409][S. 12-18 ff.].

[28] Eine online-Variante eines *Nuclear Impact Calculators* findet sich auf den Seiten des Schweizer Fourmilabs unter http://www.fourmilab.ch/bombcalc/brico.html (Stand 23.12.2007).

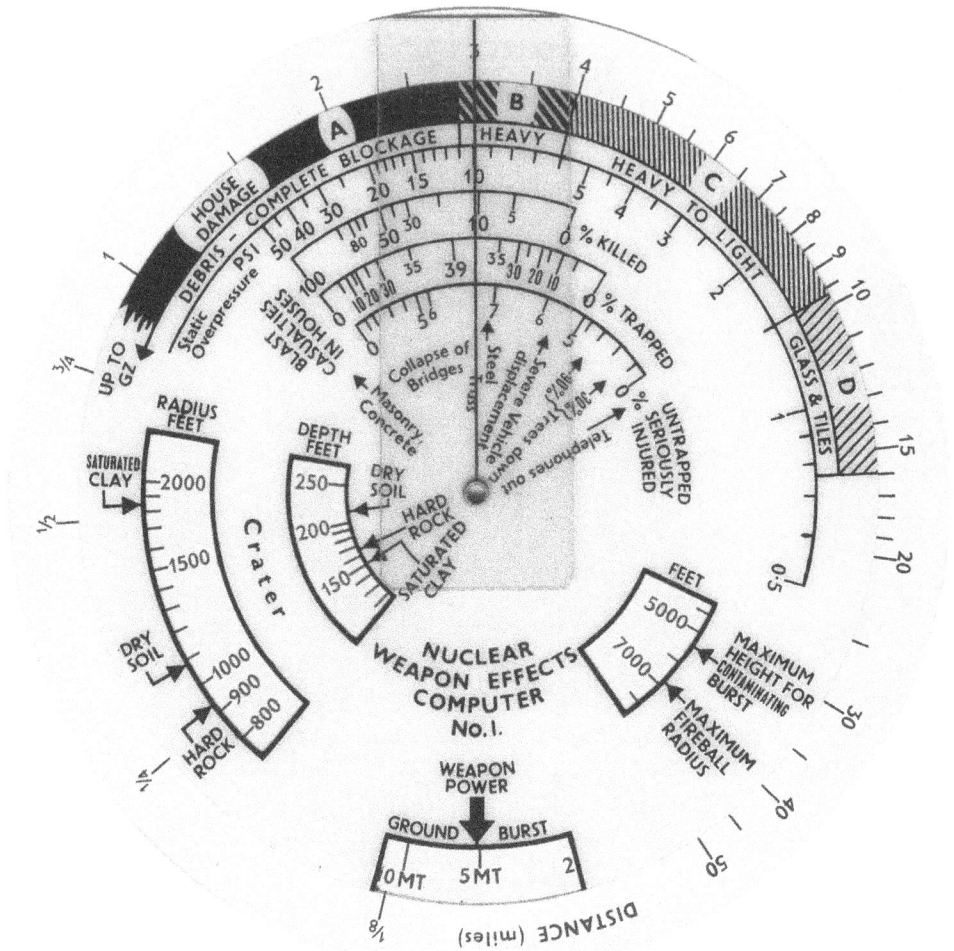

Abb. 2.3: *Nuclear Weapon Effects Computer*

Weitere Anwendungsgebiete für derartige Spezialrechenschieber und -scheiben umfassen Berechnungen von Rohrleitungssystemen, Klimaanlagen, Pumpen, Geschützeinstellungen und viele mehr. Nicht durchsetzen konnten sich grundlegend andere (mechanische) Funktionsprinzipien, mit deren Hilfe beispielsweise dynamische, nicht logarithmische Skalenteilungen möglich gemacht werden sollten. Ein solches System wurde unter anderem im Jahre 1958 von JOSEPH GERBER vorgeschlagen, der mit Hilfe von Federn, deren einzelne Windungen als Skalenteilungen dienen sollten, welche durch unterschiedliche Zugkräfte einzustellen waren, einen Rechenschieber mit variabler, näherungsweise äquidistanter Skalierung etablieren wollte[29].

---

[29]Siehe [137].

Heute sind Rechenschieber – abgesehen von einigen Nischen, beispielsweise in der Luftfahrt sowie in manchen Bereichen der Technik und anderen – nahezu ausgestorben, da
sie vor allem hinsichtlich des Preises, der aufgrund der erforderlichen hohen Präzision
bei der Herstellung dieser Instrumente nicht beliebig niedrig gewählt werden konnte,
den bereits gegen Ende der 1960er Jahre aufkommenden Taschenrechnern unterlegen
waren. Wie alle analogen Rechentechniken zeichnen sich jedoch auch Rechenschieber als
die einfachste Klasse analoger Rechengeräte durch ein hohes Maß an Anschaulichkeit
aus, was dazu führt, dass sie vereinzelt noch heute in Ausbildungsbereichen anzutreffen
sind. Beispielsweise wurde noch 1998 ein Kurs entwickelt, um den „Geist des Rechenschiebers" in elektronischer Form Studenten nahzubringen[30].

Während mit Hilfe eines normalen Rechenschiebers Multiplikationen, Divisionen sowie Exponentiationen und die Bestimmung trigonometrischer Funktionen für gegebene Winkel durchgeführt werden können, erlaubt ein solches Instrument jedoch
beispielsweise nicht direkt die Berechnung von Flächeninhalten, einer in der tech-
nisch/naturwissenschaftlichen Praxis zentralen Fragestellung. Dies blieb einer später
entwickelten Instrumentenklasse, den sogenannten *Planimetern*, die hinsichtlich der
Komplexität des ihnen zugrundeliegenden Funktionsprinzips weit über einfache Rechenschieber und -scheiben hinausgehen und im folgenden Abschnitt behandelt werden,
vorbehalten.

2.2 Planimeter

In der ersten Hälfte des neunzehnten Jahrhunderts benötigten zunehmend mehr Bereiche der Technik, Verwaltung und des kaufmännischen Lebens praktikable, d.h. vor
allem schnell und von jedermann durchführbare sowie darüberhinaus genaue Methoden
zur Bestimmung des Flächeninhaltes umschriebener Gebiete. Neben der Kürschnerei,
in welcher sich der Preis eines Felles nicht zuletzt nach dessen Fläche richtet, verlang-
ten zunehmend auch Katasterämter sowie mit dem Wasserbau befasste Stellen[31] nach
mechanisierten Methoden der Flächenbestimmung. Darüberhinaus wuchs der Bedarf in
allen nur denkbaren Bereichen der industriellen Technik an mechanischen Integrationsverfahren spätestens seit der Einführung des von JAMES WATT[32] entwickelten *Indikators*
für Dampfmaschinen sprunghaft an.

Mit Hilfe eines solchen WATTschen Indikators wurde eine Messung des Druckverlaufes
im Zylinder von Kolbenmaschinen, wie sie Dampfmaschinen darstellen, möglich. Die
hieraus gewonnenen Messwerte werden in Form eines p-V-Diagramms, des sogenannten
Indikatordiagramms[33], aufgezeichnet und erlauben durch Integration die Bestimmung
des mittleren Druckes. Hieraus kann nun durch Multiplikation mit weiteren Maschinen-
parametern wie der Drehzahl, der konstruktionsbedingten Anzahl von Arbeitsspielen
pro Umdrehung sowie dem Hubvolumen der Maschine und anderen die sogenannte

---

[30]Siehe [475].

[31]Hier stand vor allem die Bestimmung der Querschnittsfläche von Flussläufen im Vordergrund, da
über diesen Wert Abschätzungen der pro Zeiteinheit transportierten Wassermenge getroffen werden
konnten.

[32]19.1.1736–19.8.1819

[33]Siehe [201][S. 380 f.].

indizierte Zylinderleistung bestimmt werden – ein für den rationellen Betrieb dampfkraftgetriebener Fertigungsstätten unerlässlicher Parameter[34].

Zur mechanisch unterstützten Flächenberechnung umschlossener Gebiete wurde entsprechend eine Reihe unterschiedlicher Mechanismen entwickelt[35], von deren Klasse der *Planimeter*[36] im Folgenden jedoch nur exemplarisch das 1854 von JAKOB AMSLER-LAFFON[37] entwickelte sogenannte *Polarplanimeter* dargestellt werden soll[38], welches die technisch am wenigsten anspruchsvolle Implementation eines Flächenmessinstrumentes darstellt und zugleich den höchsten Verbreitungsgrad von allen Planimetervarianten fand[39].

Abbildung 2.4 zeigt ein solches Polarplanimeter der Firma Ott – seine Hauptbestandteile sind zwei an einem Punkt drehbar miteinander verbundene Arme[40], von denen einer, der sogenannte *Polarm* an seinem freien Ende, dem *Pol* (im Bild rechts oben) durch ein Gewicht und/oder eine Nadel fixiert wird, während das Ende des zweiten Armes, des sogenannten *Fahrarms*, oftmals mit einer *Fahrlupe* oder zumindest einem *Fahrstift* versehen ist, mit dessen Hilfe die Umrandungslinie der zu bestimmenden Fläche abgefahren wird (im Bild unten rechts).

Am Fahrarm ist darüberhinaus ein Messwerk angebracht, das im Wesentlichen aus einem *Messrad* besteht, dessen Achse parallel zum Fahrarm verläuft, so dass sich aus einer Bewegung des Fahrarmes parallel zur Achse des Messrades eine Rotation desselben ergibt. Entsprechend lässt eine hierzu senkrechte Bewegung des Armes das Rad über das Papier schleifen, d.h. in axialer Richtung bewegt, liegt ein Schlupf von 1 vor. In der Regel ist dieses Messrad mit einem Zählwerk verbunden und verfügt zusätzlich über eine Noniusskala, so dass die Anzahl der im Verlauf einer Flächenmessung vollführten Umdrehungen recht genau, oft bis auf 10^{-3}, abgelesen werden kann.

So einfach der mechanische Aufbau eines Polarplanimeters ist, so ist die hinter ihm stehende Theorie vergleichsweise komplex – deutlich komplexer zumindest als die Grund-

---

[34]Die Berechnung der indizierten Leistung gestaltet sich je nach technischer Ausführung der Dampfmaschine mehr oder weniger komplex, da beispielsweise zwischen einfach- und doppeltwirkenden Maschinen unterschieden werden muss, wobei letztere in der Regel unterschiedliche wirksame Kolbenflächen aufweisen etc. Nähere Ausführungen hierzu finden sich beispielsweise in [201][S. 379 f.].

[35]Eines der einfachsten Verfahren, das sich auf das Ausschneiden der zu bestimmenden und auf Papier gezeichneten Fläche mit sich anschließendem Wägevorgang stützt, findet zum Teil noch heute Anwendung.

[36]Scherzhaft werden Planimeter mitunter auch als *Mogelkutschen* bezeichnet, was seinen Grund in der Hauptsache zum einen in ihrer Bedienung, die das Nachfahren einer Umrandungslinie erfordert und zum anderen in ihrer nicht offensichtlichen Funktionsweise hat. Der Begriff der Planimetrie geht auf die *Planimetrie* (Flächenmessung) zurück, die sich nach [476][S. 10] „[...] mit der Lehre von ebenen Gebilden und Figuren [befasst], und [...] sich in erster Linie auf solche Gebilde und Figuren [beschränkt], deren Begrenzung vor allem aus geraden Linien oder Strecken oder Kreislinien oder Teilen von solchen besteht.“

[37]1823–1912

[38]Eine ausführlichere Darstellung der Geschichte dieser Instrumentenklasse findet sich beispielsweise in [452][S. 25 ff].

[39]Neben Polarplanimetern existieren Linearplanimeter, Rollplanimeter, Kegelplanimeter, Scheibenplanimeter (Orthogonalplanimeter) etc.

[40]Die Position dieses Verbindungspunktes auf dem zweiten der beiden Arme kann bei vielen Modellen zur Einstellung eines Skalierungsfaktors frei gewählt werden – im vorliegenden Bild wurde der Skalierungsfaktor 1 gewählt, wie anhand der Skalenbeschriftung des zweiten Armes ersichtlich ist.

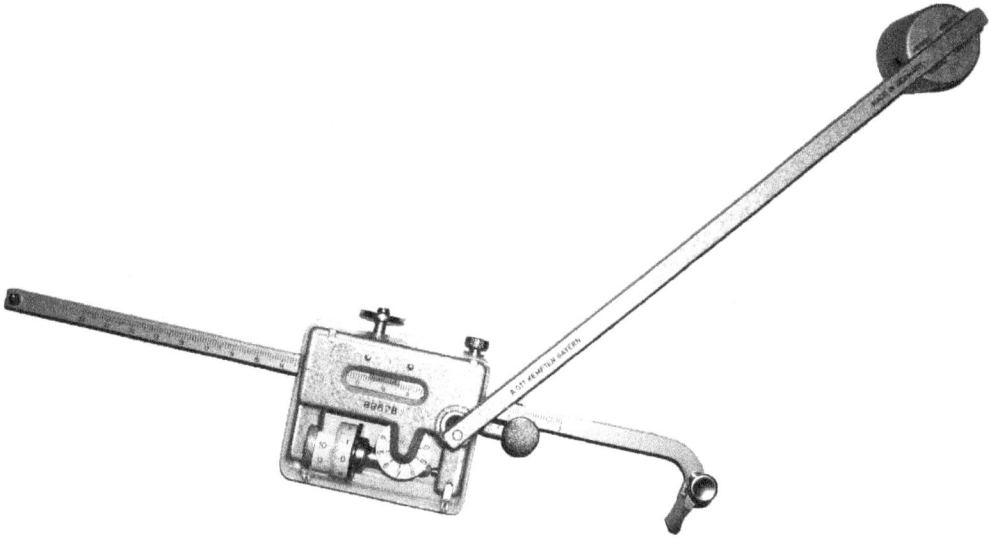

Abb. 2.4: *Beispiel eines einfachen Polarplanimeters (Ott, Typ 30)*

lagen eines Rechenschiebers. Auf den ersten Blick ist nicht offensichtlich, warum nach dem Umfahren eines durch eine Begrenzungslinie umschlossenen Gebietes die Anzahl der vom Messrad vollführten Umdrehungen proportional zur Fläche des Gebietes ist. Eine detaillierte Beschreibung der Funktionsweise von Planimetern im Allgemeinen und Polarplanimetern im Besonderen findet sich beispielsweise in [316][S. 180 ff.].

Aufgrund ihrer einfachen Bedienung und vergleichsweise hohen Genauigkeit bei der Bestimmung von Flächeninhalten finden Planimeter, meist in Form des eben dargestellten Polarplanimeters oder in Form sogenannter Rollplanimeter, mit deren Hilfe Flächen unter langgestreckten Kurvenzügen, wie sie von (t, y)-Schreibern erzeugt werden, bestimmt werden können, bis heute in einigen Bereichen Anwendung. So ist es mit ihrer Hilfe beispielsweise möglich, die Fläche eines Tumors in einer Röntgen- oder Tomogrammaufnahme schnell zu bestimmen, ebenso können Querschnittsflächen von Baumstämmen bestimmt werden etc.

2.2.1   Weitere Entwicklungen

Bei der Bestimmung großer Flächen stößt das oftmals mit nur einer Dezimalstelle ausgebildete Umdrehungszählwerk schnell an seine Grenzen, was dazu führte, dass neben Zählwerken mit kaskadierten Stellen auch elektronische Erweiterungen zu herkömmlichen Planimetern entwickelt wurden. Die wohl erste derartige Entwicklung wurde im Jahr 1961 durch die Kopplung eines Rollplanimeters mit einem ZUSE-Transistorzählwerk des Typs Z80[41] durchgeführt. Diese Kopplung wurde wie folgt umgesetzt[42]:

---

[41] Hierbei handelte es sich um ein *lochendes und druckendes Transistorzählwerk*, das eine Zählgeschwindigkeit von 40 kHz aufwies (Sonderausführungen erreichten Zählraten von bis zu 250 kHz).

[42] Nach [429].

Die Bewegungen der Planimeterrolle werden mit einem photoelektrischen Impulsgeber in Impulsserien umgewandelt und dem Zählwerk zugeführt. Die Ablesung der Impulse erfolgt drehrichtungsabhängig mit einer Genauigkeit von einem Tausendstel der vollen Rollenumdrehung. Nach der Umfahrung einer Fläche mit dem Fahrstift des Planimeters enthält das Zählwerk genau die umfahrene Fläche.

Solche Systeme werden mitunter auch als *Digitalplanimeter* bezeichnet und erlauben in der Regel eine direkte Auswertung der gewonnenen Messdaten mit Hilfe eines Digitalrechners, was in den 1960er Jahren vor allem im Bereich des Vermessungswesens von entscheidender Bedeutung war, konnten doch nun erstmalig halbautomatisch Flächenbestimmungen in schneller Folge und mit hoher Genauigkeit unter Ausschluss von Ablesefehlern durchgeführt werden[43].

Im Jahr 1970 meldete JOHN ERNEST LEWIN ein elektronisches Planimeter zum Patent an[44], dessen Herzstück eine auf einer Fläche bewegliche Fahrlupe darstellt, deren (x, y)-Koordinaten elektronisch (entweder mit Hilfe von Linearpotentiometern oder durch optische Abtastung) erfasst werden. Diese Lupe wird, wie bei einem herkömmlichen Planimeter, durch einen Bediener auf der Randkurve des zu bestimmenden Gebietes entlang geführt, während die eigentliche Signalverarbeitung, d.h. die Integration an sich digital mit Hilfe von Zählern und Oszillatoren durchgeführt wird. Durchsetzen konnte sich diese Technik jedoch nicht, da die von LEWIN entwickelte Integrationstechnik vergleichsweise aufwändig und durch einen direkten Anschluss an einen Digitalrechner einfacher sowie kostensparender umsetzbar war.

Eine weitere interessante, wenn auch für die Entwicklung der Planimeter an sich ebenso folgenlose Entwicklung beschreibt LEON HENRY LIGHT in einem im Jahre 1975 stattgegebenen Patent[45] „Apparatus for Integration and Averaging", in welchem er ein System vorstellt, mit dessen Hilfe das Integral beziehungsweise eine Mittelwertsfunktion über einem gegebenen Grafen bestimmt werden kann.

Auch hier wird der vorgegebene Graf manuell mit Hilfe eines auf einer Ebene verfahrbaren Fahrstiftes abgetastet, wobei die Koordinatenbestimmung auf der Verwendung zweier Potentialgradienten beruht. Hierzu werden beispielsweise zwei leitfähige Folien dergestalt übereinander angeordnet, dass ohne Berührung durch den Fahrstift an keiner Stelle Kontakt zwischen beiden Folien besteht.

Eine Folie verfügt nun beispielsweise an ihren beiden senkrechten Seiten über zwei Kontaktleisten, mit deren Hilfe ein linearer Potentialgradient innerhalb der Folie aufgebaut werden kann. Entsprechend verfügt die zweite Folie über zwei Kontaktleisten an ihren waagrechten Seiten. Stellt nun der Anpressdruck des Fahrstiftes einen Kontakt zwischen beiden Folien her, kann seine Position bestimmt werden, indem zunächst eine Folie als Geberfolie und die andere als Nehmerfolie geschaltet wird und im Anschluss hieran

---

[43]Derartige Systeme werden im Übrigen noch heute hergestellt und vertrieben. Beispielsweise bietet die Firma Tamaya (`http://www.tamaya-technics.com`) mit dem *Planix 10s* ein Digitalplanimeter mit einer Messgenauigkeit von $\pm 0.1\%$ (bezogen auf eine Fläche von $100 \cdot 100mm^2$) an. Auch Haff (`http://www.haff.de`) bietet digitale Polar- und Rollplanimeter an etc.

[44]Siehe [271].

[45]Siehe [274].

die Rolle der Folien durch Umschalten von Ansteuer- und Ausleseelektronik vertauscht wird.

Durch eine genügend hochohmige Verstärkerstufe hängt die ausgelesene Spannung in erster Linie von der Position des Kontaktes im Potentialgradientenfeld der jeweiligen Geberfolie ab, so dass durch zwei aufeinanderfolgende Messungen mit vertauschen Rollen der beiden Folien beide Koordinatenkomponenten bestimmt werden können.

Obwohl LIGHT hier in erster Linie an ein elektronisches Planimeter dachte, nimmt eine ebenfalls von ihm vorgeschlagene Verfeinerung dieser Idee zur Koordinatenbestimmung, die ein Gitter aus senk- und waagrechten Drähten anstelle der beiden Folien verwendet, eine der grundlegenden Techniken moderner berührungsempfindlicher Bildschirme vorweg.

So groß Verbreitung und Einfluss sowohl von Rechenschiebern, Rechenscheiben als auch Planimetern waren, handelt es sich bei ihnen aufgrund ihres vorgegebenen festen Aufbaus und ihres jeweils zugrundeliegenden Funktionsprinzips jedoch im Sinne von Abschnitt 1.2 nach MACKAY und FISHER eher um ein messendes Herangehen an eine Problemstellung und somit im eigentlichen Sinne um computing-*instruments*[46]. In dieser Hinsicht war ihnen das Räderwerk von Antikythera sowohl hinsichtlich der Komplexität seines Aufbaus als auch bezogen auf die Vielseitigkeit seiner Verwendungsmöglichkeiten weit überlegen und stand universell einsetzbaren Analogrechnern wesentlich näher als dies bei Rechenschiebern und Planimetern der Fall ist.

2.3 Mechanische Rechenelemente

Nachdem sowohl Rechenschieber als auch Planimeter letztlich feste Anordnungen mechanischer Elemente zur Lösung eng umgrenzter Aufgabenstellungen sind, behandeln die folgenden Abschnitte exemplarisch einige wesentliche mechanische Grundelemente, die oft in fest verschalteten Mechanismen eingesetzt werden, aus denen sich aber auch komplexere Rechengeräte mehr oder minder beliebig zusammensetzen lassen, deren Höhepunkt die später dargestellten sogenannten *Differentialanalysatoren*[47] darstellen.

In aller Regel werden Variablen bei mechanischen Analogrechnern wie bereits bei den Planimetern durch Rotation von Wellen dargestellt, die als Ein- beziehungsweise Ausgabeschnittstellen der einzelnen Rechenelemente dienen und diese im einfachsten Fall direkt miteinander verbinden.

Bemerkenswert an den im Folgenden dargestellten Rechenelementen ist neben ihrer hohen Anschaulichkeit in erster Linie ihre Einfachheit[48]. Zieht man in Betracht, welchen Aufwand beispielsweise die näherungsweise Berechnung eines bestimmten Integrals mit Hilfe numerischer digitaler Methoden nach sich zieht, beeindruckt die Leistungsfähigkeit selbst einfacher mechanischer Elemente umso mehr.

---

[46]MEYER ZUR CAPELLEN unterscheidet hier weiter zwischen *Integraphen*, welche das Integral einer Differentialgleichung aufzeichnen, und *uneigentlichen Integraphen*, bei welchen das Integral an einer Messrolle abgelesen wird (siehe [316][S. 234].)

[47]Siehe Abschnitt 2.7.

[48]Vor allem im Vergleich mit den in den späteren Abschnitten behandelten elektronischen analogen Rechenelementen und hierbei besonders bei Integrierern und Funktionsgebern für Funktionen von mehr als einer Veränderlichen wird dies augenfällig.

Keinesfalls sollte der eben verwendete Begriff der „Einfachheit" dahingehend missverstanden werden, dass derartige mechanische Rechenelemente einfach in ihrer Herstellung oder Anwendung seien. Gerade bezüglich der Herstellung ist das genaue Gegenteil der Fall – zur Erreichung von Rechengenauigkeiten im Bereich von 10^{-3} und besser sind höchste Anforderungen hinsichtlich der Fertigungspräzision zu stellen. Darüberhinaus stellt auch die Auswahl der verwendeten Werkstoffe eine Herausforderung dar, da unterschiedlichste Effekte wie Abnutzungserscheinungen und Wärmeausdehnungsphänomene zu berücksichtigen sind. Der Begriff der „Einfachheit" bezieht sich vielmehr auf die in der Regel einfachen zugrundeliegenden Funktionsprinzipien derartiger Rechenelemente sowie ihre meist ebenfalls einfach zu durchschauende Funktionsweise.

2.3.1   Funktionen einer Veränderlichen

Ein häufiges Problem bei der Behandlung mathematischer Probleme mit Hilfe wie auch immer gearteter maschineller Unterstützung stellt die Generierung vorgegebener Funktionen dar, die im einfachsten Fall von nur einer einzigen Variablen abhängen.

Prinzipiell ist eine Vielzahl unterschiedlicher Verfahren zur Funktionserzeugung denkbar – beginnend bei entsprechend geformten Kurvenscheiben[49], die beispielsweise über einen Abfühlstift mit Federkraftrückstellung abgetastet werden, über rotierende Zylinder mit gefräster Führungsnut, in welcher ein Abtaststift läuft, bis hin zu komplexen Aufbauten, die beispielsweise mit Hilfe von durch Gelenken miteinander verbundener Stangen auf den Strahlensätzen beruhende Gesetzmäßigkeiten wiederzugeben im Stande sind[50].

Ein interessantes Beispiel für einen Funktionsgeber zur Erzeugung einer Quadratfunktion zeigt Abbildung 2.5 – mit Hilfe eines rotierenden Kegels sowie eines Zylinders, die untereinander durch einen feinen Draht gekoppelt sind, wird hier die Funktion $x_2 = x_1^2$ gebildet.

2.3.2   Funktionen zweier Veränderlicher

Viele praktische Fragestellungen erfordern zu ihrer erfolgreichen Lösung mit Hilfe analoger Rechenmethoden jedoch die Generierung von Funktionen mehrerer (häufig zweier) Veränderlicher. Im Allgemeinen stellt die Erzeugung solcher Funktionen mit rein elektronischen Hilfsmitteln ein nicht einfach zu lösendes Problem dar.

Anders verhält es sich bei mechanischen Funktionsgebern – Abbildung 2.6 zeigt exemplarisch einen Funktionsgeber mit Kurvenkörper zur Erzeugung einer Funktion der Form $x_3 = f(x_1, x_2)$, dessen einer Eingabewert, x_1, in Form einer Translation der zugeordneten Achse zur Verfügung stehen muss, während x_2 als Rotation vorliegt. Der den

---

[49]Solche Kurvenscheiben wurden beispielsweise in Flugreglern und anderen Applikationen lange eingesetzt und in späteren Jahren (ab etwa 1958) mit Hilfe von digitalrechnergesteuerten Werkzeugmaschinen mit hoher Präzision hergestellt (siehe beispielsweise [352]). Hierbei wurden für die Herstellung einer Kurvenscheibe von ca. 2 Zentimetern Durchmesser bis zu 1400 Einzelradien bestimmt und berücksichtigt.

[50]Ein umfassender und hervorragender Überblick über die mechanische Generierung von Funktionen findet sich in [552][S. 19 ff.] – der Autor, ANTONIN SVOBODA, war während des Zweiten Weltkrieges maßgeblich an der Entwicklung mechanisch-analoger Feuerleitrechner (siehe Abschnitt 2.6) in den Vereinigten Staaten von Amerika beteiligt.

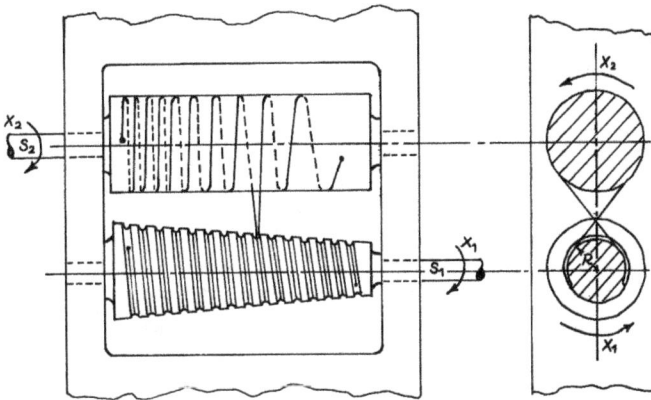

Abb. 2.5: *Erzeugung von $f(x) = x^2$ (cf. [552][S. 22])*

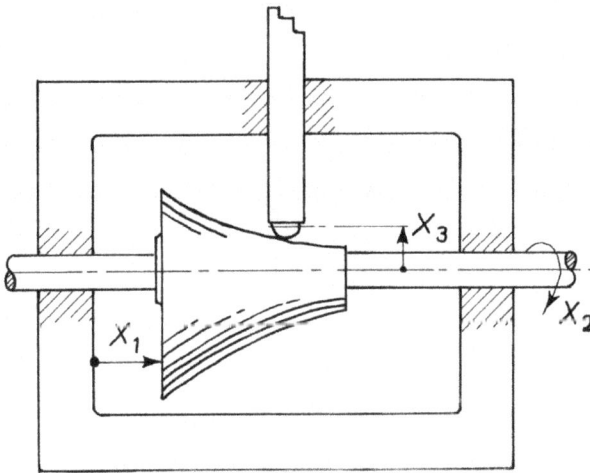

Abb. 2.6: *Erzeugung einer Funktion $f(x, y)$ (vergleiche [552][S. 23])*

jeweiligen Parametern zugeordnete Funktionswert x_3 wird mit Hilfe eines Abfühlstiftes durch die Oberflächengestaltung des zentralen Kurvenkörpers bestimmt.

Gerade Anwendungen wie beispielsweise die in Abschnitt 3.1 behandelten Feuerleitrechner für die Geschützsteuerung beispielsweise auf Schiffen[51] erforderten die Erzeugung einer Vielzahl von Funktionen zweier Veränderlicher, die oftmals nur in Form empirisch bestimmter und für das jeweilige Geschütz individuell ermittelter Tabellen vorlagen.

---

[51]Die Informatik-Sammlung Erlangen, kurz *ISER*, der Universität Erlangen zeigt in ihrer Ausstellung einen Vorhaltrechner mit ballistischem Korrekturrechner M4/2-42 Du (Inv. Nr. I0159), in welchem gut sichtbar eine Vielzahl unterschiedlichst geformter Kurvenkörper zum Einsatz gelangt.

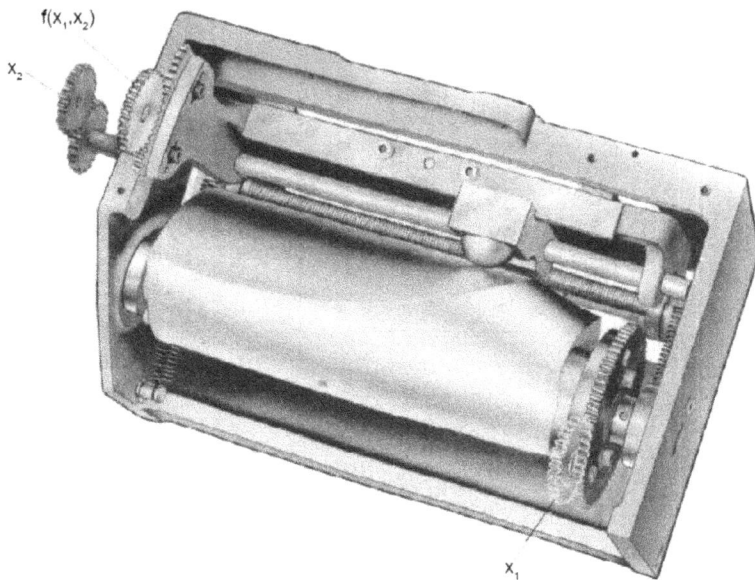

Abb. 2.7: *Barrel Cam (nach [69][S. 54])*

Die Fertigung der entsprechenden Kurvenkörper war mit großem Aufwand verbunden und erforderte ein hohes Maß an Geschicklichkeit sowie spezielle Werkstoffe, um eine unzulässig starke Abnutzung der Kurvenkörperoberfläche durch den Abfühlstift und damit einhergehende Änderungen der Funktionswerte zu vermeiden. Darüberhinaus müssen für derartige Kurvenkörper bestimmte modifizierte Stetigkeitsbedingungen erfüllt sein[52], um ein Blockieren des Abfühlstiftes unter allen Umständen zu verhindern.

Abbildung 2.7 zeigt die praktische Ausführung eines solchen Funktionsgebers[53], wie er in mechanischen Feuerleitrechnern zum Einsatz kam. Gut zu erkennen ist die Positionssteuerung des Abfühlstiftes, die in Form eines Schneckengetriebes ausgeführt ist, so dass auch für diese Eingabevariable eine rotierende Welle verwendet werden kann.

2.3.3 Differentialgetriebe

Prinzipiell könnte ein Funktionsgenerator für Funktionen zweier Veränderlicher mit entsprechend geformtem Kurvenkörper auch für die Abbildung von Summen- und Differenzfunktionen eingesetzt werden, die neben den Integrierern zu den am häufigsten verwendeten Rechenelementen gehören. Neben der komplexen Herstellung und erforderlichen hohen Präzision des Kurvenkörpers, welche zu einem für so einfache Operationen wie Addition und Subtraktion zu hohen Preis des Rechenelementes führen würden, steht

---

[52]In einfacherer Form gilt dies auch für Kurvenscheiben.
[53]Im englischen Sprachraum werden solche Funktionsgeber meist als *barrel cam* bezeichnet.

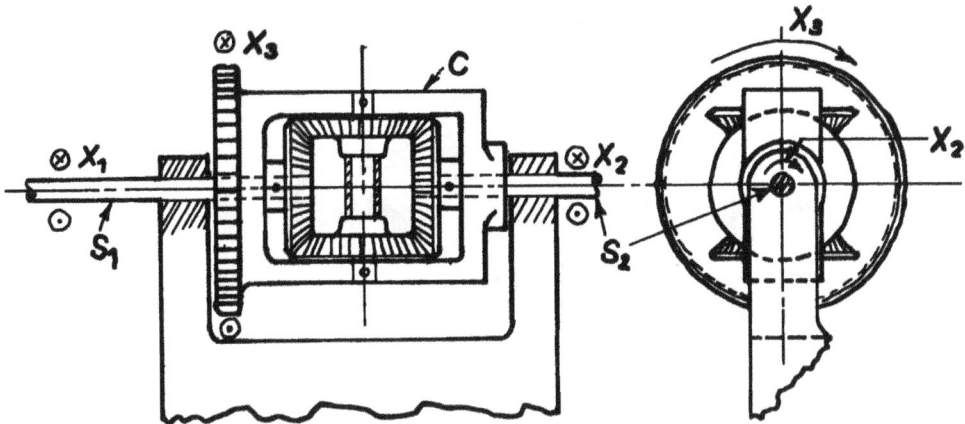

Abb. 2.8: *Aufbau eines Differentialgetriebes (vergleiche [552][S. 6])*

diesem Lösungsansatz auch die unstetige Form des Kurvenkörpers entgegen[54], welche eine technische Ausführung für beliebige Werteverläufe der beiden Eingabewerte letztlich nahezu unmöglich werden lässt.

Erschwerend kommt hinzu, dass ein solcher Funktionsgeber oft unterschiedliche Repräsentationen der beiden Eingabevariablen erfordert (eine Translation und eine Rotation) und darüberhinaus für beide nur einen beschränkten Wertebereich zulässt.

Da in der Mehrzahl der Fälle Variablenwerte in mechanischen Analogrechnern als Rotationen von Wellen vorliegen, die in der Regel nicht beschränkt sind, wird zur Durchführung von Summen- beziehungsweise Differenzenbildungen meist ein anderes Verfahren eingesetzt, das sich auf ein *Differentialgetriebe* stützt[55].

Abbildung 2.8 zeigt schematisch den Aufbau eines solchen Differentialgetriebes[56] in der Ausführung als *Kegelraddifferentialgetriebe*[57], für welches ein rechteckiger *Differentialkäfig* mit vier ineinandergreifenden Kegelrädern kennzeichnend ist. Für ein solches Differentialgetriebe gilt

$$x_3 = \frac{1}{2}x_1 + \frac{1}{2}x_2,$$

---

[54]Zwischen den Maximal- und Minimalwerten der beiden Eingangswerte findet ein Sprung von maximaler Höhe auf Null statt.

[55]Ein Verfahren, das bereit um 100 vor Christus im eingangs erwähnten sogenannten Räderwerk von Antikythera zum Einsatz gelangte.

[56]Häufig auch nur als *Differential* bezeichnet.

[57]Diese Variante ist die in der Praxis am häufigsten eingesetzte – darüberhinaus existiert jedoch eine Vielzahl anderer Umsetzungsvarianten wie beispielsweise *Stirnraddifferentialgetriebe*, *Schneckenraddifferentialgetriebe*, *Schraubendifferentialgetriebe*, *Banddifferentialgetriebe* und viele mehr. Ein Beispiel für ein Banddifferentialgetriebe findet sich in dem in Abschnitt 2.4 behandelten Gezeitenrechner LORD KELVINS.

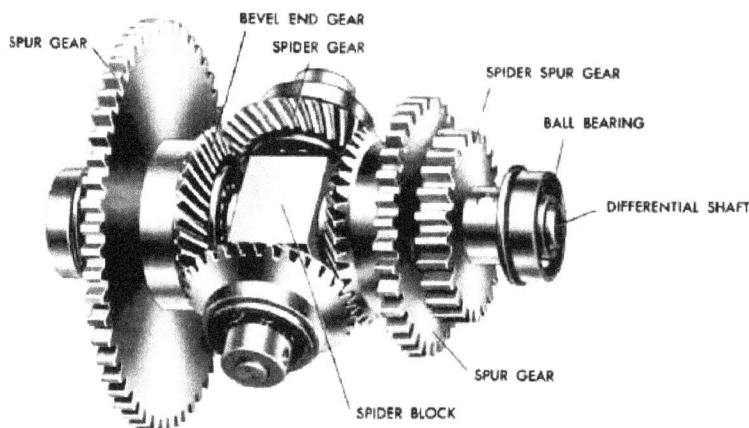

Abb. 2.9: *Beispiel eines praktisch in einem amerikanischen Feuerleitrechner eingesetzten Differentialgetriebes (nach [70][S. 174])*

wobei die Werte x_1, x_2 und x_3 jeweils als Umdrehungen der zugeordneten Achsen beziehungsweise des Differentialkäfigs vorliegen. Die einzige Voraussetzung für die Erfüllung dieses Ausdruckes ist, dass der Differentialkäfig die Umdrehung der Achse x_1 in umgekehrtem Drehsinn, aber mit gleicher Winkelgeschwindigkeit auf x_2 überträgt.

Eine praktische Ausführungsvariante eines solchen Kegelraddifferentialgetriebes zeigt Abbildung 2.9 anhand eines Differentials, wie es in mechanischen Feuerleitrechnern der Vereinigten Staaten von Amerika etwa um 1940 zum Einsatz kam. Bemerkenswert ist der Verzicht auf einen Differentialkäfig, der hier durch einen *Spider Block* ersetzt wurde, wodurch ein kompakterer Aufbau des Getriebes ermöglicht wurde.

2.3.4   Integrierer

Die Berechnung von Integralen, die zu den wichtigsten Grundoperationen eines jeden Analogrechners zählt, stellt sich unter Zuhilfenahme digitaler numerischer Methoden mitunter als ausgesprochen komplex und zeitraubend heraus – die Durchführung der gleichen Operation mit Hilfe mechanischer analoger Rechenelemente hingegen besticht durch ihre Eleganz und Einfachheit.

Bei den ersten Instrumenten, die explizit mechanische Vorrichtungen zur Berechnung von Integralen, sogenannte *Integrierer*[58] besaßen, handelte es sich um Planimeter, allerdings nicht in der Bauform des Polarplanimeters, wie es in Abschnitt 2.2 schwerpunktmäßig beschrieben wurde, sondern um als *Orthogonalplanimeter* bezeichnete Vorläuferinstrumente.

---

[58] Im Folgenden wird stets von *Integrierern* anstelle des in der Literatur meist anzutreffenden Begriffes des *Integrators* die Rede sein – gleiches gilt für den Begriff des *Multiplizierers*, der ebenfalls nicht, hier jedoch in Übereinstimmung mit der Literatur, als *Multiplikator* bezeichnet wird.

Ein erstes solches Instrument wurde von JOHANN MARTIN HERMANN[59] bereits im Jahre 1814[60] entwickelt und besaß als zentrales Element einen rotierenden Kegel, auf welchem ein Reibrad verschoben werden konnte, dessen Position auf dem Kegel der zu integrierenden Funktion entspricht, während die Kegeldrehung die Integrationsvariable repräsentiert. Diese Entwicklung blieb weitgehend folgenlos, und ein ähnliches Instrument wurde 1824[61] von TITUS VON GONNELLA[62] entwickelt, der hierbei jedoch auf einen Kegel als Integrationselement verzichtete und stattdessen ein auf einer rotierenden Scheibe abrollendes Reibrad einsetzte[63]. Auch GONNELLAS Entwicklung geriet zunächst in Vergessenheit und wurde im Jahre 1849[64] durch den Schweizer Ingenieur KASPAR WETLI[65] erneut entwickelt.

Losgelöst von dem eng umgrenzten Einsatzgebiet eines Planimeters stellt ein solcher mechanischer Integrierer ein zentrales und mächtiges Rechenelement mechanischer Analogrechner dar. Abbildung 2.10 zeigt schematisch den Aufbau eines solchen Reibradintegrierers in Seitenansicht und Aufsicht. Mit seiner Hilfe ist die Berechnung von Integralen der Form

$$x_3 = \int x_1 \, \mathrm{d}x_2$$

möglich[66]. Der jeweilige Wert des Integranden x_1 wird durch den radialen Abstand des Reibrades von der Scheibenmitte dargestellt, während die Integrationsvariable[67] sowie das Resultat der Integration als Winkel beziehungsweise Umdrehungen der Scheiben beziehungsweise der Reibradachse vorliegen.

Aufbauend auf dieser Form des Integrierers veröffentlichte JAMES THOMSON[68] im Jahre 1876 einen Integrierer, der an Stelle des Reibrades eine verschiebbar angeordnete Kugel vorsah, durch welche der gewünschte Kraftschluss zwischen der rotierenden Scheibe und einem Aufnehmerzylinder hergestellt wurde. Eine Verschiebung dieser Kugel in radialer Richtung auf der Scheibe änderte entsprechend den Wert des Integranden. Abbildung 2.11 zeigt die Schemazeichnung einer weiterentwickelten Variante dieser Anordnung in Form eines sogenannten *Double-Ball-Integrators*[69], bei welchem zwei gegenläufig rotierende Kugeln in einem radial verschiebbaren Kugelkäfig als Kraftschlussglied eingesetzt

---

[59]1785–1841

[60]Siehe [452][S. 26].

[61]Siehe [452][S. 26].

[62]1794–1867

[63]Letztlich kann eine Scheibe auch als Kegel mit einem Öffnungswinkel von π aufgefasst werden.

[64]Siehe [452][S. 27].

[65]1.9.1822–30.3.1889

[66]Hierbei wurde der Durchmesser des Reibrades vernachlässigt – er wirkt sich als konstanter Vorfaktor aus. Siehe hierzu beispielsweise [106][S. 46 ff.] beziehungsweise [552][S. 23 ff.].

[67]Diese wird mitunter auch als *Integrator* bezeichnet.

[68]Bruder von WILLIAM THOMSON, dem späteren LORD KELVIN.

[69]Solche Integrierer wurden noch in der zweiten Hälfte des zwanzigsten Jahrhunderts eingesetzt, wie eine Werbung der Firma Librascope (siehe [345]) aus dem Jahre 1957 zeigt, in welcher ein neuentwickelter solcher Integrierer mit einer Wiederholgenauigkeit von 10^{-4} vorgestellt wird. Diese hohe Genauigkeit sowie die Robustheit mechanischer Elemente rechtfertigten ihre Verwendung vor allem in Luft- und Raumfahrt sowie in militärischen Bereichen bis in die 1970er Jahre hinein.

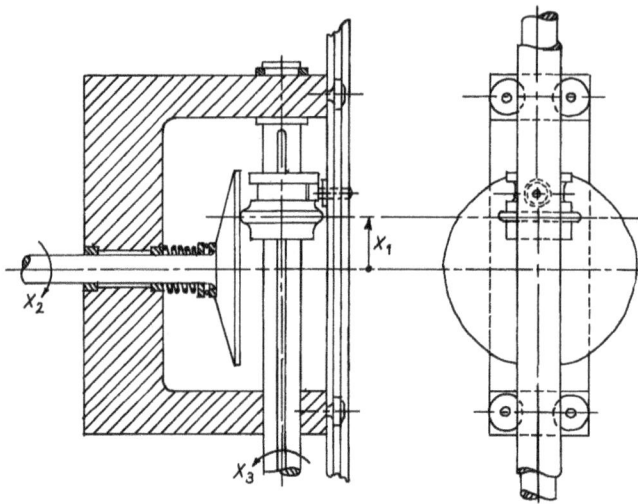

Abb. 2.10: *Funktionsprinzip eines Reibradintegrierers (vergleiche [552][S. 24])*

werden[70]. Abbildung 2.12 zeigt eine praktische Ausführung eines solchen Integrierers, wie er ab etwa 1917 in amerikanischen Feuerleitrechnern[71] zum Einsatz gelangte.

Die Idee seines Bruders aufgreifend, entwickelte LORD KELVIN[72] im gleichen Jahr 1876 die Idee, mit Hilfe derartiger mechanischer Rechenelemente Differentialgleichungen maschinell zu lösen. Seine Grundidee hierbei war, eine gegebene Differentialgleichung n-ten Grades zunächst nach ihrer höchsten Ableitung aufzulösen und auf die sich hieraus ergebende rechte Seite der Gleichung eine Kette von n in geeigneter Form hintereinandergeschalteter Integrierer anzuwenden. Als Ergebnis dieser Integrationen liegen dann alle Ableitungen der Problemvariablen vor, die wiederum als Eingabewerte für die Bildung der zunächst als bekannt vorausgesetzten höchsten Ableitung Verwendung finden können. Diese in Abschnitt 5.1.1 ausführlich beschriebene Vorgehensweise wird als *vollständige Rückführung* oder auch als *Kelvinsches Rückführungsverfahren* bezeichnet. In [565] schreibt KELVIN über die Entdeckung dieses Verfahrens anhand der Untersuchung einer linearen Differentialgleichung zweiten Grades:

> *But then came a pleasing surprise. Compel agreement between the function fed into the double machine and that given out by it [...] The motion of each will thus be necessarily a solution of [the equation to be solved]. Thus I was led to the conclusion, which was unexpected; and it seems to me very*

---

[70]Diese Anordnung wurde von HANNIBAL FORD (8.5.1887–März 1955, gründete 1915 die *Ford Marine Appliance Corporation*, die 1916 zur *Ford Instrument Company* umfirmierte und wesentliches auf dem Gebiet der Feuerleittechnik leistete, siehe [87]) entwickelt und patentiert und besitzt gegenüber anderen Integrierervarianten den Vorteil, dass auch bei stehender Integrationsscheibe Positionsänderungen des Kugelkäfigs möglich sind (siehe [87][S. 24]).

[71]Siehe Abschnitt 2.6.

[72]WILLIAM THOMSON, späterer LORD KELVIN (benannt nach einem Nebenfluss des Clyde in Glasgow), 1824–1907.

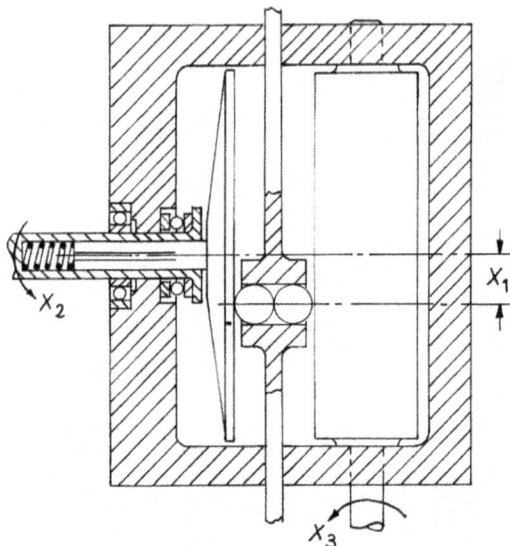

Abb. 2.11: *Aufbau eines Scheibe-Doppelkugel-Zylinder-Integrierers (vergleiche [552][S. 25])*

remarkable that the general differential equation of the second order with variable coefficients may be rigorously, continuously, and in a single process solved by a machine.

Bemerkenswert ist die Tatsache, dass KELVIN auf Grundlage dieser Idee keine praktisch verwendbare Maschine konstruierte, was eigentlich naheliegend gewesen wäre, da er die wesentlichen Grundlagen der Programmierung von Analogrechnern mit seinem Rückführungsverfahren bereits erarbeitet hatte. Diese Unterlassung ist umso unverständlicher, als mit dem Thomson-Integrierer ein Gerät zur Verfügung stand, das die Übertragung hoher Drehmomente und damit die Hintereinanderschaltung mehrerer Integrierer erlaubte. Spätere Entwicklungen, die auf Reibradintegrierern aufsetzten, welche nur geringe Drehmomente zu übertragen im Stande waren, erforderten hierfür die Entwicklung sogenannter Drehmomentverstärker[73], die erst VANNEVAR BUSH gelang, wodurch der Bau mechanischer Analogrechner, die meist als *Differentialanalysatoren* bezeichnet wurden, auf dieser Basis erst möglich wurde[74].

Obwohl bereits LORD KELVIN bewusst war, dass sich mit Hilfe geeignet miteinander verbundener mechanischer Rechenelemente prinzipiell beliebige (lineare) Differentialgleichungen lösen lassen, blieb diese Erkenntnis zunächst ohne große Resonanz. Auch als UDO KNORR[75] diese Idee im Jahr 1921[76] wieder veröffentlichte, verhallte sie weit-

---

[73]Sogenannte *Torque Amplifiers* – eine schöne Beschreibung möglicher Implementationsvarianten findet sich bei TIM ROBINSON (siehe [487]) sowie bei STANLEY FIFER (siehe [124][S. 672]).

[74]Siehe Abschnitt 2.7.

[75]1887–1960

[76]Siehe [452][S. 33].

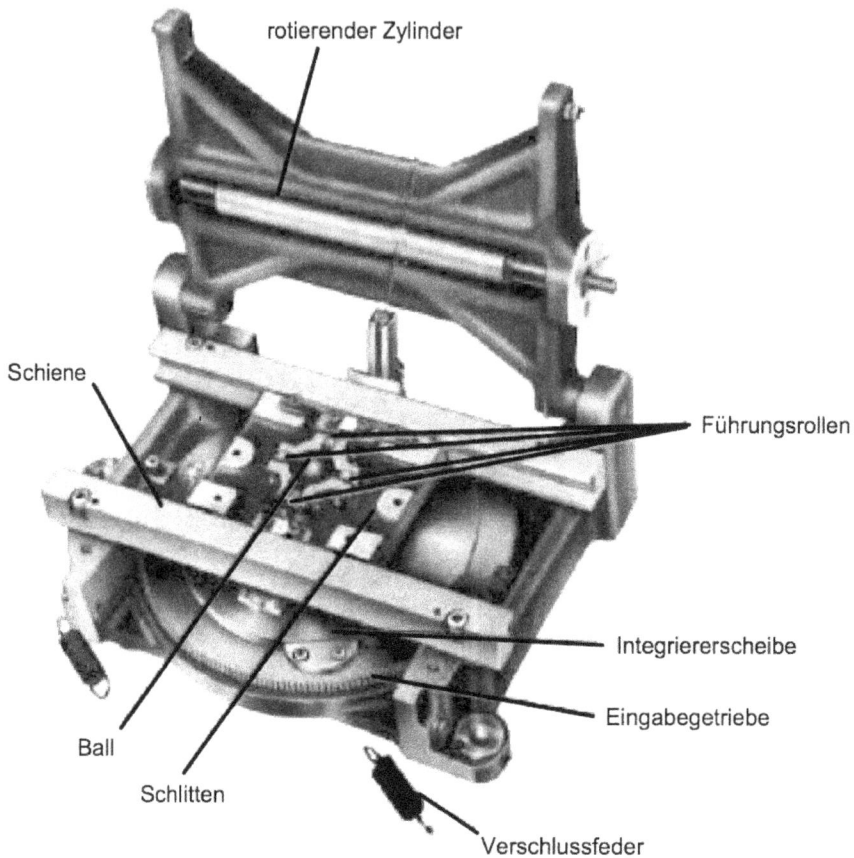

Abb. 2.12: *Praktische Ausführung eines Scheibe-Kugel-Zylinder-Integrierers (nach [70][S. 287])*

gehend ungehört und folgenlos[77]. Überhaupt sträubten sich vor allem Mathematiker lange gegen die Vorstellung, Mathematik mit der Hilfe von Maschinen ausüben zu sollen, was die Weiterentwicklung derartiger Geräte zumindest nicht beschleunigte und dafür sorgte, dass gewisse Kreise aus der Mathematikergemeinschaft noch auf ALWIN OSWALD WALTHER[78], einen der einflussreichsten angewandten Mathematiker der ersten Hälfte des zwanzigsten Jahrhunderts und Protagonisten des maschinellen Rechnens, herabsahen.

---

[77]In diesem Falle wohl allerdings nicht zuletzt wegen des ungeeigneten Mediums, einer Eisenbahnzeitschrift, in welcher KNORR seine Überlegungen publizierte.

[78]6.5.1898–4.1.1967, ein kurzer Lebenslauf findet sich beispielsweise in [108].

2.4   Gezeitenrechner

Obwohl es LORD KELVIN nicht gelang, einen wirklichen Differentialanalysator zur Behandlung mehr oder weniger beliebiger (linearer) Differentialgleichungen zu schaffen, entwickelte er doch einen mechanischen Spezialanalogrechner in Form des ersten analogen Gezeitenrechners auf Basis einer Reihe der in den vorangegangenen Abschnitten dargestellten Rechenelemente, der ebenfalls im Jahre 1876 fertiggestellt wurde[79]. Dieser Rechner diente zwar wiederum nur der Behandlung eines einzigen, fest vorgegebenen Problems, übertraf aber hinsichtlich seiner Komplexität die meisten bis zu diesem Zeitpunkt entwickelten Analogrechenmaschinen bei weitem[80].

Das Problem der Gezeitenvorhersage war für die Seefahrt von jeher von hoher Bedeutung, konnten doch Segelschiffe nur schwer gegenläufige Strömungen überwinden, was häufig zu verlängerten Liegezeiten im Hafen führte. Mit der etwa ab der Mitte des neunzehnten Jahrhunderts schnell wachsenden Verbreitung der Dampfschifffahrt wurde die Frage nach einer korrekten Vorhersage der Gezeiten zunehmend drängender, da die Fahrpläne der Dampfschiffe, die dank ihrer Motorisierung auf offener See nicht mehr vom Wind abhängig waren, kürzere und vorhersagbarere Liegezeiten erforderten[81].

Die Begriffe *Tide* und *Gezeiten* werden oft synonym verwandt, obwohl eigentlich zwischen dem *Tidenhub*, dem Mittelwert der Differenz aus den jeweiligen Hoch- und Niedrigwasserständen, beziehungsweise dem Wasserstand auf der einen und den Gezeitenströmungen auf der anderen Seite unterschieden werden muss. Dies bringt ein schönes Zitat KELVINs auf den Punkt[82]:

> *The tides have something to do with motion of the sea. Rise and fall of the sea is sometimes called a tide; but I see, in the Admiralty Chart of the Firth of Clyde, the whole space between Ailsa Craig and the Ayrshire coast marked „very little tide here". Now, we find there a good ten feet rise and fall, and yet we are authoritatively told there is very little tide. The truth is, the word „tide" as used by sailors at sea means horizontal motion of water; but when used by landsmen or sailors in port, it means vertical motion of the water.*

Auslöser der Gezeiten sind die von Mond und Sonne hervorgerufenen Störungen des Schwerefeldes[83] – eine nähere Analyse zeigt, dass die Gezeiten durch die Summation einer Reihe harmonischer Schwingungen mit voneinander unabhängigen Perioden und

---

[79] Eine schöne Beschreibung des Gerätes sowie seiner Funktionsweise findet sich in [566] beziehungsweise in [106][S. 41 ff.]. Auslöser für LORD KELVINS Interesse an der Gezeitenberechnung war nicht zuletzt der frühe Tod seiner ersten Frau, MARGARET THOMSON, geborene CRUM, am 17. Juni 1870. Dieses einschneidende Ereignis veranlasste ihn, sich verstärkt seinem Hobby, der Seefahrt zuzuwenden, was unter anderem dazu führte, dass er einen 126-Tonnen-Schoner, die *Lalla Rookh*, erwarb.

[80] LORD KELVINS Entwicklungen mechanischer Analogrechner zogen die schöne Bemerkung „*substitute brass for brain*" nach sich (siehe [608][S. 49] beziehungsweise [395]).

[81] Die Ermittlung der Gezeiten und Gezeitenströme stellt im Übrigen bis heute aufgrund der Vielzahl zu berücksichtigender Parameter eine Herausforderung dar, der ein hohes kommerzielles Interesse zuteil wird. Bereits gegen Ende der 1950er Jahre wurden digitale Großrechensysteme für die numerische Behandlung dieser Problemstellung eingesetzt (siehe [493]).

[82] Siehe [566][Part I].

[83] Gezeitenkräfte

Amplituden in guter Näherung vorherberechnet werden können[84]. Zu den wichtigsten dieser harmonischen Schwingungen, die auch als *Partialtiden* bezeichnet werden, gehören unter anderem

- die Rotation der Erde um ihre Achse,

- die Rotation der Erde um die Sonne,

- die Rotation des Mondes um die Erde,

- die Präzession des Mondperigäums,

- die Präzession der Ebene des Mondorbits etc.

KELVINS Rechner berücksichtigte zehn derartige harmonische Summationsterme – die 1910 fertiggestellte und in Betrieb genommene *United States Coast and Geodetic tide-predicting machine No. 2*, zog bereits 37 Terme in Betracht[85].

Abbildung 2.13 zeigt eine Prinzipzeichnung des KELVINschen *Tide Predictors* – gut zu erkennen ist die waagrecht verlaufende Welle, die mit dem zentralen Kurbeltrieb auf der linken Seite verbunden ist. Diese Welle treibt entsprechend der Anzahl zu berücksichtigender Partialtiden eine Reihe von Getrieben an, welche die jeweils benötigten Perioden der harmonischen Schwingungen vorgeben. Angetrieben von diesen Getrieben werden wiederum mechanische Funktionsgeber zur Erzeugung von Sinus- beziehungsweise Cosinusschwingungen, deren Ausgangswerte mit Hilfe eines Banddifferentialgetriebes aufaddiert werden.

Die praktische Umsetzung dieses Verfahrens zeigt Abbildung 2.14 anhand des im Science Museum London ausgestellten Originals des 1876 fertiggestellten Gezeitenrechners. Auf der rechten Seite des Gestells befindet sich die Kurbel für den Antrieb des Rechners, die über eine Kegelradgruppe die vertikal angeordnete zentrale Getriebewelle antreibt. Auf dieser Welle sind sieben Kegelradgetriebe angeordnet, mit deren Hilfe entsprechend sieben unterschiedliche Perioden für die Erzeugung der einzelnen Partialtiden generiert werden[86].

Die in der Mitte des Rechners angeordnete Anzeige erlaubt das Ablesen der Simulationszeit im Verlauf einer Rechnung. Die zehn um diese Anzeige herum angeordneten Scheiben mit Stellrädern dienen zur Erzeugung und Einstellung der einzelnen Partialtiden, die durch die Parameter Periodendauer, Phasenverschiebung und Amplitude bestimmt werden. Im Wesentlichen besteht jeder dieser Funktionsgeneratoren aus einer durch das Zentralgetriebe angetriebenen, kreisförmigen Scheibe, deren Startposition

---

[84]Letztlich handelt es sich bei diesem Verfahren um eine Fouriersynthese.

[85]Später entwickelte Anlagen zogen noch wesentlich größere Anzahlen von Partialtiden zur Gezeitenberechnung heran. Ein Beispiel für eine solche Entwicklung findet sich in einer von AUDE & REIPERT im Jahre 1936 eingereichten Patentschrift (siehe [21]), in welcher ein Gezeitenrechner beschrieben wird, mit dessen Hilfe auch deutlich mehr Terme berücksichtigt werden können. Der in dieser Patentschrift beschriebene Rechner, der in seiner praktischen Ausführung 62 Partialtiden berücksichtigte, war bis 1968 in Hamburg im praktischen Einsatz und befindet sich nun im Deutschen Museum in München.

[86]Drei der zehn von dieser Maschine berücksichtigten Partialtiden unterscheiden sich nicht von den Periodendauern anderer Partialtiden, so dass nur sieben unterschiedliche Grundperioden erzeugt werden müssen.

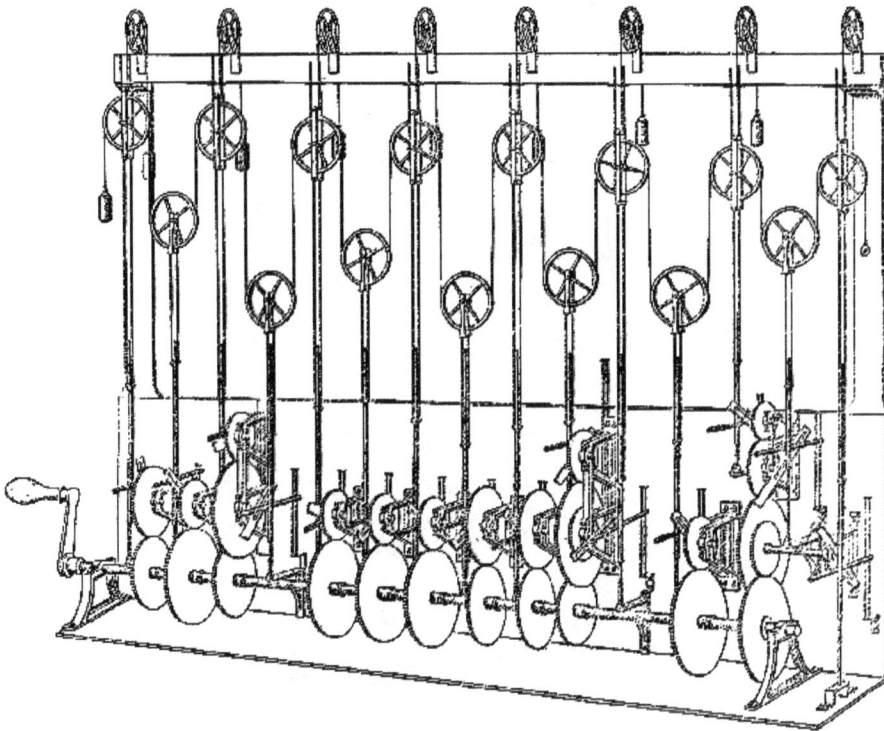

Abb. 2.13: *Funktionsprinzip des* KELVIN*schen Gezeitenrechners (um 1873, nach [567])*

der Phasenverschiebung entspricht, während die Periodendauer fest durch das Zentralgetriebe vorgegeben ist. Auf dieser Scheibe befindet sich ein Schlitten, welcher durch die
Achse der Scheibe verläuft und seinerseits einen verschiebbaren Stift trägt, an dessen
herausragendem Ende eine Messingumlaufrolle befestigt ist. Durch radiales Verschieben
dieses Stiftes kann die Exzentrizität der Bewegung der mit dem Stift verbundenen Rolle
festgelegt werden.

Befindet sich der Stift direkt über der Achse der Grundscheibe, rotiert die Umlaufrolle
bei feststehender Achse. Je weiter der Stift an den Rand der Grundscheibe verschoben
wird, desto größer wird die Exzentrizität der Abrollbewegung der Rolle und damit die
Amplitude der erzeugten harmonischen Funktion. Diese zehn Partialtiden werden mit
Hilfe eines Banddifferentialgetriebes[87] addiert, dessen dünner Stahldraht[88] auf einer
Seite am Rahmen der Maschine fixiert ist und jede der zehn Umlaufrollen der harmonischen Funktionsgeber mäanderförmig umschlingt. Das freie Ende des Stahldrahtes
bewegt einen Schreibstift (im Bild rechts unten) in vertikaler Richtung, während die
Umdrehung der zentralen Getriebewelle eine Aufzeichnungsrolle antreibt, über welche
eine Papierbahn zur Aufzeichnung des so errechneten Summenterms geführt wird.

---

[87]Bedingt durch die Werterepräsentation der Partialtidengeneratoren in Form einer Translationsbe-
wegung sind andere Formen des Differentialgetriebes hier nicht ohne weiteres verwendbar.

[88]Dieser besteht aus einer Speziallegierung, die eine sehr geringe Wärmeausdehnung besitzt.

Abb. 2.14: LORD KELVINs *Gezeitenrechner (mit freundlicher Genehmigung des Science Museum London, Inventarnummer 1876-1129)*

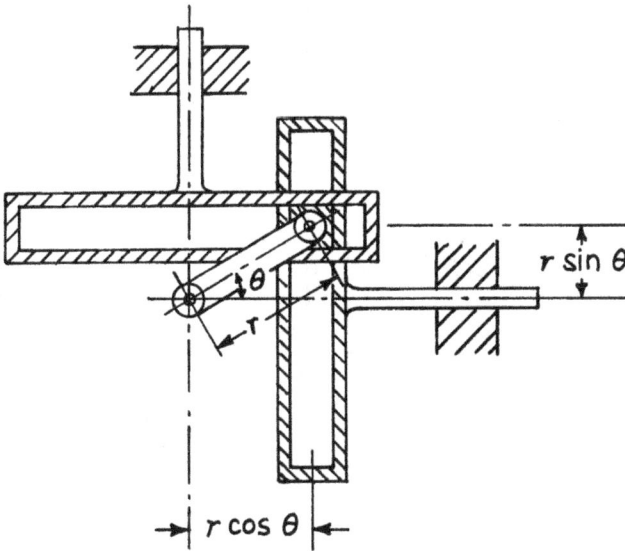

Abb. 2.15: *Erzeugung von $r\cos(\Phi)$ und $r\sin(\Phi)$ (vergleiche [225][S. 242])*

KELVINS Rechner errechnete die etwa 1400 Jahrestiden eines Hafens im Verlauf von nur vier Stunden – vor ihrer Entwicklung benötigten dieselben Rechnungen, von Hand durchgeführt, mehrere Monate für ihre Fertigstellung[89].

2.5   Harmonische Synthesizer

Das von KELVIN angewandte Prinzip der Erzeugung harmonischer Funktionen kann auch in leicht abgewandelter Form, wie sie in Abbildung 2.15 dargestellt ist, umgesetzt werden. Hier bewegt ein an einem rotierenden Arm der Länge r angebrachter Stift zwei im rechten Winkel zueinander angeordnete, jeweils in Längsrichtung geführte Schlitten und ermöglicht so die Erzeugung eines Paares harmonischer Funktionen mit gleicher Periode und fester, durch den Winkel zwischen den beiden Schlitten bestimmter Phasenverschiebung[90].

Derartige Funktionsgeneratoren fanden lange Zeit Verwendung in mechanischen Analogrechnern und dienten beispielsweise zum Bau allgemeinerer harmonischer Synthesizer als der KELVINsche Gezeitenrechner einen darstellt[91]. Einen solchen Rechner zeigt Abbildung 2.16 – hier werden vier sin-/cos-Pärchen unterschiedlicher Amplituden und Phasenverhältnisse addiert.

---

[89]Siehe [503].

[90]Im vorliegenden Fall wird entsprechend ein sin-/cos-Funktionspaar generiert.

[91]Noch im Jahre 1960 beschreiben BLACK und PETERSON von der Radio Corporation of America in einer Patentschrift (siehe [47]) einen solchen mechanischen harmonischen Funktionsgenerator für die Umwandlung polarer Koordinaten in einer Radaranlage in kartesische.

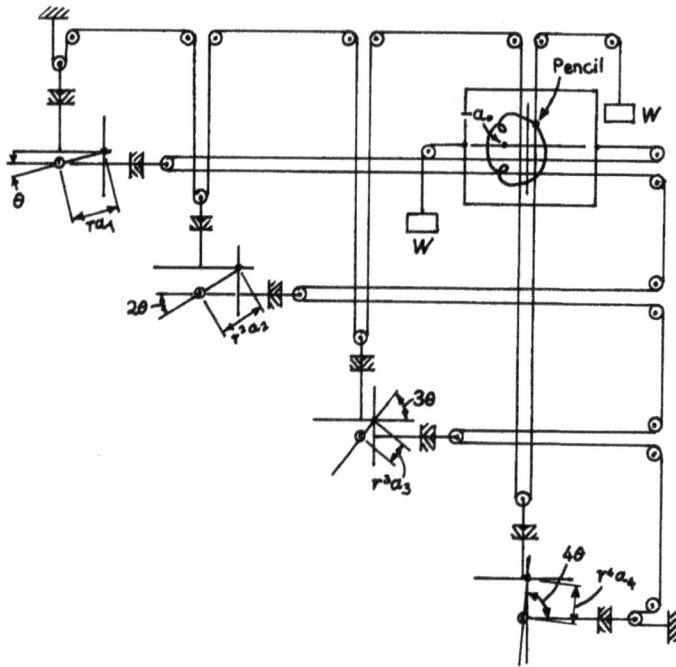

Abb. 2.16: *Überlagerung harmonischer Funktionen (vergleiche [225][S. 242])*

Eine interessante Variante eines solchen Fouriersynthesizers beschreibt RAYMOND M. REDHEFFER, [472], United States Navy, in einem 1946 angemeldeten und 1953 angenommenen Patent – hier findet die Generierung der sin-/cos-Werte ebenfalls mit Hilfe eines Mechanismus' ähnlich des in Abbildung 2.15 dargestellten statt, jedoch werden von den mitgeführten Schlitten direkt Potentiometer verstellt, deren Ausgangsströme über ein Widerstandsnetzwerk summiert und einem Voltmeter beziehungsweise Schreiber zugeführt werden[92]

Den umgekehrten Weg ermöglicht ein von FRANK J. MCDONAL, Socony Mobil Oil Company, entwickeltes und 1951 zum Patent eingereichtes[93] System, mit dessen Hilfe die Bestimmung von Fourierkoeffizienten auf der Basis vorgegebener Kurven möglich ist. Grundelement sind auch hier mechanische Sinus-/Cosinusgeber ähnlich Abbildung 2.15, die lineare Potentiometer ansteuern, deren Ausgangssignale die Grundlage für die eigentliche Fourieranalyse mit Hilfe einer Reihe von Integrierern und Multiplizierern bilden[94].

---

[92] Eine weitere interessante Anwendung eines solchen Fouriersynthesizers (allerdings in Form einer elektronischen Schaltung) beschreibt BRACK in[58] in Form eines Gerätes zur Lösung von Polynomgleichungen der allgemeinen Form $f(z) = \sum_{i=0}^{n} a_i z^i = \sum_{i=0}^{n} a_i r^i \cos(i\varphi) + \mathrm{i} \sum_{i=0}^{n} a_i r^i \sin(i\varphi) = 0$. Die Lösung einer allgemeinen Polynomgleichung wird hierdurch auf eine Fouriersynthese zurückgeführt, deren Ergebnis für geeignete Koeffizienten, die manuell durch mehr oder minder gezieltes Ausprobieren bestimmt werden, zu Null wird.

[93] Diesem wurde 1956 stattgegeben, siehe [295].

[94] Das verwendete Verfahren findet sich ausführlich, jedoch bezogen auf eine rein elektronische Implementation, in [145][S. 302 ff.] beschrieben.

Neben Anwendungen im Maschinenbau, bei denen Untersuchungen des Vibrationsver-
haltens von Maschinen beziehungsweise Maschinenteilen eine schnelle Bestimmung von
Fourierkoeffizienten wünschenswert erscheinen lassen, besaß vor allem die ölfördernde
Industrie ein hohes Interesse an der Entwicklung und dem Einsatz derartiger Techniken,
da diese die Grundlage für eine effiziente Auswertung von Seismogrammen, wie sie bei
der Lagerstättenforschung in der Folge von Probesprengungen in großem Maße anfallen,
bilden[95].

2.6   Mechanische Feuerleitrechner

Mit zu den komplexesten mechanischen Spezialanalogrechnern zählen die sogenannten
Feuerleitrechner, die im folgenden Abschnitt abschließend für die große Gruppe der Spezialrechner dargestellt werden, bevor allgemein einsetzbare mechanische Analogrechner
den Schwerpunkt der sich anschließenden Betrachtungen darstellen werden.

Während bis in die zweite Hälfte des neunzehnten Jahrhunderts bei Seegefechten die
Einstellung von Geschützen hinsichtlich der Schusswinkel, der benötigten Treibladungs-
menge etc. aufgrund des in der Regel sehr geringen Abstandes zwischen den in ein Ge-
fecht verwickelten Schiffen[96] mit gutem Erfolg rein manuell erfolgte, änderte sich dies
in den folgenden Jahren mit steigenden Geschützreichweiten dramatisch. Bereits gegen
Ende des neunzehnten Jahrhunderts waren Reichweiten von bis zu etwa zehn Kilome-
tern bei Schiffsgeschützen üblich, was bereits deutlich höhere Anforderungen an die
Bedienungsmannschaften der Geschütze stellte, um ein Ziel zuverlässig und mit hoher
Treffsicherheit unter Beschuss zu nehmen[97].

Die für den erfolgreichen Einsatz eines solchen Geschützes in Betracht zu ziehenden
Parameter sind vielfältig, umfassen in der Regel jedoch für Schiffsgeschütze, aber auch
für Torpedos mindestens

- Änderungen der Flugbahn durch das Einwirken von Wind (mit wachsender Reichweite der Geschütze wurde dieser Punkt von zunehmend größerer Bedeutung, da
  die Flugzeit stärker als linear mit der Distanz zum Ziel ansteigt und somit das
  Projektil überproportional lange störenden Windeinflüssen ausgesetzt ist) beziehungsweise Änderungen der Laufbahn eines Torpedos durch Strömungseffekte,

- Luftdruck, Treibladungsgewicht, -feuchtigkeit und -temperatur bei herkömmlichen
  Geschützen beziehungsweise Salzgehalt des Wassers etc. bei Torpedos,

- Geschützabnutzung (durch Vergrößerung des Rohrdurchmessers verringert sich
  entsprechend die Projektilgeschwindigkeit und damit einhergehend entsprechend
  die Reichweite) sowie vor allem

- die Fahrtgeschwindigkeit und Kurs des Zieles sowie die entsprechenden Parameter
  des eigenen Schiffes.

---

[95]Nicht von ungefähr war FRANK J. DONAL Mitarbeiter der Socony Mobil Oil Company.

[96]Beispielsweise lag die durchschnittliche Schussweite während des historischen Gefechtes zwischen
der USS Monitor und der CSS Virginia am 9. März 1862 bei nur etwa 100 Metern (siehe [87][S. 21]).

[97]Vergleiche [87][S. 22].

Frühe, nicht automatische Verfahren waren entweder rein beobachtergestützt oder beruhten auf einem Zeichenraum[98]. Bei beobachtergestützten Verfahren wurden mit Hilfe optischer Entfernungsmesser die Daten von Fehlschüssen ermittelt, die im Anschluss als Grundlage für die manuelle, gegebenenfalls tabellengestützte[99] Berechnung neuer Schussparameter dienten. Der erfolgreiche Einsatz dieses Verfahrens setzt jedoch eine freie Sicht auf das Ziel voraus, so dass hinter dem Horizont befindliche Ziele automatisch ausscheiden, was die Reichweite der Geschütze mitunter einschneidend beschränkt.

Der Einsatz eines zentralen Zeichenraumes ermöglicht es, diese Beschränkung in einigen Fällen zumindest abzuschwächen, sofern das Ziel wenigstens einige Zeit in Sichtweite lief. Hierbei werden in einem in der Regel unter Deck befindlichen Raum auf Kartentischen alle relevanten Gefechtsdaten grafisch mitprotokolliert und als Grundlage für die jeweils erforderlichen Geschützeinstellungen verwendet. Geschwindigkeit, Kurs und Bewegungen des eigenen Schiffes werden hierbei meist mit Hilfe sogenannter *Pitometer*[100] bestimmt.

Neben der Steuerung von Schiffsgeschützen erforderte bald auch die Luftabwehr aufgrund der hohen Flughöhen und großen Fluggeschwindigkeiten automatisierte Rechentechniken; gleiches gilt für die seit dem Ersten Weltkrieg aufgebaute U-Boot-Flotte – bedingt durch die langen Torpedolaufzeiten, die im Minutenbereich liegen können, so dass sich das Ziel in dieser Zeitspanne makroskopisch weit fortbewegt hat, bei gleichzeitig hohen Reichweiten der Torpedos, deren Bahn überdies in einem ersten Teilstück meist gekrümmt war, wurde die Einführung mechanischer Rechenanlagen zur Berechnung von Schussparametern kriegs- und überlebenswichtig[101].

Abbildung 2.17 stellt stark vereinfacht die Problematik der Feuerleitung am Beispiel eines U-Boot-Angriffes mit einem Torpedo auf ein Schiff dar[102]. Nicht berücksichtigt sind hier Effekte, die aus der Tatsache erwachsen, dass weder das angreifende U-Boot noch das angegriffene Schiff punktförmig sind – vor allem die Ausdehnung des U-Bootes muss in der Praxis in Betracht gezogen werden, da sich die Winkelpeilungen des Sonars von den notwendigen Winkeleinstellungen des Torpedos unterscheiden, was auf die unterschiedlichen Orte zurückzuführen ist, an welchen die Schallaufnehmer einerseits und die Torpedorohre andererseits montiert sind. Weiterhin ist zu berücksichtigen, dass der Ort der Schallentstehung am angegriffenen Schiff, welcher durch den Einsatz von Sonar detektiert wird, im Bereich der Schrauben liegt, die sich jedoch nicht mittschiffs, sondern stets am Heck befinden.

---

[98] Meist als *plotting room* beziehungsweise als *control information center* bezeichnet.

[99] Solche Tabellenwerke listen eine Vielzahl unterschiedlicher Parametervariationen mit den jeweils zugehörigen Feuerleitlösungen, d.h. Geschützparametern auf.

[100] Pitometer erlauben die Bestimmung der relativen Schiffsgeschwindigkeit in Bezug auf das umgebende Wasser. Sie ähneln in ihrem Aufbau in der Regel Pitot-Staurohren, wie sie in der Luftfahrttechnik zum Einsatz gelangen und nutzen den Unterschied zwischen dynamischem und statischem Wasserdruck.

[101] Eine sehr schöne Einführung in die allgemeine Feuerleittechnik findet sich beispielsweise in [68] sowie in [106][S. 52 ff.].

[102] Ein Überblick über das Torpedoschießverfahren der deutschen U-Boot-Flotte des Zweiten Weltkrieges findet sich bei RÖSSLER (siehe [490][S. 79 ff.]) zusammen mit einer Funktionsskizze eines deutschen mechanischen analogen Torpedovorhalterechners.

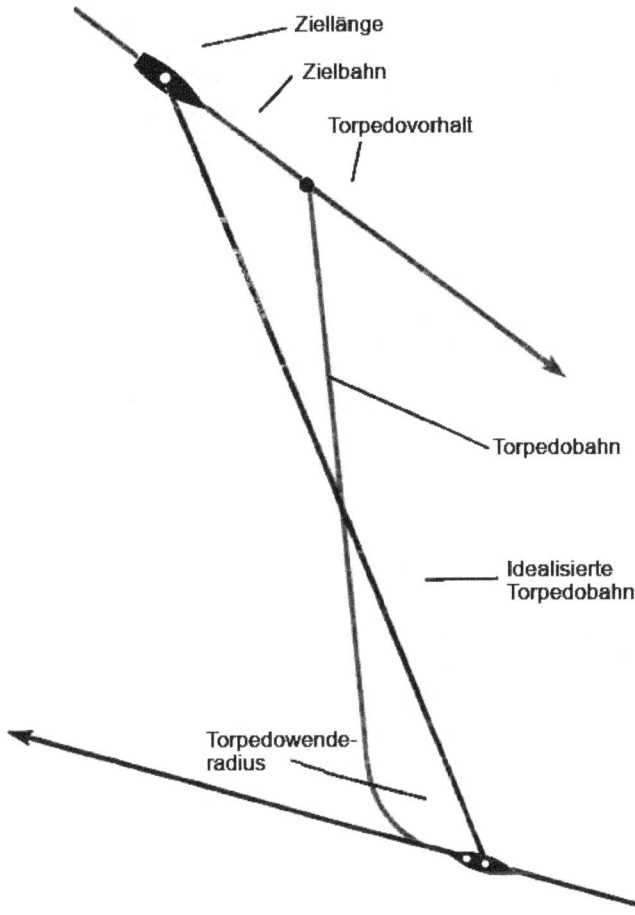

Abb. 2.17: *Vereinfachte Darstellung der Feuerleitproblematik im Zusammenhang mit U-Boot-gestützten Torpedos (nach [71][S. 12])*

Einen der ersten mechanischen analogen Feuerleitrechner stellt der 1917 von der *Ford Instrument Company* entwickelte *Ford range keeper*[103] dar, der die Vorausberechnung von Reichweite und Zielpeilung für Geschütze erlaubte[104]. Dieser Feuerleitrechner wies jedoch noch keine direkte Verbindung mit dem zu führenden Geschütz beziehungsweise den damals rein optisch arbeitenden Zielerfassungssystemen auf, sondern wurde hiervon getrennt als reines Rechengerät eingesetzt.

---

[103]Informell auch als *Baby Ford* bekannt, siehe [330][S. 14].

[104]Dieser Rechner basierte im Wesentlichen auf einer Entwicklung des Briten ARTHUR H. POLLEN (vergleiche [87][S. 24]).

Diese Kopplung blieb späteren, wesentlich komplexeren Systemen wie dem 1939 fertiggestellten Feuerleitsystem *Mark-37* vorbehalten[105], dessen Hauptbestandteil der ebenfalls von der Ford Instrument Company entwickelte Feuerleitrechner *Mark-1* war. Das
System konnte automatisch die Geschützeinstellung mit Hilfe hydraulischer Systeme
übernehmen und war in einer als *Mark-1A*[106] bezeichneten verbesserten Variante in der
Lage, Feuerleitlösungen bis zu Zielgeschwindigkeiten von etwa 724 $\frac{km}{h}$ zu errechnen, was
vor allem für die Luftabwehr von großer Bedeutung war.

Die Abbildungen 2.18 beziehungsweise 2.19 vermitteln einen Eindruck von der Komplexität solcher Feuerleitrechner am Beispiel des von der *Arma Corporation*[107] während
des Zweiten Weltkrieges entwickelten *Torpedo Data Computer Mark-3*[108]. Abbildung
2.18 zeigt den gesamten, in zwei untereinander verbundenen Schränken untergebrachten
Rechner mit abgenommener Frontverkleidung, während Abbildung 2.19 eine Teilbau-
gruppe des Systems, bestehend aus Integrierern und Differentialgetrieben, zeigt[109].

2.7   Mechanische Differentialanalysatoren

Nachdem alle in den vorangegangenen Abschnitten behandelten mechanischen Analogrechner nur für die Behandlung und Lösung eines einzelnen Problems beziehungsweise
einer einzelnen Problemklasse gebaut wurden, behandelt der folgende Abschnitt allgemeiner verwendbare mechanische Analogrechner, die in ihrer Struktur hinreichend
flexibel sind, um ein breites Spektrum an Fragestellungen zu behandeln.

Der Wunsch nach möglichst universell einsetzbaren analogen Rechengeräten mündete in
der Entwicklung sogenannter *mechanischer Differentialanalysatoren*, wie sie in den folgenden Abschnitten näher behandelt werden. Wie der Name bereits andeutet, liegt bei
diesen Instrumenten der Einsatzschwerpunkt auf der Behandlung allgemeiner (linearer)
Differentialgleichungen mit Hilfe analoger mechanischer Einrichtungen. Die Entwicklung dieser Maschinenklasse ist untrennbar mit VANNEVAR BUSH[110] verbunden, der
bereits im Jahre 1912 ein starkes Interesse an der Entwicklung mechanischer analoger
Rechengeräte zeigte.

In diesem Jahr reichte er einen sogenannten *Profile Tracer* zum Patent ein[111], mit dessen
Hilfe die automatische Aufzeichnung von Geländeprofilen möglich war. Dieses Gerät
verfügte im Wesentlichen über zwei mechanische Integrierer ähnlich dem in Abbildung
2.10 dargestellten, von denen einer die Bewegungen eines stark gedämpften Pendels,

---

[105]Siehe [87][S. 25 f.].

[106]Die Außenmaße dieses Rechners betrugen nur etwa 160 cm (Länge), 100 cm (Breite) und 115 cm
(Höhe) bei einem Gewicht von etwa 1.5 Tonnen und einem Stromverbrauch von 57.5 bis 140 A bei 115
V Betriebsspannung.

[107]Siehe [87][S. 28].

[108]Kurz auch als *TDC Mark-3* bezeichnet.

[109]Die Informatik-Sammlung der Universität Erlangen verfügt über einen mechanisch-analogen Vorhaltrechner mit ballistischem Korrekturrechner des Typs M4/2-42 Du (Inv. Nr. I0159) der 1970 ver-
schrotteten deutschen Fregatte *Gneisenau* (vormals der englische Geleitzerstörer *HMS Tickham*), der
hinsichtlich seiner Komplexität dem hier als Beispiel gezeigten Torpedo-Feuerleitrechner überlegen ist.
Sehr schön sind an diesem Exemplar vor allem die mehrdimensionalen Funktionsgeber zu sehen.

[110]11.3.1890–30.6.1974

[111]Siehe [72].

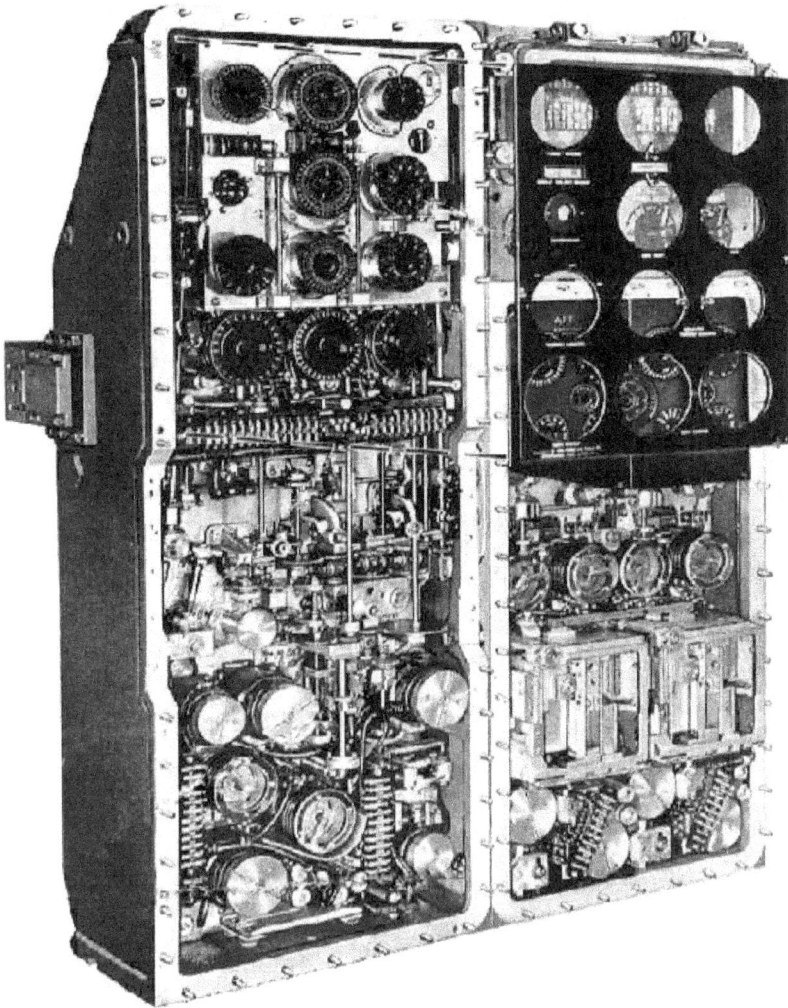

Abb. 2.18: *Torpedo Data Computer Mark-3, Frontverkleidung abgenommen (nach [71][S. 150])*

dessen Ausschläge in etwa der ersten Ableitung des Bodenprofils entsprechen, über welches das Gerät bewegt wird, integriert, während der zweite über die zurückgelegte Strecke integriert und eine Papierbahn beziehungsweise -trommel antreibt. Das folgende Zitat ist [608][S. 26] entnommen:

> *It consisted of an instrument box slung between two small bicycle wheels. The surveyor pushed it over a road, or across a field, and it automatically drew the profile as it went [...] The box contained a well-damped pendulum. On this was mounted a disc, driven from the rear wheel. Against this disc rested two sharp-edged rollers. One picked off the vertical distance traveled,*

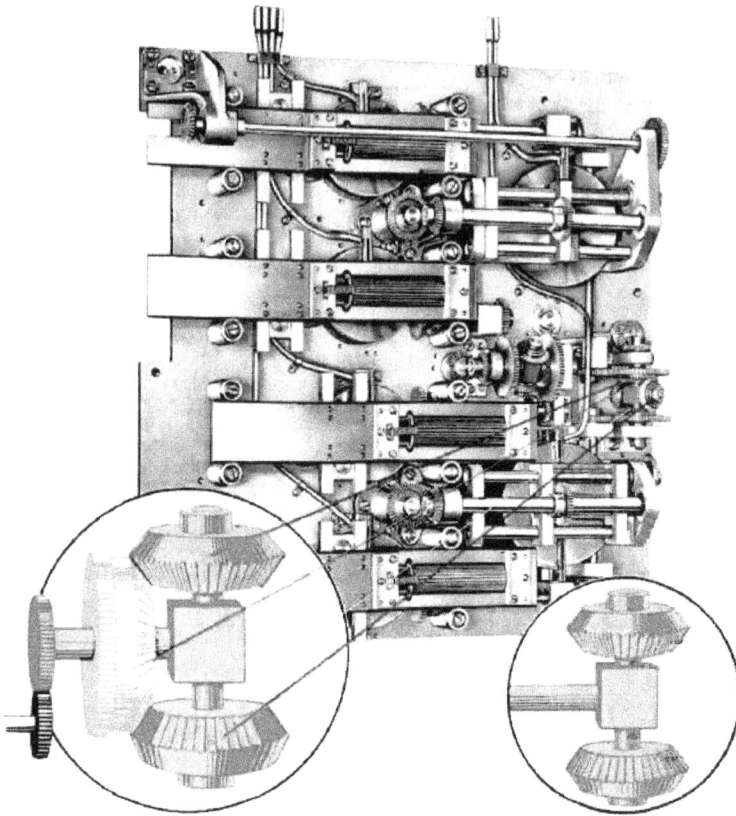

Abb. 2.19: *Detailansicht des TDC Mark-3 (nach [71][S. 34])*

and moved a pen. The other picked off the horizontal distance and turned a drum carrying the paper.

Bei diesen und den folgenden Entwicklungen waren BUSH im Übrigen die Entwicklungen und Überlegungen JAMES THOMSONS und seines Bruders, LORD KELVIN, nicht bekannt[112]. Erst 1925 griff er die Idee eines mechanischen Analogrechners erneut auf, als er sich mit Berechnungsproblemen im Zusammenhang mit dem in den 1920er Jahren rasch an Komplexität gewinnenden Stromversorgungsnetz der Vereinigten Staaten befasste[113].

---

[112]Siehe beispielsweise [106][S. 51] sowie [608][S. 49]. Als VANNEVAR BUSH nach der Fertigstellung seines im Folgenden beschriebenen ersten mechanischen Differentialanalysators auf die Entwicklungen THOMSONS und KELVINS hingewiesen wurde, beanspruchte er dennoch alle Erfinderrechte für sich, da er THOMSONS und KELVINS theoretische Vorarbeiten aufgrund der fehlenden praktischen Umsetzung als nicht ausreichend erachtete: „*Inventors are supposed to produce operative results.*" (vergleiche [608][S. 51]).

[113]Derartige Untersuchungen stellten lange Zeit ein wichtiges Einsatzgebiet für Analogrechner dar, siehe Abschnitt 10.9.5.1.

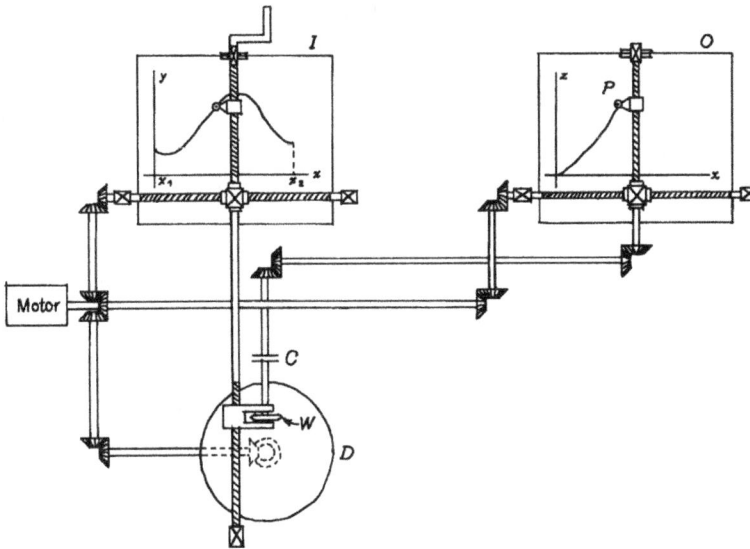

Abb. 2.20: *Ein einfacher mechanischer Differentialanalysator (vergleiche [225][S. 190])*

Aus dieser Entwicklung entstand der erste praktisch einsetzbare mechanische Analogrechner beziehungsweise Differentialanalysator, der im Jahre 1931 mit einem Gesamtkostenaufwand von 25000 US-Dollar fertiggestellt wurde. Im Gegensatz zu allen in den vorangegangenen Abschnitten beschriebenen Maschinen handelte es sich hierbei um den ersten frei programmierbaren[114] mechanischen Analogrechner der Welt. Um einen Eindruck von dem Aufbau eines solchen Systems zu bekommen, zeigt Abbildung 2.20 exemplarisch einen für die Integration einer vorgegebenen Kurve eingerichteten solchen Differentialanalysator.

Typische Ein-/Ausgabegeräte solcher Differentialanalysatoren sind die sogenannten *Ein-/Ausgabetische*, die in der oberen Bildhälfte zu sehen sind: Auf der linken Seite befindet sich hier der Eingabetisch, auf welchem ein Blatt mit der zu integrierenden Kurve aufgespannt ist. Diese Kurve wird mit einer Fahrlupe abgetastet, wobei der Vorschub der Fahrlupe in x-Richtung automatisch geschieht, während die y-Position von Hand durch entsprechende Bedienung der am oberen Bildrand zu erkennenden Kurbel nachzuführen ist.

Der Ausgabewert des Eingabetisches dient nun als Eingabe für einen Reibradintegrierer und verschiebt das Reibrad in radialer Richtung auf der rotierenden Integriererplatte, die, ebenso wie der x-Eingang des Eingabetisches, von einem zentralen Motor angetrieben wird.

Der Ausgang dieses Integrierers steuert seinerseits über durch Kegelräder miteinander gekoppelte Wellen den y-Eingang des am rechten oberen Bildrand dargestellten Aus-

---

[114] *Konfigurierbar* wäre im Grunde genommen ein angemessenerer Begriff.

gabetisches[115] an, während dessen x-Eingang über den selben Zentralmotor wie der Eingabetisch und der Integrierer angetrieben wird.

Ein solcher Differentialanalysator ist im Grunde genommen nicht mehr als eine mehr oder weniger beliebig miteinander verschaltbare Ansammlung unterschiedlicher Rechenelemente wie Integrierer, Differentialgetriebe, Funktionsgeber, Ein-/Ausgabetische etc.[116]. In der Regel wurden bei derartigen Rechengeräten die einzelnen Rechenelemente mit Hilfe einer Gruppe von Wellen, die den ganzen Rechner durchzogen, an zentraler Stelle miteinander verschaltet. Der von VANNEVAR BUSHs Arbeitsgruppe im Jahr 1931 fertiggestellte mechanische Differentialanalysator besaß beispielsweise insgesamt 18 solcher Achsen, was dazu führte, dass die Verschaltung der Elemente zur Lösung eines bestimmten Problems mitunter einige Tage beanspruchen konnte[117].

Das fertiggestellte Gerät, das über sechs Integratoren verfügte[118], wurde von der Presse enthusiastisch als *„thinking device"*, als *„mechanical brain"* und sogar als *„man-made brain"* bezeichnet[119]. In der praktischen Anwendung stellte es sich als hinreichend leistungsfähig heraus, um eine Reihe von Nachbauten hervorzurufen – mehr oder weniger direkte Kopien wurden unter anderem an der University of Texas, der University of Pennsylvania, der Cornell University, in Norwegen[120], Irland und Russland gebaut[121].

Anderenortes wurden ähnliche Geräte aus einfachen *Meccano*-Baukästen[122] mit großem Erfolg gebaut[123]. Beispielsweise bauten DOUGLAS HARTREE und ARTHUR PORTER 1934 an der Manchester University einen mechanischen Differentialanalysator, dessen Rechenelemente, abgesehen von den präzisen Integriererscheiben, aus Standardmeccanobauteilen zusammengesetzt waren[124]. Eine ähnliche Maschine wurde im darauffolgenden Jahr von J. B. BRATT an der Cambridge University entwickelt. Diese Maschine wurde unter anderem im Zweiten Weltkrieg bei der Entwicklung der sogenannten *Bouncing Bomb*[125] erfolgreich zum Einsatz gebracht.

---

[115] In moderner Nomenklatur handelt es sich hierbei um einen *Plotter* beziehungsweise einen x/y-Schreiber.

[116] Multiplikationen werden bei mechanischen Analogrechnern in der Regel auf zwei Integrationen zurückgeführt, da Multiplizierer, die Eingabewerte in der Form von Achsrotationen erlauben, mechanisch schwer zu realisieren sind. Grundlage hierfür ist die Eigenschaft $xy = \int x \, dy + \int y \, dx$.

[117] Siehe [608][S. 51].

[118] Siehe [486][S. 74].

[119] Siehe [608][S. 51].

[120] Siehe [194].

[121] Siehe [608][S. 73]. Die russischen Entwicklungen basierten jedoch zu einem großen Teil auf theoretischen Untersuchungen A. M. KRYLOVs (siehe [118][S. 39 ff.]) – 1938 wurde dort ein mechanischer Differentialanalysator mit sechs Integrierern fertiggestellt.

[122] Eine vor allem in England und den Vereinigten Staaten von Amerika verbreitete Form eines Metall-oder Stabilbaukastensystems.

[123] Diese Entwicklungen werden sehr schön in [486] beschrieben.

[124] Siehe beispielsweise [350].

[125] Hierbei handelte es sich um eine spezielle dammbrechende Bombe (Codename „*Upkeep*"), die, um ihre waagrecht liegende Längsachse rotierend, aus einem Flugzeug auf einen Stausee abgeworfen, auf dem Wasser mehrfach abprallte und sich so springend auf das Ende des Stausees zubewegte, um an die Staumauer zu prallen, an ihr herabzugleiten und in einer vorbestimmten Tiefe zu detonieren. Dieser Bombentyp wurde im Zweiten Weltkrieg erfolgreich beispielsweise gegen die Staumauer des Eder-Stausees eingesetzt.

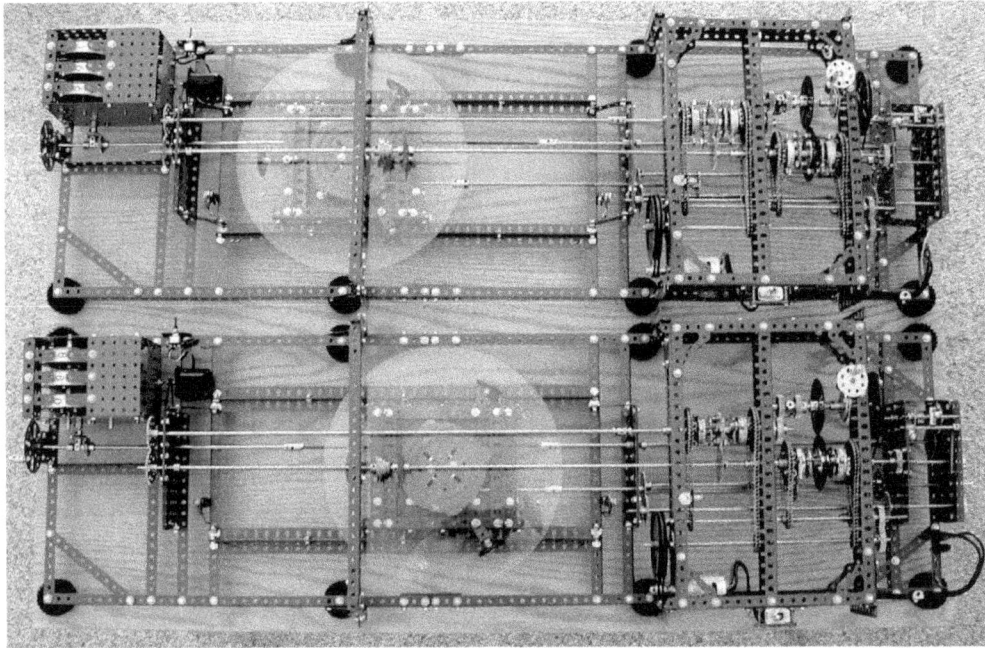

Abb. 2.21: *Detailansicht der Integrierer des Differentialanalysators von* TIM ROBINSON

Trotz der um Größenordnungen geringeren Baukosten dieser Meccano-Adaptionen verfügten die hiermit entwickelten Geräte über eine hinreichend hohe Genauigkeit, um mit Erfolg praktisch eingesetzt zu werden. Abbildung 2.21 zeigt einen Ausschnitt aus einem solchen Differentialanalysator, der in den Jahren ab 2003 von TIM ROBINSON entwickelt wurde. Der abgebildete Teil des Rechners zeigt in der linken Bildhälfte zwei der Integrierer des Systems mit den zugehörigen Drehmomentverstärkern in der rechten Bildhälfte. Interessant sind die Umdrehungszähler der Integrierer, die einen schnellen Überblick über die jeweils akkumulierten Werte erlauben. Neben diesen Integrierern verfügt die dargestellte Anlage über Ein-/Ausgabetische sowie eine zentrale Wellengruppe zur Verschaltung der einzelnen Rechenelemente und stellt somit ein typisches Beispiel für einen rein mechanischen Differentialanalysator dar.

2.8 Elektromechanische Differentialanalysatoren

Einen gemeinsamen Nachteil wiesen jedoch alle bis zu diesem Zeitpunkt entwickelten Differentialanalysatoren auf: Die Verschaltung der einzelnen Rechenelemente war in hohem Maße zeitaufwändig und fehleranfällig. In Zusammenhang mit der unvermeidbaren zentralen Wellengruppe verhinderte dies die Entwicklung von Anlagen größeren Umfanges, die jedoch verstärkt für die Behandlung komplexerer Fragestellungen benötigt wurden.

Aus diesem Grunde begann VANNEVAR BUSH im Jahre 1934 mit der Entwicklung eines zweiten, größeren Differentialanalysators, der im Gegensatz zu seinem Vorgängermodell zwar ebenfalls auf mechanischen Rechenelementen beruhte, jedoch keine direkte mechanische Verbindung mehr zwischen den einzelnen Elementen erforderte. Vielmehr waren alle Eingangsachsen der Rechenelemente mit Servomotoren versehen, während die Ausgangsachsen mit Synchronresolvern verbunden waren, womit sich die Möglichkeit ergab, die eigentliche Verschaltung der Rechenelemente auf elektronischem Wege durchzuführen, indem mit Hilfe von Kreuzschienenverteilern die Ausgänge der Synchronresolver auf die Eingänge von Servomotoransteuerschaltungen gelegt werden konnten.

Diese zweite Anlage wurde im Jahre 1942 fertiggestellt und wog über 100 Tonnen, besaß etwa 2000 Elektronenröhren[126] und verfügte über 150 Motoren zur Ansteuerung von Eingabewellen der verschiedenen Rechenelemente[127].

Die Vorteile einer elektromechanischen Implementation eines Differentialanalysators wurden auch anderenortes früh erkannt. Beginnend im Jahre 1939 wurde am IPM[128] in Darmstadt in Zusammenarbeit mit der Firma A. Ott[129] eine elektromechanische Integrieranlage entwickelt[130] und 1945 fertiggestellt, die über vier Integrierer, von denen einer in Abbildung 2.22 dargestellt ist, sechs Funktions-/Ergebnistische mit optischer Abtastung und zwei Multiplizierer verfügte[131].

Wie bei VANNEVAR BUSHs zweitem Differentialanalysator waren auch bei dieser Anlage alle Recheneinheiten elektrisch miteinander verkoppelbar, so dass Änderungen in der Aufgabenstellung nur die (einfache) Änderung der Verschaltung der Maschine nach sich zogen, während die komplexe Mechanik der einzelnen Recheneinheiten vollständig gekapselt und unberührt blieb[132].

Die bei der Entwicklung dieser Anlage gewonnenen Erfahrungen flossen in ein Projekt ein, das im Jahre 1948 bei der in Minden/Westfalen ansässigen Firma Schoppe und Faeser begonnen wurde[133] und zur Fertigung von drei elektromechanischen Präzisi-

---

[126]Diese wurden im Wesentlichen für die Servoschaltungen benötigt.

[127]Vergleiche [608][S. 73].

[128]Institut für Praktische Mathematik

[129]Die Firma A. Ott hatte sich vor allem durch die Entwicklung und Herstellung präziser mechanischer Rechen- und Zeichengeräte wie Planimetern und Pantografen einen Namen gemacht.

[130]Siehe beispielsweise [452][S. 46 f.].

[131]Diese Anlage wurde noch lange nach ihrer Fertigstellung eingesetzt und diente auch der Behandlung kommerzieller Rechenaufträge, wie folgende Bemerkung aus dem Jahre 1957 ([468][S. 53]) zeigt: „Institut für Praktische Mathematik der Technischen Hochschule Darmstadt (Prof. Dr. WALTHER): Es bearbeitet mit der eigenen mechanischen Integrieranlage [...] Kundenaufträge besonders auf dem Spezialgebiet der linearen und nichtlinearen Differentialgleichungen." Hiermit gehört das IPM zu den vermutlich ersten Rechenzentren, die auf kommerzieller Basis analoge Rechendienstleistungen anboten – es ist somit als Vorläufer der großen Analogrechenzentren zu sehen, wie sie in Abschnitt 10.20 beschrieben werden. Eine ausführliche Beschreibung findet sich beispielsweise in [593].

[132]Siehe beispielsweise [468][S. 45 ff.].

[133]Diese Arbeiten wurden im Auftrag der britischen National Physical Laboratories (kurz NPL) durchgeführt (siehe [468][S. 46]).

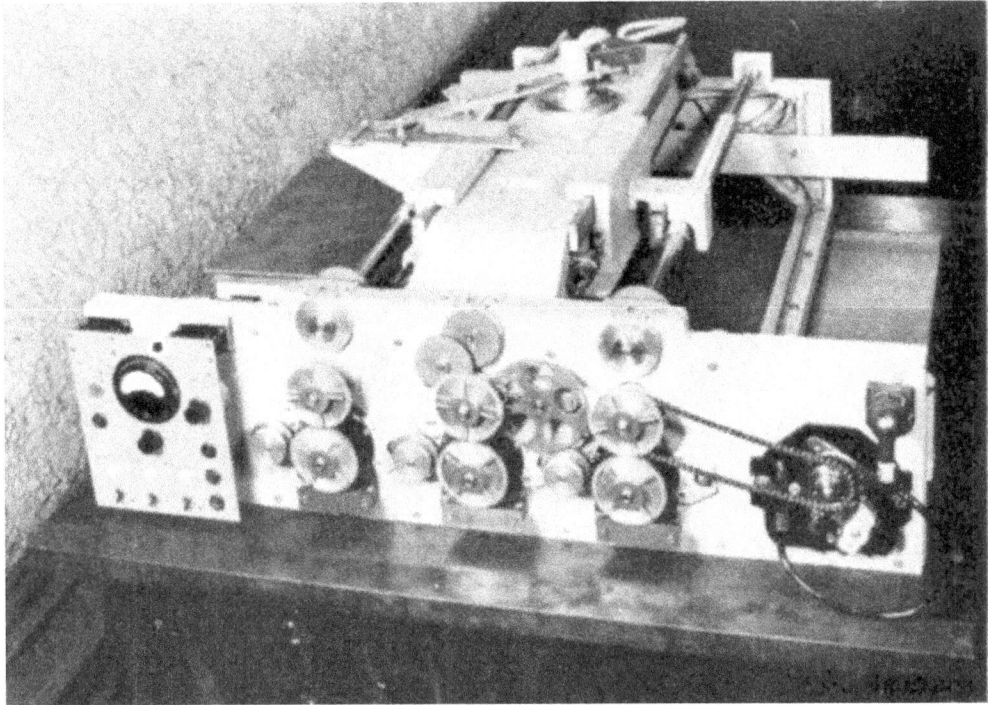

Abb. 2.22: *Ein Integrierer der Integrieranlage IPM-Ott (nach [468][S. 45])*

onsintegrieranlagen führte, die unter der Bezeichnung *Minden* bekannt wurden[134]. Die letzte und auch umfangreichste dieser drei Anlagen markiert auf eindrucksvolle Weise das Ende der Ära elektromechanischer Analogrechner: Sie umfasste zwölf Integrierer (Abbildung 2.23 zeigt einen solchen Integrierer), 20 Summentriebe und zehn Funktionstische, wobei die einzelnen Rechenelemente eine Genauigkeit von bemerkenswerten 0.01% erreichten.

Abbildung 2.24 zeigt die zweite, an die Universität Bonn ausgelieferte Integrieranlage des Typs Minden in ihrer Gesamtheit. Gut zu erkennen sind drei Funktionstische im Vordergrund des Bildes sowie drei Integrierergruppen sowie Hilfseinheiten an der Wand des Rechenraumes.

Für einen kommerziellen Erfolg kamen diese Entwicklungen jedoch zu spät, da im Jahre 1955 die Entwicklung rein elektronisch arbeitender Analogrechner, welche den Schwerpunkt der sich anschließenden Abschnitte bilden, einen Stand erreicht hatte, der in jeder Hinsicht den Möglichkeiten, die mechanische oder elektromechanische Implementations-

---

[134]Die erste dieser Anlagen wurde an das NPL, die zweite an das Institut für Instrumentelle Mathematik der Universität Bonn und die dritte, die in Zusammenarbeit mit Siemens-Schuckert entstand, an die Siemens-Schuckert-Werke in Erlangen ausgeliefert (1955 – siehe [468][S. 46]). Die letztgenannte Anlage war bis 1971 in Betrieb (siehe [452][S. 53]) und befindet sich heute zu einem großen Teil in der Sammlung des Deutschen Museums München, wo auch ein Funktionstisch sowie ein Integrierer in der ständigen Ausstellung zu sehen sind.

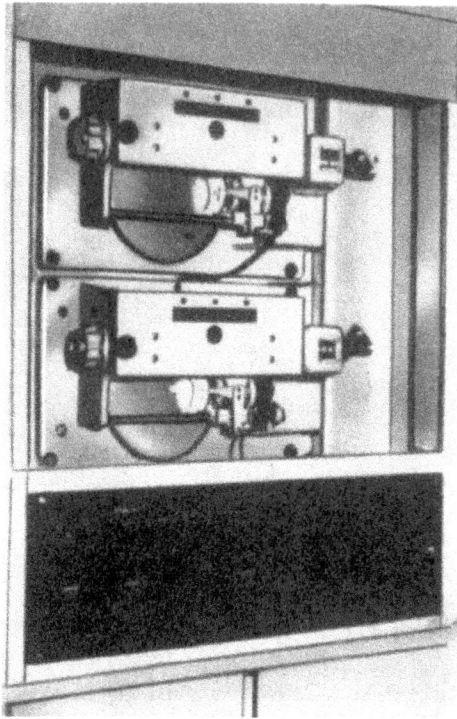

Abb. 2.23: *Integrierergruppe der Integrieranlage Minden (nach [468][S. 51])*

varianten boten, überlegen war[135]. Interessant ist die Feststellung, dass die Firma Schoppe und Faeser in den Jahren von 1949 bis 1953 unter DR. BÜCKNER[136] bereits einen sogenannten *digitalen Differentialanalysator*[137], der als *Integromat* bezeichnet wurde, entwickelte – eine Entwicklung, der ein kommerzieller Erfolg leider verwehrt blieb[138].

---

[135] Die Hauptvorteile einer rein elektronischen Implementation sind vor allem im Bereich der Rechengeschwindigkeit, der Wartungsfreundlichkeit sowie der wesentlich höheren Flexibilität zu sehen, wobei ähnliche Genauigkeiten wie mit hochpräzisen mechanischen Integrierern erzielt werden konnten. Bemerkenswerterweise wurde noch 1954 eine elektromechanische Integrieranlage in Russland entwickelt, die mit 24 Integrierern, 24 Summierern, vier Multiplizierern, 16 Funktionstischen und einer Vielzahl zusätzlicher Rechenelemente zu den größten jemals gebauten Anlagen dieser Art zählt (siehe [118][S. 39]).

[136] Siehe [468][S. 50].

[137] Siehe Abschnitt 8.

[138] In der Literatur wird diese Entwicklung mitunter (siehe beispielsweise [452][S. 54]) als „*die erste praktisch eingesetzte Anlage der später als „Digitale Integrieranlage" (Digital Differential Analyzer, DDA) bezeichneten Geräteart*" betrachtet. Dies ist so nicht korrekt, da bereits im Jahre 1950 eine wesentlich fortschrittlichere Anlage, die auf ähnlichen Überlegungen beruhte, in Form von *MADDIDA* (siehe Abschnitt 8.4.1) erfolgreich in Betrieb genommen wurde.

Abb. 2.24: *Integrieranlage Minden der Universität Bonn (nach [468][S. 51])*

2.9   Spezialrechner

Elektromechanische Analogrechner wurden in einigen Bereichen noch bis in die 1970er Jahre eingesetzt und entwickelt. Einer der Hauptanwendungsbereiche hierfür war die Luftfahrttechnik, in welcher die spezifischen Vorteile solcher Rechner, vor allem ihre Robustheit, die vergleichsweise große Genauigkeit und die hohe Kompaktheit sowie die durch lange Erfahrung erprobte Technik von ausschlaggebender Bedeutung waren.

Bereits am 7. Juni 1945 reichten beispielsweise JOHN W. GRAY und DUNCAN MACRAE eine Patentschrift[139] ein, in welcher ein elektromechanischer Rechner für den zielgenauen Abwurf von Bomben aus einem Flugzeug auf ein gegebenes, jedoch wegen ungünstiger Geländebedingungen oder zu geringer Rückstrahlung nicht direkt mit Hilfe von Radar anpeilbares Ziel beschrieben wird. Zur Behandlung einer solchen Aufgabe wird hierbei ein Ersatzziel gesucht, das ein verwendbares Radarecho zurückwirft und dessen Position in Bezug auf das eigentliche Ziel bekannt ist. Mit Hilfe eines Radarzielführungssystems[140] wird nun das Flugzeug auf einem Kurs geleitet, der das Ersatzziel erreicht, wofür an Bord eine Umrechnung der vom Leitsystem an das Flugzeug übermittelten

---

[139]Siehe [158] – stattgegeben wurde dem Patent erst am 28. Juni 1955.

[140]Im angelsächsischen Sprachraum wird dieser Vorgang als *Homing* bezeichnet. Eine detaillierte Beschreibung der während des Zweiten Weltkrieges in diesem Bereich entwickelten Techniken findet sich beispielsweise in [481][S. 196 ff.].

Kursinformationen stattfinden muss, um das eigentliche Ziel, dessen Position relativ zum Ersatzziel bekannt ist, zu erreichen.

Der von GRAY und MACRAE entwickelte *Bombing Computer* ermöglichte die Berechnung der für das eben beschriebene Vorgehen notwendigen Kursmodifikationen mit Hilfe elektromechanischer analoger Rechenelemente.

Ein weiteres Beispiel für einen derartigen Spezialrechner stellt die 1957 von ZEILINGER beschriebene und von der französischen Flugzeugfirma SNCAN[141] implementierte Flugzeug-*Kurskoppelanlage* dar. Diese „*[. . .] übernimmt die Aufgabe des Navigators [. . . und. . .] ist eine von der Bodenpeilung unabhängige Navigationshilfe [. . .]*"[142] – als Eingabeparameter dienen hier die Messgrößen Fluggeschwindigkeit und Kurs.

Interessant an der Umsetzung dieses Spezialrechners ist zum einen die Verwendung eines Reibradintegrieres ähnlich dem in Abschnitt 2.3.4 dargestellten als Multiplizierer einerseits[143] sowie die Ausführung der Integrationen andererseits, die keinen herkömmlichen Integrierer verwenden, sondern stattdessen motorisch angetriebene Potentiometer einsetzen. Hierbei ist die Winkelgeschwindigkeit der Potentiometerachsen proportional zu dem zu integrierenden Eingabewert, so dass die Schleiferstellung des Potentiometers dem Integral über dem variierenden Eingabewert entspricht.

Bemerkenswert ist, dass zumindest in Zeiten vor der vollständigen Transistorisierung analoger Rechenanlagen mechanische Implementationen hinsichtlich Packungsdichte und mitunter auch Gewicht rein elektronischen Varianten mit Röhren überlegen waren. Vor allem jedoch in Bezug auf ihre Robustheit sind mechanische Techniken Elektronenröhren fast immer überlegen, da letztere in aller Regel starke Änderungen ihrer Kennlinien bei Einwirken äußerer Beschleunigungen durch die Änderung ihrer Elektrodensystemgeometrie erleiden[144], was die lange Einsatzdauer mechanischer und elektromechanischer Analogrechner in bestimmten, fest umgrenzten Anwendungsgebieten erklärt.

---

[141]Kurz für *Société Nationale de Constructions Aéronautiques du Nord*.
[142]Siehe [609][S. 363].
[143]Bei dieser Einsatzvariante wird die Winkelgeschwindigkeit der Integriererscheibe durch einen dem radialen Abstand des Reibrades von der Achse proportionalen Multiplikator verrechnet.
[144]In Extremfällen können hieraus sowie aus beschleunigungs- oder schlag- beziehungsweise sturzbedingten Brüchen der Glaskolben auch Totalausfälle resultieren.

3 Die ersten elektronischen Analogrechner

In den nächsten Abschnitten werden zwei der wesentlichen Entwicklungsströmungen, welche in der Folge zu allgemein einsetzbaren elektronischen Analogrechnern führten, beschrieben. Da es sich hierbei um mehr oder weniger voneinander unabhängige, aber dennoch in etwa demselben Zeitabschnitt durchgeführte Entwicklungen handelte, wird willkürlich zunächst die Entwicklung elektronischer Feuerleitrechner während des Zweiten Weltkrieges bei den *Bell Telephone Laboratories*[1] behandelt, die in direkter Nachfolge der in Abschnitt 2.6 dargestellten mechanischen Feuerleitrechner stehen und im Wesentlichen lediglich die diesen zugrundeliegenden Funktionsprinzipien mit Hilfe elektronischer Techniken abbilden.

Im Anschluss hieran werden die weit über solche Spezialrechner hinausgehenden Arbeiten HELMUT HOELZERs beschrieben, in deren Verlauf der erste wirklich allgemein verwendbare elektronische Analogrechner der Welt entwickelt wurde, während die anderen elektronischen Entwicklungen in dieser Zeit, wie die der erwähnten elektronischen Feuerleitrechner, lediglich spezialisierte Rechner für die Behandlung nur eines jeweils kleinen, fest umrissenen Aufgabengebietes nach sich zogen[2].

3.1 Feuerleitrechner

Der Niedergang mechanischer Feuerleitrechner begann bereits kurz vor dem Ausbruch des Zweiten Weltkrieges[3]. Grund hierfür waren weniger Beschränkungen hinsichtlich Genauigkeit oder Zuverlässigkeit der Systeme als vielmehr in erster Linie die nicht unbegründete Befürchtung des Militärs, dass derartige Präzisionsgeräte im Krisenfall nicht kurzfristig und in ausreichender Menge hergestellt werden könnten, da neben der Notwendigkeit einer Versorgung mit qualitativ hochwertigen und gerade im Kriegsfalle schwierig zu beschaffenden Rohmaterialien auch ein enormer Bedarf an spezialisierten Personen für den Herstellungsprozess erforderlich ist, um ein Gerät wie beispielsweise den Mark-1A oder TDC-3 zu fertigen. Dazu kam die im Zweiten Weltkrieg sprunghaft voranschreitende Entwicklung auf dem Gebiet der Radartechnik, welche eine mechanische oder auch elektromechanische Kopplung zwischen Zielerfassungssystem und

---

[1] Im Folgenden meist kurz als *BTL* bezeichnet.

[2] Nicht behandelt werden im Folgenden die Entwicklungen GEORGE A. PHILBRICKs, unter diesen vor allem ein als *Polyphemus* bezeichneter Simulator, die zeitlich in etwa parallel zu den Arbeiten HELMUT HOELZERs, jedoch unabhängig von diesen, elektronische Schaltungen für die Behandlung von Fragestellungen im Bereich der Verfahrenstechnik einsetzten (siehe [379] sowie [193]).

[3] Siehe [87][S. 30].

Feuerleitrechner zugunsten mehr oder weniger rein elektronisch arbeitender Systeme zunehmend unpraktikabel werden ließ.

3.1.1   Der Feuerleitrechner T-10

Im Jahre 1940 kam einem BTL-Mitarbeiter[4], DAVID B. PARKINSON, der zuvor mit der Entwicklung eines logarithmischen (t, y)-Schreibers[5] betraut war, dessen Schreibmechanismus auf einem elektronischen Servosystem basierte, dessen Grundlage der ständige Vergleich der Ist-Position des Schreibstiftes mit der jeweils vorgegebenen Soll-Position bildete[6], die Idee, auf dieser Grundlage eine automatische Geschützausrichtung zu entwickeln.

PARKINSON beschreibt folgenden Traum, der ihn letztlich zur Idee eines rein elektronisch arbeitenden Feuerleitrechners führte[7]:

> *I found myself in a gun pit [. . .] with an anti-aircraft gun crew [. . .]*
> *There was a gun there which looked to me – I had never had any close*
> *association with anti-aircraft guns, but possessed some general information*
> *on artillery – like a 3". It was firing occasionally, and the impressive thing*
> *was that* every shot brought down an airplane*! After three of four shots one*
> *of the men in the crew smiled at me and beckoned me to come closer to the*
> *gun. When I drew near he pointed to the exposed end of the left trunnion.*
> *Mounted there was the control potentiometer of my level recorder! There was*
> *no mistaking it – it was the identical item.*

Diese Idee, ein Geschütz mit Servomotoren zu steuern, wie sie bereits in dem von ihm entwickelten Schreiber zum Einsatz gelangten, besprach er in der Folge mit CLARENCE A. LOVELL, seinem direkten Vorgesetzten, welcher der Idee sehr aufgeschlossen gegenüberstand und bei ihrer weiteren Ausarbeitung mitwirkte. Abbildung 3.1 zeigt die erste erhaltene Handskizze von PARKINSON des aus dieser Zusammenarbeit entstandenen Feuerleitrechners[8] aus dem Jahre 1940.

Gut zu erkennen ist das Geschütz in der unteren Bildmitte, das bezüglich Azimut und Elevation elektrisch mit Hilfe von Servosystemen gesteuert wird, die wiederum ihre Eingabewerte von einem zentralen Rechner erhalten. Dieser wiederum erhält seine Eingabedaten im Wesentlichen von einem rechts oben dargestellten Entfernungsmessgerät[9] sowie einer oben links abgebildeten Peileinrichtung. Für die Berechnung der

---

[4]Die Entwicklung der Feuerleittechnik bei BTL während des Zweiten Weltkrieges wird allgemein beispielsweise in [187] beschrieben.

[5]Dieses Gerät wurde als *level recorder* bezeichnet.

[6]Aus diesem Vergleich, letztlich einer Differenzbildung, wurde ein entsprechendes Ansteuersignal für den für die Bewegung des Stiftes zuständigen Motor generiert, um die Differenz zwischen Soll- und Ist-Position stets gegen Null gehen zu lassen. Grundlage für diese Differenzbildung waren im Wesentlichen Verstärker, wie sie bereits zuvor in großem Maße in Telefonieanwendungen, dem Kernaufgabengebiet der BTL, zum Einsatz kamen und bereits um 1938 beispielsweise von GEORGE PHILBRICK bei Foxboro für die Simulation von Steuerungssystemen verwendet wurden (Siehe [87][S. 29]) sowie Abschnitt 10.12.

[7]Siehe [121][S. 135].

[8]Siehe [121][S. 135 f.].

[9]In der Abbildung wird noch ein optisches Messgerät dargestellt, während spätere Implementationen hierfür und für die Winkelmessung die Ausgangssignale neu entwickelter Radargeräte verwendeten.

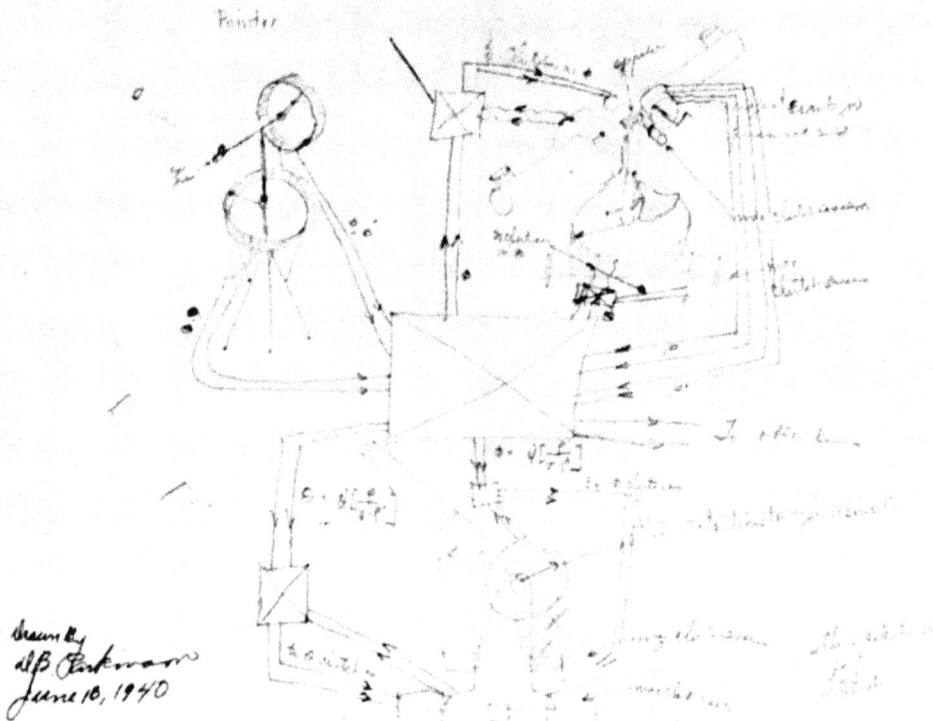

Abb. 3.1: Früher Entwurf eines Feuerleitrechners (nach [121][S. 136])

notwendigen Geschützeinstellungen benötigt der Feuerleitrechner neben Einrichtungen zur Erzeugung trigonometrischer Funktionen sowie zur Durchführung von Koordinatentransformationen auch Funktionsgeber, mit deren Hilfe geschützspezifische Funktionen nachgebildet werden können. Hierfür kamen Spezialpotentiometer zum Einsatz, deren Grundlage besonders geformte Wickelkörper waren, die mit Widerstandsdraht umwickelt wurden, um Funktionswerte als vom Einstellwinkel des Potentiometerschleifers abhängige Spannungen darstellen zu können[10].

Als wesentliche Punkte für die Implementation eines solchen Feuerleitrechners nannte PARKINSON die Folgenden[11]:

> It required (1) a means of solving equations electrically (potentiometers), (2) a means of deriving rate for prediction (an electrical differentiator), and (3) a means of moving the guns in response to firing solutions.

Die am 1. Mai 1941 von LOVELL, PARKINSON und WEBER eingereichte Patentschrift [277], in welcher die wesentlichen Rechenelemente des später als *T-10* bekannt geworde-

---

[10]Die Herstellung dieser Spezialpotentiometer brachte eine Reihe unvorhergesehener Schwierigkeiten mit sich, für deren Lösung neue Techniken entwickelt werden mussten (siehe [121][S. 137] beziehungsweise [187][S. 224 f.]).

[11]Nach [324][S. 73].

nen Prototypen des von ihnen entwickelten Feuerleitrechners beschrieben werden, legt hingegen stärkeres Gewicht auf die Durchführung trigonometrischer Berechnungen[12]:

> *An important form of the invention is a device which, when supplied with electrical voltages proportional to two sides of a triangle, will set itself to indicate an angle of the triangle and to produce a voltage proportional to the other side of the triangle.*
>
> *Another form of the invention is a device which, when supplied with voltages proportional to the rectangular coordinates of a point, will set itself to indicate the polar coordinates of the point.*

Abbildung 3.2 zeigt vereinfacht diese wesentliche Aufgabenstellung, die mit Hilfe des elektronischen Feuerleitrechners gelöst werden musste. Dargestellt sind die mit S beziehungsweise Z markierten Positionen der eigenen Stellung sowie des Ziels. Mit Hilfe geeigneter Berechnungen wurden im Vorfeld die aufeinander senkrecht stehenden Strecken x, y und z bestimmt, die S und Z miteinander verbinden. Für die Einstellung des Geschützes müssen hieraus der notwendige Azimutwinkel α sowie der entsprechende Elevationswinkel ε und die Hypotenuse h' bestimmt werden[13] – d.h. es muss eine Transformation von kartesischen Koordinaten in Polarkoordinaten durchgeführt werden.

Zur Lösung dieser Aufgabe verwenden LOVELL, PARKINSON und WEBER zunächst zwei grundlegende Rechenelemente: Einerseits einen elektromechanischen Funktionsgenerator sowie andererseits einen speziellen Verstärker zur Summen- beziehungsweise Differenzbildung[14]. Abbildung 3.3 zeigt einen solchen Funktionsgeber, wie er im Feuerleitrechner T-10 zum Einsatz gelangte. Ein mit konstanter Geschwindigkeit umlaufender Motor treibt ein Differentialgetriebe an, dessen Stirn an Stirn stehende Kegelräder mit Hilfe zweier elektromagnetischer Kupplungen 5 und 6 wechselweise auf eine zentrale, senkrecht verlaufende Achse geschaltet werden können.

Die Ansteuerung dieser beiden elektromagnetischen Kupplungen geschieht mit Hilfe der rechts dargestellten Röhre 70, die in geeigneter Weise vorgespannt ist, so dass bei offenem Gittereingang die Leitfähigkeit der Kathoden-Anoden-Strecke der Röhre derjenigen des Widerstandes 73 entspricht, was wiederum zur Folge hat, dass keine der beiden Kupplungen aktiviert ist. Eine positive beziehungsweise negative Gitterspannung der

---

[12]LOVELL, PARKINSON und WEBER war klar, dass die von ihnen entwickelte Technik allgemeiner als nur als Grundlage eines Feuerleitrechners eingesetzt werden konnte, was sich zum einen in einer Reihe von Hinweisen in der Patentschrift zeigt, die auf die allgemeine Verwendbarkeit der Rechenelemente und Schaltungstechnik hinweisen, was zum anderen aber auch deutlich durch folgendes Zitat nach [324][S. 74] zum Ausdruck gebracht wird: „*A digression from the principal subject is made to comment that the use of servo mechanisms to solve simultaneous systems of equations is feasible and, in a large number of cases, practicable. This fact may lead to the application of this type of mechanism to the solution of many types of problems dissociated from the one in question.*". Bemerkenswert ist an dieser Stelle, dass sich auch NORBERT WIENER (26.11.1884–18.3.1964) sowie sein Mitarbeiter JULIAN BIGELOW (1913–21.2.2003) mit dem Problem der Feuerleittechnik befassten, was auch Auswirkungen auf NORBERT WIENERS Arbeiten im Bereich der Kybernetik nach sich zog (siehe beispielsweise [527]).

[13]Im Folgenden wird nur die Bestimmung von α und h mit elektronischen Mitteln dargestellt – die Bestimmung des Elevationswinkels sowie der Hypotenuse des zugehörigen Dreieckes verläuft analog hierzu und baut auf dem dann bekannten Wert für h auf.

[14]Bedingt durch den auf elektronischen Analogrechnern liegenden Schwerpunkt der vorliegenden Arbeit sind die folgenden Ausführungen detaillierter als in den vorangegangenen Abschnitten.

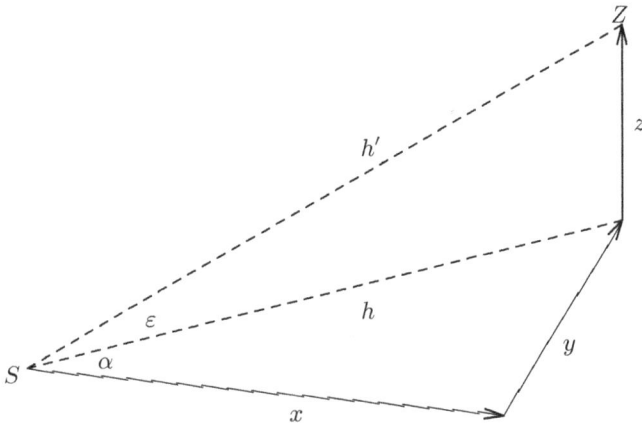

Abb. 3.2: *Grundproblem der Feuerleittechnik (nach [277][Fig. 3])*

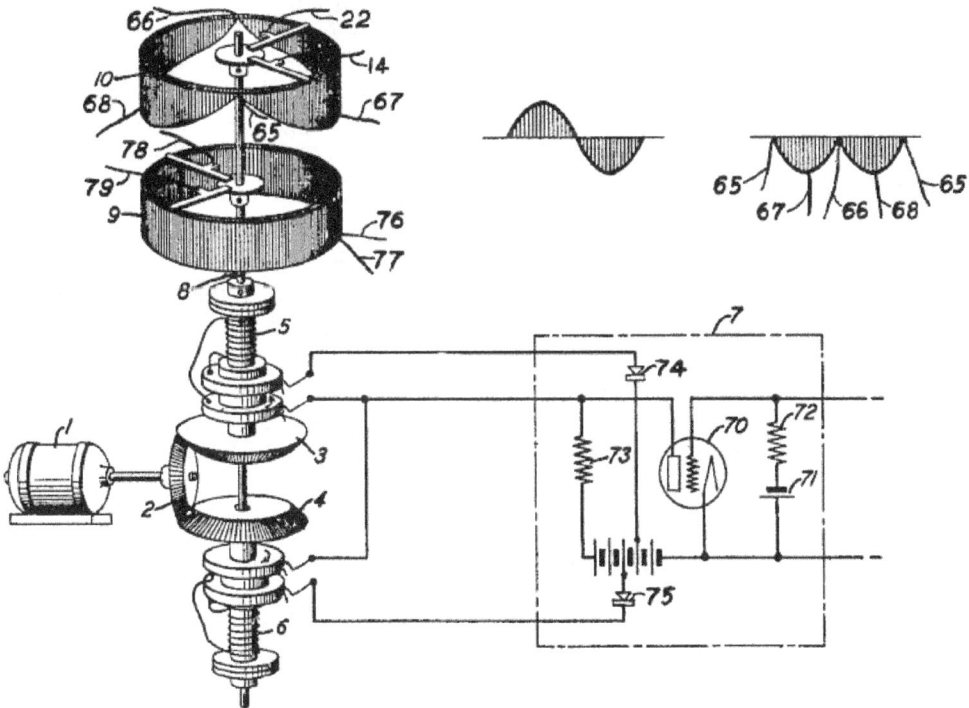

Abb. 3.3: *Koordinatenwandler des Feuerleitrechners T-10 (nach [277][Fig. 1/2])*

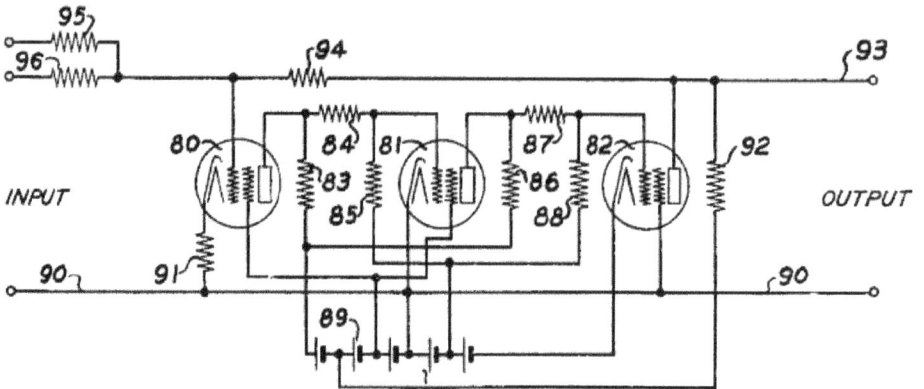

Abb. 3.4: *Typischer Verstärker des Feuerleitrechners T-10 (nach [277][Fig. 5])*

Röhre hat eine entsprechende Änderung des Röhrenleitwertes zur Folge, was wiederum im Schließen einer der beiden Kupplungen resultiert. Vom Schließen einer dieser beiden Kupplungen hängt nun aufgrund des zentralen Differentialgetriebes die Drehrichtung der senkrecht verlaufenden Achse ab, welche wiederum eine Reihe spezieller Funktionspotentiometer antreibt, an deren Schleifer die benötigten trigonometrischen Funktionswerte zur Lösung der oben genannten Grundprobleme abgenommen werden können.

Um nun diesen Funktionsgeber beispielsweise zur Bestimmung eines unbekannten Dreieckswinkels bei gegebenen Seiten oder zur Berechnung der Hypotenuse h eines solchen Dreieckes[15] oder zur Umwandlung kartesischer Koordinaten in polare einsetzen zu können, muss ein Regelkreis geschaffen werden, welcher so lange für eine Verstellung der Funktionspotentiometer durch wechselweises Schließen der Kupplungen 5 und 6 sorgt, bis ein bestimmter stabiler Lösungszustand erreicht ist. Hierzu ist die Bildung von Summen beziehungsweise Differenzen nötig, um die Größe und Richtung der Abweichung einer momentanen Ist-Stellung der Potentiometer von der jeweiligen Soll-Stellung zu bestimmen. Abbildung 3.4 zeigt den hierfür entwickelten und eingesetzten einfachen Summierverstärker.

Mit modernen Operationsverstärkern hat dieser Röhrenverstärker noch wenig gemeinsam, dennoch ist er ausreichend, um die Bestimmung der für die Errechnung einer Feuerleitlösung notwendigen Parameter mit hinreichend kleinen Fehlergrenzen zu erlauben. Die zu summierenden Eingangssignale werden als Spannungen an die links dargestellten Widerstände 95 und 96 angelegt, deren Summenpunkt mit dem Steuergitter der ersten Verstärkerstufe verbunden ist. Über den Widerstand 94 wird das an der Anode der Endröhre 82 anliegende Ausgangssignal als Rückkopplungssignal ebenfalls diesem Gittersummenpunkt zugeführt – durch die Verwendung einer ungeradzahligen Anzahl in-

---

[15]Siehe Abbildung 3.2.

vertierender Röhrenstufen ist gewährleistet, dass dieses Rückführungssignal hinsichtlich seines Vorzeichens der Summe der durch die Widerstände 95 und 96 fließenden Ströme entgegengesetzt ist, so dass die Gesamtschaltung stets bestrebt ist, den Gittersummenpunkt der Röhre 80 auf einem künstlichen Masseniveau zu halten, was wiederum stets dann gegeben ist, wenn die Ausgangsspannung am Punkt 93 der negativen Summe der beiden Eingangsspannungen entspricht.

Die praktische Verwendung dieser beiden Rechenelemente, des Funktionsgebers sowie des Summierverstärkers, zeigt Abbildung 3.5 anhand einer Teilschaltung des Feuerleitrechners T-10, mit deren Hilfe aus gegebenen Werten für x und y die Werte α und h bestimmt werden können. Zunächst gilt nach Abbildung 3.2

$$x = h\cos(\alpha)$$
$$y = h\sin(\alpha),$$

d.h. $x\sin(\alpha) - y\cos(\alpha) = 0$ – dieser Ausdruck wird für die Servosteuerung des Funktionsgebers eingesetzt und dient als Eingangswert für den Steuerverstärker des Funktionsgebers gemäß Abbildung 3.3[16].

Die beiden Eingabewerte x und y werden in der Schaltung nach Abbildung 3.5 zunächst zwei Summierverstärkern 11 und 16 zugeführt, um die nicht dargestellten Schaltungsteile, welche die Eingangssignale x und y generieren, von der Last der folgenden Rechenschaltung zu entkoppeln. Die an den Ausgängen der Verstärker 11 und 16 zur Verfügung stehenden Signale x' und y' werden nun, einmal mit[17] und einmal ohne Vorzeichenwechsel, an zwei von vier Abgriffen zweier auf der zentralen Achse des Funktionsgebers angeordneter Spezialpotentiometer angelegt, während die beiden jeweils rechtwinklig hierzu angeordneten Abgriffe auf Massepotential liegen. Durch entsprechende Ausformung der Wickelkörper der Potentiometer liegt an ihrem Umfang ein sinusförmiger Potentialverlauf vor, der mit Hilfe zweier Schleifer (14 und 22 beziehungsweise 21 und 19), die jeweils rechtwinklig zueinander stehen, abgegriffen werden kann. Durch die rechtwinklige Anordnung der beiden Schleifer eines jeden Potentiometers stehen sowohl der jeweilige Sinus- als auch der Cosinuswert bezogen auf die Achsstellung α zur Verfügung.

An Schleifer 14 und 22 liegen entsprechend die Werte $x\sin(\alpha)$ sowie $-x\cos(\alpha)$ an, während die Schleifer 21 und 19 analog hierzu die Werte $y\sin(\alpha)$ beziehungsweise $-y\cos(\alpha)$ liefern. Aus den beiden Termen $x\sin(\alpha)$ und $-y\cos(\alpha)$ bildet der Summationsverstärker 15 den Wert

$$x\sin(\alpha) - y\cos(\alpha), \qquad (3.1)$$

mit welchem der Eingang der Kupplungssteuerung 7 beaufschlagt wird. Weicht dieser Wert von Null ab, wird die Achse durch Schließen einer der beiden Kupplungen 5 und 6 so lange verstellt, bis diese Summe den Wert Null erreicht hat.

---

[16]Weicht der Eingangswert des Funktionsgebers von Null ab, wird eine der beiden elektromagnetischen Kupplungen aktiviert, was eine entsprechende Verstellung der auf einer gemeinsamen Achse angeordneten Funktionspotentiometer zur Folge hat.

[17]Die Verstärker 13 und 17 führen, ebenso wie die beiden Eingangsverstärker, einen Vorzeichenwechsel durch.

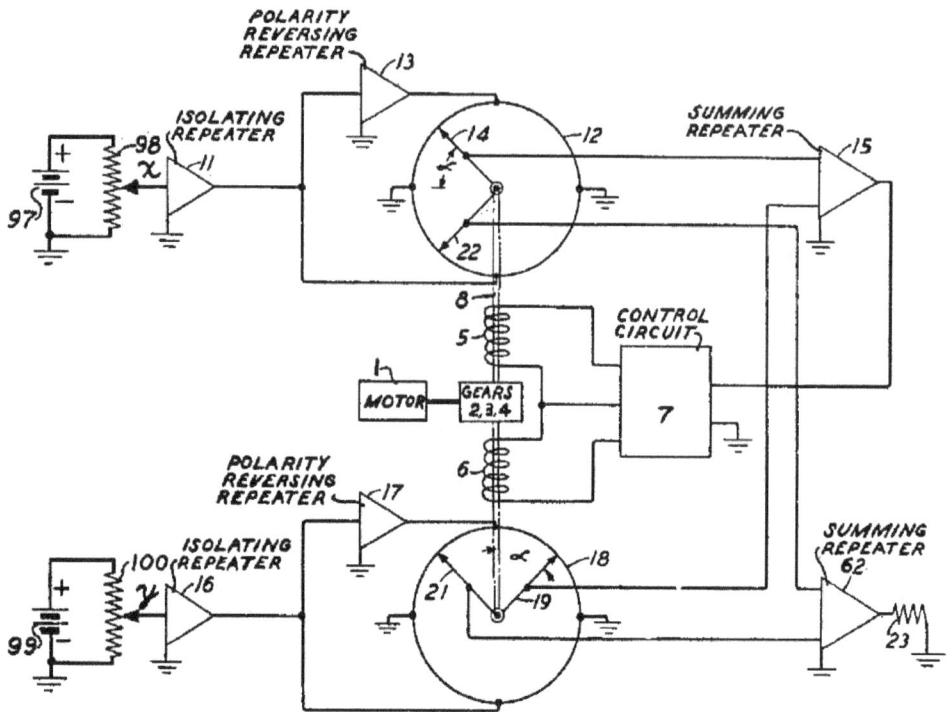

Abb. 3.5: *Typischer Servokoordinatenwandler des Feuerleitrechners T-10 (nach [277][Fig. 4])*

Die sich hieraus ergebende Regelschaltung sorgt also dafür, dass für beliebige Eingabe-werte x und y stets eine Achseinstellung α der Funktionsgeberpotentiometer aufgesucht wird, für welche

$$x \sin(\alpha) - y \cos(\alpha) = 0$$

gilt. Der gesuchte Wert des Azimutwinkels α liegt also direkt als Einstellwinkel der Po-tentiometerachse vor, von welcher er mit Hilfe eines dritten Potentiometers mit linearem Widerstandsverlauf direkt abgenommen werden kann.

Die Berechnung der für die Bestimmung des Elevationswinkels ε benötigten Hypote-nuse h ergibt sich ebenfalls zwanglos aus den in der eben dargestellten Regelschaltung verfügbaren Signalen. Mit Hilfe des Summierverstärkers 62 wird die Summe

$$h = x \cos(\alpha) + y \sin(\alpha)$$

gebildet, welche an dessen Ausgang als Spannungsabfall über dem Widerstand 23 zur Verfügung steht.

Um nun den Elevationswinkel ε sowie die zweite, noch unbekannte Hypotenuse h' zu bestimmen, ist eine zweite Schaltung identischen Aufbaus notwendig, die nun jedoch anstelle von x und y mit den Werten h und z beaufschlagt wird und analog zu dem eben Dargestellten ε in Form der Winkelposition der Potentiometerachse sowie h' wiederum am Ausgang ihres Verstärkers 62 zur Verfügung stellt.

Der vollständige Feuerleitrechner T-10 bestand aus vier derartigen Servoschaltungen gemäß Abbildung 3.3, 30 Gleichspannungsverstärkern wie dem in Abbildung 3.4 dargestellten, fünf Netzteilen sowie einer Reihe zusätzlicher Hilfsaggregate[18]. Hierbei stellten neben den in ihrer Herstellung vergleichsweise aufwändigen Spezialpotentiometern die Verstärker ein gewisses Problem dar. Um auch langsamen Änderungen der Eingangswerte folgen zu können beziehungsweise statische Rechnungen zu ermöglichen, handelt es sich bei diesen Verstärkern um gleichspannungsgekoppelte Verstärker, d.h. die einzelnen Röhrenstufen sind galvanisch miteinander gekoppelt, wie auch Abbildung 3.4 zu entnehmen ist[19].

Eine solche Anordnung hat den inhärenten Nachteil, in der Regel nicht beziehungsweise nicht über längere Zeit für ein Eingangssignal des Wertes Null auch ein Ausgangssignal dieses Wertes zu erzeugen – ein Phänomen, das als *Nullpunktfehler* bezeichnet wird und zu einem großen Teil Folge unvermeidlicher Drifteffekte in den einzelnen Verstärkerstufen ist. Auslöser für Drifteffekte, die in der Regel direkt zwar nur sehr geringe Fehlerströme beziehungsweise -spannungen zur Folge haben, sind bei Schaltungen wie der des hier dargestellten Verstärkers beispielsweise temperaturabhängige Widerstandsänderungen, aber auch von Temperatur und Alterung abhängige Änderungen der Röhrenkennlinien.

Wird ein solcher Verstärker wie in Abbildung 3.5 dazu eingesetzt, eine Regelschleife zu bilden, wirken sich Nullpunktfehler naturgemäß stark auf die Genauigkeit der erreichbaren Ausgangswerte aus. Weist beispielsweise der Verstärker 15 in Abbildung 3.5 einen Nullpunktfehler e auf, so gilt für das an seinem Ausgang stehende Signal nicht mehr Ausdruck (3.1) sondern vielmehr

$$x \sin(\alpha) - y \cos(\alpha) + e,$$

so dass die errechnete Lösung α um einen von e abhängigen Term verschoben wird – mit entsprechenden Folgen für die erzielbare Treffergenauigkeit. Um einer solchen Drift entgegen zu wirken, wird im einfachsten Fall, wie er auch beim T-10 vorliegt, ein zusätzlicher Summeneingang der Summierverstärker mit einer einstellbaren Spannung beaufschlagt, die so eingestellt wird, dass der Verstärker an seinem Ausgang den Wert Null liefert, wenn seine normalen Eingänge den Wert Null haben. Diese Technik hatte zur Folge, dass die Verstärker des Feuerleitrechners T-10 auch während des Betriebes regelmäßig[20] abgeglichen werden mussten, um Drifteffekte in tolerablen Grenzen zu halten.

Ein weiterer Nachteil der Implementation des Feuerleitrechners T-10 bestand in der expliziten Bildung von Ableitungen. Das Bilden einer Ableitung verstärkt ein einem Nutzsignal überlagertes oder gar diesem eigenes Rauschen, da der Rauschanteil naturgemäß eine stark schwankende erste Ableitung besitzt. Diese Verstärkung des Grund-

---

[18]Siehe [324][S. 75].

[19]Aus der Anodenspannung einer Stufe wird über ein Spannungsteilernetzwerk die entsprechende Gitterspannung für die nachfolgende Stufe gewonnen. Eine Einführung in die Technik früher gleichspannungsgekoppelter Röhrenverstärker findet sich beispielsweise in [157].

[20]Ein solcher Abgleich wurde etwa alle 30 Minuten notwendig (siehe [121][S. 106]).

rauschens der Eingangssignale des Feuerleitrechners verringerte die erreichbare Zielgenauigkeit zusätzlich, so dass spezielle Glättungsnetzwerke notwendig wurden, die eine Kleinste-Quadrate-Näherung implementierten[21].

Trotz dieser Nachteile erfüllten bereits die ersten elektronischen Feuerleitrechner wie der T-10 im Großen und Ganzen die von der militärischen Führung an sie gestellten Erwartungen, wobei sie hinsichtlich der erzielbaren Genauigkeit älteren, rein mechanischen oder elektromechanischen Feuerleitrechnern bestenfalls gleichgestellt, vielfach sogar leicht unterlegen waren. Dies wurde jedoch durch die, wie sich zeigte, trotz aller Schwierigkeiten bei der Herstellung der Spezialpotentiometer mit ihren komplizierten Wickelkörpern, deutlich einfachere und schnellere Herstellungstechnik weitgehend ausgeglichen, so dass bereits am 12. Februar 1942 der Beschluss gefasst wurde, die Entwicklung mechanischer beziehungsweise elektromechanischer Feuerleitrechner nicht weiter fortzusetzen, sondern künftige Entwicklungen ausschließlich auf der Basis rein elektronischer Bauelemente durchzuführen[22].

Das Produktionsmodell des Feuerleitrechners T-10, das bereits über eine direkte Kopplung mit dem *SCR-584*-Radargerät verfügte, wurde unter der Bezeichnung *M-9 Gun Director* eingeführt[23] und in großen Stückzahlen produziert. Trotz der implementationsbedingten Nachteile bewährte sich dieser Rechner, wie folgende Bemerkung zeigt[24]:

> *The M-9 Director, electrically operated, is, we feel in Ordnance, one of the greatest advances in the art of fire control made during this war, and we anticipate from the M-9 Director very great things as the war goes on.*

Der Einsatz des Feuerleitrechners M-9 half vor allem bei der Bekämpfung der von Deutschland vornehmlich gegen Ziele in England eingesetzten Flugbombe *V1* – mit seiner Hilfe konnten sehr hohe Trefferquoten der an ihrer Abwehr beteiligten Flakstellungen erreicht werden[25]. Beispielsweise gelang es in der Zeit vom 18. Juni bis zum 17. Juli 1944 etwa einhundert automatischen Luftabwehrstellungen, die in Großbritannien auf der Basis ihrer M-9-Implementation T-42 betrieben wurden, 343 V1-Flugbomben im Anflug zu zerstören, was einer Abschussrate von etwa zehn Prozent entspricht – ein Wert, der später auf bis zu 34 Prozent gesteigert werden konnte[26]. Eine noch beeindruckendere Zahl nennt FAGEN[27]:

> *In a single week in August, the Germans launched 91 V1's from the Antwerp area, and heavy guns controlled by M-9's destroyed 89 of them.*

---

[21]Vergleiche [121][S. 145].

[22]Siehe [187][S. 225]. Auch der bereits in Abschnitt 2.6 erwähnte Feuerleitrechner Mark-1, der in Schiffsinstallationen zum Einsatz gelangte, wurde noch während des Zweiten Weltkrieges durch eine rein elektronische Entwicklung, den Feuerleitrechner *Mark-8*, der in seiner Grundstruktur viel von den Systemen M-9 und T-15 (siehe Abschnitt 3.1.2) übernahm, abgelöst (siehe [187][S. 231 ff.]).

[23]Siehe [324][S. 76], [87][S. 29] beziehungsweise [187][S. 225]. Der Prototyp einer britischen Variante des M-9-Rechners mit der Typbezeichnung *T-42* wurde 1942 fertiggestellt (siehe [87][S. 29]).

[24]Siehe [121][S. X f.].

[25]Vergleiche auch [599][S. 53].

[26]Siehe [324][S. 78].

[27][121][S. 148].

3.1.2   Der Feuerleitrechner T-15

Parallel zur Entwicklung des Feuerleitrechners T-10 wurde bei den Bell Telephone Laboratories ein zweites Projekt ins Leben gerufen, dessen Ziel ebenfalls die Entwicklung
eines elektronischen Feuerleitrechners war, der jedoch einige der Hauptnachteile der
bereits damals absehbaren T-10-Implementation vermeiden sollte[28]. Der aus diesem
Projekt hervorgegangene Rechner wurde unter der Bezeichnung *T-15* bekannt und ist
in Abbildung 3.6 dargestellt.

Dieser T-15-Prototyp war bereits im Jahre 1942 einsatzbereit und konnte ausgiebigen
Tests unterzogen werden[29]. Im Gegensatz zum Feuerleitrechner T-10 führte der T-15
alle Berechnungen direkt in Polarkoordinaten durch, während der T-10 die eigentlichen
Rechnungen in kartesischen Koordinaten durchführte, was entsprechende Umwandlungen von Polarkoordinaten in kartesische und zurück erforderlich machte[30].

Darüberhinaus benötigte der T-15 keine Differenzierer, was die Verwendung von wechselspannungsgekoppelten Verstärkern[31] begünstigte, was wiederum das Driftproblem
löste und zudem die unvermeidlich verrauschten Ausgangsdaten durch die anstelle von
Differentiationen eingesetzten Integrationen glättete[32].

Obwohl der T-15 dem T-10 sowohl hinsichtlich der erzielbaren Genauigkeit als auch bezogen auf die Zeitspanne, die für die Berechnung einer Feuerleitlösung benötigt wurde,
überlegen war, kam es nicht zur Entwicklung eines hierauf beruhenden Produktionsmo-
dells[33], so dass diese Entwicklungslinie ohne direkte Auswirkungen blieb.

Dennoch diente der Feuerleitrechner T-15 als Teststellung für die Entwicklung fortge-
schrittenerer Feuerleittechniken als sie im T-10 eingesetzt wurden. Der in Abbildung 3.6
dargestellte Prototyp wurde beispielsweise für die Vorherberechnung gebogener Flug-
kurven des Zieles erweitert, wobei die Änderungen der Kurswinkelsignale von der ziel-
verfolgenden Radaranlage berücksichtigt wurden und als Grundlage für eine präzise-
re Flugbahnbestimmung dienten. Solch komplexe Rechnungen wären mit rein mechanischen oder elektromechanischen Techniken nicht mehr mit vertretbarem Aufwand
durchführbar gewesen, was endgültig die Überlegenheit elektronischer Schaltungen gegenüber diesen zeigte.

---

[28]Dieser Projektgruppe gehörte auch Hendrik Wade Bode (24.12.1905–21.6.1986) an, dessen Erfahrung im Bereich von Rückkopplungen genutzt wurde.
[29]Siehe [324][S. 76] beziehungsweise [87][S. 29].
[30]Siehe [121][S. 152].
[31]Bei solchen Verstärkern sind die einzelnen Verstärkerstufen nicht wie bei gleichspannungsgekoppelten Verstärkern galvanisch, sondern meist kapazitiv miteinander gekoppelt. Durch die Einschaltung
von Kapazitäten zwischen die einzelnen Stufen können sich Driftspannungen nicht ausbreiten, so dass
die Notwendigkeit eines Abgleichs entfällt.
[32]Siehe [324][S. 76].
[33]Siehe [324][S. 76] sowie [187][S. 229].

Abb. 3.6: *Feuerleitrechner T-15, modifiziert für die Vorhersage gebogener Trajektorien* (curved flight prediction, *siehe [324][S. 77]), erste Hälfte der 1940er Jahre (nach [121][S. 154])*

Obwohl sich die Verwendung wechselspannungsgekoppelter und damit driftfreier Verstärker, wie sie im T-15 eingesetzt wurden, langfristig aufgrund anderer Nachteile nicht beim Bau elektronischer Analogrechner durchsetzen konnte[34], wurden dennoch eini-

---

[34]Die Hauptnachteile solcher Verstärker liegen in der gegenüber gleichspannungsgekoppelten Verstärkern deutlich höheren Komplexität der resultierenden Rechenschaltungen, was vornehmlich bei der Implementation von Integrierern zum Tragen kommt. Hinzu kommt, dass relativ schnell Schaltungen entwickelt wurden (an erster Stelle sind hier die am 28. April 1949 eingereichte wegweisende Patentschrift [152] von EDWIN A. GOLDBERG und JULES LEHMANN sowie [151] zu nennen), mit deren Hilfe eine automatische Driftkorrektur gleichspannungsgekoppelter Verstärker möglich wurde.

ge weitere Spezialrechner unter Zuhilfenahme dieser mit dem T-15 im englischen und amerikanischen Umfeld eingeführten Technik entwickelt.

So verwendete der 1944 ebenfalls bei den Bell Telephone Laboratories entwickelte Positionsanzeiger[35] *AN/APA-44* ebenso wechselspannungsgekoppelte Verstärker in seinen Rechenelementen[36] wie ein am 30. November 1943 von LESLIE HERBERT BEDFORD, JOHN BELL und ERIC MILES LANGHAM zum Patent angemeldeter weiterer elektronischer Feuerleitrechner[37]. Im Gegensatz zu den Feuerleitrechnern T-10 und T-15 arbeitete dieses System direkt in kartesischen Koordinaten, so dass auch hier, wie beim T-15, Koordinatentransformationen entfallen.

3.1.3   Weitere Entwicklungen

Einen weiteren bezüglich seiner Komplexität sowie hinsichtlich einiger Konstruktionseigenheiten interessanten elektronischen Analogrechner beschreibt RICHARD C. DEHMEL in einer am 3. Februar 1944 eingereichten Patentschrift[38], deren Gegenstand ein Flugzeugtrainer für Bordschützen ist. Wie LOVELL, PARKINSON und WEBER arbeitete DEHMEL zu dieser Zeit für die Bell Telephone Laboratories, was sich direkt in der Patentschrift zeigt, die unverändert den in Abbildung 3.4 dargestellten Verstärker als aktiven Bestandteil der Rechenelemente einsetzt.

Im Unterschied zu den im Feuerleitrechner T-10 verwendeten Servofunktionsgeneratoren mit elektromechanischen Kupplungen setzt DEHMEL jedoch bereits stetig arbeitende Servosysteme ein, deren Motoren direkt und stufenlos von Röhrentreiberschaltungen angesteuert werden, was die Wahrung der Stabilität der Rechenschaltung deutlich vereinfacht.

Einen frühen Höhepunkt bezüglich der Komplexität erreichten solche elektronischen Spezialanalogrechner vermutlich mit dem am 25. Mai 1948 ebenfalls von RICHARD C. DEHMEL zum Patent eingereichten Flugsimulator[39], der bereits über eine um zwei Achsen drehbare Simulatorkanzel verfügte. Eingabeparameter des Piloten waren die Stellung des Ruders, des Höhenleitwerkes, der Querruder sowie die Position der Schubhebel.

Bemerkenswert sind die in diesem Rechner eingesetzten Integrierer – mit Hilfe eines Motors, dessen Achse mit einer einem Eingangssignal proportionalen Winkelgeschwindigkeit rotiert, werden Potentiometer mit linearem Widerstandsverlauf verstellt, deren Ausgangswerte dem Zeitintegral dieses Eingangssignales entsprechen.

Parallel zu diesen Entwicklungen in den Vereinigten Staaten wurde auch in Deutschland an analogen Rechengeräten für den vornehmlich militärischen Einsatz gearbeitet, wobei am Ende dieser Entwicklungen der weltweit erste elektronische Allzweckanalogrechner stand, der in seiner Bedeutung für die sich anschließenden Entwicklungen in Friedenszeiten über die eben beschriebenen Feuerleitrechner hinausging.

---

[35] *ground position indicator*
[36] Siehe [121][S. 105 f.].
[37] Siehe [35].
[38] Siehe [97].
[39] Siehe [98] – die Patenteinreichung geschah zu diesem Zeitpunkt nicht mehr als Mitarbeiter der Bell Telephone Laboratories.

3.2   HELMUT HOELZERs Arbeiten

Bereits 1935 kam einem Darmstädter Studenten, HELMUT HOELZER[40], die Idee, dass gewisse Grundoperationen wie Integration und Differentiation vergleichsweise einfach mit Hilfe elektronischer Bauelemente durchgeführt werden können. Auslöser für diese Überlegungen war die Erkenntnis HOELZERs, der auch Segelflieger war, dass es[41]

> *in der ganzen Fliegerei nicht ein einziges Gerät gab, welches die absolute Geschwindigkeit eines Flugzeuges [...] gegenüber der Erde messen kann. Aha, dachte ich, das ist ja ganz einfach, man nimmt die Beschleunigung, die man ja messen kann, integriert sie und* voilà! *hier ist die Geschwindigkeit.*

Aus dieser sehr frühen praktischen Idee HELMUT HOELZERs ergab sich jedoch zunächst keine konkrete Anwendung, da er an der Universität mit seiner für die damalige Zeit durchaus revolutionären Idee von einem Lehrstuhl zum nächsten geschickt wurde, da sich niemand mit einer Technik, die letztlich das maschinelle Berechnen von Integralen voraussetzte, anfreunden konnte. Trotzdem sollten diese frühen Überlegungen den Grundstein zu zwei der einflussreichsten Entwicklungen der Rechentechnik während des Zweiten Weltkrieges legen, zum einen dem sogenannten *Mischgerät*, das als Herz der Raketensteuerung der A4 in Abschnitt 3.2.1 behandelt wird, sowie zum anderem dem ersten elektronischen Allzweckanalogrechner[42], der in Folge dieser Entwicklung entstand und den Grundstein für ein vollständig neues Gebiet des maschinellen Rechnens legte.

HELMUT HOELZERs Arbeiten blieben lange Zeit unbeachtet – erst ab etwa Mitte der 1980er Jahre verstärkte sich das Interesse von Historikern an diesem Teil der Technikgeschichte des zwanzigsten Jahrhunderts, was in der Folge zu den Arbeiten TOMAYKOs[43] und LANGEs[44] führte, die HELMUT HOELZERs Arbeiten erstmalig einem größeren Kreis der Öffentlichkeit bekannt machten.

3.2.1   Das „Mischgerät"

HELMUT HOELZER, der zur Zeit des Ausbruchs des Zweiten Weltkrieges als Elektrotechniker bei Telefunken auf dem Gebiet der Funktechnik arbeitete[45], kam 1939 auf recht unorthodoxe Weise nach Peenemünde, der zentralen Forschungsstätte des Dritten Reiches für die Raketenentwicklung, indem er eines Abends durch direkte Ansprache zweier Freunde, HERMANN STEUDING und ERNST STEINHOFF, in dessen *Abteilung für Orientierung, Steuerung und Bordinstrumentierung*[46] er später auch arbeiten sollte, sowie WERNHER VON BRAUN angeworben wurde[47]. Das Interesse der Peenemünder

---

[40]27.12.1912–19.8.1996 (siehe [514]).
[41]Vergleiche [190][S. 4].
[42]Diese im Rahmen der Raketenentwicklung des Dritten Reiches durchgeführten Forschungen HOELZERs führten nach dem Krieg zu einer Dissertation an der Technischen Hochschule Darmstadt, die sich mit der „Anwendung elektrischer Netzwerke zur Lösung von Differentialgleichungen" befasste (siehe [189]).
[43]Siehe beispielsweise [571].
[44]Siehe [263] beziehungsweise [262].
[45]Siehe [430][S. 118].
[46]Siehe [452][S. 56].
[47]Siehe [430][S. 117 f.] sowie [190][S. 5].

Raketenentwickler an HELMUT HOELZERs Mitarbeit wurde in erster Linie durch seine Erfahrung mit Leitstrahlverfahren geweckt, da zunächst ein solches für die Quersteuerung der A4-Rakete entwickelt werden sollte[48].

Das grundlegende Steuerungsproblem stellte sich seinerzeit wie folgt dar[49]:

> *Als Steuerung dieser Raketen war eine Kreisel-Kurssteuerung geplant. Aber eine Kurssteuerung ist gegenüber manchen Einflüssen, z.B. von Seitenwind, machtlos, und man plante deshalb eine dieser Steuerung überlagerte Funk-Fernsteuerung[50].*

Eine solche Lateralsteuerung benötigt neben der Querabweichung der Ist- von der Soll-Flugbahn auch die Geschwindigkeit dieser Abweichung sowie das Integral dieser Abweichung. Die Geschwindigkeitsinformation kann beispielsweise durch Integration der Querbeschleunigung oder durch Differentiation der Querabweichung gewonnen werden – das erstgenannte Verfahren wurde später bei der Entwicklung von Inertialplattformen unter HELMUT SCHLITT, einem Mitarbeiter HELMUT HOELZERs aufgegriffen, während HELMUT HOELZERs Funkleitlösung zunächst Gebrauch von der Differentiation der Querabweichung machte, die durch das Leitstrahlverfahren in elektronisch direkt auswertbarer Form vorlag.

Dieser Ansatz der Bildung von Differentialen gegebener Messwerte brachte zunächst zwei Schwierigkeiten mit sich: Zum einen mussten Schaltungen zur Bildung der gewünschten mathematischen Ausdrücke entwickelt werden, zum anderen mussten diese Bauelemente hinreichend klein und robust sein, um einen Einsatz in der Rakete selbst zu ermöglichen. Die Grundidee für die Bildung von Integralen und Differentialen mit Hilfe elektronischer Bauelemente, die von HELMUT HOELZER im Folgenden ausgearbeitet wurde, bestand in der Verwendung von Kondensatoren in Verbindung mit Verstärkern als aktiven Bauelementen.

Für einen Kondensator der Kapazität C gilt allgemein

$$I(t) = C\dot{U}(t) \tag{3.2}$$

beziehungsweise umgekehrt

$$U(t) = \frac{1}{C} \int I(t)\mathrm{d}t, \tag{3.3}$$

was die Verwendung eines Kondensators als Grundbaustein zur Bildung von Differentialen und Integralen nahelegt[51]. Sowohl der Ausdruck (3.2) als auch (3.3) lässt sich mit Hilfe von RC[52]-Gliedern leicht in erster Näherung darstellen, wovon in den folgenden Entwicklungen reger Gebrauch gemacht wurde. Im ersten Fall dient der durch den

---

[48]Später arbeitete er zusammen mit OTTO HIRSCHLER, OTTO HOBERG und anderen an der Entwicklung eines solchen Funklenkverfahrens (siehe [571][S. 230]).

[49]Siehe [190][S. 6].

[50]Die hierfür entwickelten Leitstrahlverfahren wurden unter den Bezeichnungen *Viktoria* (Lorenz) beziehungsweise *Hawaii I* (Telefunken) bekannt (siehe [263][S. 163 ff.]) und sollten die laterale Steuerung der Rakete übernehmen (siehe [571][S. 229]).

[51]Hierbei bezeichnen I den Strom und U die Spannung.

[52]Widerstands-Kondensator-Kombination

Kondensator fließende Strom, gemessen in Form eines Spannungsabfalles über einem in Reihe geschalteten Widerstand, im zweiten Fall die Spannung über den Kondensatorplatten selbst als Ausgangssignal der Rechenschaltung.

Die Auswertung dieser Ergebniswerte machte jedoch die Verwendung eines gleichspannungsgekoppelten Verstärkers nötig. Mit der Technik der frühen 1940er Jahre war die Entwicklung eines solchen Verstärkers mit hoher Verstärkung sowie hoher Linearität bei gleichzeitig verschwindend geringem Nullpunktfehler eine Herausforderung, wobei sich vor allem das Problem des Nullpunktfehlers wie zu erwarten als schwerwiegend herausstellte.

Wie bereits in Abschnitt 3.1.1 kurz beschrieben, liefert ein idealer Verstärker an seinem Ausgang, unabhängig von seinem jeweiligen, möglichst großen Verstärkungsfaktor V, den Wert Null, solange an seinem Eingang ebenfalls der Wert Null anliegt. Bedingt durch Bauteiltoleranzen und vor allem temperatur- und altersabhängige Drifterscheinungen ist diese Bedingung für reale Gleichspannungsverstärker jedoch nicht ohne weiteres einzuhalten, so dass, soll auf manuelle Justierarbeiten wie im Fall des Feuerleitrechners T-10 verzichtet werden, andere Wege beschritten werden müssen.

Ebenso wie die Entwickler des Feuerleitrechners T-15 bei den Bell Telephone Laboratories, jedoch unabhängig von diesen, entschied sich HELMUT HOELZER für die Verwendung wechselspannungsgekoppelter Verstärker, deren einzelne Stufen entweder kapazitiv oder induktiv miteinander gekoppelt sind, was die Ausbreitung quasi konstanter Fehlerspannungen und -ströme in der Schaltung und hiermit ihre sonst unvermeidliche Verstärkung unterdrückt.

Die Verwendung derartiger Wechselspannungsverstärker in einer Anwendung, die im Grunde genommen einen Gleichspannungsverstärker erforderlich macht, erzwingt nun den Einsatz von Modulatoren und Demodulatoren, um die Ein- und Ausgangssignale der Verstärker von einer Gleich- in eine Wechselspannung und umgekehrt zu überführen – dieses Problem ist umso drängender, als die als zentrale Rechenelemente verwendeten Kondensatoren den Ausdrücken (3.2) und (3.3) nur im Fall von (nahezu) Gleichspannungen entsprechen.

Die Umformung eines Gleichspannungswertes in eine Wechselspannung vollzog HELMUT HOELZER in seinen Rechenschaltungen mit Hilfe einer als *Ringmodulator* bezeichneten Schaltung, die bereits in den frühen 1930er Jahren beschrieben und in der Rundfunktechnik eingesetzt wurde[53]. Herzstück eines solchen Modulators, wie er in Abbildung 3.7 dargestellt ist, sind vier nichtlineare Elemente in Form von Dioden[54], die zu je einem Paar zwei einfache Gegentaktmodulatoren bilden. Mit ihrer Hilfe ist es möglich, mit

---

[53]Siehe hierzu beispielsweise [18].

[54]Bemerkenswert ist, dass bereits gegen Ende der 1930er Jahre derartige Ringmodulatoren unter Zuhilfenahme sogenannter *Trockengleichrichter* implementiert wurden. Ein Grund hierfür ist die Tatsache, dass die Kathoden der vier letztlich in Reihe geschalteten Dioden auf jeweils unterschiedlichem Potential liegen, was den Einsatz von Röhrendioden nur möglich macht, wenn sie über indirekt geheizte Kathoden verfügen, während die Verwendung von Mehrfachröhrendioden durch die gemeinsame Kathode zur Gänze ausgeschlossen ist. Dies zog in der Folge die Entwicklung von Trickschaltungen wie dem *Sternmodulator* nach sich, den ASCHOFF in [18] beschreibt. In dieser Schaltungsvariante teilen sich vier Dioden mit ihren Kathoden einen gemeinsamen Summenpunkt, was die Verwendung von Mehrfachröhrendioden zuließ.

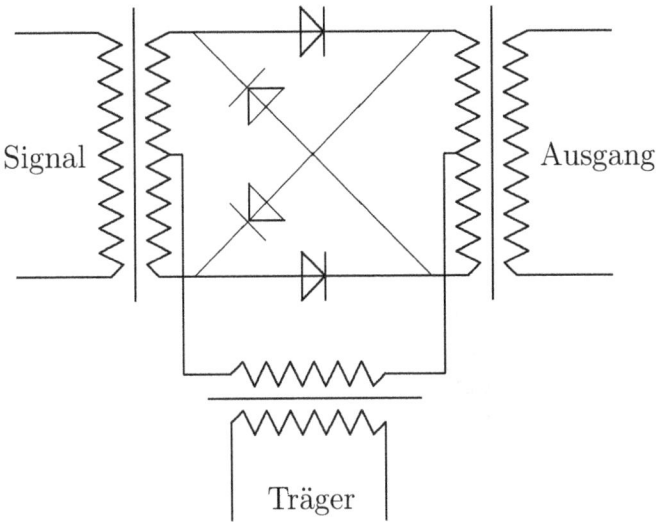

Abb. 3.7: Prinzipschaltung eines Ringmodulators (vergleiche beispielsweise [18][S. 379])

einem Eingangssignal einen Träger zu modulieren. Schaltungen wie diese wurden zunächst im Bereich der Nachrichtentechnik eingesetzt, wo sie die Übertragung mehrerer Sprachsignale auf einer gemeinsamen Leitung durch Verwendung eines Trägerfrequenzverfahrens gestatteten.

HELMUT HOELZER kam als Funkelektroniker bei Telefunken sicherlich mit solchen Ringmodulatoren in Berührung, so dass es naheliegend war, eine solche Anordnung für die Umwandlung der im Wesentlichen als Gleichspannungen vorliegenden Rechenspannungen in Wechselspannungen einzusetzen. Neben den Ringmodulatoren wurden auch Synchrondemodulatoren eingesetzt, die ebenfalls auf Dioden als zentrale nichtlineare Elemente angewiesen waren. Verwendung fanden hier bereits Dioden in Form der 1934[55] von Siemens entwickelten sogenannten *Sirutoren*[56], die aus übereinandergestapelten Kupferoxydultabletten bestanden und als Vorläufer moderner Halbleiterdioden angesehen werden können[57]. Diesen sind sie zwar im Hinblick auf ihre elektrischen Eigenschaften stark unterlegen, beispielsweise darf der Strom in Durchlassrichtung 250 μA nicht überschreiten, auch beträgt die maximale Sperrspannung nur 30 V, dies steht jedoch einem Einsatz als Detektor beziehungsweise in Modulator- und Demodulatorschaltungen[58] nicht im Wege. Gerade in der Waffentechnik brachte der Sirutor aufgrund seiner im Vergleich zu selbst kleinen Röhren wie der nicht zuletzt auch als sogenannte *Verluströhre* eingesetzten RV12P2000 geringen Abmessungen, dem Fortfall einer Heizung

---

[55]Siehe beispielsweise [364] sowie [413].

[56]Kurz für *Siemens-Rundfunk-Detektor*.

[57]Ringmodulatoren auf Basis von Kupferoxydulgleichrichtern finden sich übrigens auch in vielen Geräten, die das MIT Radiation Laboratory im Verlauf des Zweiten Weltkrieges im Bereich der Radartechnik entwickelte (siehe beispielsweise [81][S. 409 ff.] – hier finden sich auch konkrete Ausführungs- und Berechnungsbeispiele für derartige Modulatorschaltungen).

[58]Siehe beispielsweise [390] oder auch [397].

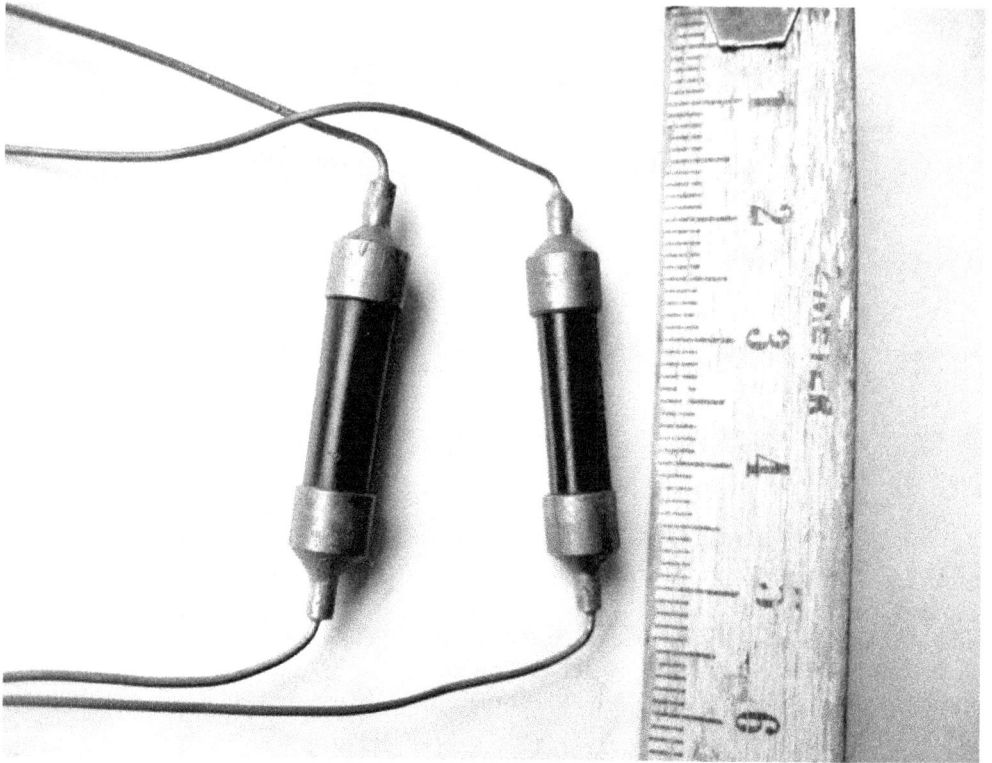

Abb. 3.8: *Der* Si*emens-*Ru*ndfunk-Detek*tor, *kurz* Sirutor

sowie seiner hohen mechanischen Belastbarkeit große Vorteile mit sich. Abbildung 3.8
zeigt zwei Sirutorbauelemente zusammen mit einem Maßstab.

Mit Hilfe einfacher Rechenschaltungen, welche ein von einem Leitstrahlsystem geliefer-
tes Positionssignal durch geeignete RC-Glieder differenzierten und nach entsprechender
Verstärkung zur Verfügung stellten, gelang es bereits im Jahre 1940, eine brauchbare
Leitstrahltechnik für die Bahnsteuerung der A4-Rakete zu entwickeln[59], so dass sich
HELMUT HOELZER in der Folge anderen Aufgabengebieten, wie der Frage der kreisel-
gesteuerten Lageregelung zuwenden konnte. Erste einfache Kreiselsteuerungen für den
Einsatz in Raketen wurden bereits von ROBERT GODDARD[60] entwickelt. Zur Beeinflussung des Raketenkurses setzte GODDARD sogenannte *Strahlruder* ein, bei denen es
sich um hitzebeständige Ruder handelte, die beweglich im Auslassstrahl des Raketen-
triebwerkes dergestalt angeordnet wurden, dass durch gezielte Steuerung ihrer Position
eine Beeinflussung der Raketenflugbahn während der angetriebenen Flugphase erreicht
werden konnte.

---

[59] Siehe [571][S. 230].
[60] 5.10.1882–10.8.1945

Fall a:
Die Pendelbewegung des Gerätes
verläuft aufschaukelnd.
Ruderstrom verläuft proportional
dem Fehlwinkel, Ruderstellung
eilt infolge der Trägheit der
Rudermaschine nach!

Störung

0   0,5   1   1,5   2   sek.

Fall b:
Die Pendelbewegung des Gerätes
verläuft abklingend.
Ruderstrom und Ruderwinkel
eilen dem Fehlwinkel φ
voraus.

Störung

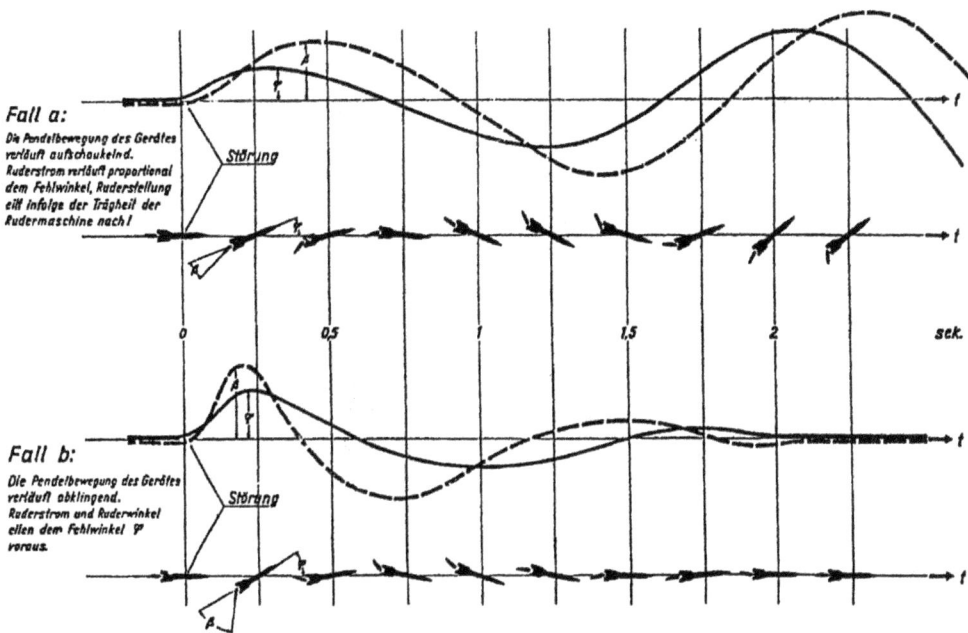

Abb. 3.9: *Steuerung der A4-Rakete (nach [356][Abb. 82])*

Dieses Prinzip gelangte auch bei der Steuerung der A4-Rakete zum Einsatz[61] – bedingt durch die Größe der Rakete und ihre damit verbundene Trägheit gestaltete sich die Entwicklung eines Lageregelungssystems jedoch als außerordentlich schwierig, da eine rein proportional arbeitende Regelung zu einem Aufschaukeln der Regelbewegungen der Rakete und damit verbunden ihrer Zerstörung führte, wie Abbildung 3.9 zeigt.

Eine zunächst von der Firma *Kreiselgeräte GmbH* entwickelte einfache Kreiselsteuerung erwies sich bei durchgeführten Testschüssen auch entsprechend als instabil[62], da keine differentiellen Terme in der Steuerung selbst berücksichtigt wurden, so dass die Regelung zum Aufschaukeln neigte. Das Problem der benötigten Ableitungen von Positionsinformationen, wie sie ein Kreiselsystem liefert, sollte zunächst, dem Stand der damaligen Technik entsprechend, durch den Einsatz sogenannter *Wendezeiger*[63], die jedoch aufwändig in der Herstellung und vergleichsweise teuer waren[64], gelöst werden.

Die Fragestellung der Bereitstellung von Lagewinkelgeschwindigkeiten zusätzlich zu den von einem einfachen Kreiselsystem erhältlichen Lagewinkeln veranlasste VON BRAUN, dem bewusst war, dass bei dem von HELMUT HOELZER und seinen Mitarbeitern entwi-

---

[61] Spätere Entwicklungen verzichteten auf die Verwendung derartiger Strahlruder und schwenkten das beziehungsweise die Triebwerke, die um eine oder zwei Achsen beweglich gelagert montiert wurden.

[62] Siehe [109][S. 16 f.].

[63] Oft auch als *Wendekreisel* bezeichnet.

[64] TOMAYKO beziffert in [571][S. 232] die damals verwendeten Wendezeiger auf einen Wert von etwa 7000 US-Dollar, während die von HELMUT HOELZER eingesetzte Ersatzschaltung mit nur 2.50 US-Dollar zu Buche schlug.

ckelten Leitstrahlsystem bereits ein ähnliches Problem gelöst wurde, zu einer entsprechenden Anfrage bei HELMUT HOELZER[65]:

> VON BRAUN *fragte mich: „Sie müssen doch ein ähnliches Problem in dem Fernsteuersystem haben; wie messen Sie denn die seitliche Geschwindigkeit?"[...] Ich sagte ihm, dass wir die seitliche Geschwindigkeit nicht messen, sondern automatisch ausrechnen. Er sagte „Ausrechnen? Können Sie denn nicht dasselbe tun für die Winkelbeschleunigung? Und wie lange würden Sie brauchen?" Er dachte offensichtlich in Wochen oder Monaten. Meine Antwort war: „Es ist jetzt 9 Uhr; wenn Sie mal um 6 Uhr heute Abend wieder hereinschauen würden..." Er fasste das als guten Witz auf und ging wieder weg.*

Ausgehend von einer elektronischen Differentiationsschaltung, wie sie mit einem einfachen RC-Glied implementiert werden kann, lag die Idee nahe, auf die von Natur aus differenzierenden Wendezeiger gänzlich zu verzichten und an ihrer Stelle mit Hilfe elektronischer Rechenschaltungen die benötigten Winkelgeschwindigkeiten aus den von den herkömmlichen Kreiseln gelieferten Lagewinkeln zu generieren, um ein stabiles Reglerverhalten zu erreichen. Diese Technik beschreibt TRENKLE wie folgt[66]:

> *Zwischen die Ausgangspotentiometer der Kreisel und die Rudermaschinen mußten „Gleichstromverstärker" geschaltet werden, die damals eigentlich noch gar nicht existierten. Man behalf sich mit Wechselspannungsverstärkern mit Zerhacker am Eingang und mit synchroner Wiedergleichrichtung am Ausgang. Da die hydraulischen Rudermaschinen verhältnismäßig langsam arbeiteten, neigte die Anordnung zur Aufschaukelung von Regelschwingungen. Um dieser Gefahr zu begegnen, mußten „Dämpfungsglieder" eingefügt werden, an deren Ausgängen die Spannung gegenüber den Raketenbewegungen voreilte [...]*

Die Verwendung elektronischer Rechenelemente in einer Steuerungsanwendung stellte in der damaligen Zeit eine bahnbrechende Entwicklung dar, die vor allem in der Industrie zunächst auf erbitterten Widerstand traf. Die mit der Entwicklung herkömmlicher Kreiselsteuerungsanlagen betrauten Firmen Kreiselgeräte, LGK, Askania und Anschütz, die alle über verhältnismäßig große Erfahrung mit ähnlichen, jedoch konventionell aufgebauten Anlagen im Bereich der Luftfahrttechnik verfügten, versuchten mit allen Mitteln die Verwendung dieser maßgeblich von HELMUT HOELZER entwickelten Technik zu verhindern, da sie ihm und seiner jungen, unerfahrenen Arbeitsgruppe eine solche Leistung einerseits nicht zutrauten, andererseits aber selbst nicht hinreichend offen gegenüber radikal neuen Lösungsansätzen auf diesem Gebiet waren[67]. HELMUT HOELZER erinnert sich beispielsweise in diesem Zusammenhang an folgendes Erlebnis, das sich während der Vorstellung des neuentwickelten Steuerungssystems vor einer Gruppe beteiligter Industrievertreter abspielte und zeigt, wie wenig aufgeschlossen die damaligen Entwickler aus der Industrie gegenüber neuen Technologien waren[68]:

---

[65]Siehe [190][S. 10 f.].
[66]Siehe [575][S. 115].
[67]Siehe [263][S. 181].
[68]Siehe [190][S. 12 f.].

> *Ich benutzte [. . .], abweichend von dem Sprachgebrauch der „klassischen Wurzelmethode" das Wort „Phase" und „Phasenschieben". Einer der Herren der Firma fragte mich, ob ich wüsste, dass das Wort Phase nur Sinn mache, wenn es sich um eine Schwingung handelte. In anderen Worten „wenn die Rakete keine Schwingung ausübt, kann ja Ihr System gar nicht funktionieren und die Schwingungen wollen wir ja gerade vermeiden". Diejenigen von Ihnen, die sich einmal mit Regelungstechnik befasst haben, werden jetzt anfangen zu lachen und ich tat das auch, bis mir der Ernst der Lage klar wurde. Dies war nämlich für unseren General, der die Sitzung leitete, aber noch weniger davon verstand, so überzeugend, dass er das neue System abdrehte. Die Computersteuerung war kaputt – tot – und die Industrie war beruhigt.*

Letztlich wurde der Idee doch nachgegeben, was in der Folge zur Entwicklung einer radikal neuen Raketensteuerung führte, welche keine externen Flugführungsdaten eines Leitstrahlsystems benötigte, sondern ausschließlich basierend auf Informationen, die von einer in der Raketenspitze untergebrachten Kreiselplattform geliefert wurden, in der Lage war, einer vorgegebenen Flugbahn zu folgen. Das Herzstück dieser Regelung war ein spezialisierter elektronischer Analogrechner, der auf den von Helmut Hoelzer entwickelten Rechenelementen beruhte und aus Geheimhaltungsgründen als *Mischgerät* bezeichnet wurde, was nicht zuletzt darauf zurückzuführen ist, dass hier in gewissem Sinne eine Signalmischung unterschiedlicher Eingangsparameter durchgeführt wurde[69]. Dieses Mischgerät beschreibt Trenkle[70] wie folgt als eine Vorrichtung, welche die Aufgaben hatte,

1. *„die von den Richtgebern (Horizontkreisel und Vertikant) gelieferten Spannungen so zu beeinflussen, dass auftretende Lagestörungen stabil ausgesteuert werden,"*

2. *„die von den Richtgebern und einem evtl. eingebauten Leitstrahl-(Ls-)Empfänger zugeführten Kommandos ohne gegenseitige Beeinflussung (Verkopplung der Achsen bzw. Ebenen) zu addieren und"*

3. *„die Summenkommandos für die einzelnen Ruder nullpunktsicher zu verstärken und den Rudermaschinen als Steuergleichströme zuzuführen."*

Trotz des zunächst im Vergleich zu herkömmlichen Steuerungssystemen kurzfristig größeren Aufwandes bezüglich Entwicklung und Produktion wies Wernher von Braun den Leiter des Entwicklungswerkes in Peenemünde, Gerhard Stegmaier[71] – nicht zuletzt unter dem Eindruck einiger beeindruckender Testflüge – darauf hin, dass die Verwendung des Mischgerätes die Aufgabe der Steuerung der A4-Rakete wesentlich vereinfachen würde, wenngleich kurzfristig ein gewisser Mehraufwand mit seiner Ver-

---

[69]Dieses Mischgerät findet sich ausführlich in [263][S. 181 ff.] sowie beispielsweise in [129][S. 27 ff.] beschrieben.
[70]Siehe [575][S. 116].
[71]Siehe [263][S. 22 f.].

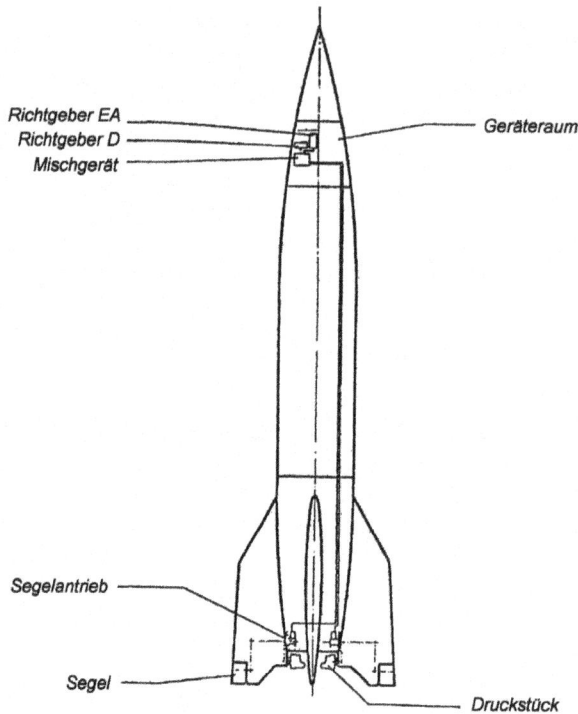

Abb. 3.10: *Die A4-Rakete – Schema der Aggregatsteuerung (siehe [356][Abb. 83])*

wendung verbunden sei[72], was endgültig den Weg für den Masseneinsatz des neuen Verfahrens freimachte.

Abbildung 3.10 zeigt die an der Steuerung der A4-Rakete beteiligten Aggregate: In der Raketenspitze befinden sich in einem Geräteraum die als *Richtgeber* bezeichneten Kreiselsysteme, mit deren Hilfe die von der Rakete im Verlauf ihres Fluges ausgeführten Bewegungen bestimmt wurden, sowie das Mischgerät, dem die Aufgabe zufiel, aus diesen Informationen entsprechende Steuersignale abzuleiten, um die Rakete auf dem gewünschten Kurs zu halten. Die Steuerung übernahmen neben den bereits erwähnten Strahlrudern auch sogenannte *Segel*, die eine Steuerung der Rakete auch nach Brennschluss durch Ausnutzen aerodynamischer Effekte ermöglichten.

Die Prinzipschaltung der vollständigen Raketensteuerung zeigt Abbildung 3.11 – die von zwei als *Richtgeber D* und *Richtgeber EA* bezeichneten Kreiselsystemen gelieferten Lagewinkel werden dem Mischgerät zugeführt, in welchem aus ihnen Signale für die Ansteuerung der Rudermaschinen für die Strahlruder beziehungsweise Segel erzeugt werden.

Abbildung 3.12 zeigt die Belegung eines der vier Geräteraumquadranten, welcher das zentrale Mischgerät enthält. Unter dem mit MG bezeichneten Mischgerät befinden sich die Bordbatterie BB, eine Zusatzbatterie ZB sowie der für die Erzeugung der notwen-

---

[72]Siehe [430][S. 133].

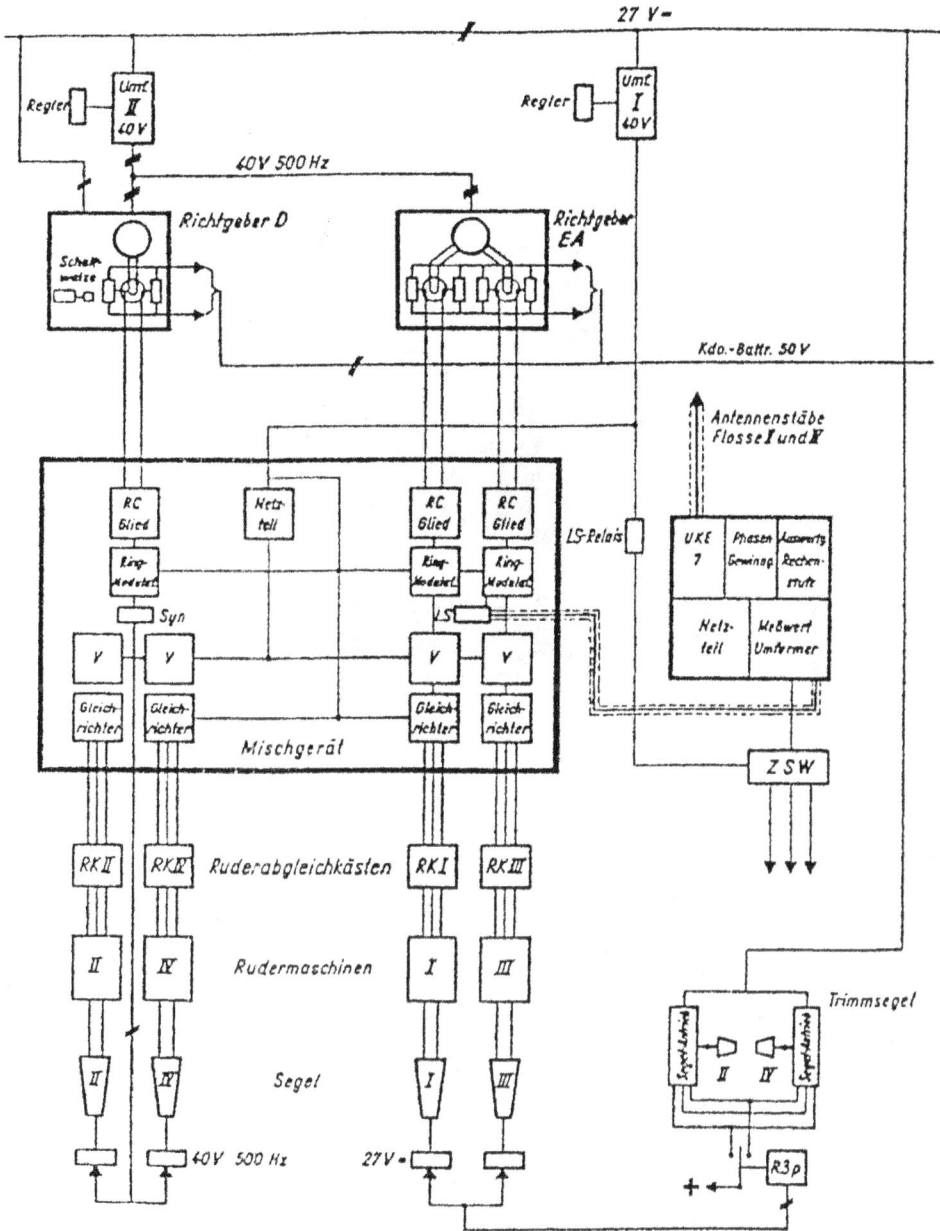

Abb. 3.11: Prinzipschaltbild der Steuerung der A4-Rakete (cf. [356][Abb. 80])

Abb. 3.12: *Das in der Spitze einer A4-Rakete installierte Mischgerät MG (nach [575][S. 134])*

digen Anodenspannungen für die Röhren etc. notwendige Umformer UII. Über dem Mischgerät finden sich ein als *Vertikant* bezeichnetes Kreiselsystem sowie der Rudergeber R.

Das Innere des Mischgerätes, das auch heute noch durch sein geringes Volumen beeindruckt, zeigt Abbildung 3.13 – es besteht aus fünf Modulen, die auf einem gemeinsamen Rahmen Rücken an Rücken montiert und leicht austauschbar sind. Seine Prinzipschaltung zeigt Abbildung 3.14 – zentrales Element sind RC-Glieder der oben rechts dargestellten Form, mit deren Hilfe aus einem proportionalen Anteil sowie den Näherungen der ersten und zweiten Ableitung des Lagewinkeleingangssignales zusammengesetzte Ausgangssignale generiert werden[73]. Die Ausgangssignale dieser RC-Glieder wurden in der Folge Ringmodulatoren zugeführt, deren modulierte Ausgangsspannungen mit Hilfe von Transformatoren mit anderen modulierten Signalen gleicher Art überlagert werden konnten, um auf die Art Additionsoperationen durchzuführen.

---

[73]Obwohl die Bildung von Ableitungen durch solch einfache RC-Glieder nur in erster Näherung gelingt, war dies für die Steuerung einer Großrakete unerheblich, da die Ausgangssignale der Richtgeber, bedingt durch die unvermeidlichen Kursabweichungen niemals über längere Zeit konstant blieben, so dass Fehler, die durch die Rechenschaltung selbst induziert wurden, über den übergeordneten Regelkreis, bestehend aus der Rakete selbst sowie den Kreiselsystemen, ausgeglichen wurden, was die Verwendung einer derart einfachen Schaltung rechtfertigte.

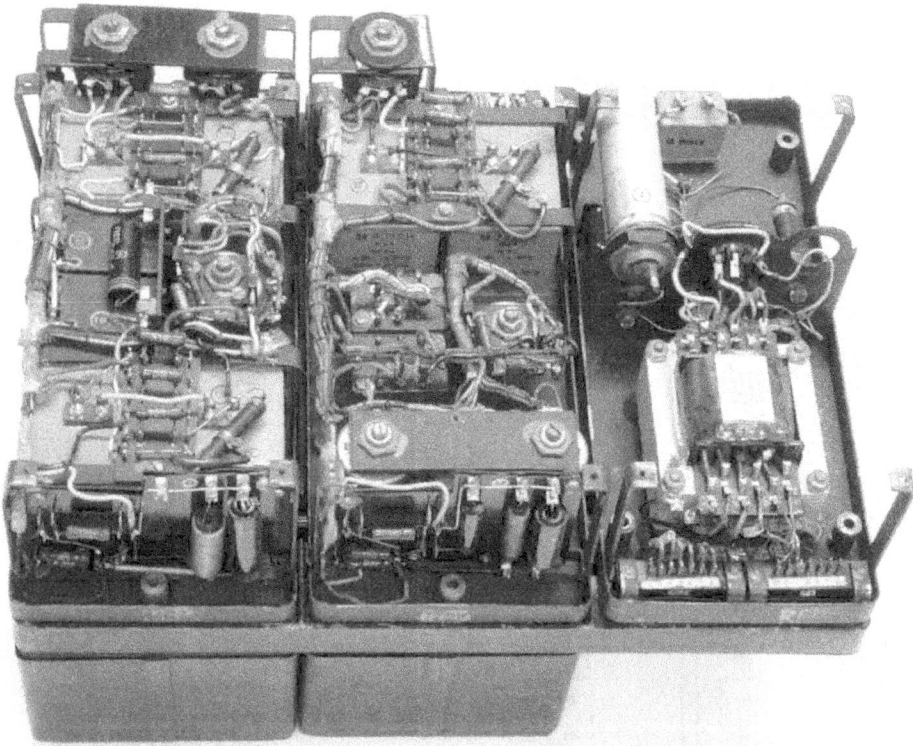

Abb. 3.13: *Das Innere des ausgeführten Mischgerätes (Photo:* Adri de Keijzer*)*

Der auf der linken Seite der Abbildung dargestellte Regelkreis verfügt über eine Positionssignalrückführung der Strahlruder, während die zweite, in der Bildmitte gezeigte Schaltung die Summe zweier zweiter Ableitungen von Lagewinkelsignalen bildet, auf eine Positionssignalrückführung jedoch verzichtet.

Durch die symmetrische Ankopplung der jeweils zwei Ausgangsstufen der beiden getrennten Regelschaltungen wurde gewährleistet, dass diese stets mit Signalen umgekehrten Vorzeichens aber gleicher Amplitude angesteuert wurden, was in einer gegenläufigen Bewegung der letztlich von ihnen angetriebenen Strahlruder beziehungsweise Segel resultierte. Der mit LS bezeichnete *Leitstrahleingang* konnte verwendet werden, um zusätzlich ein von einem Leitstrahlsystem geliefertes laterales Positionssignal aufzuschalten, wovon in der Praxis jedoch in der Regel kein Gebrauch gemacht wurde.

Neben der reinen Lageregelung ist jedoch auch eine möglichst exakte Brennschlussbestimmung notwendig, mit deren Hilfe der Raketenmotor zu einem bestimmten Zeitpunkt abgeschaltet wird, um die Rakete auf eine ballistische Anflugkurve auf das Ziel zu bringen[74]. Im Grunde genommen muss hierfür mit Hilfe geeigneter Integration die zu jedem Zeitpunkt zurückgelegte Flugstrecke bestimmt werden, was jedoch, bedingt

---

[74]Zur allgemeinen Problematik der Steuerung einer ballistischen Rakete sei an dieser Stelle auf [29][S. 279 ff.] verwiesen.

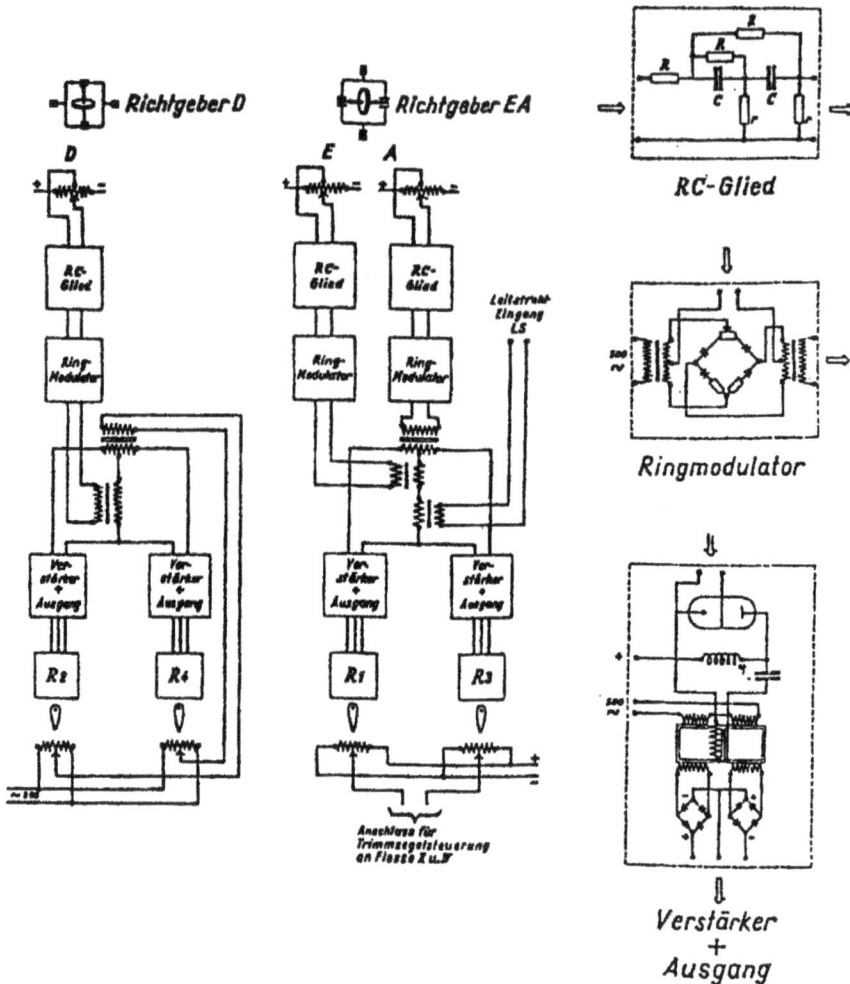

Abb. 3.14: *Das Mischgerät (siehe [356][Abb. 79])*

durch die vergleichsweise lange Flugdauer, nicht mit einfachen RC-Gliedern vollzogen werden kann, wie sie in den Differenzierern des Mischgerätes zum Einsatz kamen, da sich hier der Näherungscharakter der Integration auf das Ergebnis und damit die mögliche Zielgenauigkeit stark verfälschend auswirken würde.

Da ein hinreichend präzise arbeitender Integrierer in Massenproduktion nicht vor dem Spätherbst des Jahres 1944 realisiert werden konnte, liegt nach TRENKLE[75] die Vermutung nahe, dass bis Ende 1944 vermutlich sogar im Kriegseinsatz eine Brennschlussgabe durch Funkkommando gegeben wurde.

---

[75]Siehe [575][S. 136].

Entwickelt wurde im Laufe der Jahre dennoch eine Reihe verschiedener Beschleunigungsintegriergeräte[76], hierunter sowohl mechanische[77], als auch auf elektrochemischer Basis arbeitende, wobei das letztgenannte Verfahren aufgrund des Fehlens bewegter Teile und der damit einhergehenden hohen Belastbarkeit hinsichtlich Vibrationen und Beschleunigungskräften besser für den Einsatz in einer Rakete wie der A4 geeignet war.

Dieses von BUCHHOLD und WAGNER entwickelte Verfahren basierte auf einer elektrolytischen Zelle als dem eigentlichen Integrationsglied[78], in welchem über eine Ladung integriert wurde[79]. Vor dem Einsatz eines solchen Integrierers war jedoch die Durchführung eines sogenannten *Formierungsschrittes* der elektrolytischen Zelle notwendig, so dass dieses Verfahren nur in Ausnahmeanwendungen als Verlustgerät zur Brennschlussbestimmung der A4-Rakete zum Einsatz kam[80].

Für die Zielgenauigkeit des resultierenden Waffensystems, das für Propagandazwecke als $V2$[81] bezeichnet wurde, forderte WALTER DORNBERGER[82] eine maximale Abweichung von 2 bis 3 Metern pro Kilometer Schussweite[83] – laut TRENKLE[84] wurde diese Bedingung im weiteren Verlauf noch verschärft, wie folgendes Zitat zeigt:

> *Um ein Ziel mit 250 m Radius in 250 km Entfernung zu treffen, durfte die Seitenabweichung nicht größer sein als 1:1000, entsprechend einem Winkel von wenigen Bogenminuten. [...] Praktisch erreichbar waren Winkelgenauigkeiten von ±1°, so dass bei einer Schußweite von 250 km 50% der Raketen in einen etwa 10 km breiten Geländestreifen fielen*[85].

Auch mit Hilfe des bahnbrechenden Mischgerätes waren derartige Genauigkeiten bei weitem nicht zu verwirklichen – beispielsweise gibt NEUFELD[86] die Treffergenauigkeit der V2 mit „*ten to twenty miles*", bezogen auf eine Zielentfernung von etwa 180 Meilen an, was zwar zu einem gewissen Teil durch eine Vermutung von DUNGAN[87] relativiert wird, nach der die häufig beschriebene mangelnde Zielgenauigkeit der V2 nicht allein auf Unzulänglichkeiten der Raketensteuerung, sondern zu einem guten Teil auf Schwierigkeiten bei der Ortsbestimmung der Ziele, bei der Koordinatentransformation zwischen unterschiedlichen Kartenwerken etc. zurückzuführen war:

---

[76]Vergleiche beispielsweise [263][S. 157 ff.].

[77]Hier trat unter anderem auch die bereits in Abschnitt 2.8 erwähnte Firma Ott, die für ihre mechanischen mathematischen Präzisionsgeräte bekannt war, als Entwickler und Hersteller auf (siehe [263][S. 162 f.]).

[78]Siehe [263][S. 159 ff.].

[79]Ein ähnliches Verfahren wurde in der Frühzeit der Elektrotechnik als Vorläufer des heute üblichen elektromechanischen Stromzählers verwendet.

[80]Eine Verwendung dieses Prinzips als Rechenelement in einem allgemein einsetzbaren Analogrechner verbot sich aus dem nämlichen Grunde ebenso von selbst.

[81]Kurz für *Vergeltungswaffe 2*.

[82]8.9.1895–27.12.1980

[83]Siehe [109][S. 15].

[84]Vergleiche [575][S. 118].

[85]Weitere Arbeiten im Rahmen der A4-Entwicklungen in Peenemünde führten aus diesem Grunde zum Bau von Leitstrahl- und Funkvermessungsanlagen, auf die im Folgenden jedoch nicht weiter eingegangen wird, interessierte Leser seien auf [575] verwiesen.

[86]Siehe [430][S. 250].

[87]Vergleiche [109][S. 215 f.].

> *It is very possible that coordinate transformation, if either the distance
> or the direction of the map is wrong, along with the correction for the earth's
> curvature and rotation, played a greater role in the rocket's dispersion than
> did the limited guidance system.*

Trotz seiner Beschränkungen stellte das Mischgerät als das erste rein bordgestützte
Lageregelungssystem einer Rakete eine bahnbrechende Entwicklung dar, die ihrer Zeit
weit voraus war – beispielsweise bezeichnet es TOMAYKO[88] als das *„first fully electronic
active control system"*. Im weiteren Verlauf der Geschichte nach dem Ende des Zweiten
Weltkrieges zeigte sich der große Einfluss, den das Mischgerät auf die Entwicklung
der Steuerungstechnik fortgeschrittener Trägerraketensysteme wie der *Redstone-Rakete*
sowie anderer einflussreicher Raketen der Vereinigten Staaten von Amerika hatte, wie
folgendes Zitat von BILSTEIN[89] zeigt:

> *Further work by other Peenemuende veterans and an analog guidance
> computer devised with American researchers at the Redstone Arsenal culmi-
> nated in the ST-80, the stabilized platform, inertial guidance system installed
> in the Army's 1954 Redstone missile [...] The ST-80 of the Redstone evolved
> into Jupiter's ST-90 (1957) [...]*

Beruhend auf diesen Arbeiten an der Steuerungselektronik der A4-Rakete einerseits
sowie den hierbei auftretenden Schwierigkeiten, welche, bedingt durch die immensen
Kosten sowie die geringe Erfolgsquote durchgeführter Testschüsse, die Durchführung
von Simulationen zur Untersuchung bestimmter Teilaspekte des Lageregelungssystemes
wünschenswert erscheinen ließen, begann HELMUT HOELZER parallel zu seinen hier
beschriebenen Arbeiten mit der Entwicklung des weltweit ersten universell einsetzbaren
elektronischen Analogrechners, der im folgenden Abschnitt näher behandelt wird.

3.2.2   HELMUT HOELZERs Analogrechner

Im Jahre 1941 stellte HELMUT HOELZER parallel zu seinen eigentlichen Arbeiten an
der Steuerung der V2 zunächst in Eigenverantwortung und ohne Einverständnis seiner
Vorgesetzten den weltweit ersten universell einsetzbaren elektronischen Analogrechner
fertig[90], der zu großen Teilen auf den im Rahmen der Konstruktion des Mischgerätes
entwickelten Grundschaltungen beruhte. Ähnlich wie im Mischgerät verwendete auch
dieser erste elektronische Analogrechner Kondensatoren für die Integration sowie die
Differentiation, wobei auch hier aus Gründen der Driftstabilität Wechselspannungsverstärker mit den zugehörigen Modulations- und Demodulationseinrichtungen zum Einsatz gelangten[91].

Wie bereits bei der Entwicklung des Mischgerätes sah sich HELMUT HOELZER mit Vor-
urteilen gegenüber dem maschinellen Rechnen konfrontiert. Typisch hierfür ist folgende

---

[88] Siehe [573][S. 15].
[89] Siehe [46][S. 243].
[90] Siehe beispielsweise [571][S. 227] beziehungsweise [263][S. 233 ff].
[91] Siehe unter anderem [263][S. 219 ff.].

Äusserung HERMANN STEUDINGS, dem Leiter der Abteilung für Ballistik und Aerodynamik bezüglich HOELZERS Arbeiten an seinem elektronischen Analogrechner[92]:

> *Young man, when I compute something, the results will be correct and I do not need a machine to verify it. By the way, machines cannot do this.*

Auch seine direkten Vorgesetzten waren zunächst nicht der Meinung, dass eine solche Entwicklung irgendwelche praktischen Anwendungen nach sich ziehen könnte, wie folgende Erinnerung HELMUT HOELZERS zeigt[93]:

> *Mein Chef kam ins Labor, sah [den] elektronische[n] Drahtverhau und sagte nur: „HOELZER, hören Sie doch endlich auf mit dieser elektrischen Spielerei und kümmern Sie sich um Ihre Aufgabe. Ab morgen ist das alles weg, verstanden?" Ich sagte das einzige, was man in solcher Situation sagen konnte: „Jawohl, Herr Doktor." Am nächsten Morgen war alles weg und zwar war es jetzt in einem kleinen Raum ohne Fenster [...] Aber mir schien es auch wichtig, ein Gerät zu schaffen, welches, wie man damals dachte, in der Hauptsache für die Entwicklung von Raketensteuerungen von nicht zu überbietender Wichtigkeit war. [...] Als alles funktionierte, wurde mir dann vergeben.*

Das fertige Gerät, das in der Folge mit großem Erfolg bei der Simulation bestimmter steuerungstechnischer Aspekte der V2 eingesetzt wurde[94], verfügte über eine Anzahl frei miteinander verschaltbarer Rechenelemente wie Integrierer, Differenzierer und Summierer, aber auch bereits über Schaltungen zur Multiplikation, Division und Wurzelberechnung – mithin standen hiermit bereits 1941 alle wesentlichen Rechenelemente zur Verfügung, welche in den folgenden Jahren und Jahrzehnten die Grundlage aller späteren elektronischen Analogrechner bildeten[95].

Wie bereits im Mischgerät machte der Analogrechner von HELMUT HOELZER Gebrauch von den beiden Ausdrücken (3.2) beziehungsweise (3.3) zur Abbildung von Differentiationen sowie Integrationen mit Hilfe von RC-Gliedern. Im Gegensatz zum Mischgerät, bei welchem, wie bereits erwähnt, auch stark fehlerbehaftete Operationen zulässig waren, da durch die Kreisel stets entsprechende Korrektursignale an die Steuerung zurück-

---

[92]Siehe [571][S. 234].

[93]Siehe [190][S. 13 f.].

[94]Beispielsweise schreibt NEUFELD (siehe [430][S. 133]) über den Rechner *„It was a fundamental innovation that really made a mass-produced guidance system possible"*. Bedingt durch den sehr erfolgreichen Einsatz dieses Analogrechners erlangte der Begriff des *Analogons* beziehungsweise der des *elektronischen Modells* schnell Eingang in den Sprachschatz der in Peenemünde arbeitenden Wissenschaftler und Ingenieure (siehe [452][S. 57]).

[95]Spätere Systeme verzichteten jedoch, ermöglicht durch die Entwicklung driftstabilisierter Gleichspannungsverstärker durch GOLDBERG (siehe [152] beziehungsweise [151]), auf den Einsatz von Wechselspannungsverstärkern als aktive Elemente. Interessant ist, dass noch in einem am 28. Mai 1952 von JOHN E. RICHARDSON (siehe [479]) eingereichten Patent, dem am 27. Januar 1959 stattgegeben wurde, analoge Rechenelemente beschrieben werden, die in ihrem Aufbau im Wesentlichen den von HELMUT HOELZER entwickelten Bausteinen entsprechen und wie diese Wechselspannungsverstärker in Zusammenhang mit Ringmodulatoren und Synchrongleichrichtern verwenden.

geliefert wurden[96], erfordert die Verwendung einfacher RC-Glieder zur Bildung von Integrationen und Differentiationen in einem elektronischen Analogrechner einen höheren technischen Aufwand, um die Fehler bei der Durchführung der eigentlichen Rechnung zu minimieren.

Die Verwendung des Ausdruckes (3.2) erfordert hier beispielsweise eine gesteuerte Spannungsquelle in Reihe mit dem Differentiationskondensator, während umgekehrt die Bildung eines Zeitintegrales nach (3.3) eine gesteuerte Stromquelle parallel zum Integrationskondensator notwendig werden lässt, die sich beide mit Hilfe eines Verstärkers umsetzen lassen. Darüberhinaus erfordert die Messung des den Kondensator durchfließenden Stromes beziehungsweise der über seinen Platten anliegenden Spannung entsprechende Messverstärker, um eine verfälschungsfreie Messung und damit Auswertung des gebildeten Ausdruckes zu gewährleisten.

Im Gegensatz zum Mischgerät, welches Verstärker nur für die Aufbereitung der Ausgangssignale der für die eigentlichen Rechnungen eingesetzten RC-Glieder zur Ansteuerung der Strahlruder beziehungsweise Segel verwendete, erforderten die Rechenelemente zur Bildung von Integrationen und Differentiationen für den Einsatz im Analogrechner zusätzliche Verstärker für die Ansteuerung der RC-Glieder – ein Aufwand, der für ein Verlustgerät wie das Mischgerät nur schwer zu rechtfertigen gewesen wäre.

Die resultierende Prinzipschaltung eines Differenzierers zeigt Abbildung 3.15. Im Wesentlichen besteht diese Rechenschaltung aus zwei jeweils einstufigen wechselspannungsgekoppelten Röhrenverstärkern sowie einem Synchrondemodulator und einem Ringmodulator. In der gezeigten Ausführung wird mit Hilfe der auf der linken Seite der Abbildung dargestellten Transformatoren die Summe von bis zu drei modulierten Eingangsspannungen gebildet, mit welcher das Gitter der ersten Röhre angesteuert wird[97]. Das entsprechend verstärkte Ausgangssignal dieser ersten Verstärkerstufe wird nun durch einen Synchrondemodulator gleichgerichtet und dem eigentlichen Differentiationsglied, bestehend aus dem Kondensator C und dem Widerstand r, zugeführt.

Die aus R_{gl} und C_{gl} bestehende Teilschaltung dient der Glättung des zu differenzierenden Signals und stellt im Wesentlichen einen Integrierer mit vergleichsweise kurzer Zeitkonstante dar, so dass das Ergebnis der grundlegenden Differentiationsoperation nur unwesentlich verfälscht, durch Unterdrücken eines gewissen Rauschanteiles jedoch stark verbessert wird. Das eigentliche Differentiationssignal, das als Ladestrom des Kondensators C vorliegt, wird über dem Reihenwiderstand r als Spannungsabfall abgenommen und einem Ringmodulator zugeführt, der mit derselben Trägerspannung wie der vorangegangene Synchrondemodulator gespeist wird.

Das Ausgangssignal dieses Modulators wird dem Gitter der zweiten Verstärkerröhre zugeführt, mit deren Anodenstrom im Anschluss hieran die Primärseiten der Ausgangstransformatoren gespeist werden. Die eingezeichnete einstellbare Rückkopplung zwischen dem Ausgang der Rechenschaltung und ihrem Eingang dient zur Stabilisierung und damit zur weiteren Erhöhung der erzielbaren Rechengenauigkeit.

---

[96] Siehe [190][S. 11 f.].

[97] Da die Steuerung einer solchen Triode im Wesentlichen leistungslos – ähnlich einem modernen Feldeffekttransistor – erfolgt, kann die Summenbildung durch einfache Hintereinanderschaltung der einzelnen Sekundärspulen der Eingangstransformatoren erzielt werden.

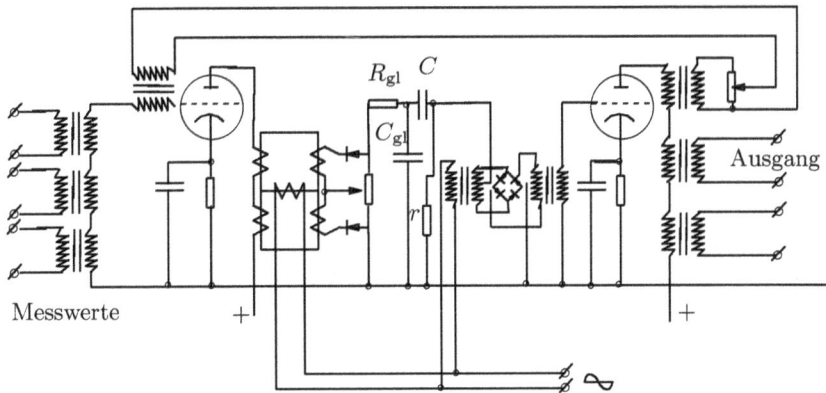

Abb. 3.15: *Grundschaltung des Differenzierers nach* Helmut Hoelzer *(siehe [189][Bild I, 13])*

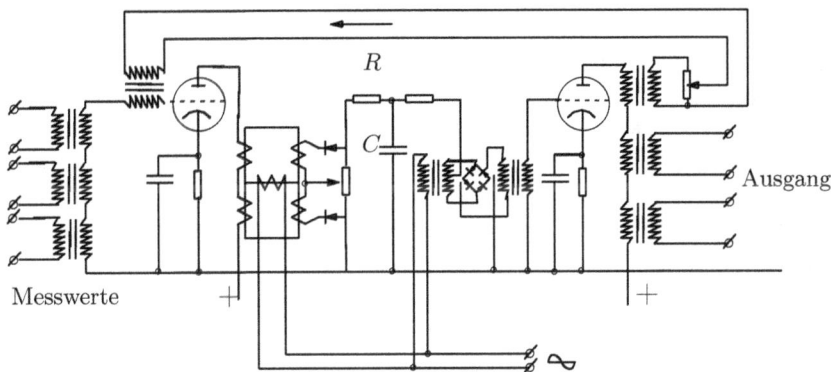

Abb. 3.16: *Grundschaltung des Integrierers nach* Helmut Hoelzer *(siehe [189][Bild I, 11])*

Mit nur kleinen Schaltungsänderungen lässt sich diese Grundschaltung auch verwenden, um gemäß Gleichung (3.3) einen elektronischen Integrierer zu implementieren, wie ihn Abbildung 3.16 zeigt. Hier wird nicht der Ladestrom über den Spannungsabfall an einem Reihenwiderstand gemessen und verstärkt als Ausgangssignal zur Verfügung gestellt; vielmehr ist in diesem Anwendungsfall die zwischen den Kondensatorplatten anliegende Spannung von Interesse, wie die Anbindung des Ringmodulators zeigt.

Neben diesen beiden grundlegenden Rechenelementen verfügte der vollständige Analogrechner Helmut Hoelzers, wie bereits erwähnt, über weitere Rechenelemente, mit deren Hilfe beispielsweise die Bildung von Produkten, Quotienten und Wurzelfunktionen möglich war. Besonders interessant ist hierbei die von Hoelzer vorgeschlagene selbstabgleichende Brückenschaltung zur Durchführung von Divisionen, wie sie Abbildung 3.17 zeigt. Kernstück ist hier eine Servoschaltung, bestehend aus einem in der

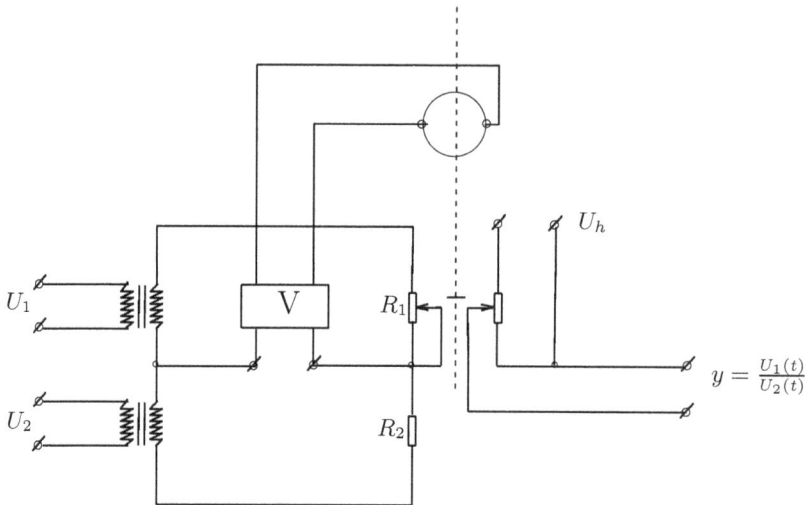

Abb. 3.17: *Selbstabgleichende Brückenschaltung mit Verstärker V (nach [189][Bild II, 11])*

oberen Bildmitte dargestellten Motor, welcher zwei auf einer gemeinsamen Achse befindliche Potentiometer verstellt, sowie einem Regelverstärker, welcher den Achswinkel
des Motors gemäß vorgegebener Eingabewerte verstellt, wobei das Potentiometer R_1
als Rückführungsglied dient. Wird nun das rechte Potentiometer als Spannungsteiler
beschaltet, lässt sich mit dieser Schaltung der Quotient aus der Eingangsspannung der
Servoschaltung sowie der an diesem zweiten Potentiometer anliegenden Spannung berechnen.

Leider kam es zu keiner praktischen Ausführung dieser selbstabgleichenden Brückenschaltung, welche die spätere Entwicklung sogenannter *Servomultiplizierer* vorwegnahm,
da der benötigte Leichtankermotor in den Kriegszeiten nicht erhältlich war[98]. Stattdessen führte HELMUT HOELZER die Division $y = \frac{b}{a}$ auf die Lösung der Differentialgleichung[99]

$$\frac{1}{V}\dot{y} + ay = b$$

zurück[100], wobei für die zu ihrer Lösung notwendige Durchführung der Multiplikation
eine Schaltung, bestehend aus zwei hintereinandergeschalteten Ringmodulatoren, zum
Einsatz gelangte.

Eine weitere interessante Schaltungsvariante zeigt Abbildung 3.18 in Form eines verbesserten Integrierers, der jedoch ebenfalls nicht zur praktischen Ausführung gelangte,
da bereits Integrierer entsprechend der in Abbildung 3.16 dargestellten Schaltung umgesetzt waren. Diese verbesserte Integriererschaltung setzt erstmalig den Integrationskondensator in der Rückführung eines einzelnen Rechenverstärkers ein, eine Schaltungstechnik, die in nahezu allen späteren elektronischen Analogrechnern angewandt wurde.

---

[98]Siehe [190][S. 17].
[99]Vergleiche [189][S. 31 f.].
[100]Hierbei bezeichnet V den (möglichst hohen) Verstärkungsfaktor.

$$-\mathrm{i}\omega C$$

Ringmodulator

A

$AC \longrightarrow$ $AC \longrightarrow$

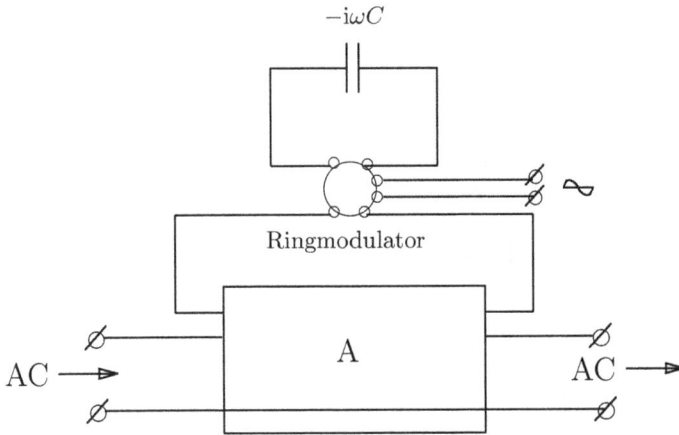

Abb. 3.18: Verbesserter Integrierer (nach [190][Fig. 5b])

Durch den Zwang, mit modulierten Spannungen arbeiten zu müssen, wurde der Integrationskondensator, der naturgemäß nur mit Gleichspannungen beaufschlagt werden darf, in einen Zweig eines Ringmodulators geschaltet, so dass weiterhin ein driftfreier Wechselspannungsverstärker verwendet werden kann, was den gesamten Schaltungsaufwand gegenüber Abbildung 3.16 in etwa halbiert.

Das fertige Gerät zeigt Abbildung 3.19 – die über den zu beiden Seiten angebrachten Ablageflächen angeordneten Einschübe enthalten die einzelnen Rechenelemente des Gerätes, die über Laborkabel je nach Aufgabenstellung miteinander verknüpft werden konnten. Unterhalb ist ein elektromechanischer Mehrfachfunktionsgeber angeordnet, welcher aus entsprechend geformten Kurvenscheiben besteht, die auf einer gemeinsamen motorisch angetriebenen Achse angeordnet sind.

Dieser Analogrechner wurde letztlich in zwei Exemplaren gebaut, von denen eines nach dem Zweiten Weltkrieg in die Vereinigten Staaten von Amerika verbracht, dort noch etwa zehn Jahre weiterbetrieben und unter anderem bei der Entwicklung der Hermes-Rakete eingesetzt wurde. Auf dieser Grundlage wurde unter VON BRAUN 1950 ein verbesserter Rechner entwickelt, der ebenfalls etwa zehn Jahre lang eingesetzt wurde und wesentliche Beiträge zur Entwicklung der Redstone- und Jupiter-Trägerraketen sowie für den Start des ersten amerikanischen Satelliten, Explorer I, leistete[101].

Im Jahr 1993 begann HELMUT HOELZER mit dem Nachbau dieses welterersten elektronischen Analogrechners[102], der, von geringfügigen Abweichungen abgesehen, die vor allem der heute nicht mehr gewährleisteten Verfügbarkeit einiger Spezialbauteile wie den im Original eingesetzten Umformern zur Erzeugung der Modulations- beziehungsweise De-

---

[101] Siehe [572][S. 236].
[102] Siehe [263][S. 234].

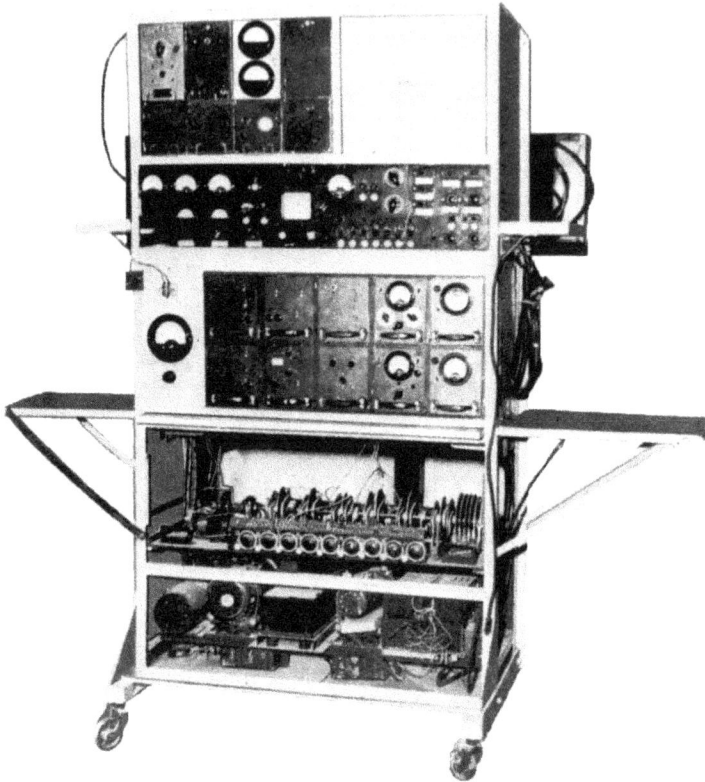

Abb. 3.19: HELMUT HOELZERs *Analogrechner, wie er nach Kriegsende aufgefunden wurde (Quelle: NASA, Marshall Space Flight Center)*

modulationsspannungen geschuldet sind, dem Original exakt entspricht und heute vom Deutschen Technikmuseum Berlin verwahrt wird[103].

Den Einsatz dieses Analogrechners zur praktischen Behandlung gegebener Differentialgleichungen zeigt exemplarisch zunächst Abbildung 3.20 anhand der Differentialgleichung vierten Grades

$$\dddot{\ddot{y}} + a\dddot{y} + b\ddot{y} + c\dot{y} + dy = f(t). \tag{3.4}$$

Zum Einsatz gelangen hier ausschließlich Differenzierer gemäß Abbildung 3.15, deren Ausgänge zunächst mit Hilfe von Koeffizientenpotentiometern mit den Werten $\frac{1}{a}$, $\frac{1}{b}$, $\frac{1}{c}$ und $\frac{1}{d}$ multipliziert und zusammen mit dem Störungsterm $f(t)$ am Eingang des ersten Differenzierers aufsummiert werden. Die Verwendung einer solchen, ausschließlich

---

[103]Die Übergabe erfolgte im Mai 1995 (siehe [514][S. 44]) – aus Angst vor einem durch HELMUT HOELZERs Arbeiten in Peenemünde bedingten Eklat fand diese jedoch nur in kleinstem Kreise statt (siehe [263][S. 235]).

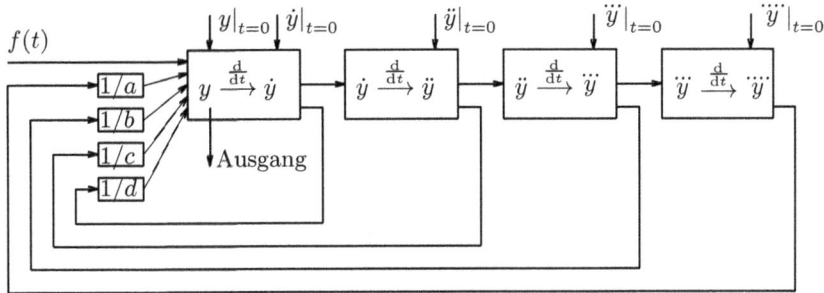

Abb. 3.20: *Lösung einer Differentialgleichung vierten Grades der Form $\dddot{\ddot{y}} + a\dddot{y} + b\ddot{y} + c\dot{y} + dy = f(t)$ mit einer Differenziererkette (nach [189][Bild II, 2])*

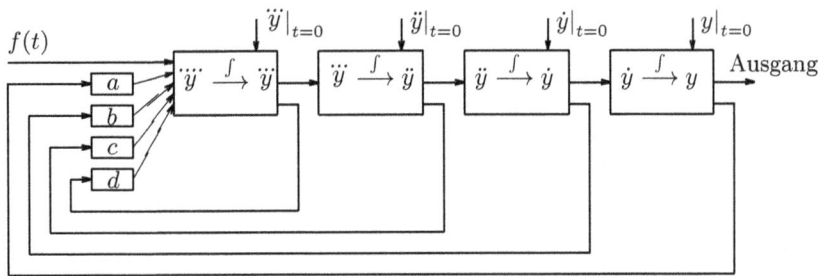

Abb. 3.21: *Lösung einer Differentialgleichung vierten Grades der Form $\dddot{\ddot{y}} + a\dddot{y} + b\ddot{y} + c\dot{y} + dy = f(t)$ mit einer Integriererkette (nach [189][Bild II, 1])*

aus Differenzierern aufgebauten Rechenschaltung weist jedoch einen inhärenten Nachteil auf, da jeder Differenzierer naturgemäß das stets vorhandene Rauschen der Rechenspannungen verstärkt, so dass das Ausgangssignal am Ende der Kette eventuell in einem Maße von Rauschen überlagert ist, dass unter Umständen eine brauchbare Rechnung unmöglich wird.

Dieser Umstand war auch Helmut Hoelzer bewusst, der entsprechend eine analoge Rechenschaltung angibt, die ausschließlich Integrierer zur Behandlung des Ausdruckes gemäß Gleichung (3.4) verwendet und in Abbildung 3.21 dargestellt ist. Im Unterschied zu einer aus Differenzierern bestehenden Rechenschaltung muss für die Aufstellung einer solchen Rechenschaltung die zu lösende Differentialgleichung zunächst nach der höchsten Ableitung aufgelöst werden, die im Folgenden als bekannt angenommen wird. Aus dieser höchsten Ableitung werden die nächstniedrigen Ableitungen mit Hilfe hintereinander geschalteter Integrierer gebildet und sodann nach Multiplikation mit geeigneten Koeffizienten (im Beispiel a, b, c und d) zur Bildung dieser höchsten Ableitung eingesetzt[104].

Während die Lösung von Differentialgleichungen unter Zuhilfenahme solcher Integriererketten zu einer der Standardtechniken des späteren Analogrechnens zählt, wies sie unter Verwendung von Bausteinen, wie sie Helmut Hoelzer 1941 zur Verfügung standen,

---

[104]Dieses bereits zuvor kurz erwähnte Verfahren wird meist als *vollständige Rückführung* oder *Kelvinsches Rückführungsverfahren* bezeichnet und wird in Abschnitt 5.1.1 näher dargestellt.

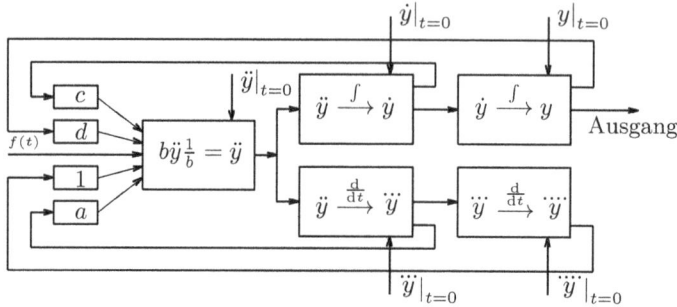

Abb. 3.22: *Lösung einer Differentialgleichung vierten Grades der Form $\dddot{\ddot{y}} + a\dddot{y} + b\ddot{y} + c\dot{y} + dy = f(t)$ mit einer Mischung aus Integrierern und Differenzierern (nach [189][Bild II, 3])*

einen schwerwiegenden Nachteil in Form von Drifteffekten auf, wodurch das Resultat einer solchen Rechnung mitunter ebenfalls bis hin zur Unbrauchbarkeit verfälscht werden konnte. Aus diesem Grund schlug HELMUT HOELZER auch eine aus Integrierern und Differenzierern zusammengesetzte Mischform dieser beiden Rechenschaltungen, wie sie Abbildung 3.22 zeigt[105], vor.

Erst die Entwicklung driftkompensierter Gleichspannungsverstärker durch GOLDBERG[106] im Jahre 1949 ermöglichte den wirklichen Durchbruch der Technik des elektronischen Analogrechnens, da hiermit auf die komplizierten und letztlich auch teuren Modulatoren und Synchrongleichrichter, die durch die Wechselspannungsverstärkertechnik HELMUT HOELZERs bedingt waren, verzichtet werden konnte. Erst diese Entwicklung legte den Grundstein zur Entwicklung kommerziell einsetz- und verfügbarer Analogrechner, die ab den frühen 1950er Jahren dominierend in vielen Bereichen der Technik und Naturwissenschaft wurden und diese Stellung zum Teil bis weit in die 1970er Jahre hinein behielten[107].

Die folgenden Abschnitte behandeln nun diese in der Folge kommerziell entwickelten elektronischen Gleichspannungsanalogrechner, indem zunächst die grundlegenden Rechenelemente dargestellt werden, die in der Regel in mehr oder minder großer Anzahl in jedem System vorhanden sind, bevor im Anschluss hieran die Programmierung solcher Systeme anhand einer Reihe praktischer Beispiele ausführlich dargestellt wird.

---

[105]Ermöglicht durch technische Errungenschaften, wie die Entwicklung driftstabilisierter Verstärker, verfügten spätere elektronische Analogrechner in der Regel nicht über Differentiationsglieder, sondern stellten ausschließlich Integrierer zur Verfügung, was den Vorteil einer drastischen Reduzierung von durch Rauschen bedingten Rechenfehlern zur Folge hatte.

[106]Siehe [152] sowie [151].

[107]Eine direkte Auswirkung der Arbeiten HELMUT HOELZERs auf das Gebiet kommerzieller elektronischer Analogrechner zeigt sich in den um 1950 begonnenen Entwicklungen bei Telefunken unter ERNST KETTEL, den HELMUT HOELZER mit hoher Wahrscheinlichkeit bereits während seiner Arbeiten auf dem Gebiet der Wellenausbreitung bei Telefunken vor seiner Tätigkeit in Peenemünde kennenlernte.

4 Grundlegende Rechenelemente

Die folgenden Abschnitte stellen die wichtigsten Baugruppen eines allgemein einsetzbaren elektronischen Analogrechners vor, wobei bis auf weiteres stets von idealen Komponenten ausgegangen wird, so dass keine Auswirkungen von Bauteiletoleranzen etc. auf den Verlauf einer Rechnung Betrachtung finden.

Nach der Einführung dieser wesentlichen Rechenelemente wird in Abschnitt 5 die eigentliche Programmierung elektronischer Analogrechner behandelt, wobei neben einer theoretischen Einführung auch eine Reihe praktisch ausgeführter Beispiele dargestellt werden, um ein Gefühl für das Wesen des analogen Rechnens zu vermitteln.

In der Regel handelt es sich bei einem elektronischen Analogrechner um ein Instrument, mit dessen Hilfe aus elektronischen Recheneinheiten ein Modell, ein Analogon eines zu lösenden beziehungsweise zu behandelnden Ausgangsproblems aufgebaut wird. Die hierbei auftretenden Rechengrößen werden in Form von Spannungen dargestellt, die je nach Modell der verwendeten Rechenanlage in der Regel zwischen ± 10 V bei transistorisierten Rechnern[1] und ± 100 V bei röhrenbestückten Geräten liegen[2]. Diese maximalen Werte, welche eine Rechenspannung erlaubtermaßen annehmen kann, werden als *Maschineneinheit* bezeichnet und – unabhängig von ihrer technischen Größe – stets als ± 1 ME bezeichnet. Alle mit einem elektronischen Analogrechner durchgeführten Rechnungen beziehen sich hinsichtlich ihrer Ein- und Ausgangsgrößen auf diese Maschineneinheit, wobei die Angabe von *ME* meist entfällt.

Einer Variablen, welche den Wert 0.5 annimmt, wird somit auf einem Rechner mit einem zulässigen Rechenspannungsbereich von ± 100 V eine Spannung von 50 V entsprechen – auf einem Transistorrechner mit einem Wertebereich von ± 10 V würde die gleiche Variable durch eine Spannung von 5 V repräsentiert.

Allen im Folgenden beschriebenen Rechenelementen ist somit gemein, dass sie auf der Basis einer Reihe solcher durch Spannungen repräsentierter Eingabewerte bestimmte Operationen ausführen, deren Ergebnis am Ausgang der jeweiligen Recheneinheit wiederum als Spannung zur Verfügung steht, die als Eingangssignal nachfolgender Einheiten Verwendung finden kann.

---

[1] Hiervon gab es auch Ausnahmen, beispielsweise erlaubte die EAI 8800 einen zulässigen Spannungsbereich für Rechengrößen von ± 100 V (siehe [335]).

[2] Der Genauigkeit halber muss an dieser Stelle erwähnt werden, dass es mitunter Ausnahmen von dieser Darstellung von Rechengrößen durch Spannungen gibt – das wichtigste Beispiel stellen hier sicherlich die sogenannten Servomultiplizierer beziehungsweise Servofunktionsgeber dar, bei welchen zumindest eine der beteiligten Rechengrößen durch einen Drehwinkel repräsentiert wird, was für die folgenden Betrachtungen jedoch unerheblich ist.

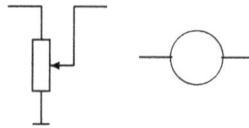

Abb. 4.1: Schaltung und Darstellung eines Koeffizientenpotentiometers

4.1   Koeffizientenpotentiometer

Das zunächst einfachste Rechenelement eines elektronischen Analogrechners ist das sogenannte *Koeffizientenpotentiometer*, das dazu dient, eine Eingangsspannung mit einem
frei wählbaren Multiplikator[3] $0 \leq \alpha \leq 1$ zu multiplizieren.

Dies wird in der Regel durch die Verwendung eines als Spannungsteiler geschalteten
Präzisionspotentiometers realisiert, dessen Wert mit Hilfe einer geeigneten Einstellvor-
richtung in der Regel auf mindestens 10^{-3} genau gesetzt werden kann. Abbildung 4.1
zeigt die Schaltung eines solchen Spannungsteilers sowie das Symbol, wie es in Rechenplänen für Analogrechner verwendet wird. Normalerweise wird in den Kreis entweder die Nummer des in der ausgeführten Rechenschaltung eingesetzten Potentiometers
und/oder direkt der einzustellende Koeffizientenwert geschrieben.

Einige wenige Spezialrechnungen machen die Verwendung eines Potentiometers nötig,
das nicht als Spannungsteiler geschaltet ist, sondern dessen beide Eingänge simultan zur
Verfügung stehen. Ein solches Potentiometer kann beispielsweise zum Mischen zweier
Signale y_0 und y_1 dienen, um ein Ausgangssignal der Form $\alpha y_0 + (1 - \alpha) y_1$ zu erhalten.
Als Symbol wird ebenfalls ein Kreis wie in Abbildung 4.1 rechts dargestellt verwendet,
der jedoch mit insgesamt drei Anschlüssen versehen ist. Eine besondere Kennzeichnung
von Ein- und Ausgängen ist unüblich, da sie sich stets aus dem Rechenplan erschließt.

Das Koeffizientenpotentiometer ist das einfachste und das einzige passive Standard-
rechenelement eines Analogrechners. Bei allen weiteren im Folgenden kursorisch dargestellten Rechenelementen handelt es sich um aktive Bausteine.

4.2   Der idealisierte Operationsverstärker

Das wichtigste Bauelement eines elektronischen Analogrechners ist der sogenannte *Operationsverstärker*, dessen Name sich bereits aus seiner weiten Verbreitung in der analogen Rechentechnik herleitet, wo er als primäres aktives Element zum Einsatz gelangt[4].
Der Begriff des Operationsverstärkers wurde 1947 von JOHN RAGAZZINI et al. geprägt
und wie folgt definiert (siehe [466]):

---

[3]Manche Anlagen stellen auch Koeffizientenpotentiometer zur Verfügung, die nur in festen Rast-
stellungen eingestellt werden können, dies ist jedoch die Ausnahme und meist ist ihre Verwendung
besonderen Zwecken wie dem Einstellen von Funktionsgebern vorbehalten.

[4]Operationsverstärker sind ausgesprochen komplexe Bausteine, die mitnichten die im Folgenden
unterstellten idealen Eigenschaften aufweisen. An dieser Stelle sei hierzu auf die einschlägige Standardliteratur, wie beispielsweise [218], verwiesen.

The OPERATIONAL AMPLIFIER
is THE KING of ANALOG COMPUTING COMPONENTS

OPERATIONAL AMPLIFIER

It is used to

☆ Change the sign of a voltage
☆ Multiply by a constant greater than unity
☆ Algebraically sum many voltages
☆ Integrate voltages

Abb. 4.2: Der Operationsverstärker als „König" des Analogrechners (nach [577][S. 2-58])

> *As an amplifier so connected can perform the mathematical operations*
> *of arithmetic and calculus on the voltages applied to its input, it is hereafter*
> *termed an „Operational Amplifier".*

Diese zentrale Rolle des Operationsverstärkers innerhalb eines elektronischen Analogrechners veranschaulicht Abbildung 4.2, bei der es sich um eine zeitgenössische Darstellung aus dem Jahre 1960 handelt – einer Zeit, in welcher die Entscheidung über die Vorherrschaft im Bereich des elektronischen Rechnens noch nicht zu Gunsten des digitalen Ansatzes gefallen war. Die Bezeichnung des Operationsverstärkers als „König" der analogen Rechenelemente wirkt aus heutiger Sicht übertrieben, beschreibt seine Bedeutung jedoch treffend. Die Entwicklung brauchbarer Operationsverstärker, d.h. solcher, deren Eigenschaften zum Teil wirklich verblüffend wenig von denen idealer Operationsverstärker abwichen, ermöglichte erst den Bau von Präzisionsanalogrechenanlagen, ohne welche viele epochale Entwicklungen der 1950er, 1960er und 1970er Jahre nicht denkbar gewesen wären.

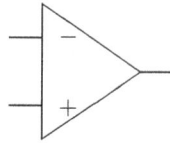

Abb. 4.3: *Schaltzeichen eines (idealisierten) Operationsverstärkers*

Abbildung 4.3 zeigt das vereinfachte[5] Schaltzeichen eines (idealen) Operationsverstärkers. Ein solcher stellt einen *Differenzverstärker* dar, der über zwei Eingänge, einen
mit − bezeichneten, invertierenden sowie einen entsprechend mit + bezeichneten, nicht
invertierenden, verfügt.

In diese beiden Eingänge eines idealen Operationsverstärkers fließt keinerlei Strom, es
findet also eine reine Spannungssteuerung statt[6]. Der ideale unbeschaltete, d.h. insbesondere ohne Rückführung versehene, Verstärker selbst weist eine unendlich hohe
(Leerlauf-)Verstärkung $V = \infty$ auf, um welche die Summe der an seinen invertierenden und nicht invertierenden Eingängen anliegenden Eingangsspannungen an seinem
Ausgang verstärkt als Spannung bereitgestellt wird[7].

Nun hätte eine unendlich hohe Verstärkung V bei beliebigen Eingangsspannungssum-
men, die ungleich 0 sind, eine unendlich hohe Ausgangsspannung zur Folge, was weder
realistisch noch erwünscht ist – mit Hilfe einer geeigneten Rückkopplung, wie sie in den
beiden folgenden Abschnitten 4.3 und 4.4 dargestellt wird, lässt sich dieses Verhalten
jedoch als Grundlage für Rechenoperationen wie Summation und Integration direkt
verwenden.

Bei den meisten elektronischen Analogrechnern verfügen die eingesetzten Operationsverstärker über eine Zusatzeinrichtung, die eine Überlastung des Verstärkers zu erkennen erlaubt. Eine solche Überlastung kann einerseits durch eine zu hohe Ausgangsspan-
nung, d.h. $|U_{out}| > 1$ ME, andererseits durch einen zu geringen Eingangswiderstand
des nachfolgenden Rechenelementes verursacht werden. Im ersten Fall sind in der Regel
Rechenfehler während der Problemanalyse und Normierung (siehe Kapitel 5) oder fehlerhafte Anfangswerte als Ursache anzunehmen, während der zweite Fall entweder auf
Fehler bei der Aufstellung der Rechenschaltung oder defekte Baugruppen des Rechners
schließen lässt. In jedem Fall verhindert ein übersteuerter beziehungsweise überlasteter
Operationsverstärker eine korrekte Fortführung einer Rechnung, da seine Ausgangsspannung nicht mehr dem gewünschten Wert entspricht, so dass eine Rechnung in diesem Falle unterbrochen werden sollte (siehe Abschnitt 4.12.2.8).

---

[5]Besondere Eingänge zur Driftkompensation, Spannungsversorgung etc. sind nicht dargestellt.

[6]Zu einem guten Teil ist eine Spannungssteuerung mit röhrenbestückten Operationsverstärkern
realisierbar, die Eingangsströme in der Größenordnung von etwa 10^{-10} A benötigen. Moderne Halb-
leitertechniken erreichen erst seit einigen Jahren solche Werte durch den Einsatz entsprechender Feld-
effekttransistoreingangsstufen.

[7]Reale Operationsverstärker, wie sie beispielsweise in der RA 800 von Telefunken bereits 1960 zum
Einsatz gelangten, kamen dem Ideal einer unendlich hohen (Leerlauf-)Verstärkung mit $V = 10^8$ im
Rahmen praktisch messbarer Größenordnungen schon sehr nahe und liegen noch immer weit über dem,
was die Mehrzahl der modernen integrierten Bausteine zu leisten in der Lage ist.

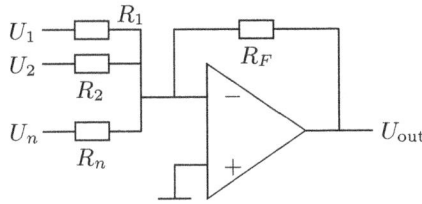

Abb. 4.4: *Prinzipschaltung eines (invertierenden) Summierers*

4.3   Summierer

Der unendlich hohe Verstärkungsfaktor eines idealen Operationsverstärkers lässt sich nun leicht ausnutzen, um aus ihm einen Summierer zu bauen, mit dessen Hilfe eine Reihe von Eingangsspannungen summiert werden kann. Die zugrundeliegende Schaltungsidee[8] ist in Abbildung 4.4 dargestellt.

Der nicht invertierende Eingang des Operationsverstärkers liegt hier auf Massepotential, entspricht also dem Eingangswert 0, so dass dieser Eingang in der folgenden Betrachtung außer Acht gelassen werden kann. Zentraler Punkt dieser Schaltung ist der Knotenpunkt am invertierenden Eingang. Unter der Annahme eines verschwindenden Eingangsstromes sowie eines unendlich großen Verstärkungsfaktors müssen sich die in diesem Knotenpunkt durch die Widerstandsgruppen zusammenfließenden Ströme zu 0 addieren, da sonst aufgrund von $V = \infty$ sofort eine unendlich hohe Ausgangsspannung des Verstärkers die Folge wäre, was nicht möglich ist.

Die im Summenpunkt zusammenfließenden Ströme werden einerseits durch die Eingangsspannungen $U_1, \ldots, U_n$ an den Eingangswiderständen $R_1, \ldots, R_n$ sowie andererseits durch die Ausgangsspannung U_{out} und den sogenannten *Rückführungswiderstand*[9] R_{F} bestimmt. Insgesamt muss also

$$\sum_{i=1}^{n} \frac{U_i}{R_i} = -\frac{U_{\text{out}}}{R_{\text{F}}}$$

gelten, damit sich die am Summenpunkt zusammenfließenden Ströme gegenseitig aufheben. Mit der Abkürzung $a_i = \frac{R_{\text{F}}}{R_i}$ ergibt sich durch Umstellen

$$-U_{\text{out}} = \sum_{i=1}^{n} a_i U_i.$$

Anschaulich lässt sich das Verhalten der Schaltung wie folgt beschreiben: Wann immer die Summe der Ströme im Knotenpunkt von 0 abweicht, resultiert hieraus eine (im idealen Falle unendliche) Änderung der Ausgangsspannung des Verstärkers, deren Vorzeichen dem des Eingangswertes entgegengesetzt ist, da der invertierende Eingang des Operationsverstärkers mit dem Knotenpunkt verbunden ist. Diese Änderung

---

[8]Trotz der unrealistischen Annahme eines idealen Operationsverstärkers führt der Gedankengang zu einer brauchbaren Beschreibung des Verhaltens der Schaltung.

[9]*Feedback resistor.*

$$U_1 \qquad \boxed{1}$$
$$U_2 \qquad \boxed{5} \qquad -(U_1 + 5U_2 + 10U_3)$$
$$U_3 \qquad \boxed{10}$$
$$\boxed{S}$$

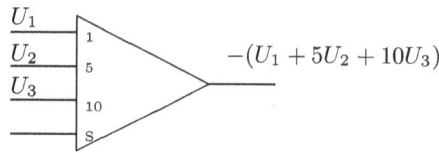

Abb. 4.5: *Symbol eines Summierers*

der Ausgangsspannung bewirkt nun über den Rückführungswiderstand R_F einen Ausgleichsstrom, der in den Knotenpunkt einfließt und gerade so groß ist, dass das ihn hervorrufende Ungleichgewicht der Ströme kompensiert wird.

In der vorliegenden Summiererschaltung ist der Operationsverstärker also stets bemüht, die Summe der Ströme am Knotenpunkt an seinem invertierenden Eingang zu 0 werden zu lassen. Dies ist jedoch in jedem Moment dann erreicht, wenn die Ausgangsspannung gleich der negativen Summe aller Eingangsspannungen ist, wobei das durch a_i ausgedrückte Verhältnis der Widerstände zueinander berücksichtigt werden muss.

Durch diese Widerstandsverhältnisse kann eine *Gewichtung* der Eingangssignale vorgenommen werden. Ein Eingangswiderstand R_i mit $R_i = R_F$ entspricht offensichtlich einem mit 1 gewichteten Eingang, während eine Gewichtung mit einem Faktor 10 durch Wahl von $R_i = \frac{1}{10} R_F$ erzielt werden kann. Die meisten praktisch ausgeführten Summierer elektronischer Analogrechner weisen eine ganze Reihe von Eingängen auf, wobei stets einige Eingänge den Gewichtungsfaktor 1 und einige einen Faktor von 10 aufweisen. Einige wenige Maschinen stellen auch feste Eingangsgewichtungen mit Faktoren 2, 4 beziehungsweise 5 zur Verfügung.

In aller Regel wird ein solcher Summierer in einem Rechenplan durch das in Abbildung 4.5 dargestellte Symbol repräsentiert. Die Ähnlichkeit mit dem Symbol eines Operationsverstärkers ist offensichtlich (Abbildung 4.3) – die Ziffern an den Eingängen entsprechen den Gewichtungsfaktoren, d.h. dem jeweiligen Verhältnis $a_i = \frac{R_F}{R_i}$. Ist $a_i = 1$, wird die Ziffer 1 meist aus Gründen der Übersichtlichkeit weggelassen. Der mit S bezeichnete Eingang, über den die meisten Summierer elektronischer Analogrechner verfügen, stellt eine direkte Verbindung mit dem Summenpunkt am invertierenden Eingang des Operationsverstärkers dar. Dieser kann bei einigen Rechnungen Verwendung finden, um beispielsweise zusätzliche Rückführungsglieder zu verwenden[10].

Eine der wichtigsten Eigenschaften des in Abbildung 4.4 dargestellten Summierers ist die Eigenschaft, dass er prinzipbedingt stets eine Vorzeichenumkehr vornimmt. Wird nur ein Eingang eines Summierers mit einem Signal beaufschlagt, um eine Vorzeichenumkehr desselben zu erreichen, spricht man von einem sogenannten *Umkehrverstärker*[11].

Wie bereits in Abschnitt 4 beschrieben, sind die innerhalb einer Rechenschaltung auftretenden Rechenspannungen hinsichtlich ihres Wertebereiches auf den Bereich ± 1 ME beschränkt. Diese Einschränkung kann bei aktiven Elementen wie Summierern und

---

[10]Am häufigsten treten als solche zusätzlichen Rückführungsglieder nichtlineare Elemente wie Zener-Dioden auf, mit deren Hilfe auf einfache Art und Weise eine Limitierung der Ausgangsspannung ermöglicht wird.

[11]Einige Anlagen stellen extra zu diesem Zweck vereinfachte Summierer mit nur einem einzigen Eingang zur Verfügung.

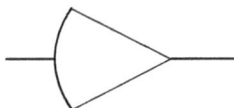

Abb. 4.6: *Symbol eines offenen Verstärkers*

Integrierern leicht durch unzulässige Kombinationen von Eingangsspannungen verletzt werden. Ein Summierer mit zwei Eingängen der Gewichtung 1 und zwei Eingangswerten 1 ME müsste eigentlich als Ergebnis den Wert −2 ME liefern, was jedoch nicht möglich ist. In einem solchen Fall spricht man, wie bereits erwähnt, von einer *Übersteuerung* des Summierers. Eine solche Übersteuerung macht ein Weiterrechnen sinnlos, da der Wert an sich nicht dargestellt werden kann. Aus diesem Grunde verfügen die meisten Analogrechner über Einrichtungen, mit denen eine solche Übersteuerung nicht nur erkannt und signalisiert werden kann, sondern die es auch erlaubt, eine laufende Rechnung bei Eintreten eines solchen Ereignisses automatisch zu unterbrechen, um eine Fehleranalyse zu ermöglichen.

4.3.1   Offene Verstärker

Einige Rechenschaltungen erfordern die Verwendung einer Operationsverstärkerschaltung, die im Wesentlichen der eines Summierers entspricht, sich von diesem jedoch durch das Fehlen des Rückkopplungswiderstandes R_F auszeichnet, während das Eingangswiderstandsnetzwerk vorhanden ist.

Solche sogenannten *offenen* Verstärker werden in der Regel zusammen mit komplexen Rückführungsfunktionen verwendet – beispielsweise können mit ihrer Hilfe inverse Funktionen abgebildet werden, wie in Abschnitt 4.5.1 dargestellt wird. Abbildung 4.6 zeigt das übliche Symbol eines offenen Verstärkers, wie es in Rechenplänen verwandt wird.

Meist stellen elektronische Analogrechner offene Verstärker nicht explizit als solche zur Verfügung, sondern ermöglichen es, den Rückführungszweig eines normalen Summierers aufzutrennen, so dass dieser in einen offenen Verstärker verwandelt wird[12].

4.4   Integrierer

Ein schöner Überblick über verschiedene, nicht zuletzt auch mechanische Integrationsverfahren findet sich in [386].

Das neben dem Summierer wichtigste Rechenelement eines Analogrechners ist der Integrierer, dessen aktiver Hauptbestandteil wieder ein Operationsverstärker ist, in dessen

---

[12]Während bei den meisten Analogrechnern der Firma Telefunken die Rückführung der Verstärker zunächst offen ist und mit Hilfe eines Kurzschlusssteckers geschlossen werden muss, um beispielsweise einen Summierer zu erhalten, gehen andere Systeme, beispielsweise die Anlagen des Herstellers EAI, den umgekehrten Weg, indem hier die Rückführung im Regelfall geschlossen ist und explizit aufgetrennt werden muss, um einen Summierer in einen offenen Verstärker umzuwandeln.

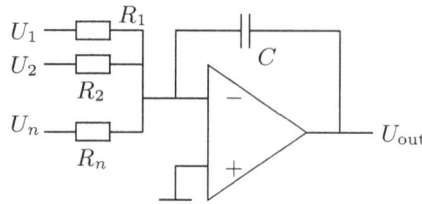

Abb. 4.7: *Prinzipschaltung eines (invertierenden) Integrierers*

Rückführung nun allerdings im Unterschied zu einem Summierer kein Widerstand, sondern ein Kondensator liegt. Abbildung 4.7 zeigt die (vereinfachte) Schaltung eines Integrierers mit Eingangswiderständen $R_1, \ldots, R_n$ und einem Rückführungskondensator C.

Unter der wieder vereinfachenden Annahme, dass es sich bei allen beteiligten Elementen, d.h. sowohl den Rechenwiderständen als auch dem Kondensator und dem Operationsverstärker, um ideale Bauelemente handelt, ergibt sich die Funktionsweise eines solchen Integrierers auf einfache Weise: Wie bereits beim Summierer ist auch hier der Operationsverstärker sozusagen bemüht, die Summe der am Knotenpunkt des invertierenden Eingangs zusammentreffenden Ströme, die sich zum einen aus der Summe der durch die Eingangswiderstände $R_1, \ldots, R_n$ fließenden Ströme sowie zum anderen dem durch den Kondensator C fließenden Strom ergeben, zu 0 werden zu lassen. Mit dem durch den Kondensator fließenden Strom $I_C = C\frac{\mathrm{d}U_{\mathrm{out}}}{\mathrm{d}t}$ ergibt sich also für die Ströme am Knotenpunkt

$$\sum_{i=1}^{n} \frac{U_i}{R_i} = -C\frac{\mathrm{d}U_{\mathrm{out}}}{\mathrm{d}t} = -C\dot{U}_{\mathrm{out}}. \tag{4.1}$$

Führt man für die Eingänge des Integrierers wieder Gewichtsfaktoren a_i der Form $a_i = \frac{1}{R_i C}$ ein, so ergibt sich aus Gleichung (4.1) folgende Operation für die Gesamtschaltung[13]:

$$-U_{\mathrm{out}} = \int_0^t \sum_{i=1}^{n} a_i U_i(t)\mathrm{d}t + U(0) \tag{4.2}$$

Da die Gewichte a_i sowohl von R_i als auch von C abhängen, sehen die meisten technisch ausgeführten Integrierer neben verschieden bemessenen Eingangswiderständen R_i auch Möglichkeiten vor, zwischen unterschiedlich dimensionierten Rückführungskondensatoren C zu wählen, um ein variables Zeitverhalten der Integrierer zu ermöglichen. Hierdurch ist es beispielsweise möglich, eine Rechnung für Testzwecke beschleunigt oder verlangsamt ablaufen zu lassen, indem ein kleinerer beziehungsweise ein entsprechend größerer Wert für C gewählt wird[14].

---

[13]Hierbei werden die Eingangsspannungen $U_i(t)$ als Funktionen der Zeit als freier Variable aufgefasst.

[14]Vor allem die Beschleunigung des Rechenablaufes ist mitunter praktisch, so dass viele elektronische Analogrechner eine Möglichkeit vorsehen, durch Relaisumschalter alle Rückführungskondensatoren der Integrierer durch solche mit einer um den Faktor 10 geringeren Kapazität zu ersetzen.

$$U(0)$$

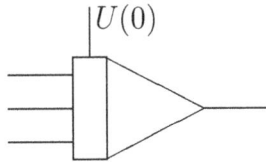

Abb. 4.8: *Symbol eines Integrierers*

Der Integrierer ist das einzige Rechenelement eines elektronischen Analogrechners, in dessen Ergebnis die Zeit als freie Variable Eingang findet – letztlich bestimmt der Integrierer den zeitlichen Verlauf einer jeden auf einem elektronischen Analogrechner durchgeführten Rechnung. Hier zeigt sich auch der (einzige) Vorteil, den ein mechanischer Integrierer, wie er in Abschnitt 2.3.4 beschrieben wurde, gegenüber einem elektronischen Integrierer besitzt. Ein mechanischer Integrierer kann mit jeder beliebigen Variable als freier Variable betrieben werden, während ein elektronischer Integrierer nur die Zeit als freie Variable kennt[15].

Wie auch der Summierer besitzt der Integrierer ein eigenes Symbol für die Verwendung in Rechenplänen, das in Abbildung 4.8 dargestellt ist. In der Regel verfügen die Integrierer eines elektronischen Analogrechners über denselben Satz von Eingängen, wie diese an den Summierern der Anlage zur Verfügung stehen, insbesondere steht auch bei Integrierern ein besonderer Eingang zur Verfügung, der direkt mit dem Knotenpunkt am invertierenden Operationsverstärkereingang verbunden ist, um zusätzliche Rückführungselemente in die Schaltung einfügen zu können[16].

Im Vergleich mit einem Summierer verfügt ein Integrierer in der Regel über einen zusätzlichen Eingang zur Vorgabe des bereits in Gleichung (4.2) dargestellten Anfangswertes $U(0)$, der in Abbildung 4.8 nach oben wegführend eingezeichnet ist. Zu Beginn einer Rechnung wird der Rückführungskondensator C des Integrierers auf die an diesem Eingang anliegende Spannung aufgeladen, bevor die eigentliche Integration beginnt. Dieser Anfangswert wird häufig auch als *initial condition* bezeichnet.

4.4.1 Betriebsarten

Wie sich im vorangegangenen Abschnitt bereits andeutete, muss ein elektronischer Integrierer über eine Reihe verschiedener *Zustände*, sogenannte *Betriebsarten*, verfügen, um beispielsweise zwischen dem initialen Ladevorgang des Kondensators auf den Anfangswert (häufig auch als *Initial condition*, kurz *I.C.*, bezeichnet) und dem eigentlichen Integrationsvorgang (*Rechnen*, *Run* oder *Compute*) unterscheiden zu können. Zu diesen beiden Betriebsarten kommt stets als dritter Zustand das *Halten* des Integrierers hinzu, währenddessen die Integration unterbrochen wird und die Ausgangsspannung konstant den letzten Wert vor der Unterbrechung behält.

---

[15]Durch Einsatz von Multiplizierern an den Eingängen eines elektronischen Integrierers lässt sich dieser Mangel allerdings, wenn auch mit größerem technischen Aufwand, beheben, indem das Integral als Stieltjes-Integral aufgefasst wird (siehe [144][s. 64 f.]), wobei gilt: $\int_x y(x)\mathrm{d}x = \int_t y(t)\frac{\mathrm{d}x}{\mathrm{d}t}\mathrm{d}t$.

[16]Ein Beispiel für eine solche zusätzliche Rückführung, bei welcher zwei mit entgegengesetzter Polarität in Reihe geschaltete Zener-Dioden zum Einsatz gelangen, findet sich unter anderem in Abschnitt 5.3.4.

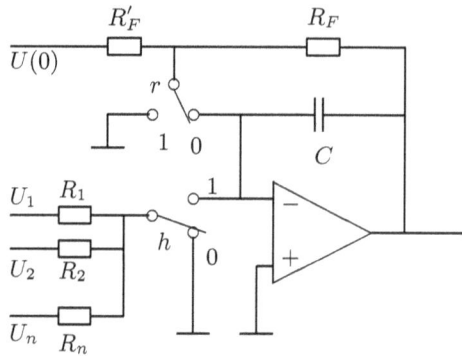

Abb. 4.9: *Schaltung eines Integrierers*

Die Betriebsartensteuerung der Integrierer erfolgt in der Regel von zentraler Stelle aus, und die überwiegende Mehrzahl aller praktisch durchzuführenden Rechnungen erlaubt es, alle Integrierer jeweils denselben Zustand einnehmen zu lassen, so dass alle Integrierer ihre Anfangswerte annehmen, rechnen oder ihre Ausgangswerte konstant halten. In einigen Fällen kann es jedoch notwendig werden, einzelne Integrierer getrennt von den anderen zu steuern, um beispielsweise Speicher für analoge Signale oder Verzögerungsglieder zu implementieren (hierauf wird kurz in Abschnitt 4.4.2 eingegangen werden).

Abbildung 4.9 zeigt die praktische Ausführung eines Integrierers, der dem Rechenplansymbol aus Abbildung 4.8 entspricht. In Erweiterung zur vereinfachten Schaltung nach Abbildung 4.7 weist diese Schaltung zwei von außen steuerbare Relaiskontakte r und h auf, mit deren Hilfe der Integrierer zu jedem Zeitpunkt in einen der drei Betriebszustände versetzt werden kann, die im Folgenden behandelt werden. Der mit $U(0)$ bezeichnete Eingang dient zur Einspeisung eines Anfangswertes für den Integrationskondensator. Die Betriebsarten sind im Einzelnen:

4.4.1.1 Pause

Zu Beginn einer Rechnung muss eine Möglichkeit gegeben sein, den Rückführungskondensator eines Integrierers auf einen von außen vorgebbaren Spannungswert, den Anfangswert $U(0)$, aufzuladen. Dieser Vorgang wird in der Betriebsart *Pause (Initial Condition)* durchgeführt.

Hierbei nehmen die Steuerkontakte r und h jeweils die mit 0 bezeichneten Positionen ein, d.h. die Eingangswiderstände $R_1, \ldots, R_n$ liegen über den Kontakt h an Masse und sind somit wirkungslos, während der Operationsverstärker über den Kontakt r als invertierender Summierer mit dem Eingangswiderstand R_F' und dem Rückführungswiderstand R_F geschaltet ist, wobei $R_F' = R_F$ gilt. Somit liegt der invertierende Eingang des Verstärkers auf 0, da dieser ja bestrebt ist, jegliche Abweichung dieses Einganges durch eine entsprechende Änderung der Ausgangsspannung U_{out} mit Hilfe von R_F zu 0 werden zu lassen.

Insgesamt gilt also $U_{\text{out}} = -U(0)$, wobei über R_F und somit auch über C die gesamte Spannung U_{out} wirksam wird, womit letztlich C auf den gewünschten Anfangswert $-U(0)$ aufgeladen wird[17].

4.4.1.2   Rechnen

Nach dem Setzen des Anfangswertes $U(0)$ kann die eigentliche Rechnung beginnen, wozu beide Kontakte r und h den Zustand 1 einnehmen. Durch r werden R'_F und R_F jeweils einseitig auf Nullpotential gelegt, so dass der Anfangswert $U(0)$ nicht mehr wirksam ist. Der Kontakt h wiederum schaltet die Eingangswiderstände $R_1, \ldots, R_n$ auf den invertierenden Eingang des Operationsverstärkers, der zudem mit dem Rückführungskondensator C verbunden ist.

Alles in allem entspricht die sich hiermit ergebende Schaltung der Integrierergrundschaltung, wie sie in Abbildung 4.7 dargestellt wurde, d.h. der Integrierer führt nun die Rechnung

$$-U_{\text{out}} = \int_0^t \sum_{i=1}^n a_i U_i(t) \mathrm{d}t + U(0)$$

durch.

4.4.1.3   Halt

Die letzte mögliche Betriebsart eines Integrierers, *Halt*, erlaubt es, eine Rechnung (kurzfristig) zu unterbrechen, wobei der Integrierer den letzten Ausgangswert U_{out} konstant hält. Hierzu nehmen die Kontakte r und h die Stellungen 1 und 0 ein, d.h. die beiden Widerstände R'_F und R_F sind weiterhin inaktiv, während mit Hilfe von h die Eingangswiderstände $R_1, \ldots, R_n$ vom invertierenden Eingang des Operationsverstärkers abgetrennt werden.

Hierdurch reduziert sich die Schaltung auf einen Operationsverstärker, der lediglich über einen Rückführungskondensator C zwischen seinem Ausgang und seinem invertierenden Eingang verfügt. Da C jedoch noch auf den letzten Wert von U_{out} aufgeladen ist und der durch ihn fließende Strom proportional zu $\dot{U}_{\text{out}}$ ist, hält der Verstärker die Ausgangsspannung U_{out} in dieser Betriebsart konstant[18].

Dieser Betriebszustand ist sehr praktisch, wenn eine Rechnung beispielsweise zur Fehlersuche unterbrochen und später an derselben Stelle wieder aufgenommen werden soll.

---

[17]In der Praxis nimmt dieses Auf- beziehungsweise Umladen von C eine gewisse, von der Kapazität des Kondensators und der wirksamen Ausgangsimpedanz des Operationsverstärkers abhängige, Zeitspanne in Anspruch, so dass der Zustand *Pause* nicht beliebig kurz eingenommen werden kann.

[18]In realen Integrierern ist ein dauerhaftes Konstanthalten des Ausgangswertes nicht möglich, da zum einen innerhalb des Kondensators C Leckstromverluste auftreten, die ein Entladen von C zur Folge haben und zum anderen der Eingangsstrom, der in den invertierenden Operationsverstärkereingang fließt, nicht 0 ist, so dass die Betriebsart *Halt* nicht über längere Zeit hinweg aufrechterhalten werden sollte.

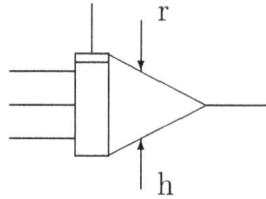

Abb. 4.10: *Der Integrierer als Speicher*

4.4.2   Integrierer als Speicher

Unter Ausnutzung der beiden Betriebsarten *Pause* und *Halt* kann ein Integrierer auch als Speicher für einen analogen Wert Verwendung finden, der in der Betriebsart *Pause* geladen wird und diesen Wert hält, solange der *Halt*-Zustand aktiviert ist. Einige Probleme, wie beispielsweise Optimierungsaufgaben mit automatischen Parametervariationen oder Transportprobleme, die eine Verzögerung von Signalen erfordern, machen eine solche Zweckentfremdung von Integrierern notwendig, so dass die meisten praktisch ausgeführten elektronischen Analogrechner neben der üblichen zentralen Integrierersteuerung auch Mechanismen zur Verfügung stellen, einige oder auch alle Integrierer unabhängig voneinander durch externe Steuersignale zu kontrollieren.

In der Regel werden als Speicher verwendete Integrierer innerhalb eines Rechenplans durch die Verwendung des in Abbildung 4.10 dargestellten Schaltsymbols gesondert gekennzeichnet. Das eigentliche Kennzeichen eines solchen sogenannten *komplementären* Integrierers ist die Markierung am oberen Ende der rechteckigen Eingangsstufe.

Wenn die Steuerung des Integrierers durch besondere externe Schaltungen erfolgt, werden die Steuereingänge für die Umschalter r und h des Integrierers explizit wie in Abbildung 4.10 mit eingezeichnet und mit den für den jeweiligen Anwendungszweck umgesetzten Steuereinrichtungen verbunden.

Eine Reihe praktischer Problemstellungen, die mit Hilfe eines Analogrechners behandelt werden können, erfordert den Einsatz zweier (oder auch mehrerer) Integrierergruppen, von denen jeweils eine als Speicher dient, während die andere rechnet, und umgekehrt. Ein solches Vorgehen wird als *iterierendes Rechnen* bezeichnet (siehe Abschnitt 4.12.2.11), da durch die speichernde Integrierergruppe Iterationen, d.h. letztlich algorithmische Schleifen, nachgebildet werden können[19].

Viele, vor allem größere elektronische Analogrechenanlagen verfügen über sehr ausgefeilte Steuerungsmechanismen, die ein solches iterierendes Rechnen ohne großen zusätzlichen Steuerungsaufwand ermöglichen, wobei die Integrierer der verschiedenen Steuerungsgruppen durch die auch in Abbildung 4.10 dargestellte Markierung gekennzeichnet werden, sofern nur zwei Gruppen benötigt werden. Bei mehreren voneinander unabhängig gesteuerten Integrierergruppen werden die Integrierer der einzelnen Gruppen meist durch römische Ziffern bezeichnet[20].

---

[19]Bei zwei getrennt gesteuerten Integrierergruppen spricht man im Zusammenhang mit den Steuersignalen in der Regel von *Normaltakt* beziehungsweise *Komplementärtakt*.

[20]Ein schönes Beispiel, das von solchen Steuereinrichtungen in großem Maße profitieren kann, ist die automatische Optimierung einer Wurfparabel durch Parametervariation aus [284][S. 82–86].

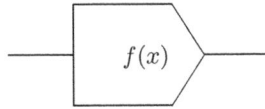

Abb. 4.11: *Symbol eines Funktionsgebers*

4.5   Funktionsgeber

Eine Vielzahl praktischer Problemstellungen, die mit Hilfe eines Analogrechners behandelt werden sollen, erfordern die Möglichkeit, mehr oder weniger beliebige Funktionen in die Rechnung einfließen zu lassen. Hierzu bieten fast alle Analogrechner sogenannte *Funktionsgeber*, die in der Lage sind, aus einem Eingabewert x einen Funktionswert $f(x)$ zu berechnen und für die weitere Verwendung in der Rechnung zur Verfügung zu stellen.

Es gibt eine Vielzahl unterschiedlicher Methoden, solche Funktionsgeber zu implementieren, wobei sich der Bogen von elektromechanischen Lösungen, die beispielsweise eine gezeichnete Kurve abtasten, bis hin zu rein elektronischen Varianten der Polygonapproximation und sogar digitalen Techniken spannt. Allen gemeinsam ist jedoch (von wenigen Ausnahmen abgesehen) das in Abbildung 4.11 dargestellte Symbol.

Die meisten Funktionsgeber sind, was die maximal möglichen Steigungen der darzustellenden Funktion betrifft, mehr oder weniger beschränkt, so dass mitunter mehrere Funktionsgeber mit Hilfe eines Summierers benötigt werden, um Funktionen mit großen Steigungen abbilden zu können. In der Regel ist es jedoch ausreichend, für die Erstellung eines Rechenplanes von der Verfügbarkeit idealer Funktionsgeber auszugehen, die danach mit den Mitteln der jeweils zur Verfügung stehenden Anlage approximiert werden müssen.

Festeingestellte Funktionsgeber werden häufig auch als sogenannte *nichtlineare Netzwerke* bezeichnet, wobei die folgenden Funktionen am üblichsten sind: $\sin\left(x\frac{\pi}{2}\right)$, $\sin(x\pi)$, $\cos\left(x\frac{\pi}{2}\right)$, $\cos(x\pi)$, $\frac{1}{2}\log(100x)$ etc.

4.5.1   Die Bildung inverser Funktionen

Mit Hilfe eines offenen Verstärkers, wie er in Abschnitt 4.3.1 als Sonderfall eines Summierers ohne Rückführungswiderstand R_F eingeführt wurde, kann aus einer Funktion $f(x)$ ihre Umkehrfunktion gewonnen werden, wie Abbildung 4.12 zeigt.

Hierbei wird wieder das Bestreben eines Operationsverstärkers mit Rückführung (diese ist hier als Funktionsgeber für $f(x)$ ausgebildet) ausgenutzt, den Summenstrom am Knotenpunkt des invertierenden Einganges durch geeignete Änderung der Ausgangsspannung des Verstärkers zu 0 werden zu lassen. Unter der Annahme zweier gleichgroßer Widerstände R, von denen einer mit dem Eingangssignal x beaufschlagt wird, während der andere mit dem Ausgangssignal des Funktionsgebers im Rückführungszweig verbunden ist, gilt also

$$\frac{x}{R} = -\frac{f(U_{\text{out}})}{R},$$

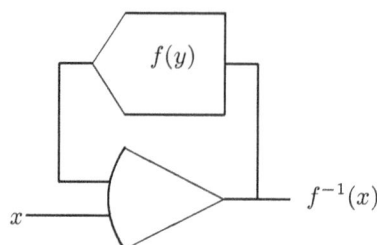

Abb. 4.12: *Bildung einer inversen Funktion*

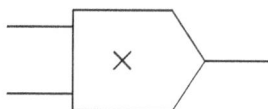

Abb. 4.13: *Symbol eines Multiplizierers*

d.h. letztlich ist $x = -f(U_{\text{out}})$, so dass die Gesamtschaltung an ihrem Ausgang den Wert $-f^{-1}(x)$ liefert[21].

4.6   Multiplizierer

Die Bildung von Produkten mit Hilfe rein analoger Mittel wirft, was auf den ersten Blick vermutlich verblüfft, wesentlich größere Schwierigkeiten auf als beispielsweise die Integration einer Variablen nach der Zeit. Für die Multiplikation eines oder mehrerer Multiplikanden mit einem Multiplikator wurde im Verlauf der Jahre eine Vielzahl unterschiedlicher Ansätze entwickelt, die alle sehr spezifische Vor- und Nachteile aufweisen, deren Behandlung im Rahmen des vorliegenden Abschnittes jedoch zu weit führen würde.

In den meisten Fällen – vor allem, wenn sie, wie im vorliegenden Fall, im Wesentlichen einführenden Charakters sind – genügt die Verfügbarkeit eines Multiplizierers mit zwei Eingängen (Multiplikator und Multiplikand) und einem Produktausgang, dessen Symbol in Abbildung 4.13 dargestellt ist[22].

Ein allgemein einsetzbarer Multiplizierer sollte für beide Eingangswerte x und y, die natürlich nicht den Bereich der Maschineneinheit verlassen dürfen, beliebige Vorzeichenkombinationen zulassen (ein solcher Multiplizierer wird als *Vierquadrantenmultiplizierer*

---

[21] In der Praxis tritt bei einer solchen Verwendung eines offenen Verstärkers mit einem Funktionsgeber als Rückführungselement mitunter eine Schwingungsneigung auf, die einen zusätzlichen Kondensator zwischen dem Ausgang sowie dem invertierenden Eingang des Operationsverstärkers notwendig werden lässt. Dieser Kondensator verleiht der Gesamtschaltung einen geringfügig integrierenden Charakter, wodurch einerseits die Schwingungsneigung gedämpft wird, während andererseits ein Verschleifen des Ausgangssignales, ein entsprechender Phasenfehler und eine verringerte Bandbreite der Schaltung hervorgerufen werden.

[22] Das Symbol deutet an, dass ein Multiplizierer im Grunde genommen als Funktionsgeber mit zwei Eingangsvariablen aufgefasst werden kann.

bezeichnet) – an seinem Ausgang liefert er den Wert $\frac{xy}{\mathrm{ME}}$, d.h. das Ergebnis einer Multiplikation kann unter der Voraussetzung, dass $-1\ \mathrm{ME} \leq x, y \leq 1\ \mathrm{ME}$ gilt, nie den Bereich der Maschineneinheit über- beziehungsweise unterschreiten.

Im Folgenden wird die Funktionsweise eines sogenannten *Parabelmultiplizierers* beschrieben, der jedoch nur eine von vielen auf den unterschiedlichsten Prinzipien beruhenden Multiplikationsschaltungen darstellt, die im Laufe der Zeit entwickelt und eingesetzt wurden. Diese Schaltung wird vor allem aufgrund ihrer weiten Verbreitung herausgegriffen, da nicht nur fast jeder elektronische Analogrechner über einen oder mehrere Parabelmultiplizierer verfügt, sondern diese auch vergleichsweise wenige Einschränkungen hinsichtlich ihrer Verwendung in einer Rechenschaltung mit sich bringen, so dass es sich um wirkliche Allzweckmultiplizierer handelt.

Wie der Name bereits andeutet, beruht ein Parabelmultiplizierer auf der Verwendung von Funktionsgebern mit jeweils einem Variableneingang, welche die Funktion $f(x) = x^2$ approximieren[23]. Mit Hilfe von

$$\tfrac{1}{4}\left((x+y)^2 - (x-y)^2\right) = xy$$

lässt sich die ursprüngliche, komplexe Problemstellung der Multiplikation zweier Variablen x und y auf die wesentlich einfachere Aufgabe, Quadrate von Summen zu bilden, zurückführen, was die Grundidee eines Parabelmultiplizierers darstellt[24].

Abbildung 4.14 zeigt schematisch den Aufbau eines derartigen Parabelmultiplizierers[25], wobei jeweils zwei der vier Funktionsgeber, die für sich genommen nur je einen Ast einer Parabel implementieren, zusammengenommen eine Funktion der Form $f(x) = -(x^2)$ beziehungsweise $f(x) = x^2$ darstellen, so dass sich für die Summen der Teilausgangsströme der Funktionsgeber

$$i_1 + i_2 = -K\left(\frac{u_1 + u_2}{2}\right)^2$$

beziehungsweise

$$i_3 + i_4 = K\left(\frac{u_1 - u_2}{2}\right)^2$$

ergibt. Diese beiden Teilstromsummen werden nun mit Hilfe des rechts in Bild 4.14 dargestellten Ausgangssummierers addiert, wobei eine Vorzeichenumkehr stattfindet, so dass sich am Summiererausgang das gewünschte Multiplikationsresultat ergibt.

4.6.1 Division und Wurzeln

Wie bereits in Abschnitt 4.5.1 dargestellt wurde, ist es mit Hilfe eines offenen Verstärkers möglich, inverse Funktionen zu bilden, indem ein Funktionsgeber in den Rückführungszweig des Verstärkers geschaltet wird. Als Funktionsgeber kann hier natürlich

---

[23]In der Mehrzahl aller Fälle erfolgt diese Approximation durch einen Polygonzug, der mit Hilfe entsprechend vorgespannter Diodenstrecken implementiert wird, in seltenen Fällen gelangten auch nichtlineare Elemente wie beispielsweise Varistoren (siehe [242][S. 3-73 ff.]) zum Einsatz.

[24]Der Faktor $\tfrac{1}{4}$ wird in der technischen Umsetzung durch geeignete Spannungsteiler implementiert.

[25]Ein typisches Merkmal eines solchen Multiplizierers ist die Tatsache, dass sowohl Multiplikator als auch Multiplikand mit jeweils positivem und negativem Vorzeichen zur Verfügung stehen müssen.

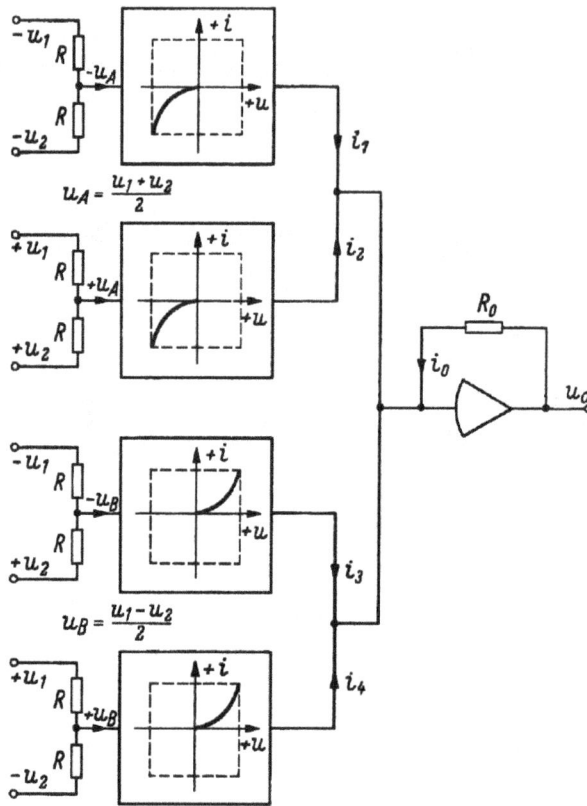

Abb. 4.14: *Prinzipschaltung eines Parabelmultiplizierers (nach [145][S. 92])*

auch ein Multiplizierer dienen[26], wodurch einfach die Bildung von Divisionsoperationen und Wurzeln möglich ist[27].

Abbildung 4.15 zeigt eine Rechenschaltung zur Durchführung einer Division – für die Ströme am Knotenpunkt gilt (mit R seien wieder zwei gleichgroße, üblicherweise nicht explizit eingezeichnete, Eingangswiderstände des offenen Verstärkers bezeichnet)

$$\frac{x}{R} = -\frac{y U_{\text{out}}}{R},$$

d.h. es wird die Divisionsoperation

$$U_{\text{out}} = -\frac{x}{y}$$

---

[26]An dieser Stelle werden jedoch die in der Regel nicht idealen Eigenschaften des verwendeten Multiplizierers wichtig – vor allem seine Bandbreite und Phasenverschiebung sind zu berücksichtigen, um stabile Rechenschaltungen zu erreichen.

[27]Überhaupt können mit Hilfe von Multiplizierern und hier insbesondere den genannten Parabelmultiplizierern interessante und vielseitige Rechenschaltungen aufgebaut werden – gute Beispiele hierfür finden sich beispielsweise in [342].

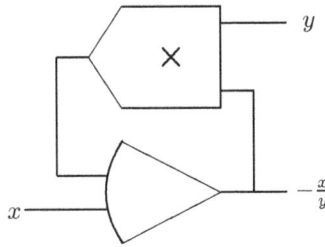

Abb. 4.15: *Bildung einer Division*

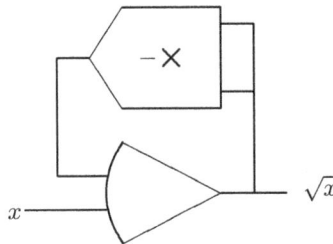

Abb. 4.16: *Schaltung zur Wurzelbildung*

ausgeführt, wobei das Ergebnis der Division stets auf die Maschineneinheit normiert ist. Wird durch entsprechende Wahl von x beziehungsweise y die Bedingung -1 ME $\leq U_{\mathrm{out}} \leq 1$ ME verletzt, übersteuert der Operationsverstärker, was in der Regel – bei korrekter Einstellung des Rechners – ein Anhalten der Rechnung zur Folge hat.

Die Divisionsschaltung aus Abbildung 4.15 lässt sich leicht zu einer Schaltung zur Berechnung der Quadratwurzel (und von hier ausgehend entsprechend zur Berechnung höherer Wurzeln) umbauen, indem der Eingang y mit U_{out} verbunden wird, so dass am Ausgang des im Rückführungszweig liegenden Multiplizierers, der einen Vorzeichenwechsel durchführen muss, der Wert $-U_{\mathrm{out}}^2$ erscheint. Hierdurch wird die Summe der Ströme am Knotenpunkt des invertierenden Einganges dann 0, wenn $U_{\mathrm{out}} = \sqrt{x}$ gilt.

4.7   Komparatoren

Eine Reihe von Fragestellungen, die mit Hilfe eines Analogrechners behandelt werden können, benötigt zu ihrer Darstellung Sprung- oder auch Auswahlfunktionen etc. Diese können mit den bislang dargestellten Rechenelementen nicht nachgebildet werden, so dass Bedarf für einen steuerbaren Umschalter, einen sogenannten *Komparator* besteht.

Hierbei handelt es sich vereinfacht betrachtet um einen Operationsverstärker ohne Rückführung, beziehungsweise einer nur ab einer bestimmten Spannung begrenzenden Rückführung, die in der Regel durch Zener-Dioden gebildet wird, dessen Ausgang für die Ansteuerung eines Relais' mit in der Regel zwei, mitunter aber auch mehr Umschalt-

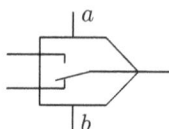

Abb. 4.17: *Symbol eines Komparators*

kontakten verwendet wird[28]. Der Eingang dieses Verstärkers ist im Wesentlichen so beschaltet, wie es bereits beim Summierer oder Integrierer der Fall war (wobei in der Regel der Summenpunkt des invertierenden Einganges nicht herausgeführt wird), d.h. der nicht invertierende Eingang liegt auf 0, während der invertierende Eingang mit zumeist zwei Eingangswiderständen gleicher Größe beschaltet ist.

Aufgrund der im idealisierten Falle unendlich großen Leerlaufverstärkung eines solchen Operationsverstärkers wird sein Ausgangssignal je nachdem, ob die Summe der durch die Eingangswiderstände fließenden Ströme positiv oder negativ ist, entweder einen großen negativen oder einen entsprechend großen positiven Wert annehmen[29]. Hiermit lässt sich nun ein Relais ansteuern, das nur in einem der beiden möglichen Fälle erregt wird, während es sich anderenfalls im Ruhezustand befindet.

Ein solcher Komparator mit zwei Eingängen dient also dazu, seine Eingangssignale miteinander zu vergleichen (durch Summation mit Hilfe der Eingangswiderstände) und schaltet in Abhängigkeit vom Ausgang dieses Vergleichs ein Relais, dessen Umschaltkontakte innerhalb der Rechenschaltung zur Verfügung stehen, in die eine oder andere Lage. Abbildung 4.17 zeigt das Symbol eines solchen Komparators mit zwei Eingängen und einem Umschaltkontakt. Ist $b > a$, so liegt die Kontaktzunge am unteren Kontakt auf, während sie im Fall $a > b$ den oberen Kontakt berührt[30].

In Abschnitt 5.3.4 findet sich ein praktisches Beispiel für den Einsatz von Komparatoren in einem Rechenplan für einen elektronischen Analogrechner – dort werden zwei Komparatoren für die schlagartige Richtungsumsteuerung eines simulierten springenden Balles verwendet, wobei als Umschaltbedingung die Berührung einer von zwei senkrechten Wänden durch den Ball dient.

4.8   Koordinatenwandler

Einige Problemstellungen, gerade im Bereich der Luft- und Raumfahrt (siehe Abschnitt 10.14), erfordern mitunter Transformationen von kartesischen Koordinaten in polare oder umgekehrt. Während dies im Grunde mit Hilfe entsprechender Funktionsgeber $\sin(x)$ und $\cos(x)$ sowie Summierern und Multiplizierern durchgeführt werden kann, bieten einige (meist umfangreichere) Analogrechenanlagen sogenannte *Koordinatenwandler* (auch *Resolver* genannt), die in einer Baugruppe alle nötigen Rechenelemente in entspre-

---

[28]Neben Relais finden hier auch elektronische Schalter Verwendung – siehe hierzu beispielsweise [67], [188] sowie [239].

[29]Durch Zener-Dioden in der Rückführung kann hier eine Begrenzung auf zulässige Werte stattfinden, so dass keine Übersteuerung eintritt.

[30]Um ein Flattern des Relais' für den Fall $|a - b| < \varepsilon$ zu vermeiden, wird der Komparator in der Regel mit einer gewissen Hysterese versehen.

chender Verschaltung beinhalten, um derartige Koordinatentransformationen durchzuführen. Abbildung 4.18 zeigt das Symbol eines solchen Koordinatenwandlers, der in
diesem Fall eine Transformation von kartesischen in polare Koordinaten vornimmt.

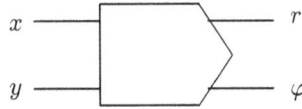

Abb. 4.18: *Symbol eines Koordinatenwandlers*

Bei der Umwandlung $(r, \varphi) \longrightarrow (x, y)$ polarer in kartesische Koordinaten führt der
Koordinatenwandler die Berechnungen

$$x = r\cos(\pi\varphi)$$
$$y = r\sin(\pi\varphi)$$

aus, wofür neben zwei Funktionsgebern auch zwei Multiplizierer beziehungsweise ein
Multiplizierer mit zwei voneinander unabhängigen Multiplikandeneingängen notwendig
sind.

Umgekehrt löst ein solcher Resolver bei der Transformation von kartesischen in polare
Koordinaten die beiden Gleichungen

$$r = x\cos(\varphi) + y\sin(\varphi)$$
$$0 = x\sin(\varphi) - y\cos(\varphi),$$

was einen ähnlich großen technischen Aufwand erfordert. Da die Multiplizierer und
Funktionsgeber unter Umständen auch in anderen Rechnungen, die keine Koordinatentransformation benötigen, gewinnbringend zum Einsatz gelangen können, bieten die
meisten Resolver die Möglichkeit, die interne Verschaltung durch entsprechende Relais
aufzutrennen, um die einzelnen Rechenelemente für andere Einsatzzwecke zur Verfügung zu stellen[31].

4.9 Totzeitglieder

Ein weiteres, eher selten vorzufindendes Rechenelement ist das sogenannte *Totzeitglied*.
Hierbei handelt es sich um ein Verzögerungselement, das es erlaubt, ein beliebiges Eingangssignal idealerweise unverzerrt, aber um eine bestimmte – idealerweise frei wählbare
– Zeitspanne Δt verzögert an seinem Ausgang zur Verfügung zu stellen. Abbildung 4.19
zeigt den idealen Verlauf von Ein- und Ausgangsspannung eines solchen Totzeitgliedes.

---

[31]Mitunter ist es auch wünschenswert, Polarkoordinatentripel der Form (r_1, r_2, φ) in zwei kartesische
Koordinatendupel (x_1, y_1) und (x_2, y_2) umzuwandeln, wofür manche Resolver wie beispielsweise der
ERV 801 von Telefunken (siehe [376]) über die nötigen Einrichtungen verfügen, um solche Operationen
mit minimalem zusätzlichem Aufwand durchzuführen.

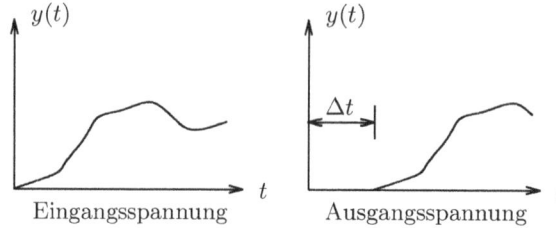

Abb. 4.19: *Verhalten eines Totzeitgliedes*

Meist verfügen nur vergleichsweise große Analogrechenanlagen über Totzeitglieder in Form spezialisierter Rechenelemente, die dem dargestellten Wunschverhalten oft sehr nahe kommen. Bei kleineren Anlagen muss das Verhalten eines solchen Verzögerungselementes meist mit Hilfe einer sogenannten *Padé-Approximation* nachgebildet werden, wobei je nach Ordnung der Approximation verhältnismäßig große Abweichungen von der Forderung nach einer unverzerrten Wiedergabe des Eingangssignales auftreten.

Totzeitglieder sind oft notwendig, um beispielsweise die zeitversetzte Anregung von schwingungsfähigen Systemen beim Rollen eines Fahrzeuges über unebenen Untergrund zu simulieren oder das Laufzeitverhalten von Transportwegen wie Rohrleitungen oder Förderbändern abzubilden.

4.10   Rauschgeneratoren

Den Abschluss dieser kurzen Darstellung der wichtigsten Rechenelemente bildet der Rauschgenerator, mit dessen Hilfe Untersuchungen an stochastischen Systemen vorgenommen werden können, wozu unter anderem auch die Anregung schwingungsfähiger Gebilde zählt, wie sie bei der Behandlung von Verkehrsmitteln auftreten.

In der Regel sind nur große Analogrechner mit einem oder mehreren Rauschgeneratoren ausgestattet, während bei kleineren Anlagen auf externe Rauschgeneratoren zurückgegriffen werden muss. In einigen Fällen finden auch digitale Rauschgeneratoren Anwendung, die auf einem rückgekoppelten Schieberegister basieren[32], dessen Ausgabebitmuster mit Hilfe eines einfachen Digital-Analog-Wandlers in ein analoges Rauschsignal umgesetzt werden kann. Bei geringen Ansprüchen an die Qualität des Rauschens können hier auch die mitunter vorhandenen digitalen Elemente mancher Analogrechner zur Bildung des rückgekoppelten Schieberegisters verwendet werden.

In den meisten Fällen nutzen analoge Rauschgeneratoren, die im Bereich des elektronischen Analogrechnens eingesetzt werden, das Nyquist-Rauschen an einem Widerstand oder das Rauschen an einem PN-Übergang in einem Halbleiter als Grundquelle für das eigentliche Rauschsignal aus. Da die Mehrzahl der Untersuchungen, die einen Rauschgenerator erfordern, vergleichsweise niedrige untere Grenzfrequenzen des Rauschens – bis hinab zu < 1 Hz – notwendig machen, kann dieses Rauschsignal jedoch nicht direkt verwendet werden, da es in diesem niederfrequenten Bereich nur eine sehr geringe Spektralleistung aufweist.

[32]Siehe hierzu beispielsweise [197][S. 56 ff.].

Aus diesem Grunde wird das Grundrauschen mit Hilfe eines Festfrequenzoszillators und eines Modulators heruntergemischt und anschließend mit Filtern hoher Ordnung gefiltert, um unerwünschte Modulationsprodukte zu entfernen. Durch weitere nachgeschaltete Filter kann zudem die Spektralverteilung des Rauschens an die jeweilige Aufgabenstellung angepasst werden[33].

Ein Beispiel für einen solchen Rauschgenerator ist der Telefunken Rauschgenerator RGF 104, der in den Rechnern RA 800H und RA 770 eingesetzt wurde. Bei diesem wurde höchster Wert auf statistisch einwandfreie Eigenschaften bezüglich der Verteilung der Rauschleistungsdichte gelegt.

In einigen wenigen Fällen wurden auch elektronische Analog- beziehungsweise Hybridrechner selbst als Rauschquellen eingesetzt, was beispielsweise bei besonders komplexen, an das Rauschsignal gestellten Anforderungen trotz des immensen Aufwandes gerechtfertigt ist – auf die hierbei zum Einsatz gelangenden Techniken wird im Folgenden jedoch nicht eingegangen, vielmehr sei auf [182] verwiesen.

4.11   Ausgabegeräte

Jede Rechnung erfordert zu ihrer Auswertung eine Möglichkeit zur Ausgabe von Resultaten, wobei diese im einfachsten Fall in Form von während der Rechnung oder an ihrem Ende gewonnenen Messwerten bestehen, in komplexeren Fällen aber den Einsatz grafischer Ausgabemedien erforderlich machen.

Nahezu jeder elektronische Analogrechner verfügt über ein eingebautes, genaues Voltmeter, das entweder durch manuell vorgenommene Verbindungen oder durch ein Anwahlsystem des Rechners auf die Ausgänge beliebiger Rechenelemente geschaltet werden kann, um eine Bestimmung der Werte von in der Rechenschaltung auftretenden Variablen zu ermöglichen. Im einfachsten Falle handelt es sich hierbei um ein analoges Zeigerinstrument, das oft als Kompensationsvoltmeter geschaltet ist, um eine Belastung der Rechenschaltung zu vermeiden. Größere Anlagen verfügen meist über ein mindestens vierstelliges Digitalvoltmeter mit hohem Eingangswiderstand, das in vielen Fällen neben einer direkten optischen Ablesung auch ein automatisches Drucken von Messwerten erlaubt.

Ist jedoch über einzelne Variablenwerte hinaus eine Dokumentation des zeitlichen Verlaufes bestimmter Werte nötig, kommen *Schreiber* oder *Oszilloskope* zum Einsatz. Bei den Schreibern wird im Wesentlichen zwischen (x, y)- und (t, y)-Schreibern unterschieden, wobei im ersten Fall eine beliebige Steuerung der Schreibspitze auf einer begrenzten Fläche durch entsprechende Eingangswerte für x und y möglich ist, während im zweiten Fall eine Ablenkbewegung (meist durch Steuerung der Papiervorschubgeschwindigkeit) fest an die Zeit gekoppelt ist. Vor allem (t, y)-Schreiber erlauben häufig die Aufzeichnung mehrerer Eingangssignale, während (x, y)-Schreiber meist nur ein Koordinatenpaar, in Ausnahmefällen zwei, darzustellen in der Lage sind.

Ein weiteres typisches Ausgabe- beziehungsweise Darstellungsgerät, das bei fast allen, außer den kleinsten elektronischen Analogrechnern zum Einsatz kommt, ist das Oszil-

---

[33]Siehe zum Beispiel [424].

loskop. Dieses eignet sich vor allem für die Darstellung schneller Vorgänge, wobei durch geeignete Wahl des Betriebsmodus' des Analogrechners (*repetierendes Rechnen* – siehe Abschnitt 4.12.2.10) quasi stehende Bilder erzeugt werden können. Falls kein (x, y)-Betrieb nötig ist, wird zur x-Ablenkung des Elektronenstrahls meist nicht die interne Zeitbasis des Oszilloskops herangezogen, sondern eine proportional zur verstrichenen Zeit t verlaufende Spannung, die entweder innerhalb der Rechenschaltung oder durch Zusatzeinrichtungen des Analogrechners erzeugt wird, um stets eine zum Rechenverlauf synchrone Darstellung zu erhalten.

Neben einfachen Oszilloskopen werden auch Speicheroszilloskope mit analoger Speicherröhre eingesetzt, in den 1970er-Jahren kamen verstärkt auch digitale Speicheroszilloskope in Gebrauch, die gegenüber solchen mit analogen Speicherröhren den Vorzug einer fast völligen Wartungsfreiheit und langer Lebensdauer besitzen.

4.12   Bedienung des Analogrechners

Nachdem in den vorangegangenen Abschnitten die wesentlichen Rechenelemente elektronischer Analogrechner dargestellt wurden, behandeln die sich anschließenden Abschnitte einige wesentliche Punkte bezüglich der Bedienung sowie der praktischen Durchführung von Rechnungen.

4.12.1   Das Programmierfeld

Nach der erfolgreichen Aufstellung eines Rechenplanes, die in Kapitel 5 behandelt werden wird, muss dieser in eine ihm äquivalente Rechenschaltung umgesetzt werden, wobei die hieran beteiligten Rechenelemente mit Hilfe von Steckverbindungen in entsprechender Weise miteinander verbunden werden. Die Mehrzahl aller ausgeführten elektronischen Analogrechner verfügt über ein zentrales Buchsenfeld, das sogenannte *Programmierfeld* (umgangssprachlich auch *Patchfeld* genannt), an dem alle Ein-, Ausgänge und Steueranschlüsse der zur Verfügung stehenden Rechenelemente herausgeführt sind. Bei vielen mittleren und großen Analogrechnern ist dieses Programmierfeld als austauschbares Element ausgeführt, so dass ein Programmwechsel schnell und zuverlässig durch Wechsel des fertig vorbereiteten und verdrahteten Programmierfeldes vollzogen werden kann, während bei kleinen Anlagen meist die gesamte Verkabelung abgeändert werden muss.

Abbildung 4.20 (siehe [392]) zeigt das Programmierfeld der Telefunken RA 770, das zunächst durch die auf den ersten Blick schier unüberschaubare Vielzahl von Buchsen auffällt. Um die Programmierung eines solchen Rechners zu vereinfachen, haben sich jedoch bestimmte Farbcodes und Gruppierungen mehr oder weniger herstellerübergreifend durchgesetzt, so dass der Wechsel von einem Modell zu einem anderen in der Regel keine allzu großen Schwierigkeiten mit sich bringt.

Das dargestellte Programmierfeld ist in zehn Abschnitte annähernd gleicher Struktur unterteilt, die von 0 bis 9 durchnummeriert sind. Im Allgemeinen werden Eingänge von Rechenelementen durch Buchsen grüner Farbe markiert, während Ausgänge auf orange (in einigen Fällen auch rote) Buchsen herausgeführt werden. Rote beziehungsweise

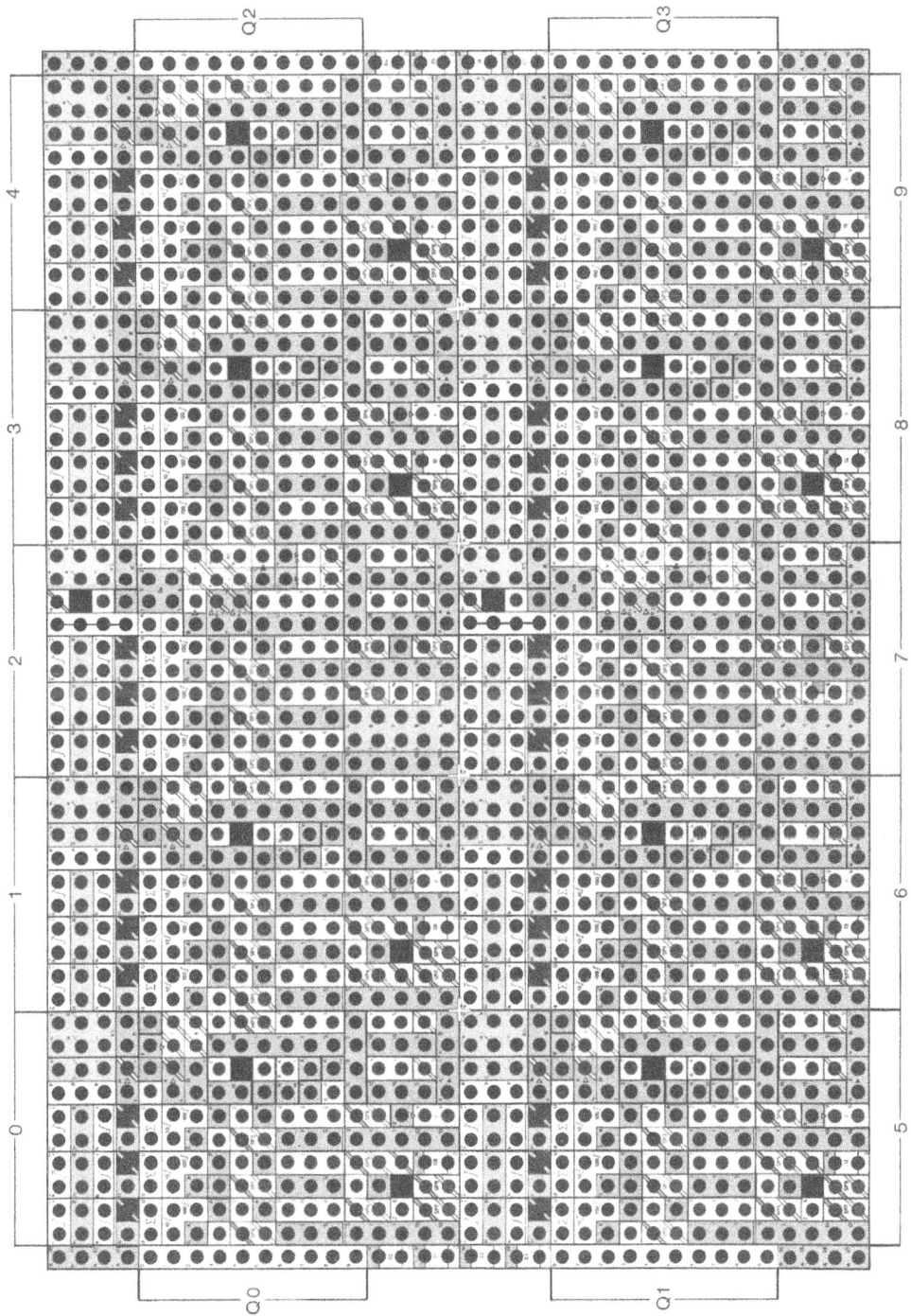

Abb. 4.20: *Typisches Programmierfeld eines Analogrechners*

blaue Buchsen sind im vorliegenden Fall mit der positiven respektive negativen Maschineneinheit (± 10 V) verbunden, während braune und weiße Buchsen fast ausnahmslos zu Steuerungszwecken Verwendung finden.

Im Folgenden wird exemplarisch die Struktur von Abschnitt 0 des in Abbildung 4.20 dargestellten Programmierfeldes dargestellt: In der linken oberen Hälfte finden sich drei umschaltbare Summierer/Integrierer, deren Funktion durch Kurzschlussstecker, die auf entsprechende Positionen der braunen und weißen Buchsen gesteckt werden, festgelegt werden kann. Die grünen Eingangsbuchsen mit den Bezeichnungen 1, 1, S entsprechen mit 1 gewichteten Summierer-/Integrierereingängen, während S jeweils einen Summenpunkt darstellt. Neben diesen fest mit den Summierern/Integrierern verbundenen Eingangswiderstandsnetzwerken sind in jedem Abschnitt sogenannte *freie Widerstandsnetzwerke* vorgesehen, mit denen die Anzahl verfügbarer Eingänge von Summierern und Integrierern erweitert werden kann[34].

Die gelben Buchsenfelder, deren einzelne Buchsen durch grüne beziehungsweise orange diagonale Streifen markiert sind, entsprechen den Ein- bzw. Ausgängen von (Servo-) Koeffizientenpotentiometern. In der rechten Hälfte finden sich noch die Buchsen für jeweils einen Modulationsmultiplizierer, für nichtlineare Elemente, für einen einstellbaren Funktionsgeber, ein Handpotentiometer etc.[35]

Einige Anlagen verfügen neben dem Programmierfeld für die analogen Rechenelemente noch über ein in der Regel hiervon getrenntes Programmierfeld für digitale Zusatzeinrichtungen[36], auf die im Folgenden jedoch nicht näher eingegangen werden wird.

Die Umsetzung eines Rechenplans in ein auf einem Programmierfeld gestecktes Programm ist in der Regel schnell vollzogen, eine gewisse Vertrautheit mit den technischen Gegebenheiten des jeweils eingesetzten Rechners vorausgesetzt. Nach der Fertigstellung der Rechenschaltung kann im Prinzip mit der Durchführung der eigentlichen Rechnung begonnen werden, wobei jedoch noch Koeffizientenpotentiometer zu setzen sind und die Schaltung unter Umständen getestet werden muss.

4.12.2   Betriebsarten

Bedingt durch die drei Grundbetriebsarten elektronischer Integrierer, wie sie in Abschnitt 4.4.1 dargestellt wurden, verfügt jeder elektronische Analogrechner zumindest über die drei Grundbetriebsarten *Pause*, *Rechnen* und *Halt* der Integrierer. Im Zuge einer vereinfachten Bedienung bieten die meisten Maschinen jedoch darüber hinausgehend eine mehr oder weniger große Bandbreite zusätzlicher Betriebsarten, von denen die wichtigsten, soweit sie zur Durchführung einer Rechnung notwendig sind, im Folgenden in der groben Reihenfolge ihrer normalen Verwendung beschrieben werden.

---

[34]Hierzu sind die Summenpunkte des jeweiligen Rechenelementes und des verwendeten freien Widerstandsnetzwerkes zusammenzuschalten.

[35]Eine detaillierte Beschreibung des Programmierfeldes der RA 770 findet sich beispielsweise in [122].

[36]Mitunter werden Komparatoren bei solchen Maschinen in zwei Teile getrennt aufgebaut: Ein eigentlicher Komparator, der einen oder mehrere analoge Eingänge sowie einen digitalen Ausgang besitzt, sowie ein Relaistreiber, der über einen digitalen Steuereingang sowie die Ausgänge der Relaiskontakte verfügt. Hierbei werden die digitalen Ein- und Ausgänge dann in der Regel auf dem digitalen Programmierfeld zusammengefasst, wo mit Hilfe zusätzlicher logischer Elemente komplexe Bedingungen für einen Schaltvorgang formuliert werden können.

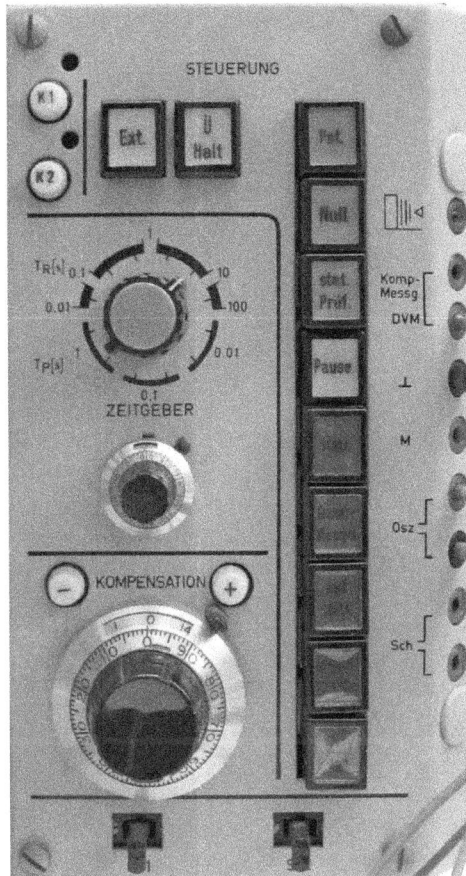

Abb. 4.21: *Bedienfeld eines Telefunken RA 742*

Abbildung 4.21 zeigt das Bedienfeld eines mittleren Analogrechners RA 742 von Telefunken – auf der rechten Seite befinden sich die Wahlschalter, mit deren Hilfe zwischen den unterschiedlichen Betriebsarten gewechselt werden kann, während die linke Bildseite zum einen ein hochgenaues Kompensationsmessgerät (siehe Abschnitt 4.12.2.2) als auch zum anderen die Bedienelemente des Zeitgebers, auf den Abschnitt 4.12.3 eingeht, zeigt.

4.12.2.1 Null

Die Betriebsart *Null* dient ausschließlich zu Wartungszwecken des Analogrechners und gestattet es, bei den einzelnen Operationsverstärkern einen Nullpunktabgleich vorzunehmen. Hierzu werden die Verstärker mit Hilfe entsprechender Relaiskontakte aus ihren eigentlichen Rechenschaltungen herausgelöst, die invertierenden Eingänge werden auf 0 gelegt und der normale Rückführungswiderstand R_F wird durch einen in der Regel um einen Faktor 100 größeren Rückführungswiderstand ersetzt, um eine eventuell vorhandene Fehlerspannung deutlich zu verstärken.

Durch Anwahltasten oder ein Anwahlsystem können nun die Ausgänge der zu justieren-
den Operationsverstärker einzeln auf ein hochgenaues Voltmeter geschaltet werden, das
Abweichungen von 0 anzeigt. Mit Hilfe eines jedem Operationsverstärker eigenen Null-
punktpotentiometers kann nun die Nulllage der einzelnen Verstärker eingestellt werden.

Bei driftkompensierten Verstärkern sind solche Einstellungsmaßnahmen nur selten notwendig (Abweichungen von der Nulllage sind hier oftmals ein Hinweis auf einen Fehler
in der Driftkompensationsschaltung), während einfachere Verstärker einen solchen Abgleich nach jedem Warmlaufen des Rechners erfordern. Im Allgemeinen sollte Rechnungen, in deren Verlauf höchste Genauigkeit gefordert wird, stets ein Nullpunktabgleich
vorangehen.

4.12.2.2   Potentiometereinstellung

Nach der Umsetzung eines Rechenplanes in eine hierzu äquivalente Rechenschaltung
müssen die in der Schaltung verwendeten Koeffizientenpotentiometer auf die in der Regel zuvor im Zuge der Normierung und Zeitskalierung (siehe Abschnitt 5.2) bestimmten
Werte gesetzt werden. Hierzu verfügen die meisten Koeffizientenpotentiometer über
sehr genau ablesbare Skalen, mit denen im Grunde genommen eine Einstellung auf
$\frac{1}{1000}$ möglich ist. Leider kann bei in einer Rechenschaltung verwendeten Potentiometern
nicht mehr von idealen Potentiometern ausgegangen werden, da nun der Schleifer durch
den mit ihm verbundenen Eingangswiderstand R_i des jeweils nachfolgenden Rechen-
elements belastet wird, was zu einem nichtlinearen Verhältnis zwischen Drehwinkel der
Potentiometerachse (und damit der Ableseskala) und dem erzielten Widerstandswert
führt.

Aus diesem Grunde können Koeffizientenpotentiometer nur dann korrekt eingestellt
werden, wenn sie sich in einer Rechenschaltung befinden, die den Zustand *Pause* in-
nehat. Darüber hinaus wird der Eingang des einzustellenden Potentiometers mit Hilfe
eines besonderen Relais von seiner Verbindung in der Rechenschaltung abgetrennt und
an +1 ME gelegt, so dass die Spannung am Schleifer des Potentiometers direkt als Wert
zwischen 0 und 1 ME abgelesen werden kann, wobei ein möglichst hoher Eingangswiderstand des verwendeten Messinstrumentes notwendig ist, um eine Verfälschung des
abgelesenen Wertes durch die zusätzliche ohmsche Belastung zu minimieren. Aus diesem
Grunde wurden vor allem bei kleinen Rechnern sogenannte *Kompensationsmessgeräte*
eingesetzt, während große Anlagen bereits ab ca. 1960 über Digitalvoltmeter mit Eingangswiderständen ≥ 1 MΩ verfügten.

Abbildung 4.22 zeigt die schematische Schaltung eines Koeffizientenpotentiometers mit
Relaisumschaltung (Umschalter *potset*) des Einganges als Einstellungshilfe. Bei kleinen
Rechnern erfolgt die Anwahl des einzustellenden Potentiometers meist mit Hilfe einer in
unmittelbarer räumlicher Nähe des Potentiometers angebrachten Taste, während große
Rechenanlagen eine zentrale Anwahllogik besitzen, von der aus im Idealfall alle verfügbaren Rechenelemente auf ein präzises, hochohmiges Messgerät geschaltet werden
können.

Zur Erleichterung der notwendigen Potentiometereinstellungen sowie zur Programmdokumentation bietet es sich an, die für ein bestimmtes zu lösendes Problem notwendigen
Koeffizientenwerte auf Formblättern festzuhalten – Abbildung 4.23 zeigt exemplarisch
ein solches Formblatt, wie es 1960 beim Argonne National Laboratory eingesetzt wurde.

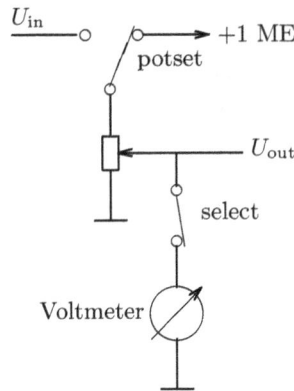

Abb. 4.22: *Potentiometereinstellung*

𝕬rgonne 𝕽ational 𝕷aboratory
APPLIED MATHEMATICS DIVISION
ANALOG COMPUTER
POTENTIOMETER SETTINGS

PROBLEM NO. _____
DRAWING NO. _____
DATE _____

POTENTIOMETER NO.		MATHEMATICAL VALUE	VALUE	CORREC-TION	SETTING	SET	PARAMETERS
DRAWING	MACHINE						
1		+ b volts	+ 10		1000		If
2		- 1 volt	- 1		0100		b = 10
21		ω/a	6.283		6283(10)		ω = 6.283
22		ω/a	6.283		6283(10)		a = 1
							A sine wave
							of 1 cps is
							generated

Abb. 4.23: *Typisches Potentiometerblatt (nach [66][S. 49])*

4.12.2.3 Statischer Test

Nachdem nun ein Rechenplan in eine praktisch ausgeführte Rechenschaltung umgesetzt wurde und alle zuvor berechneten Einstellungen der in der Schaltung verwendeten Koeffizientenpotentiometer vorgenommen wurden, schließt sich in der Regel ein sogenannter *statischer Test* an, mit dessen Hilfe die aufgestellte Schaltung auf Korrektheit überprüft werden kann.

Argonne Rational Laboratory
APPLIED MATHEMATICS DIVISION
ANALOG COMPUTER
STATIC CHECK

PROBLEM NO. _____
DRAWING NO. _____
DATE _____

UNIT	UNIT NUMBER		OUTPUT (VOLTS)	REMARKS	INTE- GRATOR	INITIAL CONDI- TION	SET	PARAMETERS
	DRAWING	MACHINE						
Amp	1		-10		1	-10.00		
	2		0					
	3		0					
	4		0					
	5		+10					
Pot	1		+10					
	21		- 6.28					
	22		0					
	2		- 1.0					

Abb. 4.24: *Typisches Blatt für statische Tests (nach [66][S. 50])*

Die Grundidee hierbei ist, die Rechenschaltung an strategischen Stellen mit Hilfe von
Relais aufzutrennen und an diesen Punkten Testspannungen einzuspeisen, um einen bestimmten statischen Zustand der Rechenschaltung herbeizuführen. Rechner, die technische Einrichtungen für einen statischen Test aufweisen, trennen in der Regel bei Einlei-
ten des Tests alle Ausgänge von Integrierern von den diesen nachgeschalteten Eingängen
folgender Rechenelemente ab und speisen anstelle eines jeden solchen Integriererraus-
gangs eine durch besondere Koeffizientenpotentiometer einstellbare Spannung ein.

Als Vorbereitung eines statischen Tests werden nun bestimmte Integriererausgangsspan-
nungen als realistische Werte einer Rechnung angesetzt, und es wird vorausberechnet,
welche Spannungen an welchen Ausgängen von Rechenelementen der Rechenschaltung
erwartet werden. Weichen die während eines statischen Tests gemessenen Werte von
den erwarteten ab, liegt in der Regel ein Verdrahtungsfehler oder ein Fehler bei der
Aufstellung des Rechenplanes vor (stets unter der Voraussetzung, dass bei der Aufstellung der Problemgleichungen keine Fehler eingebracht wurden). Abbildung 4.24 zeigt
ein Formblatt für die Durchführung eines statischen Tests.

4.12.2.4   Dynamischer Test

Während der statische Test der Verifizierung einer Rechenschaltung dient, handelt es
sich bei dem sogenannten *dynamischen Test* wieder um eine Wartungshilfe, über die in

aller Regel nur große Analogrechenanlagen verfügen. Ziel eines dynamischen Tests ist es, die Funktionsfähigkeit und Genauigkeit aller Integrierer einer Anlage zu überprüfen.

Hierfür werden die Integrierer mit Hilfe von Relais aus einer eventuell bestehenden Rechenschaltung herausgelöst, wobei auf jeweils einen (meist mit 1 gewichteten) Integrierereingang eine hochgenaue Spannung gelegt wird (meist -1 ME), während als Anfangswert $U(0) = 1$ vorgegeben wird. Im Anschluss hieran werden alle Integrierer gleichzeitig gestartet und integrieren für eine feste und exakt bestimmte Zeitspanne über den konstanten Eingangswert[37].

Nach Ablauf der für den dynamischen Test der Anlage vorgesehen Rechenzeit werden die Integrierer in den Haltemodus geschaltet, so dass das jeweils letzte Integrationsergebnis an ihren Ausgängen zur Verfügung steht und mit Hilfe eines Voltmeters ausgelesen werden kann. Hierbei sollte die Ausgangsspannung U_{out} eines jeden Integrierers nur unwesentlich von $+1$ ME abweichen. Größere Abweichungen haben ihre Ursache in Veränderungen der Rückführungskondensatoren, der Eingangswiderstände oder des Operationsverstärkers beziehungsweise den Steuerkontakten, die vor der Durchführung einer Rechnung behoben werden müssen.

4.12.2.5   Zeitskalierungstest

Eine dritte, allerdings selten anzutreffende Testmöglichkeit ist der sogenannte *Zeitskalierungstest*[38], der von der Firma Reeves eingeführt wurde und es ermöglicht, eine fertig skalierte Rechenschaltung auf Fehler bei der Zeitskalierung hin zu untersuchen[39].

Hierbei werden alle Rechenkapazitäten durch ein zentral generiertes Signal umgeschaltet und beispielsweise in ihrer Größe verdoppelt, so dass die gesamte Rechnung mit halber Geschwindigkeit abläuft. Eine fehlerfrei skalierte Rechenschaltung, bei der kein Rechenelement außerhalb seines linearen Betriebsbereiches eingesetzt wird, wird im Verlauf dieser Rechnung – abgesehen von der zeitlichen Dehnung – exakt gleiche Resultate wie eine ungedehnte Rechnung erzeugen.

Liegen Skalierungsfehler vor, werden die generierten Lösungen von den unter normalen Bedingungen erzeugten mehr oder weniger stark abweichen, was beispielsweise durch Übereinanderschreiben beider Lösungen mit Hilfe eines Plotters schnell visuell überprüft werden kann.

4.12.2.6   Pause

Die Betriebsart *Pause* dient dazu, die Rückführungskondensatoren aller an einer Rechenschaltung beteiligten Integrierer auf den jeweils gewünschten Anfangswert $U(0)$ aufzuladen – hierzu werden entsprechende Steuersignale für die den Integrierersteuerschaltern r und h zugeordneten Relais beziehungsweise elektronischen Schalter generiert. In Fällen, in welchen eine reine Handsteuerung vorgenommen wird, ist darauf zu achten, dass die Pausenzeit bezüglich ihrer Dauer an die größten in der Rechenschaltung auftretenden Kapazitätswerte der Integriererkondensatoren C anzupassen ist, um am

---

[37]Die Steuerung obliegt in der Regel dem normalen Zeitgeber des jeweiligen Analogrechners, der bei einem dynamischen Test mit fest vorgegebenen Werten gestartet wird.

[38] *Time-Scale Check*

[39]Siehe [172][S. 894 f.].

Ende des Pausenmodus' eine möglichst geringe Abweichung der Kondensatorspannung von $U(0)$ zu garantieren.

4.12.2.7   Rechnen

In der Betriebsart *Rechnen* führt der Analogrechner die eigentliche Rechnung aus – bei einfachen Problemen, die keine spezielle Steuerung von Integrierern beispielsweise als Speicher benötigen, befinden sich somit alle Integrierer im Zustand *Rechnen*.

4.12.2.8   Halt

In der Betriebsart *Halt* werden alle Integrierer (wieder unter der Voraussetzung, dass keine Schaltung mit spezieller Integrierersteuerung vorliegt) in den Haltezustand versetzt, d.h. die gerade laufende Rechnung wird unterbrochen und alle Integrierer arbeiten als Speicher, welche den jeweils letzten Wert der Integrationen an ihrem Ausgang konstant halten.

Diese Betriebsart wird in der Regel dafür genutzt, Zwischenergebnisse einer Rechnung auszulesen und zu dokumentieren. Wie bereits in Abschnitt 4.4.1.3 erwähnt, erlauben es reale Integrierer nicht, ihre Ausgangsspannung wirklich konstant zu halten, da Driftphänomene und Leckströme in den Rechenkondensatoren dem entgegenstehen. Aus diesem Grunde sollte der Zustand *Halt* mit Bedacht verwendet und in seiner Dauer so kurz wie für die jeweilige Anwendung möglich gewählt werden.

Die meisten elektronischen Analogrechner bieten auch entsprechende Vorkehrungen, um eine laufende Rechnung bei Auftreten einer Wertebereichsüberschreitung von Variablen (*Übersteuerung* oder auch *Overload* genannt) automatisch durch Aktivieren der Betriebsart *Halt* zu unterbrechen, um so eine gezielte Suche nach der Übersteuerungsursache zu ermöglichen. Von dieser Möglichkeit sollte stets Gebrauch gemacht werden, da ein übersteuerter Operationsverstärker von seinen als ideal angenommen Eigenschaften zu sehr abweicht, um einen weiteren sinvollen Rechenverlauf zu gewährleisten[40].

4.12.2.9   Rechnen mit Halt

Bei *Rechnen mit Halt* handelt es sich um die einfachste der im Folgenden beschriebenen Betriebsarten, die der Kontrolle eines Zeitgebers (siehe Abschnitt 4.12.3) unterliegen.

Hierbei wird der Zustand *Rechnen* nach einer vorwählbaren Zeit Δt automatisch unterbrochen und der Rechner wird in den Zustand *Halt* versetzt, um ein Auslesen von Resultaten zu ermöglichen. Im Anschluss hieran kann der Rechner durch entsprechende Bedienung entweder wieder in den Zustand *Pause* versetzt werden, um die Rechnung erneut mit ihren Anfangswerten zu starten, oder es kann mit der Rechnung für ein weiteres Intervall Δt fortgefahren werden usf.

---

[40]Amüsant ist in diesem Zusammenhang folgendes Zitat aus [594][S. 40] über eine Flugsimulation: „*Each amplifier had a small red light that came on when the output voltage exceeded about 120 volts. On almost every run, a number of these lights would come on. In spite of this, the computer seemed to be working OK. I don't remember ever re-scaling any of the parameters to eliminate these overloads.*"

4.12.2.10 Repetierendes Rechnen

Beim *repetierenden Rechnen* durchläuft der Rechner periodisch die Zustände *Pause* und *Rechnen*, d.h. eine Rechnung wird regelmäßig wiederholt ausgeführt. Diese Betriebsart findet vor allem in Bereichen Anwendung, in denen ein stehendes Bild auf dem Schirm eines Oszilloskops dargestellt werden soll.

Beispielsweise könnte ein Problem die Darstellung eines einseitig eingespannten Balkens erfordern, der sich unter seinem Eigengewicht durchbiegt[41], wobei einige Parameter durch Änderung der Einstellung von Koeffizientenpotentiometern während eines Rechendurchlaufes oder auch in der Pausephase durch den Bediener modifizierbar sind.

In der Betriebsart *repetierendes Rechnen* können die Auswirkungen solcher Parameteränderungen quasi sofort auf einem Oszilloskop sichtbar gemacht werden, was ein sehr direktes Gefühl für das Verhalten eines Problemes unter wechselnden (Anfangs-) Bedingungen vermittelt.

4.12.2.11 Iterierendes Rechnen

Das *iterierende Rechnen* stellt die komplexeste Betriebsart eines elektronischen Analogrechners dar, da hier die Integrierer einer Rechenschaltung nicht mehr synchron gesteuert werden, sondern in zwei oder mehr Gruppen eingeteilt werden, die jeweils eigene Zyklen, bestehend aus den Modi *Pause*, *Rechnen* und *Halt*, durchlaufen[42].

Meist besitzen nur große Analogrechenanlagen eingebaute Vorkehrungen für iterierendes Rechnen, wozu mehrere Zeitgeber und eine mehr oder weniger komplexe digitale Steuerungslogik gehören, während bei kleineren Analogrechnern auf eine externe Steuerung der einzelnen Integrierergruppen einer iterierenden Rechenschaltung zurückgegriffen werden muss.

Iterierendes Rechnen wird vor allem bei Optimierungsaufgaben eingesetzt, in welchen automatische Parametervariationen durchzuführen sind, um Minima beziehungsweise Maxima in einer Lösungskurve oder -fläche aufzufinden.

4.12.3 Zeitgeber

Von den grundlegenden Betriebsarten *Pause*, *Rechnen* und *Halt* sowie den für Wartungszwecke reservierten Modi abgesehen, benötigen alle komplexeren Betriebsarten eines elektronischen Analogrechners einen oder mehrere sogenannte *Zeitgeber* zur Steuerung des Rechenablaufes.

In den meisten Fällen kommt als Zeitgeber ein Integrierer mit nachgeschaltetem Komparator zum Einsatz[43], wobei die Ausgangsspannung des Integrierers stets den Bereich von -1 ME bis $+1$ ME durchläuft – das Erreichen von $+1$ ME lässt den Komparator umschalten, was in der Folge dazu Verwendung finden kann, die Betriebsart des Rechners umzuschalten.

---

[41]Eine interessante Rechenschaltung hierzu findet sich z.B. in [284][S. 92 ff.].

[42]Eine sehr schöne Einführung in das *iterierende Rechnen* findet sich in [179][S. 75 ff.].

[43]Bei sehr kleinen Anlagen, wie beispielsweise der Telefunken RAT 700, verwendet der Zeitgeber einen der sonst für Rechenschaltungen frei verfügbaren Integrierer, so dass bei Verwendung des Zeitgebers auf einen Integrierer verzichtet werden muss, während größere Anlagen in der Regel einen ausschließlich für die Verwendung als Zeitgeber reservierten Präzisionsintegrierer besitzen.

Die Einstellung der zum Überstreichen des Ausgangsspannungsbereiches des Zeitgebers notwendigen Zeitspanne geschieht mit Hilfe zweier Mechanismen: Zum einen verfügen die meisten Zeitgeber über mehrere Rückführungskondensatoren C, die mit Hilfe eines Umschalters in den Rückführungszweig geschaltet werden können, womit eine Grobeinstellung des erzielbaren Intervalls Δt möglich ist. Zum anderen kann die Eingangsspannung des Zeitgeberintegrierers mit Hilfe fester oder variabler Spannungsteiler eingestellt werden, um innerhalb des durch C vorgegebenen Rahmens eine genaue Einstellung der Zeitspanne zu ermöglichen.

Die Ausgangsspannung eines solchen auf der Integration über eine Konstante beruhenden Zeitgebers kann im Verlauf einer Rechnung in natürlicher Weise für die x-Ablenkung eines Schreibers beziehungsweise eines Oszilloskops verwendet werden, um eine direkte Zuordnung zwischen Kurve und Rechenablauf zu ermöglichen.

Große Analogrechenanlagen wie beispielsweise die Telefunken RA 800H verwenden einen quarzstabilisierten Taktgenerator mit nachgeschalteten digitalen Teilerstufen, um eine genaue Zeitsteuerung der Rechenabläufe zu ermöglichen. Durch die digitale Natur einer solchen Zeitsteuerung werden einerseits komplexe Abläufe wie das *iterierende Rechnen* wesentlich erleichtert. Andererseits entfällt jedoch die Möglichkeit, das Ausgangssignal des Zeitgebers zur x-Ablenkung eines Schreibers oder Oszilloskops zu verwenden, so dass hierfür ein eigener Integrierer in der Rechenschaltung vorgesehen werden muss.

4.12.4 Durchführen einer Rechnung

Vor der Benutzung eines Analogrechners sollte dieser stets auf seine Funktionsbereitschaft hin überprüft werden. Vor allem Fragestellungen, die eine hohe Präzision des Gerätes zu ihrer Behandlung erfordern, machen eine genaue Untersuchung aller an der Rechnung beteiligten Rechen-, Ein- und Ausgabeelemente notwendig. In aller Regel beginnt der Test eines Analogrechners mit dem Überprüfen der Versorgungsspannungen, wozu meist ein eigenes Messgerät zur Verfügung steht, das mit Hilfe eines Wahlschalters auf die verschiedenen Schienenspannungen geschaltet werden kann. Lässt diese Untersuchung keine Fehler erkennen, sollte mit der Überprüfung des Nullpunktfehlers der einzelnen Rechenverstärker fortgefahren werden (siehe Abschnitt 4.12.2.1), an welche sich, falls wiederum keine Beanstandungen vorliegen, ein dynamischer Test der Integrierer (siehe Abschnitt 4.12.2.4) anschließt.

Erst nach Durchführung dieser einleitenden Untersuchungen sollte, falls in keinem der Tests Hinweise auf Fehlfunktionen oder mangelnde Genauigkeit von Rechenkomponenten gefunden werden konnten, mit der eigentlichen Verwendung des Analogrechners begonnen werden.

Zur Durchführung einer Rechnung mit Hilfe eines Analogrechners muss zunächst das zu untersuchende Problem in Form von Differentialgleichungen beschrieben werden, welche die Grundlage für die Aufstellung eines Rechenplanes bilden (hierauf wird in Kapitel 5 detaillierter eingegangen), der seinerseits als Grundlage für eine Rechenschaltung dient, die als Realisierung eines Rechenplanes bezeichnet werden kann.

Nachdem die Rechenschaltung auf dem Programmierfeld des zu verwendenden Analogrechners gesteckt wurde, werden im nächsten Schritt alle in der Schaltung verwendeten

Koeffizientenpotentiometer auf die zuvor bei der Aufstellung der Problemgleichungen und des Rechenplanes berechneten Werte eingestellt. Darüber hinaus können Testwerte für einen statischen Test vorbereitet werden, falls die verwendete Anlage eine solche Betriebsart unterstützt.

Nach der Überprüfung der Rechenschaltung auf Umsetzungsfehler und der erfolgreichen Durchführung eines statischen Tests kann mit der eigentlichen Rechnung begonnen werden. Hierzu ist die gewünschte Betriebsart des Analogrechners auszuwählen, wobei die überwiegende Mehrzahl von Problemen mit sogenanntem *Dauerrechnen* angegangen werden kann. Hierbei unterliegt der Analogrechner einer Handsteuerung, d.h. durch Betätigen entsprechender Tasten werden die Zustände *Pause* zum Setzen der Anfangswerte und *Rechnen* zur Durchführung der eigentlichen Rechnung eingeleitet.

Bei Erreichen des Endes einer Rechnung kann der Analogrechner in diesem einfachen Fall manuell wieder in den *Pause*- beziehungsweise auch in den *Halt*-Zustand versetzt werden, um beispielsweise Rechenergebnisse abzulesen.

Im Rahmen einer guten Programmdokumentation sollten nicht nur der verwendete Rechenplan sowie die ihm als Grundlage dienenden Problemgleichungen notiert und aufbewahrt werden. Ebenso sollten die berechneten Koeffizientenpotentiometereinstellungen sowie eventuell im Verlauf der Rechnung durchgeführte Änderungen dieser Einstellungen protokolliert und der Programmdokumentation beigefügt werden.

Nachdem nun die wichtigsten Rechenelemente eines elektronischen Analogrechners sowie die Grundlagen seiner Bedienung dargestellt wurden, behandeln die folgenden Abschnitte in Kapitel 5 die Grundlagen der Erstellung von Rechenplänen aufgrund von Problemgleichungen sowie die Normierung der hierin auftretenden Variablen. Hieran schließen sich in der Folge einige instruktive Beispiele an, um die vorgestellten Techniken und Methoden zu verdeutlichen.

5 Programmierung

Die Programmierung eines Analogrechners unterscheidet sich wesentlich von den aus dem Bereich der speicherprogrammierten Digitalrechner bekannten Verfahren und Vorgehensweisen, da die einzelnen Rechenelemente eines Analogrechners zur Lösung einer gegebenen Aufgabe in einer Art und Weise zusammengeschaltet werden müssen, welche den dem Problem zugrundeliegenden Bestimmungsgleichungen entspricht – es wird mithin ein Analogon des zu behandelnden Problems geschaffen, während ein Digitalrechner die Erstellung und Formulierung eines Algorithmus' in einer diesem Rechner angemessenen Form erfordert.

Die Programmierung eines Analogrechners erfordert somit eine radikale Abkehr von heutzutage gewohnten algorithmischen Ansätzen[1]. Die folgenden Abschnitte befassen sich mit den Grundlagen der Aufstellung von Rechenplänen für (elektronische) Analogrechner ebenso wie mit den in der Regel unvermeidlichen Fragen der *Normierung* und *Zeitskalierung* von Rechenplänen. Die Anwendung dieser grundlegenden Programmierungstechniken wird im Anschluss hieran mit Hilfe einiger Beispiele demonstriert[2].

Abbildung 5.1 zeigt den grundlegenden Ablauf zur Durchführung einer Simulation eines gegebenen physikalischen Systems mit Hilfe eines Analogrechners. Die Grundlage bildet selbstverständlich das zu simulierende System, das zunächst exakt spezifiziert sein muss – hieraus werden beschreibende Gleichungen (in aller Regel handelt es sich hierbei um gewöhnliche oder auch partielle Differentialgleichungen) abgeleitet, die als Grundlage für die eigentliche Programmierung des Analogrechners dienen. Diese Aufstellung eines Rechenplans ist Inhalt des sich anschließenden Abschnittes 5.1.

5.1 Aufstellen von Rechenplänen

Der erste Schritt zur erfolgreichen Behandlung eines Problems mit Hilfe eines Analogrechners besteht in der Aufstellung einer Rechenschaltung (meist als sogenannter *Rechenplan* bezeichnet), in welcher die bei der jeweils verwendeten Rechenanlage vorhandenen Rechenelemente in einer Art und Weise miteinander verschaltet werden, dass

---

[1]Dies gilt zumindest in der Mehrzahl aller Fälle. Es gibt jedoch Aufgaben – vornehmlich auf dem Gebiet der Optimierungsrechnung, für welche häufig neben rein analogen Rechentechniken zusätzlich digitale Elemente benötigt werden, um beispielsweise iterative Lösungsansätze zu ermöglichen. In diesen Fällen wird eine analoge Rechenschaltung durch digitale und teilweise auch algorithmische Elemente ergänzt. Stellt eine gegebene Analogrechenanlage die zur Lösung einer gegebenen Problemstellung notwendigen digitalen Elemente nicht zur Verfügung, kann man sich mitunter auch durch Zweckentfremdung analoger Rechenelemente behelfen – siehe [306][S. 1692].

[2]Eine hervorragende Einführung in die Programmierung von Analogrechnern findet sich beispielsweise in [145] oder auch in [513], auf die an dieser Stelle zusätzlich verwiesen sei.

A PHYSICAL SYSTEM
can be SIMULATED BY
AN ANALOG COMPUTER

PHYSICAL LAWS

Diff. Eq.

ANALOG COMPUTER

A graphic description of the system: dynamic performance

Abb. 5.1: *Durchführung einer analogen Simulation (vergleiche [577][S. 1-108])*

sie ein Analogon des zu lösenden Problems darstellen, mit dem im weiteren Verlauf gearbeitet werden kann.

Zur Aufstellung dieser Rechenpläne haben sich im Verlauf der Zeit zwei grundlegende Methoden herausgebildet: Zum einen die bereits in den Jahren 1875 beziehungsweise 1876[3] von LORD KELVIN entwickelte *Methode der vollständigen Rückführung*[4] und zum anderen die *Methode der schrittweisen Rückführung*[5], die auch als *Substitutionsmethode* bezeichnet wird, wobei der KELVINschen Vorgehensweise die größere Bedeutung zukommt.

Die Grundlage für beide Methoden besteht zunächst in der Aufstellung einer (oder gegebenenfalls auch mehrerer, gekoppelter) Differentialgleichungen der allgemeinen Form

$$y^{(n)}(x) + a_{n-1}y^{(n-1)}(x) + \cdots + a_1y'(x) + a_0y(x) = f(x) \qquad (5.1)$$

mit entsprechenden Anfangsbedingungen

$$y|_{x=0} = y_0, \ldots, y^{(n-1)}\Big|_{x=0} = y_0^{(n-1)}$$

aus dem jeweils vorgegebenen Problem. Da bei einem elektronischen Analogrechner[6] nur die Zeit als freie Variable auftritt, wird es sich in der Mehrzahl der Fälle bei den Differentialgleichungen um solche handeln, die von der Zeit t beziehungsweise der sogenannten *Maschinenzeit* τ (siehe Abschnitt 5.2) abhängen, so dass für die auftretenden Ableitungen meist vereinfacht die aus den Ingenieurwissenschaften bekannte Punktschreibweise Einsatz finden wird. Anstelle von $y'(t) = \frac{dy}{dt}$ wird also meist $\dot{y}$ geschrieben werden.

Gleich, nach welcher Methode aus solchen Gleichungen ein Rechenplan aufgestellt wird, kommt zur Verringerung des Grades der auftretenden Ableitungen stets nur die Grundoperation des Integrierens zum Einsatz – es wird, von überschaubar wenigen Aufgaben, bei welchen in der Regel extern generierte Signale in eine Rechnung einfließen, die differenziert werden müssen, stets von Differenzierungen innerhalb von Rechenschaltungen abgesehen. Dies hat seinen Grund in der Tatsache, dass durch das Bilden von Ableitungen das Rauschen eines Signals ganz offensichtlich vergrößert wird, während eine Integration einen glättenden Effekt nach sich zieht[7].

5.1.1 Vollständige Rückführung

Die der Methode der vollständigen Rückführung zugrundeliegende Idee besteht darin, die zu behandelnde Differentialgleichung nach der höchsten in dieser auftretenden

---

[3]Dies ist umso erstaunlicher, als LORD KELVIN zwar ein mechanischer Integrierer ähnlich dem in Abschnitt 2.3.4 dargestellten zur Verfügung stand, hieraus jedoch keine weiteren Entwicklungen folgten, so dass LORD KELVINS Arbeiten auf diesem Gebiet hauptsächlich theoretischer Natur bleiben mussten.

[4]Siehe zum Beispiel [513][S. 25/165 ff.].

[5]Siehe beispielsweise [513][S. 168 ff.].

[6]Für mechanische Analogrechner gilt diese Einschränkung nicht.

[7]Dies hat seine Ursache weniger in technischen Gegebenheiten als vielmehr in den mathematischen Eigenschaften der beiden Grundoperationen Differentiation und Integration. Erschwerend kommt auf technischer Seite hinzu, dass Rechenschaltungen mit Differenzierern eine oft nur schwer zu unterdrückende Schwingungsneigung aufweisen.

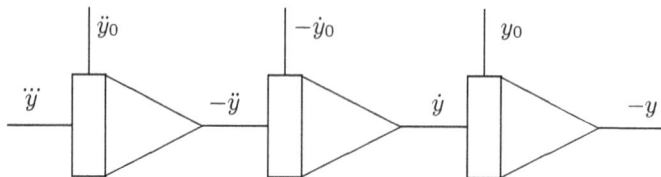

Abb. 5.2: *Vollständige Rückführung, 1. Schritt*

Ableitung aufzulösen und die aus dieser Umformung resultierende rechte Seite als Bestimmungsgleichung für diese höchste Ableitung aufzufassen. Hierauf aufbauend wird eine aus Integrierern und Summierern bestehende Rechenschaltung aufgebaut, mit deren Hilfe aus dieser höchsten Ableitung schrittweise Ableitungen niedrigeren Grades gebildet werden, aus denen sich wiederum die zu Beginn des Prozesses benötigte höchste Ableitung gemäß der aufgestellten Bestimmungsgleichung ergibt.

Im Folgenden wird das Verfahren anhand einer homogenen Differentialgleichung dritten Grades dargestellt, wobei eine Verallgemeinerung auf Differentialgleichungen n-ten Grades ohne weiteres möglich ist. Gegeben sei also eine Gleichung der Form

$$\dddot{y} + a_2\ddot{y} + a_1\dot{y} + a_0 y = 0 \qquad (5.2)$$

mit entsprechenden Anfangsbedingungen $\ddot{y}_0$, $\dot{y}_0$ und y_0. Auflösen nach der höchsten auftretenden Ableitung von y liefert

$$\dddot{y} = -a_2\ddot{y} - a_1\dot{y} - a_0 y. \qquad (5.3)$$

Wird nun im Folgenden davon ausgegangen, dass $\dddot{y}$ bekannt ist, lassen sich alle niedrigeren Ableitungen und alle hierauf beruhenden Summen durch Einsatz von Integrierern und Summierern erzeugen. Mit Hilfe dieser niedrigeren Ableitungen kann aber genau die rechte Seite von Gleichung (5.3) und damit $\dddot{y}$ gebildet werden – hierauf geht auch die Bezeichnung *vollständige Rückführung* für die vorliegende Methode zurück.

Abbildung 5.2 zeigt den ersten Schritt bei der Aufstellung eines vollständigen Rechenplanes für Gleichung (5.3) – am Eingang des linken Integrierers wird zunächst das Vorhandensein von $\dddot{y}$ vorausgesetzt. Nach erfolgter Integration (mit Startwert $\ddot{y}_0$ und prinzipbedingter Vorzeichenumkehr) ergibt sich am Ausgang des Integrierers entsprechend $-\ddot{y}$. Nach zwei weiteren Schritten dieser Art steht schließlich $-y$ zur Verfügung, womit – abzüglich der Koeffizienten a_0, a_1 und a_2 – alle Terme der rechten Seite von Gleichung (5.3) zur Verfügung stehen.

Die Ausführung der eigentlichen vollständigen Rückführung zeigt nun Abbildung 5.3. Unter Zuhilfenahme dreier Koeffizientenpotentiometer, die zweckmäßigerweise auf a_2, a_1 beziehungsweise a_0 gesetzt werden, sowie eines Summierers als Vorzeichenumkehrer werden die drei Terme $-a_2\ddot{y}$, $-a_1\dot{y}$ und $-a_0 y$ erzeugt. Unter Ausnutzung der in aller Regel bei realen elektronischen Analogrechnern vorhandenen summierenden Eingänge der Integrierer werden diese drei Terme addiert, so dass sich am Eingang des linken Integrierers $\dddot{y}$ ergibt, wie es zu Beginn der Überlegung angenommen wurde.

Die solchermaßen erstellte Rechenschaltung stellt nun ein Analogon des durch Gleichung (5.3) beschriebenen Sachverhaltes dar, bezogen auf die Zeit als freie Variable

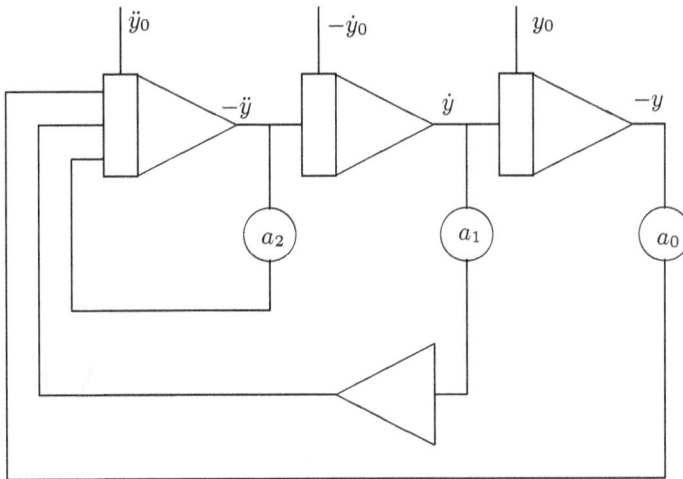

Abb. 5.3: *Ausgeführte vollständige Rückführung*

$(x = t)$ wird sie sich also analog zu dem der Gleichung ursprünglich zugrundeliegenden betrachteten System verhalten.

Kann das mit Hilfe des Analogrechners zu lösende Problem nicht auf eine (oder mehrere gekoppelte) homogene Differentialgleichungen beliebigen Grades der Gestalt von Gleichung (5.2) zurückgeführt werden, sondern liegt nach Analyse des Problems eine inhomogene Differentialgleichung vor, die, wie Gleichung (5.1) auf der rechten Seite einen zusätzlichen Fehlerterm $f(t)$ enthält, stellt dies keine grundsätzliche Schwierigkeit für das beschriebene Verfahren dar. Die Funktion $f(t)$ kann im Wesentlichen als zusätzlicher Term in die Summenbildung zur Darstellung der höchsten Ableitung von y am Eingang des im vorliegenden Beispiel linken Integrierers eingehen.

Im Gegensatz zur eben beschriebenen Methode der vollständigen Rückführung, die einen Rechenplan im Wesentlichen in einem Schritt aus einer Problemgleichung zu entwickeln erlaubt, wobei meist lange Ketten aus Integrierern auftreten, beruht die im Folgenden dargestellte Methode der schrittweisen Rückführung auf einem iterativen Vereinfachungsprozess der Ausgangsgleichung mit schrittweiser Entwicklung eines Rechenplans.

5.1.2 Schrittweise Rückführung

Bei der folgenden Darstellung der *Methode der schrittweisen Rückführung* wird zur Vereinfachung im Gegensatz zu dem vorangegangenen Abschnitt lediglich eine Differentialgleichung zweiten Grades als Beispiel herangezogen, wobei hier jedoch von einer inhomogenen Gleichung ausgegangen wird, um die Behandlung einer Funktion $f(t)$ in diesem Zusammenhang darstellen zu können[8]. Die behandelte Differentialgleichung habe folgende Gestalt:

$$\ddot{y} + a_1\dot{y} + a_0y = f(t) \tag{5.4}$$

---

[8]Das vorliegende Beispiel folgt [513][S. 168 ff.] – dort findet sich auch die exemplarische Umsetzung einer Differentialgleichung dritten Grades nach der Substitutionsmethode.

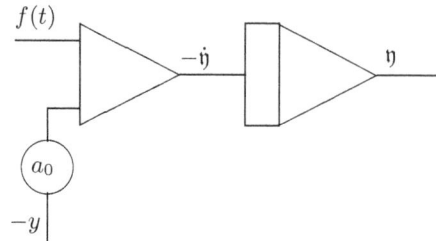

Abb. 5.4: *Erste Teilrechenschaltung der Substitutionsmethode*

Die Idee der schrittweisen Rückführungs- beziehungsweise Substitutionsmethode besteht nun darin, von einer gegebenen Differentialgleichung n-ten (hier $n = 2$) Grades durch wiederholte Substitutionsoperationen Differentialgleichungen jeweils ersten Grades abzuspalten, diese wiederum als Bestimmungsgleichungen für die in ihnen enthaltene erste Ableitung aufzufassen und in eine Teilrechenschaltung zu überführen. Jede solche Operation verringert den Grad der noch umzuformenden Ursprungsgleichung um eins, bis am Ende der so entwickelten Summierer- und Integriererkette entsprechende Rückführungen in die Rechenschaltung gebildet werden können.

Im vorliegenden Beispiel sei zunächst davon ausgegangen, dass für die Anfangsbedingungen $\dot{y}_0 = y_0 = 0$ gilt. Ausgehend von Gleichung (5.4) wird die Substitution

$$\mathfrak{y} = \dot{y} + a_1 y \tag{5.5}$$

durchgeführt. Ableiten nach der Zeit liefert

$$\dot{\mathfrak{y}} = \ddot{y} + a_1 \dot{y}. \tag{5.6}$$

Nun kann (5.6) in (5.4) eingesetzt werden, was eine inhomogene Differentialgleichung erster Ordnung folgender Gestalt liefert:

$$\dot{\mathfrak{y}} + a_0 y = f(t) \tag{5.7}$$

Umstellen von Gleichung (5.7) nach der höchsten auftretenden Ableitung liefert $\dot{\mathfrak{y}} = f(t) - a_0 y$, woraus sich die in Abbildung 5.4 dargestellte Teilrechenschaltung ergibt. Das sich am Ausgang des Integrierers ergebende Signal $\mathfrak{y}$ kann nun entsprechend als Term von Gleichung (5.5) Verwendung finden.

Ausgehend von $\mathfrak{y}$ kann Gleichung (5.5) durch Umstellen nach der höchsten auftretenden Ableitung wieder als Bestimmungsgleichung für diese Ableitung und damit als Ausgangspunkt für die nächste Teilrechenschaltung aufgefasst werden, woraus sich die in Abbildung 5.5 dargestellte zweite Teilrechenschaltung ergibt:

$$\dot{y} = \mathfrak{y} - a_1 y$$

Diese Teilrechenschaltung benötigt als Eingangswert nun $\mathfrak{y}$, das sich als Ausgangswert der in Abbildung 5.4 dargestellten Teilrechenschaltung ergibt und liefert ihrerseits als

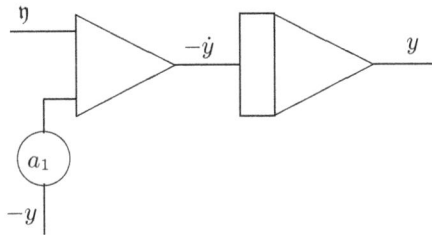

Abb. 5.5: *Zweite Teilrechenschaltung der Substitutionsmethode*

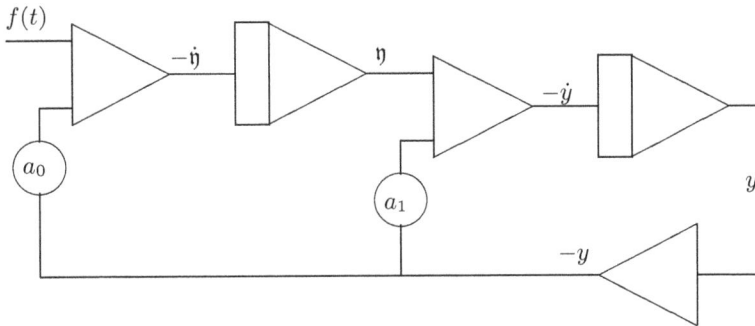

Abb. 5.6: *Gesamtrechenschaltung der Substitutionsmethode*

Ausgangswert das gesuchte y, das – mit geeigneten Koeffizienten versehen – als Eingangswert für beide Teilrechenschaltungen benötigt wird. Zusammengenommen ergibt sich mit Hilfe der Substitutionsmethode also die in Abbildung 5.6 gezeigte Gesamtrechenschaltung zur Lösung der inhomogenen Ausgangsdifferentialgleichung (5.4).

Da jeder Summierer und jeder Integrierer unvermeidlich eine Vorzeichenumkehr in der Rechnung mit sich bringt, lässt sich die Rechenschaltung entsprechend Abbildung 5.7 vereinfachen. Der linke Integrierer wird hier mit $f(t)$ und $-a_0 y$ beaufschlagt, was an seinem Ausgang entsprechend $-\eta$ liefert. Diese im Vergleich zu Abbildung 5.6 auftretende Vorzeichenumkehr kann durch ein entsprechend geändertes Vorzeichen von $a_1 y$ am Eingang des zweiten Integrieres kompensiert werden, so dass dieser an seinem Ausgang direkt y liefert. Leider benötigt nun der eine Integrierer einen positiven und der andere Integrierer einen negativen y-Term, so dass noch ein einzelner Summierer zur Vorzeichenumkehr von y eingesetzt werden muss – letztlich lassen sich durch diesen Trick aber immerhin zwei Summierer einsparen[9], was nicht zuletzt im Hinblick auf die Rechengenauigkeit erstrebenswert ist.

Bislang wurde davon ausgegangen, dass die Anfangsbedingungen von Gleichung (5.4) verschwinden, um die obigen Betrachtungen nicht unnötig zu verkomplizieren. Nach Aufstellen eines Rechenplanes wie dem in Abbildung 5.7 angegebenen können nun jedoch auch nicht verschwindende Anfangsbedingungen Berücksichtigung finden. Hierbei

---

[9]Bedingt durch die prinzipiell beschränkte Genauigkeit der Rechenelemente elektronischer Analogrechner sollte ein Rechenplan niemals Gebrauch von mehr Rechenelementen als unbedingt zur Lösung eines Problems nötig machen.

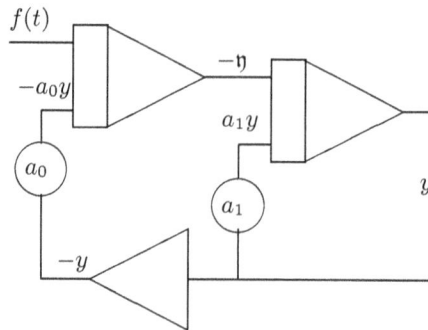

Abb. 5.7: *Verbesserte Gesamtrechenschaltung der Substitutionsmethode*

ist jedoch zu beachten, dass zwar stets die Anfangsbedingung y_0 als Anfangsbedingung in den letzten, d.h. im vorliegenden Falle rechten Integrierer der Schaltung eingegeben werden kann, da dieser direkt y an seinem Ausgang liefert, alle weiteren Anfangsbedingungen für Terme höherer Ableitung können jedoch nicht direkt verwendet werden, da die vorgenommenen Substitutionen berücksichtigt werden müssen.

Ein Anfangswert $\dot{y}_0$ muss im vorliegenden Beispiel also zunächst in einen hierzu äquivalenten Anfangswert $\dot{\eta}_0$ umgewandelt werden:

$$\dot{\eta}_0 = \dot{y}_0 + a_1 y_0$$

Neben der im Vergleich zur KELVINschen Methode der vollständigen Rückführung in der Regel wesentlich komplexeren Vorgehensweise bei der Aufstellung einer Rechenschaltung zeigt sich in der Behandlung der Anfangswerte ein weiterer Nachteil der Substitutionsmethode: Da die in der ausgeführten Rechenschaltung benötigten Anfangswerte auf nicht mehr triviale Weise von denen der Ausgangsgleichung abhängen, erfordern Änderungen in ihren Werten stets Umrechnungen, bevor die ihnen zugeordneten Koeffizientenpotentiometer neu eingestellt werden können, während bei der KELVINschen Methode eine direkte Einstellung möglich ist.

Die beiden vorgestellten Grundtechniken zur Aufstellung eines Rechenplanes lassen sich ohne Einschränkung sowohl für lineare als auch für nichtlineare Differentialgleichungen[10] anwenden, wobei von Fall zu Fall entsprechende nichtlineare Rechenelemente wie Funktionsgeber etc. zum Einsatz gelangen werden[11].

5.1.3   Partielle Differentialgleichungen

Nachdem der Hauptgegenstand der vorangegangenen Abschnitte die Behandlung normaler Differentialgleichungen mit Hilfe des elektronischen Analogrechners darstellte,

---

[10] Im Falle nichtlinearer Differentialgleichungen treten mitunter Schwierigkeiten hinsichtlich der in Abschnitt 5.2 dargestellten Normierung und Zeitskalierung auf – weiterhin sind mitunter schaltungstechnische Tricks anwendbar (siehe [536] beziehungsweise [64]).

[11] Für bestimmte Klassen nichtlinearer Differentialgleichungen lassen sich mitunter Rechenschaltungen aufstellen, die mit deutlich weniger Rechenelementen auskommen als dies bei einer herkömmlichen Herangehensweise möglich wäre, was positive Auswirkungen auf die erzielbare Rechengenauigkeit hat. Ein solches Spezialverfahren ist beispielsweise in [600] beschrieben.

werden im Folgenden einige Betrachtungen über die mit einer solchen Anlage durchaus mögliche Behandlung partieller Differentialgleichungen angestellt.

Zunächst unterscheidet sich eine *partielle Differentialgleichung* von einer gewöhnlichen Differentialgleichung in einer Variablen dadurch, dass in ihr mindestens zwei voneinander unabhängige Variablen mit ihren Ableitungen auftreten[12], wobei der Grad einer solchen partiellen Differentialgleichung wieder durch die höchste in ihr auftretende Ableitung bestimmt wird. Solche Gleichungen treten in vielen wissenschaftlich, technisch und kommerziell interessanten Gebieten auf, wovon hier stellvertretend nur die Behandlung der Wärmeleitung, Potentialbetrachtungen und Schwingungsprobleme von Saiten, Balken beziehungsweise Membranen genannt seien.

Auf den ersten Blick scheint die Behandlung partieller Differentialgleichungen mit Hilfe eines elektronischen Analogrechners nicht möglich zu sein, da dieser als einzig freie Variable die Zeit t zulässt, was der eins übersteigenden Anzahl unabhängiger Variablen bei diesem Gleichungstyp entgegensteht. Nur mit Hilfe spezieller Ansätze ist die Behandlung partieller Differentialgleichungen auf einem solchen Rechner möglich, wobei die recht große Praktikabilität der entwickelten Methoden dazu führte, dass die Behandlung solcher Gleichungen zeitweise zu einem der Hauptanwendungsgebiete elektronischer Analogrechner wurde.

Im Wesentlichen relevant sind die beiden folgenden grundlegend verschiedenen Ansätze der *Differenzenquotientenmethode* sowie der *Trennung der Veränderlichen*, wobei der ersten Methode die praktisch größere Bedeutung zukommt, da sie mit meist erheblich weniger Aufwand bei der Erstellung des Rechenplanes auskommt.

5.1.3.1 Differenzenquotientenmethode

Die im Folgenden beschriebene Differenzenquotientenmethode beruht auf der Idee, die Differentialquotienten aller von t unterschiedlichen unabhängigen Veränderlichen als Differenzenquotienten entsprechend

$$\frac{\mathrm{d}f(x)}{\mathrm{d}x} = \lim_{\Delta x \to 0} \frac{f(x + \Delta x) - f(x)}{\Delta x}$$

durch

$$\frac{\Delta f(x)}{\Delta x} \approx \frac{f(x + \Delta x) - f(x)}{\Delta x}$$

zu approximieren. Entsprechend können alle Ableitungen dieser Veränderlichen durch explizite Umsetzung solcher Differenzenquotienten angenähert werden, was zwar einen in der Regel immensen Bedarf an Rechenelementen erfordert[13], in den meisten Fällen jedoch ausreichend gute Näherungen für die Behandlung praktischer Problemstellungen liefert.

---

[12]In der Mehrzahl aller technisch relevanten Aufgabenstellungen treten neben t drei kartesische Raumkoordinaten (x, y, z) beziehungsweise entsprechende Kugelkoordinaten (r, φ, Θ) auf.

[13]Diesem Nachteil steht als Vorteil die meist verhältnismäßig einfache Aufstellung des korrespondierenden Rechenplanes gegenüber.

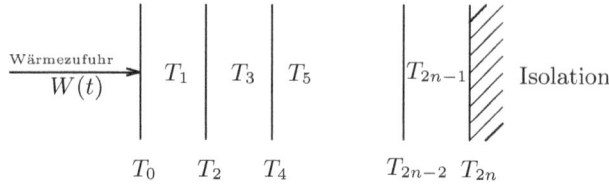

Abb. 5.8: *1-dimensionale Wärmeleitung*

Zur Erläuterung des Verfahrens wird im Folgenden das auf eine Dimension reduzierte Wärmeleitungsproblem behandelt[14], das folgender partieller Differentialgleichung gehorcht (hierbei bezeichne T die Temperatur und x die Position im eindimensionalen Wärmeleiter, während k den Wärmeleitungskoeffizienten repräsentiert):

$$\frac{\partial^2 T}{\partial x^2} = k\dot{T}$$

Abbildung 5.8 zeigt schematisch die Unterteilung des eindimensionalen Wärmeleiters in diskrete Abschnitte, wie sie zur Bildung der Differenzenquotienten nötig sind. Auf der linken Seite befinde sich eine Wärmequelle, die gemäß $W(t)$ in Abhängigkeit von der freien Variablen t Wärme zuführt, während das System auf der rechten Seite durch einen als ideal angenommenen Wärmeisolator abgeschlossen wird, so dass die beiden folgenden Randbedingungen gelten:

$$\dot{T}_0 = \frac{1}{k\Delta x}W(t) \tag{5.8}$$

$$\dot{T}_{2n} = \frac{1}{k\Delta x}\left(T_{2n-1} - T_{2n-2}\right) \tag{5.9}$$

Für die Glieder mit Indizes der Form $2m$ gilt

$$\frac{\partial^2 T_{2m}}{\partial x^2} \approx \frac{T_{2m-1} - 2T_{2m} + T_{2m+1}}{\frac{1}{4}(\Delta x)^2} \tag{5.10}$$

für alle $1 \leq m < n$. Weiterhin gilt entsprechend für die dazwischen liegenden Elemente

$$T_{2m+1} = \frac{T_{2m} + T_{2m+2}}{2}, \tag{5.11}$$

T_{2m+1} entspricht also jeweils der Durchschnittstemperatur an beiden Seiten des jeweiligen Teilabschnittes.

Ausgehend von Gleichung (5.10) kann nun ein System von Differentialgleichungen aufgestellt werden, in denen jeweils nur t als freie Variable auftritt. Das Vorgehen wird

---

[14]Ähnliche Darstellungen finden sich unter anderem in [529], [577][S. 3-66 ff.], [7][S. 284 ff.], [554][S. 103 ff.], [283][S. 243 ff. und 293 ff.], [344] beziehungsweise [145][S. 255 ff.]. Ein weiterführendes und deutlich komplexeres Beispiel der Simulation einer Gasströmung findet sich in [284][S. 143 ff.].

im Folgenden anhand eines Beispieles mit $n = 3$ dargestellt. Mit den Randbedingungen (5.8) und (5.9) sowie den Gleichungen (5.10) beziehungsweise (5.11) ergeben sich hiermit die folgenden diskretisierten Temperaturen beziehungsweise Ableitungen:

$$\dot{T}_0 = \frac{1}{k\Delta x} W(t) \tag{5.12}$$

$$T_1 = \frac{T_0 + T_2}{2} \tag{5.13}$$

$$\dot{T}_2 = \frac{4}{k(\Delta x)^2} (T_1 - 2T_2 + T_3) \tag{5.14}$$

$$T_3 = \frac{T_2 + T_4}{2} \tag{5.15}$$

$$\dot{T}_4 = \frac{4}{k(\Delta x)^2} (T_3 - 2T_4 + T_5) \tag{5.16}$$

$$T_5 = \frac{T_4 + T_6}{2} \tag{5.17}$$

$$\dot{T}_6 = \frac{1}{k\Delta x} (T_5 - T_4) \tag{5.18}$$

Die aus den Gleichungen (5.12) bis (5.18) entwickelte Rechenschaltung zeigt Abbildung 5.9 – die durch die Diskretisierung bedingte große Anzahl notwendiger Rechenelemente ist offensichtlich. Von Vorteil bei dieser Methode ist die meist vereinfacht mögliche Behandlung der Koeffizientenpotentiometer, die stets gruppenweise auf gleiche Werte eingestellt werden können.

Werden zur Behandlung eines nur durch partielle Differentialgleichungen darstellbaren Problemes höhere Ableitungen von t unabhängiger Variablen benötigt, bietet es sich mitunter an, die hierfür nötigen Differenzenquotienten nicht schrittweise darzustellen, sondern mitunter durch Taylorreihenentwicklungen zu approximieren – die Grundlagen einer solchen Vorgehensweise werden beispielsweise in [11] sowie [145][S. 270 ff.] behandelt.

5.1.3.2 Trennung der Veränderlichen

Ein weiteres Verfahren zur Behandlung partieller Differentialgleichungen mit Hilfe eines elektronischen Analogrechners beruht auf der bekannten Trennung der Veränderlichen[15], das gegenüber dem zuvor beschriebenen Verfahren der Differenzenquotienten den Vorteil bietet, nicht auf diskretisierte Punkte bei von t verschiedenen Variablen angewiesen zu sein und somit die Problemlösung für beliebige Variablenausprägungen berechnen zu können. Diesem grundlegenden Vorteil des Verfahrens steht seine große Komplexität in der Aufbereitung der zu bearbeitenden Probleme gegenüber, die in der Praxis dazu führte, dass das Verfahren der Trennung der Veränderlichen nur in Sonderfällen, in denen eine Diskretisierung von Variablen eine unzulässige Einschränkung bedeutet hätte, angewendet wurde.

---

[15]Die mathematischen Grundlagen hierzu finden sich beispielsweise in [541][S. 12 ff.].

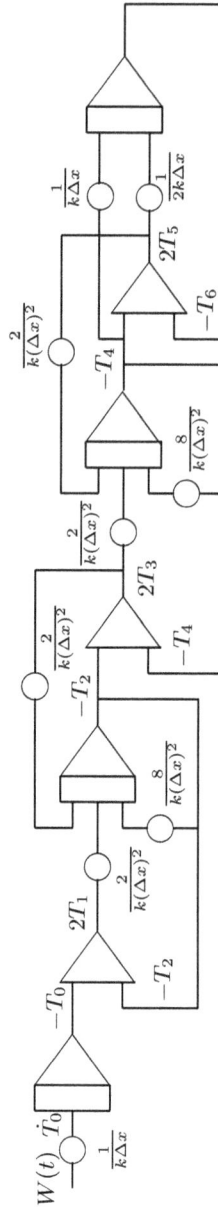

Abb. 5.9: *Rechenschaltung zur 1-dimensionalen Wärmeleitung*

Im Folgenden wird erneut die 1-dimensionale Wärmeleitung, wie sie bereits im vorangegangenen Abschnitt Gegenstand der Betrachtungen war, behandelt[16], es gilt also erneut, eine Lösung für

$$\frac{\partial^2 T}{\partial x^2} = k\dot{T} \tag{5.19}$$

unter gegebenen Anfangs- und Randbedingungen für bestimmte x und t zu bestimmen. Hierzu wird der Ansatz

$$T(x,t) = f_1(x)f_2(t)$$

verwendet, mit dem sich aus Gleichung (5.19) sofort

$$\frac{\mathrm{d}^2 f_1(x)}{\mathrm{d}x^2} f_2(t) = k\dot{f}_2(t)f_1(x)$$

ergibt. Trennung der beiden Veränderlichen x und t liefert

$$\frac{\frac{\mathrm{d}^2 f_1(x)}{\mathrm{d}x^2}}{f_1(x)} = k\frac{\dot{f}_2(t)}{f_2(t)}. \tag{5.20}$$

Aufspalten von Gleichung 5.20 und Gleichsetzen mit $-\lambda_n$ wandelt das ursprüngliche Problem der Lösung der partiellen Differentialgleichung (5.20) in ein Eigenwertproblem der beiden folgenden gewöhnlichen Differentialgleichungen um:

$$\frac{\frac{\mathrm{d}^2 f_1(x)}{\mathrm{d}x^2}}{f_1(x)} = -\lambda_n \tag{5.21}$$

$$k\frac{\dot{f}_2(t)}{f_2(t)} = -\lambda_n \tag{5.22}$$

Umstellen der Gleichungen (5.21) und (5.22) nach den jeweils auftretenden höchsten Ableitungen liefert mit

$$\frac{\mathrm{d}^2 f_1(x)}{\mathrm{d}x^2} = -\lambda_n f_1(x) \text{ und} \tag{5.23}$$

$$\dot{f}_2(t) = -\frac{\lambda_n}{k} f_2(t) \tag{5.24}$$

die beiden in Abbildungen 5.10 und 5.11 dargestellten Rechenschaltungen, wobei für die Ausführung der Lösung von Gleichung (5.23) die Variable x mit der freien Variablen t unter der einschränkenden Bedingung $0 \leq t \leq 1$ identifiziert wird.

---

[16]Analoge Beispiele finden sich unter anderem in [554][S. 107 f.] oder auch [7][S. 280 ff.].

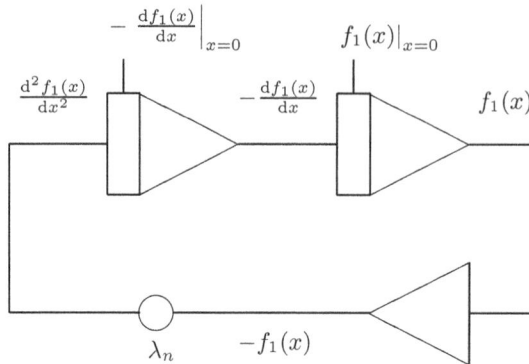

Abb. 5.10: *Rechenschaltung zu Gleichung (5.23)*

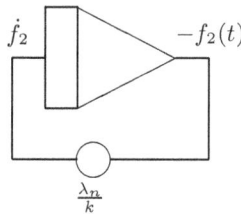

Abb. 5.11: *Rechenschaltung zu Gleichung (5.24)*

Im weiteren Verlauf wird von folgenden Randbedingungen ausgegangen:

- Zu Beginn der Rechnung, d.h. für alle $t < 0$, besitze der eindimensionale Stab, dessen Verhalten durch Gleichung (5.19) beschrieben wird, an jeder Stelle $0 \leq x \leq 1$ die konstante Temperatur C.

- Nach Beginn der Rechnung ($t \geq 0$) werden beide Stabenden auf die Temperatur 0 gekühlt, es gilt also

$$T(0,t) = t(1,t) = 0.$$

Mit Hilfe der in Abbildung 5.10 dargestellten Rechenschaltung werden nun die λ_n, welche diese Randbedingungen erfüllen, bestimmt. Im einfachsten Fall geschieht dies durch manuelles Variieren des Koeffizientenpotentiometers für λ_n, wobei die Rechenzeit t jeweils von 0 bis 1 läuft, es wird also, wie in Abschnitt 4.12.2.9 beschrieben, vorteilhaft in der Betriebsart *Rechnen mit Halt* gearbeitet[17].

---

[17]Ein automatisches Suchen der λ_n könnte in der Betriebsart *iterierendes Rechnen*, siehe Abschnitt 4.12.2.11, durchgeführt werden, wobei eine Integrierergruppe der Rechenschaltung in Abbildung 5.10 zugeordnet ist, während eine zweite solche Gruppe die Variation des jeweiligen Parameters λ_n ausführt. Je nach Ausgang eines Iterationslaufes könnte λ_n automatisch verringert oder vergrößert werden, bis eine Lösung gefunden wurde, wobei der Rechner beispielsweise in den *Halt*-Zustand überführt werden könnte, um einen gefundenen Eigenwert abzulesen und festzuhalten.

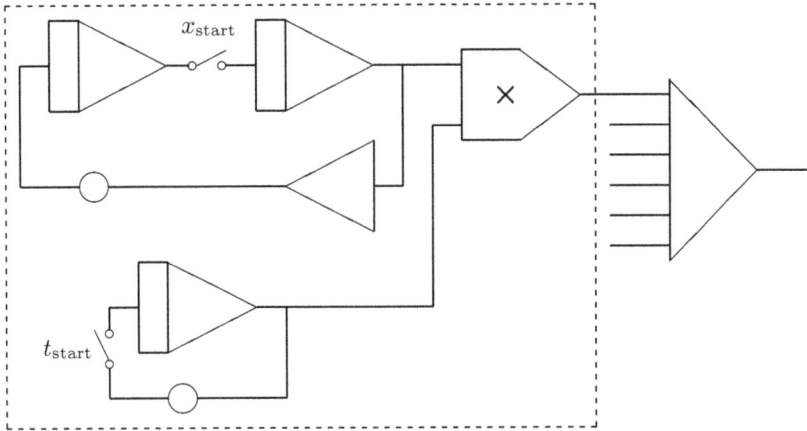

Abb. 5.12: *Gesamtrechenschaltung zur 1-dimensionalen Wärmeleitung*

Nachdem auf diese Art und Weise (mitunter mit vergleichsweise großem manuellem Aufwand) alle Eigenwerte λ_n bestimmt wurden, wird nun eine Linearkombination der Eigenfunktionen gesucht, die $T(x,t)$ möglichst gut annähert[18]. Ziel ist die Erzeugung einer Fourierreihe zur Darstellung von $T(x,t)$ entsprechend (hierbei seien die Indizes der gewählten Linearkombination Elemente einer Indexmenge $\mathcal{I}$)

$$T(x,t) = \sum_{i \in \mathcal{I}} \lambda_i T_i, \tag{5.25}$$

wobei mit T_i die i-te Eigenfunktion bezeichnet ist. Mit den Gleichungen (5.23), (5.24) und (5.25) ergibt sich nun die in Abbildung 5.12 dargestellte Rechenschaltung zur Lösung des ursprünglichen Problems.

Die Teilprodukte $\lambda_i T_i$ werden jeweils durch eine Schaltung gemäß Abbildung 5.10 beziehungsweise 5.11 gebildet, wobei entweder t für festes x läuft oder umgekehrt t festgehalten und x variiert wird. Im ersten Falle werden alle Teilrechenschaltungen gemäß Abbildung 5.10 in der Schaltung aus Abbildung 5.12 durch Schließen der Kontakte x_{start} aktiviert, wodurch x mit der Maschinenzeit identifiziert wird. Bei Erreichen des gewünschten Endwertes wird der Wert x durch Öffnen des Schalters x_{start} festgehalten. Im Anschluss hieran werden die jeweils zweiten Teilrechenschaltungen gemäß Abbildung 5.11 in Abbildung 5.12 durch Schließen der Kontakte t_{start} aktiviert, so dass nun t läuft.

Im umgekehrten Fall wird zunächst der gewünschte Wert von t aufgesucht und durch Öffnen der Kontakte t_{start} gespeichert, um im Anschluss hieran durch Schließen von x_{start} die nun mit der Maschinenzeit identifizierte Variable x von 0 bis 1 laufen zu lassen.

Neben den beiden hier besprochenen Techniken zur Behandlung partieller Differentialgleichungen mit Hilfe elektronischer Analogrechner über die Bildung von Differenzenquotienten beziehungsweise die in aller Regel mehr Vorbereitungsaufwand mit sich

---

[18]Durch *Versuch und Fehlerbetrachtung*, wie AMELING in [7][S. 281] euphemistisch anmerkt.

bringende Methode der Trennung der Veränderlichen wurden im Laufe der Zeit auch andere Techniken entwickelt, die sich jedoch nicht in großem Maße durchsetzen konnten, sei es, dass sie nur auf seltene Spezialfälle partieller Differentialgleichungen angewandt werden können, sei es, dass sie mit noch höherem Aufwand als die Trennung der Veränderlichen einhergehen.

Ein schöner Überblick über zwei solche Verfahren, das *Ritzverfahren*, das partielle Differentialgleichungen auf algebraische Gleichungen und das Verfahren von *Kantorowitsch*, das sie auf gewöhnliche Differentialgleichungen zurückführt, findet sich in [554][S. 108 ff.]. Darüberhinaus wurden auch Monte-Carlo-Techniken und iterative Verfahren zur Lösung partieller Differentialgleichung auf Analog- und Hybridrechnern eingesetzt, wie beispielsweise [167] beziehungsweise [85] und [3] zeigen.

5.1.4   Integralgleichungen

Nachdem die Integration eine der grundlegenden Operationen eines elektronischen Analogrechners darstellt und, wie in den vorangegangenen Abschnitten ausgeführt, gewöhnliche Differentialgleichungen und mit größerem Aufwand auch partielle Differentialgleichungen einer Behandlung mit Hilfe eines solchen Rechners zugänglich sind, stellt sich – nicht zuletzt auch durch die Bedeutung in Gebieten wie der Elektrotechnik, der Antennensysteme, der Regelungstechnik oder auch der Filtertheorie – die Frage, ob ein solcher Analogrechner nicht auch in der Lage ist, im Gebiet der Integralgleichungen eingesetzt zu werden.

Leider zeigt eine nähere Betrachtung, dass dies in der Regel nicht der Fall ist – zwar können Integralgleichungen mit Hilfe von Analogrechnern behandelt werden, der apparative und operative Aufwand erreicht jedoch schnell Ausmaße, die dem eigentlichen Nutzen der angestrebten Problemlösung nicht gerecht werden[19]. Trotzdem, beziehungsweise gerade darum, widmet sich dieser Abschnitt den Grundlagen der hier eingesetzten Lösungstechniken[20].

Integralgleichungen treten in der Regel in einer der beiden folgenden Gestalten auf[21]:

$$f(x) + \int_0^a K(t,x)u(t)\mathrm{d}t = 0$$

$$f(x) + \int_0^a K(t,x)u(t)\mathrm{d}t = u(x)$$

Hierbei ist stets $u(x)$ gesucht, während $K(t,x)$, der sogenannte *Kern* der Integralgleichung, und $f(x)$ gegebene und bekannte Funktionen sind.

---

[19]Hierbei muss jedoch bemerkt werden, dass sich auch numerische Methoden zur Behandlung von Integralgleichungen in der Regel durch hohe Komplexität und entsprechend hohen rechnerischen Aufwand auszeichnen – siehe beispielsweise [462][S. 779–817].

[20]Für weitergehende Ausführungen sei an dieser Stelle auf [554][S. 112 ff.] sowie [283][S. 317 ff., 331 ff. und 352 ff.] verwiesen.

[21]Gleichungen der ersten Gestalt werden als *Integralgleichungen erster Art* bezeichnet, die der zweiten Form entsprechend als *Integralgleichungen zweiter Art*.

Das Hauptproblem bei der Behandlung von Integralgleichungen mit Hilfe elektronischer Analogrechner ist die Abbildung von $K(t,x)$ mit Hilfe der verfügbaren Rechenelemente – als Funktion zweier Veränderlicher können herkömmliche Funktionsgeber nicht zum Einsatz gelangen, so dass $K(t,x)$ entweder durch besondere technische Einrichtungen oder mitunter auch durch den Einsatz digitaler Zusatzgeräte dargestellt werden muss.

Ist eine Integralgleichung erster oder zweiter Art zur Lösung einer bestimmten Problemstellung nur für wenige feste x, der Einfachheit halber nur eines, im Folgenden durch $\bar{x}$ bezeichnet, zu betrachten, so kann $K(t,\bar{x})$ mit Hilfe eines einfachen Standardfunktionsgebers dargestellt werden. Die eigentliche Integration gestaltet sich dann einfach – die obere Grenze a wird durch Kontrolle der Rechenzeit mit entsprechender Zeitskalierung realisiert, so dass nach jeweils einem Rechenzyklus der Wert des Integrals zu $f(\bar{x})$ addiert werden kann. Das Ergebnis dieser Rechnung wird dann mit 0 oder $u(\bar{x})$ verglichen. Je nach Art und Größe der hierbei beobachteten Abweichung werden die Parameter, welche die Funktion $u(x)$ bestimmen, variiert, bevor ein weiterer Rechendurchlauf die Korrektheit der so gewonnenen neuen Parametrisierung bestimmt usf.

In der Regel wird jedoch eine Lösung der Integralgleichung für nur ein festes $\bar{x}$ nicht ausreichend sein, so dass zumindest für ein mit einer gewissen Schrittweite Δx zwischen $x_{\min}$ und $x_{\max}$ laufendes x ein dem obigen Verfahren ähnliches durchgeführt werden muss. Hierbei tritt nun die Schwierigkeit auf, dass – je nach Gestalt – der Kern $K(t,x)$ der Integralgleichung entweder durch $\frac{x_{\max}-x_{\min}}{\Delta x}+1$ einzelne, umschaltbare Funktionsgeber oder besser durch analytische Methoden, die mit den herkömmlichen Rechenelementen abbildbar sind, dargestellt werden muss.

Ist diese Schwierigkeit gemeistert, liegt also für die gewählte Diskretisierung von x im Bereich $[x_{\min}, x_{\max}]$ eine geeignete Darstellung von $K(t,x)$ vor, so kann nun eine vergleichsweise komplizierte Schaltung[22] aufgebaut werden, die während eines Durchlaufes von x in den Grenzen $[x_{\min}, x_{\max}]$ mit der Schrittweite Δx für jedes solche x die Summe

$$f(x) + \int_0^a K(t,x)u(t)\mathrm{d}t \qquad (5.26)$$

berechnet, so dass die sich hierbei ergebende Ergebniskurve als quasi stehendes Bild auf einem Oszilloskop dargestellt werden kann.

Diese Lösungskurve kann nun entweder manuell mit einer auf demselben Oszilloskop dargestellten Nulllinie (im Falle einer Integralgleichung erster Art) oder der aus $u(x)$ resultierenden Kurve verglichen werden. Durch Variation der $u(x)$-bestimmenden Parameter wird nun versucht, eine möglichst gute Annäherung zwischen der repetierend bestimmten Summe (5.26) und 0 beziehungsweise $u(x)$ zu erzielen.

Dieser Vorgang lässt sich prinzipiell auch automatisieren, jedoch bewegt sich der hierfür nötige Aufwand in einem Rahmen, der mit einem reinen Analogrechnersystem, d.h. ohne

---

[22]Die Komplexität der Rechenschaltung rührt daher, dass hier eine Mischform von *repetierendem* und *iterierendem Rechnen* zum Einsatz gelangt, die in der Regel mindestens drei voneinander unabhängig steuerbare Integrierergruppen erfordert, was mit entsprechend hohem Steuerungsaufwand einhergeht, da selbst große Analogrechenanlagen hierfür meist keine Standardkontrolleinrichtungen bieten.

ein Hybridrechensystem, wie es beispielsweise in Kapitel 7.1 dargestellt wird, kaum zu bewältigen ist.

Mit dieser kurzen Betrachtung zur Behandlung von Integralgleichungen auf einem elektronischen Analogrechner wird die allgemeine Darstellung von Methoden zur Herleitung eines Rechenplanes aus einer Problemstellung heraus abgeschlossen. Für darüber hinausgehende Betrachtungen sei auf die einschlägige Standardliteratur wie zum Beispiel [145], [144], [554], [513] etc., aber auch auf spezielle Arbeiten wie [80] verwiesen.

5.2   Normierung und Zeitskalierung

Mit der erfolgreichen Aufstellung eines Rechenplanes ist die Programmierung eines elektronischen Analogrechners zur Behandlung einer Problemstellung nicht abgeschlossen, da noch der durch die Maschineneinheit ME beschränkte Wertebereich der einzelnen *Maschinenvariablen* durch geeignete Skalierung der Gleichungen berücksichtigt werden muss[23], ein Prozess, der im Allgemeinen als *Normierung* bezeichnet wird. Für eine beliebige solche Maschinenvariable $\mathfrak{v}$, d.h. eine Variable, die in einer Rechenschaltung auftritt und dort durch eine Spannung repräsentiert wird, wobei sie einer korrespondierenden *Problemvariablen* v entspricht, muss in jedem Moment des Rechenablaufes $|\mathfrak{v}| \leq 1$ ME gelten.

Dies kann nur erreicht werden, indem alle Problemvariablen v mit entsprechenden *Skalierungsfaktoren* α_v versehen werden, um der oben erwähnten Wertebereichsbedingung Genüge zu tun, so dass $\mathfrak{v} = \alpha_v v$ mit $|\alpha_v v| \leq 1$ ME gilt. Je nach Komplexität einer zu lösenden Fragestellung kann das Bestimmen geeigneter α_v mit hohem zeitlichem und rechnerischem Aufwand einhergehen, was oft einen Großteil der zur Programmierung eines elektronischen Analogrechners benötigten Zeit ausmacht.

Liegt die Problemvariable v in einer Einheit E vor, so ist α_v entsprechend

$$\alpha_v = \frac{1 \text{ ME}}{\max(|v|)} \quad \left[\frac{\text{V}}{\text{E}}\right]$$

zu bestimmen, wobei die Bestimmung von $\max(|v|)$ hierbei in der Regel die größten Schwierigkeiten mit sich bringt – gerade Fragestellungen, die durch nichtlineare Differentialgleichungen beschrieben werden, sorgen hier oft für hohen Aufwand. Erschwerend kommt hinzu, dass die einzelnen Skalierungsfaktoren α_v voneinander oft mehr oder weniger stark abhängen, was die Analyse weiter erschwert.

Zusätzlich sollte bei der Wahl von Skalierungsfaktoren stets versucht werden, den für die Maschinenvariablen zur Verfügung stehenden Bereich von ± 1 ME im Hinblick auf eine maximale Rechengenauigkeit möglichst gut auszunutzen, d.h. von zu beschränkenden Werten α_v ist nach Möglichkeit abzusehen.

Die Skalierung einer Problemvariablen v mit dem Skalierungsfaktor α_v liefert mithin eine Maschinenvariable $\mathfrak{v}$, die stets die Einheit V besitzt. Solchermaßen skalierte Variablen

---

[23]Diese Einschränkung der Rechenvariablen rückt elektronische Analogrechner bezüglich der notwendigen Skalierung in die Nähe digitaler Festkommamaschinen.

werden in der Literatur oft durch Einschluss in eckige Klammern kenntlich gemacht, eine Praxis, die auch in den folgenden Abschnitten Anwendung finden wird.

Als Beispiel[24] diene eine Problemvariable $\ddot{x}$, die der zweifachen Erdbeschleunigung mit einem Wert von $\ddot{x} = 2 \cdot 9.81\,\frac{m}{s^2}$ entspreche. Bei einer Maschineneinheit von 10 V bietet sich für die Wahl des Skalierungsfaktors $\alpha_v = \frac{1}{2}$ an, was die korrespondierende Maschinenvariable $\left[\frac{\ddot{x}}{2}\right]$ liefert.

Allgemein lässt sich feststellen, dass die Normierung von Aufgabenstellungen, die auf linearen Differentialgleichungen beruhen, in der Regel deutlich leichter vonstatten geht als die nichtlinearer Systeme. Vereinfachend kommt bei linearen Differentialgleichungen zum Tragen, dass sich die Normierung ausschließlich auf die Anfangswerte sowie die Einstellungen der Koeffizientenpotentiometer innerhalb einer Rechenschaltung auswirkt, während nichtlineare Differentialgleichungen bei Änderung der zu betrachtenden Wertebereiche mitunter nach Normierung auf stark abweichende Rechenschaltungen führen[25].

Neben der Umformung von Problemvariablen in Maschinenvariablen durch Normierung kann auch die Zeit, in welcher eine Rechnung abläuft, einer sogenannten *Zeitskalierung* unterworfen werden. Da die Zeit t bei einem elektronischen Rechner keinen prinzipiellen Einschränkungen, von Genauigkeitseinbußen durch sich akkumulierende Fehler der Rechenelemente einmal abgesehen, unterliegt, ist eine solche Zeitskalierung nicht als Teil der Programmierung notwendig, wie es bei der Normierung aufgrund des beschränkten Wertebereiches der Maschinenvariablen der Fall ist.

Durch geeignete Zeitskalierung kann jedoch erreicht werden, dass eine auf dem Analogrechner durchgeführte Rechnung schneller oder langsamer als in der realen Problemstellung abläuft, wobei beide Varianten, sowohl die der Beschleunigung als auch die der Verzögerung, mit Gewinn eingesetzt werden können. In der Regel wird eine Beschleunigung des Rechenablaufes erwünscht sein, wenn ein in der Realität vergleichsweise langsam verlaufender Prozess auf einem Sichtgerät dargestellt werden soll oder er in der Realität so langsam verläuft, dass eine Untersuchung in Echtzeit ausgeschlossen ist[26].

Die Verzögerung eines Rechenablaufes ist dann wünschenswert, wenn er in der Realität zu schnell für eine angemessene Untersuchung verläuft oder ein in seiner Aufzeichnungsgeschwindigkeit beschränktes Ausgabegerät, beispielsweise ein Schreiber, eingesetzt werden soll.

Ähnlich, wie bei der Normierung von Variablen zwischen Problem- und Maschinenvariablen unterschieden wurde, wird bei der Zeitskalierung zwischen *Echtzeit*[27] und *Maschinenzeit* τ unterschieden, wobei stets $\tau = \lambda t$ gilt.

Da Integrierer als einzige Rechenelemente eines Analogrechners über einen Bezug zur freien Variable t (beziehungsweise τ) verfügen, betreffen alle Zeitskalierungsoperationen

---

[24]Weitere einführende Beispiele finden sich in den unter 5.3 folgenden Abschnitten.

[25]Das Problem wird sehr schön in [144][S. 111–120] dargestellt.

[26]Ein schönes Beispiel hierfür stellt unter anderem die Simulation von Ökosystemen dar – siehe Abschnitt 5.3.3.

[27]Mitunter auch als *Realzeit* bezeichnet.

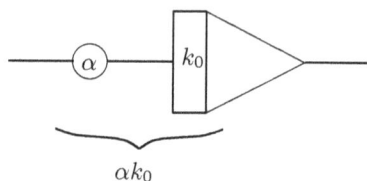

αk_0

Abb. 5.13: *Zeitskalierung eines Integrierers*

ausschließlich die in einer Rechenschaltung eingesetzten Integrierer. Eine grobe Methode zur Beschleunigung oder Verlangsamung einer Rechnung besteht in der Verkleinerung oder Vergrößerung der in den einzelnen Integrierern eingesetzten Rechenkondensatoren, da sich die Zeitkonstante der Integrierer, wie bereits in Abschnitt 4.4 dargestellt, zu $k_0 = \frac{1}{RC}$ ergibt[28].

Ein solches Vorgehen ist in der Realität jedoch, von Ausnahmefällen abgesehen, nicht praktikabel, da meist nur wenige Integrationskondensatoren unterschiedlicher Größe pro Integrierer zur Verfügung stehen, wobei die verschiedenen Größen meist in Zehnerschritten aufeinander folgen, was eine feine Zeitskalierung nicht zulässt[29].

Aus diesem Grunde wird eine Zeitskalierung in der Praxis stets durch Änderung der Eingangsfaktoren zusammen mit geeigneter Wahl der Integrationskondensatoren aller an einer Rechnung beteiligten Integrierer durchgeführt, was im Prinzip einer entsprechenden Verkleinerung (Verkürzung der Rechenzeit) beziehungsweise Vergrößerung (Verlängerung der Rechenzeit) der Eingangswiderstände R_i der Integrierer entspricht. Da diese jedoch in aller Regel ebenso wie die Integrationskondensatoren festgelegt sind und bestenfalls in vergleichsweise großen Abstufungen zur Verfügung stehen, wird die Zeitskalierung durch eine entsprechende Umskalierung der Eingangswerte der Integrierer mit Hilfe von Koeffizientenpotentiometern ausgeführt.

Abbildung 5.13 zeigt schematisch einen Integrierer mit nur einem Eingang, dessen grundlegende Zeitkonstante wie schon zuvor gleich $k_0 = \frac{1}{RC}$ ist (bezogen auf mit 1 gewichtete Eingangswiderstände eines Integrierers wird diese Zeitkonstante meist als k_0 bezeichnet, d.h. $k_0 = \frac{1}{RC}$). Durch Vorschalten eines Koeffizientenpotentiometers mit dem Wert $0 \leq \lambda \leq 1$ vor den Eingang des Integrierers kann seine Gesamtzeitkonstante $\frac{\lambda}{RC}$ stufenlos zwischen 0 und $\frac{1}{RC}$ variiert werden, was einer Verringerung der Rechengeschwindigkeit entspricht.

Ist eine Beschleunigung erwünscht, wird in der Regel der Rückführungskondensator gegen einen mit einer um den Faktor 10 geringeren Kapazität umgeschaltet, was zu Verkürzung der Zeitkonstanten des Integrierers um einen Faktor 10 führt. Die Voran-

---

[28]Gleiche Eingangswiderstände R vorausgesetzt.

[29]Einige Analogrechner verfügen über eine Möglichkeit, durch ein zentrales Kommando alle Rückführungskondensatoren der Integrierer gegen solche, die jeweils eine zehnfach geringere Kapazität besitzen, umzuschalten, was sich effektiv in einer Verzehnfachung der Rechengeschwindigkeit äußert. Die Verwendung dieser Einrichtung ist mitunter sehr praktisch, um eine ausgeführte Rechenschaltung in kurzer Zeit auf ihr Verhalten hin untersuchen zu können, während für eine exakte Rechnung wieder auf die ursprünglichen Kapazitätswerte zurückgeschaltet wird.

schaltung eines Koeffizientenpotentiometers erlaubt nun eine beliebige Einstellung der Gesamtzeitkonstanten zwischen 0 und $10k_0$[30].

An dieser Stelle sollte bemerkt werden, dass auch negative Zeitskalierungsfaktoren möglich sind – hierbei werden die Eingangssignale aller an der betreffenden Rechnung beteiligten Integratoren mit negativen Werten multipliziert. Mit Hilfe einer solchen negativen Skalierung lässt sich ein Problem von einem gewünschten Endpunkt aus zu seinem Anfang zurückrechnen, was beispielsweise bei Optimierungsaufgaben erwünscht ist[31].

Zusammenfassend lässt sich also feststellen, dass sich an die erfolgreiche Aufstellung eines Rechenplanes zunächst die Normierung und Konvertierung der hierin auftretenden Problemvariablen zu Maschinenvariablen anschließt. Hierauf aufbauend kann dann unter Umständen eine Zeitskalierung vorgenommen werden, die auf den bereits normierten Maschinenvariablen aufbaut.

Bedingt durch den hohen manuellen Aufwand, einhergehend mit entsprechender Fehlerhäufigkeit, wurden vereinzelt Vorschläge gemacht, die Skalierung einer gegebenen Rechenschaltung entweder bereits im Vorfeld einer analogen Rechnung mit Hilfe eines Digitalrechners zu entwickeln, oder den Analogrechner selbst zur Skalierung einzusetzen. Im einfachsten Falle wird hierbei eine Rechnung in nur grob skalierter Form auf einem Analogrechner durchgerechnet, wobei wesentliche Parameter mitprotokolliert werden. Bei Über- oder signifikanten Unterschreitungen von Wertebereichen kann die Rechnung manuell oder automatisch gestoppt werden, um entsprechende Anpassungen an der Parametrisierung der Rechenschaltung vorzunehmen.

Ein interessanter Ansatz findet sich in [164] – hier gelangt ein Hybridrechner zum Einsatz, bei welchem der Digitalteil den oben grob beschriebenen Ablauf steuert, bis am Ende eine praktikable Skalierung vorliegt. Automatische Skalierungssysteme, die mit Hilfe eines herkömmlichen Digitalrechners passende Skalierungsfaktoren für ein gegebenes Analogrechnerprogramm generieren, werden beispielsweise in [143][S. 129 ff.] behandelt.

5.3 Beispiele

Nachdem im Vorangegangenen die Grundlagen der Programmierung elektronischer Analogrechner darstellt wurden, zeigen die folgenden Abschnitte eine Reihe einfacher Beispiele sowie deren exemplarische Lösung auf elektronischen Analogrechnern[32], wobei zunächst nur die grundlegende Herangehensweise an die Lösung mehr oder minder komplexer, in der Regel durch Differentialgleichungen und Systeme hiervon beschriebener, Aufgabenstellungen im Mittelpunkt der Betrachtung stehen wird.

---

[30]Da bereits bei Anlagen mittleren Umfanges in der Regel vier oder fünf umschaltbare Rechenkondensatoren für jeden Integrierer vorgesehen sind, erlaubt dies die Ausnutzung eines Zeitkonstantenbereiches von bis zu 10^5.

[31]Siehe [270][S. 102 ff.] für eine ausführlichere Behandlung negativer Zeitskalierungen.

[32]Zum Einsatz gelangten hierbei zwei Telefunken-Tischrechner der Typen RA 741 beziehungsweise RA 742.

Wie eben erwähnt, sind aufgrund des prinzipbedingt eingeschränkten Wertebereiches in der Regel Untersuchungen mit Hilfe von Analogrechnern nicht ohne eine vorangehende Normierung beziehungsweise Zeitskalierung möglich. Bedingt durch den hauptsächlich illustrativen Charakter der folgenden Beispiele werden diese – abgesehen von der Lösung einer einfachen Differentialgleichung sowie der Simulation eines Masse-Feder-Dämpfer-Systems in Abschnitt 5.3.2 – lediglich als qualitative Rechnungen, d.h. ohne explizite und ausführliche Normierung, dargestellt.

Die folgenden Beispiele kommen ohne die Verwendung spezieller Rechenschaltungen, wie sie beispielsweise zur Bildung von Betrags- oder Hysteresefunktionen erforderlich sind, aus – in der Praxis gilt dies nur für wenige Probleme, so dass an dieser Stelle beispielsweise auf [495] verwiesen sei, worin ein Überblick über häufig eingesetzte Spezial- und Trickrechenschaltungen gegeben wird.

5.3.1 $y = a \sin(\omega t + \varphi)$ und Gleitfrequenz

Das erste vollständig ausgeführte Beispiel einer mit Hilfe eines elektronischen Analogrechners des Typs Telefunken RA 741 durchgeführten Rechnung behandelt die Erzeugung einer ungedämpften Schwingung der Form $y = a \sin(\omega t + \varphi)$. Signale dieser Art finden weitverbreitete Anwendung im Bereich des Analogrechnens – typische Anwendungsgebiete sind die Erzeugung von Störfunktionen, die Anregung schwingungsfähiger Gebilde, aber auch die Erzeugung von Grundfiguren wie Linien, Kreise und Ellipsen für die Darstellung von Rechenergebnissen auf einem Oszilloskop etc.

5.3.1.1   Aufstellen des Rechenplans und Normierung

Um ein Signal der Form $y = a \sin(\omega t + \varphi)$ zu erzeugen, geht man zweckmäßigerweise von der Differentialgleichung $\ddot{y} + \omega^2 y = 0$ aus, deren Lösung es darstellt, wobei als Anfangswerte

$$y_0 = a \sin(\varphi)$$
$$\dot{y}_0 = a\omega \cos(\varphi)$$

vorgegeben werden.

Zur Erstellung eines Rechenplans mit Hilfe der KELVINschen Rückkopplungsmethode wird zunächst von der vereinfachten Differentialgleichung $\ddot{y} + y = 0$ ausgegangen, nach der sich $\ddot{y} = -y$ ergibt. Unter der Annahme, dass $\ddot{y}$ bereits bekannt sei, kann $-y$ aus diesem mit Hilfe zweier Integrierer und eines Summierers, der lediglich zur Vorzeichenumkehr eingesetzt wird, bestimmt werden. Hiermit kann die Rückkopplungsschleife geschlossen werden, was auf die in Abbildung 5.14 dargestellte Grundrechenschaltung führt.

Die Umwandlung der in diesem Rechenplan zunächst auftretenden Problemvariablen und ihre Transformation in Maschinenvariablen durch Normierung ist einfach – als Normierungsfaktor kann wegen $\max_t |\sin(t)| = 1$ direkt a gewählt werden, das der Einfachheit halber im Folgenden zu $a = 1$ angenommen wird.

Die Berücksichtigung des frequenzbestimmenden Faktors ω hingegen kann als eine durchzuführende Zeitskalierung aufgefasst werden, da hiervon offensichtlich nur die an

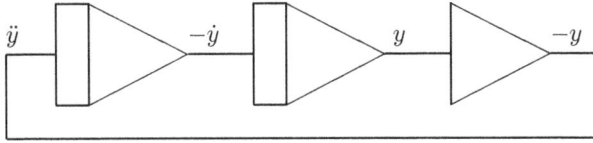

Abb. 5.14: *Vereinfachter Rechenplan für $y = \sin(\omega t + \varphi)$*

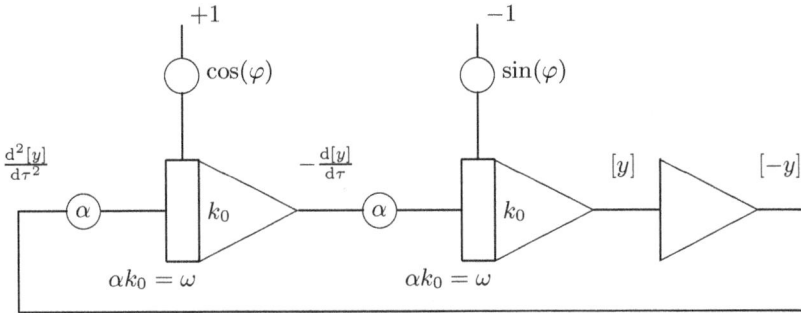

Abb. 5.15: *Detaillierter Rechenplan für $y = \sin(\omega t + \varphi)$*

der Rechnung direkt beteiligten Integrierer als die zeitbestimmenden Elemente betroffen sind. Die in Abbildung 5.14 gezeigte Rechenschaltung würde (unter Vernachlässigung der Anfangswerte) für $k_0 = 1$ bei beiden Integrierern ein Signal der Form $y = \sin(t)$ generieren.

Um ein Signal der allgemeinen Form $y = \sin \omega t$ zu erzeugen[33], ist folglich eine Zeitskalierung $\tau = \omega t$ auszuführen.

Wie in Abschnitt 5.2 gezeigt wurde, ergibt sich die Gesamtzeitkonstante eines Integrierers mit vorgeschaltetem und auf einen Wert $0 \leq \alpha \leq 1$ eingestellten Koeffizientenpotentiometer zu αk_0, so dass zur Durchführung der obigen Zeitskalierung lediglich ein geeignetes k_0 für die beiden Integrierer zusammen mit jeweils einem vorgeschalteten Koeffizientenpotentiometer gewählt werden muss.

Abbildung 5.15 zeigt die fertig normierte und zeitskalierte Rechenschaltung. Es gilt $\omega = \alpha k_0$, d.h. $\tau = \omega t$.

5.3.1.2   Durchführen der Rechnung

Abbildung 5.16 zeigt die fertig gesteckte Rechenschaltung auf dem Programmierfeld des eingesetzten RA 741-Systems. Das Programmierfeld ist bei dieser Anlage im Wesentlichen in senkrechte Abschnitte mit einer Breite von jeweils zwei Buchsen aufgeteilt. Die beiden linken Abschnitte beinhalten jeweils einen umschaltbaren Summierer/Integrierer, dessen gewünschte Betriebsart durch einen Kurzschlussstecker, oben links im Bild, festgelegt wird. Der dritte Abschnitt stellt auf etwa halber Bildhöhe

---

[33]Die Verschiebung φ wird allein durch entsprechende Wahl der Anfangswerte berücksichtigt, so dass sie im Augenblick nicht weiter betrachtet wird.

Abb. 5.16: *Rechenschaltung für $y = a\sin(\omega t + \varphi)$*

die Anschlüsse eines Summierers zur Verfügung, der hier zur Vorzeichenumkehr eingesetzt wird.

Werden für eine erste Rechnung $k_0 = 1$ und $\alpha = 1$ gewählt, erzeugt die Rechenschaltung eine ungedämpfte Sinusschwingung[34] mit einer Periodendauer von 2π Sekunden, wie sie in Abbildung 5.17 dargestellt ist. Die Zeitablenkung beträgt hier $1\ \frac{\text{s}}{\text{div}}$, während die y-Ablenkung auf $5\ \frac{\text{V}}{\text{cm}}$ eingestellt ist.

Um ein Ausgangssignal mit einer höheren Frequenz zu erzeugen, muss nun zunächst ein größeres k_0 gewählt werden – dies kann beispielsweise entweder durch Verwendung der mit 10 gewichteten Eingänge der beiden Integrierer oder durch Wahl eines zehnfach kleineren Integrationskondensators geschehen, wobei durch Kombination beider Maßnahmen sogar $k_0 = 100$ erzielt werden kann.

---

[34]Diese Schwingung ist aufgrund der nicht idealen Eigenschaften der Operationsverstärker nur näherungsweise ungedämpft – auf jedem elektronischen Analogrechner wird sie entweder abklingen oder sich bis zur Übersteuerung der Verstärker aufschaukeln, so dass, falls eine lange Rechenzeit notwendig ist, was beispielsweise für die Darstellung simulierter Objekte auf einem Oszilloskop gilt, mit Hilfe zusätzlicher Maßnahmen dafür gesorgt werden muss, dass die Amplitude a des Ausgangssignales konstant gehalten wird. Ein Beispiel hierfür findet sich in Abschnitt 5.3.4. Eine weitere interessante Methode zur expliziten Amplitudenregelung gibt [554][S. 258 ff.] an.

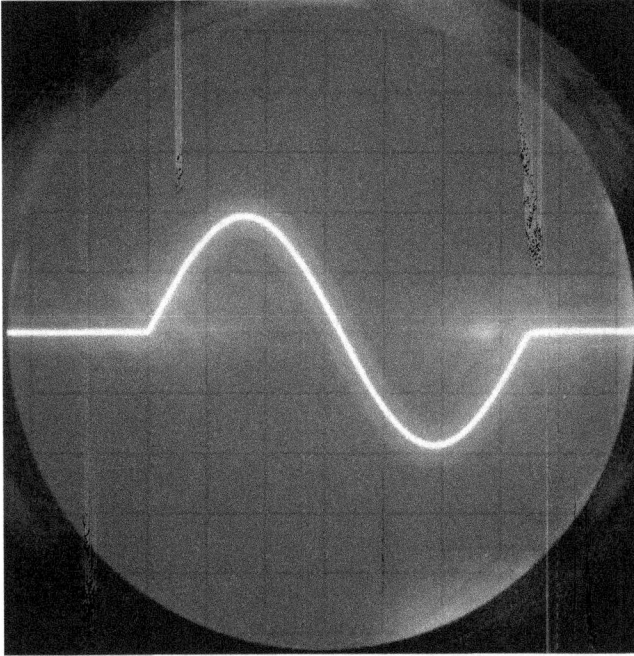

Abb. 5.17: *Oszilloskopdarstellung der Rechnung für $y = \sin(t)$*

Angenommen, es sei nun eine Sinusschwingung mit einer Frequenz von 1 Hz zu erzeugen, so liegt eine Wahl von $k_0 = 10$ mit $\alpha = 0.628$ nahe, was einer guten Näherung für $\omega = 2\pi$ entspricht. Im vorliegenden Fall wurde $k_0 = 10$ durch Verwendung eines jeweils mit 10 gewichteten Integrierereinganges realisiert.

Die Einstellung der beiden Koeffizientenpotentiometer auf α kann hierdurch jedoch auch für eine nur grob überschlägige Rechnung nicht mehr allein mit Hilfe der Potentiometerskalen erfolgen, sondern muss zwingend in der Betriebsart Potentiometereinstellung (siehe Abschnitt 4.12.2.2) vorgenommen werden, da beide Potentiometer durch die mit 10 gewichteten Eingänge sehr stark ohmsch belastet werden. Abbildung 5.18 zeigt die beiden auf $\alpha = 0.628$ eingestellten belasteten Koeffizientenpotentiometer – die Anzeige auf der Skala entspricht Werten um 0.72, während sich durch die Belastung durch die nachgeschalteten Integrierer sehr genau Werte von 0.628 ergeben.

Abbildung 5.19 zeigt die hiermit erzeugte Sinusschwingung mit einer Frequenz von 1 Hz und einer Amplitude von ± 1 ME (d.h. im vorliegenden Falle ± 10 V).

5.3.1.3   Gleitfrequenz

Einige Anwendungsgebiete elektronischer Analogrechner, beispielsweise auf dem Gebiet der Nachrichtentechnik, können aus der Verfügbarkeit einer Sinusschwingung variabler Frequenz großen Nutzen ziehen[35].

---

[35] An erster Stelle steht hier sicherlich die Spektralanalyse des Verhaltens von Filterschaltungen etc. – siehe Abschnitt 10.10.2.

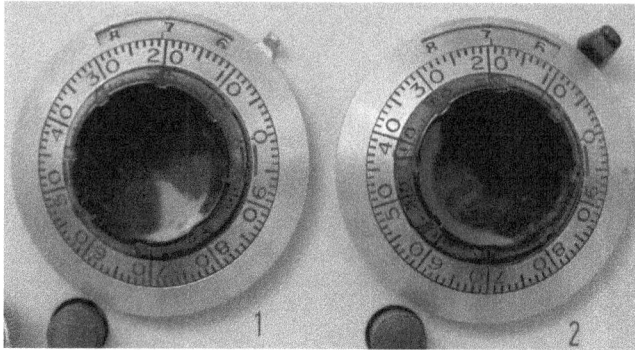

Abb. 5.18: *Einstellen der Koeffizientenpotentiometer*

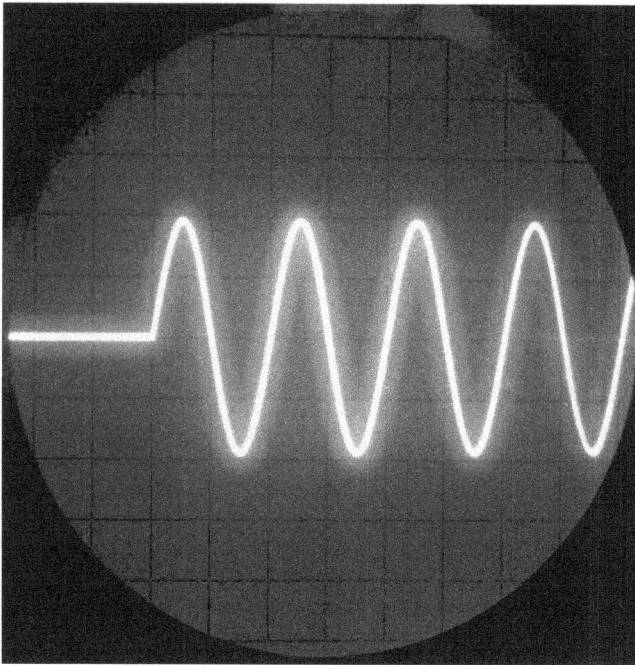

Abb. 5.19: *Oszilloskopdarstellung der Rechnung für $y = \sin(2\pi t)$*

Nachdem sich die im vorangegangenen Abschnitt durchgeführte Zeitskalierung $\tau = \omega t$ gleichermaßen in den Werten beider den Integrierern vorgeschalteten Koeffizientenpotentiometer ausdrückt, liegt der Gedanke nahe, anstelle dieser Potentiometer zwei Multiplizierer zu verwenden, um so die Frequenz der generierten Sinusschwingung mit Hilfe einer zusätzlichen Maschinenvariablen zu steuern.

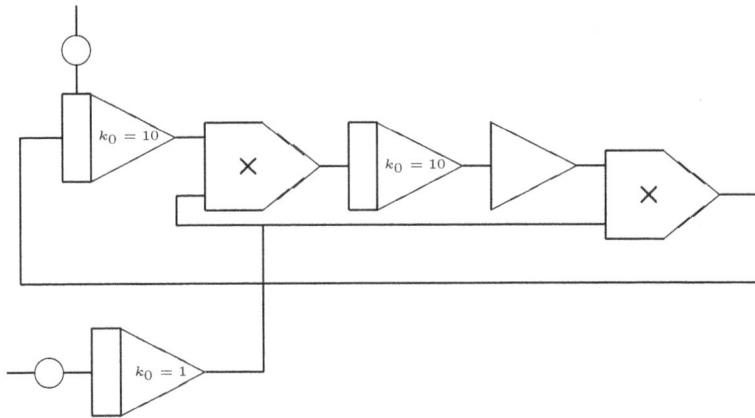

Abb. 5.20: *Erzeugung einer Gleitfrequenz*

Abbildung 5.20 zeigt den Rechenplan zur Erzeugung einer Sinusschwingung mit gleitender Frequenz, die den Bereich von 0 Hz bis $\frac{k_0}{2\pi}$ Hz überstreicht[36] – die zugrundeliegende Schaltung gemäß Abbildung 5.15 ist klar zu erkennen, lediglich die beiden Koeffizientenpotentiometer für die Werte α wurden durch Multiplizierer ersetzt.

Abb. 5.21: *Rechenschaltung zur Erzeugung einer Gleitfrequenz*

---

[36]Eine solche, meist linear ansteigende Änderung einer Frequenz wird in der Regel als *Wobbeln* bezeichnet.

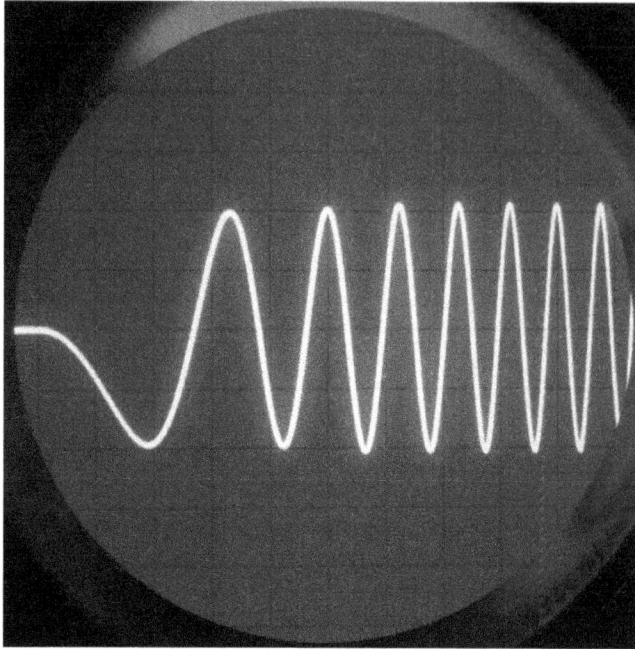

Abb. 5.22: *Erzeugte Gleitfrequenz*

Beide Multiplizierer erhalten als Multiplikator einen Wert βt, $0 \leq \beta \leq 1$, der mit Hilfe des unten im Rechenplan dargestellten Integrierers gebildet wird[37]. Abbildung 5.21 zeigt die ausgeführte Rechenschaltung auf dem Programmierfeld der RA 741 – im Unterschied zu Abbildung 5.20 kommt hier ein zusätzlicher Summierer zur Vorzeichenumkehr zum Einsatz, da es sich bei den zur Verfügung stehenden Multiplizierern um sogenannte Parabelmultiplizierer handelt, die – von Trickrechenschaltungen abgesehen – sowohl den Multiplikator als auch den Multiplikanden mit jeweils positivem und negativem Vorzeichen benötigen. Abbildung 5.22 zeigt die mit Hilfe dieser Rechenschaltung erzeugte Gleitfrequenz.

5.3.2   Masse-Feder-Dämpfer-System

Das folgende, nächstkomplexe Beispiel behandelt einen einfachen mechanischen Schwinger, der aus drei Grundelementen, einer Masse, einer Feder sowie einem Dämpfer, besteht, die in Abbildung 5.23 dargestellt sind. Unter jedem Grundelement ist die von diesem Element innerhalb des Gesamtsystems ausgeübte Kraft notiert:

- Die von dem Schwinger der Masse m selbst ausgeübte Kraft F_m ergibt sich allgemein zu $F_m = ma$, wobei für die Beschleunigung $a = \ddot{y}$ gilt, so dass sich $F_m = m\ddot{y}$ ergibt.

---

[37]Eine ausgefeiltere Schaltung zur Erzeugung einer Gleitfrequenz sähe in der Regel die Verwendung eines Sägezahn- oder Dreieckssignales zur Frequenzsteuerung vor, um einen kontinuierlichen Wobbelvorgang zu erlauben.

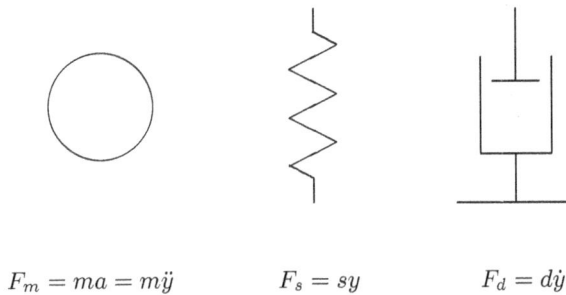

$$F_m = ma = m\ddot{y} \qquad F_s = sy \qquad F_d = d\dot{y}$$

Abb. 5.23: *Grundelemente des Masse-Feder-Dämpfer-Systems*

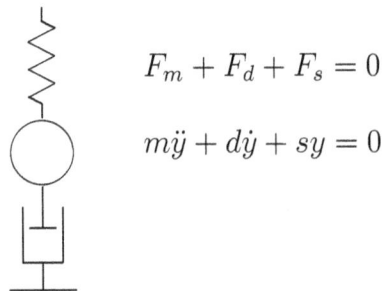

$$F_m + F_d + F_s = 0$$

$$m\ddot{y} + d\dot{y} + sy = 0$$

Abb. 5.24: *Zusammenspiel der Grundelemente des mechanischen Schwingers*

- Analoges ergibt sich für die von der Feder ausgeübte Kraft F_s, wobei jedoch zu beachten ist, dass die von einer Feder ausgeübte Rückstellkraft im idealisierten Fall, wie er hier betrachtet wird, linear von der Auslenkung der Feder abhängt, d.h. es gilt $F_s = sy$ – hierbei ist s die Federkonstante.

- Entsprechend ergibt sich für den Dämpfer, dessen Verhalten als linear mit der Geschwindigkeit verknüpft angenommen wird, $F_d = d\dot{y}$ mit d als Dämpferkonstante.

Innerhalb eines geschlossenen Systems aus diesen drei Grundelementen müssen sich die von den einzelnen Systembestandteilen ausgeübten Kräfte zu Null summieren, so dass sich $F_m + F_d + F_s = 0$, d.h.

$$m\ddot{y} + d\dot{y} + sy = 0 \qquad (5.27)$$

ergibt (siehe Abbildung 5.24).

5.3.2.1 Aufstellen des Rechenplans

Entsprechend der in der Mehrzahl aller Fälle angewandten Rückkopplungsmethode von THOMSON wird nun Gleichung (5.27) nach ihrer höchsten Ableitung aufgelöst, so dass sich

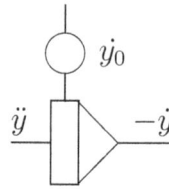

Abb. 5.25: *Erste Integration mit Anfangswert $\dot{y}_0$ zur Berechnung von $-\dot{y}$*

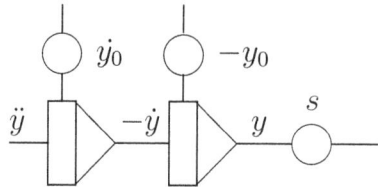

Abb. 5.26: *Zweite Integration mit Anfangswert $-y_0$ zur Berechnung von y*

$$\ddot{y} = \frac{-(d\dot{y} + sy)}{m} \tag{5.28}$$

ergibt. Unter der Annahme, $\ddot{y}$ sei bekannt, lassen sich nun mit Hilfe von Integrierern und Summierern[38] alle benötigten niedrigeren Ableitungen von y erzeugen, die letztlich zur Generierung des als bekannt vorausgesetzten $\ddot{y}$ Einsatz finden.

Zunächst wird aus $\ddot{y}$ durch einfache Integration mit Anfangswert $\dot{y}_0$ die negative erste Ableitung $-\dot{y}$ gebildet (siehe Abbildung 5.25).

Entsprechend kann nun aus $-\dot{y}$ durch erneute Integration mit Anfangswert $-y_0$ die Position y der Masse des mechanischen Schwingers bestimmt werden. Zugleich wird durch ein dem zweiten Integrierer nachgeschaltetes Koeffizientenpotentiometer der Wert sy gebildet (siehe Abbildung 5.26), der für die Berechnung der von der Feder ausgeübten Kraft benötigt wird.

Die bisher aufgestellte Teilrechenschaltung liefert bereits alle notwendigen Grundterme zur Berechnung des auf der rechten Seite von Gleichung (5.28) auftretenden Ausdruckes $-(d\dot{y} + sy)$. Hierzu müssen neben dem eben bestimmten ys lediglich noch der Term $d\dot{y}$ bestimmt sowie eine Summation ausgeführt werden, wie Abbildung 5.27 zeigt.

Bis auf einen fehlenden multiplikativen Faktor der Form $\frac{1}{m}$ entspricht der nun in Abbildung 5.27 erhaltene Wert der rechten Seite von Gleichung (5.28). Entsprechend kann das Ausgangssignal dieser Schaltung unter Zwischenschaltung eines weiteren Koeffizientenpotentiometers, dessen Einstellung dem Wert $\frac{1}{m}$ entspricht, als Eingang des ersten Integrierers der Rechenschaltung, d.h. als $\ddot{y}$ verwendet werden, so dass sich als vollständige Rechenschaltung des behandelten mechanischen Schwingers die in Abbildung 5.28 gezeigte Anordnung ergibt.

---

[38] An dieser Stelle sei nochmals darauf hingewiesen, dass sowohl Integrierer als auch Summierer jeweils eine Vorzeichenumkehr vornehmen.

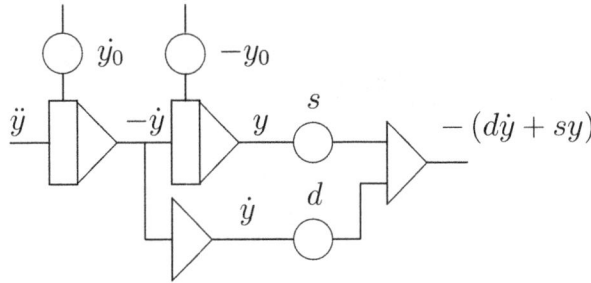

Abb. 5.27: *Bildung des Ausdruckes* $-(d\dot{y} + sy)$

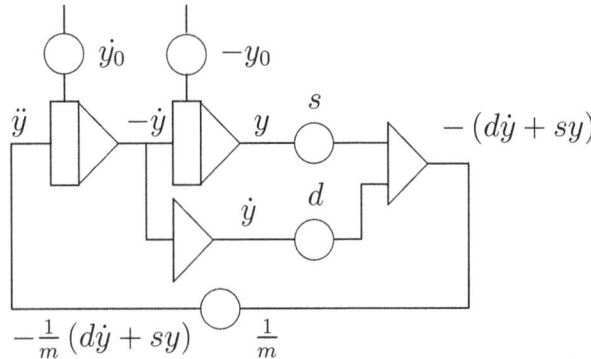

Abb. 5.28: *Vollständige Rechenschaltung des mechanischen Schwingers*

5.3.2.2 Durchführen einer qualitativen Rechnung

Die auf einem Telefunken-Tischrechner des Typs RA 741 implementierte Rechenschaltung gemäß Abbildung 5.28 ist in Bild 5.29 dargestellt. Die mit nur zwei Integrierern, zwei Summierern und drei Koeffizientenpotentiometern ausgesprochen kleine Rechenschaltung beansprucht nur einen kleinen Teil der hier zur Verfügung stehenden Rechenelemente. Neben dem eigentlichen Analogrechner, der in der rechten Bildhälfte dargestellt ist, befindet sich in der linken Hälfte ein einfaches Einstrahloszilloskop, mit dem die ersten Kurven des mechanischen Schwingers aufgenommen wurden[39].

Die folgenden Abbildungen 5.30 und 5.31 zeigen das Verhalten des Masse-Feder-Dämpfer-Systems bei Variation der beiden Hauptparameter s (Federkonstante) und d (Dämpferkonstante) unter Konstanthaltung der Masse $m = 1$. Als Anfangswerte für die beiden Integrierer der Rechenschaltung wurden eine initiale Auslenkung der Masse von $y = -1$ sowie eine initiale Geschwindigkeit $\dot{y} = 0$ gesetzt.

Die drei ersten Oszillogramme (Abbildung 5.30) zeigen den Einfluss der Federkonstante bei konstantem m und d. Mit steigender Steifigkeit s der Feder (in undimensionierten

---

[39]Für die folgenden Abbildungen kam ein digitales Speicheroszilloskop (Modell Nicolet 4094C) zum Einsatz, was zwar stilistisch unpassend, jedoch für den Zweck der Dokumentation des Verhaltens der Rechenschaltung angemessen war, da zum Zeitpunkt der Durchführung dieser Rechnung kein analoges Speicheroszilloskop zur Verfügung stand.

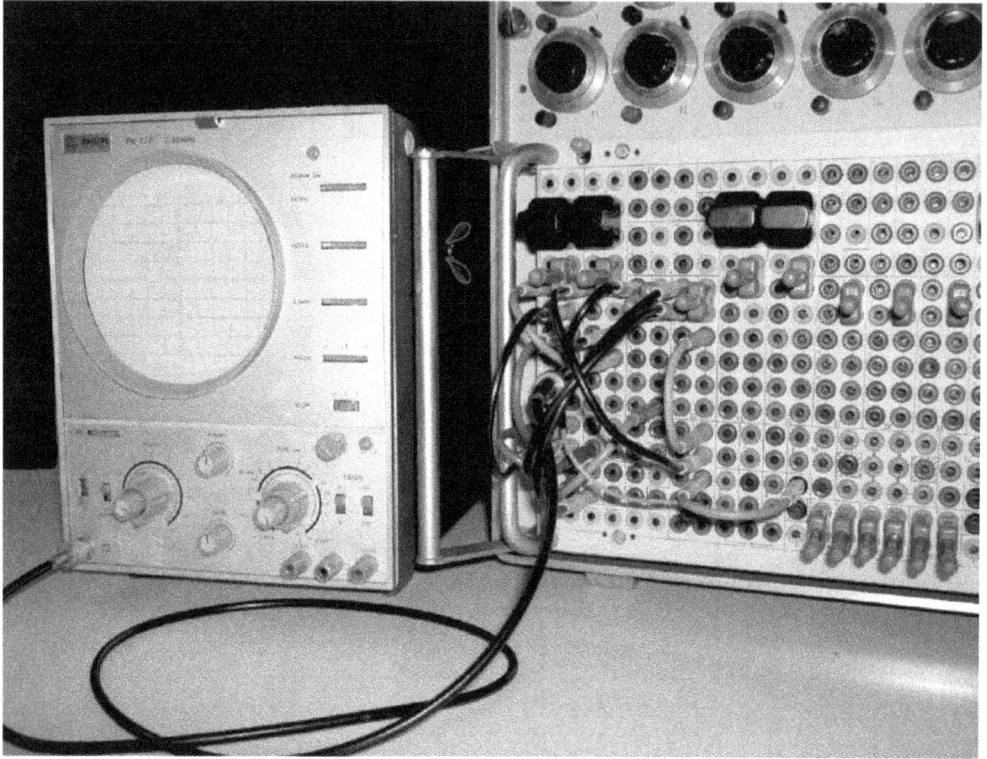

Abb. 5.29: *Die ausgeführte Rechenschaltung*

Schritten der Größe 0.2 von 0.2 bis 0.6 verlaufend) verkürzt sich erwartungsgemäß die Eigenperiode des schwingenden Systems. Entsprechend zeigen die beiden letzten Abbildungen der Reihe (Abbildung 5.31) den Einfluss der Änderung der Dämpferkonstanten d auf das System bei konstantem m und s.

Bei den in einen Rechenlauf einfließenden Werten für m, s und d handelt es sich bislang um arbiträre Werte, die nicht durch eine Normierung der Gleichungen an ein zu simulierendes reales Schwingersystem angepasst wurden, was für praktisch einsetzbare Simulationen natürlich nicht tragbar ist. Für das vorliegende Beispiel wird nun im Folgenden eine ausführliche Normierung und Zeitskalierung durchgeführt werden, da es hinreichend einfach für eine detaillierte Betrachtung im Rahmen des vorliegenden Buches ist.

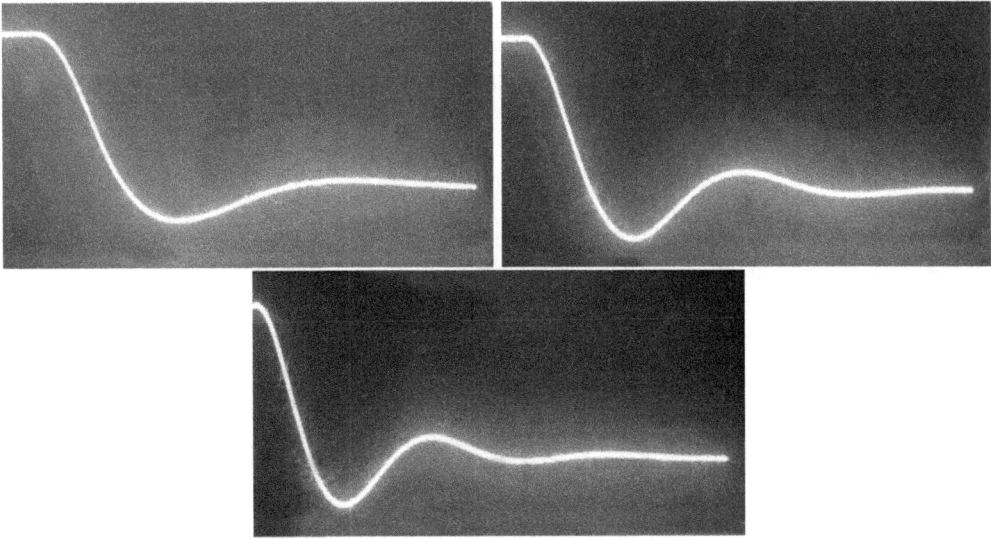

Abb. 5.30: $s = 0.2, d = 0.8$, $s = 0.4, d = 0.8$ *und* $s = 0.6, d = 0.8$

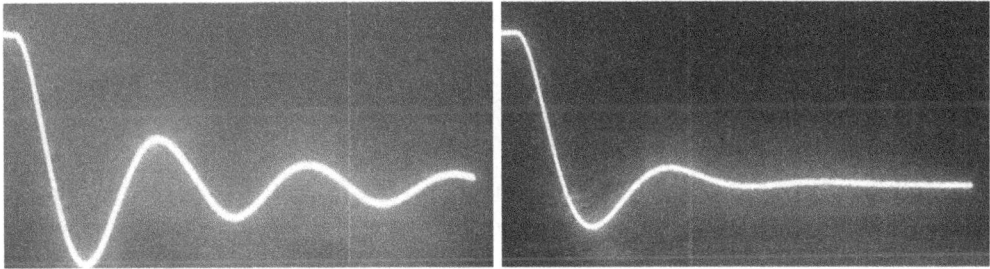

Abb. 5.31: $s = 0.8, d = 0.6$ *und* $s = 0.8, d = 1$

5.3.2.3   Normierung

Nach den eben durchgeführten, rein qualitativen, Rechnungen behandelt der folgende Abschnitt die Normierung der entwickelten Rechenschaltung gemäß den Erläuterungen aus Abschnitt 5.2. Hierfür seien die folgenden Werte eines zu lösenden praktischen Problems gegeben (siehe Gleichung (5.27)):

$$m = 1.5 \text{ kg}$$
$$s = 60 \frac{\text{kg}}{\text{s}^2}$$
$$d = 3 \frac{\text{kg}}{\text{s}}$$
$$y_0 = 0.1 \text{ m} \quad \text{(Anfangsauslenkung)}$$

Für eine Normierung müssen nun zumindest überschlägig die für diese Werte zu erwarteten Maximalwerte von y, $\dot{y}$ und $\ddot{y}$ bestimmt werden. Als Ausgangspunkt hierfür
bietet sich die Betrachtung eines vereinfachten, ungedämpften Schwingers an, dessen
Eigenfrequenz ω sich zu

$$\omega = \sqrt{\frac{s}{m}} = \sqrt{\frac{60\ \frac{kg}{s^2}}{1.5\ kg}} \approx 6.3\ s^{-1}$$

ergibt. Aus $y = y_0 \sin(\omega t)$ folgen entsprechend

$$\dot{y} = y_0 \omega \cos(\omega t) \quad \text{und} \tag{5.29}$$
$$\ddot{y} = -y_0 \omega^2 \sin(\omega t). \tag{5.30}$$

Da es sich bei dem eigentlich zu betrachtenden System um einen gedämpften Schwinger
handelt, gilt

$$\max_{t>0} |y| \leq y_0,$$

so dass sich mit Hilfe von (5.29) und (5.30) die folgenden oberen Schranken für $\dot{y}$ und
$\ddot{y}$ ergeben:

$$\dot{y} < y_0 \omega \approx 0.63\ \frac{m}{s}$$
$$\ddot{y} < y_0 \omega^2 \approx 4\ \frac{m}{s^2}$$

Dies legt für die Wahl der Maschinenvariablen $[10y]$, $[15\dot{y}]$ und $[\frac{5}{2}\ddot{y}]$ nahe – eine Zeitskalierung finde nicht statt, da das Verhalten des Schwingers in Echtzeit untersucht werden
soll.

Bezogen auf diese Maschinenvariablen nimmt Gleichung (5.27) nun die Gestalt

$$\left[\frac{5}{2}\ddot{y}\right] = -\frac{5}{2m}\left(\frac{d}{15}[15\dot{y}] + \frac{s}{10}[10y]\right)$$

an, so dass sich die in Abbildung 5.32 dargestellte Rechenschaltung mit normierten
Koeffizientenwerten ergibt[40].

5.3.2.4   Statischer Test

Bei komplexeren Rechenschaltungen wird der eigentlichen Rechnung in der Mehrzahl
der Fälle ein statischer Test (siehe Abschnitt 4.12.2.3) vorausgehen, bei welchem die
Integrierer als Summierer geschaltet werden und an bestimmten Stellen der Schaltung
zuvor festgelegte Werte eingegeben werden, die entsprechende Resultate an anderen
Stellen hervorrufen, mit deren Hilfe die Korrektheit der aufgestellten Rechenschaltung
überprüft werden kann.

---

[40]Die nun nicht mehr eingezeichneten Problemvariablen ergeben sich aus Abbildung 5.28 durch Einsetzen der jeweils korrespondierenden Maschinenvariablen.

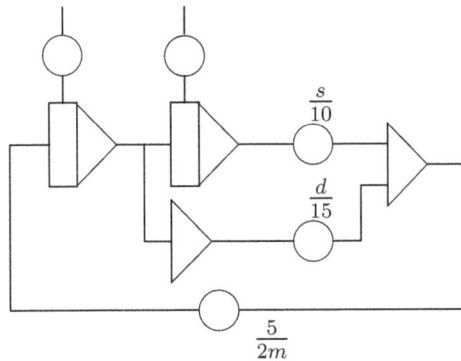

Abb. 5.32: *Normierte Rechenschaltung des mechanischen Schwingers*

Im vorliegenden Beispiel bietet sich als statischer Test unter Berücksichtigung der im vorangegangenen Abschnitt dargestellten oberen Schranken die Einspeisung zweier fester Werte y und $\dot{y}$ an, die im Fall einer korrekten Rechenschaltung einen vorberechneten Wert für $\ddot{y}$ zur Folge haben müssen.

Werden $y = 0.05$ und $\dot{y} = 0.5$ gewählt, ergibt sich aus Gleichung (5.27) das erwartete $\ddot{y}$ zu

$$\ddot{y} = -\frac{1}{1.5}\left(3 \cdot 0.5 + 60 \cdot 0.05\right) = -3.$$

Weicht der unter diesen Bedingungen während des statischen Tests ermittelte Wert $\ddot{y}$ signifikant, d.h. je nach Genauigkeitsklasse des eingesetzten Systems um mehr als 10^{-2} bis 10^{-3} von -3 ab, liegt entweder ein Fehler bei der Aufstellung beziehungsweise Implementation der Rechenschaltung oder ein Maschinenfehler vor.

5.3.3 Räuber/Beute-System

Das folgende Beispiel bleibt im Unterschied zu dem eben beschriebenen einfachen Masse-Feder-Dämpfer-System unnormiert, im Gegensatz zu diesem handelt es sich bei dem folgenden Räuber-Beute-System jedoch um ein System zweier gekoppelter Differentialgleichungen, dessen rechnerische Behandlung auf dem Analogrechner bereits deutlich komplexer als die vorangegangenen Beispiele ist.

Grundlage der Simulation eines einfachen Räuber-Beute-Systems, bestehend aus Luchsen und Hasen, sind die 1925 von ALFRED JAMES LOTKA[41] und 1926 unabhängig hiervon von VITO VOLTERRA[42] aufgrund von Beobachtungen an Ökosystemen[43] aufgestellten sogenannten *Volterraschen Differentialgleichungen*, die im einfachsten Fall die zeitliche Änderung zweier miteinander durch eine Räuber-Beute-Beziehung gekoppelter Populationen beschreiben.

---

[41] 2. März 1880 – 5. Dezember 1949
[42] 3. Mai 1860 – 11. Oktober 1940
[43] Anlass zu solchen Untersuchungen gaben Messwerte über die Mengen von durch die Hudson's Bay Company in den Jahren von 1850 und 1900 gefangenen Luchsen und Hasen, die verblüffende Regelmäßigkeiten erkennen ließen (siehe [101][S. 67]).

5.3.3.1   Aufstellen des Rechenplans

Im vorliegenden Fall wird ein System aus Luchsen (Lynx) und Hasen (Rabbit) berücksichtigt, wobei davon ausgegangen wird, dass stets ausreichende Nahrungsreserven für die Hasen vorhanden sind und Überpopulationen keinen Effekt auf die Vermehrungs- oder Sterberate einer der beiden Tierarten besitzen.

Unter Ausschluss solcher zusätzlichen Umwelteinflüsse ergeben sich für die ersten Ableitungen der Populationsdichten der Luchse ($\dot{l}$) beziehungsweise Hasen ($\dot{r}$) die beiden folgenden gekoppelten Differentialgleichungen:

$$\dot{r} = \alpha_1 r - \alpha_2 rl \tag{5.31}$$

$$\dot{l} = -\beta_1 l + \beta_2 rl \tag{5.32}$$

Den Koeffizienten α_1, α_2, β_1 und β_2 kommen hierbei die folgenden Bedeutungen zu:

α_1: Geburtsrate der Hasen.

α_2: Rate der von Luchsen getöteten Hasen.

β_1: Sterblichkeitsrate der Luchse.

β_2: Anwachsen der Luchspopulation aufgrund des durch getötete Hasen verbesserten Nahrungsangebotes.

Offensichtlich ergibt sich die Änderung der Hasenpopulation aus der Differenz zweier Terme: Zum einen steigt die Population um $\alpha_1 r$ proportional zur momentanen Anzahl von Hasen an, zum anderen wird die Hasenpopulation mit $\alpha_2 rl$ durch Luchse dezimiert, wobei hier sowohl die Anzahl der Hasen als auch die Anzahl der Luchse in die Rechnung eingehen, da beide quasi den Einfangquerschnitt von Hasen durch Luchse mitbestimmen.

Analoges gilt für die Änderung des Luchsbestandes: Durch die normale Sterblichkeit verringert sich die Luchspopulation um $\beta_1 l$, während sie durch das auf Hasen beruhende Nahrungsangebot um $\beta_2 rl$ ansteigt.

Zur Lösung des Problems auf einem Analogrechner geht man, wie bereits in den vorangegangenen Beispielen, davon aus, dass fehlende Variablen zur Verfügung stehen – diese ergeben sich im weiteren Verlauf aus dem Aufbau der Rechenschaltung in natürlicher Weise. Bezogen auf Gleichung (5.31) lässt sich hiermit die in Abbildung 5.33 angegebene Teilrechenschaltung aufstellen.

Zunächst wird davon ausgegangen, dass die Ableitung $\dot{r}$ zur Verfügung steht. Mit Hilfe eines Integrierers lässt sich hieraus leicht $-r$ bilden, wobei eine entsprechende Anfangsbedingung r_0 ebenfalls Berücksichtigung findet. Unter der zusätzlichen Annahme, dass der Ausdruck rl ebenfalls zur Verfügung steht (zumindest der Faktor r ist bereits vorhanden) kann aus $-r$ und rl mit Hilfe zweier Koeffizientenpotentiometer, welche auf die Werte α_1 beziehungsweise α_2 eingestellt sind, sowie eines Summierers ein Ausdruck der Form $\alpha_1 r - \alpha_2 rl$ gewonnen werden.

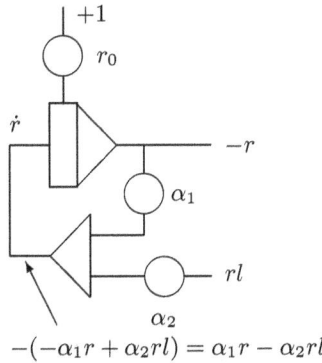

Abb. 5.33: *Berechnung von* $-r$

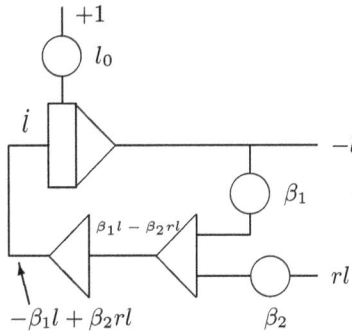

Abb. 5.34: *Erste Variante der Berechnung von* $-l$

Nach Gleichung (5.31) entspricht dies jedoch der zunächst als bekannt vorausgesetzten Ableitung $\dot r$, so dass hiermit eine Schleife der Rechenschaltung erfolgreich geschlossen werden kann. Bis auf das Fehlen des Ausdruckes rl ist hiermit die Umsetzung von Gleichung (5.31) in eine Rechenschaltung bereits abgeschlossen.

Analog kann nun für die Umsetzung von Gleichung (5.32) in eine Rechenschaltung, wie sie Abbildung 5.34 zeigt, vorgegangen werden. Auch hier wird zunächst das Vorhandensein der Ableitung $\dot l$ angenommen, wobei sich hieraus mit einem weiteren Integrierer unter Berücksichtigung einer Anfangsbedingung l_0 sofort $-l$ ergibt. Hieraus und aus der zusätzlichen Annahme, dass wieder rl zur Verfügung steht, kann nun mit Hilfe zweier Koeffizientenpotentiometer für die Werte β_1 und β_2 sowie eines Summierers ein Ausdruck der Form $\beta_1 l - \beta_2 rl$ erzeugt werden.

Da Gleichung (5.32) jedoch das Negative dieses Ausdrucks der eingangs als bekannt angenommenen Ableitung $\dot l$ gleichsetzt, wird ein zusätzlicher Summierer zur Vorzeichenumkehr benötigt, um $\beta_1 l - \beta_2 rl$ in $-\beta_1 l + \beta_2 rl$ umzuformen.

Ein solches Vorgehen widerspricht jedoch der für die Aufstellung einer jeden Rechenschaltung geltenden Grundforderung nach der Minimalität der Anzahl eingesetzter Re-

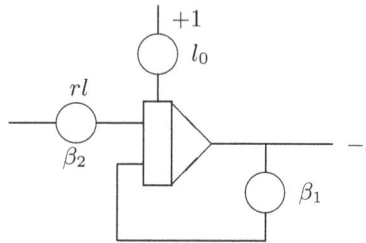

Abb. 5.35: *Berechnung von −l unter Einsparung zweier Summierer*

chenelemente[44]. Abbildung 5.35 zeigt eine in dieser Hinsicht verbesserte Implementierung der Rechenschaltung aus Abbildung 5.34.

Hierbei wird die Tatsache ausgenutzt, dass Summierer[45] stets eine Vorzeichenumkehr durchführen – die Hintereinanderschaltung einer geraden Anzahl von Summierern resultiert mithin in einem gleichbleibenden Vorzeichen, so dass beide Summierer unter Verwendung der summierenden Eingänge des Integrieres vollständig eingespart werden können.

Beide Teilrechenschaltungen (Abbildungen 5.33 und 5.35) setzen noch als bislang nicht erfüllte Anforderung das Vorhandensein des Wertes rl voraus. Dieser kann nun jedoch aus den Ausgangswerten $−r$ und $−l$ der beiden Teilrechenschaltungen durch Einsatz eines Multiplizierers erzeugt und als Eingabewert in beide Schaltungen zurückgeführt werden.

Abbildung 5.36 zeigt die vollständige Rechenschaltung der Räuber-Beute-Simulation[46]. Mit Hilfe des Multiplizierers wird aus $−r$ und $−l$ der Wert rl gewonnen.

5.3.3.2   Durchführen der Rechnung

Die auf einem Telefunken-Analogrechner des Typs RA 741 ausgeführte Rechenschaltung sowie das zur Darstellung und Aufzeichnung verwendete digitale Speicheroszilloskop[47] zeigt Abbildung 5.37.

Das Ergebnis einer unnormierten[48], d.h. lediglich qualitativ durchgeführten Rechnung ist in Abbildung 5.38 in Form eines Oszilloskopschirmbildes dargestellt. Schön zu er-

---

[44]Neben einer besseren Ausnutzung der zur Verfügung stehenden Rechenelemente sorgt diese Forderung auch für eine Minimierung der unvermeidlichen, durch Bauteiletoleranzen und Rauschen verursachten Rechenungenauigkeiten in einer Rechenschaltung.

[45]Gleiches gilt auch für Integrierer.

[46]Bei dem hier eingesetzten Multiplizierer handelt es sich um einen Parabelmultiplizierer, dem Multiplikator und Multiplikand mit jeweils positivem und negativem Vorzeichen eingespeist werden müssen, was die beiden zusätzlichen, als Vorzeichenumkehrer verwendeten Summierer auf der rechten Seite der Rechenschaltung erfordert.

[47]Die Verwendung eines digitalen Speicheroszilloskops zur Aufzeichnung der Ergebnisse einer auf einem Analogrechner durchgeführten Simulation stellt zugegebenermaßen einen Stilbruch dar, wurde im vorliegenden Fall jedoch aufgrund der Verfügbarkeit des Instruments und seines einfachen Einsatzes gewählt.

[48]Die Normierung der Rechenschaltung zur Lösung eines solchen Systems gekoppelter Differentialgleichungen findet sich beispielsweise in [513][S. 369 ff.] ausgeführt – im vorliegenden Fall würde sie den Rahmen der Darstellung übersteigen.

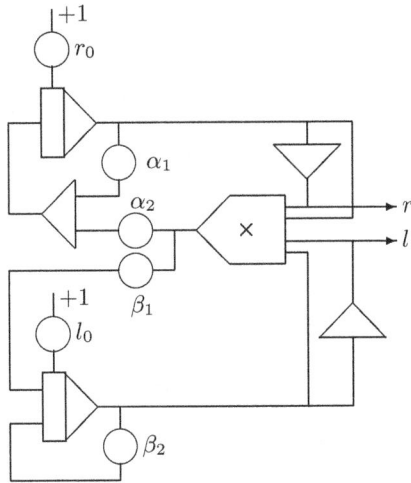

Abb. 5.36: *Gesamtschaltung des ausgeführten Räuber-Beute-Systems*

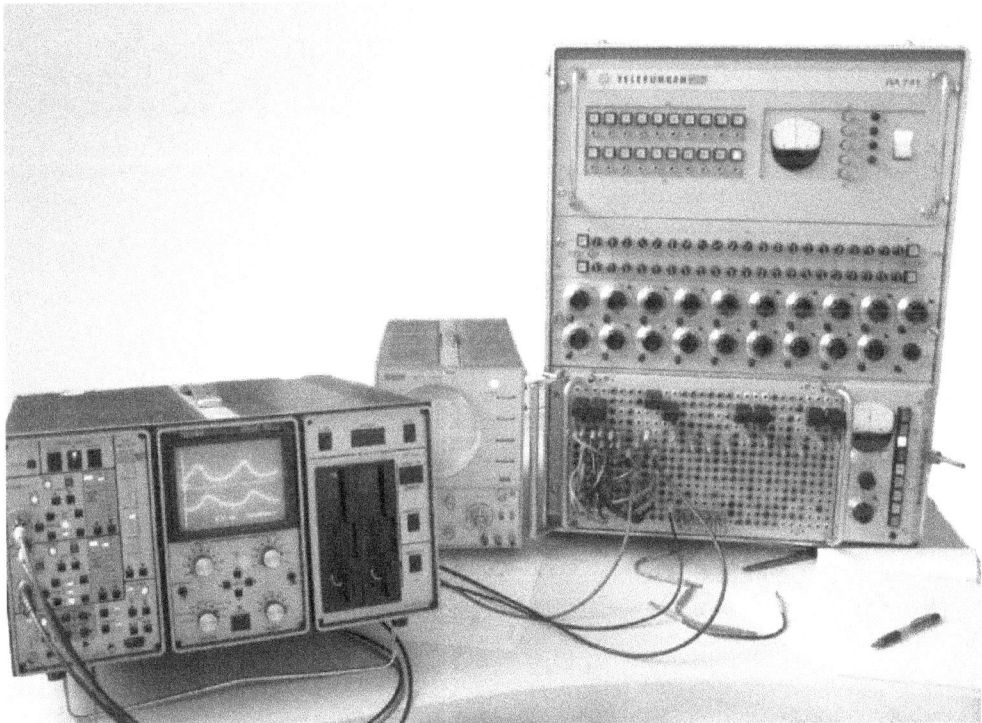

Abb. 5.37: *Die ausgeführte Rechenschaltung*

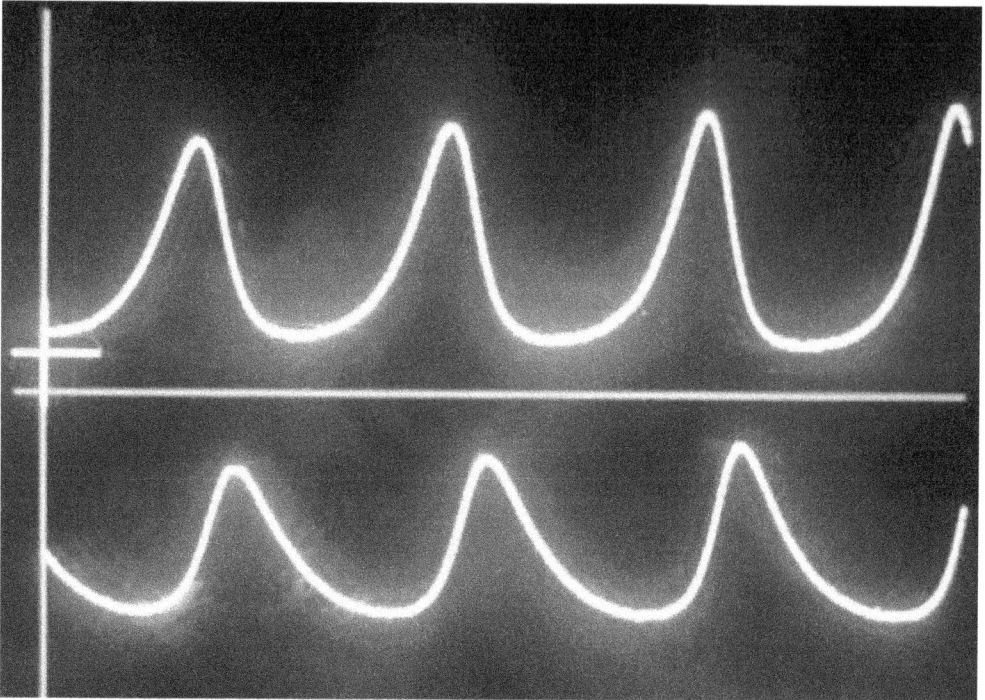

Abb. 5.38: *Simulationsergebnis der qualitativen Rechnung zum ausgeführten Räuber-Beute-System; oben: Hasen-Population, unten: Luchs-Population*

kennen sind die Phasenverschiebung zwischen den Populationskurven der Hasen- und Luchspopulation sowie die für eine solche Räuber-Beute-Beziehung charakteristische Kurvenform.

5.3.4   Springender Ball in einer Kiste

Das folgende, abschließende Beispiel beinhaltet neben den bereits vorgestellten Rechenelementen wie Summierern, Integrierern und Multiplizierern nun auch nichtlineare Elemente in Form von Komparatoren sowie eine Reihe schaltungstechnischer Besonderheiten. Behandelt wird die Bewegung eines elastischen, in einem Kasten eingeschlossenen Balles, der zu Beginn der Rechnung an der linken Seitenwand des Kastens mit einer gegebenen Höhe y_0 und Anfangsgeschwindigkeit $\dot{y}_0$ sozusagen „eingeworfen" wird, wie Abbildung 5.39 zeigt.

Das Beispiel folgt im Wesentlichen einem Demonstrationsbeispiel von Telefunken aus den späten 1960er Jahren (siehe [357][49]), wie sie als Werbemaßnahme veröffentlicht wurden, um die Leistungsfähigkeit der Telefunken-Tischanalogrechner zu demonstrie-

---

[49] Ein hiervon abweichender, deutlich komplexerer, dafür aber genauerer Ansatz findet sich beispielsweise in [453].

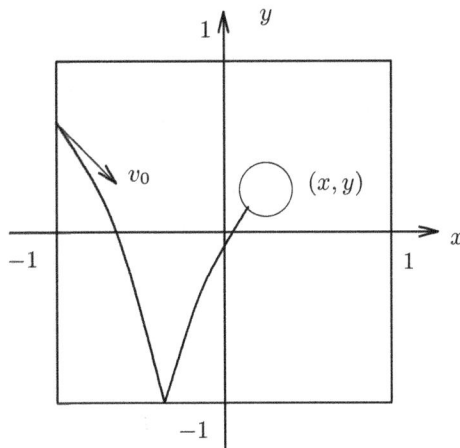

Abb. 5.39: *Bewegung des Balls in der Kiste*

ren[50] und gleichzeitig Programmiertricks einer breiteren Öffentlichkeit, hierunter nicht zuletzt auch Bereichen der Forschung und Lehre, d.h. potentiellen Neukunden bekannt zu machen[51].

5.3.4.1 Aufstellen des Rechenplans

Ziel der Simulation ist die Darstellung der Bewegung eines solchen (elastischen) Balles, der als bewegter Kreis auf dem Bildschirm eines Oszilloskops darzustellen ist. Ein solcher Kreis lässt sich auf einem Oszilloskop leicht darstellen, indem der x- beziehungsweise y-Eingang des Instrumentes mit zwei Signalen der Form $\sin(\omega t)$ und $\cos(\omega t)$ beaufschlagt werden.

Im Prinzip leistet dies die bereits aus Abschnitt 5.3.1 bekannte Rechenschaltung, welche im Wesentlichen eine Differentialgleichung der Form $y = -\ddot{y}$ löst. Vergleicht man diese Rechenschaltung mit der im vorliegenden Beispiel eingesetzten und in Abbildung 5.40 dargestellten, so fällt auf, dass sich beide durch eine Reihe nicht direkt offensichtlicher Änderungen voneinander unterscheiden. Diese Änderungen sind im Wesentlichen darauf zurückzuführen, dass die einfache Rechenschaltung aus Abschnitt 5.3.1 aufgrund der nicht idealen Eigenschaften realer Rechenelemente keine Ausgangssignale stabiler Amplitude zu liefern im Stande ist; die Amplitude wird mit der Zeit entweder auf- oder abklingen – für eine kontinuierliche Bildschirmdarstellung ist dies jedoch nicht tragbar.

---

[50]Noch heute ist dieses Beispiel hervorragend geeignet, um die Leistungsfähigkeit des analogen Rechnens zu demonstrieren – eine vergleichbare digitale Simulation mit Echtzeitdarstellung wäre um ein Vielfaches komplexer und zudem wesentlich unanschaulicher.

[51]Nicht unerwähnt bleiben sollte an dieser Stelle, dass die Firma Heathkit eine ähnliche Rechenschaltung als Demonstrationsbeispiel für mögliche Einsätze ihres Schulanalogrechners Modell EC-1-E angab (siehe [384]). Aufgrund der im Vergleich mit einem Telefunken-Tischanalogrechner wesentlich geringeren Anzahl verfügbarer Rechenelemente ist dieses Programmierbeispiel jedoch stark vereinfacht. Eine ähnlich vereinfachte Simulation eines springenden Balles findet sich zum Beispiel auch in [604][S. 199 ff.].

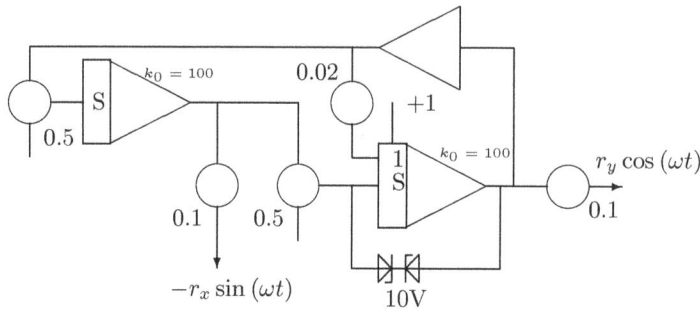

Abb. 5.40: *Erzeugung von* $-rx\sin(\omega t)$ *und* $rx\cos(\omega t)$

Darüber hinaus wird für eine möglichst flimmerfreie Darstellung eine vergleichsweise große Ausgangsfrequenz der erzeugten Signale benötigt, was in der in Abbildung 5.40 dargestellten Rechenschaltung durch die Verwendung der Summenpunkteingänge der Integrierer mit davorgeschalteten Koeffizientenpotentiometern anstelle der eingebauten Summenwiderstände erzielt wird. Diese Potentiometer werden im vorliegenden Fall mit 0.5 auf einen deutlich kleineren Widerstandswert eingestellt, als ihn die eingebauten Summenwiderstände aufweisen. Zusätzlich wird mit $k_0 = 100$ eine sehr kurze Zeitkonstante der Integrierer gewählt, womit sich in der Summe Frequenzen von einigen 100 Hz erzielen lassen.

Um einem Abklingen der Schwingung entgegenzuwirken, wird mit Hilfe des auf 0.02 gesetzten Koeffizientenpotentiometers ein Teil des Ausgangssignales des Summierers auf den Eingang des rechten Integrierers zurückgekoppelt. Durch die zweifache Vorzeichenumkehr durch diesen Summierer und den Integrierer befindet sich dieses Rückkopplungssignal mithin in Phase mit dem Ausgangssignal des Integrierers, was zu einer *Anfachung* der Schwingung führt.

Um nun ein Übersteuern der Rechenschaltung durch die sich durch diese Maßnahme zunächst unbeschränkt aufschaukelnde Schwingungsamplitude zu verhindern, befindet sich die Reihenschaltung zweier entgegengesetzt gepolter Zener-Dioden im Rückführungszweig dieses zweiten Integrierers. Die Durchbruchspannung dieser beiden Dioden begrenzt die mit der Anordnung maximal erzielbare Ausgangsamplitude auf einen Wert, der ein Übersteuern sicher vermeidet[52].

Für die Darstellung eines sich bewegenden Balles werden nun zwei von der Zeit t abhängige Signale $x(t)$ und $y(t)$ für die jeweilige x- beziehungsweise y-Koordinate benötigt, die voneinander getrennt generiert werden können. Abbildung 5.41 zeigt den Verlauf von $y(t)$.

Zur Berechnung von $y(t)$ wird zweckmäßigerweise zunächst von der Beschleunigung $\ddot{y}$ des Balles ausgegangen. In $\ddot{y}$ fließen drei Terme ein: Die (konstante) Erdbeschleunigung g, eine zu $\dot{y}$ proportionale Dämpfung durch (Luft-)Reibung sowie eine Änderung der Beschleunigung durch den elastischen Stoß bei Berühren der oberen beziehungsweise

---

[52]Diese Trickschaltung führt naturgemäß zu einer von einem reinen sin-/cos-Signal abweichenden Kurvenform. Einige Betrachtungen hierzu finden sich beispielsweise in [284][S. 196 f.].

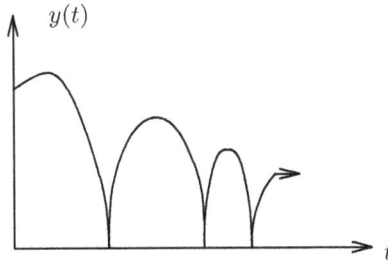

Abb. 5.41: *Bewegung des Balles in y-Richtung*

unteren Begrenzung des Kastens[53] durch den Ball. Zusammengenommen ergibt sich $\ddot{y}$ somit zu

$$\ddot{y} = -g + d\dot{y} \begin{cases} +\frac{c}{m}\left(|y| + 1\right) \text{ falls } y < -1 \\[2ex] -\frac{c}{m}\left(y - 1\right) \text{ falls } y > 1, \end{cases}$$

wobei $\frac{c}{m}$ der Federkonstante pro Masse des Balles entspricht. Hieraus lassen sich durch ein- beziehungsweise zweifache Integration leicht $\dot{y}$ beziehungsweise y berechnen:

$$\dot{y} = \int_0^T \ddot{y} \mathrm{d}t + \dot{y}_0$$

$$y = \int_0^T \dot{y} \mathrm{d}t + y_0$$

Die Umsetzung dieser Ausdrücke in eine Rechenschaltung zeigt Abbildung 5.42, wobei nochmals auf die durch Summierer und Integrierer stets durchgeführte Vorzeichenumkehr hingewiesen sein mag. Die Einführung der Beschleunigungsänderung bei Berühren der Kastendecke beziehungsweise des Kastenbodens geschieht hier wieder durch die Verwendung zweier in Reihe gegeneinander geschalteter Zener-Dioden. Damit die Beschleunigungsänderung möglichst sprunghaft wirksam wird, ist das Ausgangssignal der beiden Zener-Dioden unter Zwischenschaltung eines Koeffizientenpotentiometers direkt auf den Summenpunkt des linken Integrierers geschaltet. Würde hier ein normaler summierender Eingang Verwendung finden, beschriebe der Ball beim Zurückprallen von Boden oder Decke des Kastens eine unrealistisch glatte Kurve[54].

Für die Berechnung der Funktion $x(t)$, deren zeitlicher Verlauf in Abbildung 5.43 dargestellt ist, wird angenommen, dass die Geschwindigkeit des Balles in x-Richtung konstant

---

[53] Hier und im Folgenden wird, wie aus Abbildung 5.39 ersichtlich, ein Kasten mit Eckpunkten in $(1,1)$, $(-1,1)$, $(-1,-1)$ und $(1,-1)$ angenommen.

[54] Bei sehr niedrigen Ballgeschwindigkeiten wird dieser Effekt auch bei der vorliegenden Schaltung deutlich, so dass eine Rechnung nicht zu lange ausgedehnt werden sollte, um mit für die Darstellung vernachlässigbarem Fehler zu arbeiten.

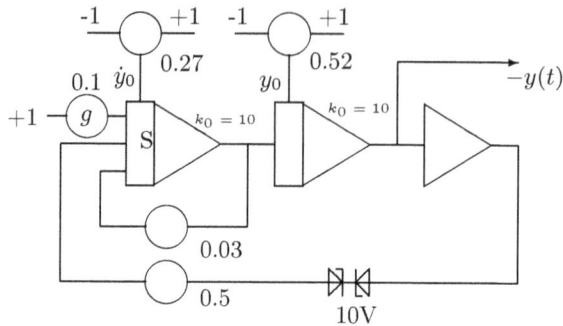

Abb. 5.42: *Berechnung der y-Position des Balles*

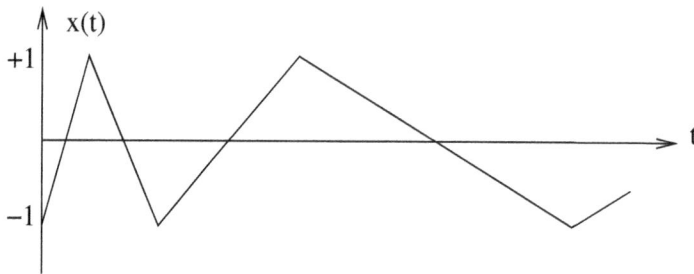

Abb. 5.43: *Bewegung des Balles in x-Richtung*

mit wachsendem t abnimmt, bis sie schließlich 0 erreicht[55]. Wann immer der Ball die rechte oder linke Begrenzung des Kastens berührt, kehrt sich seine Bewegungsrichtung um.

Für die Berechnung von $x(t)$ ist es sinnvoll, von der Ballgeschwindigkeit $\dot{x}(t)$ auszugehen, wie aus Abbildung 5.44 deutlich wird. Der linke Integrierer dient zur Erzeugung von $\dot{x}(t)$:

$$\dot{x}(t) = - \left(\int_0^T 0.05 \mathrm{d}t - 1 \right)$$

Unter der realistischen Annahme, dass die Rechnung bei Erreichen des Wertes $\dot{x}(t) = 0$ beendet wird, liefert dieser Integrierer also eine linear von $+1$ bis 0 verlaufende Geschwindigkeit, die im Folgenden als Ausgangspunkt zur Erzeugung von $x(t)$ dient.

Dem ersten Komparator werden die beiden Signale $\dot{x}(t)$ sowie $-\dot{x}(t)$ als Eingangssignale zur Verfügung gestellt – mit seiner Hilfe sowie der Hilfe eines zweiten Komparators wird die Bewegungsrichtung des Balles beim Erreichen der rechten beziehungsweise linken Kastenwand implementiert. Der zweite Integrierer vollzieht sodann den eigentlichen Schritt von $\dot{x}(t)$ nach $x(t)$.

---

[55] An dieser Stelle kann die Rechnung beispielsweise automatisch beendet werden, indem der Rechner durch einen Komparator in den *Halt-* oder *Pause-*Zustand versetzt wird.

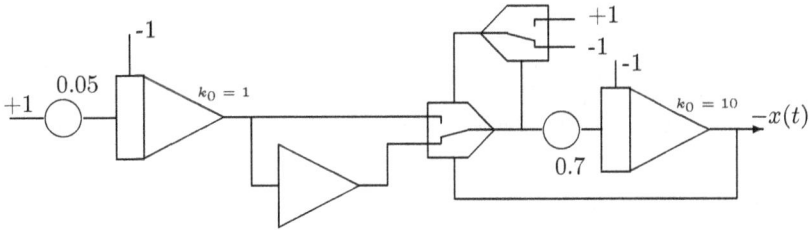

Abb. 5.44: *Berechnung der x-Position des Balles*

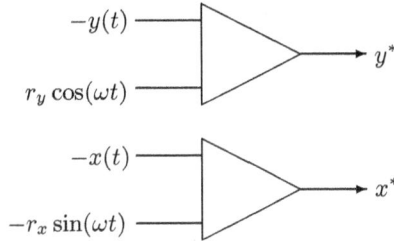

Abb. 5.45: *Überlagerung der Ballposition mit den hochfrequenten sin/cos-Signalen*

Um nun mit Hilfe der Signale $x(t)$ beziehungsweise $y(t)$ einen durch einen Kreis dargestellten, sich bewegenden Ball auf dem Bildschirm eines Oszilloskops darzustellen, müssen die Positionssignale $x(t)$ und $y(t)$ im Folgenden noch mit den beiden harmonischen, phasenstarr verkoppelten Signalen $-r_x \sin(\omega t)$ beziehungsweise $r_y \cos(\omega t)$ überlagert werden, was, wie in Abbildung 5.45 dargestellt, durch die Verwendung zweier Summierer geschehen kann[56].

5.3.4.2 Durchführen der Rechnung

Die gesamte Rechenschaltung, welche die mit einem Tischanalogrechner des Typs RA 742 zur Verfügung stehenden Rechenelemente zu etwa der Hälfte ausnutzt, ist in Abbildung 5.46 dargestellt. Abbildung 5.47 zeigt eine verhältnismäßig lange belichtete Aufnahme der dargestellten Bewegung des Balles im Verlauf einer Simulation[57].

Noch besser als die in Abschnitt 5.3.2 behandelte Simulation eines Masse-Feder-Dämpfer-Systems führt die vorliegende Behandlung des in einer Kiste eingeschlossenen, springenden Balles die hohe Interaktivität und Anschaulichkeit einer analogen Rechnung vor Augen. Da alle die Bewegung bestimmenden Koeffizienten wie Dämpfung, Erdbeschleunigung etc. mit Hilfe von Koeffizientenpotentiometern in die Rechenschaltung eingehen, können diese auch ohne weiteres im Verlauf einer Rechnung manuell geändert werden, so dass hieraus resultierende Effekte sofort an der Bewegung des Balles deutlich werden. Wird beispielsweise die Erdbeschleunigung während eines Simulationslaufes kontinuierlich erhöht, ist deutlich die zunehmend starke Dämpfung der Ballbewegung in y-Richtung zu erkennen.

---

[56]Mit x^* beziehungsweise y^* werden die beiden Ausgangssignale für die Ansteuerung des Oszilloskops bezeichnet.

[57]Die Aufnahme wurde von TORE SINDING BEKKEDAL angefertigt, dem an dieser Stelle für die Überlassung gedankt sei.

Abb. 5.46: *Rechenschaltung des Balls in der Kiste*

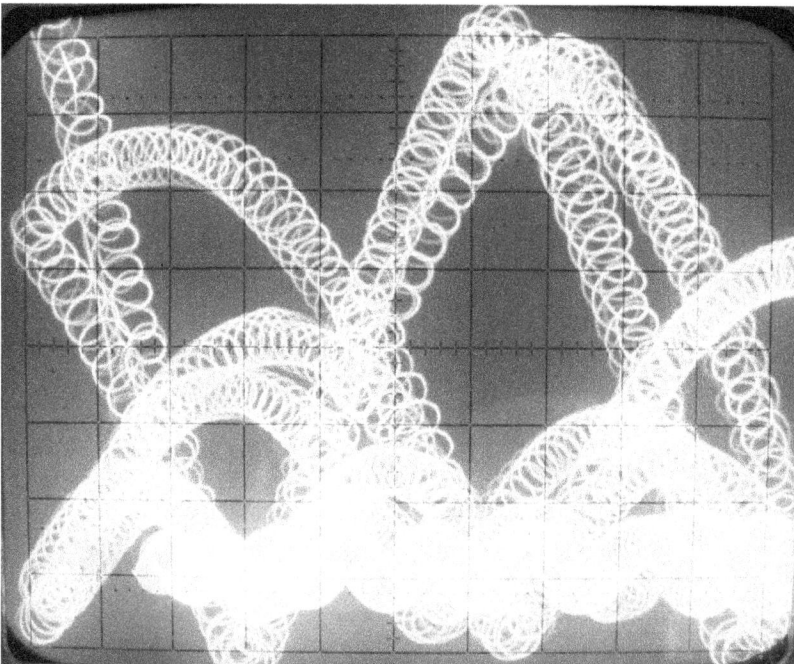

Abb. 5.47: *Der springende Ball (Langzeitbelichtung)*

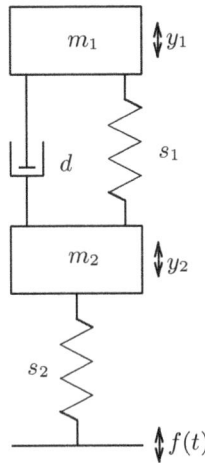

Abb. 5.48: *Zweimassensystem*

5.3.5 Simulation einer Automobilfederung

Das folgende Beispiel der Simulation eines schwingenden Zweimassensystems am Beispiel einer vereinfacht dargestellten Automobilfederung wurde angeregt durch eine Demonstration, die GILOI in den frühen 1960er Jahren auf einer Hannovermesse[58] mit Hilfe eines Telefunken RAT 700 Analogrechners vorführte[59].

Hierbei wurde ein Zweimassensystem[60], bestehend aus der Karosserie eines Fahrzeuges sowie zweier zusammengefasster Radsätze, auf sein Verhalten bei Anregung durch ein stochastisches Störsignal untersucht, wie es in Abbildung 5.48 dargestellt ist. Die Karosserie wird durch m_1 repräsentiert und ist über eine Feder s_1 sowie einen Dämpfer d mit dem Radsatz m_2 verbunden, der wiederum durch eine Feder s_2, welche die Federungseigenschaften der Bereifung darstellt, mit dem schwingenden Untergrund verbunden ist. Die Funktion $f(t)$ stellt hier das stochastische Störsignal, d.h. die simulierten Bodenunebenheiten dar[61].

---

[58] Siehe Abschnitt 10.13.1.2.

[59] Eine allgemeine Beschreibung der mathematischen Behandlung schwingender Mehrmassensysteme findet sich beispielsweise in [282][S. 193 ff.] oder auch in [412].

[60] Im Grunde genommen müsste ein solches schwingungsfähiges Gebilde, wie es bei einer Automobilfederung vorliegt, als Dreimassensystem behandelt werden – leider stand kein Analogrechner mit hinreichend vielen Rechenelementen zur Durchführung einer solchen Rechnung zur Verfügung, so dass das System vereinfachend als Zweimassensystem betrachtet wurde, in welchem die Räder des Fahrzeuges als miteinander starr verkoppelt und stets denselben Bodenunebenheiten ausgesetzt betrachtet werden.

[61] Eine kurze Behandlung eines solchen Zweimassensystems mit ausgeführter Normierung findet sich beispielsweise in [144][S. 48 ff.] oder auch in [404][S. 44 ff.]. In sehr ausführlicher, wenn auch vom vorliegenden Beispiel abweichender Form findet sich das Beispiel auch in [77][S. 91].

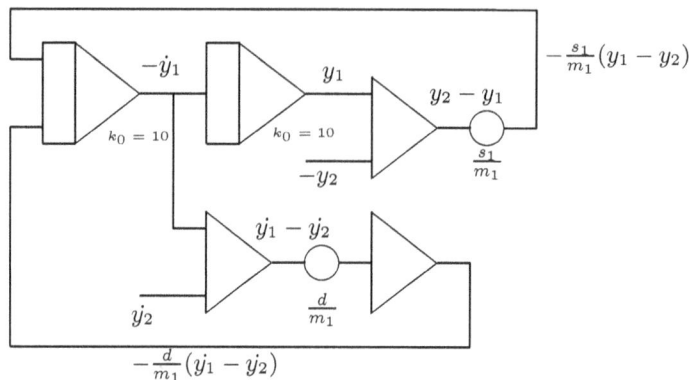

Abb. 5.49: *Rechenschaltung zu Gleichung (5.33)*

5.3.5.1   Aufstellen des Rechenplans

Ausgehend von der Darstellung des zu simulierenden Systems in Abbildung 5.48 ergeben sich die beiden folgenden gekoppelten Differentialgleichungen

$$m_1 \ddot{y}_1 + d(\dot{y}_1 - \dot{y}_2) + s_1(y_1 - y_2) = 0$$
$$m_2 \ddot{y}_2 + d(\dot{y}_2 - \dot{y}_1) + s_1(y_2 - y_1) + s_2(y_2 - y_3) = 0,$$

aus denen sofort die Bestimmungsgleichungen

$$\ddot{y}_1 = -\left(\frac{d}{m_1}(\dot{y}_1 - \dot{y}_2) + \frac{s_1}{m_1}(y_1 - y_2) \right) \text{ und} \tag{5.33}$$

$$-\ddot{y}_2 = \frac{d}{m_2}(\dot{y}_2 - \dot{y}_1) + \frac{s_1}{m_1}(y_2 - y_1) + \frac{s_2}{m_2}(y_2 - f(t)) \tag{5.34}$$

hergeleitet werden können, die wiederum Grundlage für die beiden in Abbildungen 5.49 und 5.50 dargestellten Teilrechenschaltungen sind.

Rein qualitativ betrachtet, besteht jede dieser beiden Teilrechenschaltungen zunächst aus einer schwingungsfähigen Schaltung, wie sie bereits in Abschnitt 5.3.1 dargestellt wurde, deren Eigenfrequenz jeweils der des abgebildeten Teilsystems entspricht. Die Verkopplung der beiden Teilrechenschaltungen miteinander erfolgt über einen Zweig, der als Rückkopplung des jeweils linken Integrierers dient, wobei dieser Zweig ohne Verbindung zur jeweils anderen Teilrechenschaltung lediglich dämpfenden Effekt hätte, da sich die Vorzeichenumkehr der beiden in Reihe geschalteten Summierer aufhebt, so dass sich in diesem Fall eine Charakteristik der Form e^{-t} ergäbe.

Bei der Zusammenführung der beiden Teilrechenschaltungen ist darauf zu achten, dass zum Teil ganze Terme aus einer Schaltung in die jeweils andere einfließen können, was eine nicht zu vernachlässigende Einsparung an Rechenelementen mit sich bringt. Hier sind vor allem die Ausdrücke $y_2 - y_1$ und $\dot{y}_1 - \dot{y}_2$ aus der Schaltung in Abbildung 5.49 zu nennen, die direkt in die Teilrechenschaltung aus Abbildung 5.50 übernommen werden können.

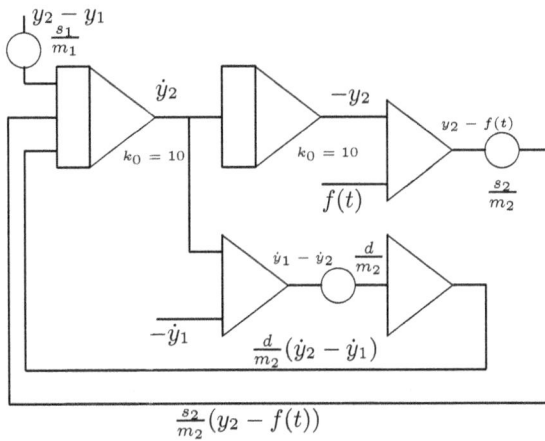

Abb. 5.50: *Rechenschaltung zu Gleichung (5.34)*

Aus der hier nicht näher dargestellten Gesamtrechenschaltung, die sich direkt aus diesen beiden Teilschaltungen ergibt, können die Werte für den Versatz der beiden Massen m_1 und m_2 in Richtung der y-Achse entnommen werden.

Da in Anlehnung an das historische Beispiel von DR. GILOI eine Darstellung des schwingenden Systems als Umrisslinie eines Automobils mit Rädern wünschenswert ist, muss nun noch eine weitere Teilrechenschaltung entwickelt werden, um die beiden Räder sowie den Karosserieumriss auf einem Oszilloskop darzustellen[62]. Grundlage hierfür ist – wie so oft – ein Signalpaar der Form $(\sin(\omega t), \cos(\omega t))$, das, wie bereits bei der Darstellung des springenden Balles in Abschnitt 5.3.4, mit Hilfe einer stabilisierten Rechenschaltung zur Lösung einer Differentialgleichung der Form $\ddot{y} = -y$ erzeugt wird.

Durch Vorschalten geeignet eingestellter Koeffizientenpotentiometer kann das solchermaßen erzeugte Signalpaar direkt zur Darstellung der beiden Räder dienen, wobei die y-Auslenkung y_2 der Masse m_2 mit Hilfe eines Summierers auf den y-Anteil des Radsignales geschaltet wird. Ähnlich wird die Wagenkarosserie dargestellt, nur wird hier mit Hilfe eines einstellbaren Funktionsgebers eine geeignete Verzerrung der eigentlichen Kugel- beziehungsweise Ellipsengrundform erzielt; Abbildung 5.51 zeigt die hierfür eingesetzte Rechenschaltung.

5.3.5.2   Durchführen der Rechnung

Zur Durchführung der Rechnung werden insgesamt sechs Integrierer, zehn Summierer, ein Funktionsgeber sowie zwei weitere Operationsverstärker[63] benötigt, was mit einem Rechner des Typs Telefunken RA 741, wie er im Folgenden eingesetzt wurde, gerade noch im Bereich des Möglichen liegt. Abbildung 5.52 zeigt die ausgeführte Rechenschaltung.

---

[62]Hierfür ist ein Oszilloskop mit zumindest drei voneinander unabhängigen (x, y)-Kanälen notwendig.
[63]Diese sind im Zusammenhang mit dem Funktionsgeber notwendig.

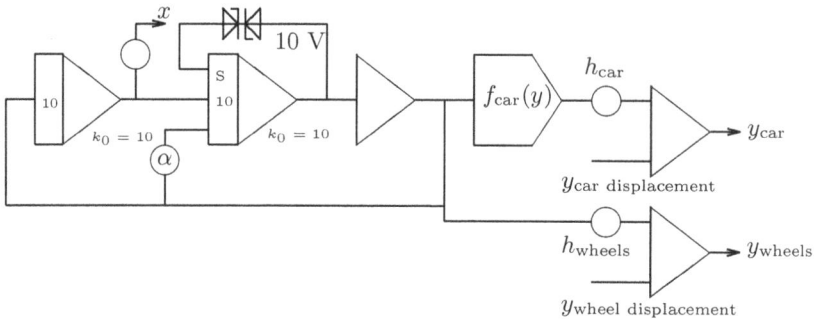

Abb. 5.51: *Rechenschaltung zur Darstellung des Automobils*

Abb. 5.52: *Rechenschaltung der Automobilsimulation*

Abbildung 5.53 zeigt eine Aufnahme des während eines Simulationslaufes dargestellten Schirmbildes[64] – die Anregung des Zweimassensystems erfolgte hierbei durch einen Rauschgenerator RG-1 der Firma Wandel und Goltermann, dem ein hierfür entwickeltes Tiefpassfilter nachgeschaltet wurde, um einen den Unebenheiten einer Straße angemessenen Signalverlauf zu erhalten. Wie bei allen mit Hilfe elektronischer Analogrechner durchgeführten Simulationen besteht auch in dieser Schaltung die Möglichkeit, durch Verändern der das System bestimmenden Parameter die Auswirkungen solcher Modifikationen sofort beurteilen zu können, was beispielsweise eine schnelle Abstimmung von Feder- und Dämpferelementen bei gegebenen Karosserie- und Radsatzmassen erlaubt.

---

[64]Die ungleichmäßige Helligkeit der einzelnen Darstellungselemente ist durch die vergleichsweise kurze Verschlusszeit der verwendeten Kamera bedingt.

Abb. 5.53: *Durchführung der Automobilsimulation*

5.3.6   Projektion rotierender Körper

Das folgende, abschließende Beispiel zeigt eine typische Problemstellung, zu deren Behandlung ein repetierender Betrieb des Analogrechners notwendig ist, wie er bereits kurz in Abschnitt 4.12.2.10 beschrieben wurde. Es soll ein dreidimensionaler, rotierender Körper perspektivisch auf dem Bildschirm eines Oszilloskops als quasi stehendes Bild dargestellt werden, wobei figur- und rotationsbestimmende Parameter jederzeit durch entsprechendes Setzen der beteiligten Koeffizientenpotentiometer im Verlauf der Rechnung möglich sein sollen.

Ein solches Problem ist ideal geeignet für das sogenannte repetierende Rechnen, bei welchem die Integrierer eines Analogrechners mehr oder minder unabhängig voneinander hinsichtlich ihrer Betriebszustände kontrolliert werden. Im vorliegenden Fall sind zwei Gruppen unabhängig voneinander zu steuernder Integrierer notwendig:

- Die erste Integrierergruppe durchläuft in schneller Abfolge (wenige Millisekunden) die Zustände *Pause* (in diesem Zustand werden die Integrationskondensatoren auf vorgegebene Anfangswerte gesetzt) und *Rechnen* zur Erzeugung der Hüllkurve der darzustellenden dreidimensionalen Figur.

- Die zweite Integrierergruppe generiert die notwendigen trigonometrischen Werte, die zur Rotation der eigentlichen Figur notwendig sind. Hierzu ist nur ein einmaliges Setzen der Anfangsbedingungen nötig – während der gesamten folgenden Rechnung verbleiben die Integrierer dieser Gruppe in der Betriebsart *Rechnen*.

5.3.6.1   Aufstellen des Rechenplans

Als Beispiel einer dreidimensionalen Figur wird im Folgenden eine Spirale mit einstellbarer Dämpfung betrachtet. Die drei Komponenten der Hüllkurve dieser Funktion entsprechen

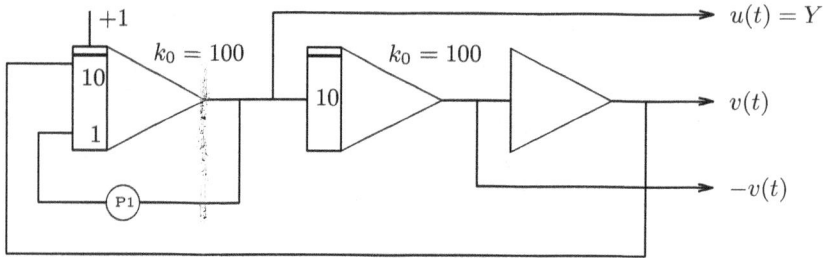

Abb. 5.54: *Erzeugung der x- und y-Koordinaten der Spirale mit Hilfe zweier im repetierenden Betrieb arbeitenden Integrierer*

$$u(t) = \cos(\omega_{\mathbf{rep}}t)e^{-p_1 k_0 t}$$
$$v(t) = -\sin(\omega_{\mathbf{rep}}t)e^{-p_1 k_0 t}$$

und

$$w(t) = -1 + \int\limits_{t=0}^{t_{\mathbf{rep}}} p_2 k_0 \mathrm{d}t.$$

$u(t)$ und $v(t)$ können mit einer Rechenschaltung erzeugt werden, die im Wesentlichen der aus Abbildung 5.15[65] entspricht – lediglich die einstellbare Dämpfung, die in einem Term der Gestalt e^{-pkt} resultiert, muss in Form einer direkten äußeren Rückführung eines der beteiligten Integrierer realisiert werden, so dass sich für diesen Teil des Problems insgesamt die in Abbildung 5.54 dargestellte Rechenschaltung ergibt[66].

Für Erzeugung der dritten Raumkoordinate der darzustellenden Figur genügt ein einzelner Integrierer, der in jedem Repetitionslauf ein linear ansteigendes Ausgangssignal erzeugt, was mit Hilfe der in Abbildung 5.55 gezeigten Rechenschaltung erreicht werden kann.

Eine geeignete Steuerung aller Integrierer dieser beiden Teilrechenschaltungen vorausgesetzt, kann hiermit bereits die Hüllfläche einer dreidimensionalen Spirale generiert werden. In einer weiteren Teilrechenschaltung, die nicht dieser Steuerungslogik, die später behandelt wird, unterliegt, muss nun noch ein phasenstarr miteinander verkoppeltes Sinus-/Cosinussignalpaar für die eigentliche Rotation erzeugt werden. Die hierzu notwendige Rechenschaltung ist in Abbildung 5.56 dargestellt und stellt nichts Neues dar[67].

Aus den Koordinaten $u(t)$, $v(t)$ und $w(t)$ der Hüllfläche der darzustellenden Figur kann nun mit Hilfe der hiermit erzeugten Sinus-/Cosinussignale eine einfache Rotation um

---

[65]siehe Abschnitt 5.3.1.1.

[66]Um kenntlich zu machen, dass die an dieser Schaltung beteiligten Integrierer eine Gruppe mit eigener Steuerung bilden, sind sie durch einen Querbalken im Eingangsteil entsprechend markiert.

[67]Je nach gewünschter Rechen- beziehungsweise Darstellungsdauer kann eine Amplitudenstabilisierung, wie sie beispielsweise in Abschnitt 5.3.4.1 verwendet wurde, zum Einsatz gelangen.

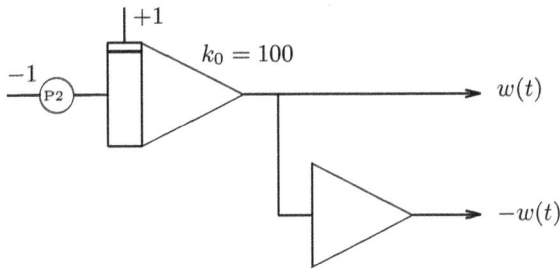

Abb. 5.55: *Generierung der dritten Koordinate der Spirale mit einem repetierend arbeitender Integrierer*

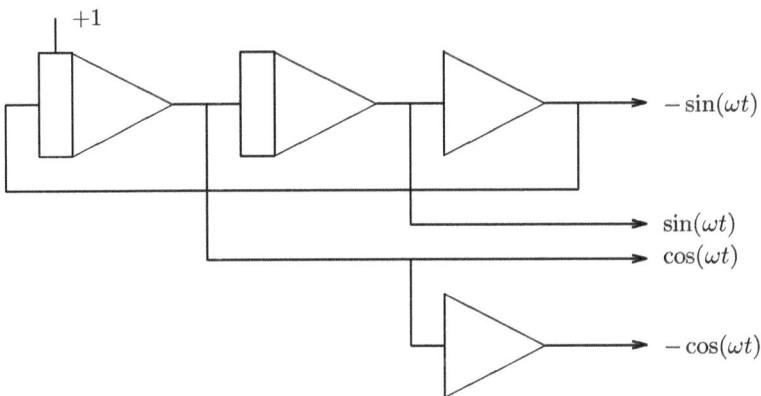

Abb. 5.56: *Erzeugung des Sinus-/Cosinussignalpaares für die Rotation der Figur*

eine Raumachse umgesetzt werden (im gleichen Schritt erfolgt die Abbildung auf die zwei Dimensionen des zur Darstellung verwendeten Oszilloskops). Hierfür ist

$$Y = u(t)$$
$$X = w(t)\sin(\omega_{\text{norm}}t) - v(t)\cos(\omega_{\text{norm}}t),$$

wobei mit X und Y die Eingangswerte für das Oszilloskop bezeichnet sind[68]. Die praktische Ausführung dieser Teilrechenschaltung zeigt Abbildung 5.57 (die Verwendung zweier Parabelmultiplizierer erfordert das Vorliegen aller miteinander zu multiplizierenden Werte in jeweils normaler und invertierter Form).

Zuletzt muss noch die Steuerung der drei Integrierer der Teilrechenschaltungen aus den Abbildungen 5.54 und 5.55 realisiert werden. Hierzu werden zwei Steuersignale OP[69] und IC[70] benötigt, deren zeitliche Abfolge in Abbildung 5.58 dargestellt ist. Auf ein kurzes Intervall zum Setzen der Anfangswerte der beteiligten Integrierer folgt ein vergleichsweise langes Rechenintervall, an dessen Ende dieser Zyklus wiederholt wird.

---

[68]Siehe beispielsweise [406] beziehungsweise [369].
[69]Operate
[70]Initial Condition

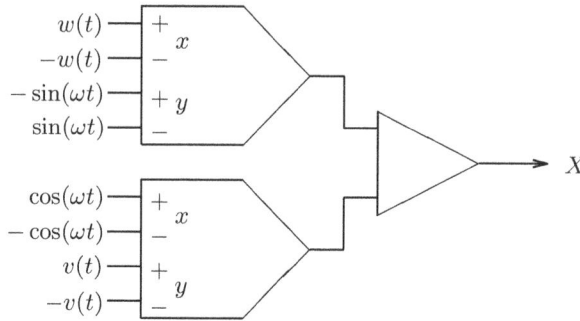

Abb. 5.57: *Rotation und Projektion der Figur*

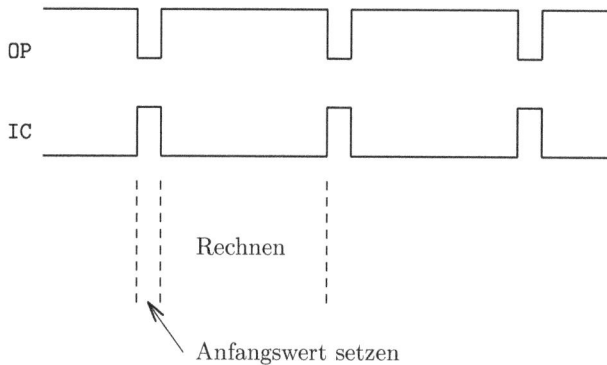

Abb. 5.58: *Erzeugung der Steuersignale* OP *und* IC *für die repetierend arbeitenden Integrierer*

Die Erzeugung dieser beiden Steuersignale erfordert in der Regel den Einsatz digitaler Logik, weshalb die meisten größeren elektronischen Analogrechner über einige frei miteinander verschaltbare digitale Schaltglieder verfügen. Im vorliegenden Fall wurde ein Analogrechner des Typs EAI 580 von Electronic Associates verwendet, dessen Digitalteil neben einem quarzgesteuerten Taktgeber auch über eine Reihe von Zählern verfügt, mit deren Hilfe auf einfache Art und Weise Steuersignale der oben beschriebenen Gestalt erzeugt werden können.

Abbildung 5.59 zeigt die hierfür notwendige digitale Rechenschaltung, deren Herzstück zwei Dezimalzähler sind, die, getaktet durch das Signal CLK2, das durch den zentralen Taktgeber erzeugt wird, von einem über Stufenschalter wählbaren Presetwert herunterzählen. Bei Erreichen von Null wird der Q-Ausgang des Zählers aktiviert. Mit Hilfe eines als Treiber und Inverter geschalteten Disjunktionsgliedes mit nur einem Eingang werden beide Zähler nach Erreichen der Null durch den ersten Zähler zurückgesetzt.

Die beiden Ausgangssignale Q und das invertierte Signal /Q des unteren Zählers finden direkt als IC- beziehungsweise OP-Steuersignale für die repetierende Integrierergruppe Verwendung.

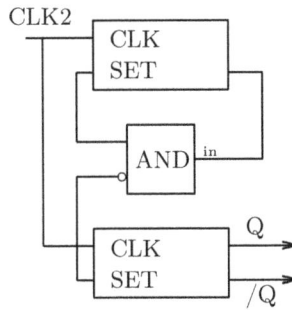

Abb. 5.59: *Digitale Steuerung der repetierenden Integrierergruppe*

5.3.6.2   Durchführen der Rechnung

Abbildung 5.60 zeigt die fertig aufgestellte Rechenschaltung für den verwendeten Analogrechner EAI 580. Die rechte Hälfte des Systems beinhaltet das analoge Steckfeld, während die digitalen Steuerelemente sowie das Bedienfeld zur Steuerung des Rechenablaufes auf der linken Hälfte untergebracht sind. Im oberen Feld der linken Seite des Rechners findet sich rechts das digitale Steckfeld.

Einen Eindruck der erzeugten Figur vermittelt Abbildung 5.61 – für diese Aufnahme wurde die Rotation der Figur angehalten, indem die beiden Integrierer aus Abbildung 5.56 angehalten wurden. Entsprechend sind auch Eingriffe in eine laufende Rechnung möglich, bei denen die die Form der Spirale bestimmenden Parameter interaktiv manipuliert werden. Durch Ändern des Wertes P1 und somit der Dämpfung wird die Steigung der Spirale verändert, während eine Änderung des Wertes des Koeffizientenpotentiometers P2 eine Streckung beziehungsweise Dehnung der dreidimensionalen Figur zur Folge hat.

Dieser Abschnitt beschließt die Sammlung einführender Beispiele, die im Wesentlichen dazu dienen sollte, einen Eindruck der besonderen Vorteile, aber auch Schwierigkeiten des analogen Rechnens zu vermitteln. Die folgenden Kapitel befassen sich im Wesentlichen mit Sonderformen von Analogrechnern und geben darüber hinaus einen Einblick in die Vielzahl von Problemen, die erfolgreich bis in die 1990er Jahre mit Hilfe elektronischer Analogrechner behandelt wurden.

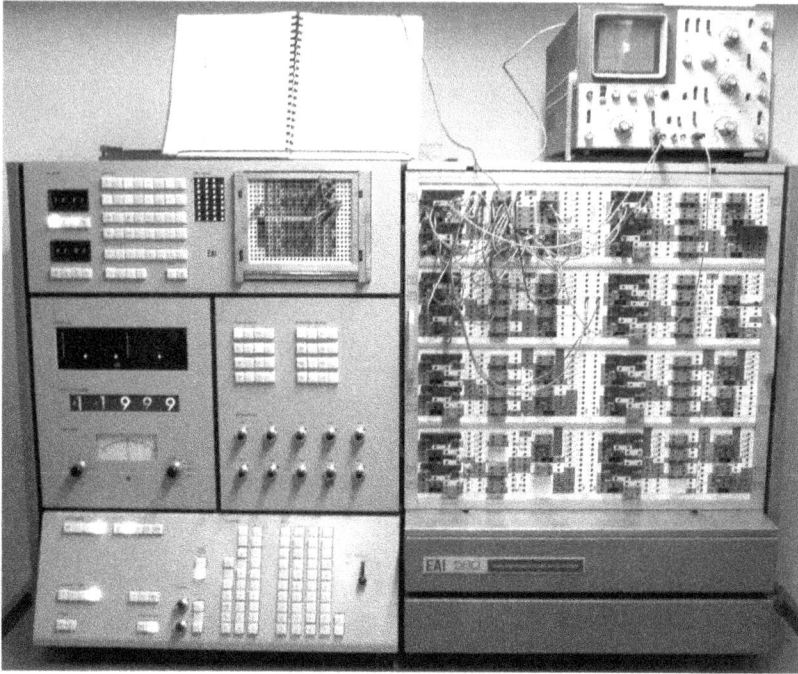

Abb. 5.60: *Gesamtansicht des Aufbaus zur Darstellung der Projektion einer rotierenden dreidimensionalen Figur*

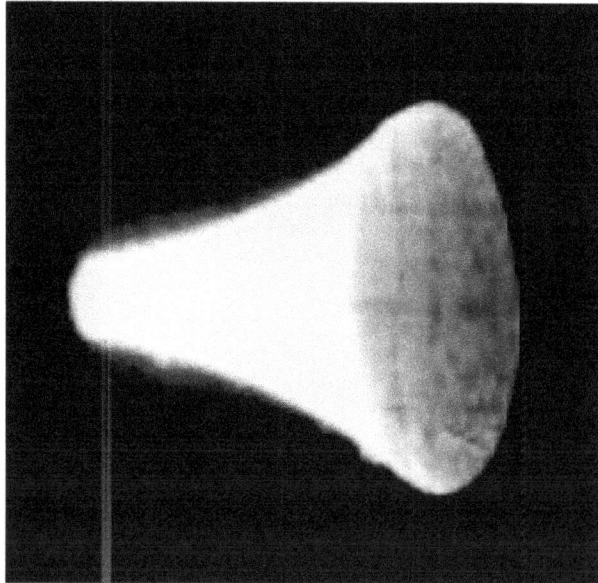

Abb. 5.61: *Darstellung der dreidimensionalen Spirale auf dem Oszilloskop bei festgehaltenem Drehwinkel*

6 Systembeispiele

Die folgenden Abschnitte stellen, mit einem Schwerpunkt auf den Systemen des deutschen Herstellers Telefunken, eine Reihe typischer Analogrechensysteme, beginnend bei rein röhrenbestückten Anlagen und endend mit dem Präzisionsanalogrechner RA 770, der einen der technischen Höhepunkte elektronischer Analogrechner repräsentiert, dar. Bei der schier unüberschaubar großen Anzahl von Herstellern und Systemen, die in der Zeit von etwa Mitte der 1940er bis Ende der 1980er Jahre existierten und agierten, muss eine solche Aufstellung fragmentarisch bleiben – im vorliegenden Fall soll lediglich ein Eindruck typischer Analogrechnersysteme über einen Zeitraum von etwa 1955 bis Ende der 1970er Jahre vermittelt werden.

6.1 Telefunken RA 1

Den Anfang dieser Betrachtungen macht der erste bei Telefunken entwickelte elektronische Allzweckanalogrechner, dessen Prototyp unter der Bezeichnung *RA 1*[1] unter der Leitung von DR. ERNST KETTEL[2] entwickelt wurde. Bereits am 1. April 1954 beschloss der Vorstand des nach dem Zweiten Weltkrieg nach vielen Mühen wiedererstarkten Elektronikkonzerns Telefunken, nach der Erkenntnis, dass, *„wie nach dem Ersten Weltkrieg, wieder eine entscheidende Umstellung des Arbeitsgebietes erforderlich [wurde]“*[3], die Gründung eines Forschungsinstitutes, das bereits ein Jahr später, am 1. April 1955, seine Arbeit unter der Leitung von WILHELM T. RUNGE aufnahm, in welchem reine Grundlagenforschung durchgeführt werden sollte, weil bereits damals erkannt wurde,

---

[1]Die Nomenklatur von Telefunken in diesem Bereich sah die Verwendung einer Buchstabenkombination zur Beschreibung der Geräteklasse, gefolgt von einer Zahl zur Kennzeichnung der jeweiligen Ausführung vor. *R* bezeichnet allgemein einen Rechner, während *A* seine Arbeitsweise als analog kennzeichnet. Diese Nomenklatur wurde auch bei späteren Systemen, wie beispielsweise dem Tischrechner RAT 700 (siehe Abschnitt 6.3), fortgeführt, bei denen *T* für Tisch stand. Erst mit dem Aufkommen hochpräziser Kleinsysteme wurde auf das Kürzel T verzichtet, um sich von den mindergenau arbeitenden Tischrechnervorgängermodellen abzugrenzen.

[2]ERNST KETTEL war während des Zweiten Weltkrieges im Bereich der Radarentwicklung bei Telefunken beschäftigt und entwickelte dort unter anderem das System *K-Laus* (siehe [183][S. 31]). Es ist wahrscheinlich, dass DR. KETTEL bereits vor dem Zweiten Weltkrieg HELMUT HOELZER kennenlernte – durch diesen denkbaren Kontakt könnte die Entwicklung von Analogrechnern bei Telefunken ausgelöst worden sein. In späteren Jahren war ERNST KETTEL auch mit Entwicklungen im Bereich der Fernsehtechnik (siehe [510][S. 448]), der Einseitenbandmodulation (siehe [232]) sowie mit theoretischen Untersuchungen über Rauschgrenzen und digitale Übertragungen (siehe [233]) befasst.

[3]Siehe [497][S. 175].

dass nur hierdurch eine langfristige Spitzenposition im Markt erreicht und gehalten werden konnte[4]. Diese Zielsetzung wurde wie folgt beschrieben[5]:

> *Das Forschungsinstitut hat die Hauptaufgabe, Grundlagenforschung auf dem Arbeitsgebiet der Firma Telefunken, vornehmlich aber des Bereiches „Telefunken-Anlagen"[6], zu betreiben. Daneben hat das Institut noch die weiteren Aufgaben, den Entwicklungsstellen der Bereiche bei der Erschließung neuer Aufgabengebiete und der Lösung schwieriger, während der Entwicklung auftretender Aufgaben zu helfen.*

Das folgende Zitat von RUNGE[7] zeigt neben der Bedeutung, die der Entwicklung elektronischer Analogrechner in diesen Jahren bei Telefunken beigemessen wurde, dass im Bereich der elektronischen Rechentechnik ein umfassender Ansatz verfolgt wurde – auch die direkte Verschmelzung beider Linien zu hybriden Rechenanlagen wurde aktiv verfolgt:

> *Zu den ersten Arbeiten, die das vor einigen Jahren gegründete Forschungs-Institut der Telefunken G.m.b.H. in Angriff nahm, gehörten das Studium der Fragen, die die Entwicklung des Transistors der Schaltungstechnik stellte, und die Analogrechentechnik [...] Die Bearbeitung dieser Technik ergänzt gleichzeitig die bei Telefunken laufenden Arbeiten an Digitalrechnern zu einem vollständigen Entwicklungsprogramm. Für die numerische Datenverarbeitung ist der Digitalrechner das gegebene Gerät. Viele analog begonnene Rechenvorgänge bedürfen der weiteren Bearbeitung mit der digitalen Technik. Viele digital gewonnene Ergebnisse müssen aber auch analog weiterverarbeitet werden.*

Bei der RA 1 handelt es sich um ein in konventioneller Röhrentechnik realisiertes System mit gleichspannungsgekoppelten Verstärkern, von denen lediglich jene, die für die Durchführung von Integrationen eingesetzt werden, über ein einfaches Driftstabilisierungssystem verfügen, während die Mehrzahl der Verstärker manuell genullt werden muss[8]. Das System ist in seinem momentanen Erhaltungszustand in Abbildung 6.1 dargestellt. FEILMEIER[9] ordnet die RA 1 der von RUBIN so schön als das *heroische Zeitalter des Analogrechnens* bezeichneten Spanne zwischen etwa 1945 und 1955 zu[10].

---

[4]Dieses Forschungsinstitut besteht als eine der wenigen verbleibenden Einrichtungen noch heute als Teil des Daimler-Chrysler-Forschungsinstitutes auf dem Ulmer Eselsberg.

[5]Siehe [454][S. 369].

[6]Diese Hervorhebung des Bereichs „Telefunken-Anlagen" zog im Verlauf der sich anschließenden Jahre noch eine Reihe von Schwierigkeiten vor allem im Verkauf und Vertrieb der entwickelten Analogrechner nach sich.

[7]Siehe [498].

[8]Dies hat zur Folge, dass sowohl die RA 1 als auch ihre im Folgenden beschriebenen Produktionsmodelle nur als sogenannte *Kurzzeitanalogrechner* mit einer maximalen Rechenzeit von 110 Sekunden eingesetzt werden können, da bei längeren Rechnungen das Ergebnis durch Drifteffekte in unzulässig hohem Maße verfälscht wird.

[9]Siehe [123][S. 18].

[10]Als eines der typischen Maschinenmerkmale dieser Epoche nennt FEILMEIER (siehe [123][S. 18 f.]) das Fehlen eines auswechselbaren Steckbrettes sowie das Vorhandensein nur sehr unvollkommener Möglichkeiten zur Ausgabe und Aufzeichnung von Ergebnissen – Eigenschaften, die auf die RA 1 im Wesentlichen zutreffen.

Abb. 6.1: *Telefunken RA 1*

Die RA 1 ist vollständig modular aufgebaut, wie Abbildung 6.1 zeigt: Das rechte Gestell beinhaltet die verschiedenen Stromversorgungseinheiten, welche neben den hochkonstanten Rechenspannungen von ±100 V auch die stabilisierten Anodenspannungen für die einzelnen Rechenelemente liefern. Diesen Netzgeräten ist ein Wechselspannungsstabilisator WS-6 von Wandel und Goltermann[11] vorgeschaltet, um eventuelle Variationen der Netzspannung auszugleichen[12].

Das mittlere Gestell des Systems enthält den Hauptteil der verfügbaren Rechenelemente – von oben nach unten sind dies im Einzelnen die folgenden:

---

[11] Erstmalig beschrieben in [427].
[12] Nach [427]: „Der Effektivwert der geregelten Spannung wird auf $\pm0.1\%$ bei einer Netzspannungsschwankung bis $\pm10\%$ (Bereich bis 500 VA) bzw. bis $\pm5\%$ (Bereich bis 1 kVA) konstant gehalten."

- Ein Polygonzugfunktionsgeber mit 21 Stützstellen,

- vier Parabelmultiplizierer,

- acht umschaltbare Summierer/Integrierer,

- 16 Koeffizientenpotentiometer,

- acht umschaltbare Summierer/Integrierer,

- acht Koeffizientenpotentiometer sowie

- sechs umschaltbare Summierer/Integrierer sowie ein zentraler Zeitgeber zur Steuerung des Rechenablaufes.

Das linke Gestell beinhaltet, ebenfalls von oben nach unten:

- Einen weiteren Polygonzugfunktionsgeber,

- vier Parabelmultiplizierer,

- acht Summierer,

- ein Doppeloszilloskop,

- einen Einschub mit Knick- und Begrenzungsfunktionen sowie

- einen Einschub mit freien Dioden und Relais zum Aufbau von Komparatoren unter Zuhilfenahme von Summierern, fünf Koffizientenpotentiometer sowie einen umschaltbaren Summierer/Integrierer und einen Summierer.

Bedingt durch den modularen Aufbau des Systems ist einerseits eine Anpassung an unterschiedliche Aufgabenstellungen durch den Austausch der verfügbaren Rechenelemente leicht möglich – andererseits bedingt ein solcher Aufbau den Verzicht auf ein – idealerweise schnell austauschbares – zentrales Programmierfeld, auf welchem alle Ein- und Ausgänge der vorhandenen Rechenelemente zusammengefasst sind, um einen schnellen Programmwechsel zu ermöglichen. Die einzelnen Rechenelemente werden durch abgeschirmte Verbindungskabel über auf ihren jeweiligen Frontplatten angeordnete Buchsen miteinander verbunden, was neben vergleichsweise großen Leitungslängen, die ungünstig hohe Leitungskapazitäten nach sich ziehen, was sich wiederum negativ auf die erzielbaren Rechengeschwindigkeiten auswirkt, auch einen hohen Aufwand bei einem notwendigen Programmwechsel zur Folge hat.

Aus der RA 1 entstand, nachdem ein entsprechendes Interesse auf Seiten deutscher Hochschulen und Industrieforschungsinstitute signalisiert wurde, in der Folge das als *RA 463* beziehungsweise in seiner Vollausbaustufe als *RA 463/2* bezeichnete und in Abbildung 6.2 dargestellte Produktionssystem[13], das sich nur in wenigen Punkten von

---

[13]Ein typisches solches System des Typs RA 463/2 wurde 1957 zu einem Preis von 158000 DM angeboten (Angebot Nr. 557/0010 der Telefunken GmbH an die Technische Hochschule München, Archiv des Autors) – dies entspricht einer heutigen Kaufkraft von etwa 315000 EUR (gemäß einer Kaufkraftbetrachtung der Deutschen Bundesbank, Archiv des Autors).

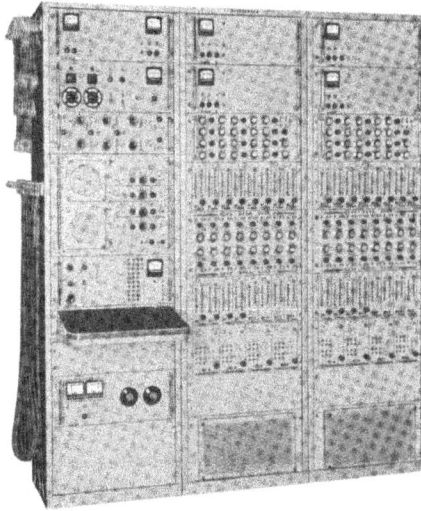

Abb. 6.2: *Ansicht der RA 463/2 (nach [375])*

dem Prototypen unterscheidet: Neben einer Reihe konstruktiver Veränderungen, die zum einen eine Vereinfachung des Fertigungsprozesses mit sich brachten[14], wurde zum anderen die Anordnung der Einschübe zugunsten einer besseren Bedien- und Programmierbarkeit dahingehend modifiziert, dass die Netzgeräte die beiden obersten Plätze eines jeden der drei Gestelle belegen, so dass die Rechenelemente mehr in der Mitte des Systems angeordnet werden konnten.

Darüberhinaus erhielten die Produktionssysteme eine über eine Volltastatur einstellbare, exakte Referenzspannungsquelle sowie ein Kompensationsmessinstrument, mit deren Hilfe die Einstellung der Koeffizientenpotentiometer stark vereinfacht und beschleunigt werden konnte[15]. Die erste, aus zehn Geräten bestehende Produktionsserie dieser Systeme war bereits im Jahre 1958 verkauft und eine zweite gleichen Umfanges wurde umgehend aufgelegt[16] und verkaufte sich ebenfalls gut.

Ein Beispiel für den praktischen Einsatz eines solchen Systems findet sich in Abschnitt 10.5.2 in Form eines Reaktorsimulationssystemes, welches für das Training von Reaktorbedienungsmannschaften eingesetzt wurde. Abbildung 10.29 zeigt den Simulatorsteuerstand mit dem zugehörigen Analogrechnersystem auf Basis einer RA 463.

6.2 EAI 231-R

Während die Telefunken RA 1 und auch ihre Produktionsmodelle RA 463 beziehungsweise RA 463/2 offensichtliche Züge einer Erstentwicklung eines Unternehmens in ei-

---

[14]Beispielsweise erfolgte die Verdrahtung zwischen den einzelnen Gestellen über vielpolige Steckverbinder und nicht mehr über direkt verlötete Leitungen, wie dies noch im Prototypen der Fall war.

[15]In Abbildung 6.2 unterhalb des im linken Gestell montierten Doppeloszilloskopes zu sehen.

[16]Siehe [452][S. 66].

nem ihm neuen Geschäftszweig zeigen, brachte kurze Zeit später, im Jahre 1959[17], das
US-amerikanische Unternehmen *EAI*[18], das zu einem der führenden Entwickler und
Hersteller elektronischer Analogrechner zählte, mit seinem Modell 231R, das der sogenannten *PACE*-Serie[19] angehört, ein flexibles Analogrechensystem auf den Markt, das
auf eine vergleichweise lange Ahnenreihe in Form der Systeme 16-24A, 16-24D, 16-31R
und 16-131R zurückblicken konnte und nicht zuletzt aus diesem Grunde in wesentlichen Punkten der RA 1 und ihren Produktionsmodellen weit überlegen war. Nicht ganz
zu Unrecht bezeichnete es der Hersteller selbst als *„the finest analog computer ever
produced"*[20].

Abbildung 6.3 zeigt ein vollständiges System des Typs 231R, das Maßstäbe setzte und
über lange Jahre, in manchen Installationen bis hinein in die 1970er Jahre, produktiv eingesetzt wurde. Zunächst fällt das auf der rechten Seite des Systems angeordnete zentrale Programmierfeld mit seinen 3450 Buchsen auf, auf welchem alle Ein-
und Ausgangssignale der verschiedenen Rechenelemente, die das System beinhaltet, zusammengefasst sind. Verbindungen zwischen einzelnen Komponenten werden mit Hilfe
entsprechend kurzer, abgeschirmter Verbindungskabel hergestellt, wobei das eigentliche
Programmierfeld ebenfalls zur Abschirmung beiträgt. Durch die Kürze der Verbindungs-
leitungen können parasitäre Kapazitäten gering und somit die Bandbreite der Rechenelemente groß gehalten werden. Darüberhinaus ist das Programmierfeld mit wenigen
Handgriffen innerhalb von Sekunden austauschbar, so dass Programmwechsel ohne wesentliche Unterbrechung des Betriebes möglich sind.

Das Wechseln dieses zentralen Programmierfeldes ist in Abbildung 6.4 dargestellt – gut
zu erkennen sind die hinter dem Programmierfeld angeordneten Kontakte, die zur Vermeidung von Kontaktschwierigkeiten ebenso wie die verwendeten Steckverbinder mit 24
karätigem Gold plattiert sind. Zur Vermeidung von Übersprechen ist jede dieser Kon-
taktzungen in einem Abschirmkäfig montiert, der bei eingesetztem Programmierfeld
von diesem vorn abgeschlossen wird, so dass bei Verwendung der vorgesehenen ab-
geschirmten Leitungen eine nahezu perfekte Entkopplung der einzelnen Verbindungen
untereinander erzielt wird.

Direkt unterhalb des Programmierfeldes sind zwanzig Koeffizientenpotentiometer zur
manuellen Einstellung von Variablen über einer Arbeitsplatte angeordnet. In den beiden nach vorn geneigten Schrankoberteilen befinden sich – je nach Ausbaustufe des
Systems – weitere Koeffizientenpotentiometer, die jedoch als sogenannte *Servopotentiometer* ausgeführt sind, d.h. nicht manuell eingestellt, sondern mit Hilfe eines jeweils
einem Potentiometer zugeordneten Servomotors nach Vorgabe eines Variablenwertes,
der durch eine Referenzspannungsquelle oder auch einen angeschlossenen Lochstreifen-
leser erzeugt werden kann, gesetzt werden, was einem schnellen Programmwechsel ebenfalls entgegen kommt, da unterschiedliche Einstellungen der Koeffizientenpotentiometer
automatisch in kurzer Zeit übernommen werden können.

---

[17]Siehe [123][S. 19].
[18]*Electronic Associates Incorporated*
[19]*Precision Analog Computing Equipment*
[20]Siehe [403][S. 3].

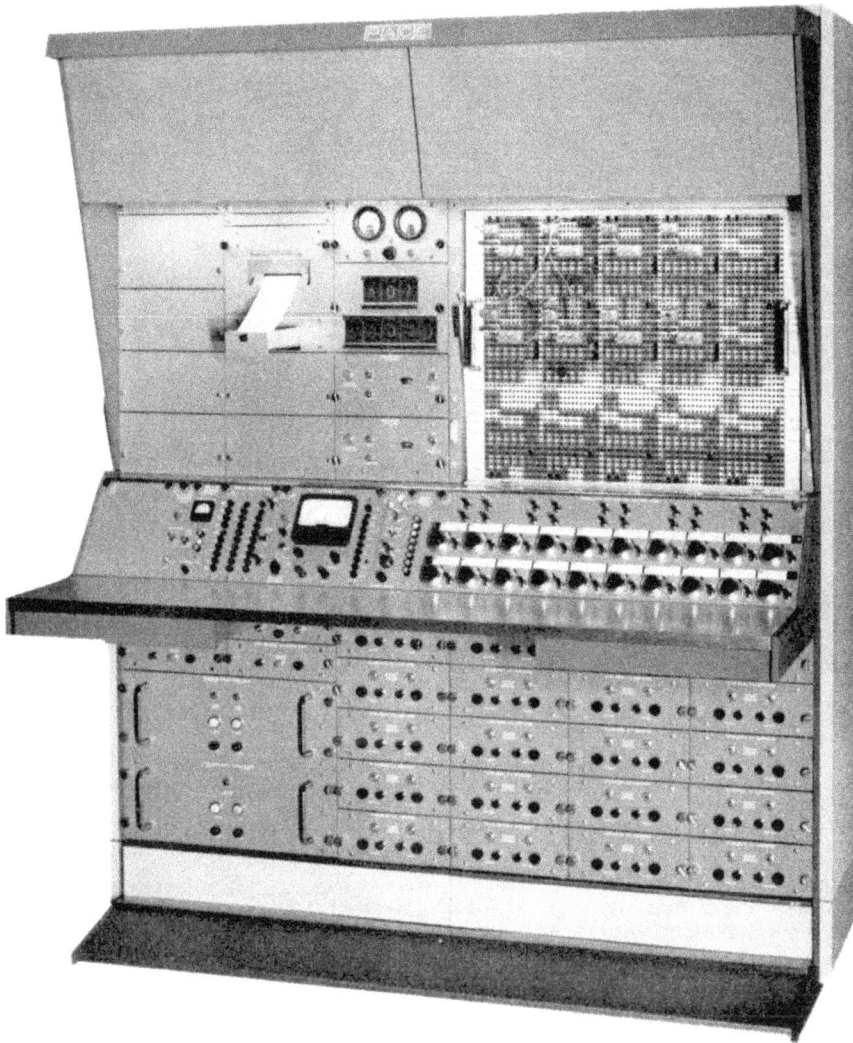

Abb. 6.3: *EAI 231R Analogrechensystem (Archiv des Autors)*

Links neben dem zentralen Programmierfeld befinden sich ein elektronischer Rauschgenerator[21] sowie ein Digitalvoltmeter, das unter diesem angeordnet ist und einen links neben ihm montierten Drucker ansteuern kann, womit eine automatisierte Protokollierung von Spannungswerten im Verlauf einer Rechnung beziehungsweise die Erstellung von Variablenlisten während eines Rechenhalts möglich ist.

Unter dem Digitalvoltmeter befinden sich zwei Servomultiplizierer – die freien Einbauplätze links neben diesen können ebenfalls mit Servomultiplizierern beziehungsweise Servoresolvern oder auch Polygonzugfunktionsgeneratoren belegt werden.

---

[21]Dieser ist in der Mitte oben angeordnet und verfügt über zwei analoge Anzeigeinstrumente.

Abb. 6.4: *Auswechselbares Programmierfeld der EAI 231R (nach [403][S. 6])*

Die linke Hälfte des Bedienfeldes über der Arbeitsplatte beinhaltet die nötigen Einrichtungen für die Steuerung des Rechenablaufes, die Einstellung der Koeffizientenpotentiometer, ein zentrales Messinstrument zur Überwachung der verschiedenen Betriebsspannungen, das auch in eine Rechenschaltung eingebunden werden kann, sowie eine Anwahltastatur, mit deren Hilfe der Ausgang eines beliebigen Rechenelementes auf dieses Instrument oder das bereits erwähnte Digitalvoltmeter geschaltet werden kann.

Unter der Arbeitsplatte befinden sich links unten zwei Netzgeräte für die benötigten stabilisierten Versorgungsspannungen des Systems sowie Einschübe, die jeweils vier driftstabilisierte Rechenverstärker beinhalten[22] – das hier abgebildete System verfügt mit 24 solchen Einschüben entsprechend über 96 derartige Verstärker.

Bemerkenswert ist, dass alle Rechennetzwerke, d.h. Eingangs- und Rückführungswiderstände der Summierer sowie Integrationskondensatoren, in einem auf konstanter Temperatur gehaltenen Ofen montiert sind, um temperaturbedingte Rechenfehler zu minimieren.

Eine umfangreiche Doppelanalogrechenanlage auf Basis zweier EAI 231R-Systeme zeigt Abbildung 6.5 – beide Rechner verfügen jeweils zu ihrer rechten beziehungsweise linken Seite über Erweiterungsschränke, in welchen zusätzliche Rechenelemente untergebracht

---

[22]Im Gegensatz zu den Systemen RA 1, RA 463 und RA 463/2 kommt hier eine hochentwickelte, auf dem Patent von GOLDBERG (siehe [152]) beruhende Driftstabilisierung zum Einsatz, so dass auch langdauernde Rechnungen möglich sind.

Abb. 6.5: *Eine Analoggroßrechenanlage, bestehend aus zwei vollausgebauten Analogrechnern des Typs EAI 231R mit Peripheriegeräten (nach [403])*

sind. Hierzu zählen Funktionsgeber[23], Servo-, Zeitmultiplex[24]- und Parabelmultiplizierer, Servoresolver etc. Im Vordergrund links befindet sich ein großer Flachbettplotter[25], in der Mitte ein kleiner EAI-Variplotter, während rechts die als *ADIOS*[26] bezeichnete Bedienkonsole zur manuellen oder auch lochstreifengesteuerten Einstellung der Servopotentiometer und -funktionsgeber zu sehen ist. Ganz rechts befinden sich zwei Vielkanal-t, y-Schreiber.

Das System 231R erwies sich als derart erfolgreich, dass EAI noch im Jahre 1964[27] ein direkt auf dieser Technik beruhendes Nachfolgesystem unter der Bezeichnung EAI 231RV auf den Markt brachte, das sich von seinem populären Vorgängersystem nur durch einige Erweiterungen im Steuerungssystem, die eine komplexere Integrierersteuerung erlaubten, sowie durch einen größeren Integrationszeitkonstantenbereich seiner Integrierer unterschied.

6.3   Telefunken RAT 700

Während EAI und andere Hersteller mit röhrenbasierten Analogrechenanlagen über lange Jahre die technologische Führung im Bereich des elektronischen Analogrechnens innehatten, begann bei Telefunken bereits in der zweiten Hälfte der 1950er Jahre die Entwicklung eines transistorisierten Operationsverstärkers – etwas, was von vielen Entwicklern dieser Zeit als Unmöglichkeit abgetan wurde, da Transistoren den Ruf hatten, zwar hervorragend für digitale Schaltaufgaben einsetzbar, für Anwendungen in der Analogelektronik aufgrund ihrer Kennlinien und mangelnden Uniformität, die vor allem in der Frühzeit der Transistortechnik den verwendeten Materialien sowie Produktionsprozessen geschuldet war, jedoch ungeeignet zu sein. Umso bemerkenswerter ist der Mut des

---

[23]Diese sind gut in der Mitte des rechten Dreifachschrankes zu erkennen – das etwas über der Mitte angebrachte Bedienfeld mit seinen Potentiometern und einem Analoginstrument dient zur Einstellung dieser Funktionsgeber.

[24]Meist als *Time-Division-Multiplier* bezeichnet.

[25](x, y)-Schreiber

[26]Kurz für *Automatic Digital Input-Output System* – für eine nähere Beschreibung siehe beispielsweise [336].

[27]Siehe [123][S. 20].

Unternehmens, einige seiner Mitarbeiter[28] ausschließlich mit der Forschung auf diesem Gebiet zu beauftragen.

Das Ergebnis dieser Entwicklungsarbeiten war der weltweit erste driftstabilisierte, volltransistorisierte Operationsverstärker, dessen im Wesentlichen auf dem Stabilisierungsverfahren von GOLDBERG[29] beruhende Prinzipschaltung in Abbildung 6.6 dargestellt ist. In der Hauptsache besteht dieser Verstärker aus zwei auch baulich getrennten Verstärkern, dem in der oberen Bildhälfte dargestellten Hauptverstärker sowie einem Hilfsverstärker. Die grundlegende Idee ist, die Spannung am Summenpunkt des Hauptverstärkers, die bei einem idealen Verstärker stets gleich Null sein muss, mit Hilfe eines driftfreien wechselspannungsgekoppelten Hilfsverstärkers zu verstärken und mit umgekehrtem Vorzeichen nach Durchlaufen eines Tiefpassfilters als Korrektursignal in den Hauptverstärker einzuspeisen, um driftbedingte Fehler auszugleichen.

Dieses Verfahren, das in ganz ähnlicher Weise, wenn auch auf Basis entsprechender Röhrenschaltungen, beispielsweise in der EAI 231R zum Einsatz gelangt, erfordert jedoch die Umwandlung der Fehlerspannung am Summenpunkt des Hauptverstärkers in eine Wechselspannung, um diese durch den Hilfsverstärker driftfrei verstärken zu können. Hierzu werden bei fast allen Analogrechnern von Telefunken elektromechanische Zerhacker, sogenannte *Chopper*, eingesetzt, die, mit einer Wechselspannung von typischerweise 400 Hz beaufschlagt, eine Eingangsgleichspannung durch periodisches Kurzschließen gegen Masse in eine Wechselspannung umwandeln. Die Ausgangswechselspannung des Hilfsverstärkers wird ihrerseits über einen mit Dioden aufgebauten Synchrongleichrichter in eine entsprechende Gleichspannung umgewandelt und dem Hauptverstärker zugeführt.

Einen auf diesem Transistorverstärker beruhenden Laborprototypen eines elektronischen Analogrechners zeigt Abbildung 6.7. Das dargestellte System steht hinsichtlich seines Aufbaus noch in der Tradition der Systeme RA 1 beziehungsweise RA 463 und RA 463/2 – ebenso wie diese weist es einen modularen Aufbau ohne zentrales Programmierfeld auf und verfügt über einen einfachen, rechts unten sichtbaren Zeitgeber sowie ein Oszilloskop zur Darstellung der Rechenergebnisse.

Motiviert durch den Markterfolg der Systeme RA 463 und RA 463/2 entschloss man sich in der Folge, die mit diesem Prototypen erfolgreich demonstrierte Technologie als Grundlage zur Entwicklung eines volltransistorisierten, umfangreichen Präzisionsanalogrechners zu verwenden. Bereits 1959[30] wurde als Nebenprodukt dieser Entwicklung und vor der Vorstellung des eigentlich geplanten Großsystems ein kleiner, volltransistorisierter Tischanalogrechner vorgestellt, der unter der Bezeichnung *RAT 700* auf den Markt kam. Abbildung 6.8 zeigt eine aus dem Jahre 1961 stammende Werbeanzeige für dieses System, während Abbildung 6.9 ein solches System selbst zeigt, welches in den folgenden Jahren eine weite Verbreitung – vor allem an Hochschulen und kleine-

---

[28]In erster Linie sind hier DR.-ING. GÜNTER MEYER-BRÖTZ – geboren 1927, Studium der Elektrotechnik an der TU Berlin, Promotion 1955, seit 1951 Mitarbeiter der Telefunken GmbH in Berlin, ab 1955 im Telefunken Forschungsinstitut in Ulm, zuletzt tätig als Hauptabteilungsleiter Informationstechnik im Forschungszentrum Ulm der Daimler-Benz AG, seit 1991 im Ruhestand (nach [366] und [559][S. 387]) – sowie sein Mitarbeiter ADOLF KLEY, geboren am 14. Juli 1929, zu nennen.

[29]Siehe [152].

[30]Siehe [419].

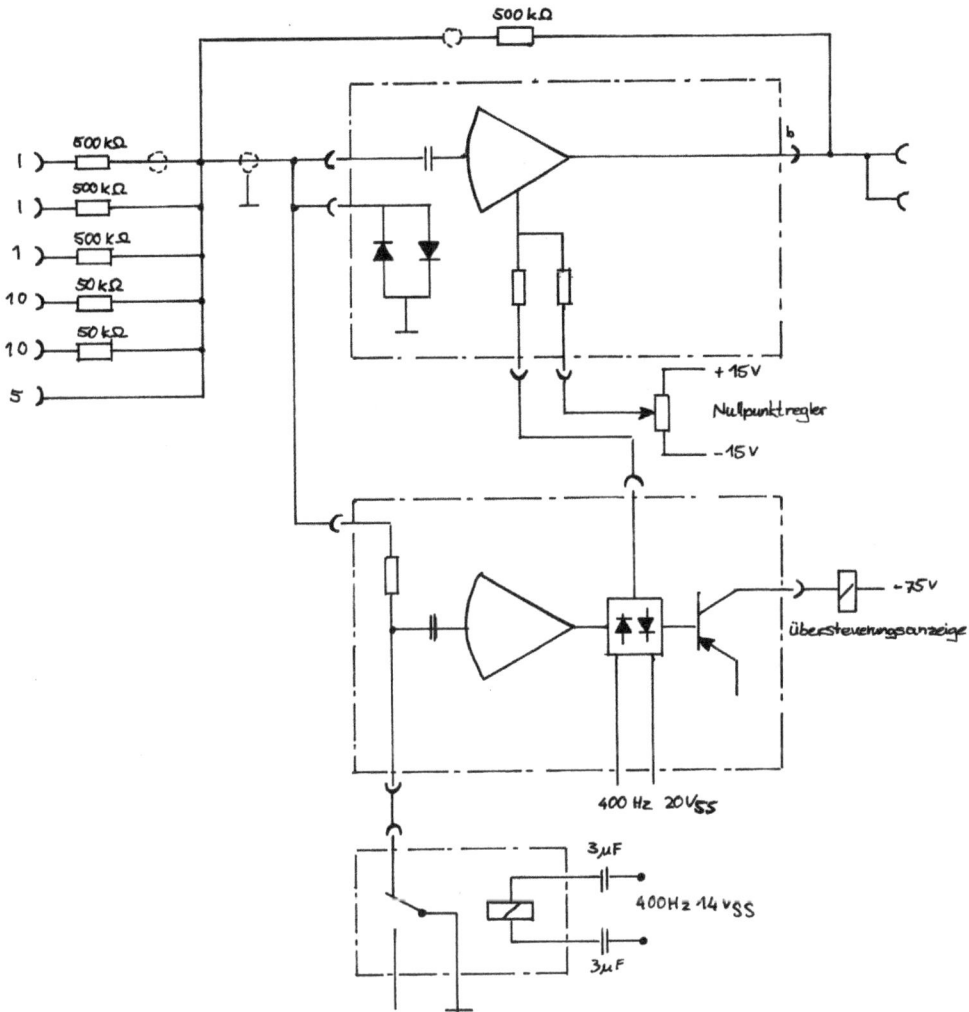

Abb. 6.6: *Prinzipschaltung des zerhackerstabilisierten Transistorverstärkers (vergleiche [421][S. 19])*

ren Forschungsinstituten – erreichte und maßgeblich dazu beitrug, Telefunken als den führenden deutschen Hersteller transistorisierter Analogrechner zu etablieren[31].

Dieser Tischrechner[32] besitzt bereits viele Merkmale des geplanten Großsystemes – hierzu gehört neben einem modularen Aufbau vor allem ein zentrales Programmierfeld, da dessen Fehlen bei den Systemen RA 463 und RA 463/2 als ein wesentlicher Wettbe-

---

[31] Eine detaillierte Beschreibung des Systems findet sich beispielsweise in [591].

[32] Ein Gewicht von 105 kg für ein solches System lässt den Begriff *Tisch*analogrechner ein wenig zweifelhaft erscheinen.

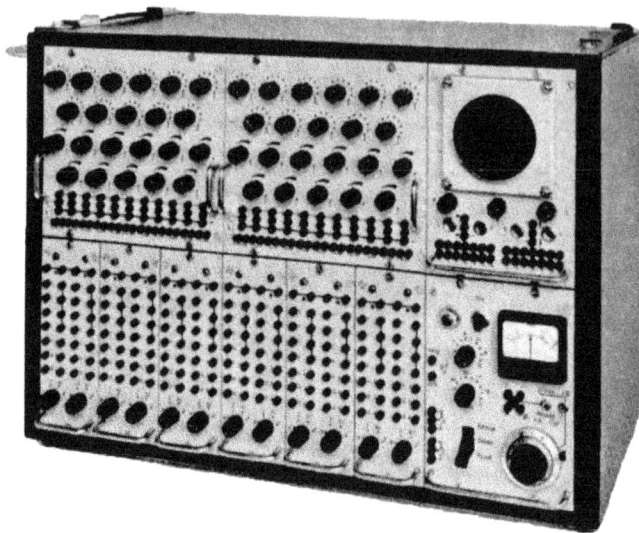

Abb. 6.7: *Das erste Labormuster eines transistorisierten Analogrechners von Telefunken (nach [117][S. 255])*

werbsnachteil erkannt wurde. Zunächst wurde jedoch kein austauschbares Programmierfeld umgesetzt, so dass ein Programmwechsel dennoch eine vollständige Umverdrahtung des Rechners erforderlich macht, was den Vorteil eines zentralen Programmierfeldes stark relativiert[33].

In seiner Vollausbaustufe verfügt ein solcher Tischrechner des Typs RAT 700 über

- 19 Rechenverstärker, von denen acht als umschaltbare Summierer/Integrierer, sieben als reine Summierer und vier als einfache Umkehrverstärker (für den Einsatz mit Parabelmultiplizierer- und Funktionsgeneratornetzwerken) zum Einsatz gelangen,

- 4 Parabelmultiplizierer,

- 20 Koeffizientenpotentiometer,

- 8 freie Dioden sowie

- 2 Relais zum Aufbau von Komparatoren unter Zuhilfenahme freier Verstärker.

---

[33]Spätere Tischanalogrechner von Telefunken, die in ihrem Aufbau alle stark an dieses erste Modell angelehnt waren, besaßen entsprechend auch einfach austauschbare Programmierfelder. Für das Modell RAT 700 wurde ein solches nach einiger Zeit in Form eines Aufrüstsatzes zur Verfügung gestellt, welcher im Wesentlichen aus einem zweiten Buchsenfeld bestand, das mit Hilfe einer Hebelmechanik senkrecht zum feststehenden Programmierfeld des unteren Einschubes verfahren werden konnte und über versilberte Federkontakte mit diesem in Verbindung gebracht wurde.

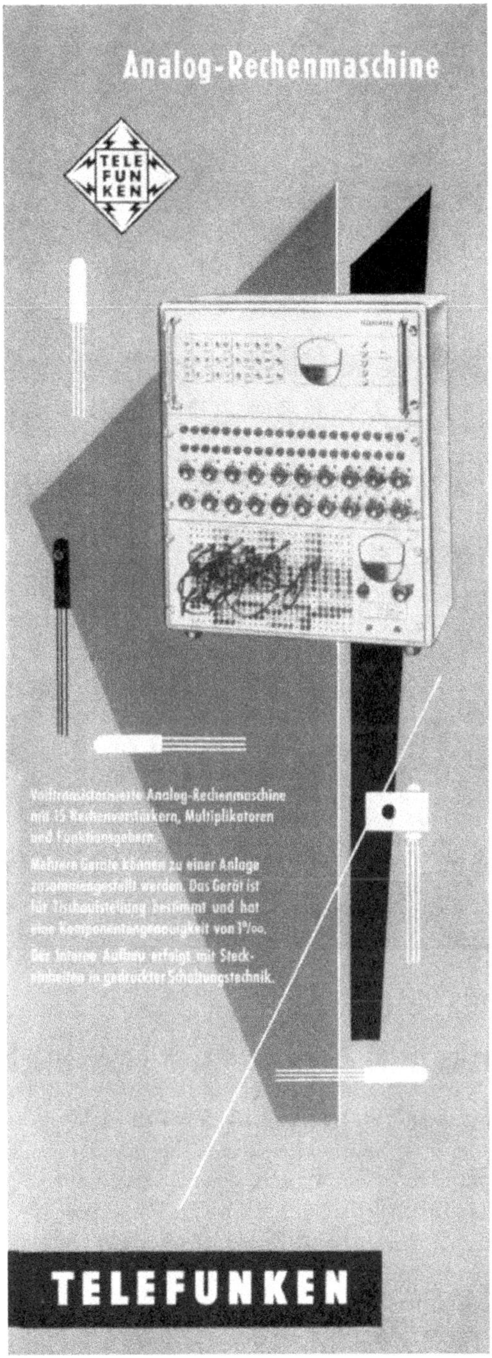

Abb. 6.8: Werbeanzeige für den Tischanalogrechner RAT 700 (siehe [337])

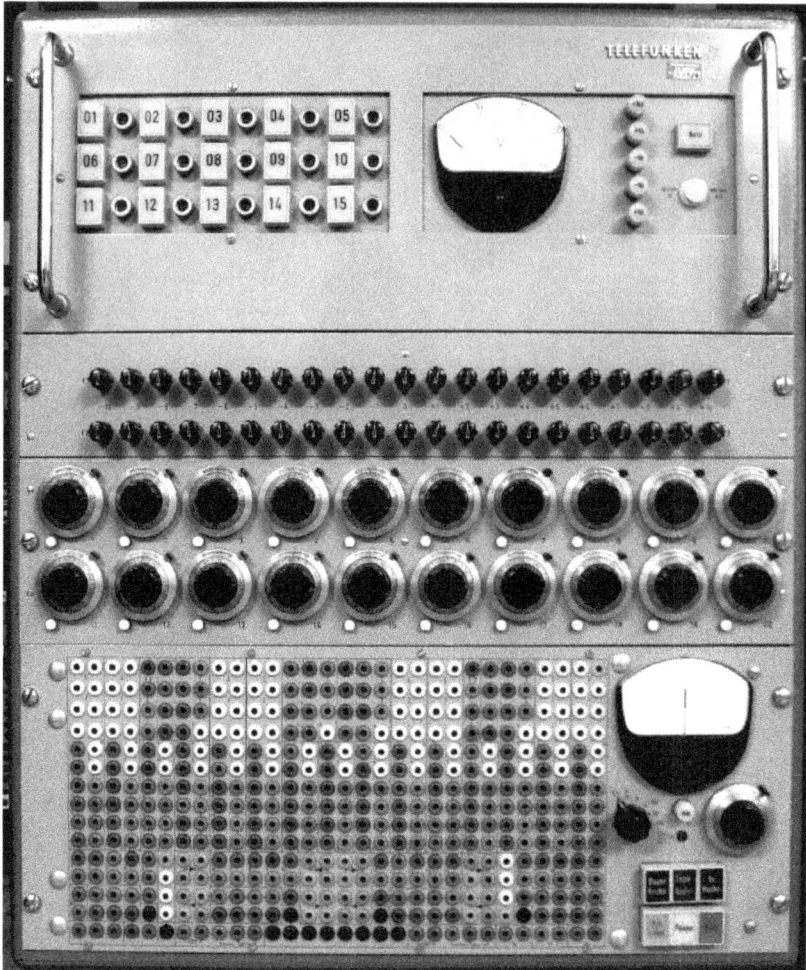

Abb. 6.9: *Ansicht der RAT 700*

6.4 Telefunken RA 800 und RA 800H

Pünktlich zur Hannovermesse 1960 gelang es den Entwicklern bei Telefunken, den eigentlich geplanten Präzisionsgroßanalogrechner, der die Bezeichnung *RA 800* erhielt, der Öffentlichkeit vorzustellen[34]. Im Wesentlichen beruht dieses System auf den Komponenten und Aufbautechniken, die kurz zuvor in Form der RAT 700 erprobt wurden und verfügt ebenfalls über ein zentrales Programmierfeld, das hier jedoch mit wenigen Handgriffen ausgetauscht werden kann und, ebenso wie bei der EAI 231R, zu welcher die RA 800 in direkter Konkurrenz stand, voll abgeschirmte Verbindungen zwischen den einzelnen Rechenelementen ermöglicht.

---

[34] Die offizielle Beschreibung dieses Systems findet sich in [313][S.171 ff.]. Ebenfalls interessant ist die Beschreibung des Systems in [420].

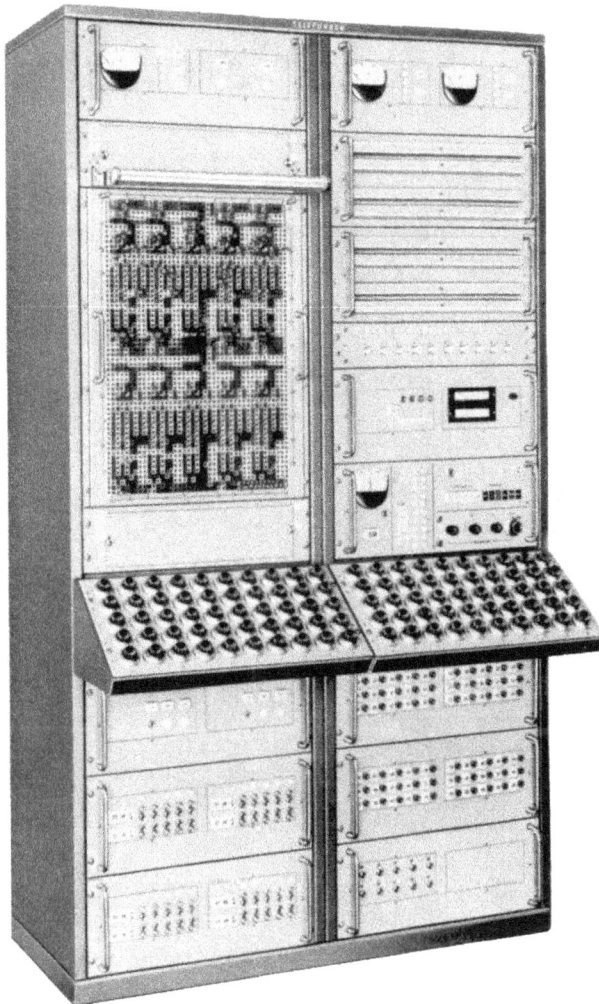

Abb. 6.10: *Die Grundeinheit der RA 800 (nach [313][S. 176])*

Ein aus zwei Gestellschränken bestehendes Grundsystem einer RA 800 zeigt Abbildung 6.10 – der rechte Schrank enthält (von oben nach unten) ein Netzgerät, zwei Vierfachfunktionsgeber[35], zehn manuell setzbare Schalter, ein Digitalvoltmeter, das zentrale Bediengerät, welches weit über die Möglichkeiten der EAI 231R hinausgehende Steuerungsmöglichkeiten bietet, einen Pultvorbau mit 50 Zehngangkoeffizientenpotentiometern, zwei Einschübe mit je 30 zerhackerstabilisierten Rechenverstärkern, wie sie bereits in der RAT 700 eingesetzt wurden, sowie einen Einschub mit zehn elektronischen Schaltern.

---

[35]Diese arbeiten nach der Polygonzugmethode mit äquidistanten Stützstellen und entsprechend vorgespannten Diodenstrecken.

Abb. 6.11: *Ein vollausgebautes RA 800-System (nach [236][S. 133])*

Der linke Schrank enthält, ebenfalls von oben nach unten, ein weiteres Netzgerät, das zentrale, abgeschirmte Programmierfeld, einen zusätzlichen Vorbau mit 50 Koeffizientenpotentiometern, zwei Servoresolver sowie zwei Einschübe mit je vier Zeitmultiplexmultiplizierern.

Hinsichtlich des Umfanges an Rechenelementen ist die RA 800 einer EAI 231R zumindest ebenbürtig – durch den vollständigen Verzicht auf Röhrenschaltungen und die damit einhergehende Verringerung der Maschineneinheit auf ± 10 V anstelle der bei Röhrenrechnern üblichen ± 100 V können zudem größere Bandbreiten der Rechenelemente erzielt werden, was vor allem die Durchführung repetierender Rechnungen ermöglicht und eine Vielzahl zusätzlicher Anwendungsgebiete erschließt.

Ein vollausgebautes System dieses Typs zeigt Abbildung 6.11 – hier wird die Grundausbaustufe durch einen dritten Gestellschrank ergänzt, der zusätzliche Rechenelemente sowie in aller Regel ein spezielles Zweikanal-(x, y)-Oszilloskop des Typs OMS 800 aufnimmt. Das zentrale Programmierfeld ist in jedem Fall auf die maximal mögliche Ausbaustufe vorbereitet.

Die Presse schrieb noch 1963 über die RA 800: „In seiner Genauigkeitsklasse ist der Rechner RA 800 der erste serienmäßig hergestellte Analogrechner der Welt, der nur mit Transistoren arbeitet."[36]

Bedingt durch den sich einstellenden großen Erfolg der RA 800 wurde noch im Jahre 1966 ein Nachfolgesystem unter der Bezeichnung RA 800H vorgestellt, wobei das Suffix *H* auf die Verwendungsmöglichkeit als *Hybridrechner*[37] hinweist, das jedoch fast baugleich mit der RA 800 ist und sich von dieser im Wesentlichen durch ein verbessertes und erweitertes Steuerungssystem sowie einen sogenannten *Digitalzusatz* unterscheidet, bei welchem es sich um eine Anzahl frei über ein ebenfalls schnell auswechselbares Programmierfeld miteinander verschaltbarer Logikfunktionen handelt, mit deren Hilfe die Steuerungsmöglichkeiten der Integrierer des Analogrechenteiles extrem flexibel gestaltet werden können.

DR. GILOI erinnert sich bezüglich dieses Systems wie folgt[38]:

> *Ich wusste aber, dass ich mit dem RA800 nicht weit kommen würde. Er war als Design schon veraltet, bevor er (mit großer Verspätung) auf den Markt kam. Die Technik war gut, die Genauigkeit mit einigen Tricks [auch...], aber der Postschrank im Telefunken-Wehrmachtsgrau war unmöglich. So nahm ich als erstes einige Kosmetik vor: der Schrank erhielt gefälligere, „zivile" Farben und einen „Baldachin" mit Beleuchtung (von EAI abgeguckt). Die Potentiometer kamen in vorgesetzte Pulte in Tischhöhe und konnten später wahlweise auch durch Einschübe mit unseren Servopotentiometern ersetzt werden. Ausserdem bauten wir einen Einschub mit programmierbarer Logik (wie später beim RA770) ein, und die Steuerung wurde dahingehend erweitert, dass der Rechner auch von außen (z.B. durch einen Digitalrechner) gesteuert werden konnte. Um dieses Modell von dem RA800 zu unterscheiden, nannte ich es „RA800H" (H für* hybrid*), was aber in gewissem Masse etwas hoch gegriffen war. Immerhin haben wir dann eine beachtliche Anzahl davon verkauft. Trotzdem sah ich den RA800H mehr als Lückenbüßer an [...]*

Ein solches System des Typs RA 800H zeigt Abbildung 6.12 – augenfälligstes Unterscheidungsmerkmal gegenüber seinem Vorläufersystem RA 800 ist der Digitalzusatz in der Mitte des linken Schrankes mit seinem ebenfalls auswechselbaren Programmierfeld. Weiterhin wurde die Mehrzahl der zuvor rein manuell einzustellenden Koeffizientenpotentiometer, wie oben erwähnt, durch Servopotentiometer ersetzt, die mit Hilfe des ganz rechts angeordneten Steuerpultes eingestellt werden können.

6.5   EAI TR-10

Bedingt durch den großen Markterfolg der transistorisierten Analogrechner von Telefunken, vor allem des kleinen Tischrechners RAT 700, sah sich EAI aufgrund sinken-

---

[36] Siehe [407].
[37] Siehe Abschnitt 7.1.
[38] Persönliche Mitteilung an den Autor.

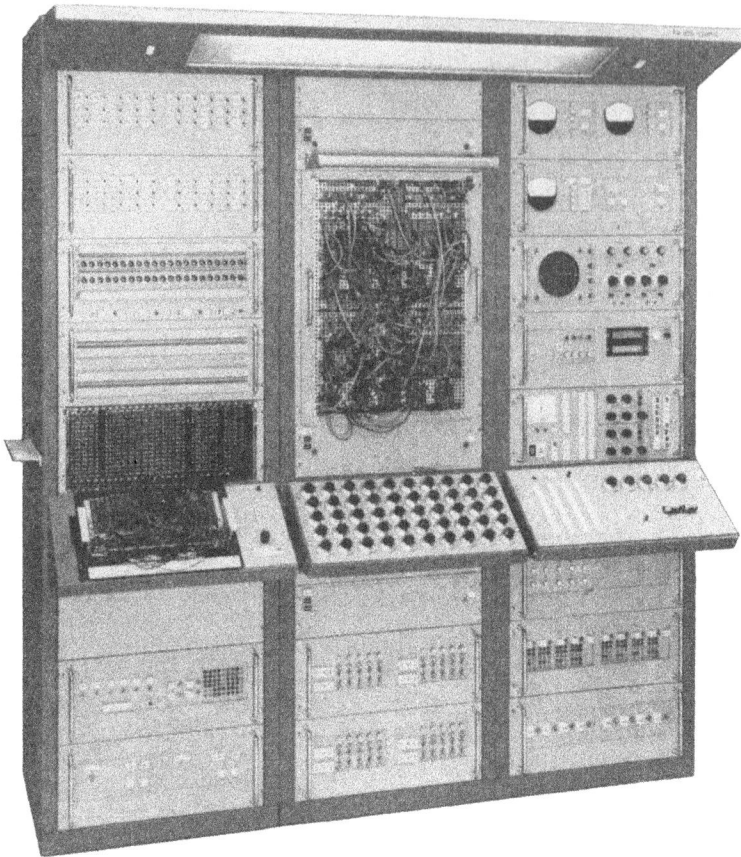

Abb. 6.12: *Die RA 800H (nach [1][S. 273])*

der Verkaufszahlen im Deutschlandgeschäft gezwungen, ein eigenes volltransistorisiertes Tischrechnersystem vorzustellen. Hieraus entstand der in kurzer Zeit entwickelte und 1960 vorgestellte Tischrechner TR-10, der in Abbildung 6.13 dargestellt ist.

Interessant ist zunächst, dass dieses System in seinem Aufbau mehr an das Labormuster eines transistorisierten Tischanalogrechners von Telefunken[39] als an die ausgereiften röhrenbasierten EAI-Systeme erinnert. Wie dieser Prototyp ist die TR-10 vollständig modular aufgebaut, wobei die Verbindung der einzelnen Rechenelemente untereinander mit Hilfe nicht abgeschirmter Standardlaborkabel vollzogen wird, die direkt mit Buchsen auf der Stirnseite der jeweiligen Module verbunden werden. Bedingt durch das Fehlen von Bedienelementen an den einzelnen Rechenelementen – das Telefunkenlabormuster wies, ebenso wie die RA 1, RA 463 und RA 463/2 beispielsweise an den Stirnseiten der umschaltbaren Summierer/Integrierer entsprechende Bedienelemente für die Wahl der gewünschten Betriebsart auf – sowie die geringe Größe des Gesamtsystems bot auch EAI, dem Vorbild Telefunkens folgend, in späteren Jahren ein austauschbares

---

[39]Vergleiche Abbildung 6.7.

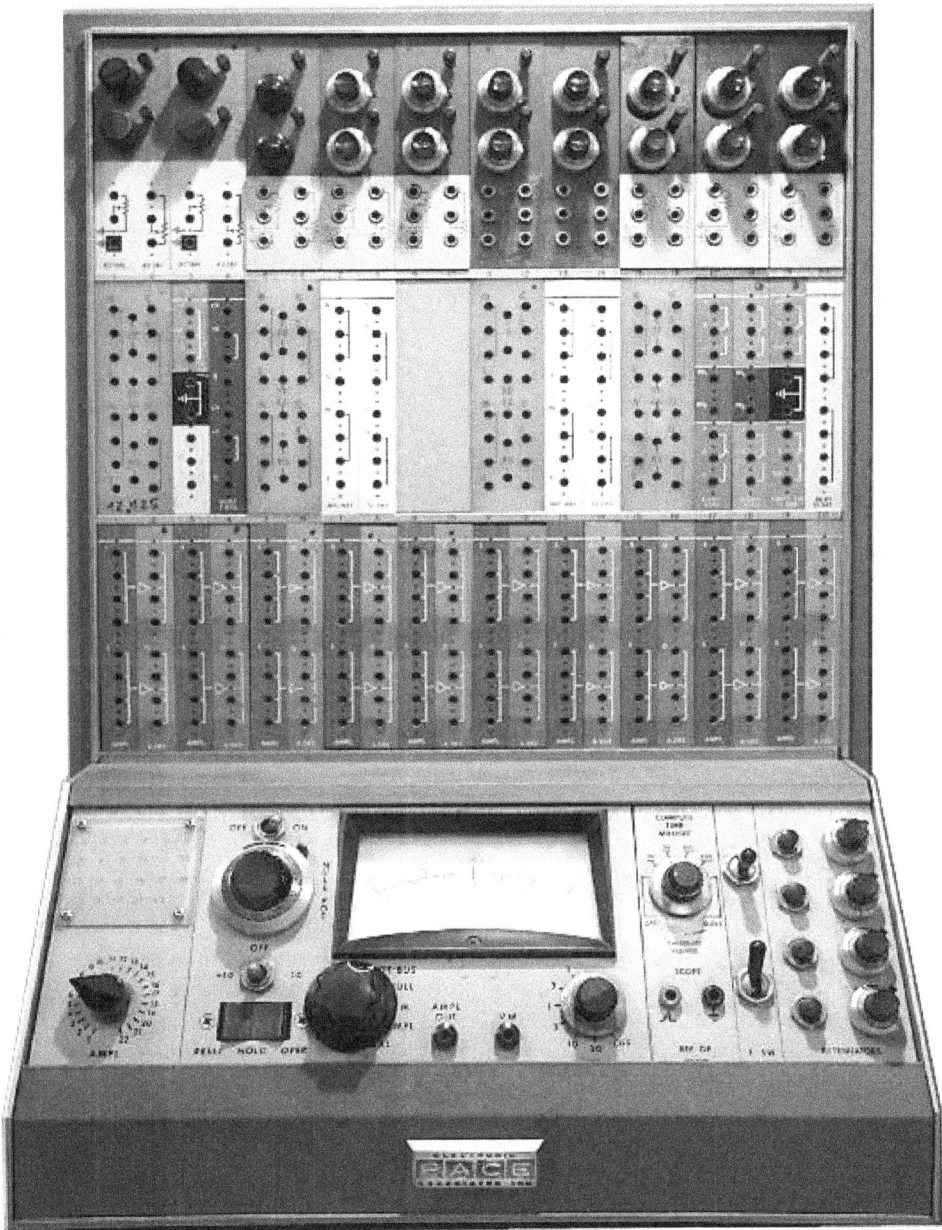

Abb. 6.13: *Frontansicht eines EAI TR-10 Tischanalogrechners*

Programmierfeld als Aufrüstsatz an, das vor den eigentlichen Rechner gesetzt wird und mit Hilfe federnder Goldbronzekontakte entsprechende Verbindungen zu den einzelnen Modulen herstellt.

Im Unterschied zu den transistorisierten Telefunkenanalogrechnern, die als Rechenelemente bereits fertig verschaltete Summierer, Integrierer und dergleichen zur Verfügung stellen, müssen diese bei der TR-10 jeweils aus einzelnen Rechenverstärkern und entsprechenden Widerstands- und Kondensatornetzwerken zusammengeschaltet werden, um wirkliche Rechenelemente zu erhalten. Ein solches Vorgehen findet sich häufig bei sehr kleinen Analogrechnern, bei denen eine optimale Ausnutzung der wenigen zur Verfügung stehenden Elemente erzielt werden soll – aus Sicht des Programmierers ist eine solche Anordnung jedoch nicht optimal, da sie eine unnötige Komplexität in eine Rechenschaltung bringt, was der von Telefunken unter Inkaufnahme eines gewissen Mehraufwandes gewählte Aufbau vermeidet.

Von oben nach unten betrachtet, besteht ein solches System des Typs TR-10 aus folgenden Elementen:

- Maximal zehn Vierfachkoeffizientenpotentiometer, wobei je nach Ausbaustufe präzise Zehngangpotentiometer oder einfache Eingangpotentiometer mit vorgesetztem Reduziergetriebe eingesetzt werden können,

- zehn Steckplätze für Summierer-, Integrierer- und Parabelmultiplizierernetzwerke[40],

- zehn Steckplätze für zerhackerstabilisierte Doppelrechenverstärker,

- ein zentrales Bedienfeld, das, von links nach rechts betrachtet, über eine zentrale Übersteuerungsanzeige für die bis zu zwanzig Rechenverstärker sowie einen Anwahldrehschalter für die Aufschaltung eines beliebigen Verstärkerausganges auf das zentrale Messinstrument, ein Kompensationsmessinstrument, das auch für die Überwachung der Betriebsspannungen sowie das Auslesen von Rechenvariablen eingesetzt werden kann, einen Zeitgeber, zwei Handschalter und vier zusätzliche Koeffizientenpotentiometer verfügt sowie,

- verborgen unter einer mit dem Typenschild versehenen Klappe, den Driftkorrekturpotentiometern, die jedoch, bedingt durch die Zerhackerstabilisierung, nur selten benötigt werden.

Weder hinsichtlich seines Aufbaus noch der Qualität der verwendeten Bauelemente oder seiner Bedienbarkeit konnte die TR-10 mit dem Tischanalogrechner RAT 700 von Telefunken konkurrieren, bot jedoch für EAI den notwendigen Einstieg und die Praxis in die Entwicklung und Fertigung transistorisierter Systeme und war auch hier Vorläufer umfangreicherer und präziserer volltransistorisierter Anlagen wie den Systemen EAI 580 und 680.

---

[40]In seltenen Fällen konnte auch ein Servomultiplizierer eingesetzt werden, der jedoch insgesamt vier Steckplätze belegt und damit den möglichen Funktionsumfang massiv beschränkte.

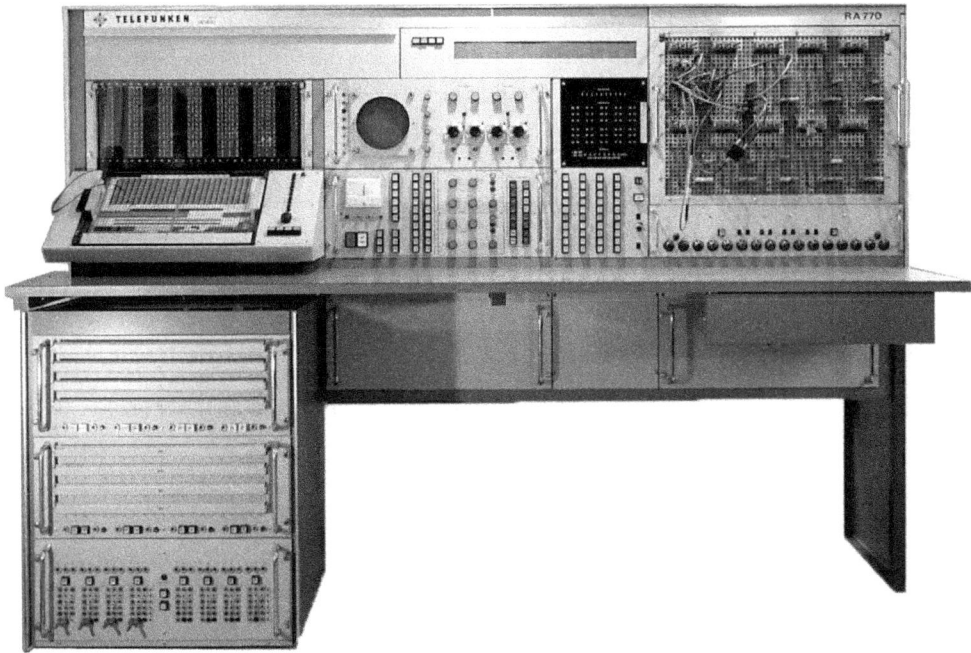

Abb. 6.14: *Telefunken RA 770 Präzisionshybridrechner*

6.6   Telefunken RA 770

Einen der Höhepunkte transistorisierter Präzisionsanalogrechner stellt sicherlich das von Telefunken unter der Leitung von DR. GILOI entwickelte System RA 770 dar, das in Abbildung 6.14 dargestellt ist. Diese Maschine ist hinsichtlich ihres strukturellen Aufbaus, ihrer Bedien- und Programmierbarkeit sowie bezüglich der Genauigkeit der verwendeten Rechenelemente, sowohl im Hinblick auf aktive Elemente wie Rechenverstärker als auch auf passive wie Rechenwiderstände und -kondensatoren ein Meisterstück der Technik elektronischer Analogrechner.

Das gesamte System ist in Form eines Tisches aufgebaut[41], der, von links nach rechts und von oben nach unten betrachtet, folgende Einheiten beinhaltet:

- Hinter einer Klappe in der oberen linken Ecke des Systems befinden sich Steckplätze zur Aufnahme von Parabelmultiplizierernetzwerken und anderen Erweiterungen wie beispielsweise Knickfunktionen.

- Unterhalb hiervon befindet sich ein Digitalzusatz, wie er auch in der RA 800H Verwendung findet.

---

[41] Das Gesamtgewicht eines vollausgebauten Systems liegt bei 550 kg.

- Unterhalb dieses Einschubes befindet sich in einem Fußteil Platz zur Aufnahme von bis zu drei Einschüben, die wahlweise mit elektronischen Resolvern, nichtlinearen Netzwerken, Funktionsgebern oder auch einem Plotter bestückt werden können – im vorliegenden Fall finden sich hier zwei nach der Polygonzugmethode arbeitende Vierfachfunktionsgeber sowie ein Einschub für die Aufnahme nichtlinearer Netzwerke.

- Ganz oben in der Mitte befindet sich das Anzeigeteil eines auf fünf Stellen auflösenden Digitalvoltmeters, das mit Hilfe des zentralen Bedienteiles auch während laufender Rechnungen jederzeit auf beliebige Ausgänge von Rechenelementen geschaltet werden kann. Weiterhin ermöglicht dieses Instrument die Ansteuerung eines als Zubehör verfügbaren Druckwerkes zur automatischen Protokollierung von Koeffizienten, Variablen etc.

- In der Mitte des Systems befindet sich ein Zweistrahloszilloskop der Art, wie es auch in der RA 800 und RA 800H eingesetzt wurde[42] sowie unter diesem das zentrale Bediengerät, das über zwei Zeitgeber zur Steuerung komplexer Rechenabläufe wie repetierendem, aber auch iterierendem Rechnen verfügt.

- Unter der Tischplatte befindet sich an dieser Stelle das zentrale Netzgerät, das die meisten Einschübe mit den notwendigen Betriebsspannungen sowie den für die Zerhackerstabilisierung der Operationsverstärker notwendigen Modulationsspannungen versorgt.

- Rechts neben dem Oszilloskop und Bediengerät befindet sich die zentrale Übersteuerungsanzeige sowie unter dieser das Einstellgerät für die Servokoeffizientenpotentiometer.

- Ganz rechts befindet sich das zentrale, schnell auswechselbare und abgeschirmte Programmierfeld, das auf der bei der RA 800 und RA 800H eingesetzten Technik beruht. Unter diesem befindet sich ein Einschub mit sechzehn manuell einstellbaren Koeffizientenpotentiometern sowie einer Reihe von Handschaltern.

- Unterhalb der Tischplatte befindet sich rechts der Einschub mit der Elektronik des hochauflösenden Digitalvoltmeters.

Die RA 770 erlaubt eine Rechengenauigkeit von 10^{-4}, was sie zu einem wirklichen Präzisionsanalogrechner macht, und verfügt über zu ihrer Zeit neuartige Rechenverstärker, die erstmalig ausschließlich auf Basis von Siliziumtransistoren, die ihren auf Germanium beruhenden Vorgängern gegenüber eine Vielzahl von Vorteilen aufweisen, implementiert wurden und überdies eine verbesserte Zerhackerstabilisierung einsetzen. Hier wurde erstmalig auf die Verwendung elektromechanischer Zerhacker verzichtet und stattdessen eine rein elektronische Signalumformung eingesetzt. Darüberhinaus wird das Stabilisierungssignal nicht, wie sonst stets üblich, in die komplementäre erste Eingangsstufe des

---

[42]Bei späteren Modellen wurde dies, bedingt durch die Einstellung der Oszilloskopfertigung bei Telefunken, durch ein Gerät des Herstellers HP ersetzt, das dem Original jedoch in der Hinsicht unterlegen ist, dass es keine zweikanalige unabhängige (x, y)-Darstellung ermöglicht – dafür verfügt es jedoch über eine Speicherbildröhre.

Hauptverstärkers, sondern stattdessen in die zweite Verstärkerstufe eingespeist, was den enormen Vorteil einer stark verkürzten Erholzeit nach Übersteuerungen nach sich zieht.

Dieses Modell fand in Deutschland, aber auch im benachbarten europäischen Ausland sowie in begrenztem Maße auch in ferneren Ländern wie beispielsweise Brasilien große Verbreitung und wurde zu einem Defaktostandard für elektronische Analogrechner. Vor allem die Strukturierung des zentralen Programmierfeldes, die sich ausschließlich auf Erfahrungen und Erfordernisse früherer Kunden aus Forschung, Lehre und Industrie stützte, erlaubt eine einfache Programmierung, die ihresgleichen sucht und allen im gleichen Zeitraum entstandenen Geräten weit überlegen ist[43].

Der RA 770 hatte über lange Zeit hinweg kein anderer Hersteller ein vergleichbares System entgegenzustellen, was in der Folge dazu führte, dass Telefunken ab etwa Mitte der 1960er Jahre nicht nur in Deutschland in steigendem Maße eine Führungsrolle im Bereich elektronischer Analogrechner übernahm. Das System RA 770 wurde fast unverändert über einen Zeitraum von nahezu zehn Jahren, von 1966 bis 1975, gebaut und verkauft – im Einsatz waren Anlagen dieses Typs noch lange über das letztgenannte Datum hinaus, da sie sich als weitgehend wartungsfrei herausstellten und ihre hervorragenden Eigenschaften auch über lange Zeiträume hinweg behielten.

Interessant ist, dass sich mit dem Ende der Entwicklung der RA 770 auch die Hauptpersonen der Analogrechnerentwicklung bei Telefunken aus diesem Bereich zurückzogen. DR. MEYER-BRÖTZ wandte sich innerhalb Telefunkens neuen Aufgabengebieten wie der automatischen Schrifterkennung zu, die alle im Bereich der verstärkt aufkommenden Digitalelektronik standen, während DR. GILOI einem Ruf an die TU Berlin nachkam und von dort aus noch einige Zeit lang richtungsweisend auf die Analogrechnerentwicklung bei Telefunken einwirkte – ein Einfluss, der sich jedoch naturgemäß mit den Jahren verlor. Die RA 770 und das Jahr 1966 markieren nicht nur technisch den Höhepunkt elektronischer Analogrechnerentwicklung bei Telefunken, sondern auch das Ende aktiver Entwicklungen in diesem Bereich – alle später entwickelten Systeme, bei denen es sich ausschließlich um Tischrechner wie die im Folgenden dargestellte RA 742 handelte, brachten nur unwesentliche technische Neuerungen mit sich und unterschieden sich hauptsächlich in Bedienungs- und Fertigungsdetails.

6.7 Telefunken RA 742

Bedingt durch die zunehmende Verbreitung der Telefunkenanalogrechnersysteme am Markt wuchs nicht zuletzt der Bedarf an einer breiteren Palette vergleichsweise preiswerter, aber dennoch leistungsfähiger Tischrechner, was in der Folge eine Reihe von Weiterentwicklungen des recht erfolgreichen ersten Modells RAT 700 nach sich zog, woraus sich im Laufe der Jahre die Systeme RAT 740, RA 741, RA 710 und schließlich die RA 742 ergaben. Interessant ist in diesem Zusammenhang der bereits erwähnte

---

[43]So verwendete beispielsweise EAI in seinem System 580, das ebenfalls volltransistorisiert ist, noch einen Programmierfeldaufbau, der dem der TR-10 dahingehend entspricht, dass auch hier einzelne Rechenverstärker erst manuell mit entsprechenden Netzwerken verschaltet werden müssen, um grundlegende Rechenelemente wie Summierer, Integrierer und Multiplizierer zu erhalten. Um dies zu vereinfachen, entwickelte EAI zwar spezielle Kurzschlussstecker, die jedoch nichtsdestotrotz unübersichtliche Rechenschaltungen nicht verhindern konnten.

Fortfall des Suffix „T", wodurch die späteren Systeme, die hinsichtlich ihrer Genauigkeit dem Urmodell RAT 700 um mindestens eine Zehnerpotenz überlegen sind, auch
aus vertriebstechnischen Gesichtspunkten mehr auf eine Stufe mit den großen Präzi-
sionsanalogrechnern gestellt werden sollten.

Äußerlich unterscheiden sich die verschiedenen Tischanalogrechner von Telefunken nur
wenig – allen gemeinsam ist der Aufbau aus drei Einschüben, von welchen der oberste
das Netzgerät sowie die Mehrzahl der Rechenverstärker enthält, während der mittlere Doppeleinschub zwei Funktionsgeneratoren nach dem Polygonzugverfahren sowie die
Koeffizientenpotentiometer beinhaltet. Der untere Einschub trägt stets das zentrale Programmierfeld, das zunächst als Option auswechselbar gestaltet werden konnte, während
es bei den Systemen RA 710 und RA 742 standardmäßig so ausgebildet wurde.

Die beiden letzten von Telefunken vorgestellten Analogrechnermodelle stellen die
Tischanalogrechner RA 742[44] und RA 710 dar, wobei es sich bei dem letztgenannten Modell um ein preiswerteres und etwas weniger genau arbeitendes System handelt,
während die RA 742 hinsichtlich ihres Rechenelementeumfanges sowie der Rechengenauigkeit auch für die Behandlung anspruchsvoller Aufgaben geeignet ist. Ein vollständiges
RA 742 Tischanalogrechnersystem zeigt Abbildung 6.15 – der eigentliche Analogrechner
ist in der rechten Bildhälfte zu sehen und kann seine Abstammung von der RAT 700
nicht verleugnen, während in der linken Bildhälfte oben ein Zweistrahl-(x, y)-Oszilloskop
OMS 811, wie es auch in frühen RA 770-Anlagen zum Einsatz kam, zu sehen ist. Links
unten ist ein Digitalzusatz DEX 102 abgebildet, der eine Reihe frei verschaltbarer
Logikelemente bietet, so dass sich fast eine kleine Hybridrechenanlage[45] ergibt, mit der
beispielsweise auch Optimierungsprobleme erfolgreich behandelt werden können.

Ein typisches System RA 742 besteht aus[46]

- 23 zerhackerstabilisierten Rechenverstärkern[47], von denen acht für umschaltbare
  Summierer/Integrierer, sieben für reine Summierer, vier für Umkehrer mit er-
  weiterbarem Eingangsnetzwerk und vier für reine Umkehrer im Zusammenhang
  mit den vorhandenen Funktionsgebern eingesetzt werden,

- 19 Koeffizientenpotentiometern sowie einem Präzisionsspannungsteiler für die Einstellung der Funktionsgeber, der auch als stufenweise arbeitendes Koeffizientenglied genutzt werden kann, wovon jedoch in der Praxis eher selten Gebrauch gemacht wurde,

- zwei Funktionsgebern mit äquidistanten Stützstellen,

- vier Parabelmultiplizierern,

---

[44]Dieses System wurde 1972 eingeführt.
[45]Siehe Abschnitt 7.1.
[46]Siehe [425][S. 14].
[47]Diese entsprechen im Wesentlichen den 1959 entwickelten Verstärkern, die schon in der RAT 700
sowie der RA 800 und RA 800H zum Einsatz kamen – die für die RA 770 neu entwickelten Verstärker
fanden aus Kostengründen keinen Eingang in die Tischrechnermodelle, deren nicht abgeschirmte Pro-
grammierleitungen derart hohe Genauigkeitsanforderungen, wie sie die Verstärker der RA 770 erfüllen
konnten, nicht notwendig werden ließen.

Abb. 6.15: *Telefunken RA 742 Tischanalogrechner mit Oszilloskop OMS 811 und Digitalzusatz DEX 102*

- zwei Komparatoren, die wahlweise mit Relais oder elektronischen Schaltern ausgerüstet werden können,

- zwei Handschaltern,

- acht freien Steckplätzen für Funktionsgeberkarten sowie

- einem zentralen, auswechselbaren Programmierfeld.

Der verwendete Digitalzusatz DEX 102 verfügt über[48] 24 Flipflops, 57 Verknüpfungsglieder, vier Zeitglieder, zehn Inverter, sechs Verstärker, vier Relais, zehn Handschalter sowie einen freien Funktionsplatz, der mit speziellen Schaltungen belegt werden kann.

Rechner der Art des in Abbildung 6.15 dargestellten Systems erfreuten sich lange Zeit großer Beliebtheit und wurden häufig bis in die 1990er Jahre und darüber hinaus eingesetzt.

6.8   Dornier DO-80

Den Abschluss dieses kurzen Überblicks über einige wenige verbreitete und einflussreiche elektronische Analogrechner bildet ein Kleinstsystem, das von der Firma Dornier,

---

[48]Siehe [425][S. 30 f.].

Abb. 6.16: *Dornier DO-80 Analogrechner*

die in den 1960er Jahren vor allem durch die sich in ihrem Kernaufgabengebiet, der Flugzeugentwicklung, stellenden Probleme zunächst zur Lizenzfertigung von Analogrechnern[49] und später zur Entwicklung eigener Systeme fand, in den 1970er Jahren entwickelt und unter der Bezeichnung *DO-80* am Markt eingeführt wurde[50].

Abbildung 6.16 zeigt dieses Kleinstsystem[51], das lediglich einen 19 Zoll-Einschub mit 5 Höheneinheiten belegt und durch die Verwendung integrierter Operationsverstärker[52] ohne Driftkorrektur eine hohe Packungsdichte erreicht, die einen Funktionsumfang erlaubt, welcher einer RA 742 fast ebenbürtig ist – hinsichtlich der erzielbaren Rechengenauigkeit und Bandbreite der einzelnen Rechenelemente ist die DO-80 einem solchen, deutlich teureren System jedoch weit unterlegen. Bereits bei Rechnungen, die sich über mehr als einige zehn Sekunden erstrecken, machen sich Leckstromfehler der Integrierer und Drifteffekte der Rechenverstärker störend bemerkbar, während auf einer RA 742 auch Rechnungen, die über viele Minuten und längere Zeiträume laufen, ohne Schwierigkeiten durchzuführen sind.

Das nicht austauschbare zentrale Programmierfeld der DO-80 wird direkt aus den Frontplatten der einzelnen, jeweils etwa 2.5 Zentimeter breiten Steckmodule gebildet, welche

---

[49]Hierbei handelte es sich im Wesentlichen um Lizenznachbauten von Systemen des US-amerikanischen Herstellers Simulators Inc., die unter den Bezeichnungen DO-240 beziehungsweise DO-720 vermarktet wurden.

[50]Neben diesem Kleinstsystem entwickelte Dornier auch ein unter der Bezeichnung DO-960 bekannt gewordenes großes Hybridrechensystem, auf das im Folgenden jedoch nicht eingegangen wird.

[51]Bei dem gesteckten Programm handelt es sich übrigens um eine Implementation des springenden Balles aus Abschnitt 5.3.4.

[52]Es gelangen fast ausschließlich Exemplare des preiswerten und einfachen Typs 741 zum Einsatz.

die Rechenelemente in unterschiedlichen Bestückungsvarianten tragen. Zur Auswahl stehen Integrierer, Summierer, Multiplizierer sowie einfache Funktionsgeber – darüberhinaus können vier Plätze auch mit digitalen Logikelementen bestückt werden, mit deren Hilfe beispielsweise einfache Optimierungsaufgaben untersucht werden können.

Darüberhinaus verfügt die DO-80 über ein einfaches Steuerungssystem, mit dessen Hilfe zumindest repetierende Rechenabläufe ohne weitere externe Steuerungselemente umgesetzt werden können; auch können mehrere Systeme direkt miteinander gekoppelt werden, um den Funktionsumfang auf einfache Weise zu erweitern.

Bedingt durch ihr geringes Volumen sowie den vergleichsweise günstigen Anschaffungspreis erreichte die DO-80 bis etwa Mitte der 1980er Jahre eine große Verbreitung vor allem im Bereich der Forschung, Ausbildung und Lehre. Viele Systeme wurden direkt für die Ausbildung im Bereich des Analogrechnens eingesetzt, während andere als mehr oder minder fester Bestandteil komplexer Mess- und Instrumentierungssysteme zum Einsatz gelangten[53].

Die in den vorangegangenen Abschnitten exemplarisch und kurz dargestellten elektronischen Analogrechner vermitteln einen ersten Eindruck typischer Analogrechner, wie sie von etwa Mitte der 1950er Jahre bis Ende der 1970er Jahre marktbeherrschend waren und Generationen von Ingenieuren, Technikern, Wissenschaftlern und Studenten prägten. Eine solche Darstellung muss, soll sie sich hinsichtlich ihres Umfanges in vertretbarem Rahmen halten, kursorisch bleiben – die überwiegende Mehrheit namhafter Hersteller elektronischer Analogrechner[54] und ihre Systeme blieben entsprechend unbetrachtet.

Die folgenden Abschnitte wenden sich nun der Klasse sogenannter *Hybridrechner* zu, die im Wesentlichen aus dem Zusammenschluss eines Analogrechners mit einem Digitalrechner hervorgehen und in mancher Hinsicht jedem dieser konstituierenden Einzelsysteme überlegen sind.

---

[53]Für die Durchführung präziser Rechnungen und damit den Einsatz in der Industrieforschung ist die DO-80, bedingt durch ihre einfache Implementation, hingegen weniger geeignet.

[54]Zu den wichtigsten Herstellern zählen neben den genannten Firmen EAI, Telefunken und Dornier vor allem (in alphabetischer Reihenfolge) die Unternehmen Applied Dynamics Inc., Beckman Instruments Inc., Comcor Inc., Donner Scientific Company, Elliot Brothers Ltd., Goodyear, Heath, Hitachi, IfR Berlin, George A. Philbrick Researches, Reeves Instrument Corporation, Systron-Donner Corporation, Simulators Inc., Solartron Electronic Group und viele mehr. Einige Systeme dieser und anderer Hersteller werden beispielsweise in [1] beziehungsweise [117] beschrieben.

7 Hybridrechner

7.1 Systeme

Bereits Mitte der 1950er Jahre trat die Behandlung von Fragestellungen in den Vordergrund, für welche Analogrechner in ihrer reinen Form entweder nur stark eingeschränkt oder mit unverhältnismäßig hohem technischem beziehungsweise personellem Aufwand eingesetzt werden konnten. An Schwierigkeiten sind vor allem die mühsame Erzeugung von Funktionen einer Variablen beziehungsweise die mit vertretbarem Aufwand fast unmögliche Erzeugung von Funktionen mehrere Variablen zum einen[1] sowie die Schwierigkeit, einzelne Integrierer des Analogrechners losgelöst von anderen, jedoch gesteuert von Ergebnissen einer laufenden Rechnung zu steuern, zum anderen zu nennen[2].

Beide Probleme stellen im Gegensatz hierzu für einen Digitalrechner keine unüberwindbaren Schwierigkeiten dar, was den Gedanken nahelegt, Analog- und Digitalrechner miteinander zu koppeln, um die jeweils besten Eigenschaften jeder der beiden beteiligten Architekturen auszunutzen. Eine solche Kopplung, bestehend aus Analog- und Digitalrechner, wird als *Hybridrechner* bezeichnet.

Als Schnittstelle zwischen den beiden Rechnern dienen in der Regel Analog-Digitalbeziehungsweise Digital-Analog-Wandler[3], mit deren Hilfe in Form von Spannungen vorliegende Variablen einer analogen Rechnung dem Digitalrechner und umgekehrt in digitaler Ausprägung vorliegende Werte dem Analogrechner zur Verfügung gestellt werden können.

Darüberhinaus existieren in der Regel Steuereingänge des Digitalrechners, die meist von den Ausgängen der Komparatoren des Analogrechners angesteuert werden, während umgekehrt Analogschalter direkt durch Ausgangssignale des Digitalrechners angesteuert werden können.

---

[1] Siehe beispielsweise [123][S. 22].

[2] Die Schwierigkeiten, eine Vielzahl komplexer Funktionen mit rein analogelektronischen Mitteln darzustellen, zeigt schön ein Zitat aus WALTMAN (siehe [594][S. 69]), das im Zusammenhang mit dem X-15-Entwicklungsprogramm steht (siehe Abschnitt 10.14.7), in dessen Rahmen mitunter schnell zwischen unterschiedlichen Funktionen umgeschaltet werden musste: „*The thought of building up another set of function generators like those already in use was probably considered, but not by me or any other X-15 simulation programmers. We had had enough of those fuses and dinky pots. The idea of using a digital computer to do this job was unanimously and immediately accepted. No discussion was needed. We were going hybrid.*"

[3] Im Laufe der Zeit wurde eine Vielzahl unterschiedlicher Wandlungsverfahren entwickelt, die alle sehr spezifische Vor- und Nachteile aufweisen und sich vor allem hinsichtlich der erzielbaren Konversionszeit sowie der möglichen Auflösung unterscheiden – ein Überblick über die wichtigsten Funktionsprinzipien findet sich beispielsweise in [580][93 ff.].

Abb. 7.1: *Gesamtansicht des ADDAVERTER mit bis zu 15 AD- und 15 DA-Kanälen (nach [308][S. 1129]) – das abgebildete System verfügt über 15 AD- und zehn DA-Kanäle (diese befinden sich in den beiden rechten Schränken)*

Weiterhin erfordert eine Vielzahl praktischer Aufgabenstellungen ein sogenanntes iterierendes Rechnen[4], was eine Einzelsteuerung von Integrierern notwendig werden lässt. Während einfache Fragestellungen diese Integrierersteuerung noch mit den vorhandenen Komparatoren – eventuell unter Zuhilfenahme einfacher Logikelemente, über welche einige Analogrechner ebenfalls verfügen – vorzunehmen erlauben, erfordern beispielsweise komplexe Optimierungsprozesse ein hohes Maß an Logik zur Ansteuerung der an einer Rechnung beteiligten Integrierer, wofür ebenfalls zweckmäßigerweise der Digitalteil eines Hybridrechners eingesetzt werden kann.

Diese Vielzahl unterschiedlicher Kopplungssignale erfordert entsprechende Einrichtungen, die zwischen dem Analog- und dem Digitalteil eines Hybridrechners vermitteln – Abbildung 7.1 zeigt eines der ersten Modelle, den 1956 erstmalig ausgelieferten[5] sogenannten *ADDAVERTER*[6] der Space Technology Laboratories[7]. Herzstück dieses Systems war eine Reihe Analog-Digital- sowie Digital-Analog-Umsetzer, die einen zulässigen Spannungsbereich von ±100 V besaßen und somit direkt für den Einsatz mit den damals verfügbaren röhrenbasierten Analogrechnern mit ebensolchem Rechenspannungsbereich geeignet waren. Tabelle 7.1 listet die Rahmendaten des ADDAVERTER-Systems auf – mit ihrer Genauigkeit von ±0.1% entsprachen die Wandler des ADDA-VERTERs gut der zur damaligen Zeit möglichen Rechengenauigkeit typischer röhrenbasierter Analogrechnersysteme.

Die ersten Untersuchungen zur Schaffung eines Hybridrechensystems wurden bereits in den Jahren 1955 und 1956 von der Ramo-Woolridge Corporation sowie von Convair

---

[4]Siehe Abschnitt 4.4.2.
[5]Die Entwicklung begann 1956 – siehe [534][S. 149].
[6]Kurz für Ana*l*aogue *D*igital *D*igital *A*nalogue con*VERTER*.
[7]Hierbei handelte es sich um eine Abteilung der Ramo-Woolridge Corporation.

Statischer Fehler	±0.1% oder ±1 mV
	(größerer der beiden Werte)
Dynamischer Fehler	±0.1 ms Jitter, 0.5 ms Zeitkonstante
Umsetzzeit AD	Maximal 10 ms
Umsetzzeit DA	Maximal 4 ms
Wiederholrate AD	1 bis 20 s^{-1}
Wiederholrate DA	1 bis 100 s^{-1}
Abtasten	Gesteuert durch externen Rechner oder
	durch internen Zeitgeber, Wandler einzeln
	oder gemeinsam gesteuert (0.1 ms Jitter)
Spannungsbereich	±100 V
Wortstruktur	18 Bit
Kanalanzahl AD	Maximal 15
Kanalanzahl DA	Maximal 10

Tabelle 7.1: *ADDAVERTER-Spezifikationen (nach [308][S. 1128])*

Astronautics durchgeführt, beide Entwicklungen hatten zum Ziel, ein Simulationssystem für die Untersuchung von Bahnregelungsproblemen bei Interkontinentalraketen zu schaffen[8]. Die besonderen Rahmenbedingungen dieses Projektes aus der Sicht Convairs beschreiben MCLEOD und LEGER[9] wie folgt:

> *It was imperative that the simulation had to be done in real time to allow inclusion of weapon system hardware, and to conserve operating time. This ruled out an all-digital simulation because the large number of individual computations could not be made fast enough, and because analog equipment would be necessary to connect to some of the weapon system components which were to be included. An all-analog simulation was ruled out by accuracy requirements, particularly with respect to the navigational problem. Clearly a combined simulation was necessary to fulfill the requirements [...]*

Das bei Convair im Rahmen dieses Simulationsvorhabens aufgebaute System zog Kosten von 2.3 Millionen US-Dollar für den verwendeten Digitalrechner des Typs IBM 704, 1.6 Millionen US-Dollar für den EAI-Analogrechner sowie 200000 US-Dollar für den ADDAVERTER nach sich[10], eine für die damalige Zeit ausgesprochen große Summe, die anders als durch ein derartiges Projekt zur Entwicklung von Interkontinentalraketen zu dieser Zeit wohl schwerlich zu rechtfertigen gewesen wäre. Zwischen Planung und Implementation des Convair-Systems verstrich indes so viel Zeit, dass die eigentliche Problemstellung, die Auslöser für die Entwicklung war, bereits auf anderem Wege gelöst wurde[11]:

> *In the time that elapsed between the original specification of the hybrid system and the delivery and acceptance of the conversion equipment, it was*

---

[8]Vergleiche [33][S. 154].
[9]Siehe [308][S. 1127].
[10]Siehe [308][S. 1130].
[11]Siehe [33][S. 154 f.].

> *established that the guidance and control problems associated with missile*
> *flight are not closely coupled and can be studied separately. Consequently the*
> *basic problem for which the hybrid computing system was designed, vanished.*

Trotz dieses Umstandes erwies sich das resultierende System einer einfachen Analog-
oder auch Digitalrechnerinstallation bei der Behandlung einer Vielzahl von Problemen
als weit überlegen, was in der Folge zu einer verstärkten Nachfrage des Marktes bezüglich solcher Hybridsysteme führte. Vor allem das Aufkommen volltransistorisierter
Analog-, aber auch Digitalrechner mit entsprechend implementierten Analog-Digitalbeziehungsweise Digital-Analog-Umsetzern steigerte das Kosten-Nutzen-Verhältnis derartiger Installationen enorm[12].

Einige Zeit nach diesen ersten Hybridrechenanlagen entstand auch in Deutschland bei
Telefunken unter der Leitung von DR. GILOI ein Hybridrechner aus der Kopplung einer
RA 800[13] mit einer Zuse Z22. Auslöser für diese Entwicklung war die Schwierigkeit,
„nichtglatte“ Funktionen beziehungsweise auch Funktionen zweier Veränderlicher mit
rein analogen Hilfsmitteln darzustellen[14]:

> *Nachdem endlich der RA 800 im Rechenzentrum stand, konnte ich we-*
> *sentlich umfangreichere Kundenprobleme angehen als mit dem Tischrechner.*
> *Es zeigte sich aber bald, dass dies schnell seine Grenzen fand, wenn kom-*
> *plizierte Funktionen zu erzeugen waren [...] Ich kam auf die Idee, unseren*
> *Digitalrechner Z22 zur Funktionserzeugung zu benutzen, auf dem sich belie-*
> *big komplexe und sogar mehrdimensionale Funktionen leicht programmieren*
> *ließen.*

Diese Entwicklung zog zwar einen Prototypen eines Analog-Digital- sowie Digital-
Analogwandlers für die Z22 nach sich, ein marktfähiges Produkt ergab sich jedoch
nicht, was zu einem guten Teil seinen Grund darin hat, dass bereits damals die Z22
als röhrenbasierter Digitalrechner veraltet war. Telefunken stellte erst 1966 marktreife
Hybridrechnersysteme wie das später beschriebene System HRS 860 vor[15], obwohl DR.
GILOI bereits 1963 derartige Systeme beschrieb[16].

Während in Europa vor Mitte der 1960er Jahre keine Hybridrechner entwickelt wurden, entstanden in den Vereinigten Staaten von Amerika zunehmend umfangreichere
Anlagen, wie beispielsweise die in Abbildung 7.2 als Modell dargestellte, aus einer Control Data CDC-6400 und mehreren Comcor Analogrechnern CI-5000/5 aufgebaute Hy-
bridgroßrechenanlage. Im Einzelnen besteht das System[17] aus folgenden Einheiten[18]:

---

[12]Ausschlaggebend war hier nicht zuletzt die Entwicklung eines volltransistorisierten Analogrechners
mit einer Maschineneinheit von 100 V durch die Firma Comcor im Jahre 1964, der durch die hohe
Rechenspannung hinsichtlich seiner Genauigkeit anderen volltransistorisierten Analogrechnern einige
Zeit überlegen war, aber nicht die Nachteile röhrenbasierter Implementationen (hoher Stromverbrauch,
hoher Wartungsaufwand) mit sich brachte (siehe [33][S. 155]).

[13]Siehe Abschnitt 6.4.

[14]Siehe [147].

[15]Siehe beispielsweise [146] beziehungsweise [148] und [315].

[16]Siehe [142].

[17]Vergleiche die Nummerierung in Abbildung 7.2.

[18]Vergleiche [33][S. 166].

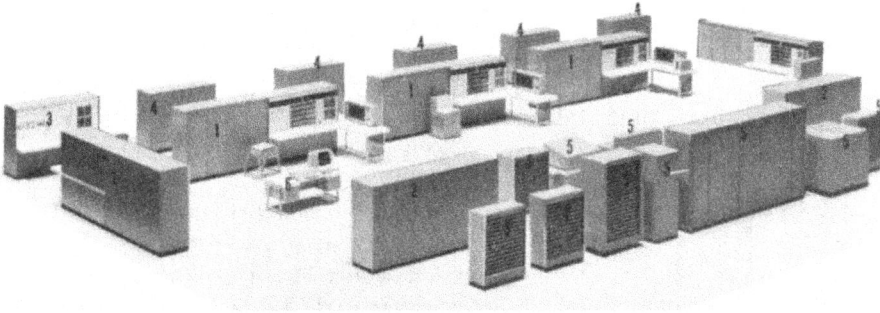

Abb. 7.2: *Modell der an der Lockheed Missile and Space Company installierten Comcor-CDC-Hybridrechenanlage (1967, nach [33][S. 166], reprinted with permission of John Wiley & Sons, Inc.)*

1. Fünf CI-5000/5-Analogrechnern,

2. zwei CI-5100-INTRACOM-Koppelsystemen (Tabelle 7.2 listet den Funktionsumfang eines einzelnen solchen Systems auf, während Abbildung 7.3 ein solches INTRACOM-System zeigt),

3. einer Komponententeststation, mit deren Hilfe fehlerhafte Rechenelemente der CI-5000- bzw. CI-5100-Systeme untersucht und gewartet werden können[19],

4. fünf Lagerschränken für fertig verdrahtete austauschbare Programmierfelder,

5. dem digitalen Großrechner CDC-6400 sowie

6. einer zentralen Setup-Station für die Analogrechner, mit deren Hilfe nach einem Programmierfeldwechsel die Koeffizientenpotentiometer, Funktionsgeber und andere Einheiten automatisch eingestellt werden können.

Ein mittelgroßes Hybridrechnersystem, das ebenfalls auf einem Comcor-Analogrechner des Typs CI-5000 basiert, jedoch eine – verglichen mit der CDC-6400 wesentlich preiswertere – SDS-9300 als Digitalrechner einsetzt, zeigt Abbildung 7.4. Auf der rechten Seite des Bildes ist gut der Analogrechner mit einem Vielkanalschreiber (links neben dem Bedienteil) zu erkennen, während die linke Bildhälfte von den Einheiten des Digitalteiles eingenommen wird.

Bedingt durch den technologischen Fortschritt entstanden gegen Ende der 1960er Jahre Hybridsysteme, die von ihrem Umfang her weniger Fläche einnahmen als noch wenige Jahre zuvor einfache Analog- oder Digitalrechnersysteme, was zu einer weiteren Verbreitung dieser Technologie führte. Ein Beispiel hierfür ist das in Abbildung 7.5 dargestellte hybride Rechnersystem HRS 860, das von Telefunken auf Basis der in Abschnitt 6.6 vorgestellten Analogrechenanlage RA 770 entwickelt wurde. Da Telefunken neben seinen Entwicklungen im Bereich des elektronischen Analogrechnens auch eigene

---

[19]Das Vorhandensein eines solchen Testplatzes ist für Großrechnerinstallationen der 1960er und 1970er Jahre typisch – oftmals befanden sich auch Mitarbeiter der jeweiligen Hersteller direkt vor Ort bei den Kunden, um bei auftretenden Fehlern ohne Verzögerung eingreifen zu können.

Anzahl	Element	Spezifikation
64	Multiplexerkanäle	Fehler: $\pm 0.01\%$ bei 100 V
		Schaltzeit: 2 μs
16	Abtast- und Haltekanäle	Fehler: $\pm 0.02\%$ bei 100 V
		Zeit bis 0.01% bei 100 V: 50 μs
		Drift: $200\frac{\text{mV}}{\text{s}}$
1	AD-Konverter	Fehler: $\pm 0.01\%$ bei 100 V, $\pm\frac{1}{2}$ LSB
		Umsetzzeit: 10 μs
		Auflösung: 14 Bit + Vorzeichen
40	Multiplizierende	Fehler: $\pm 0.014\%$ bei 100 V
	DA-Konverter	Zeit bis 0.01%: 50 μs
		Ladezeit: 5 μs
1	Präzisionszeitgenerator	Auflösung: 1 μs
		Bereich: 1 μs bis 524 s
24	Interrupts	
68	Abfrageleitungen	
68	Steuerleitungen	
300	Freie Logikelemente	

Tabelle 7.2: *Ausstattung des Comcor INTRACOM CI-5100 (nach [33][S. 169])*

Abb. 7.3: *Comcor INTRACOM CI-5100 (nach [33][S. 168], reprinted with permission of John Wiley & Sons, Inc.)*

Abb. 7.4: *Die am Department for Electrical Engineering der Naval Postgraduate School En-de der 1960er Jahre installierte Hybridrechenanlage (nach Bob Limes, 18. November 2006, persönliche Mitteilung an den Autor)*

Digitalrechner entwickelte und fertigte, hatte das Unternehmen den fast einzigartigen Vorteil, alle Komponenten eines Hybridrechners aus einer Hand anbieten zu können, während andere Analogrechnerhersteller fast immer auf den Zukauf der verwendeten digitalen Komponenten angewiesen waren[20], was in der Regel zu einer nicht idealen Integration der beiden unterschiedlichen Systeme führte.

Von links nach rechts zeigt Abbildung 7.5 die Stromversorgung des verwendeten Digitalrechners, den aus zwei Gestellschränken bestehenden Digitalrechner des Typs TR 86 sowie das sogenannte *hybride Koppelwerk*, welches die Verbindung zwischen dem Digitalrechner sowie dem rechts neben ihm befindlichen Analogrechner RA 770 herstellt. Neben dem Analogrechner befindet sich die Bedienkonsole des Digitalrechners, die auch eine grafische Ausgabe ermöglicht. Das in Abbildung 7.6 dargestellte Blockschaltbild dieser Anlage zeigt die mit Hilfe des hybriden Koppelwerkes ermöglichte Verflechtung des Analog- und Digitalteiles untereinander.

Obwohl Hybridrechnersysteme in vielen Fällen hinsichtlich ihrer Leistungs- und Einsatzfähigkeit einfachen Analog- beziehungsweise Digitalrechnersystemen überlegen sind[21], zeigen sie dennoch in einigen Fällen starke Leistungseinbußen, wenn der Digitalrechner mit der Arbeitsgeschwindigkeit des Analogrechners nicht Schritt halten kann und die-

---

[20] EAI versuchte dieses Manko durch ein eigenes Entwicklungsprogramm für Digitalrechner, wie beispielsweise die EAI 640 (siehe [360]) oder die PACER 100 (siehe [405]), zu umgehen, dem jedoch kein großer Markterfolg beschieden war.

[21] Eine interessante Sammlung typischer Fragestellungen, die mit Hilfe eines Hybridrechners behandelt wurden, findet sich in [40], wobei auch eine kritische Betrachtung der speziellen Stärken und Schwächen eines solchen Systems durchgeführt wird.

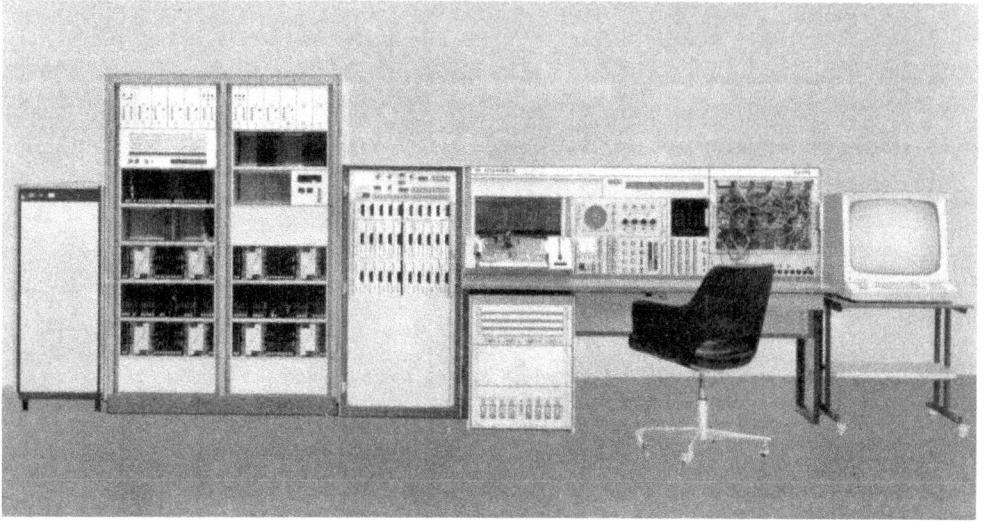

Abb. 7.5: *Ansicht des hybriden Rechnersystems HRS 860 (nach [393][S. 6])*

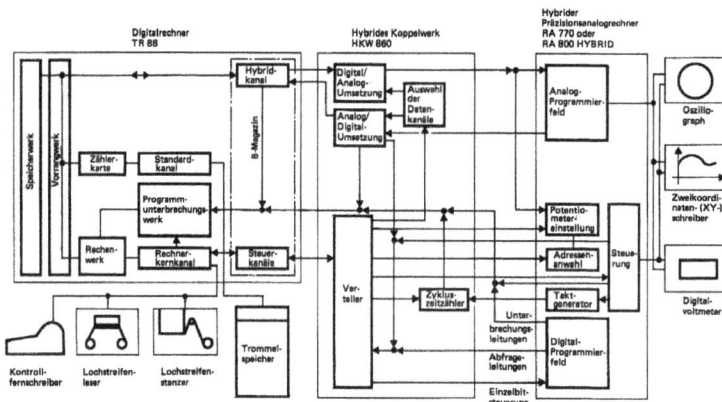

Abb. 7.6: *Blockschaltbild des hybriden Rechnersystems HRS 860 (siehe [393][S. 6])*

sen, da ihm in der Regel dessen Steuerung obliegt, ausbremst. Gerade im Bereich der Reaktordynamik treten solche Fälle auf, wie FRISCH bemerkt[22]:

> *Es ist jedoch zu berücksichtigen, daß beim Hybridrechner die Rechenge-schwindigkeiten gegenüber dem Analogrechner wesentlich geringer sein kön-nen, wenn die digitalen Rechnungen so umfangreich sind und so lange dau-ern, daß die maximal mögliche Rechengeschwindigkeit des Analogrechners nicht ausgenutzt werden kann. Es sind Fälle aus der Reaktordynamik be-*

---

[22]Siehe [135][S. 36].

kannt, in denen die Lösung mit Hilfe eines Hybridrechners nur noch um den Faktor 3-10 schneller ist als eine rein digitale Lösung.

Während bei einem Hybridrechner in der Regel der Analogrechner durch den ihm zugeordneten Digitalrechner unterstützt wird, indem dieser Aufgaben wie die Generierung komplexer Funktionen oder auch Entscheidungstätigkeiten übernimmt, kann mitunter umgekehrt auch ein Digitalrechner von einem ihm zugeordneten Analogrechner profitieren, wie beispielsweise KARPLUS und RUSSEL in ihrer Veröffentlichung „Increasing Digital Computer Efficiency with the Aid of Error-Correcting Analog Subroutines" zeigen[23]. Hierin wird das Konzept eines typischen Hybridrechners auf den Kopf gestellt und ein kleiner, spezialisierter Analogrechner in Form eines komplexen, passiven Widerstandsnetzwerkes entwickelt, der einen Digitalrechner bei der Berechnung finiter Differenzen, wie sie bei der Lösung parabolischer partieller Differentialgleichungen auftreten, unterstützt.

Eine weitere interessante Entwicklung, die sich aus der Technik des Hybridrechnens ergab, sind die sogenannten *hybriden Zahlensysteme*, bei welchen ein Wert in Form eines analogen sowie eines digitalen Wertes repräsentiert wird, die sich ähnlich wie Mantisse und Exponent bei typischer Gleitkommadarstellung ergänzen[24] – der analoge Wertteil „interpoliert" hier quasi zwischen zwei digital dargestellten Stützstellen.

Hinsichtlich ihrer Programmierung unterscheiden sich typische Hybridrechnersysteme bezüglich ihres Analogrechnerteiles nur wenig von dem in Abschnitt 5 dargestellten – die Programmierung des Digitalteiles bringt jedoch einige Besonderheiten mit sich, auf die im folgenden Abschnitt kurz eingegangen wird.

7.2 Programmierung hybrider Rechenanlagen

Die Programmierung des Digitalteiles hybrider Rechenanlagen erfordert Techniken, die in einigen Aspekten über die Programmierung herkömmlicher wissenschaftlicher Digitalrechner hinausgehen und ähnelt stark der von Prozessrechnern[25]. Zunächst werden Funktionen oder Programmbibliotheken zur Ansteuerung des Koppelwerkes benötigt, um beispielsweise digitale Werte mit Hilfe der Digital-Analog-Umsetzer dem Analogrechner zur Verfügung stellen zu können.

Darüberhinaus erfordern viele Fragestellungen eine Möglichkeit, den Ablauf des Digitalrechnerprogrammes durch Ereignisse, die während der analogen Rechnung auftreten, steuern zu können. In der Regel wird dies durch ein mehr oder weniger umfangreiches Interruptsystem ermöglicht, welches in der Regel mit den Ausgängen von Komparatoren verbunden ist. Da jedoch der Zeitpunkt einer solchen Unterbrechung nicht vorsehbar ist, müssen die Programme des Digitalrechners zu jedem Zeitpunkt unterbrechbar und darüberhinaus auch wiedereintrittsfest sein, um nach Durchführung der durch den

---

[23]Siehe [223].
[24]Siehe beispielsweise [142][s. 268 f], aber vor allem [532].
[25]Eine allgemeine Betrachtung der speziellen Anforderungen, die an Programmsysteme für Hybridrechner zu stellen sind, findet sich beispielsweise in [123][S. 115 ff.].

Interrupt ausgelösten Tätigkeiten den normalen Programmfluss wieder aufnehmen zu können[26].

Weiterhin erfordern die meisten Aufgabenstellungen, die mit Hilfe eines Hybridrechners untersucht werden sollen, eine hohe Interaktivität, die auf Seite des Analogteiles unschwer zu erfüllen ist, den beteiligten Digitalrechnern jedoch ungleich mehr abverlangte – neben der Notwendigkeit entsprechender Ein-/Ausgabesysteme wie grafischen Anzeigesystemen und anderen, ist es auch hier häufig notwendig, externe Unterbrechungen auslösen zu können, um beispielsweise durch Bedienereingriff Parametervariationen auszulösen etc.

Um diese Anforderungen zu erfüllen, wurden zwei unterschiedliche Wege beschritten: Zum einen wurden klassische Programmiersprachen, wie beispielsweise FORTRAN oder ALGOL, durch Programmbibliotheken, aber auch durch zusätzliche Sprachkonstrukte erweitert[27], zum anderen wurden neue Programmiersprachen geschaffen, die ausschließlich für die Programmierung des Digitalteiles hybrider Rechenanlagen ausgelegt wurden[28].

Verhältnismäßig einfach und stark an herkömmlichen Prozessrechnern orientiert sind Betriebssysteme und Sprachen, die für Digitalrechner zum Einsatz gelangen, die mit nur einem Analogrechner zu einem Hybridsystem verkoppelt sind, wie beispielsweise die in Abbildung 7.5 dargestellte Anlage HRS 860 oder das große Hybridsystem aus Abbildung 7.4. Wesentlich komplizierter werden die Anforderungen, wenn ein großes Digitalsystem mit mehreren Analogrechnern zusammengeschaltet wird, die jeweils unabhängig voneinander komplexe Aufgabenstellungen zusammen mit dem Digitalrechner bearbeiten sollen. Ein Beispiel für ein solches, im Mehrprogrammbetrieb arbeitendes System stellt das in Abbildung 7.2 gezeigte System aus fünf großen Analogrechnern, die mit nur einem einzigen Digitalrechner gekoppelt sind, dar.

Die sich hier stellenden Schwierigkeiten gehen weit über die aus dem Timesharingbereich bekannten Problemstellungen hinaus, da vor allem die Echtzeitforderung für die Verarbeitung externer Unterbrechungen, die von mehreren im Wesentlichen gleichberechtigten Analogrechnern eintreffen können, ein komplexes Scheduling- und Priorisierungssystem erforderlich macht.

Nicht zuletzt bedingt durch den starken Preisverfall auch leistungsfähiger Digitalrechner führten diese Probleme in der Folge dazu, dass fast ausschließlich 1:1-Kopplungen von Analog- und Digitalrechnern entwickelt wurden, während Lösungen wie das System aus Abbildung 7.2 eine Ausnahmestellung behielten.

---

[26]Im Grunde genommen muss zwischen alternierendem Rechnen, bei welchem stets nur entweder der Digital- oder der Analogteil eines Hybridsystems aktiv rechnet, während der jeweils ruhende Teil am Ende eines solchen Rechnerlaufes Ausgabewerte des zuvor aktiven Teils einliest und als Startwerte für seinen eigenen Lauf verwendet, und simultaner Arbeitsweise, von der bei komplexeren Fragestellungen fast stets ausgegangen werden kann, unterschieden werden. Beispiele für beide Betriebsarten finden sich unter anderem in [146] beziehungsweise [143][S. 109].

[27]HERSCHEL beschreibt in [186] derartige Erweiterungen der Sprache ALGOL für den Einsatz mit Hybridrechnersystemen. Eine allgemeine Übersicht zur Erweiterung herkömmlicher Programmiersprachen findet sich beispielsweise in [123][S. 133 ff.].

[28]Beispiele hierfür finden sich unter anderem in [123][S. 26 ff.] sowie [123][S. 147 ff.].

8900 HYBRID ORIENTED SOFTWARE

PROGRAMMING LANGUAGE PROCESSORS

APPLICATION ORIENTED PROGRAMMING
- HYTRAN SIMULATION LANGUAGE SYSTEM
  - HSL TRANSLATOR
  - FORTRAN PROGRAMMING SYSTEM
  - NUMERICAL INTEGRATION SYSTEM
  - FUNCTION GENERATION SYSTEM
  - HSL MACRO LIBRARY
  - RUN-TIME LIBRARY

MATHEMATICS ORIENTED PROGRAMMING
- FORTRAN IV PROGRAMMING SYSTEM
  - ASA FORTRAN IV COMPILER
  - FORTRAN RUN-TIME PACKAGE
  - FORTRAN MATH LIBRARY
- HYTRAN OPERATIONS INTERPRETER SYSTEM
  - MATHEMATICAL INTERPRETER
  - HYBRID CONTROL LANGUAGE
  - ANALOG STATIC CHECK MODE
- MACRO ASSEMBLER
  - BASIC ASSEMBLER
  - MACRO PROCESSOR
  - SYSTEM MACRO LIBRARY
- SPECTRE ON-LINE INTERACTIVE SYSTEM
  - ASSEMBLER DISASSEMBLER
  - DEBUGGING SYSTEM

CONTROL SYSTEMS

MONITOR CONTROL SYSTEMS
- DIGITAL BASIC MONITOR
  - EXECUTIVE SECTION
  - I/O CONTROL SECTION
  - CONTROL SECTION
- DIGITAL DUAL-PROGRAM MONITOR
  - EXECUTIVE SECTION
  - I/O CONTROL SECTION
  - CARD & TWR MSG PROC
  - LOADER SECTION

I/O CONTROL SYSTEMS
- STANDARD I/O
- HYBRID I/O

PROGRAM LIBRARIES
- MATHEMATICAL SUB-PROGRAM LIBRARY
  - ASA FORTRAN INTRINSIC FUNCTIONS
  - ASA FORTRAN EXTERNAL FUNCTIONS
  - MISCELLANEOUS MATH SUBROUTINES
- FORTRAN RUN-TIME LIBRARY
  - I/O OPERATIONS
  - SPECIAL FORTRAN OPERATIONS
  - FORMAT OPERATIONS
  - COMPLEX AND SPECIAL ARITHMETIC
  - CONVERSIONS
  - IMPLICIT FUNCTION EXPONENTIATION
- 8900 RUN-TIME LIBRARY
  - 8930 DATA LINK CONTROL
  - ANALOG CONTROL INTERFACE FUNCTIONS
- HSL RUN-TIME LIBRARY
- HSL MACRO LIBRARY
- SYSTEM MACRO LIBRARY
- CONVERSION SUBROUTINES

UTILITY PROGRAMS
- PROGRAMMER'S DEBUGGING TOOLS
  - CASPRE DEBUGGING SYSTEM
  - DUMP ROUTINES
  - MHCC. HYBRID DEBUGGING SYSTEM
- PERIPHERAL EQUIPMENT DATA PROCESSING PROGRAMS
  - GENERALIZED ALPHANUMERIC DUPLICATOR
  - TAPE FILE MAINTENANCE ROUTINES
  - SYSTEM FILE EDITOR
  - LIBRARY FILE EDITOR
- LOADING PROGRAMS
  - LINKING LOADER
  - FORTRAN BOOTSTRAP LOADER
  - AUTOLOAD LOADER

DIAGNOSTIC PROGRAMS
- DIGITAL DIAGNOSTIC SYSTEM
  - DIAGNOSTIC OPERATIONS CONTROLLER
  - STEP ROUTINES
  - CORE SHAKE PROGRAM
- HYBRID DIAGNOSTIC SYSTEM
  - 8930 DATA INTERFACE DIAGNOSTIC
  - CONTROL INTERFACE DIAGNOSTIC
  - ANALOG DIAGNOSTIC

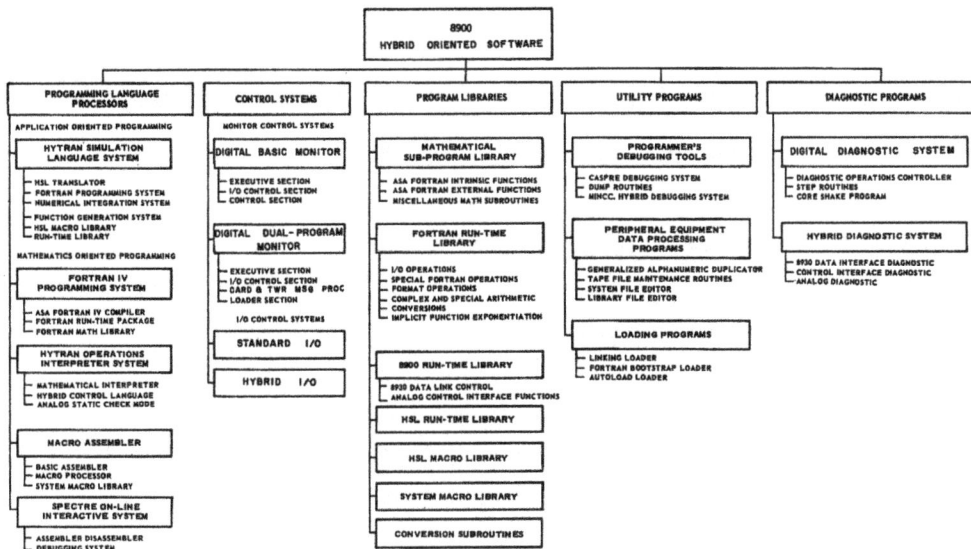

Abb. 7.7: *Überblick über die EAI 8900-Hybridsoftware (nach [33][S. 181], reprinted with permission of John Wiley & Sons, Inc.)*

Abbildung 7.7 zeigt exemplarisch den Umfang der für ein Hybridrechnersystem des Typs EAI 8900 benötigten Software. Neben FORTRAN als erweiterter Standardsprache verfügt dieses System beispielsweise auch über Übersetzer für die Spezialsprache *HYTRAN*, aber auch über einen leistungsfähigen Macroassembler, da zeitkritische Aufgaben, die sich meist aus externen Unterbrechungen ergeben, direkt in Maschinencode umgesetzt werden müssen, während zeitlich weniger anspruchsvolle Aufgaben wie die Vorbereitung eines Rechenlaufes oder die Aufbereitung von Ergebnissen ohne weiteres mit Hilfe kompilierter oder auch interpretierter Hochsprachen durchgeführt werden können.

Noch nicht erwähnt, jedoch typisch für ein Hybridrechnersystem sind die auch in Abbildung 7.7 dargestellten Diagnostikprogramme, mit deren Hilfe die einwandfreie Funktionsweise sowohl des Digitalrechners selbst als auch des ihm zugeordneten Analogrechners mehr oder minder automatisch überprüft werden kann. Mitunter werden hierfür speziell vorbereitete Programmierfelder benötigt, um entsprechende Testrechenschaltungen auf dem Analogrechner zur Verfügung zu stellen. Auch für den Abgleich der verschiedenen analogen Rechenelemente bieten derartige Diagnostikprogramme entsprechende Routinen an.

Nach dieser kurzen Übersicht über hybride Rechnersysteme befassen sich die folgenden Abschnitte ausführlicher mit den bereits in Abschnitt 1.2 angesprochenen Analogrechnern digitaler Arbeitsweise, den sogenannten digitalen Differentialanalysatoren oder auch digitalen Analogierechenanlagen.

8 Digitale Differentialanalysatoren

Bereits verhältnismäßig früh in der Geschichte des elektronischen Analogrechnens kam die Idee auf, die grundlegenden Elemente eines Analogrechners mit Hilfe digitaler Schaltglieder zu implementieren[1]. Einerseits ist die Idee, beispielsweise einen Integrierer in Form eines digitalen Zählers auszubilden, naheliegend, andererseits ist es erstaunlich, dass bereits in den späten 1940er Jahren aktiv Untersuchungen in dieser Richtung durchgeführt wurden, obwohl die digitale Schaltungstechnik mehr noch als die analoge in ihren Kinderschuhen steckte.

Eine solche digitale Implementation von Analogrechnern wird gemeinhin als DDA[2] bezeichnet. Wie bei einem herkömmlichen elektronischen Analogrechner steht auch hier die Idee im Vordergrund, durch geeignete Verschaltung einiger weniger grundlegender Rechenelemente elektronische Analoga zu gegebenen Differentialgleichungssystemen aufzustellen und diese hierdurch zu lösen. MICHELS charakterisiert einen DDA wie folgt[3]:

> *A digital differential analyzer is an electronic computer which solves differential equations by numerical integration.*

Der Einsatz digitaler Schaltglieder zur Implementation der grundlegenden Rechenelemente bringt zwei signifikante Vorteile mit sich: Das Problem der Drift, wie sie bei herkömmlichen Analogrechnern, bedingt durch Bauelementealterung, Temperaturschwankungen und andere Umwelteinflüsse, unvermeidbar ist, entfällt vollständig. Darüberhinaus ist ein DDA im Prinzip hinsichtlich der erzielbaren Rechengenauigkeit nicht eingeschränkt, da diese im Wesentlichen von der Abbildung der Rechenvariablen, d.h. der Anzahl hierfür verwendeter Bits, sowie von der Wahl der zum Einsatz gelangenden Integrationstechnik abhängt, während herkömmliche Analogrechner nur mit großem technischem Aufwand in der Lage sind, eine 10^{-4} erreichende oder gar überschreitende Rechengenauigkeit zu erzielen.

Im Gegensatz zu herkömmlichen Analogrechnern müssen bei DDAs zwei grundlegend verschiedene Implementationsvarianten unterschieden werden: Zum einen wurden Systeme implementiert, bei denen physikalisch getrennte Rechenelemente durch geeignete Verschaltung zu einem Analogon eines zu lösenden Problemes verschaltet wurden, wie dies auch bei den bislang beschriebenen Analogrechnern der Fall ist. Diese Form eines DDA teilt mit einem traditionellen Analogrechner den Vorteil der einfachen Erweiterbarkeit durch Hinzunahme zusätzlicher Rechenelemente, bringt jedoch die Nachteile

---

[1]Erste Ansätze hierzu gehen bis auf das Jahr 1949 zurück, als bei Northrop erste Untersuchungen zur Entwicklung eines solchen Systems für die Steuerung eines neuen Cruise Missile-Systems durchgeführt wurden. Näheres hierzu findet sich im folgenden Abschnitt 8.4.1.

[2]*Digital Differential Analyzer*

[3]Siehe [321][S. 2]. Auch hier kommt, wie vergleichsweise oft der zentrale Begriff der Analogiebildung zu kurz, während der digitalen Implementationstechnik größerer Stellenwert beigemessen wird.

hoher Implementationsaufwände und Kosten sowie eines hohen Programmieraufwandes mit sich, da hier die einzelnen Rechenelemente explizit miteinander verschaltet werden müssen.

Zum anderen entstand die Idee, nur wenige oder im Extremfall nur ein einziges zentrales digitales Rechenelement vorzusehen, das mit Hilfe eines Zeitmultiplexverfahrens nacheinander alle für die Durchführung einer Rechnung notwendigen Rechenschritte ausführt. Hinsichtlich des technischen Aufwandes ist diese Lösung der traditionellen Herangehensweise klar überlegen, ebenso vereinfacht sich die Programmierung erheblich, da im Wesentlichen nur Informationen über die Struktur der Gleichungen, das heißt über die Verschaltung der einzelnen Rechenelemente, die alle nacheinander durch das zentrale Rechenglied abgebildet werden, auf einem Speichermedium (meist einer Magnettrommel) abgebildet werden müssen.

Diesen Vorteilen steht jedoch als gravierender Nachteil die mit steigender Anzahl von für die Lösung eines gegebenen Problemes notwendigen Rechenelementen sinkende Rechengeschwindigkeit gegenüber. Während ein Analogrechner traditioneller Struktur, d.h. ein aus einer Vielzahl voneinander unabhängig agierender Rechenelemente zusammengesetztes System, im Wesentlichen nur durch praktische Überlegungen bezüglich des Implementationsaufwandes begrenzt ist, wirkt bei einem solchen Zeitmultiplex-DDA die begrenzte Rechengeschwindigkeit des zentralen Rechengliedes begrenzend auf die für ein Problem gegebener Größe erzielbare Rechengeschwindigkeit.

In den sich anschließenden Abschnitten werden die grundlegenden Rechenelemente, wie sie in einem DDA zur Verfügung stehen, in ihren Grundlagen behandelt. Im Anschluss hieran werden exemplarisch drei Systeme, von denen zwei im Zeitmultiplexbetrieb und eines parallel arbeiten, behandelt[4].

8.1   Grundlegende Rechenelemente

Wie andere Analogrechnerimplementationen zeichnet sich auch ein DDA durch das Vorhandensein einiger weniger grundlegender Rechenelemente aus[5], wobei dem Integrierer eine zentrale Rolle zukommt. Neben Integrierern verfügen DDAs in aller Regel über Summierer sowie sogenannte Servos, mit deren Hilfe implizit definierte Funktionen dargestellt werden können. Diese grundlegenden Rechenelemente werden in den nachfolgenden Abschnitten beschrieben, wobei darüber hinausgehende Informationen [125], [321], [402] oder auch [441] entnommen werden können.

8.1.1   Integrierer

Während bei einem herkömmlichen elektronischen Analogrechner die Grundoperation der Integration in der Regel auf das Speichern von Ladung in einem Kondensator zu-

---

[4]Darüber hinausgehende Informationen finden sich beispielsweise in „Digital Differential Analyzers" von GEORGE F. FORBES (siehe [125]), in [604][S. 215 ff.], [34], [235][S. 1105] oder auch in [206][S. 578 ff.].

[5]Wie bereits erwähnt, können diese Rechenelemente mitunter auch technisch durch Anwendung eines Zeitmultiplexverfahrens auf wenige oder nur ein einziges tatsächlich ausgebildetes Element abgebildet werden – logisch verhält sich dieses jedoch wie eine Vielzahl voneinander unabhängiger Rechenelemente.

rückgeführt wird, so dass als freie Variable prinzipbedingt nur die Maschinenzeit zur Verfügung steht, bilden DDAs die Integration über eine Variable als Summenbildung in einem Akkumulator ab[6], was, wie auch bei mechanischen Analogrechnern wie dem in Abschnitt 2.7 beschriebenen Analyzer von VANNEVAR BUSH, zur Folge hat, dass beliebige Rechenvariablen als Integrationsvariablen eingesetzt werden können, es können also Integrale der Form $\int_{y_0}^{y_1} f(x)\mathrm{d}x$ behandelt werden, so dass einem DDA auch partielle Differentialgleichungen, wie sie häufig in technischen Fragestellungen auftreten, direkt zugänglich sind, während ihre Behandlung auf einem herkömmlichen Analogrechner durchaus Schwierigkeiten mit sich bringt, wie in Abschnitt 5.1.3 dargestellt wurde.

Abbildung 8.1 stellt schematisch die Grundstruktur eines DDA-Integrierers dar – im Gegensatz zu einem Integrierer herkömmlicher Bauart besitzt ein solcher Integrierer zwei Eingänge $(\Delta Y)_i$ sowie $(\Delta X)_i$, bei denen es sich in der Regel um inkrementelle Eingabewerte, d.h. nicht um absolute, sondern stets um differentielle Werte handelt[7]. Der Eingangswert $(\Delta Y)_i$ entspricht der Veränderung des Integranden, während $(\Delta X)_i$ der Integrationsvariablen $\mathrm{d}x$ entspricht. Herzstück des Integrierers bilden zwei Akkumulatoren, von denen der erste über die Sequenz der Eingangswerte $(\Delta Y)_i$ summiert, wobei hier ein Startwert Y_0 vorgegeben werden kann[8], so dass am Ausgang dieses Akkumulators folgender Wert zur Verfügung steht:

$$Y_i = Y_0 + \sum_{j=1}^{i} (\Delta Y)_j \tag{8.1}$$

Y_i wird nun mit dem zweiten inkrementellen Eingabewert $(\Delta X)_i$ multipliziert, wobei in der Regel $(\Delta X)_i \in \{-1; 0; 1\}$ gilt. Das Resultat dieser technisch leicht auszuführenden Multiplikation[9] wird in einem zweiten Akkumulator analog zu Gleichung (8.1) aufsummiert, so dass sich an dessen Ausgang

---

[6]Diese diskrete Form der Summenbildung resultierte in einem Vorschlag RUDOLPH RUTISHAUSERS (siehe [303][S. 1223]), digitale Differentialanalysatoren als *inkrementelle Computer* zu bezeichnen, was ihrer grundlegenden Funktionsweise in hohem Maße gerecht wird.

[7]Im Folgenden werden digitale Ein- und Ausgabewerte durch die Verwendung von Großbuchstaben gekennzeichnet. Im Übrigen muss darauf hingewiesen werden, dass Vorzeichenwechsel bei solchen, in der Regel auf die Werte $\{-1; 0; 1\}$ beschränkten, inkrementell dargestellten Rechenvariablen in der Regel einfach und direkt möglich sind, so dass Vorzeichenwechsel nicht wie bei einem herkömmlichen elektronischen Analogrechner den Einsatz eigener Rechenelemente erforderlich machen. Diese Eigenschaft wird beispielsweise bei der Additionsoperation (siehe Abschnitt 8.1.3) grundlegend sein. Einige praktisch ausgeführte digitale Differentialanalysatoren lassen hinsichtlich des Wertebereiches der auftretenden inkrementellen Variablen nur die Werte $\{-1; 1\}$ zu, was zwar schaltungstechnisch einige Vereinfachungen mit sich bringt, auf der anderen Seite jedoch zur Folge hat, dass Nullwerte durch abwechselnde Inkremente von -1 und 1 dargestellt werden müssen, worauf im Folgenden nicht weiter eingegangen wird (siehe beispielsweise [321][S. 19]).

[8]Dieser entspricht dem Anfangswert eines herkömmlichen Integrierers, wie er in Abschnitt 4.4 beschrieben wurde.

[9]Der inkrementelle Eingabewert $(\Delta X)_i$ steuert lediglich, ob der zweite Akkumulator um den gerade aktuellen Wert Y_i vergrößert oder vermindert wird beziehungsweise sein Wert unverändert bleibt.

$$(\Delta Y)_i$$

$$Y_i = Y_0 + \sum_{j=1}^{i} (\Delta Y)_j$$

$$* \longleftarrow (\Delta X)_i$$

$$R_i = R_0 + \sum_{j=1}^{i} Y_j (\Delta X)_j - \sum_{j=1}^{i} (\Delta Z)_j$$

$$(\Delta Z)_i$$

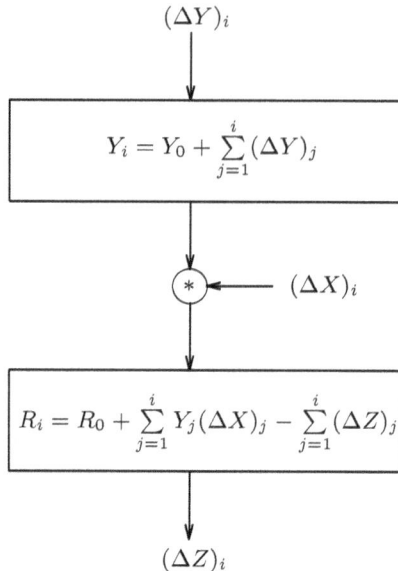

Abb. 8.1: *Integrierer eines DDA (cf. [402][S. 1])*

$$R_i = R_0 + \sum_{j=1}^{i} Y_j (\Delta X)_j - \sum_{j=1}^{i} (\Delta Z)_i$$

ergibt[10]. Als Ausgabe des Integrierers dient nun jedoch nicht der Inhalt R_i des zweiten Akkumulators, sondern nur ein Überlaufsignal

$$(\Delta Z)_i \in \{-1; 0; 1\},$$

das somit wieder inkrementellen Charakter besitzt und direkt als Eingabesignal für nachfolgende Integrierer Verwendung finden kann.

Abbildung 8.2 zeigt anschaulich das Verhalten eines solchen DDA-Integrierers: Im oberen Koordinatensystem ist der zu integrierende Funktionsverlauf dargestellt – die an sich glatte Funktion wird durch eine Treppenfunktion approximiert, deren Sprünge als $(\Delta Y)_i$ Eingang in den Integrierer finden.

Das mittlere Koordinatensystem stellt entsprechend den Verlauf der im zweiten Akkumulator aufsummierten Werte dar – hierbei wird davon ausgegangen, dass in jedem Zeitschritt $(\Delta X)_i = 1$ gilt. Bei Über- oder Unterschreiten des mit Hilfe des zweiten Akkumulators darstellbaren Wertebereiches, wie es beispielsweise im siebten Schritt der hier dargestellten Rechnung eintritt, wird ein entsprechendes Überlaufsignal $(\Delta Z)_i$ generiert.

---

[10]Wäre $(\Delta X)_i \neq 0 \ \forall i$, so würde der erste Akkumulator zur Bildung von Y_i überflüssig, da die Inkrements $(\Delta Y)_i$ in jedem Schritt direkt mit positivem oder negativem Vorzeichen in den zweiten Akkumulator eingehen könnten. Da jedoch auch $(\Delta X)_i = 0$ zulässig ist, muss mit Hilfe dieses ersten Akkumulators dafür Sorge getragen werden, dass aus den Eingabeinkrementen $(\Delta Y)_i$ zunächst die zugrundeliegenden Funktionswerte Y_i an den Stützstellen i gebildet werden.

Wird im Anschluss hieran über $(\Delta Z)_i$ summiert, ergibt sich der im unteren Teil von Abbildung 8.2 dargestellte Verlauf, welcher dem Integral über den ursprünglichen Funktionsverlauf entspricht. Der Ausgabewert $(\Delta Z)_i$ kann somit direkt als inkrementeller Eingabewert für nachfolgende Integrierer Verwendung finden[11].

Abbildung 8.3 zeigt das Schaltsymbol eines solchen Integrierers, wie es bei der Programmierung digitaler Differentialanalysatoren zum Einsatz gelangt. Auf der linken Seite findet sich ein, ebenfalls für die Verarbeitung inkrementeller Werte ausgelegter, Eingang für die Vorgabe des Anfangswertes Y_0, während die beiden im Verlauf der eigentlichen Rechnung verwendeten inkrementellen Eingänge $(\Delta Y)_i$ sowie $(\Delta X)_i$ rechts eingezeichnet sind. Ungeachtet der diskreten Natur der zugrundeliegenden Operationen werden diese beiden Eingangswerte in der Regel mit dY beziehungsweise dX bezeichnet. Das Ausgangssignal $(\Delta Z)_i$ steht entsprechend als dZ zur Verfügung.

Abbildung 8.4 zeigt die Verwendung zweier solcher Integrierer zur Berechnung eines einfachen Integrales, dessen Integrationsvariable von x_0 bis x_1 läuft. Hierbei erhält der obere Integrierer zwei inkrementelle Eingangssignale $(\Delta Y)_i$ sowie $(\Delta X)_i$, wobei aus erstgenanntem Wert durch einfache Akkumulation zunächst Funktionswerte Y_i generiert werden, die mit Hilfe des zweiten Akkumulators nach Multiplikation mit $(\Delta X)_i$ aufsummiert werden. Das inkrementelle Ausgangssignal dieses zweiten Akkumulators, das letztlich Über- und Unterläufe des Akkumulators wiedergibt, wird im Anschluss hieran mit einem zweiten Integrierer aufsummiert, so dass bei festem (nicht eingezeichnetem) $(\Delta X)_i = 1$ dieses Integrierers in seinem Akkumulator der eigentliche Funktionswert des Integrals zur Verfügung steht[12].

Den Integrierern eines DDA kommt eine noch wesentlichere Rolle zu als den ihnen analogen Elementen in einem herkömmlichen Analogrechner, da sie mit geringen Abwandlungen auch zur Bildung inverser beziehungsweise implizit definierter Funktionen zum Einsatz gelangen. Bei einem herkömmlichen elektronischen Analogrechner kommt hier, wie bereits in Abschnitt 4.3.1, ein offener Verstärker zum Einsatz, in dessen Rückkopplungszweig ein geeigneter Funktionsgeber angeordnet ist, so dass Verstärker und Funktionsgeber einen einfachen Regelkreis bilden, da der Verstärker aufgrund seiner idealisiert als unendlich angenommen Leerlaufverstärkung bestrebt ist, Abweichungen seines Ausgangssignales von Null zu eliminieren. Aus diesem Grund werden derartige Anordnungen mitunter als *Servos* bezeichnet, da ein Fehlersignal durch entsprechende Reaktion des Regelkreises auszugleichen versucht wird.

Für diese besondere Verwendung konfigurierte Integrierer eines DDA werden aus diesem Grunde meist kurz als *Servo* bezeichnet und im folgenden Abschnitt 8.1.2 näher beschrieben[13].

---

[11]Ein Nachteil dieser Verwendung ausschließlich inkrementeller Werte besteht in der beschränkten maximalen Steigung einer Funktion. Wird beispielsweise $(\Delta Y)_i$ auf den Wertebereich $\{-1; 0; 1\}$ beschränkt, sind Steigungen stets auf maximal ± 1 beschränkt, was mitunter entsprechende Zeitskalierungen notwendig werden lässt, um Probleme mit einem DDA zu behandeln.

[12]Die Verwendung eines zweiten Integrierers ist, falls Funktionswerte direkt benötigt werden, aufgrund des rein inkrementellen Charakters aller Rechenvariablen eines DDA unumgänglich.

[13]Siehe hierzu auch [402][S. 16 ff.].

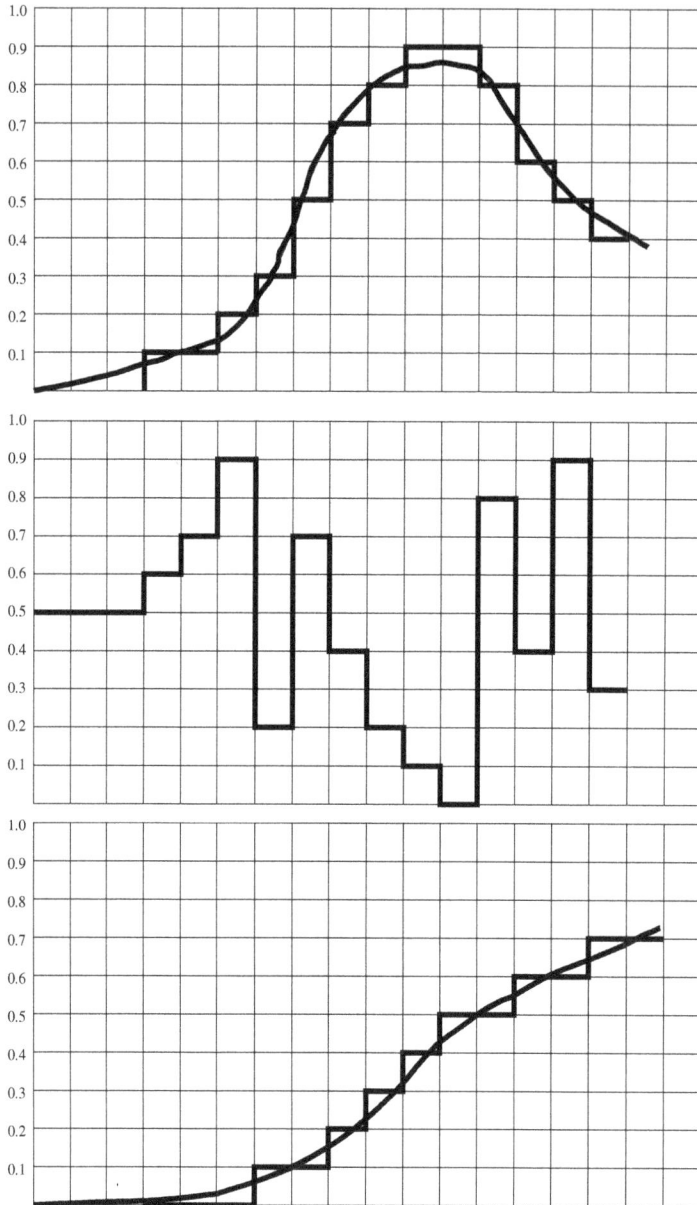

Abb. 8.2: *Funktionsweise eines DDA-Integrierers (nach [321][S. 4])*

8.1.2   Servo

Wie der Begriff Servo bereits andeutet, handelt es sich bei diesem Grundrechenelement eines DDA um ein Schaltglied, mit dessen Hilfe Fehlerterme, wie sie beispielsweise bei der Generierung nur implizit gegebener Funktionen auftreten, minimiert oder im Ideal-fall zu 0 gemacht werden können.

$$dY_0 \longrightarrow \qquad \begin{array}{l} \longleftarrow dX \\ \longrightarrow dZ \\ \longleftarrow dY \end{array}$$

Abb. 8.3: *Symbol eines Integrierers*

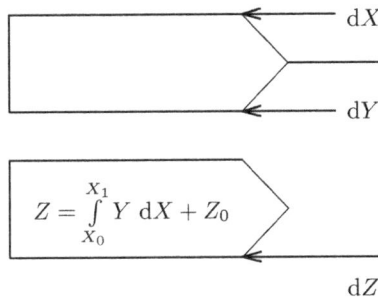

$$\begin{array}{l} \longleftarrow dX \\ \longleftarrow dY \end{array}$$

$$Z = \int_{X_0}^{X_1} Y \, dX + Z_0$$

$$dZ$$

Abb. 8.4: *Berechnung eines einfachen Integrals (siehe [402][S. 7])*

Im Gegensatz zu einem Integrierer, wie er im vorangegangenen Abschnitt 8.1.1 beschrieben wurde, verfügt ein solches Servo in der Regel über lediglich einen inkrementellen Eingang $(\Delta Y)_i$. Darüberhinaus kommt nur ein einziger Akkumulator zur Einsatz, welchem die in Gleichung (8.1) beschriebene Erzeugung von Funktionswerten Y_i basierend auf den Eingabeinkrementen $(\Delta Y)_i$ obliegt. Der zweite Akkumulator eines Integrierers wird in der Funktionsart Servo nicht verwendet.

Für das Ausgangssignal $(\Delta Z)_i$ eines solchen Servos gilt zu jedem Zeitschritt $(\Delta Z)_i \in \{-1; 0; 1\}$, wobei die jeweilige Ausprägung entsprechend

$$(\Delta Z)_i = \begin{cases} +1, & \text{falls } Y_i > 0 \\ 0, & \text{falls } Y_i = 0 \\ -1, & \text{falls } Y_i < 0 \end{cases} \tag{8.2}$$

ausschließlich durch den Inhalt Y_i des ersten Akkumulatorregisters bestimmt wird. Je nach aktuellem Wert Y_i kann das resultierende Ausgangssignal $(\Delta Z)_i$ also benutzt werden, um durch geeignete Rückführung eine Fehlerminimierung zu erreichen, die sich letztlich in $Y_i = 0$ widerspiegeln muss.

Abbildung 8.5 zeigt das schematische Schaltzeichen für ein solches in einem DDA eingesetztes Servo. Zur Unterscheidung von einem Integrierer wird ein Servo durch den Buchstaben S gekennzeichnet. Darüberhinaus sind in der Regel nur zwei Verbindungen zur restlichen Rechenschaltung vorgesehen – der inkrementelle Eingang $(\Delta Y)_i$ sowie der entsprechende Ausgang $(\Delta Z)_i$. Im Prinzip kann ein solches Servo, wie auch ein Integrierer, über einen weiteren Eingang zur Vorgabe eines Anfangswertes verfügen, wovon in manchen Rechenschaltungen auch Gebrauch gemacht wird. Durch Vorgabe

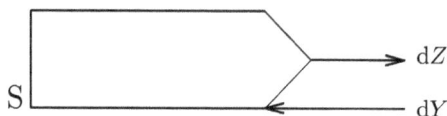

Abb. 8.5: *Symbol eines Servos*

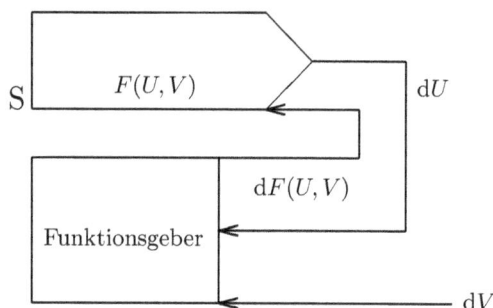

Abb. 8.6: *Anwendung eines Servos (siehe [402][S. 18])*

eines Anfangswertes kann die Schaltschwelle des Ausgangssignales beliebig nach oben oder unten verschoben werden, was beispielsweise den Vergleich zweier Werte innerhalb einer Rechnung ermöglicht[14]. Solche Sonderformen eines Servos können beispielsweise für die Erzeugung von Sägezahn- oder anderen nichtlinearen Funktionen verwendet werden[15].

Ein solches einfaches Servo kann nun direkt zur Generierung von Funktionswerten U eingesetzt werden, die von einer Variablen V durch die implizite Bedingung $F(U, V) = 0$ abhängen, wie Abbildung 8.6 zeigt. Die Funktion $F(U, V)$ wird in der Regel analytisch, d.h. unter Zuhilfenahme von Integrierern und anderen grundlegenden Rechenelementen generiert. Das Servoelement erhält nun als inkrementellen Eingangswert $(\Delta Y)_i$ das Ausgangssignal $dF(U, V)$ des Funktionsgebers, während sein hieraus abgeleitetes Ausgangssignal $(\Delta Z)_i = dU$ neben dem aus anderer Quelle zur Verfügung gestellten Signal dV als Eingangssignal des Funktionsgebers Verwendung findet.

Durch die in Gleichung (8.2) dargestellte Eigenschaft des Ausgangssignales dU ist die Schaltung bestrebt, den Wert $dF(U, V)$ zu 0 werden zu lassen, so dass sich am Ausgang des Servos wirklich der gesuchte Funktionswert als inkrementelles Signal dU ergibt.

Als letztes grundlegendes Rechenelement eines DDA wird im folgenden Abschnitt 8.1.3 ein typischer Summierer beschrieben[16].

---

[14]Solchermaßen beeinflusste Servos werden auch als *Entscheidungsintegrierer* beziehungsweise *Decision Integrator* bezeichnet.
[15]Beispiele hierfür finden sich unter anderem in [402][S. 20 ff.].
[16]Näheres hierzu findet sich beispielsweise in [402][S. 18].

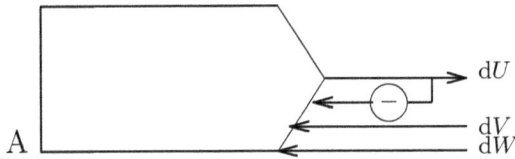

Abb. 8.7: *Symbol eines Summierers*

8.1.3 Summierer

Typische DDAs, wie beispielsweise die in Abschnitt 8.4.2 behandelte Bendix D-12, führen die Addition $dU = dV + dW$ inkrementeller Werte auf die Lösung der Gleichung
$V + W - U = 0$ zurück, so dass hier im Grunde genommen eine implizit definierte
Funktion gebildet wird, was die Verwendung eines Servos als Grundbaustein für einen
Summierer nahelegt.

Im Gegensatz zu einem normalen Servo verfügt ein solcher Summierer über mehr als
einen inkrementellen Eingang zu seinem Akkumulator, wie Abbildung 8.7 zeigt[17]. Insgesamt summiert hier der Akkumulator drei Eingangswerte dV, dW sowie $-dU$ auf,
wobei der Ausgangswert dU gemäß Gleichung (8.2) bestimmt wird, so dass die Gesamtschaltung die Gleichung $V + W - U = 0$ und somit in inkrementeller Darstellung die
gewünschte Addition $dU = dV + dW$ löst.

Neben diesen grundlegenden Rechenelementen Integrierer, Servo und Summierer verfügen praktisch ausgeführte DDAs in der Regel über zusätzliche Elemente wie beispielsweise *Output Multiplier*, mit deren Hilfe die Ausgangswerte von Rechenelementen, die
aufgrund der inkrementellen Darstellung als Pulsfolgen vorliegen, mit festen Werten
multipliziert werden können[18] oder auch Funktionsgeber, die auf gespeicherte Tabellen
zurückgreifen, etc., auf die im Folgenden jedoch nicht näher eingegangen wird.

8.2 Rechenbeispiele

Der folgende Abschnitt stellt exemplarisch einige einfache typische Rechenschaltungen
vor, wie sie bei der Programmierung von DDAs zum Einsatz gelangen.

Zu Beginn sei die Berechnung einer einfachen Exponentialfunktion betrachtet, wie sie
in Abbildung 8.8 dargestellt ist. Zentrales Element ist, wie zu erwarten, ein auf sich
selbst rückgekoppelter Integrierer, der zum einen mit einem inkrementellen Eingangssignal $(\Delta X)_i$ sowie zum anderen mit seinem eigenen Ausgangssignal $(\Delta Z)_i$ beaufschlagt
wird[19].

---

[17]Zur besseren Unterscheidung von Integrierern und Servos werden Summierer mit einem A neben
ihrem Schaltsymbol gekennzeichnet.

[18]Solche Output Multiplier entsprechen den bekannten Koeffizientenpotentiometern herkömmlicher
elektronischer Analogrechner (siehe hierzu beispielsweise [402][S. 21 ff.]).

[19]Obwohl in der Abbildung nicht dargestellt, ist für diese Berechnung ein von 0 verschiedener Anfangswert dY_0 entscheidend, da sonst für das Ausgangssignal unabhängig von $(\Delta X)_i$ stets $(\Delta Z)_i = 0 \; \forall i$
gilt.

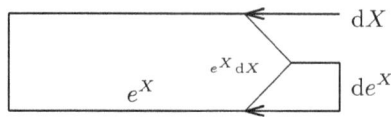

Abb. 8.8: *Berechnung einer Exponentialfunktion (siehe [402][S. 9])*

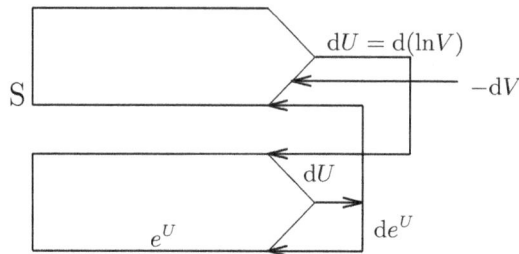

Abb. 8.9: *Erzeugung einer Logarithmusfunktion (siehe [402][S. 19])*

Offensichtlich führt diese Schaltung am Ausgang des Integrierers zum Auftreten des Ausdruckes de^x und somit zur gesuchten Exponentialfunktion.

Mit Hilfe eines Servos lässt sich nun aus dieser Exponentialfunktion durch Bilden der Umkehrfunktion beispielsweise die Funktion $\ln V$ bilden, wie Abbildung 8.9 zeigt[20]. Der untere Integrierer ist dergestalt konfiguriert, dass an seinem Ausgang eine inkrementelle Repräsentation einer Exponentialfunktion erscheint, die als einer von zwei inkrementellen Eingangswerten des über ihm angeordneten Servos Verwendung findet. Der zweite Eingang des Servos wird mit dem Wert $-dV$ beschaltet, der aus einem anderen Teil einer komplexeren Rechenschaltung stammen kann.

Das Servo ist nun wie zuvor bestrebt, den Ausgang des Funktionsgebers zu 0 werden zu lassen – es wird mithin die Gleichung $F(U, V) = e^U - V = 0$, d.h. $e^U = V$ gelöst, so dass am Ausgang des Servos der gesuchte Term $dU = d\ln V$ erscheint.

Entsprechend einfach gestaltet sich auch die Erzeugung trigonometrischer Funktionen analog dem in Abschnitt 5.3.1 beschriebenen Vorgehen. Unter Ausnutzung der bei DDAs in der Regel ohne Zusatzaufwand möglichen Vorzeichenumkehr, kann mit Hilfe zweier Integrierer direkt eine Differentialgleichung der Form $\ddot{y} + \omega^2 y = 0$ gelöst werden, wie in Abbildung 8.10 dargestellt wird.

Ausgehend von einem gemeinsamen inkrementellen Eingangssignal dX sind beide Integrierer dergestalt miteinander verschaltet, dass der dY-Eingang eines Integrierers mit dem inkrementellen Ausgangssignal des jeweils anderen Integrierers beaufschlagt wird, wobei an einer Stelle eine Vorzeichenumkehr notwendig wird[21]. An den beiden Integriererausgängen stehen somit die Funktionen $d\cos(X)$ sowie $d\sin(X)$ zur Verfügung.

---

[20]Vergleiche Abbildung 8.6.

[21]Ohne diese Vorzeichenumkehr würden die entsprechenden hyperbolischen Funktionen berechnet werden.

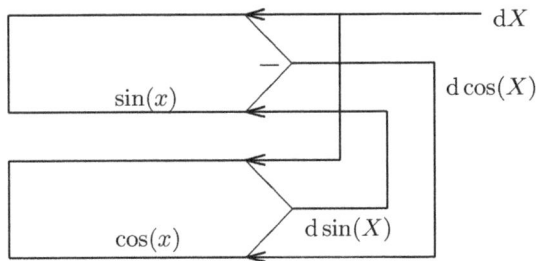

Abb. 8.10: *Sinus-/Cosinusberechnung (siehe [402][S. 10])*

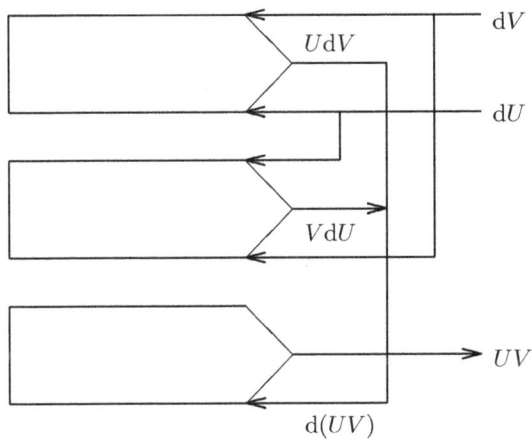

Abb. 8.11: *Multiplikation zweier Variablen (siehe [402][S. 10 f])*

Den Abschluss dieser kurzen Sammlung typischer DDA-Rechenschaltungen bildet die in Abbildung 8.11 dargestellte Schaltung zur Multiplikation zweier (wie stets in inkrementeller Form vorliegender) Werte U und V. Im Gegensatz zu den zuvor behandelten elektronischen Analogrechnern, die für die Bildung von Multiplikationen stets besondere Rechenelemente benötigen, kann diese Aufgabe bei einem DDA mit Hilfe von Integrierern dargestellt werden, da neben der Maschinenzeit auch beliebige andere Variablen als Integrationsvariablen verwendet werden können[22].

Dieser Multiplikationstechnik liegt folgende Idee zugrunde:

$$UV = \int\limits_{U_0}^{U_1} V \, dU + \int\limits_{V_0}^{V_1} U \, dV + U_0 V_0 \tag{8.3}$$

---

[22]Ein identisches Multiplikationsverfahren ist auch bei mechanischen Analogrechnern üblich, die beispielsweise die in Abschnitt 2.3.4 beschriebenen Reibradintegrierer verwenden, da auch hier die Verwendung beliebiger Variablen als Integrationsvariablen möglich ist.

Hierbei ist der Term U_0V_0 gleich Null, so dass nur die beiden Integrale zu lösen sind. Dies geschieht mit Hilfe der beiden oberen Integrierer, an deren gemeinsamen Ausgang sich der inkrementelle Wert $d(UV)$ einstellt, der mit Hilfe des untersten Integrierers zu dem absoluten Wert UV aufsummiert wird.

8.3 Schwierigkeiten

Neben den bereits genannten Vorteilen des Fortfalls von Drift sowie der prinzipiell nicht beschränkten Rechengenauigkeit bringt die digitale Implementation eines Analogrechners, wie sie in Form von DDAs vorliegt, auch einige nicht zu vernachlässigende Probleme mit sich, wobei das wohl schwerwiegendste, die maximal mögliche Bandbreite der Integrierer und damit in aller Regel auch der Multiplizierer durch die beschränkte Größe des Inkrements verursacht wird.

Im einfachsten Fall eines Inkrements, das lediglich die Werte ± 1 anzunehmen imstande ist, besitzt ein Integrierer mit einer Wortlänge von n Bit bei gegebener, fester Taktfrequenz f Hz folglich eine Zeitkonstante $t = \frac{2^n}{f}$. Dies beschränkt die Echtzeitfähigkeit eines solchen Rechners natürlich erheblich, so dass in der Regel nach Inkrementen größeren Wertebereiches getrachtet wird[23].

Bedingt durch entsprechende Genauigkeitsforderungen wird in der Regel versucht werden, die Wortlänge n der Rechenelemente eines DDA möglichst groß zu wählen, was jedoch einen entsprechend erweiterten Wertebereich des Inkrementes nach sich zieht, um trotz erhöhter Genauigkeit möglichst geringe Zeitkonstanten und damit echtzeitfähige Lösungen für einen weiten Bereich von Fragestellungen zu ermöglichen[24].

Zu den durch die beschränkte Wortlänge sowie den Wertebereich des Inkrements bedingten Fehlern kommen weiterhin Fehlerterme hinzu, die sich aus der Wahl des jeweils eingesetzten Integrationsverfahrens sowie der Art der in einer Rechnung auftretenden Funktionen ergeben. Einfache Integrierer wie die in Abschnitt 8.1.1 beschriebenen weisen naturgemäß in der Regel größere Rechenfehler auf als komplexere Anordnungen, die beispielsweise Verwendung von der bekannten Trapezregel machen oder noch ausgefeiltere Verfahren einsetzen.

Während ein analogelektronischer Analogrechner durch Veränderung des Zeitmaßstabes ein in weiten Grenzen variables Zeitverhalten bei annähernd gleicher Rechengenauigkeit zulässt, zeigt ein digitaler Differentialanalysator ein herkömmlichen Digitalrechnern ähnliches Verhalten insofern, als eine Steigerung der Rechengenauigkeit in der Regel eine Verlängerung der zur Lösung eines gegebenen Problems notwendigen Rechenzeit nach sich zieht.

FRED LESH beschreibt in [301][S. 488 f.] die Ergebnisse einer vergleichenden Untersuchung der Behandlung einer Raketenbahngleichung mit Hilfe eines elektronischen

---

[23]Diesen Punkt bringt auch CAMPEAU in [75][S. 711] zur Sprache.

[24]Eine detaillierte Betrachtung der DDA-spezifischen Genauigkeitsfragen findet sich beispielsweise in [226] sowie [227]. MCGHEE und NILSEN behandeln in [296] die Frage nach dem optimalen Verhältnis zwischen der Wortlänge n der Integriererregister und der Wortlänge des verwendeten Inkrements – werden verbesserte Integrationstechniken eingesetzt, empfiehlt sich in der Regel eine Inkrementwortlänge von $\frac{n}{2}$.

Analogrechners sowie eines DDAs. Die Lösung der zugrundeliegenden Gleichung mit Hilfe des elektronischen Analogrechners benötigte 30 Sekunden, während der eingesetzte DDA je nach Schrittweite 3 Minuten, 30 Minuten beziehungsweise 5 Stunden benötigte. Hierbei erreichte die analoge Rechnung eine Genauigkeit von über 98 Prozent, während die 30 Minuten benötigende Rechnung auf dem DDA nur etwa 80 Prozent zu erzielen im Stande war.

Hinsichtlich der Skalierung eines Problems stellen digitale Differentialanalysatoren der behandelten Form im Wesentlichen gleiche Anforderungen wie herkömmliche elektronische Analogrechner, da die verwendete Festkommadarstellung direkt dem beschränkten Wertebereich eines elektronischen Analogrechners entspricht[25]. LEAKE und ALTHAUS beschreiben in [266] ein interessantes Skalierungsverfahren für den Einsatz im Zusammenhang mit DDAs, das von dem in Abschnitt 5.2 angegebenen Vorgehen grundverschieden ist und sich grafentheoretischer Methoden zur Skalierung eines gegebenen Problemes bedient.

8.4   Beispielimplementationen

Zum Abschluss des Kapitels über digitale Differentialanalysatoren werden exemplarisch drei Implementationsvarianten stellvertretend für diese ganze Klasse von Rechenanlagen dargestellt[26]. Zwei der behandelten Maschinen, MADDIDA und die Bendix D-12, sind der Klasse der Zeitmultiplex-DDAs zuzurechnen, d.h. sie verwenden eine zentrale Recheneinheit, die nacheinander alle innerhalb einer Berechnung eingesetzten Rechenelemente repräsentiert, wobei als zentrales Speicher- und auch Steuermedium eine Magnettrommel zum Einsatz kommt, die als typischer Umlaufspeicher ein solches Zeitmultiplexverfahren direkt unterstützt. Die Verschaltung der einzelnen Rechenelemente zu einer Rechenschaltung geschieht bei Systemen dieser Klasse ausschließlich in Form entsprechender Adresseinträge auf der Magnettrommel, durch die festgelegt wird, welche Akkumulatoreninhalte beziehungsweise welche inkrementellen Ausgabewerte an anderer Stelle als Eingabewerte zu verwenden sind.

Das dritte behandelte System, TRICE[27], entstand nach den beiden erstgenannten Implementationen und entspricht hinsichtlich seiner Architektur direkt einem herkömmlichen, aus einer Vielzahl direkt miteinander verbundener Rechenelemente aufgebauten elektronischen Analogrechner. Hierdurch ist es hinsichtlich seiner Erweiterbarkeit und Rechenleistung Zeitmultiplexsystemen deutlich überlegen – ein Vorteil, der jedoch durch einen wesentlich größeren technischen Aufwand hinsichtlich der Implementation, aber auch hinsichtlich der Programmierung erkauft wird.

---

[25]Diesem Umstand könnte durch die Verwendung einer Gleitkommadarstellung bei einem DDA abgeholfen werden – bedingt durch den im Vergleich zu einer Festkommadarstellung erheblich größeren technischen Aufwand konnte sich ein derartiges Konzept jedoch nicht in kommerziellen DDAs etablieren; die heute beispielsweise in Form von FPGAs, kurz für *Field Programmable Gate Arrays*, zur Verfügung stehende Technik könnte einen derartigen Aufbau jedoch mit verhältnismäßig geringem Aufwand möglich machen und so zu einer Renaissance der DDA-Technik beitragen.

[26]Weitere Systeme sind beispielsweise die CRC-105, die Bendix DA-1 und die Litton 20 (siehe [206][S. 585]).

[27]Das erste parallele DDA-System, entwickelt und hergestellt von Packard Bell.

8.4.1   MADDIDA

Kurz nach Ende des Zweiten Weltkrieges begannen bei Northtrop Arbeiten zu einem als *MX-775* bezeichneten System, bei welchem es sich um einen der deutschen Flugbombe V1 ähnlichen selbstlenkenden Flugkörper handelte, der später als Cruise Missile des Typs *Snark*[28] bekannt wurde[29]. Snark sollte automatisch gesteuert ein Ziel in einer Entfernung von bis zu 5000 Meilen mit einer Zielgenauigkeit von 200 Yard treffen können – Anforderungen, die um Größenordnungen über denen der deutschen Waffensysteme V1 und V2 lagen[30].

Anders als diese sollte Snark sein Ziel jedoch mit Hilfe eines Himmelsnavigationssystemes finden, welches einen zuvor festgelegten Stern mit Hilfe eines eingebauten Teleskops anpeilte und aus dem Teleskopazimut- und -elevationswinkel seine eigene Position bestimmte. In Verbindung mit einer kreiselstabilisierten Plattform bildeten diese Daten die Grundlage der Bahnsteuerung[31], wobei die Lösung der hierbei auftretenden Differentialgleichungen einen Analogrechner erforderte, was bereits HELMUT HOELZER über ein halbes Jahrzehnt zuvor erkannt und dies auch umgesetzt hatte. Bedingt durch die zur Erfüllung der gesteckten Ziele notwendigen Genauigkeitsanforderungen schied jedoch eine analogelektronische Implementation eines solchen Steuerrechners aus, da die im Verlauf der vergleichsweise langen Flugdauer auftretenden Drift- und anderen Fehler nicht beherrschbar waren.

Floyd Steele brachte in der Folge die Idee auf, einen solchen Analogrechner auf digitaler Basis zu entwickeln, d.h. die grundlegenden Rechenelemente wie Addierer und Integrierer mit Hilfe digitaler Schaltglieder zu implementieren, wie sie in den vorangegangenen Abschnitten kurz dargestellt wurden. Aufgrund der erforderlichen Größenbeschränkungen, die der geplante Einsatz in Snark mit sich brachte, konnte hierbei keine direkte Abbildung durch eine Vielzahl parallel zueinander arbeitender Rechenelemente implementiert werden; vielmehr wurde entschieden, mit Hilfe nur eines einzigen Rechenwerkes in einem Zeitscheibenverfahren nacheinander alle zur Lösung eines gegebenen Differentialgleichungssystemes notwendigen Integrationsschritte durchzuführen. Das resultierende System wurde als *DIDA*[32] bezeichnet.

Aus diesen grundlegenden Überlegungen heraus entstand in den Jahren ab 1949 unter der Leitung von DONALD ECKDAHL, RICHARD SPRAGUE und FLOYD STEELE[33] ein als *MADDIDA*[34] bezeichneter[35] Laborprototyp[36], dessen Herzstück eine Magnettrommel war, wie sie auch im Bereich digitaler Rechenanlagen vermehrt zum Einsatz kam und bereits aus der Radartechnik des Zweiten Weltkrieges bekannt war, auf deren Daten-

---

[28]Siehe [599][S. 82 ff.].

[29]Neben Snark wurde auch eine überschallschnelle Variante unter der Bezeichnung *Boojum* entwickelt.

[30]Diese und die folgenden Ausführungen zu MADDIDA stützen sich unter anderem auf [473].

[31]Siehe [79][S. 22 ff.].

[32]*DI*gital *D*ifferential *A*nalyzer

[33]Siehe [79][S. 25].

[34]*MA*gnetic *D*rum *DI*fferential *A*nalyzer

[35]In erster Linie bedingt durch die Abkürzung selbst, aber auch durch die einem Prototypen eigenen Stabilitätsprobleme wurde das System scherzhaft auch als *MAD IDA* bezeichnet.

[36]Umgesetzt wurde dieser Prototyp von der Firma Hewlett Packard (siehe [79][S. 25]).

spuren die internen Register (Zähler) der Integrierer sowie die Adressinformationen für die Eingangswerte der einzelnen Rechenelemente abgelegt wurden.

Abbildung 8.12 zeigt diesen Laborprototypen[37], wie er in seinem gegenwärtigen Erhaltungszustand im Computer History Museum verwahrt wird. Gut zu erkennen ist die kleine Magnettrommel auf der linken Seite mit den nach unten weisenden Röhren der Schreib-/Leseverstärker. Neben diesem Trommelspeicher befindet sich, in Wartungsposition geklappt, die zentrale Recheneinheit, welche die seriell arbeitende arithmetische Einheit des Systems beinhaltet.

Bereits 1950 wurde MADDIDA mit einem Beispielprogramm zur Berechnung von Besselfunktionen dem Mathematiker JOHN VON NEUMANN vorgeführt, der, begeistert von den sich darbietenden Möglichkeiten, das System in der Folge mit den Worten *a most remarkable and promising instrument* beschrieb.

Obwohl sich aus den Entwicklungen, die zu MADDIDA führten, letztlich kein digitales Steuerungssystem für Snark ergab[38], erwies sich der Prototyp des digitalen Differentialanalysators als durchaus geeignet zur Behandlung komplexer Fragestellungen, die sonst nur mit Hilfe analogelektronischer Analogrechner zugänglich gewesen wären. Dies führte in der Folge dazu, dass aus dem MADDIDA-Laborprototypen ein praktisch einsetzbares Produkt entwickelt wurde, das in kleiner Serie gefertigt wurde. Abbildung 8.13 zeigt eine aus zwei solchen Systemen bestehende Installation, wie sie beim Navy Electronics Laboratory eingesetzt wurde. Ganz links im Bild ist eines der beiden MADDIDA-Systeme zu sehen – rechts neben ihm befinden sich externe Zusatzgeräte, die über inkrementelle Ein- und Ausgabekanäle mit dem eigentlichen DDA-System verbunden sind.

Bedingt durch finanzielle Schwierigkeiten, in welche Northtrop noch im Verlauf des Jahres 1950 geriet, verließen im Mai 1950 etwa ein Dutzend Mitarbeiter das Unternehmen und gründeten die Firma *Computer Research Corporation*, deren erstes Produkt ein auf MADDIDA zurückgehender digitaler Differentialanalysator war[39].

8.4.2   Bendix D-12

Einen digitalen Differentialanalysator, der seine Verwandschaft mit MADDIDA weder hinsichtlich seiner sequentiellen Arbeitsweise noch hinsichtlich seiner Programmierung verleugnen kann, stellt der von Bendix Anfang der 1950er Jahre vorgestellte Rechner *D-12* dar, den Abbildung 8.14 zeigt.

Ebenso wie MADDIDA arbeitet die D-12 rein sequentiell, wobei die internen Register der einzelnen Rechenelemente auf einer Magnettrommel abgespeichert werden – das eigentliche DDA-System ist in dem rechts dargestellten Doppelschrank untergebracht – links neben ihm befinden sich auf einem Tisch, von links nach rechts betrachtet, die Bedienungskonsole, ein inkrementell arbeitender Plotter sowie ein Lochstreifenleser/ -stanzer, mit dessen Hilfe auch Programmlochstreifen vorbereitet werden können.

---

[37] Siehe auch [388].

[38] Nichtsdestoweniger ergab sich aus diesen Vorarbeiten in der Folge ein digital arbeitendes Steuerungssystem in Form eines DDA festverdrahteter Struktur für den Einsatz in Polaris-Raketen (siehe Abschnitt 10.15.3.2), während das letztlich für Snark implementierte System doch rein analogelektronisch arbeitet (siehe [79][S. 25]).

[39] Siehe [79][S. 30].

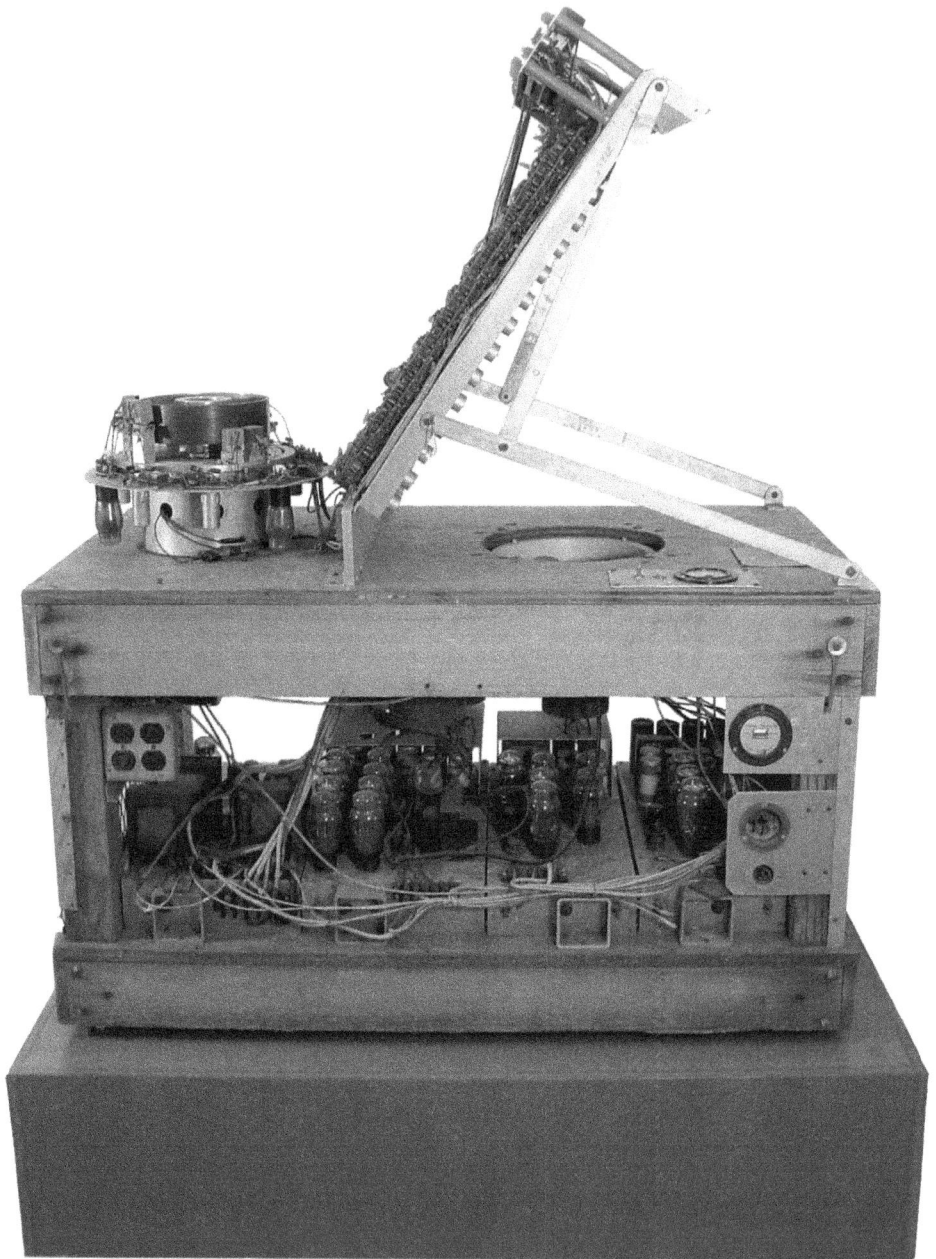

Abb. 8.12: *MADDIDA-Prototyp, 1950 (mit freundlicher Genehmigung von* DAG SPICER, *Computer History Museum)*

Abb. 8.13: *Das MADDIDA-Produktionsmodell im Einsatz im Navy Electronics Laboratory (NEL, File Number E1278)*

Abb. 8.14: *Gesamtansicht des Bendix D-12 DDA (cf. [346][S. 2])*

Das intern im Dezimalsystem arbeitende System stellt, je nach Programmierung, entweder 30 oder 60 Integrierer dar – im ersten Fall sind pro Sekunde 200 Iterationsschritte, im zweiten nur mehr 100 Schritte möglich, wobei die Integrationsregister stets sieben Dezimalstellen umfassen. Im Gegensatz zu MADDIDA unterstützt die D-12 neben dem in Abschnitt 8.1.1 dargestellten einfachen Integrationsverfahren auch ein Trapezverfahren, bei welchem der Flächeninhalt eines Rechteckstreifens nicht zu $(\Delta Y)_i (\Delta X)_i$ bestimmt wird, sondern vielmehr eine Näherung des arithmetischen Mittels

$$\frac{(\Delta Y)_i + (\Delta Y)_{i+1}}{2}$$

anstelle von $(\Delta Y)_i$ zum Einsatz gelangt[40], was eine nicht unerhebliche Genauigkeitssteigerung nach sich zieht.

Eine zweite Produktionsvariante der D-12 findet sich in Abbildung 8.15 – hierbei handelt es sich um eine direkte Kopplung eines digitalen Differentialanalysators des Typs D-12 mit einem speicherprogrammierten Allzweckdigitalrechner G-15D des gleichen Herstellers[41]. Eine solche Konfiguration entspricht im Wesentlichen einem Hybridrechner[42], jedoch mit dem Vorteil, dass Datenumwandlungen zwischen dem eigentlichen Digitalrechner und dem Differentialanalysator, bedingt durch die ähnliche zugrundeliegende Arbeitsweise, entfallen. Von Nachteil, verglichen mit einem herkömmlichen Hybridrechner, ist jedoch die mit nur 100 beziehungsweise bei vermindertem Problemumfang 200 Iterationen pro Sekunde sehr geringe Rechengeschwindigkeit der beteiligten D-12.

Als Programmierbeispiel dieser Klasse sequentiell arbeitender, meist magnettrommelbasierter digitaler Differentialanalysatoren des Typs MADDIDA oder D-12 diene im Folgenden die in Abbildung 8.16 dargestellte Rechenschaltung[43]. Die Integrierer 4 bis 8 dienen zur Lösung der zugrundeliegenden Problemgleichung $\ddot{x} + k(x^2 + 1)\dot{x} + x = 0$, während Integrierer 9 für die Steuerung der numerischen Ausgabe der Registerinhalte der Integrierer 3, 4 und 5 auf dem angeschlossenen Blattschreiber dient. Mit Hilfe der Integrierer 0 und 1 wird die Kurve $(x(t), t)$ generiert – entsprechend wird der Phasenraumplot $(\dot{x}(t), x(t))$ durch die Integrierer 18 und 19 erzeugt. Die Integrierer 10, 11 und 12 dienen zur Aufbereitung der Ansteuersignale für die Phasenraumdarstellung.

Das zur Abbildung dieser Rechenschaltung notwendige Steuerungsprogramm für die D-12, wie es in Form eines entsprechend vorbereiteten Lochstreifens vorliegen muss, zeigt Abbildung 8.17. Jede Zeile entspricht einem an der jeweiligen Problemlösung beteiligten Integrierer, dessen laufende Nummer in den Spalten 1 und 2 angegeben wird. Die Spalten 5 bis 14 enthalten die Anfangswerte der Integriererregister[44], während die Spalten 17 bis 20 zur Integrierersteuerung dienen:

---

[40]Vergleiche [402][S. 11 ff.].

[41]Die Tatsache, dass die D-12 in Abbildung 8.15 lediglich einen einfach breiten Schrank anstelle des in Abbildung 8.14 sichtbaren Doppelschrankes belegt, ist darauf zurückzuführen, dass in dieser Konfiguration auf eine eigene Magnettrommel des Differentialanalysators verzichtet wurde; vielmehr wurden einige Spuren der Magnettrommel des Digitalrechners mitverwendet.

[42]Siehe Abschnitt 7.1.

[43]Siehe [402][S. 51 ff.].

[44]Hierbei werden alle Werte stets in Form einer Festkommazahl mit einer Vorkommastelle in Spalte 6 dargestellt.

Abb. 8.15: Bendix G-15D Digitalrechner mit angeschlossenem DDA (nach [235][S. 1105])

Spalte 16 steuert den Betriebsmodus des Integrierers – die Ausprägungen 1 bis 4 entsprechen normalem Integriererbetrieb mit unterschiedlichen Integrationsmethoden, während 5 den Integrierer in einen Summierer umschaltet und 6 ein Servo konfiguriert.

Spalte 17 beeinflusst das Rücksetzverhalten des Integrierers (1: normal, 2: automatisch),

Spalte 18 selektiert Integrierer, deren Registerinhalte auf dem Konsolblattschreiber auszugeben sind (1: normaler Betrieb, 2: Ausgabe der Registerinhalte),

Spalte 19 erlaubt die Auswahl eines automatischen Vorzeichenwechsels am Ausgang des jeweiligen Integrierers, während

Spalte 20 einen Ausgangsmultiplikationsfaktor festlegt (1: keine Multiplikation, 2: Multiplikation mit einem festen Faktor 2, 5: Multiplikation mit Faktor 5, 6: Betrieb als Blattschreibersteuerintegrierer).

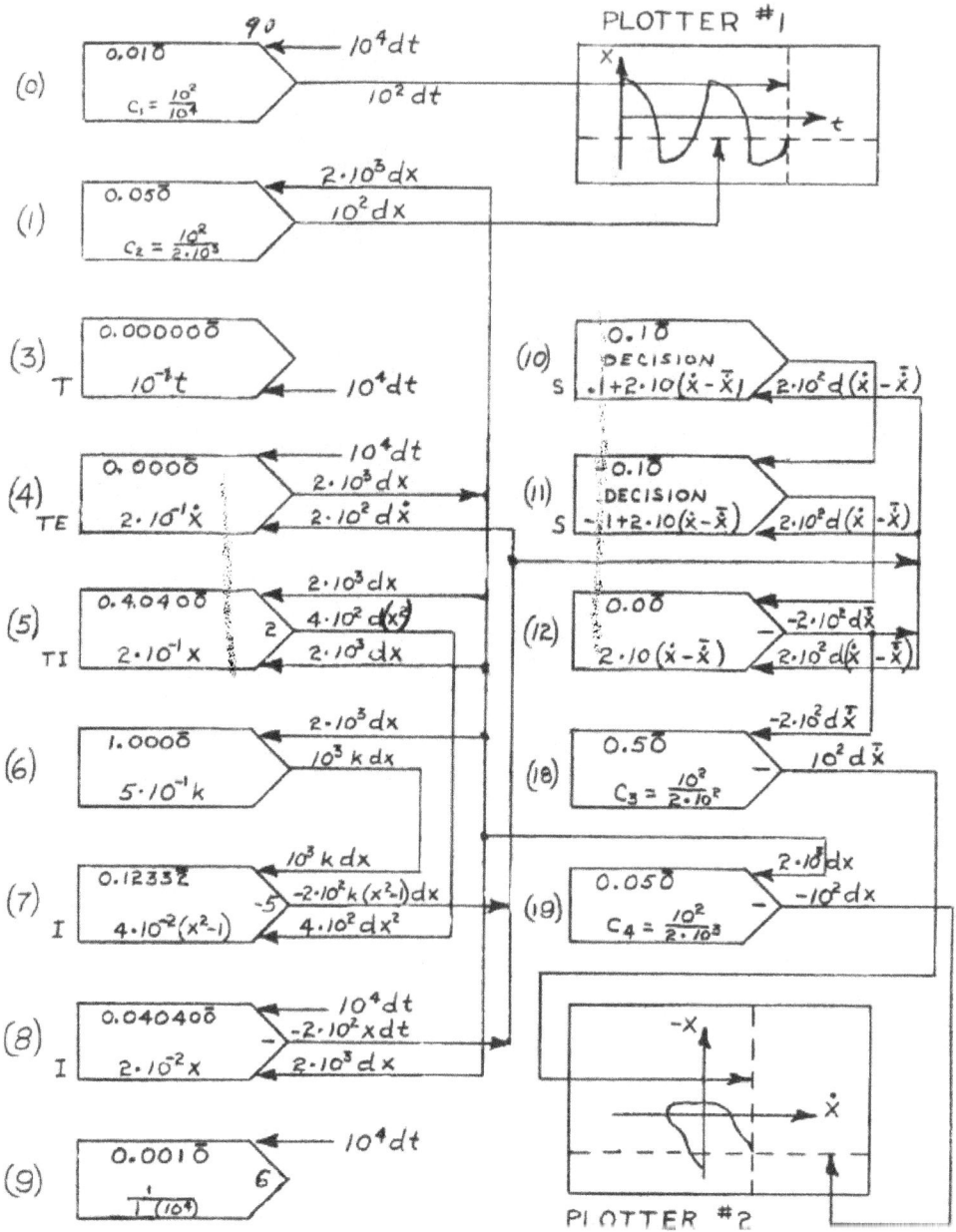

Abb. 8.16: *DDA-Beispielrechenschaltung zur Lösung von* $\ddot{x} + k(x^2 + 1)\dot{x} + x = 0$ *(nach [402][S. 65])*

```
                 1111111111222222222233333333334444444444 5
      1234567890123456789012345678901234567890
      --------------------------------------------------
00    0010      11111  90
01    0050      11111  04
03    0000000   11211         90
04    00000     31211  90     07  08
05    040400    21212  04     04
06    10000      11111  04
07    012332    211-5  06     05
08    0040400   211-1  90     05
09    00010     11116  90
10    010        91111        07  08  12
11    -000       91111  10    07  08  12
12    000        111-1  11    07  08  12
18    050        111-1  12
19    0050       111-1  04
```

Abb. 8.17: *D-12-Beispielprogramm (nach [402][S. 69])*

Die Angabe des jeweiligen Integrierers, von welchem der primäre Eingabewert empfangen werden soll, erfolgt in den Spalten 22 und 23, der in den Spalten 25 und 26 spezifizierte Integrierer liefert den Eingabewert für das Anfangswertregister – darüberhinaus können in den folgenden Spaltenpaaren 28, 29 etc. bis zu acht Adressen von Integrierern spezifiziert werden, die sekundäre Eingangswerte an den jeweiligen Integrierer liefern.

Die Aufbereitung einer Rechenschaltung in Form eines solchen, für einen speicherprogrammierten digitalen Differentialanalysator geeigneten Steuerprogrammes weicht doch stark von der sonst im Zusammenhang mit Analogrechnern üblichen Herangehensweise ab, was zu einem nicht zu vernachlässigenden Akzeptanzproblem derartiger Architekturen in Bereichen, die sonst mit herkömmlichen analogelektronischen Analogrechnern arbeiteten, führte.

Hierzu kommt noch die durch die sequentielle Arbeitsweise stark beschränkte Iterationsfrequenz von Maschinen wie MADDIDA oder der Bendix D-12, die Echtzeitanwendungen und hiermit vor allem auch alle Untersuchungen, welche die Einbettung des Analogrechners in ein bestehendes System realer Sensoren und Aktoren erforderlich machen, ausschließt. Mit den Mitteln der Röhrentechnik war jedoch an eine wirklich parallelarbeitende Implementation eines solchen DDAs nicht zu denken – ein solches System wurde jedoch bereits 1958[45] in reiner Transistortechnik in Form des Systems *TRICE* von Packard Bell vorgestellt und wird im folgenden Abschnitt näher behandelt.

---

[45]Siehe [380].

8.4.3   TRICE

Einen grundsätzlich anderen Weg gingen die Entwickler des digitalen Differentialanalysators *TRICE*[46], der von seinem Aufbau, bestehend aus einer Vielzahl voneinander
unabhängig arbeitender Rechenelemente, stark einem herkömmlichen Analogrechner
ähnelt und im Wesentlichen auch wie ein solcher programmiert wird, indem an einem
zentralen Programmierfeld, das alle Ein- und Ausgänge der verfügbaren Rechenelemente
zusammenfasst, entsprechende Verbindungen hergestellt werden[47]. Entsprechend wurde
das System auch wie folgt vorgestellt[48]:

> *Mit dem TRICE-Rechner wurde ein Rechner geschaffen, der die Vortei-*
> *le der analogen Rechentechnik mit der vom Digitalrechner her gewohnten*
> *Genauigkeit verbindet. Damit ist ein lang gehegter Wunsch der Ingenieure*
> *erfüllt. Jetzt können Aufgabengebiete nach dem Analogrechnerprinzip gelöst*
> *werden, bei denen man ungern auf einen Analogrechner verzichtet, der nor-*
> *male Analogrechner aber aus Genauigkeitsgründen ausscheidet.*

Ein solches System ist in Abbildung 8.18 dargestellt – es besteht, von links nach rechts
betrachtet, aus folgenden Einheiten:

- Vier Gestellschränken mit Rechenelementen,

- einem doppeltbreiten Gestellschrank zur Aufnahme des zentralen Programmierfeldes sowie einer Reihe von Bedienungselementen zur Steuerung des Gesamtsystems,

- einem Schrank zur Aufnahme eines digitalen Allzweckrechners des Typs PB-250[49]
  (sowie des zugehörigen Flexowriters), der zusammen mit dem eigentlichen digitalen Differentialanalysator eine Art Hybridsystem bildet,

- einem Schrank zur Aufnahme von Ein-/Ausgabeschnittstellen in Form von
  Analog-Digital- und Digital-Analogumsetzern[50], mit deren Hilfe das TRICE-
  System beispielsweise mit einem herkömmlichen Analogrechner oder mit realer
  Hardware aus einer gegebenen Problemstellung verbunden werden kann, sowie
  einem Lochstreifenleser/-stanzer und

- zwei weiteren Gestellschränken mit Rechenelementen.

---

[46]Siehe hierzu vor allem [10], [471], aber auch [416].

[47]Zusätzlich müssen bei der Programmierung des Systems darüberhinaus Anfangswerte für die Integrierer sowie Maßstabsfaktoren der jeweiligen Eingänge der an einer Rechenschaltung beteiligten
Rechenelemente festgelegt werden. Diese werden im Regelfall mit Hilfe des integrierten Allzweckdigi-
talrechners vor Beginn einer Rechnung in die betreffenden Register geladen.

[48]Siehe [10][S. 28].

[49]Hierbei handelt es sich ebenfalls um eine Entwicklung des Herstellers Packard Bell – der Rechner
arbeitet rein sequentiell, was nicht zuletzt auf die Nutzung magnetostriktiver Eisenstäbe als Haupt-
speicher zurückzuführen ist. Additionen und Subtraktionen benötigen 12 μs, Multiplikationen 276 μs,
Divisionen und Wurzelberechnungen 252 μs, während die Zugriffszeit des Hauptspeichers zwischen
12 μs und 3072 μs beträgt (siehe [363]).

[50]Diese Umsetzer erreichen eine Wandlungsrate von 2^{17} s^{-1} bei einem Ein-/Ausgangsspannungs-
bereich von ±10 V oder wahlweise ±100 V; insgesamt stehen bis zu 30 solcher Kanäle zur Verfügung
– siehe [10][S. 28].

Abb. 8.18: *Gesamtansicht eines vollausgebauten TRICE-Systems (nach [10][S. 30])*

Das TRICE-System arbeitet mit einer internen Taktfrequenz von 3 MHz bei einer Wortlänge von 30 Bit[51], was eine Iterationsrate von 10^5 s^{-1} erlaubt. Durch die hochgradig parallele Arbeitsweise ist auch ein repetierender Betrieb bei bis zu 100 Repetitionsschritten pro Sekunde möglich, was in vielen Fällen eine einem herkömmlichen Analogrechner ebenbürtige Darstellung von Kurvenscharen etc. auf einem Oszilloskop ermöglicht[52].

TRICE stellt an grundlegenden Rechenelementen Summierer, sogenannte *einfache* Integrierer[53], Summenintegrierer, *Konstantenmultiplizierer*, *Variablenmultiplizierer*, Servos sowie, neben einem Anzeigegerät, Analog-Digital- und Digital-Analog-Umsetzer zur Verfügung, die im Wesentlichen wie bei einem herkömmlichen Analogrechner miteinander verschaltet werden können. Einziger Unterschied ist hier die DDA-typische Eigenschaft der Integrierer, zwei Eingangsvariablen $(\Delta Y)_i$ und $(\Delta X)_i$ zu erhalten, was aber zugleich die Möglichkeit eröffnet, Integrationen mit anderen freien Variablen als nur der Maschinenzeit auszuführen.

Ein typisches TRICE-Modul ist in Abbildung 8.19 dargestellt – hierbei handelt es sich um einen Multiplizierer, der nach dem in Gleichung (8.3) dargestellten Verfahren unter Zuhilfenahme zweier spezieller, auf einem Modul zusammengefasster Integrierer arbeitet[54]. Beeindruckend ist die hohe Packungsdichte der Module sowie der trotz intern serieller Arbeitsweise hohe Aufwand für die einzelnen Rechenelemente.

Neben der Verwendung als alleiniger Rechner anstelle einer herkömmlichen, aus einem Allzweckdigital- und einem analogelektronischen Analogrechner bestehenden Hybridinstallation, stellt AMELING[55] auch eine Einsatzvariante zur Behandlung eines Problems aus der Flugkörperdynamik vor, bei welcher TRICE mit einem solchen Analogrechner

---

[51]Im Gegensatz zur D-12 werden Werte hierbei rein binär und nicht dezimal dargestellt. Die Register der einzelnen Rechenelemente sind hierbei in Form magnetostriktiver Verzögerungsleitungen ausgelegt, so dass eine Änderung des Grundtaktes nicht möglich ist.
[52]Siehe [10][S. 28].
[53]Hierbei handelt es sich um Integrierer ohne Summeneingang.
[54]Siehe beispielsweise [206][S. 585 f.].
[55]Siehe [10][S. 40 f.].

Abb. 8.19: *Implementation eines TRICE-Multiplizierers (nach [10][S. 30])*

herkömmlichen Aufbaus gekoppelt arbeitet. Hierbei obliegen TRICE diejenigen Teile
der Simulationsrechnung, bei welchen es auf höchste Genauigkeit ankommt[56], während
der analogelektronische Analogrechner beispielsweise Koordinatentransformationen und
andere Operationen durchführt, bei denen es auf höchste Geschwindigkeit ankommt,
deren Fehler sich jedoch nicht im Verlauf einer Rechnung durch Integrationen akkumu-
lieren[57].

Bedingt durch den hohen technischen Aufwand, der zum Aufbau eines parallel arbeitenden digitalen Differentialanalysators notwendig ist[58], aber auch durch den in den 1960er
Jahren verstärkt einsetzenden Leistungszuwachs sowie Preisverfall digitaler Allzweck-
rechner konnten sich digitale Differentialanalysatoren nicht in Form kommerzieller Produkte auf dem Markt etablieren – sowohl die D-12 als auch TRICE[59] blieben Produkte
mit nur wenigen Installationen, denen ein bleibender Einfluss auf die weitere Entwicklung der Rechen- und Simulationstechnik versagt blieb. Auch spätere Entwicklungen
wie beispielsweise der von DONALD NALLEY im Jahre 1969 vorgeschlagene digitale Differentialanalysator als Coprozessor für einen herkömmlichen Digitalrechner[60] blieben
folgenlos.

---

[56] Hierunter fallen beispielsweise Bahnberechnungen und andere.

[57] Die erwähnte Anwendung umfasste auf Seite des Analogrechners 200 Rechenverstärker, 14 Multiplizierer, fünf Funktionsgeneratoren sowie 20 Servos, während das eingesetzte TRICE-System über 42
Integrierer, elf Variablenmultiplizierer, fünf Konstantenmultiplizierer, fünf Servos, sechs Analog-Digital-
sowie 13 Digital-Analog-Umsetzer verfügte (siehe [10][S. 40]).

[58] Seriell arbeitende Systeme scheiden in der Regel allein bedingt durch ihre stark beschränkte Rechenleistung aus.

[59] GILOI bezeichnet TRICE in [143][S. 23] als „*the most advanced DDA that was ever built*".

[60] Siehe [332].

9 Simulation von Analogrechnern

Den Abschluss der Betrachtungen unterschiedlicher Techniken zur Implementation analoger Rechenanlagen bilden die folgenden Abschnitte, in welchen rein algorithmische Verfahren zur Simulation von Analogrechnern auf digitalen Allzweckrechenanlagen dargestellt werden. Der rapide Leistungszuwachs speicherprogrammierter Digitalrechner und die hierdurch ebenfalls schnell anwachsende Verbreitung in Universitäten und Laboren ließen bereits in den 1960er Jahren die Idee aufkommen, mit Hilfe geeigneter Simulationsprogramme derartige Digitalrechner nach außen hin mehr in Form eines Analogrechners darzustellen, um vor allem die von diesem gewohnte große Problemnähe zu bewahren und den Bediener von den meist für die Lösung eines gegebenen Problemes nicht nur irrelevanten, sondern von dieser auch oft ablenkenden Eigenschaften eines Digitalrechners abzuschirmen.

Derartige Simulationsprogramme beziehungsweise -sprachen sind Gegenstand der folgenden Abschnitte, bevor im Anschluss hieran auf eine Auswahl einflussreicher Anwendungsgebiete elektronischer Analogrechner eingegangen wird.

9.1   Grundlagen

Neben den oben genannten Gründen für die Entwicklung rein digitaler, einem Analogrechner ähnlicher Simulationssysteme existiert auch eine Reihe von Problemstellungen, die weder mit einem reinen analogelektronischen Analogrechner noch mit einem Hybridrechner, sondern bestenfalls mit einem digitalen Differentialanalysator oder, da ein solcher meist nicht zur Verfügung steht, einem Allzweckdigitalrechner behandelt werden können.

Typischerweise handelt es sich hierbei um Fragestellungen, bei deren Lösung Variablen extrem unterschiedlicher Wertebereiche betrachtet werden müssen, was eine Normierung für die Behandlung mit Hilfe eines Analogrechners zumindest stark verkompliziert, wenn nicht gar mitunter unmöglich macht. Ein Beispiel für ein derartiges Problem gibt FRISCH[1] in Form der Simulation einer Natrium-Dampfblase in einem Kühlkreislauf eines Kernreaktors, das allein aufgrund der bei seiner rechnerischen Behandlung auftretenden Wertebereiche einer rein analogen Herangehensweise nicht zugänglich ist:

- *Die Zeitkonstanten der (linearisierten) Gleichungen für die Temperatur und den Blasenradius unterscheiden sich um 8 Zehnerpotenzen.*
- *Da sich der Radius um 5-6 Zehnerpotenzen ändert, tritt bei r^4 eine Veränderung um 20-25 Zehnerpotenzen auf.*

---

[1]Siehe [135][S. 19 f.].

- *Die Radiusgleichung enthält eine positive Rückführung, d.h. das System kann instabil werden.*

Ganz offensichtlich handelt es sich hierbei um eine nichttriviale Problemstellung, die auf den ersten Blick vor allem im Zusammenhang mit analogen Lösungsverfahren große Schwierigkeiten aufwirft – neben den extrem unterschiedlichen Größenordnungen der an dem Problem beteiligten Variablen stellt vor allem die positive Rückführung in der Radiusgleichung ein immenses Problem dar, da durch sie leicht die gesamte Rechnung invalidiert werden kann. Darüberhinaus erlaubt das rasante Anwachsen des r^4-Terms nur die Integration über sehr kurze und damit nicht unbedingt repräsentative Zeiträume.

All das, vor allem jedoch die Gefahr der Instabilität einer analogen Lösung, lässt auf den ersten Blick die Verwendung digitaler Techniken zur Behandlung dieser Problemstellung vorteilhaft erscheinen. Die stark unterschiedlichen Größenordnungen der Problemvariablen können durch Verwendung von Gleitkommazahlen ohne weiteres abgebildet werden[2].

Zur Behandlung derartiger Probleme wäre nun eine Art digitaler Differentialanalysator wünschenswert, der jedoch vorzugsweise mit Gleitkommazahlen und entsprechend variablen Inkrementen zu arbeiten im Stande sein sollte. Da die Implementation eines solchen Systems einen immensen Aufwand mit entsprechenden Kosten nach sich zöge, liegt die Idee nahe, einen oftmals bereits vorhandenen speicherprogrammierten Digitalrechner als Grundlage zu nehmen, um auf diesem ein Simulationsprogramm auszuführen, das im Wesentlichen das Verhalten eines DDAs nachbildet und somit auf der einen Seite hinsichtlich seiner Programmierung einem Analogrechner ähnlich ist, auf der anderen Seite jedoch die Vorteile eines Digitalrechners, vor allem hinsichtlich möglicher Wertebereiche und Rechengenauigkeiten, mit sich bringt. Natürlich ist mit einem solchen Verfahren eine enorme Geschwindkeitseinbuße, verglichen mit einem Analog- oder auch Hybridrechner, verbunden, da der zugrundeliegende Digitalrechner bedingt durch die algorithmische Natur seiner Programmierung im Wesentlichen rein sequentiell arbeitet.

Bereits im Jahre 1955 begannen erste Arbeiten an derartigen Simulatoren unter R. G. SELFRIDGE, der über das hieraus resultierende Programmsystem in einer Arbeit unter dem Titel „Coding a general-purpose digital computer to operate as a differential analyzer" berichtete[3]. Als Digitalrechner kam eine IBM 701 zum Einsatz, die hinsichtlich ihrer Rechenleistung natürlich in keiner Weise in der Lage war, einen adäquaten Ersatz für einen herkömmlichen Analogrechner darzustellen. Dennoch wies Selfridges System bereits alle wesentlichen Merkmale eines digitalen Analogrechnersimulators auf und bildete die Grundlage für eine sprunghaft ansteigende Entwicklungstätigkeit auf diesem Gebiet, die ihren Ausdruck unter anderem darin findet, dass allein in den Jahren zwischen 1957 und 1967 etwa 30 verschiedene digitale Simulationssysteme und -sprachen geschaffen wurden[4].

---

[2]Bei dem genannten Problem ergibt sich hierbei jedoch der zwar nachvollziehbare, aber dennoch auf den ersten Blick verblüffende Effekt, dass eine naive digitale Lösung im Gegensatz zur instabilen analogen Lösung stationär bleibt, da durch die kleinste zur Anwendung kommende Zeitkonstante von etwa 10^{-9} s, die in der ohnehin problematischen Blasengleichung auftritt, die Schrittweite des digitalen Systems derart klein wird, dass das Gesamtsystem in einem quasistationären Zustand verharrt.

[3]Siehe [528].

[4]Vergleiche [60][S. 243].

Das erste Analogrechnersimulationssystem, das sich neben einer gewissen Verbreitung auch des praktischen Einsatzes bei der Lösung realer Fragestellungen erfreute, wurde von HARNETT et al.[5] entwickelt und unter dem Namen *MIDAS* bekannt und 1963 vorgestellt. Dieses System arbeitete allerdings, wie es im Bereich der Digitalrechner der damaligen Zeit weitestgehend üblich war, ausschließlich im Batchbetrieb, so dass keinerlei Interaktivität gegeben war, was von vielen potentiellen Anwendern als schwerwiegender Nachteil, verglichen mit einer auf herkömmlichen Analogrechnern basierenden Lösung, angesehen wurde[6].

Dieser Mangel wurde bereits im folgenden Jahr, 1964, durch die Vorstellung des Systems *PACTOLUS*[7] behoben, das erstmalig für einen Kleinrechner, die IBM 1620, entwickelt wurde, die aufgrund ihrer sehr einfachen Maschinenstruktur in der Regel im Einzelnutzerbetrieb eingesetzt wurde, was es erstmalig ermöglichte, gewisse Maßnahmen zur interaktiven Nutzung des Systems zu treffen, da dem Bediener im Gegensatz zu einem reinen Batchbetrieb stets voller Zugriff auf das System möglich war. Aufbauend auf den Erfahrungen, die mit PACTOLUS gewonnen wurden, entstanden in der Folge weitere interaktiv nutzbare Analogrechnersimulationssysteme wie *DSL-90*, *MIMIC* und vor allem *CSMP*, das in Abschnitt 9.2 näher dargestellt wird.

Die Struktur eines solchen Simulationsprogrammsystems zeigt Abbildung 9.1 – es besteht im Wesentlichen aus vier mehr oder minder stark miteinander verbundenen Modulen[8]. Zunächst ist der in der einschlägigen Literatur oft als *Translator* bezeichnete Übersetzer[9] zu nennen, mit dessen Hilfe eine in einer speziellen Sprache vorgegebene Problembeschreibung in eine für die Durchführung der Simulation geeignete Form überführt wird[10]. Hierauf baut das zweite Modul, der sogenannte *Simulator* auf, der die eigentliche Simulation beziehungsweise Berechnung auf Basis dieser umgewandelten Problembeschreibung durchführt. Darüberhinaus verfügen die meisten derartigen Simulationssysteme über einen Interpreter zur Verarbeitung von Parametern, die entweder zu Beginn einer Simulation oder auch während eines Simulationslaufes eingelesen und verarbeitet werden. Schließlich gewährleistet ein *Monitor* die Steuerung des Simulators durch einen Bediener.

Die Programmierung eines solchen digitalen Simulationssystems baut entweder auf der Verwendung einer herkömmlichen algorithmischen Sprache[11], mit deren Hilfe der eigent-

---

[5]Siehe [171].

[6]Siehe [60][S. 244].

[7]Siehe [59].

[8]Siehe [143][S. 98 ff.].

[9]Nach heutigem Sprachgebrauch ist der Begriff *Compiler* angebracht.

[10]Hierbei kann es sich entweder direkt um Maschinencode für den verwendeten Digitalrechner oder auch um einen zu interpretierenden Zwischencode handeln, was eine Portierung des betreffenden Simulationssystemes auf unterschiedliche Hardwareplattformen vereinfacht. Wichtig ist in diesem Zusammenhang die sogenannte *Sortierbarkeit* der einzelnen Simulationsbestandteile – bedingt durch die notwendigerweise sequentielle Abarbeitung der Simulation auf der einen, das Vorhandensein von Rückkopplungen innerhalb des Simulationsmodells auf der anderen Seite, ist die Reihenfolge, in welcher die einzelnen Modellelemente betrachtet und berechnet werden, von großem Einfluss auf das Resultat einer solchen rein digitalen Simulation. Dem Übersetzer obliegt die Aufgabe, durch geeignete Anordnung der einzelnen Arbeitsschritte für ein korrektes Resultat zu sorgen (vergleiche beispielsweise [143][S. 34 f.]). STEIN und MUNDSTOCK geben in [540] entsprechende Verfahren an, eine konkrete Beschreibung der Verhältnisse in CSMP findet sich beispielsweise in [537][S. 12 ff.].

[11]Zur damaligen Zeit kamen hier vor allem FORTRAN und ALGOL zum Einsatz.

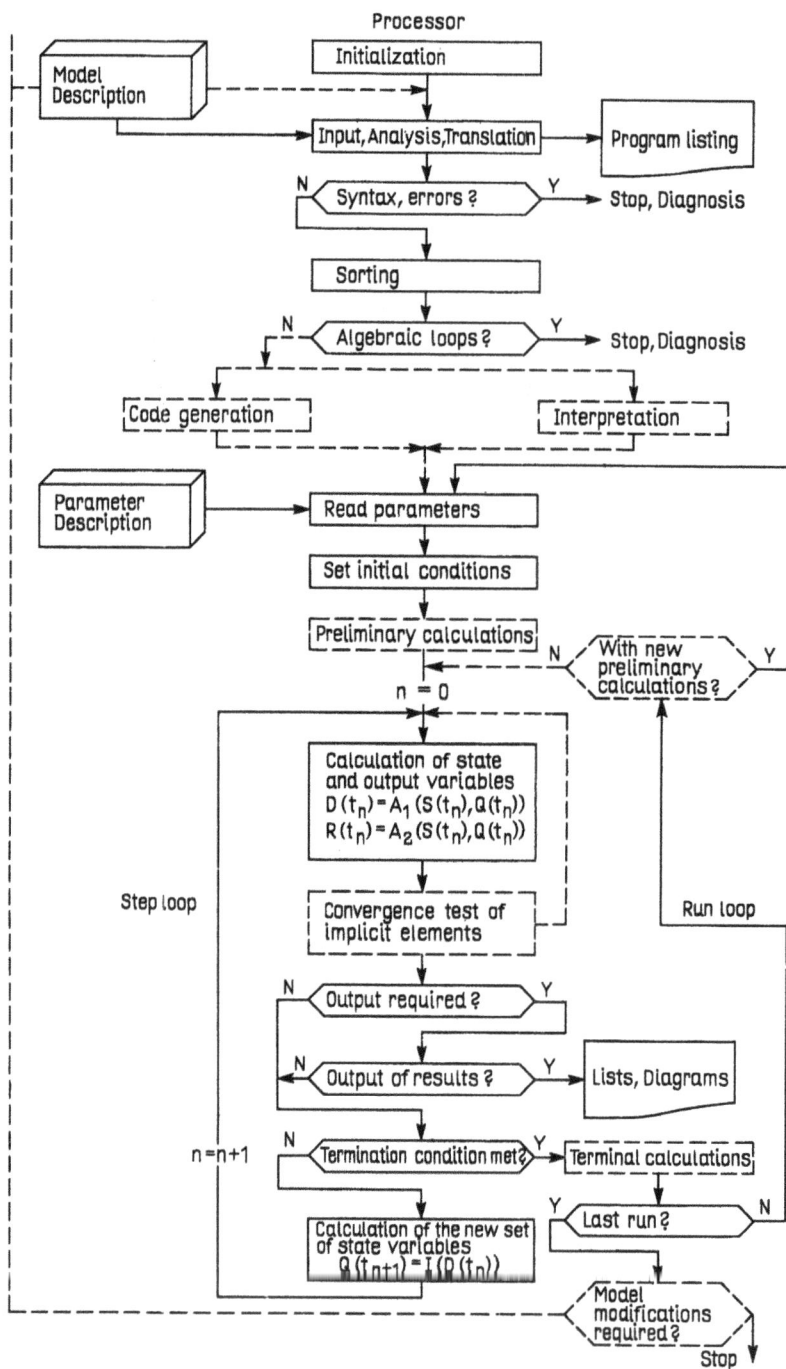

Abb. 9.1: *Flussdiagramm eines typischen digitalen Simulationssystems (nach [143][S. 99], mit freundlicher Genehmigung des Autors)*

liche Simulationsablauf beschrieben wird, sowie einer speziellen Sprache zur Beschreibung des zugrundeliegenden Modells auf oder setzt alternativ zu diesem Vorgehen eine Simulationssprache ein, die sowohl Elemente zur Beschreibung der Modellstruktur als auch des Simulationsablaufes an sich beinhaltet[12].

Das Herzstück des eigentlichen Simulators bilden geeignete Verfahren zur Durchführung der einzelnen Integrationen – wie bereits bei digitalen Differentialanalysatoren angesprochen, ist auch hier die Wahl des jeweils zum Einsatz gelangenden Integrationsverfahrens je nach Art und Verhalten der bei der Lösung einer Aufgabenstellung auftretenden Funktionen für die Gewährleistung eines brauchbaren, das heißt nicht unzulässig stark verfälschten Resultats essentiell. Während digitale Differentialanalysatoren hier meist nur die Wahl zwischen einfachen Rechteck- und Trapezverfahren bieten, stehen bei digitalen Simulationssystemen ausgefeiltere Verfahren zur Verfügung, die sich in *Einschritt-* und *Mehrschrittverfahren* unterteilen lassen[13]. Beide Verfahrensklassen können ihrerseits mit fester oder variabler Schrittweite laufen, was neben Auswirkungen auf die erzielbare Genauigkeit auch direkte Auswirkungen auf den Bedarf an Rechenzeit nach sich zieht.

Ohne auf die interne Struktur eines solchen rein digitalen Simulationssystems im weiteren näher eingehen zu wollen, widmet sich der folgende Abschnitt der Simulationssprache *CSMP*, deren Einsatz anhand zweier einfacher Beispiele dargestellt wird.

9.2   CSMP

Im Folgenden wird das Programmsystem CSMP anhand zweier instruktiver Beispiele überblicksartig dargestellt – bedingt durch die Komplexität des Systems können hierbei nur die wesentlichen Punkte gestreift werden[14].

Ganz allgemein setzt sich ein CSMP-Programm aus drei Hauptabschnitten zusammen, die ihrerseits wiederum aus jeweils einer bis mehreren sogenannten *Sections* bestehen, in welchen Folgen von Statements zusammengefasst sind[15]. Im Einzelnen handelt es sich hierbei um die folgenden Blöcke:

INITIAL: In diesem Abschnitt werden Berechnungen zusammengefasst, die im Verlauf einer Simulation nur einmalig auszuführen sind – hierunter fallen beispielsweise Anfangswertberechnungen für Integrierer, statische Skalierungsoperationen etc.[16]

---

[12]Siehe [123][S. 90]. Beispiele für eine Simulationssprache des zweiten Typs stellen *SAHYB* (kurz für *S*imulation of *A*nalog and *Hyb*rid Computers) beziehungsweise *SAHYB-2*, in wesentlichen Teilen zu FORTRAN-IV kompatible Sprachen dar (siehe [104] sowie [268]) – weitere historisch relevante Entwicklungen sind COBLOC (siehe [211]), *DARE* (kurz für *D*ifferential *A*nalyzer *RE*placement, siehe [123][S. 93 ff.], [241][S. 50]), *CSSL* (siehe [123][S. 95]), *ISL* (kurz für *I*nteractive *S*imulation *L*anguage, siehe [41]) sowie *CSMP* (siehe Abschnitt 9.2). Eine ausführliche Behandlung unterschiedlicher Simulationssprachen findet sich unter anderem in [143][S. 90 ff.], aber auch in [123][S. 89 ff.].

[13]Eine allgemeine Behandlung solcher Verfahren findet sich beispielsweise in [462][S. 123 ff.].

[14]Ausführliche Informationen finden sich in [60] sowie vor allem in [537].

[15]Siehe [537][S. 11 f.].

[16]Gegebenenfalls kann der gesamte Abschnitt entfallen.

DYNAMIC: Dieser Abschnitt fasst alle iterativ zur Behandlung eines gegebenen Problemes auszuführenden Programmschritte zusammen – hierin findet sich folglich die
eigentliche Beschreibung des zugrundeliegenden Analogiemodells. In jedem Iterationsschritt, den das CSMP-System ausführt, wird die Gesamtheit dieser Anwei-
sungen ausgeführt.

TERMINAL: Hierbei handelt es sich – ähnlich wie bei INITIAL – ebenfalls um einen
optionalen Abschnitt, in dem wiederum nur einmalig auszuführende Schritte zusammengefasst werden, die nach Beendigung des zentralen Iterationsverfahrens
durchzuführen sind. In diesem Block können beispielsweise finale Resultate auf-
bereitet und ausgegeben werden etc.

Das folgende Beispiel zeigt exemplarisch die Behandlung eines einfachen Masse-Feder-
Dämpfer-Systems, wie es bereits in Abschnitt 5.3.2 dargestellt und mit einem analogelektronischen Analogrechner behandelt wurde, mit Hilfe eines CSMP-Systems[17]. Für
das zugrundeliegende physikalische System gilt zunächst

$$m\ddot{y} + d\dot{y} + sy = 0,$$

wobei y der Auslenkung der Masse aus der Ruhelage entspricht. Für die Behandlung
mit CSMP werden zweckmäßigerweise zunächst einige Programmvariablen eingeführt:

$$\text{MASS} = m$$
$$\text{POS} = y$$
$$\text{POS0} = y_0$$
$$\text{D} = d$$
$$\text{S} = s$$
$$\text{VEL} = \dot{\text{POS}}$$
$$\text{ACC} = \dot{\text{VEL}}$$

Mit den Anfangsbedingungen $y|_{t=0} = 1$, $\dot{y}|_{t=0} = 0$ sowie $m = 1.5$, $d = 4$ und $s = 150$
kann nun das in Abbildung 9.2 dargestellte CSMP-Programm aufgestellt werden[18].

Das Herzstück der Simulation liegt in den beiden Integrationsstatements der Zeilen 3
und 4 verborgen, welche die beiden Zeitintegrale

$$\text{POS} = \int_0^t \text{VEL}\,\mathrm{d}t + \text{POS0} \quad \text{sowie}$$

$$\text{VEL} = \int_0^t \text{ACC}\,\mathrm{d}t$$

---

[17]Vergleiche [537][S. 14 ff.].

[18]Da zur Behandlung des vorliegenden Problemes keinerlei einmalig auszuführende Aktionen notwendig sind, entfällt die Angabe von INITIAL- beziehungsweise TERMINAL-Blöcken. Alle CSMP-Statements
werden implizit automatisch einem DYNAMIC-Block zugeordnet.

```
1        CONSTANT MASS = 1.5, D = 4.0, S = 150.0, POSO = 1.0
2        ACC = (-S * POS - D * VEL) / MASS
3        POS = INTGRL(POSO, VEL)
4        VEL = INTGRL(0.0, ACC)
5        PRINT POS, VEL, ACC
6  TITLE    SIMULATION EINES MASSE-FEDER-DAEMPFER-SYSTEMS
7        TIMER FINTIM = 2.0, PRDEL = 0.05
8  END
9  STOP
10 ENDJOB
```

Abb. 9.2: *CSMP-Programm zur Masse-Feder-Dämpfer-Simulation (nach [537][S. 15])*

iterativ lösen. Mit Hilfe des PRINT-Statements werden die nach jedem Iterationsschritt auszugebenden Programmvariablen spezifiziert, während der Zeitumfang sowie die Schrittweite der Simulation beziehungsweise im vorliegenden Falle die Zeitspanne zwischen je zwei ausgedruckten Integrationsständen durch das TIMER-Statement in Zeile 7 bestimmt werden[19].

Das obige CSMP-Programm erzeugt das in Abbildung 9.3 gekürzt dargestellte Ausgabelisting[20]. Mit Hilfe geeigneter Methoden lassen sich aus diesen numerischen Werten auch grafische Ausgaben erzeugen, die denen eines Analogrechners zumindest ähnlich sind. Eine solchermaßen aufbereitete Ausgabe zeigt das folgende, etwas komplexere Beispiel anhand der Simulation einer Kabelhaspel[21].

Das zu simulierende Haspelsystem ist schematisch in Abbildung 9.4 dargestellt – Hauptbestandteile sind neben der Kabeltrommel selbst ein sie antreibender Motor, ein Tachometersystem, mit dessen Hilfe die Abspulgeschwindigkeit des Kabels überwacht wird sowie ein Steuersystem, das anhand des Tachosignals sowie eines manuell generierten Richtungssignales die Ansteuerung des Motors in geeigneter Art und Weise übernimmt, um ein Überschießen beziehungsweise Reißen des Kabels zu verhindern.

Eine Rechenschaltung in bekannter Darstellung zur Behandlung dieser Fragestellung findet sich in Abbildung 9.5[22], welche als Grundlage für das in Abbildung 9.6 dargestellte CSMP-Programm dient[23].

Das Ergebnis des mit einem Verstärkungsfaktor der Steuereinheit von 1.5 durchgeführten zweiten Simulationslaufes zeigt in grafischer Darstellung Abbildung 9.7. Durch geeignete Maßnahmen wäre es auch möglich, das manuelle Steuersignal nachzubilden, indem beispielsweise mit Hilfe eines FORTRAN-Unterprogrammes, welches in das CSMP-

---

[19]Die Steuervariable PRDEL bestimmt die Zeitdauer, die zwischen je zwei Ausgaben liegt. Diese Schrittweite wird standardmäßig zu $\frac{FINTIM}{100}$ angenommen, kann aber gegebenenfalls auch vorgegeben werden (siehe [537][S. 18/24 ff.]).

[20]In der Titelzeile ist neben den im TITLE-Statement gemachten Angaben auch das gewählte Integrationsverfahren angegeben.

[21]Siehe [60].

[22]Die manuelle Steuereinrichtung ist dort auf der linken Seite als mit „Hand" bezeichnetes Eingabeelement dargestellt.

[23]Vergleiche [60][S. 260].

SIMULATION EINES MASSE-FEDER-DAEMPFER-SYSTEMS RKS INTEGRATION

```
       TIME         POS          VEL          ACC
     0.0          1.0000E 00   0.0         -1.0000E 02
     5.0000E-02   8.8283E-01  -4.4884E 00  -7.6313E 01
     1.0000E-01   5.7793E-01  -7.3878E 00  -3.8093E 01
     1.5000E-01   1.7863E-01  -8.2319E 00   4.0884E 00
     2.0000E-01  -2.1177E-01  -7.0839E 00   4.0068E 01
     2.5000E-01  -5.0491E-01  -4.4556E 00   6.2373E 01
     3.0000E-01  -6.4574E-01  -1.1340E 00   6.7598E 01
     3.5000E-01  -6.2098E-01   2.0328E 00   5.6677E 01
     4.0000E-01  -4.5698E-01   4.3385E 00   3.4129E 01
     4.5000E-01  -2.0871E-01   5.3620E 00   6.5725E 00
     5.0000E-01   5.6407E-02   5.0288E 00  -1.9051E 01
     5.5000E-01   2.7551E-01   3.5845E 00  -3.7109E 01
     6.0000E-01   4.0411E-01   1.4990E 00  -4.4409E 01
     6.5000E-01   ...          ...          ...
```

Abb. 9.3: *Simulationsergebnisse des mit CSMP untersuchten Masse-Feder-Dämpfer-Systems (siehe [537][S. 17])*

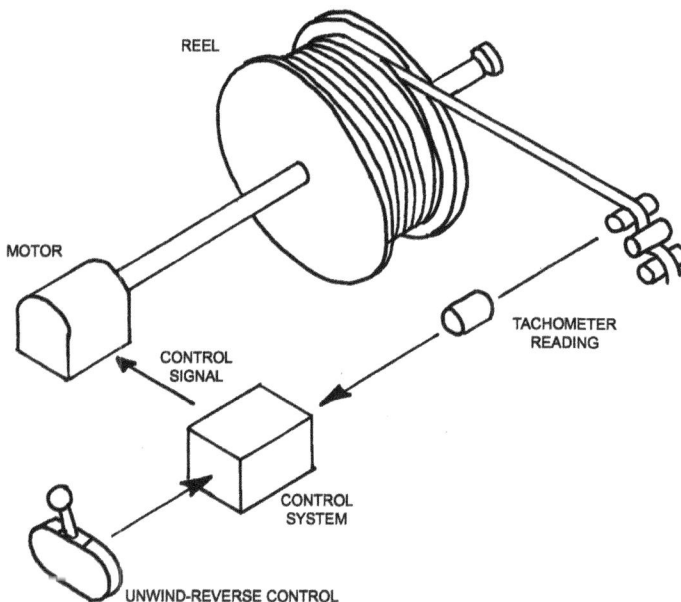

Abb. 9.4: *Zu simulierende Kabelhaspel (nach [60][S. 249])*

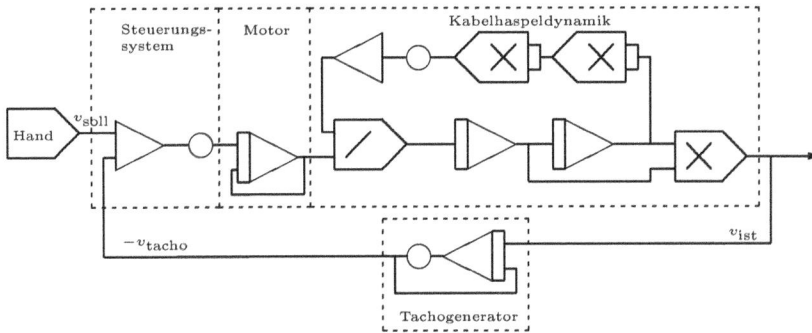

Abb. 9.5: *Blockdiagramm des Kabelhaspelsystems (vergleiche [60][S. 251])*

Programm eingebunden wird, ein Konsolenschalter des Digitalrechners oder ein anderes Eingabemedium abgefragt wird. Durch entsprechende Erweiterungen kann ein vergleichsweise hohes Maß an Interaktivität erzielt werden.

9.3   Weitere Verfahren

Obwohl sich derartige digitale Analogrechnersimulationen nicht durchsetzen konnten, was seinen Grund zunächst in der nicht ausreichenden Rechenleistung der zur Verfügung stehenden Digitalrechner hatte, entstand auf der Grundlage solcher Systeme in den folgenden Jahren eine Reihe weiterer interessanter Entwicklungen wie beispielsweise ein von HAWRYSZKIEWYCZ im Jahre 1967 vorgeschlagenes Simulationssystem, dessen Grundlage ein mikroprogrammierter Digitalrechner bildete, der über spezielle Mikroprogramme in der Lage war, grundlegende Operationen, wie beispielsweise Integrationsschritte etc. direkt in Form entsprechender Maschineninstruktionen darzustellen[24]. Dies erlaubte eine direkte Programmierung des Digitalrechners in einer Form, die derjenigen eines Analogrechners vergleichsweise nahe stand, ohne den zusätzlichen Überbau eines Simulationsprogrammes mit seinen unvermeidlichen Leistungseinbußen in Kauf nehmen zu müssen.

Ein interessantes, auf S/360 CSMP basierendes System, mit dessen Hilfe Rechenschaltungen aus formalen Modellbeschreibungen, wie sie für ein digitales Simulationssystem benötigt werden, automatisch abgeleitet werden können, beschreiben HARRIET BADAKER RIGAS und DAVID J. COOMBS in [483]. Von Vorteil ist bei diesem Vorschlag nicht allein die Möglichkeit, Rechenschaltungen mehr oder minder automatisch generieren zu lassen, sondern darüberhinaus mit Hilfe des hierfür eingesetzten digitalen Simulationssystems zwanglos die notwendigen Normierungsschritte für einen Einsatz der jeweils abgeleiteten Rechenschaltung auf einem Analogrechner durchzuführen.

Vergleichsweise häufig wurden zur Verfügung stehende Digitalrechner mit Simulationssystemen wie den eben besprochenen auch dazu verwendet, die Korrektheit von mit Hilfe elektronischer Analogrechner gewonnenen Lösungen zu verifizieren, indem auf ihnen einige ausgewählte Simulationsläufe numerisch durchgeführt wurden. So wurden

---

[24]Siehe [173].

```
TITLE   KABELHASPELSIMULATION
*
INIT
         K1  = (D ** 2) / (2.0 * PI * W)
PARAM    D   = 0.1, W = 2.0
CONST    PI  = 3.14159
PARAM  RFULL = 4.0, REMPTY = 2.0
*
DYNAM
          I = 18.5 * (R ** 4) - 221.0
     TH2DOT = TORQUE / I
     TH1DOT = INTGRL(0.0, TH2DOT)
          R = INTGRL(RFULL, (-K1 * TH1DOT))
      ERROR = VDESIR - VM
*
PARAM VDESIR = 50.0
       CONTL = GAIN * ERROR
        GAIN = 0.5
      TORQUE = 500.0 * DUMMY
       DUMMY = REALPL(0.0, 1.0, CONTL)
        VACT = R * TH1DOT
          VM = REALPL(0.0, 0.5, VACT)
*
FINISH     R = 2.0
TIMER   DELT = .05, FINTIM = 20.0, PRDEL = 0.5, OUTDEL = 0.5
*
PRINT  VACT, VM, ERROR, CONTL, TORQUE, R, I
PRTPLT VACT
*
LABEL   PRELIMINARY TEST OF SYSTEM STABILITY (GAIN = 0.5)
METHOD RECT
END
*
PARAM    GAIN = 1.5
RESET   LABEL
LABEL   PRELIMINARY TEST OF SYSTEM STABILITY (GAIN = 1.5)
END
STOP
ENDJOB
```

Abb. 9.6: *CSMP-Programm zur Kabelhaspelsimulation (nach [60][S. 260])*

```
TIME   VACT
 0.0   0.0          +
 0.5   3.2774E 00   --+
 1.0   1.1179E 01   ---------+
 1.5   2.2859E 01   -------------------+
 2.0   3.4448E 01   ---------------------------+
 2.5   4.4997E 01   ------------------------------------+
 3.0   5.3483E 01   ---------------------------------------------+
 3.5   5.9391E 01   --------------------------------------------------+
 4.0   6.2637E 01   ----------------------------------------------------+
 4.5   6.3481E 01   -----------------------------------------------------+
 5.0   6.2411E 01   ----------------------------------------------------+
 5.5   6.0028E 01   --------------------------------------------------+
 6.0   5.6951E 01   -----------------------------------------------+
 6.5   5.3734E 01   --------------------------------------------+
 7.0   5.0814E 01   -----------------------------------------+
 7.5   4.8486E 01   ---------------------------------------+
 8.0   4.6902E 01   -------------------------------------+
 8.5   4.6081E 01   -------------------------------------+
 9.0   4.5924E 01   ------------------------------------+
 9.5   4.6339E 01   -------------------------------------+
10.0   4.7090E 01   -------------------------------------+
10.5   4.8013E 01   --------------------------------------+
11.0   4.8948E 01   ---------------------------------------+
11.5   4.9970E 01   ----------------------------------------+
12.0   5.0400E 01   ----------------------------------------+
12.5   5.0801E 01   -----------------------------------------+
13.0   5.0976E 01   -----------------------------------------+
13.5   5.0954E 01   -----------------------------------------+
14.0   5.0786E 01   -----------------------------------------+
14.5   5.0529E 01   -----------------------------------------+
15.0   5.0238E 01   -----------------------------------------+
15.5   4.9960E 01   ----------------------------------------+
16.0   4.9729E 01   ----------------------------------------+
16.5   4.9566E 01   ----------------------------------------+
17.0   4.9477E 01   ----------------------------------------+
17.5   4.9457E 01   ----------------------------------------+
18.0   4.9492E 01   ----------------------------------------+
18.5   4.9565E 01   ----------------------------------------+
19.0   4.9657E 01   ----------------------------------------+
19.5   4.9751E 01   ----------------------------------------+
20.0   4.9834E 01   ----------------------------------------+
```

Abb. 9.7: *Kabelhaspelsimulationsergebnisse (vergleiche [60][S. 261])*

beispielsweise im Bereich der Red Duster-Raketenentwicklung mit Hilfe von AGWAC[25] erzielte Resultate durch numerische Berechnungen auf WREDAC[26] plausibilisiert[27].

Ausgesprochen interessant ist auch eine Entwicklung, die 1971 von OSUGA und YAMA-UCHI[28] in Form des sogenannten *OLBA*-Systems[29] vorgestellt wurde. Hierbei handelte es sich zwar im Wesentlichen um ein mehr oder minder herkömmliches und stark an bereits existierende Analogrechnersimulationsprogramme angelehntes System – im Gegensatz zu diesen verfügte OLBA jedoch über eine grafische Eingabemöglichkeit, die es erlaubte, dynamische Systeme, die – vor allem im Bereich der Mess- und Regelungstechnik – oft zunächst in Form von Blockdiagrammen beschrieben werden, direkt in dieser Gestalt einzugeben.

Hierbei wurde das entsprechende Blockdiagramm des zu untersuchenden Systems mit Hilfe eines Lichtgriffels an einem grafischen Bildschirm erstellt, wobei aus einer Reihe von Standardblöcken ausgewählt werden konnte, die untereinander wahlfrei verbunden werden konnten. Ähnliche Systeme werden heute, wenngleich in deutlich ausgefeilterer Form, in Laborinstrumentierungs- und -messdatenerfassungs- beziehungsweise -aufbereitungssystemen eingesetzt.

9.4   Spezifische Probleme

Bedingt durch die digitale Natur derartiger Simulationssysteme unterliegen diese anderen spezifischen Einschränkungen als herkömmliche Analogrechner. An erster Stelle ist hier der mitunter immense Einfluss zu nennen, welchen das für die Behandlung eines Problems gewählte Integrationsverfahren nach sich zieht. In vielen Fällen ist ein Standardverfahren sicherlich ausreichend, dennoch muss von Fall zu Fall entschieden werden, ob nicht bessere, d.h. genauere beziehungsweise stabilere numerische Lösungen mit einem dem Problem angemesseneren Integrationsverfahren erzielt werden können[30].

Die spezifischen Probleme in diesem Umfeld zeigen beispielsweise SPECKHART und GREEN anhand der Simulation eines rollenden Eisenbahnwaggons, der auf einen stehenden Waggon gleicher Bauart und Masse aufprallt und sich mit diesem verkoppelt, auf. Die hierbei auftretenden Problemvariablen zeichnen sich generell durch hohe Wertebereiche und extreme Größenänderungen aus, die mehrere Zehnerpotenzen umfassen, so dass, um eine vernünftige Lösung zu erzielen, in unterschiedlichen Zeitabschnitten der Simulation unterschiedliche Integrationsmethoden zum Einsatz gelangen müssen,

---

[25] Australian *Guided Weapons Analogue Calculator*

[26] *Weapons Research Establishment Digital Automatic Computer* – hierbei handelte es sich um eine britische Elliott 403.

[27] Siehe [43][S. 2]. Anzumerken ist an dieser Stelle noch, dass mitunter auch Plausibilisierungen von Analogrechnerresultaten anhand realer Messdaten stattfanden – beispielsweise wurden bei der Entwicklung der Red Duster Rakete (siehe [43]) in regelmäßigen Abständen die Ergebnisse analoger Simulationsläufe mit Messdaten realer Testschüsse verglichen (siehe [43][S. 15] beziehungsweise [43][S. 58 ff.]).

[28] Siehe [438].

[29] *On-Line Block Analysis*-System

[30] Siehe hierzu unter anderem [537][S. 81 ff.].

die ihrerseits dem jeweils zu erwartenden Verhalten der auftretenden Funktionen angemessen ausgewählt werden müssen[31].

Mitunter reichen die von einem gegebenen digitalen Analogrechnersimulationsssystem
zur Verfügung gestellten Standardintegrationsverfahren für die Behandlung einer gegebenen Fragestellung nicht aus – für solche Fälle stellen die meisten derartigen Systeme
entsprechende Mechanismen zur Verfügung, um benutzerspezifische Integrationsverfahren in das Gesamtsystem integrieren zu können. Die Entwicklung geeigneter Integrationsverfahren setzt jedoch nicht nur eine entsprechende Vertrautheit mit den Eigenheiten
spezieller numerischer Verfahren, sondern darüberhinaus auch mit den jeweils gegebenen Maschineneigenschaften des zur Anwendung gelangenden Digitalrechners voraus,
um nicht nur numerisch brauchbare, sondern auch effiziente Routinen entwickeln zu
können.

Zusammenfassend schrieben SPECKHART und GREEN[32] zur Wahl eines geeigneten Integrationsverfahrens in diesem Zusammenhang:

> In summary, choosing the best integration method is quite complicated,
> both from a theoretical and a practical point of view. No absolute set of
> guidelines can be written that will insure the optimum method is used for all
> problems. The user should be prepared to experiment in order to obtain the
> best method with regard to run-time and accuracy.

Neben diesen Schwierigkeiten sind derartige rein digital arbeitende Simulationssysteme
analogen beziehungsweise hybriden Lösungsvarianten im Hinblick auf die erzielbaren
Rechengeschwindigkeiten in aller Regel bis heute unterlegen. FRISCH führt eine Reihe gemessener Laufzeiten für eine Auswahl repräsentativer Fragestellungen aus dem
Bereich der Kerntechnik an[33], die deutlich macht, dass Analog- beziehungsweise Hybridrechner rein digitalen Lösungen in der Mehrzahl der Fälle hinsichtlich der reinen
Rechenzeit unter Vernachlässigung der im Vergleich mit Digitalrechnern deutlich geringeren Rechengenauigkeit um Größenordnungen überlegen sind[34]. Bei den von FRISCH
betrachteten Beispielproblemen konnte in jedem Fall innerhalb von 30 Sekunden eine
Lösung mit Hilfe des Analogrechners gefunden werden, während die betrachteten digitalen Simulationssysteme mitunter bis zu 500000 Sekunden, dies entspricht etwa 140
Stunden, an Rechenzeit benötigten[35].

---

[31]Siehe [537][S. 90 ff.].

[32]Siehe [537][S. 93].

[33]Siehe [135][S. 23 ff.].

[34]Hierbei handelt es sich um den bereits an anderer Stelle erwähnten prinzipiellen Vorteil analoger
Rechentechniken, der in erster Linie in der in der Regel nahezu linearen Skalierbarkeit derartiger Lösun-
gen begründet liegt, da Synchronisations- und Kommunikationsaufwände, wie sie bei herkömmlichen
Digitalrechnern unvermeidbar sind, naturgemäß bei Analogiebildungen nicht auftreten.

[35]In diesem Zusammenhang ist auch eine Arbeit von A. BACCIGALUPI und G. SAVASTANO interessant
(siehe [22]), in welcher die digitale Simulation eines Halbleiterwechselrichters beschrieben wird. Mit Hilfe
eines herkömmlichen Analogrechners war die Lösung dieses Problems wenig langsamer als in Echtzeit
möglich, während allein die Simulation zweier Perioden auf einer IBM 370/158 unter Verwendung der
Simulationssprache ASTAP etwa 12600 CPU-Sekunden in Anspruch nahm, was Kosten von 7560 US-
Dollar entsprach. Durch den Einsatz eines optimierten Programmes, das auf nur diesen Einsatzzweck
zugeschnitten war, konnte der CPU-Zeitverbrauch auf 10000 Sekunden verringert werden, was Kosten
von ca. 6000 US-Dollar entsprach.

Gerade das zuvor kurz dargestellte und vergleichsweise weit verbreitete CSMP-System schnitt bei den dort untersuchten Fragestellungen hinsichtlich des Zeitbedarfes zur Lösungsfindung ausnehmend schlecht ab, wie folgendes Zitat zeigt[36]:

> *CSMP führt mit Ausnahme von Testbeispiel 2 und 3a zu unerträglich langen Rechenzeiten [...]*

GRIERSON et al. bemerken zu diesem Geschwindigkeitsproblem rein digitaler Lösungsansätze entsprechend[37]:

> *Our experience with the [...] simulation, where the „super computers" cannot achieve real time, proves that brute force or throwing money at the problem is not the solution.*

Im Anschluss an diesen Abschnitt, mit welchem die Darstellung unterschiedlicher Implementationsvarianten analoger Rechenanlagen ihr Ende erreicht hat, widmet sich das folgende Kapitel praktischen und historisch relevanten Anwendungsgebieten vornehmlich analogelektronischer Analogrechner – aufgrund der extremen Bandbreite von Fragestellungen, die erfolgreich mit Hilfe derartiger Analogrechner untersucht und gelöst wurden, können in der Regel keine Rechenschaltungen etc. angegeben werden. Ziel des Folgenden ist vielmehr, ein Gefühl für die Mächtigkeit analoger Rechentechniken sowie des Einflusses, welchen diese auf die technisch-naturwissenschaftliche Entwicklung des zwanzigsten Jahrhunderts besaßen, zu vermitteln.

---

[36]Siehe [135][S. 23].
[37]Siehe [159][S. 4].

10   Anwendungsgebiete

Zu den Einsatzbereichen elektronischer Analogrechner bemerkt KETTEL im Jahre 1960[1] sehr treffend:

> *Es gibt kaum einen Bereich in Wissenschaft und Technik, welcher keine Anwendungsmöglichkeit für den Analogrechner böte. Er dient vor allem für die Berechnung des dynamischen Verhaltens von technischen Regelsystemen, biologischen und volkswirtschaftlichen Systemen, chemischen Prozessen, thermischen Systemen, Atomreaktoren, Fahrzeugen und Flugkörpern.*

Entsprechend wird in den folgenden Abschnitten der Versuch unternommen, historisch und technisch relevante Anwendungsgebiete vornehmlich elektronischer Analogrechner überblicksartig darzustellen, wobei, bedingt durch die Universalität analoger Rechentechniken, keinerlei Anspruch auf Vollständigkeit erhoben wird. Die Auswahl der Gebiete und Beispiele verläuft grob von rein grundlagenwissenschaftlichen Anwendungen hin zu mehr und mehr praktischen, mit zunehmend spezielleren Fragestellungen der Ingenieurwissenschaften verknüpften Bereichen, wobei die Auswahl der eigentlichen Beispiele stark subjektiv geprägt ist.

10.1   Mathematik

Den Beginn dieses Kapitels bilden Anwendungen im Bereich der Mathematik, die in jedem Fall die Grundlage für die rechentechnische Behandlung von Fragestellungen in allen Bereichen der Natur- und Ingenieurwissenschaften bilden.

10.1.1   Differentialgleichungen

Wie bereits in den vorangegangenen Abschnitten deutlich wurde, stellt die Behandlung von Differentialgleichungen in natürlicher Art und Weise das zentrale Aufgabengebiet eines jeden Analogrechners dar – im Folgenden werden die wichtigsten Formen in praktischen Problemstellungen häufig auftretender Differentialgleichungen aus Sicht der Analogrechentechnik dargestellt.

Differentialgleichungen können in mehrere Typen eingeteilt werden, die jeweils unterschiedlich zu behandeln sind. Zunächst ist zwischen gewöhnlichen und partiellen Differentialgleichungen zu unterscheiden, wobei Letztere partielle Ableitungen enthalten und in vielen relevanten Bereichen der Ingenieurwissenschaften auftreten, während Erstere

---

[1]Siehe [230][S. 165].

nur Ableitungen einer einzigen abhängigen Variablen aufweisen. Gewöhnliche Differentialgleichungen können weiter in lineare und nichtlineare gewöhnliche Differentialgleichungen unterschieden werden, wobei im zweiten Fall weiter zwischen linearen gewöhnlichen Differentialgleichungen mit konstanten und solchen mit variablen Koeffizienten unterschieden werden muss.

Die folgenden Abschnitte stellen kurz die wesentlichen Punkte dar, die bei der Behandlung solcher Differentialgleichungen mit Hilfe eines Analogrechners in Betracht gezogen werden müssen.

10.1.1.1 Lineare gewöhnliche Differentialgleichungen

Die einfachste Form von Differentialgleichungen bilden die sogenannten *linearen gewöhnlichen Differentialgleichungen*[2], die in der Regel mit Hilfe des bereits in Abschnitt 5.1.1 dargestellten KELVINschen Rückführungsverfahrens in eine ihnen äquivalente Rechenschaltung umgeformt werden können. Charakteristisch für derartige Gleichungen ist die Tatsache, dass ihre abhängige Variable in allen auftretenden Ableitungen nur in erstem Grad auftritt – ihre allgemeine Form hat somit folgende Gestalt:

$$\sum_{i=0}^{n} a_i \frac{\mathrm{d}^i y}{\mathrm{d} y^i} = f(t)$$

Im Folgenden wird zunächst der Fall konstanter Koeffizienten a_i betrachtet: Zur Aufstellung der einer solchen Gleichung analogen Rechenschaltung wird, wie bereits erläutert, die Ausgangsgleichung zunächst nach der höchsten in ihr enthaltenen Ableitung aufgelöst, aus welcher in der Folge mit Hilfe von Integrierern alle niedrigeren Ableitungen erzeugt werden, die wiederum Grundlage für die Berechnung der als Ausgangspunkt der Rechenschaltung dienenden höchsten Ableitung bilden, so dass am Ende der Aufstellung einer Rechenschaltung zur Lösung einer linearen gewöhnlichen Differentialgleichung eine Schleife aus Rechenelementen vorliegt, in der meist explizit alle Ableitungen der zugrundeliegenden Variablen auftreten[3].

Abgesehen von der in fast allen Fällen unumgänglichen Normierung der solchermaßen aus einer Ausgangsdifferentialgleichung hergeleiteten Rechenschaltung, die im vorliegenden Fall linearer gewöhnlicher Differentialgleichungen keinen Einfluss auf die Form der hergeleiteten Rechenschaltung hat[4], sind gewöhnliche Differentialgleichungen in der Re-

---

[2]Im englischen Sprachraum werden diese als *LODE*, kurz für *L*inear *O*rdinary *D*ifferential *E*quation, bezeichnet.

[3]Gewisse Anwendungsfälle – vornehmlich in der Mess- und Regeltechnik, d.h. in Bereichen, in welchen häufig fest verdrahtete Schaltungen und geringe Baugröße von hoher Bedeutung sind – legen die Konstruktion spezieller Rechenelemente nahe, die hinsichtlich der von ihnen durchgeführten Operationen über die grundlegenden Bausteine eines Analogrechners hinausgehen und beispielsweise mehrere Integrationsschritte zusammenfassen, falls in einer Rechenschaltung nicht alle Zwischenableitungen einer Variablen benötigt werden, wie dies beispielsweise bei dem in Abschnitt 3.2.1 behandelten Mischgerät HELMUT HOELZERS in Form der verwendeten RC-Glieder zur Bildung eines proportional-differentiellen Terms der Fall ist.

gel im Wesentlichen gemäß dieser einfachen Umformung mit Hilfe eines Analogrechners zu behandeln[5].

Etwas komplizierter gestaltet sich die Behandlung linearer gewöhnlicher Differentialgleichungen mit Hilfe eines Analogrechners, wenn die Koeffizienten a_k nicht konstant sind, da sich hier das Problem der Koeffizientengenerierung stellt. In der Regel werden die einzelnen nicht konstanten Koeffizienten mit Hilfe entsprechender Hilfsdifferentialgleichungen erzeugt, so dass für eine Differentialgleichung n-ten Grades mit n variablen Koeffizienten ein System von $n + 1$ gekoppelten Differentialgleichungen entsteht, wie es in Form eines einfachen Beispieles bereits in Abschnitt 5.3.3 exemplarisch dargestellt wurde[6].

In der Regel stellt die Normierung der einer solchen linearen gewöhnlichen Differentialgleichung mit variablen Koeffizienten analogen Rechenschaltung eine größere Herausforderung dar als im Fall konstanter Koeffizienten. Bei variablen Koeffizienten muss zwischen beschränkten und unbeschränkten Koeffizienten unterschieden werden: Im ersten Fall muss lediglich dafür Sorge getragen werden, dass eine einheitliche Normierung für die eigentliche Differentialgleichung sowie für die Hilfsdifferentialgleichung zur Erzeugung der Koeffizienten durchgeführt wird. Im zweiten Fall ist zusätzlich dafür Sorge zu tragen, dass die freie Variable des Analogrechners, die Rechenzeit, entsprechend beschränkt wird, um ein Überschreiten des Rechenspannungsbereiches zu vermeiden.

10.1.1.2   Nichtlineare Differentialgleichungen

Ein Hauptproblem bei der Behandlung nichtlinearer gewöhnlicher Differentialgleichungen mit einem Analogrechner ist die vor der Durchführung einer Rechnung notwendige Normierung, da hier im Gegensatz zu linearen gewöhnlichen Differentialgleichungen die Struktur der Rechenschaltung mitunter stark von der gewählten Normierung abhängt. Erschwerend kommt hinzu, dass oftmals Funktionen der abhängigen Veränderlichen betrachtet werden müssen, die ebenfalls der Normierung zu unterwerfen sind, was wiederum Auswirkungen auf die Normierung der Grundgleichung hat usf.[7]

10.1.1.3   Randwertprobleme

Bei allen bisher in Abschnitt 5.3 behandelten Fragestellungen handelte es sich um einfache Anfangswertprobleme, d.h. um Differentialgleichungen, für welche zum Zeitpunkt des Rechnungsbeginns, $t = 0$, bestimmte Werte für die auftretenden Ableitungen der

---

[4]Im Fall nichtlinearer Differentialgleichungen gilt dies nicht mehr.

[5]Sehr schöne Beispiele hierzu finden sich unter anderem in [283][S. 171 ff.], [123][S. 163 ff.], [145][S. 119 ff.] etc. Besonderheiten beim Einsatz von Hybridrechnern zur Behandlung dieses Gleichungstyps beschreibt [123][S. 173 ff.]. Für Stabilitätsbetrachtungen sei an dieser Stelle auf [145][S. 119 ff.] verwiesen.

[6]In der Mehrzahl der Fälle können die benötigten Koeffizienten selbst in Form linearer gewöhnlicher Differentialgleichungen erzeugt werden. Ist dies nicht der Fall, verkompliziert dies die Lösung mitunter ganz erheblich, da dann allein für die Generierung der Koeffizienten fortgeschrittenere Techniken eingesetzt werden müssen.

[7]Die hierbei auftretenden Schwierigkeiten gehen weit über den Rahmen der vorliegenden Arbeit hinaus, so dass an dieser Stelle für eine ausführlichere Behandlung dieses Themenkomplexes an erster Stelle auf [145][S. 221 ff.], aber auch auf [283][S. 212 ff.] verwiesen sei. Der Einsatz von Hybridrechnern ermöglicht die Anwendung iterativer Verfahren, durch deren Hilfe das Normierungsproblem zumindest vereinfacht werden kann. Ein gutes Beispiel hierfür geben VALISALOI und LEGRO in [585] an.

abhängigen Veränderlichen vorgeschrieben waren, aus welchen entsprechende Initialwerte für die in der betreffenden Rechenschaltung eingesetzten Integrierer hergeleitet wurden.

Deutlich schwieriger gestaltet sich die Behandlung sogenannter *Randwertprobleme*, bei welchen für die Ableitungen der abhängigen Veränderlichen nicht nur zu Beginn der Rechnung, $t = 0$, sondern auch an ihrem Ende, $t = t_{max}$, bestimmte Werte vorgeschrieben sind. Derartige Fragestellungen treten bei einer Vielzahl technischer und naturwissenschaftlicher Untersuchungen auf – als Beispiel sei hier ein unter einer gegebenen Belastung durchhängender, jedoch an beiden Seiten eingespannter Balken genannt, dessen Biegelinie bestimmt werden soll.

In der Praxis haben sich einige Verfahren zur Behandlung solcher Problemstellungen mit Hilfe elektronischer Analogrechner etabliert[8], von denen das sogenannte *Probierverfahren*[9] wohl am häufigsten genutzt wurde und darauf beruht, dass, ausgehend von mehr oder weniger willkürlich gewählten Initialwerten, das Verhalten der betrachteten Differentialgleichung(en) untersucht wird. Je nachdem, wie gut oder schlecht der gewählte Parametersatz die Randwertforderungen erfüllt, wird er modifiziert und dient als Ausgangspunkt für den nächsten Probierschritt.

Bei einfachen Problemen, die nur einen einzigen Anfangswert als zu bestimmenden Parameter besitzen, führt dieses Verfahren in Abhängigkeit von der Vertrautheit des Bedieners mit dem Verhalten des untersuchten Systems meist vergleichsweise schnell zu einer brauchbaren Lösung, während bereits Systeme mit nur zwei Anfangswerten einem manuellen Probierverfahren oft nicht mehr mit vertretbarem Aufwand zugänglich sind. In solchen Fällen kann das einfache manuelle Probierverfahren auf Basis des Newton-Verfahrens zu einem automatischen iterativen Verfahren ausgebaut werden, das vor allem für den Einsatz auf einem Hybridrechner geeignet ist[10].

Iterative Verfahren zur Behandlung von Randwertaufgaben führen in der Regel mit mehr oder weniger Aufwand zum gewünschten Resultat, wobei sowohl lineare als auch nichtlineare Randwertprobleme hiermit erfolgreich behandelt werden können. Im Spezialfall linearer Randwertprobleme kann meist eine einfachere Technik in Form des sogenannten *Überlagerungsverfahrens* zum Einsatz gelangen, auf das im Folgenden jedoch nicht weiter eingangen wird[11].

10.1.1.4   Partielle Differentialgleichungen

Die Behandlung partieller Differentialgleichungen, denen eine nicht zu überschätzende Bedeutung in fast allen Bereichen der Technik und Naturwissenschaft zukommt, mit Hilfe eines analogelektronischen Analogrechners wirft aufgrund der Tatsache, dass diesem nur die Rechenzeit als freie Variable zugänglich ist, in einer partiellen Differentialgleichung jedoch partielle Ableitungen auftreten, vergleichsweise große Probleme auf.

---

[8]Für eine allgemeine Darstellung des Problems siehe zum Beispiel [243][S. 142 ff.].

[9]Siehe beispielsweise [145][S. 249 ff.] oder auch [179][S. 108 ff.].

[10]Siehe [179][S. 111 ff.] beziehungsweise [123][S. 202 ff.]. Weitere iterative Verfahren werden unter anderem in [179][S. 117 ff.], [123][S.197 ff.] oder auch [145][S. 253 ff.] beschrieben. Spezielle Approximationsmethoden für den speziellen Fall von Randwertproblemen bei partiellen Differentialgleichungen finden sich in [587].

[11]Siehe beispielsweise [145][S. 242 ff.] sowie [123][S. 189 ff.].

Die beiden wichtigsten Verfahren hierzu, die *Differenzenquotientenmethode* sowie die als *Trennung der Veränderlichen* bezeichnete Technik, wurden bereits in den Abschnitten 5.1.3.1 beziehungsweise 5.1.3.2 ausführlich behandelt, so dass im Folgenden hierauf nicht weiter eingegangen werden soll[12].

10.1.2 Integrale und Integralgleichungen

Einige wenige Anwendungen erfordern die Berechnung bestimmter Integrale, was mit Hilfe der Integrierer eines Analogrechners unter der Voraussetzung einer geeigneten Normierung stets möglich ist. In vielen Fällen sind derartige Operationen zur Vorverarbeitung in Form einer Filterung oder Glättung von Messwerten notwendig und nicht Bestandteil der eigentlichen zentralen Rechenschaltung, sondern dieser vorgelagert.

Die Behandlung von Integralgleichungen mit Hilfe elektronischer Analogrechner wurde bereits in Abschnitt 5.1.4 behandelt, so dass an der vorliegenden Stelle nicht weiter auf diesen Themenkomplex eingegangen, sondern hierauf sowie exemplarisch auf [283][S. 318 ff.] verwiesen sei.

10.1.3 Nullstellenbestimmung

Das Auffinden von Nullstellen reellwertiger Polynome mit Hilfe eines Analogrechners[13] wird in der Regel auf die Bildung der zu untersuchenden Funktion durch eine geeignete Rechenschaltung mit anschließendem Durchlaufen des interessierenden Wertebereiches zurückgeführt, während dessen Nullstellen durch die Verwendung eines Komparators detektiert werden können.

Zur Erzeugung eines reellwertigen Polynoms der allgemeinen Form

$$P_n(x) = \sum_{i=0}^{n} a_i x$$

werden in der Regel zunächst die verschiedenen Potenzen x gebildet und unter Berücksichtigung der jeweiligen Koeffizienten a_i aufsummiert. Die Bildung der gesuchten Potenzen kann entweder direkt durch den Einsatz von Multiplizierern[14] oder durch Integriererketten geschehen, die über einen konstanten Eingangswert integrieren und somit Resultate der Form x, $-\frac{1}{2}x^2$, $\frac{1}{6}x^3$ etc. liefern, wobei dieser Methode in der Regel der Vorzug gegeben wird, da typische elektronische Analogrechenanlagen in der Regel über

---

[12]Darüberhinausgehende Informationen finden sich in [179][S. 183–197], [283][S. 243 ff., S. 293 ff.] sowie unter anderem in [198]. AMELING beschreibt in [8] Verfahren zur Darstellung der Lösungen partieller Differentialgleichungen mit Hilfe elektronischer Analogrechner. Den Einsatz von Hybridrechnern zur Behandlung partieller Differentialgleichungen behandelt FEILMEIER in [123][S. 215 ff.], während JACKSON in [206][S. 586 f.] ein hierzu ähnliches, von LAWRENCE WAINWRIGHT entwickeltes Verfahren beschreibt, dessen zentraler Bestandteil ein analoges Magnetbandgerät ist.

[13]Siehe beispielsweise [179][S. 173 ff.]. Komplexwertige Polynome werden in [179][S. 177 ff.] behandelt.

[14]Gerade in diesem Zusammenhang ist die Verwendung von Servomultiplizierern vorteilhaft, da mit einem solchen Multiplizierer je nach Anzahl der auf der gemeinsamen Achse montierten Potentiometer gleich mehrere Potenzen generiert werden können. Entsprechend können auch Time-Division-Multiplizierer mit Gewinn eingesetzt werden.

mehr Integrierer als Multiplizierer verfügen und die letztgenannten zudem meist eine geringere Rechengenauigkeit aufweisen.

Neben dieser direkten Methode zur Polynomerzeugung werden häufig auch geeignete Differentialgleichungen eingesetzt, wobei vor allem in technischen Zusammenhängen auftretende Polynome wie Legendre-, Tschebyscheff- oder Hermitesche Polynome einfach durch Differentialgleichungen zweiten Grades dargestellt werden können[15]. Liegt kein Polynom n-ten Grades eines dieser speziellen Typen vor, so kann in der Regel eine Differentialgleichung n-ten Grades zu seiner Darstellung entwickelt werden, wie HEINHOLD und KULISCH an dem einfachen Beispiel

$$P(x) = a_3 x^3 + a_2 x^2 + a_1 x + a_0$$

zeigen[16], dessen erste bis dritte Ableitung die Gestalt

$$P'(x) = 3a_3 x^2 + 2a_2 x + a_1$$
$$P''(x) = 6a_3 x + 2a_2$$
$$P'''(x) = 6a_3$$

besitzen. Hieraus ergibt sich direkt eine aus drei hintereinandergeschalteten Integrierern bestehende Rechenschaltung, wobei der erste Integrierer mit dem konstanten Eingangswert $6a_3$ beaufschlagt wird. Als Anfangswerte erhalten diese Integrierer entsprechend die Werte $2a_2$, $-a_1$ sowie a_0, so dass sich am Ausgang dieser Kette das Polynom $-P(x)$ ergibt.

10.1.4   Orthogonalfunktionen

Eine interessante Fragestellung vor allem im Bereich der Regelungstechnik ist die nach der Approximierung einer gegebenen, aber mitunter nicht direkt oder nur mit hohem apparativem Aufwand darstellbaren Funktion $f(t)$ durch eine endliche Summe entsprechender Orthogonalfunktionen[17] $\varphi_i(t)$ in Form von

$$f(t) \sim \sum_{i=1}^{n} a_i \varphi_i(t),$$

wobei meist das Fehlerquadrat ($w(t)$ bezeichnet eine Gewichtsfunktion)

$$\int_I \left(f(t) - \sum_{i=1}^{n} a_i \varphi_i(t) \right)^2 w(t) \mathrm{d}t$$

in einem gegebenen Intervall I minimal sein soll, was stets dann der Fall ist, wenn die Funktionen $\varphi_i(t)$ ein Orthogonalsystem bilden und darüber hinaus die notwendigen Koeffizienten a_i gemäß

$$a_i = \frac{1}{c} \int_I f(t) \varphi_i(t) \mathrm{d}t \tag{10.1}$$

---

[15]Siehe [179][S. 174].
[16]Siehe [179][S. 174 f.].
[17]Siehe hierzu vor allem [185].

mit

$$\int_I \varphi_i(t)\varphi_k(t)\mathrm{d}t = \begin{cases} c \neq 0 \text{ für } i = k \\ 0 \text{ für } i \neq k \end{cases}$$

bestimmt werden[18], was dann dem Analogrechner zufällt. Ein typisches solches Orthogonalsystem bilden beispielsweise die Funktionen

$$\frac{1}{\sqrt{2\pi}}, \quad \frac{\cos(t)}{\sqrt{\pi}}, \quad \frac{\sin(t)}{\sqrt{\pi}} \text{ etc.}$$

für das Intervall $[0, 2\pi]$, aus deren Reihensumme sich die Fourierreihe ergibt. Auch andere Funktionen, wie beispielsweise $1, t, t^2, t^3, \ldots$, können als Grundlage für die Orthogonalisierung und die darauf beruhende Funktionsapproximation dienen[19]. Die gesuchten Koeffizienten a_i können bei gegebener Ausgangsfunktion $f(t)$ und gegebenem Orthogonalsystem $\varphi_i(t)$ gemäß Gleichung (10.1), meist unter Zuhilfenahme eines Gewichtungsfaktors w, mit Hilfe eines Analogrechners bestimmt werden, was im einfachsten Fall, in welchem die $\varphi_i(t)$ selbst nicht Eigenfunktionen einer Differentialgleichung sind, direkt möglich ist, während im umgekehrten Fall meist iterative Verfahren zur Anwendung gelangen[20].

10.1.5 Konforme Abbildungen

Bei einer sogenannten *konformen Abbildung* handelt es sich um eine winkeltreue Abbildung von einer (x, y)-Ebene in eine korrespondierende (u, v)-Ebene. Konforme Abbildungen werden in der Regel entweder durch explizit gegebene analytische Funktionen einer komplexen Veränderlichen

$$w = f(z) = u(x, y) + \mathrm{i}v(x, y) \text{ mit } z = x + \mathrm{i}y$$

oder durch analytische Lösungen gewöhnlicher Differentialgleichungen dargestellt[21].

Derartige Abbildungen lassen sich mit Hilfe eines elektronischen Analogrechners in der Regel vergleichsweise leicht darstellen[22], wobei bei Vorhandensein von zwei Oszilloskopen gleichzeitig Ur- und Bildkurve dargestellt werden können, während – repetierendes Rechnen vorausgesetzt – interaktiv Parametervariationen durchgeführt werden können. Dieser Anwendungsfall dürfte auch Auslöser für die Entwicklung des typischen Doppeloszilloskopes der Telefunken RA 1 sowie der hierauf beruhenden Produktionsmodelle RA 463 und RA 463/2 gewesen sein[23]. Abbildung 10.1 zeigt exemplarisch das Resultat einer auf einer Telefunken RA 463/2 durchgeführten konformen Abbildung, die auf ein isothermes Polarkoordinatennetz angewandt wurde[24].

---

[18]Orthogonalitätsbedingung.

[19]Vergleiche [185][S. 213].

[20]Siehe [185][S. 213 f.].

[21]Der letztgenannte Fall wird im Folgenden nicht näher behandelt – hierzu sei auf [178][S. 46 ff.] verwiesen.

[22]Eine ausführlichere Behandlung dieses Aufgabengebietes findet sich unter anderem in [177], [179][S. 153 ff.], [554][S. 122 ff.] beziehungsweise in [178].

[23]Siehe Abschnitt 6.1.

[24]Siehe [477][S. 26].

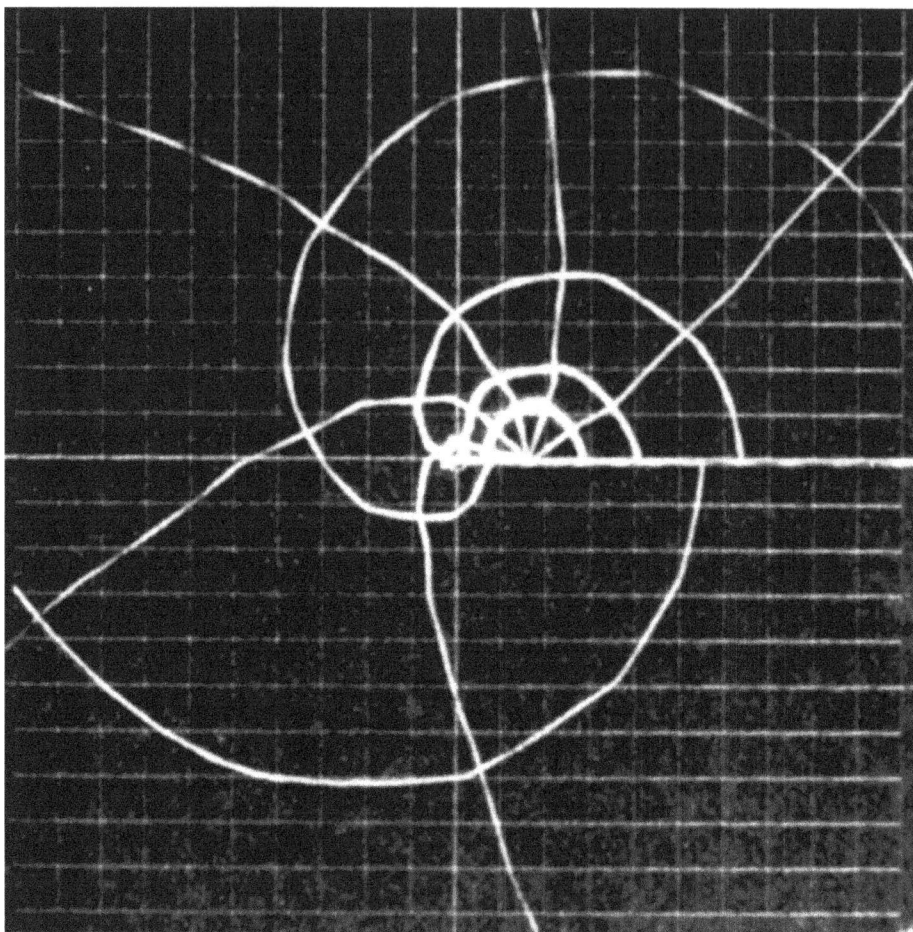

Abb. 10.1: *Darstellung einer konformen Abbildung (nach [477][S. 26])*

10.1.5.1   Umströmung eines Joukowski-Profils

Eine typische Anwendung konformer Abbildungen im Zusammenhang mit Analogrechnern stellt der folgende Abschnitt anhand der Berechnung von Strömungslinien um ein sogenanntes *Joukowski-Profil*[25], bei welchem es sich um ein theoretisches Profil handelt, das mit Hilfe einer konformen Abbildung aus einem Einheitskreis abgeleitet werden kann, dar. Vereinfachend wird im Folgenden davon ausgegangen, dass es sich bei der betrachteten Tragfläche um einen Zylinder auf einem Joukowski-Profil als Grundfläche handelt, der in jeder Ebene senkrecht zu seiner Achse von einem inkompressiblen Medium angeströmt wird.

---

[25]Eine eingehendere Beschreibung dieses speziellen Profiltyps findet sich beispielsweise in [568][S. 112 ff.] sowie in [111][S. 237 f.]. Basierend auf diesen stark idealisierten Tragflächenprofilen können durch geeignete Änderungen der eingesetzten konformen Abbildung auch komplexere und damit realistischere Profile generiert werden, wie ASHLEY und LANDAHL (siehe [20][S. 52 ff.]) anhand der Mises-, der Kármán-Trefftz- sowie der Theodorsen-Transformation darstellen.

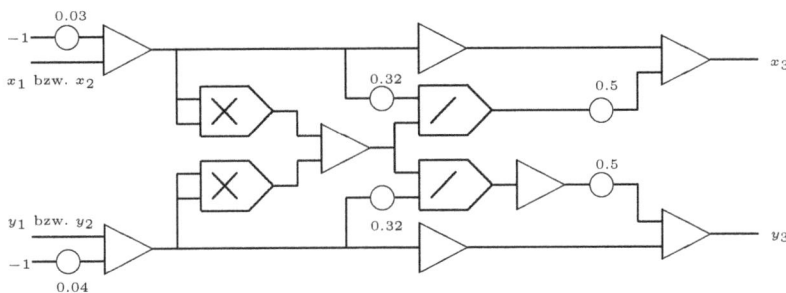

Abb. 10.2: *Konforme Abbildung zur Transformation eines Einheitskreises in ein Joukowski-Profil (vergleiche [355])*

Ein derartiges Joukowski-Profil kann nun mit Hilfe der konformen Abbildung[26]

$$w(z) = (z - z_0) + \frac{\lambda^2}{z - z_0} \tag{10.2}$$

aus einem Einheitskreis gewonnen werden[27]. Hierzu wird (10.2) zweckmäßigerweise in Real- und Imaginärteil aufgespalten, so dass sich mit $z = x + iy$ entsprechend

$$u(x(t), y(t)) = (x(t) - x_0(t)) + \frac{\lambda^2(x(t) - x_0(t))}{(x(t) - x_0(t))^2 + (y(t) - y_0(t))^2} \tag{10.3}$$

$$v(x(t), y(t)) = (y(t) - y_0(t)) + \frac{\lambda^2(y(t) - y_0(t))}{(x(t) - x_0(t))^2 + (y(t) - y_0(t))^2} \tag{10.4}$$

ergeben, womit sich ein durch $x = r\cos(\omega t)$ und $y = r\sin(\omega t)$ gegebener Kreis um den Ursprung in ein Joukowski-Profil transformieren lässt. Die entsprechende Schaltung zur Umsetzung der Gleichungen (10.3) und (10.4) zeigt Abbildung 10.2, die in diesem Fall mit den den Kreis beschreibenden Variablen $x(t)$ und $y(t)$ beaufschlagt wird[28].

Zur Erzeugung von Stromlinien um dieses Profil werden in einer parallel hierzu ablaufenden Rechenschaltung die Strömungslinien um einen rotierenden Zylinder[29] mit dem als Ausgangspunkt für das Joukowski-Profil verwendeten Kreis als Grundfläche berechnet. Die Grundlage hierfür bildet das komplexe Geschwindigkeitspotential

$$f(z) = v_0 \left(e^{i\delta} z + \frac{e^{-i\delta} r^2}{z} \right) - i \frac{\Gamma}{2\pi} \ln(z),$$

aus welchem über die hiervon abhängige Strömungsgeschwindigkeit $\vec{v}(z)$ die verschiedenen Stromlinien bestimmt werden können[30]. Abbildung 10.3 zeigt die zugehörige Rechenschaltung, mit deren Hilfe für gegebene Anströmwinkel δ eine Schar von Stromlinien um einen rotierenden Zylinder berechnet werden kann.

---

[26] Das vorliegende Beispiel folgt [355] sowie [554][S. 123].

[27] λ bestimmt hier die Form des generierten Profils.

[28] Das Quadratursignalpaar $x(t)$ und $y(t)$ kann beispielsweise mit einer Rechenschaltung der Art, wie sie in Abbildung 5.40 (Abschnitt 5.3.4.1) dargestellt ist, erzeugt werden.

[29] Durch die Rotation des Zylinders verlaufen die Stromlinien nicht symmetrisch.

[30] Vergleiche [355][S. 2 f.].

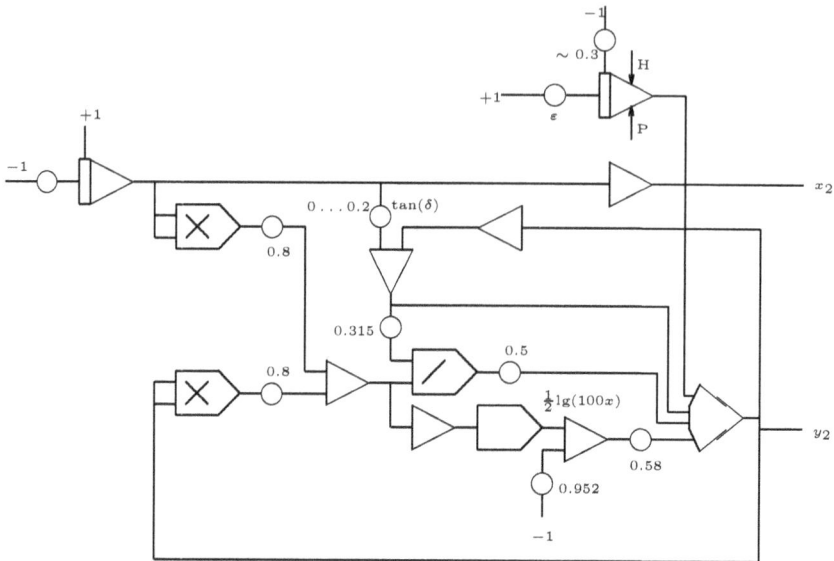

Abb. 10.3: *Stromlinien um einen rotierenden Zylinder (vergleiche [355])*

Der linke obere Integrierer liefert im Verlauf einer Rechenperiode ein linear von -1 bis $+1$ laufendes x, während der rechts oben dargestellte Integrierer in den Pausenzeiten zwischen zwei Rechenschritten aktiv wird und zur automatischen Parametervariation dient, so dass die Darstellung einer ganzen Schar von Stromlinien möglich wird.

Eine historische Aufnahme einer im Wesentlichen in dieser Form generierten Stromlinienschar um eine Ellipse zeigt Abbildung 10.4. Die Rechnung wurde auf einem Analogrechner des Typs Telefunken RA 463/2[31] durchgeführt – deutlich sichtbar sind die aus der geringen Stützstellenanzahl der verwendeten Parabelmultiplizierer herrührenden Artefakte sowohl in der Darstellung der Ellipse als auch in den einzelnen Stromlinien selbst. Von deutlich höherer Qualität sind die im weiteren Verlauf gezeigten Abbildungen, die auf einem Analogrechner des Typs Telefunken RA 770[32] berechnet wurden.

Abbildung 10.5 zeigt nun eine mit dieser Rechenschaltung gewonnene Schar von Stromlinien um einen rotierenden Zylinder. Werden die Ausgänge x_2 beziehungsweise y_2 der Schaltung in Bild 10.3 und damit die Stromlinienschar selbst einer konformen Abbildung der Art, wie sie für die Generierung des Joukowski-Profils verwendet wurde[33], unterworfen, ergeben sich zwanglos die Stromlinien einer inkompressiblen Strömung mit gegebenem Anströmwinkel δ sowie gegebener Anströmgeschwindigkeit v_0 und Zirkulation Γ um ein solches Profil.

Bild 10.6 zeigt eine Schar solchermaßen generierter Stromlinien um ein Joukowski-Profil mit positivem Anstellwinkel δ. Mit Hilfe eines schnell repetierenden Analogrechners ist auch eine interaktive Berechnungsvariante möglich, in deren Verlauf manuell die

---

[31]Siehe Abschnitt 6.1.
[32]Siehe Abschnitt 6.6.
[33]Siehe Abbildung 10.2.

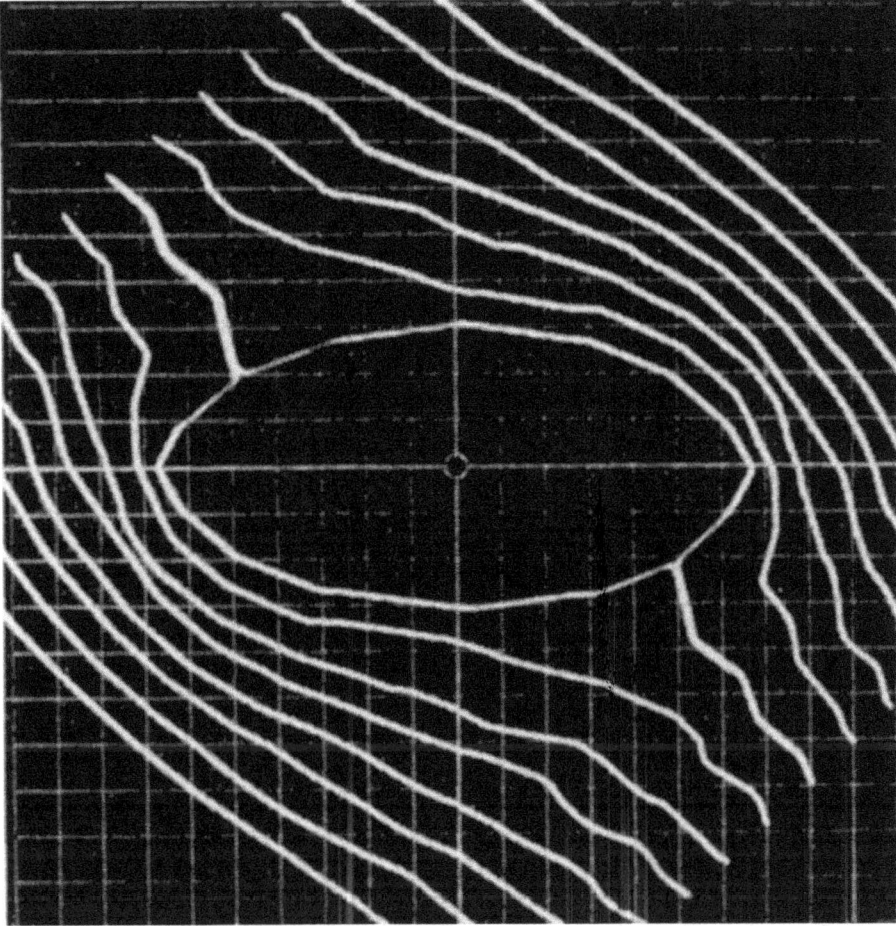

Abb. 10.4: *Umströmung einer Ellipse mit einem Anströmwinkel von* $\alpha = \frac{\pi}{4}$ *(nach [477][S. 25])*

zugänglichen Stromlinienparameter v_0, δ beziehungsweise Γ manipuliert werden können, während die Auswirkungen direkt auf einem Sichtgerät dargestellt werden.

Das Schirmbild einer solchen Hochgeschwindigkeitsrechnung zeigt Abbildung 10.7 anhand eines Joukowski-Profiles mit negativem Anstellwinkel δ sowie 16 automatisch generierten Stromlinien mit zueinander äquidistantem Abstand[34].

10.1.6 Lineare Algebra

In einigen wenigen Fällen gebietet eine mit Hilfe eines Analogrechners zu untersuchende Fragestellung die Lösung von Teilproblemen, die in das Gebiet der linearen Algebra fallen – da derlei Probleme jedoch vergleichsweise selten auftreten, beschränkt sich die

---

[34]Zum Einsatz gelangte hier ein Analogrechner des Typs Telefunken RA 770, wie er in Abschnitt 6.6 dargestellt wurde.

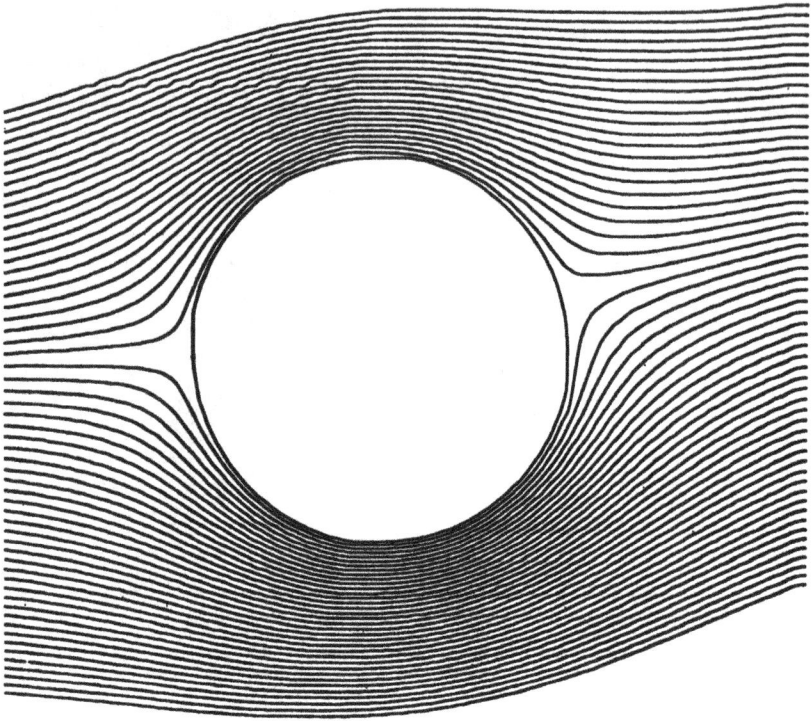

Abb. 10.5: *Umströmter, rotierender Zylinder (nach [355])*

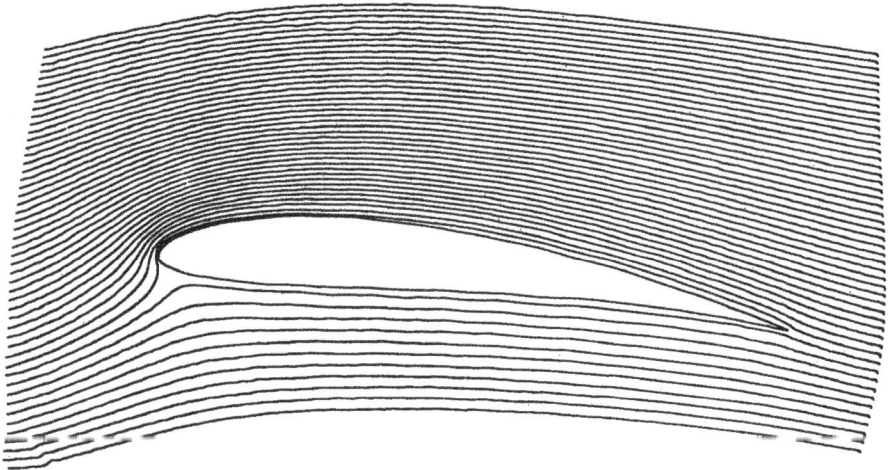

Abb. 10.6: *Umströmung eines Joukowski-Profils (nach [355])*

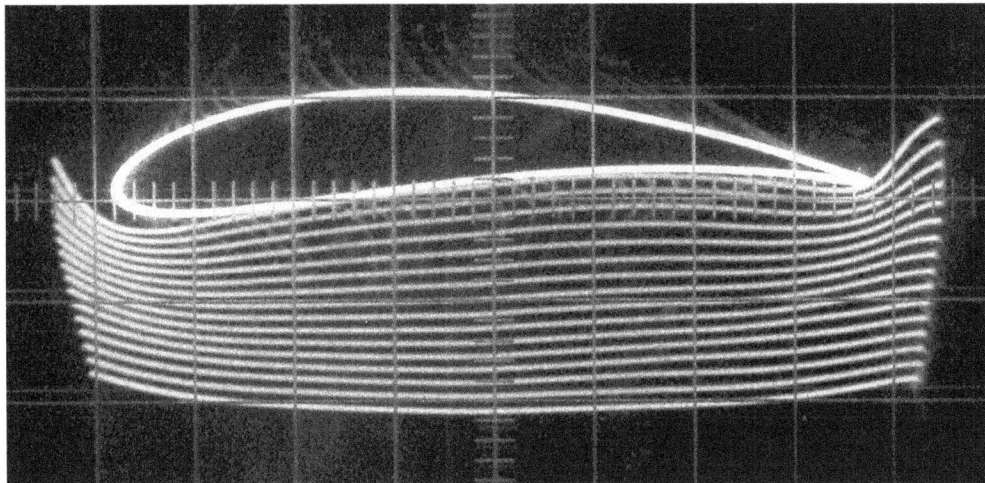

Abb. 10.7: *Joukowski-Profil mit Stromlinien*

folgenden Ausführungen auf die Lösung linearer Gleichungssysteme sowie die Bestimmung von Eigenvektoren beziehungsweise Eigenwerten.

10.1.6.1 Lineare Gleichungssysteme

Die Behandlung linearer Gleichungssysteme fällt eigentlich in die Domäne speicherprogrammierter Digitalrechner – ihre Lösung mit Hilfe eines Analogrechners empfiehlt sich nur in seltenen Ausnahmefällen, da der notwendige apparative Aufwand immens ist.

Herkömmliche Verfahren wie die Gauss-Elimination sind für die Verwendung mit einem Analogrechner offensichtlich ungeeignet, da sich bei naivem Aufstellen von Rechenschaltungen, die ausschließlich aus Summierern bestehen, sogenannte *algebraische Schleifen*[35] meist nicht vermeiden lassen. Bedingt durch seine Natur als integrierendes Rechengerät[36] eignet sich ein Analogrechner jedoch mit Einschränkungen für iterative Lösungsansätze, wie sie in Form von *Gesamtschritt-, Einzelschritt-* beziehungsweise sogenannten *Relaxationsverfahren* bekannt sind[37].

Exemplarisch sei im Folgenden die Grundidee der Lösung eines linearen Gleichungssystems der Form

$$A\vec{x} = \vec{b} \tag{10.5}$$

---

[35]Schaltungen, die aus einer ungeraden Anzahl rückgekoppelter Summierer bestehen, sind stets instabil, da der in der Rückkopplung auftretende Vorzeichenwechsel ein Schwingen der Rechenschaltung zur Folge hat. Solche Schleifen werden in der Regel als algebraische Schleifen bezeichnet und müssen bei der Programmierung von Analogrechnern nach Möglichkeit vermieden werden.

[36]Die Lösung linearer Gleichungssysteme lässt sich auch auf die Lösung eines entsprechenden Systems aus Differentialgleichungen zurückführen, was mitunter anstelle direkt arbeitender Verfahren angewandt wurde (siehe beispielsweise [179][S. 148 ff.]).

[37]Ausführlichere Darstellungen dieses Themenkomplexes finden sich beispielsweise in [179][S. 135–152], [588], [145][S. 152 ff.], [289], sowie in [206][S. 332 ff.] beziehungsweise [283][S. 192 ff.]. Auswirkungen von Parametervariationen behandelt [221].

mit Hilfe des Gesamtschrittverfahrens auf einem Analogrechner dargestellt. Hierzu wird zunächst $\vec{x} = B\vec{x} + \vec{k}$ gebildet, wobei B die zu A gehörige Jakobimatrix darstellt, so dass für B und $\vec{k}$

$$B = - \begin{pmatrix} 0 & \frac{a_{12}}{a_{11}} & \cdots & \frac{a_{1n}}{a_{11}} \\ \frac{a_{21}}{a_{22}} & 0 & \cdots & \frac{a_{2n}}{a_{22}} \\ \vdots & \vdots & \ddots & \vdots \\ \frac{a_{n1}}{a_{nn}} & \frac{a_{n2}}{a_{nn}} & \cdots & 0 \end{pmatrix} \quad \text{und} \quad \vec{k} = \begin{pmatrix} \frac{b_1}{a_{11}} \\ \vdots \\ \frac{b_n}{a_{nn}} \end{pmatrix}$$

gilt. Mit B und $\vec{k}$, die zweckmäßigerweise mit Hilfe eines Digitalrechners einmalig bestimmt werden, kann unter gewissen Voraussetzungen[38] der Iterationsschritt

$$\vec{x}_{n+1} = B\vec{x}_n + \vec{k}$$

durchgeführt werden, wobei pro Element des Vektors $\vec{x}$ in der Regel zwei Integrierer als Speicher verwendet werden müssen, was – ganz abgesehen von der komplexen Steuerung – einen nur selten zu rechtfertigenden apparativen Aufwand bedeutet.

Unter Zuhilfenahme des selben Verfahrens, jedoch ausgehend von einer Einheitsmatrix, lassen sich auch Matrixinversionen mit elektronischen Analogrechnern durchführen, wobei auch hier einem speicherprogrammierten Digitalrechner in der Regel der Vorzug gewährt werden sollte, falls die zu behandelnde Fragestellung dies entweder direkt oder in Form eines Hybridrechners zulässt.

Alternativ lässt sich ein lineares Gleichungssystem der Form (10.5) auch mit Hilfe eines Systems linearer Differentialgleichungen der Form

$$\dot{\vec{x}} = B\vec{x}$$

behandeln, dessen Lösung für $t \to \infty$ gegen die gesuchte Lösung des zugrundeliegenden linearen Gleichungssystemes konvergiert. HEINHOLD und KULISCH geben in [179][S. 148 ff.] allgemein verwendbare Verfahren sowohl zur Erzeugung des obigen Differentialgleichungssystemes als auch zu seiner rechentechnischen Behandlung mit Hilfe eines elektronischen Analogrechners an.

10.1.6.2 Eigenvektoren und Eigenwerte

Eine Vielzahl technisch relevanter Fragestellungen erfordert die Bestimmung von Eigenwerten beziehungsweise Eigenvektoren[39] zu einer gegebenen Matrix n-ten Grades $A = (a_{ij}), i, j = 1, \ldots, n$, die sich auf die Lösung eines linearen Gleichungssystems n-ten Grades der Gestalt

$$(A - \lambda_i E)\vec{x}_i = 0 \tag{10.6}$$

zurückführen lässt[40], wobei die hierin auftretenden Eigenwerte λ_i den Wurzeln des charakteristischen Polynoms $\det[A - \lambda E]$ entsprechen[41].

---

[38] Erfülltes Konvergenzkriterium hinsichtlich des Spektralradius.

[39] Die folgenden Ausführungen beruhen im Wesentlichen auf [459].

[40] Die Bestimmung komplexer Eigenwerte erfordert entsprechend ein lineares Gleichungssystem des Grades $2n$. E entspricht in den vorliegenden Ausführungen der Einheitsmatrix des Grades n, d.h. $E = (\delta_{ij}), i, j = 1, \ldots, n$.

[41] Vergleiche beispielsweise [462][S. 368 ff.].

Obwohl sowohl diese Nullstellenbestimmung als auch die Lösung des Gleichungssystems (10.6) mit den in den vorherigen Abschnitten genannten Techniken durchgeführt werden kann, bietet sich im Bereich dieser Aufgabenstellung im Zusammenhang mit elektronischen Analogrechnern vor allem das Iterationsverfahren VON MISES[42] an, das direkt auf den Elementen der ursprünglichen Matrix A arbeitet und ohne die Aufstellung des charakteristischen Polynoms auskommt, so dass ohne vorangehende komplexe Rechenschritte Änderungen an dieser Stelle sofort in ihren Auswirkungen untersucht werden können. Eine ausführliche Beschreibung dieser Vorgehensweise gibt POPOVIĆ in [459].

10.1.7   Fouriersynthese und -analyse

Der Durchführung von Fourieranalysen und -synthesen kommt in fast allen Bereichen der Technik und Naturwissenschaft eine zentrale Rolle zu, ist hiermit doch eine Transformation eines gegebenen Signals von der Zeit- in die Frequenzdomäne und umgekehrt möglich, was neben der reinen Signalanalyse auch komplexe Formen der Signalaufbereitung etc. ermöglicht. Während solche und ähnliche Transformationen heute nahezu ausschließlich mit Hilfe der von J. W. COOLEY und J. W. TUKEY Mitte der 1960er entwickelten sogenannten *Fast Fourier Transformation*[43], kurz *FFT*, oder durch sogenannte *Wavelet*-Verfahren[44] durchgeführt werden, erzwangen einerseits die Nichtverfügbarkeit dieser fortgeschrittenen und effizienten Techniken sowie andererseits die vergleichsweise geringe Leistungsfähigkeit speicherprogrammierter Digitalrechner bis etwa zu Beginn der 1970er Jahre die fast ausschließliche Durchführung von Fouriertransformationen mit Hilfe elektronischer Analogrechner[45].

Grundlage einer jeden Fouriertransformation ist die Tatsache, dass unter gewissen Bedingungen eine periodische Funktion $f(x)$ mit einer Periode l in Form von

$$f(x) = \frac{a_0}{2} + \sum_{k=1}^{\infty} \left(a_k \cos \left(\frac{2\pi k x}{l} \right) + b_k \sin \left(\frac{2\pi k x}{l} \right) \right) \tag{10.7}$$

als unendliche Summe von Sinus- beziehungsweise Cosinus-Termen dargestellt werden kann[46], wobei die Koeffizienten a_i beziehungsweise b_i durch

$$a_k = \frac{2}{l} \int_0^l f(x) \cos \left(\frac{2k\pi x}{l} \right) dx \text{ und} \tag{10.8}$$

$$b_k = \frac{2}{l} \int_0^l f(x) \sin \left(\frac{2k\pi x}{l} \right) dx \tag{10.9}$$

definiert sind. Praktische Anwendungen beschränken sich aus naheliegenden Gründen lediglich auf endliche Summen zur Approximation einer solchen periodischen Funktion

---

[42]Siehe [115][S. 94 ff.].
[43]Siehe z.B. [462][S. 498 ff.].
[44]Siehe [285].
[45]Einen schönen Überblick über die wichtigsten hierbei eingesetzten Techniken geben D. E. DICK und H. J. WERTZ (siehe [105]) mit Anmerkungen in [470] sowie allgemein auch [145][S. 306 ff.].
[46]Siehe [580][S. 66 ff.].

$f(x)$, so dass sich die Aufgabe einer Fouriersynthese als Auswertung des Ausdruckes (10.7) für eine feste und beschränkte Anzahl von Summationstermen darstellt, was mit Hilfe eines Analogrechners einfach durchgeführt werden kann, indem die einzelnen Sinus- beziehungsweise Cosinusterme mit Hilfe jeweils zugeordneter Teilrechenschaltungen der in Abbildung 5.15[47] sichtbaren Gestalt generiert und unter Vorschalten entsprechend auf die gewünschten a_k, b_k eingestellter Koeffizientenpotentiometer aufsummiert werden.

Der umgekehrte Fall einer Fourieranalyse erfordert die Berechnung der Koeffizienten a_k und b_k aufgrund einer gegebenen Funktion $f(x)$, was im Grunde direkt durch Auswertung der Gleichungen (10.8) beziehungsweise (10.9) geschehen kann. Dies erfordert jedoch einen exakt arbeitenden Zeitgeber zur Steuerung der verwendeten Integrierer, da hier bestimmte Integrale auftreten, einem elektronischen Analogrechner als freie Variable jedoch nur die Zeit zur Verfügung steht[48].

Eine interessante und häufig eingesetzte Technik zur Bestimmung der a_k beziehungsweise b_k sieht die Verwendung eines sogenannten *Suchkreises*[49] vor, bei dem es sich im Wesentlichen wieder um eine Rechenschaltung einer Differentialgleichung zweiten Grades der Form $\ddot{y} = -y$ gemäß Abbildung 5.15 handelt, die auf eine feste Frequenz ω abgeglichen ist, deren linker Integrierer jedoch einen zusätzlichen Eingang besitzt, der mit der zu analysierenden Funktion beaufschlagt wird. Letztlich handelt es sich hierbei also um einen Schwingkreis fester Frequenz, der durch ein externes Störsignal angeregt und in Resonanz versetzt wird, so dass die gesuchten Koeffizienten a_k und b_k aus den Ausgangswerten der beiden Integrierer des Suchkreises bestimmt werden können.

Werden die Ausgänge dieser beiden Integrierer mit $\bar{a}_k$ beziehungsweise $\bar{b}_k$ bezeichnet, so ergeben sich die gesuchten Koeffizienten a_k und b_k zum Zeitpunkt T zu[50]

$$a_k = -\frac{2\bar{a}_k}{T} \text{ beziehungsweise}$$

$$b_k = -\frac{2\bar{b}_k}{T}.$$

10.1.8   Stochastik und Statistik

Eine große Bedeutung kommt der Behandlung von Systemen mit regellosen Eingangs- größen mit Hilfe elektronischer Analogrechner[51] in vielen Bereichen der Ingenieurwis- senschaften zu – exemplarisch seien hier Untersuchungen an Regelkreisen, Filtern, das Verhalten von Flugkörpern unter dem Einfluss turbulenter Strömungen, die Bildung von Dampfblasen in den Kühlkreisläufen kerntechnischer Anlagen etc. genannt, denen allen die Beeinflussung durch stochastische Größen gemeinsam ist.

---

[47]Siehe Abschnitt 5.3.1.1.

[48]Siehe beispielsweise [145][S. 307 f.] – hier findet sich auch eine interessante Variante des geschil- derten Verfahrens, welche auf einen genau arbeitenden Zeitgeber verzichtet. Weiterhin können die Gleichungen (10.8) und (10.9) auch mit Hilfe eines Tiefpasses, der im einfachsten Fall aus einem direkt rückgekoppelten Integrierer besteht, behandelt werden (siehe [145][S. 308 ff.]).

[49]Siehe [145][S. 310 ff.].

[50]Siehe [145][S. 311].

[51]Siehe beispielsweise [145][S. 357 ff.] sowie [206][S. 367].

Wesentlich für die Untersuchung solcher Systeme ist die Verfügbarkeit einer solchen Größe, die einer geeigneten Verteilungsfunktion genügt, innerhalb der Rechenschaltung, wozu in der Regel meist Rauschgeneratoren oder entsprechend rückgekoppelte Schieberegister[52] verwendet werden, wobei Erstere als Vorteil wirklichen Zufall mit sich bringen, während die mit Hilfe rückgekoppelter Schieberegister generierten Pseudozufallswerte eine direkte Reproduzierbarkeit von Resultaten einer Rechnung ermöglichen, so dass von Fall zu Fall entschieden werden muss, welcher Rauschquelle der Vorzug zu gewähren ist.

Die Komplexität und Breite dieses Themenkomplexes verbietet hier eine ausführlichere Darstellung – vielmehr sei auf [145][S. 358 ff.] verwiesen, wo sich eine Vielzahl ausgeführter Praxisbeispiele zur Behandlung solcher Systeme mit stochastischen Eingangsgrößen findet. Weiterhin finden sich eine Behandlung stochastischer Kenngrößen in [314], die Bestimmung von Korrelationskoeffizienten in [439], ein schönes Beispiel aus dem Bereich der Qualitätskontrolle durch Analyse von Mischkollektiven in [554][S. 250 ff.], Verfahren zur statistischen Toleranzanalyse in [49], allgemeine Grundlagen der Behandlung von Zufallsprozessen mit Hilfe elektronischer Analogrechner in [480] beziehungsweise [243][S. 140 ff.] sowie der Einsatz von Hybridrechnern in diesem Bereich in [123][S. 275 ff.] beschrieben.

10.1.9 Monte-Carlo-Verfahren

Eine interessante Anwendung stochastischer Verfahren besteht in der Möglichkeit, einer partiellen Differentialgleichung ein stochastisches Modell in einer Art und Weise zuzuordnen, dass dessen Parameter der Lösung der Ausgangsgleichung in einem bestimmten Punkt entsprechen, was nun die Anwendung bekannter Monte-Carlo-Techniken auf die Behandlung partieller Differentialgleichungen ermöglicht, indem die stochastischen Parameter des zugrundeliegenden Modells beispielsweise mit Hilfe eines Markov-Prozesses bestimmt werden.

Gerade im Zusammenhang mit Hybridrechnern besitzt diese Herangehensweise eine gewisse Bedeutung, da mit Hilfe des Digitalteiles die Generierung der stochastischen Parameter in einfacher Weise möglich ist, während dem Analogrechner die Auswertung des Modells obliegt. Vorteilhaft ist bei solchen Verfahren vor allem die Tatsache, dass die Anzahl benötigter Rechendurchläufe nicht von der Dimension des Problems abhängt. Diesem Vorteil steht jedoch eine Reihe von Nachteilen gegenüber, deren wichtigste die – verglichen mit rein numerischen Methoden – geringe erzielbare Genauigkeit der Lösung sowie die Tatsache, dass Lösungen der zugrundeliegenden partiellen Differentialgleichung nur in einzelnen Punkten geliefert werden, sind[53].

10.1.10 Optimierungsprobleme

Der technischen Behandlung von Optimierungsproblemen kommt vor allem in wirtschaftlicher Hinsicht eine große Rolle zu – von Interesse sind hier vor allem Methoden

---

[52]Siehe Abschnitt 4.10.

[53]Für ausführlichere Betrachtungen sei auf [123][S. 238 ff.] verwiesen – hier finden sich auch zwei praktisch ausgeführte Beispiele, anhand derer die prinzipiellen Konstruktionstechniken zur Bildung des stochastischen Ersatzsystemes deutlich werden.

zur Durchführung sogenannter linearer Optimierungen[54], die heute größtenteils mit dem 1947 von GEORGE DANTZIG[55] entwickelten *Simplex-Verfahren*[56] auf herkömmlichen Digitalrechnern behandelt werden.

Allgemein kann ein lineares Optimierungsproblem in Form einer reellwertigen Matrix A der Dimension n, m sowie zwei entsprechenden Vektoren $\vec{b}$ und $\vec{c}$ der Dimensionen n beziehungsweise m dargestellt werden, für die stets eine Zulässigkeitsbedingung der Form

$$A\vec{x} \leq \vec{b} \tag{10.10}$$

erfüllt sein muss[57]. Ziel der Optimierung ist es, einen Vektor $\vec{x}$ zu bestimmen, der nicht nur Ausdruck (10.10) erfüllt, sondern zudem ein maximales Skalarprodukt $\vec{c}^{\mathrm{T}}\vec{x}$ mit sich bringt[58].

Nach dem zuvor über die Behandlung von Fragestellungen der linearen Algebra mit Hilfe elektronischer Analogrechner Gesagten ist offensichtlich, dass auch Probleme aus dem Bereich der linearen Optimierung im Prinzip einer analogrechentechnischen Lösung zugänglich sind[59]. Gerade in der Frühzeit des elektronischen Analogrechnens kamen hier jedoch häufig direkte Analogien[60] beispielsweise in Form sogenannter *conductive sheets*[61] zum Einsatz[62], während erst spätere Techniken herkömmliche indirekte elektronische Analogrechner zur Behandlung dieses Themenkomplexes verwendeten.

Ein Beispiel für einen im Wesentlichen direkt arbeitenden Analogrechner zeigt Abbildung 10.8 anhand des russischen Kleinstanalogrechners BPRR-2, der vor allem im Bereich von industriellen Optimierungsaufgaben zum Einsatz gelangte[63]. Die Innenschaltung des Systems ist in Bild 10.9 dargestellt – im Wesentlichen erlaubt dieser Rechner die Summation einer Reihe mit Hilfe jeweils zweier kaskadierter Koeffizientenpotentiometer[64] einstellbarer Ströme, die Ausdruck für den Zustand eines zu optimierenden Systems sind. Durch manuelles Probieren kann hiermit schnell ein Gefühl für das Verhalten eines gegebenen Systems gewonnen werden, sofern es sich in Form einer solchen Summe darstellen lässt, wobei sich zeigt, dass selbst mit einem derart einfachen Gerät in kurzer Zeit gute Näherungslösungen gefunden werden können, die rein manuell nur mit unvertretbar hohem Aufwand zu gewinnen wären.

---

[54]Oftmals auch als *lineares Programmieren* bezeichnet.

[55]8.11.1914–13.5.2005

[56]Siehe beispielsweise [457][S. 193 ff.].

[57]Hierbei muss die Vergleichsoperation komponentenweise erfüllt werden.

[58]Von dieser linearalgebraischen Problemformulierung leitet sich auch der Begriff der linearen Optimierung her.

[59]Eine schöne Darstellung wesentlicher Techniken hierzu findet sich in [243][S. 147 ff.] sowie [246].

[60]Siehe Abschnitt 1.2.

[61]Hierbei handelt es sich um Papier mit konstanter, aber vergleichsweise geringer Leitfähigkeit, mit dessen Hilfe Potentialfelder nachgebildet werden können. Diese Potentialfelder lassen sich in der Folge beispielsweise mit Hilfe eines modifizierten (x, y)-Schreibers abtasten, dessen Koordinateneingänge den freien Parametern des zu optimierenden Systems entsprechen, während der ausgelesene Spannungswert dem zugeordneten Skalarprodukt in einer kontinuierlichen Betrachtungsweise entspricht.

[62]Siehe zum Beispiel [457][S. 251 ff.].

[63]Siehe [582].

[64]Das erste Potentiometer erlaubt die Variation eines Parameters, während das zweite Potentiometer einen für die jeweilige Problemstellung typischen Gewichtungsfaktor einzustellen erlaubt.

Abb. 10.8: *BPRR-2-Computer zur Optimierung industrieller Prozesse (nach [582][S. 1961])*

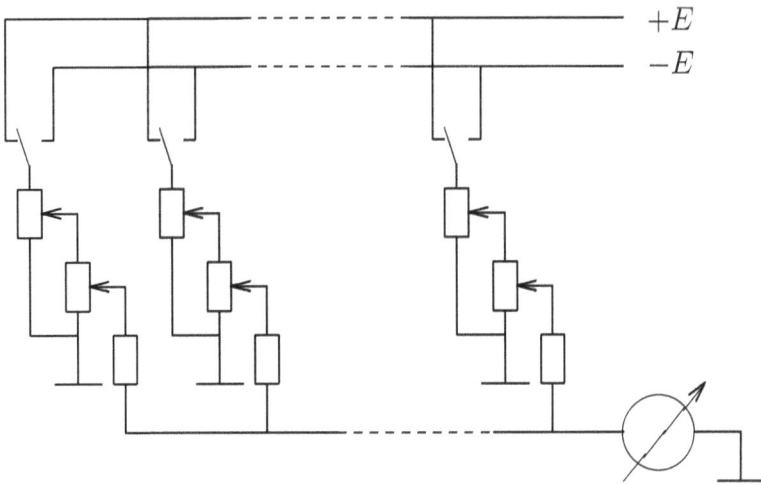

Abb. 10.9: *Schaltung des BPRR-2-Computers aus Abbildung 10.8 (vergleiche [582][S. 1961])*

Ausgefeiltere analoge Methoden basieren häufig auf Monte-Carlo-Simulationen[65] oder implementieren Gradientenverfahren[66], wobei letztere vor allem im Zusammenhang mit Hybridrechnern von großer Bedeutung waren, da hier die Steuerung des Gradientenabstieges mit Hilfe des Digitalteiles umgesetzt werden konnte, während der Analogrechner im repetierenden Betriebsmodus für jeden neuen mit Hilfe des Digitalteiles hergeleiteten Parametersatz das Verhalten des zu optimierenden Systems berechnete[67].

Eines der Hauptanwendungsgebiete von Optimierungsverfahren unter Zuhilfenahme elektronischer Analog- sowie in der Mehrzahl der Fälle Hybridrechner stellt der Bereich der Verfahrenstechnik dar, da die hier auftretenden Prozesse, bedingt durch ihre Komplexität, meist nur mit Hilfe elektronischer Rechenanlagen einer Optimierung zugänglich sind, was durch das große kommerzielle Interesse an diesem Bereich bereits frühzeitig den Einsatz analoger und hybrider Rechenanlagen nach sich zog[68].

10.1.11 Mehrdimensionale Darstellungen

Ein weiteres interessantes Anwendungsgebiet elektronischer Analogrechner im Bereich der Mathematik ist die Darstellung von Projektionen komplexer Körper auf Sichtgeräten – eine Aufgabe, für welche derartige Analogrechner durch ihre inhärent parallele Arbeitsweise und die hiermit einhergehende hohe Rechengeschwindigkeit prädestiniert sind. Bereits das einfache Beispiel der Projektion eines rotierenden, dreidimensionalen Körpers in Form einer Spirale, wie sie in Abschnitt 5.3.6 dargestellt wurde, zeigt eindrucksvoll die Leistungsfähigkeit solcher Rechner bei der Darstellung und Manipulation komplexer Körper in Echtzeit mit der damit einhergehenden Möglichkeit zur interaktiven Parametermanipulation, was vor allem im Bereich der Lehre von großem Vorteil ist, da hiermit ein Gefühl für das Verhalten mathematischer Modelle unter wechselnden Parametern geweckt werden kann.

Neben solchen mehr oder minder einfachen Projektionen dreidimensionaler Körper auf den zweidimensionalen Schirm eines Sichtgerätes[69] wurden auch stereografische Projektionen[70] mit Hilfe elektronischer Analogrechner sowie, sicherlich am eindrucksvollsten, Projektionen höherdimensionaler Körper[71] durchgeführt.

Eine sehr schöne historische Abbildung einer solchen Projektion eines höherdimensionalen Körpers zeigt Bild 10.10 – dargestellt ist die zweidimensionale Projektion eines vierdimensionalen Würfels, die zu Beginn der 1960er Jahre mit Hilfe eines speziellen Hochgeschwindigkeitsanalogrechners in Echtzeit durchgeführt wurde.

---

[65]Siehe Abschnitt 10.1.9.

[66]Eine ausführliche Darstellung der hierbei angewandten Techniken findet sich beispielsweise in [457][S. 299 ff.], [270][S. 217 ff.] sowie in [5].

[67]Vergleiche [123][S. 243 ff.].

[68]Vergleiche Abschnitt 10.12.4.

[69]Siehe Abschnitt 5.3.6, [406], [280] sowie [283][S. 129 ff.].

[70]Siehe [283][S. 134 ff.].

[71]Siehe [283][S. 136 ff.].

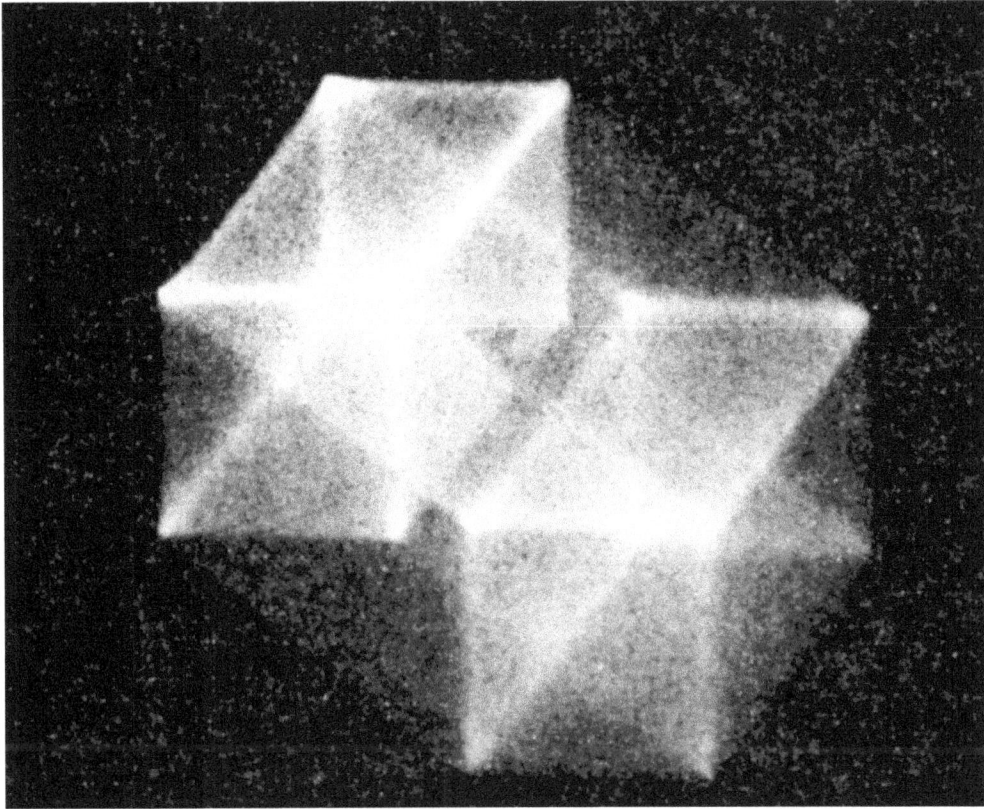

Abb. 10.10: *Darstellung eines vierdimensionalen Würfels nach [283][S. 137]*

10.2   Physik

Gerade durch ihre Natur als Analogiemaschinen sind Analogrechner in besonderer Weise
für die Behandlung physikalischer Fragestellungen prädestiniert, wie auch die folgenden
kurzen Beispiele zeigen.

10.2.1   Planetenbahnen

Bedingt durch die extrem parallele Natur der Arbeitsweise eines Analogrechners eignet sich ein solcher beispielsweise gut zur Lösung von Fragen rund um Planetenbah-
nen beziehungsweise allgemein komplexen Mehrkörperproblemen sowie deren grafischer
Darstellung, wovon nicht zuletzt in der Frühzeit der Raumfahrt extensiver Gebrauch gemacht wurde[72], um beispielsweise Näherungslösungen für Fragestellungen zu finden, die
in der Folge mit Hilfe speicherprogrammierter Digitalrechner präzisiert werden konnten.

---

[72] In diesem Zusammenhang sind vor allem auch Rendezvoussimulationen zu nennen, die in Abschnitt
10.16.3 dargestellt werden.

Ein schönes, wenngleich einfaches Demonstrationsbeispiel findet sich in [358] in Form der Darstellung einer Planetenbahn um ein Zentralgestirn, wobei als Grundlage der Simulation die beiden ersten Keplerschen Gesetze mit Hilfe des Analogrechners umgesetzt werden.

10.2.2 Teilchenbahnen und Strahloptik

Ebenfalls gut geeignet sind elektronische Analogrechner zur Berechnung von Teilchenbahnen, wie sie beispielsweise in der experimentellen Kernphysik von Interesse sind. Im Folgenden werden exemplarisch aus diesem weiten Feld zwei Fragestellungen aufgegriffen – zum einen ist dies die Simulation des Beschusses eines Atomkernes durch Alphateilchen[73], wie er experimentell von RUTHERFORD durchgeführt wurde, zum anderen die Bahnbestimmung eines geladenen Teilchens in einem Magnetfeld.

Der Beschuss eines Atomkernes mit Alphateilchen lässt sich im Wesentlichen auf die bereits zuvor erwähnten Keplerschen Gesetze, jedoch mit unterschiedlichen Vorzeichen, zurückführen, da hier im Gegensatz zu der maßgeblich zwischen makroskopischen Körpern wirkenden anziehenden Gravitationskraft ladungsbedingt eine abstoßende Kraft gemäß

$$F = \frac{1}{4\pi\varepsilon_0} \frac{q_\alpha q_k}{r^2}$$

wirkt[74]. Nach entsprechenden Umformungen und Betrachtung des vereinfacht als zweidimensional angenommenen Problems ergibt sich durch Einführen einer geeigneten Proportionalitätskonstanten A für die beiden Richtungskomponenten der Teilchenbeschleunigung in Kernnähe

$$\ddot{x} = A\frac{x}{r^3} \qquad\qquad (10.11)$$

beziehungsweise

$$\ddot{y} = A\frac{y}{r^3} \qquad\qquad (10.12)$$

woraus durch zweifache Integration das positionsbestimmende Koordinatenpaar (x, y) eines simulierten Alphateilchens bestimmt werden kann.

Abbildung 10.11 zeigt die Prinziprechenschaltung zur Durchführung einer solchen Simulation[75] – die beiden links und rechts zu sehenden Doppelintegrierergruppen dienen zur Erzeugung der x- beziehungsweise y-Koordinaten aus den entsprechenden Richtungsbeschleunigungswerten. Diese Koordinatenwerte dienen wiederum als Grundlage zur Bestimmung der Ausdrücke (10.11) sowie (10.12)[76].

---

[73]Siehe [389].

[74]q_α beziehungsweise q_k bezeichnen hierbei die Ladungen des Alphateilchens sowie des beschossenen Atomkernes.

[75]Eine detaillierte Rechenschaltung ist [389][S. 3] zu entnehmen.

[76]Interessant ist die Beobachtung, dass in der in [389][S. 3] ausgeführten Rechenschaltung auf die Durchführung einer expliziten Division durch r^3 aus Gründen der effizienten Ausnutzung der vorhandenen Rechenelemente verzichtet wird. Stattdessen kommt hier ein entsprechend eingestellter Funktionsgeber zum Einsatz, der direkt einen Multiplikator der Form r^{-3} liefert.

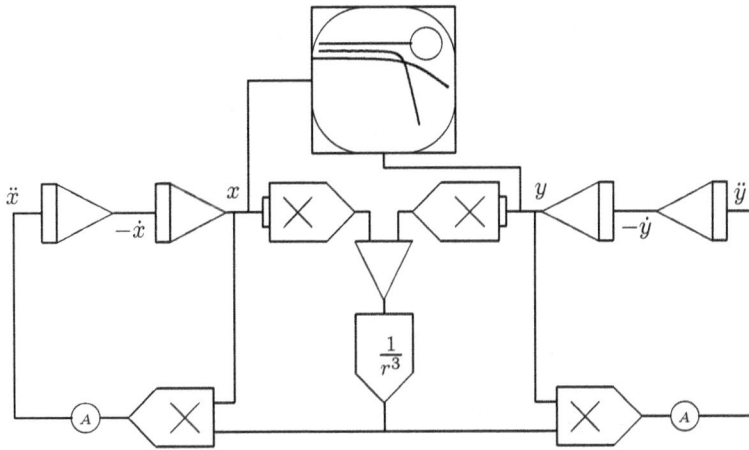

Abb. 10.11: *Prinziprechenschaltung zur Simulation des Beschusses eines Atomkernes durch Alphateilchen (vergleiche [389][S. 2])*

Als variabler Parameter der Simulation dient der in Abbildung 10.11 nicht dargestellte Anfangswerteingang des Integrierers, der aus $-\dot{y}$ den Koordinatenwert y berechnet – im einfachsten Fall kann hier mit Hilfe eines entsprechend vorgespannten Koeffizientenpotentiometers die Einschusshöhe des simulierten Teilchens zwischen je zwei repetierenden Rechenläufen variiert werden. Mit Hilfe einer einfachen digitalen Steuerung kann auch eine automatische Variation dieses Parameters in äquidistanten Schritten mit Hilfe eines zusätzlichen, während der Rechenpausen der Hauptrechenschaltung aktiven Integrierers erfolgen, wie auch das in Abbildung 10.11 angedeutete Schirmbild nahelegt.

Abbildung 10.12 zeigt einen praktisch ausgeführten Aufbau dieser Simulation, wobei ein Telefunken Tischanalogrechner des Typs RA 741[77], ein Zweikanaloszilloskop OMS 811 sowie zur Steuerung des repetierenden Rechenablaufes mit automatischer Einschussparametervariation ein Digitalzusatz DEX 100 zum Einsatz kommen.

Ein weiteres Anwendungsgebiet elektronischer Analogrechner in diesem Zusammenhang ist die Untersuchung von Teilchenbahnen, der eine große Bedeutung im Rahmen der Entwicklung von Strahlführungssystemen und Strahloptiken großer Beschleunigeranlagen zukam[78].

Als einfaches Beispiel dieses Anwendungsgebietes wird im Folgenden die Simulation der Bahn eines geladenen Teilchens in einem magnetischen Feld betrachtet[79], auf welches die Lorentzkraft

$$\vec{F}_{\mathrm{L}} = q(\vec{v} \times \vec{B})$$

---

[77]Siehe Abschnitt 6.7

[78]Beispielsweise wurden die Strahlführungssysteme des DESY mit Hilfe elektronischer Analogrechner der Typen EAI 231R (siehe Abschnitt 6.2) sowie später Telefunken RA 770 (siehe Abschnitt 6.6) beziehungsweise unter Verwendung eines Hybridrechnersystems des Typs Telefunken HRS 860 (siehe Abschnitt 7.1) entwickelt. Vergleiche [54], [50], [52] sowie [55].

[79]Siehe [51].

Abb. 10.12: *Simulation des Beschusses eines Atomkernes durch Alphateilchen (nach [389][S. 1])*

wirkt[80]. Da die Geschwindigkeit des Teilchens innerhalb des Magnetfeldes betragsmäßig konstant bleibt, wirkt sich $\vec{F}_\mathrm{L}$ folglich als Richtungsänderung aus, so dass zusätzlich $\vec{F}_\mathrm{L} = m\ddot{\vec{r}}$ gilt. Abbildung 10.13 zeigt diesen Sachverhalt schematisch anhand der Bahnkurve eines schräg in ein konstantes magnetisches Feld $\vec{B}$ eingeschossenen Teilchens.

Die sich aus der Bewegungsgleichung ergebende Rechenschaltung zur Simulation der Bahn eines solchen geladenen Teilchens in einem Magnetfeld zeigt Abbildung 10.14 – bemerkenswert sind hier die beiden rechts im Bild dargestellten Komparatoren, mit deren Hilfe das simulierte Magnetfeld nur innerhalb eines frei wählbaren x-Streifens aktiviert wird, so dass die Teilchenbahn sowohl innerhalb als auch außerhalb des Magnetfeldes dargestellt werden kann.

Das Resultat einer Reihe solcher Simulationsläufe zeigt Bild 10.15 anhand der Bahnkurven eines geladenen Teilchens, das waagrecht in ein Magnetfeld konstanter Feldstärke eingeschossen wird, wobei die Anfangsgeschwindigkeit $\dot{x}_0$ des Teilchens als variabler Parameter dient – schön zu erkennen ist, dass alle Teilchenbahnen unterhalb eines bestimmten $\dot{x}_0$ innerhalb des Magnetfeldes verbleiben, während hinreichend schnelle Teil-

---

[80]Hierbei repräsentieren q die elektrische Ladung des betrachteten Teilchens, $\vec{v}$ seine Geschwindigkeit und $\vec{B}$ die magnetische Flussdichte.

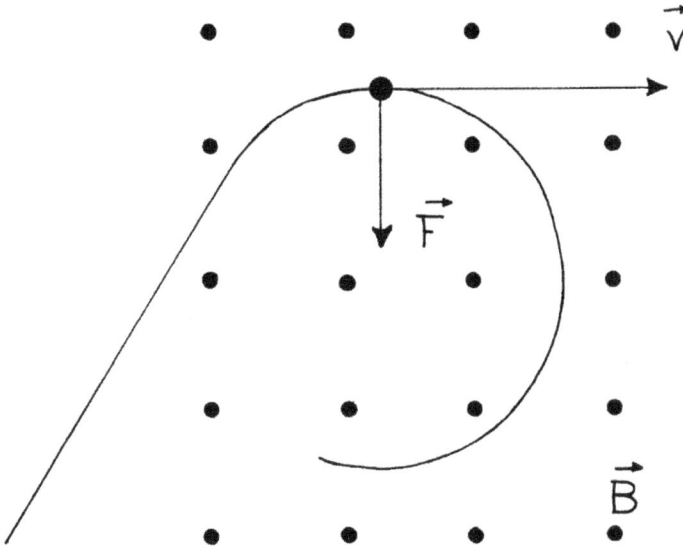

Abb. 10.13: *Bahn eines geladenen Teilchens im Magnetfeld (vergleiche [51][S. 1])*

chen das Feld auf einer neuen Bahn wieder verlassen. Hierbei wirkt das Magnetfeld, gesteuert durch die beiden erwähnten Komparatoren, nur innerhalb des mit x_1 und x_2 gekennzeichneten Streifens.

10.2.3 Optik

Auch im Bereich der Optik können Analogrechner mit großem Nutzen eingesetzt werden, wie beispielsweise RUDNICKI und PACZYŃSKI in [496] zeigen. Gegenstand ihrer Betrachtungen ist die analoge Simulation eines Laserinterferometers auf Basis eines modulierten HeNe-Lasers, wobei sowohl der Laserstrahl selbst durch einen vergleichsweise hochfrequent arbeitenden Quadraturgenerator ähnlich Abbildung 5.40[81] als auch die Modulation desselben durch einen mit entsprechend deutlich geringerer Frequenz arbeitenden Generator gleichen Typs dargestellt werden, so dass direkt die Welleneigenschaften des Systems abgebildet werden.

10.2.4 Wärmeleitung und verwandte Fragestellungen

Der Untersuchung von Wärmeleitungsfragen mit Hilfe elektronischer Analogrechner kam ebenfalls lange Zeit eine tragende Rolle zu, obwohl hierbei in der Mehrzahl aller technisch relevanten Fälle partielle Differentialgleichungen auftreten, die in der Regel zumindest einen hohen technischen Aufwand hinsichtlich ihrer Lösung mit Hilfe eines Analogrechners oder entsprechend die Verwendung eines Hybridrechners voraussetzen,

---

[81] Siehe Abschnitt 5.3.4.1.

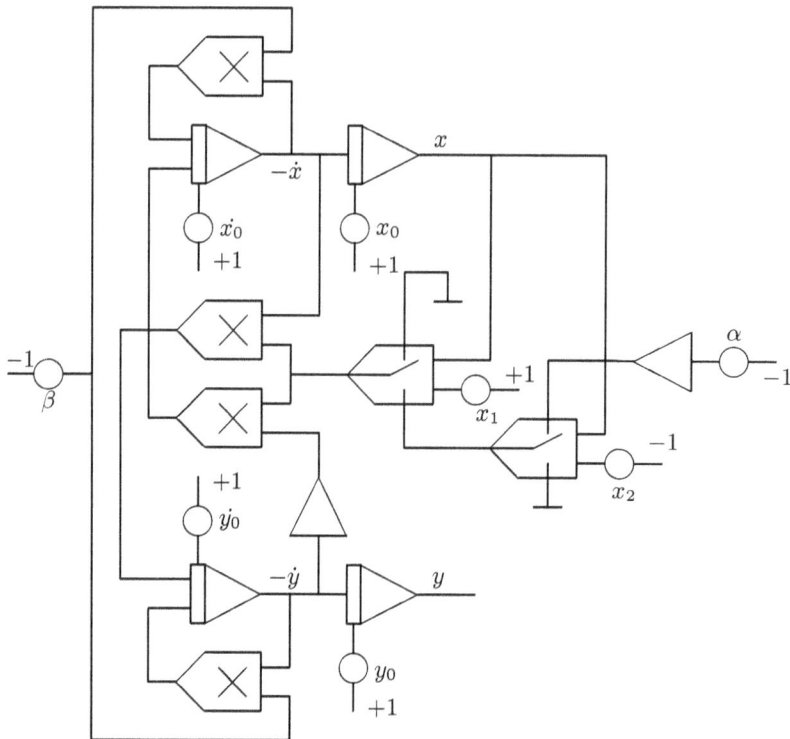

Abb. 10.14: *Rechenschaltung zur Simulation der Bahn eines geladenen Teilchens in einem Magnetfeld (vergleiche [51][S. 6])*

wobei meist entweder die in den Abschnitten 5.1.3.1 beziehungsweise 5.1.3.2 dargestellten grundlegenden Techniken der Differenzenquotientenbildung oder der Trennung der Veränderlichen zum Einsatz gelangen.

Ein schönes praktisches Beispiel geben JAMES, SMITH und WOLFORD in [208][S. 193 ff.] anhand einer Berechnung von Kühlflächen für einen unter Weltraumbedingungen einzusetzenden Radionuklidgenerator an, wobei es sich unter der nicht unrealistischen Annahme, dass sich das System stets im thermischen Gleichgewicht befindet, um ein Problem mit gegebenem Anfangswert handelt, da die Temperatur einer Seite der betrachteten Kühlfläche bekannt und durch den Nuklidgenerator gegeben ist. Zur Lösung des Problems werden Schnitte durch die Kühlfläche betrachtet, wobei die Rechenzeit als freie Variable der x-Position auf dem jeweiligen Schnitt entspricht, während die Dicke der Kühlfläche und damit des Schnittes als variabler Parameter betrachtet wird, was die Behandlung mit einem Analogrechner enorm vereinfacht.

Ähnlich, wenngleich mit anderem Lösungsansatz, wird in [344] die ebenfalls durch eine partielle Differentialgleichung beschriebene Wärmeleitung in einem stromdurchflossenen Kabel behandelt, wobei entsprechend den Ausführungen in Abschnitt 5.1.3.1 Differenzenquotienten gebildet werden, um die Kabelgeometrie in geeigneter Weise zu diskretisieren.

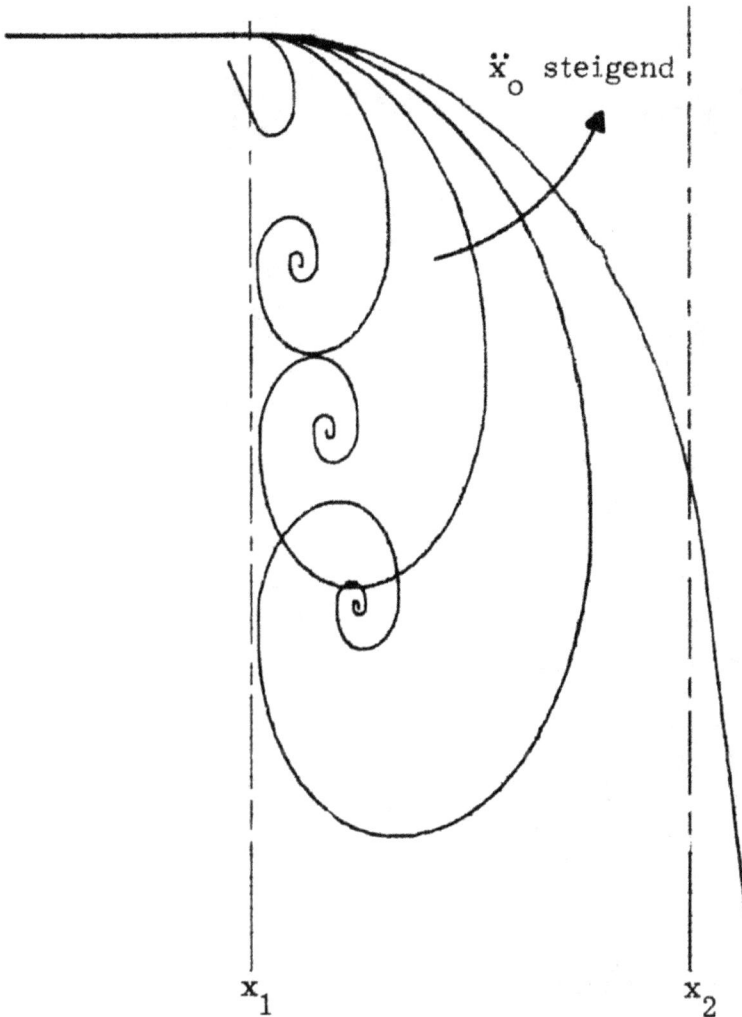

Abb. 10.15: *Verschiedene exemplarische Bahnkurven eines geladenen Teilchens in einem Magnetfeld für unterschiedliche Anfangsgeschwindigkeiten $\dot{x}_0$ (nach [51][S. 4])*

Noch im Jahre 1982 veröffentlichten VALISALO, BERGQUIST und McGREW eine Arbeit[82], in welcher ein Problem der Temperaturverteilung in irregulär geformten zweidimensionalen Flächen mit Hilfe eines Hybridrechners behandelt wird, wobei als Grundlage hierfür eine Monte-Carlo-Methode zur Lösung der auftretenden partiellen Differentialgleichungen dient.

Hinreichend komplexe Probleme rechtfertigten mitunter die Konstruktion spezieller Analogrechner, die nur zur Lösung einer eng umgrenzten Problemklasse eingesetzt

---

[82]Siehe [584].

Abb. 10.16: *Der Electronic Analog Frost Computor (US Army Corps of Engineers, New England Division, siehe [6][S. 259])*

wurden, wie der in Abbildung 10.16 dargestellte *Electronic Analog Frost Computor*[83] exemplarisch zeigt. Hierbei handelt es sich um einen Analogrechner, der speziell zur Untersuchung von Bodenfrost- und -taueffekten sowie hierbei auftretenden Sickerwassereinflüssen entwickelt wurde.

Das System besteht im Wesentlichen aus einer zweidimensionalen Anordnung von Rechenelementen, durch welche direkt eine zweidimensionale Diskretisierung des Ursprungsproblemes in Form entsprechender Differenzenquotienten realisiert wird[84]. Insgesamt stehen vier unterschiedliche Typen passiver Rechenglieder zur Verfügung, die in beliebigen Kombinationen in Form von Makroelementen, die letztlich in den Modulrahmen des Systems gesteckt werden, miteinander verschaltet werden können. Durch die Möglichkeit, diese Makromodule nicht nur mit ihren jeweiligen Nachbarelementen, sondern darüberhinaus auch über größere Entfernungen hinweg miteinander verschalten zu können, lassen sich beispielsweise Sickerwasserkanäle oder zusätzliche Wärmequellen etc. nachbilden[85]. Bei den einzelnen passiven Rechengliedern handelt es sich im Einzelnen um folgende:

A-Element: Hierbei handelt es sich um einen einfachen Addierer mit mehreren Eingängen.

C-Element: Mit Hilfe dieser C-Glieder können Koeffizienten abgebildet werden – im Wesentlichen handelt es sich hierbei um ein präzises Koeffizientenpotentiometer.

J-Element: J-Elemente erlauben die Bildung von Zeitintegralen, wobei, wie bei anderen analogelektronischen Analogrechnern, ein mit einem Integrationskondensator rückgekoppelter Operationsverstärker als aktives Element zum Einsatz gelangt.

Z-Element: Mit diesen Elementen werden spezielle inerte Zonen nachgebildet, die beispielsweise einem latenten Wärmeeinfluss von außen entsprechen.

Aus einer Verschaltung jeweils eines A-, J-, Z- sowie zweier C-Glieder wird nun ein Makroelement gebildet, das eine Bodenschicht repräsentiert und mit seinen Nachbarelementen sowie entfernteren Modulen verknüpft werden kann, um beispielsweise Wasserflüsse oder Wärmebrücken darzustellen[86].

Ein ähnliches System zeigt Abbildung 10.17 in Form des an der University of Virginia entwickelten und eingesetzten passiven *Heat Exchange Transient Analog Computer*s, kurz *HETAC* – auch hier handelt es sich um einen Spezialrechner zur Untersuchung von

---

[83]Siehe [6].

[84]Aus heutiger Sicht handelt es sich somit um einen zweidimensionalen zellularen Automaten, dessen einzelne Zellen jedoch analogrepräsentierte Zustände annehmen können.

[85]Beachtenswert ist, dass diese Makroelemente ausschließlich aus passiven Bauelementen zusammengesetzt werden, was sich im Aufbau des Rechners darin widerspiegelt, dass die eigentlichen Rechenverstärker fest in den einzelnen Einschüben der Gestellschränke, erkennbar an den deutlich sichtbaren Röhren, montiert sind. Dies bringt nicht zuletzt als Vorteil einen geringen Preis der aus den passiven Rechengliedern zusammengesetzten Makroelemente mit sich, die somit preiswert in großer Anzahl vorrätig gehalten werden können.

[86]Eine ausführliche Darstellung dieser analogen Rechentechniken zur Untersuchung von frier- und taudynamischen Vorgängen findet sich beispielsweise in [450].

Fragestellungen aus dem Bereich der Wärmeleitung, wobei ebenfalls eine zweidimensionale Anordnung von Rechenelementen zur impliziten Diskretisierung der auftretenden partiellen Differentialgleichungen eingesetzt wird.

Auch für die Simulation von Konvektionsströmungen wurden elektronische Analogrechner lange Zeit mit großem Vorteil gegenüber speicherprogrammierten Digitalrechnern eingesetzt, wie eine Arbeit von KERR aus dem Jahre 1978 zeigt, in welcher die Ausbildung von Konvektionsströmungen an nach unten geneigten, im Wesentlichen jedoch horizontalen Wärmetauscherplatten betrachtet wird[87]. Mit Hilfe eines kleinen Analogrechners des Typs EAI 380 war es möglich, Lösungskurven mit einer Wiederholrate von 500 Hz zu generieren, was mehr als ausreichend für die Anzeige stehender Bilder auf einem Oszilloskop ist und damit eine hohe Interaktivität ermöglichte[88].

Eine interessante Fragestellung behandelt [77][S. 318 ff.] in Form einer Simulation eines Zonenschmelzverfahrens, wie es gewöhnlich zur Reinigung von Germanium- beziehungsweise Siliziumeinkristallen verwendet wird. Hintergrund dieses Vorgehens ist die Forderung nach einem außergewöhnlich hohen Reinheitsgrad solcher Einkristalle, die in der Halbleiterindustrie Verwendung finden – Unreinheitskonzentrationen in Größenordnung von $\leq 10^{-9}$ sind keine Seltenheit und auf rein chemischem Wege nicht zu erzielen.

Aus diesem Grund wird meist ein sogenanntes *Zonenschmelzverfahren* eingesetzt, bei welchem eine induktive Heizspule langsam über einem senkrecht stehenden Einkristall von unten nach oben verfahren wird, wobei dieser durch Induktionsströme in einem eng umgrenzten Bereich um die Spule schmilzt und hinter ihr wieder erstarrt. Hierbei werden Unreinheiten mit der Schmelzzone mittransportiert, so dass sie sich am oberen Ende des Kristalls sammeln, wobei dieser Vorgang des Zonenschmelzens mehrfach wiederholt werden kann, um nahezu beliebige Reinheitsgrade zu erzielen.

Hierbei ist jedoch eine Reihe von Parametern, beispielsweise der Durchmesser des Einkristalls, die Breite der Schmelzone etc., genau zu kontrollieren und zu regeln, um vor allem sicherzustellen, dass sich die Kristallgeometrie durch den Schmelzvorgang nicht in unzulässig starker Weise ändert. Vor allem die Simulation der Form der Schmelzzone ist hierbei von Interesse und führt auf Gleichungen, die einer analogen Lösung gut zugänglich sind.

10.2.5   Halbleiterphysik

Auch aus dem Gebiet der Halbleiterphysik resultieren interessante Aufgaben, die mit Hilfe elektronischer Analogrechner erfolgreich behandelt werden können – exemplarisch seien hierfür an dieser Stelle zwei Arbeiten genannt, die sehr unterschiedliche Aspekte dieses Gebietes behandeln.

Beispielsweise befasst sich APALOVIČOVÁ mit der Frage der Gestalt des elektrischen Feldes in der Verarmungszone eines MOS-Feldeffekttransistors unterhalb der Gateelektrode, mit dem Ziel, die Verhaltensweisen unterschiedlicher Transistorstrukturen mit hoher Genauigkeit simulieren zu können[89]. Diese Fragestellung führt auf das Problem,

---

[87] Siehe [228] beziehungsweise [229].

[88] Werte wie diese sind selbst mit heutigen Digitalrechnern mitunter nur schwer zu realisieren.

[89] Siehe [15].

Abb. 10.17: *Der* Heat Exchange Transient Analog Computer, *kurz* HETAC *(nach [422])*

elliptische partielle Differentialgleichungen zu lösen, was in der genannten Arbeit mit Hilfe eines Hybridrechners geschieht[90].

Während in dieser Arbeit das statische elektrische Feld bei gegebener Transistorgeometrie und festen Parametern wie Gate-, Source- und Drain-Potentialen von Interesse ist, behandeln CARLSON, HANNAUER, CAREY und HOLSBERG in [77][S. 332 ff.] das dynamische Schaltverhalten eines Tunneldiodenschalters – von besonderem Interesse sind hier Fragen nach der oberen Grenzfrequenz der betrachteten Schaltung sowie Stabilitätsuntersuchungen. Interessant an der genannten Arbeit ist, dass bei direkter Umwandlung der Problemgleichungen in eine hierzu analoge Rechenschaltung eine algebraische Schleife[91] auftritt, die jedoch ausnahmsweise durch die in ihr vorhandenen Koeffizienten stabil ist und somit keiner besonderen Behandlung bedarf. Weiterhin ist bemerkenswert, dass es sich bei dieser Simulationsaufgabe um einen Fall handelt, in welchem ein in Natura extrem schnell ablaufender Vorgang mit Hilfe einer entsprechend skalierten Rechenschaltung auf einem elektronischen Analogrechner in extremer Zeitdehnung untersucht wird.

10.2.6   Ferromagnetische Dünnfilme

In den ersten Jahrzehnten der Entwicklung speicherprogrammierter Digitalrechner stellte der Aufbau des Hauptspeichers eines der Hauptprobleme bei der Konzeption und Produktion derartiger Rechenanlagen dar. Ein damals erfolgversprechendes Konzept sah den Einsatz ferromagnetischer Dünnfilme vor, in welche Drähte ähnlich einem Kernspeicher eingebracht wurden, mit deren Hilfe kleine Teilbereiche des Filmes, der eine möglichst große Magnetisierungshysterese aufwies, magnetisiert werden konnten, um auf diese Art und Weise die Speicherung digital repräsentierter Informationen zu ermöglichen.

Bei der Entwicklung derartiger ferromagnetischer Dünnfilme trat eine Reihe von Fragen auf, die sowohl mit Hilfe elektronischer Analogrechner als auch mit herkömmlichen Digitalrechnern behandelt wurden, wobei in [57] beispielsweise die Frage nach dem Verhalten derartiger Dünnfilme unter dem Einfluss mechanischer Belastungen untersucht wird – die dort entwickelte Lösung mit Hilfe eines Analogrechners wurde Resultaten, die durch eine numerische Behandlung des Problems auf einem Digitalrechner erhalten wurden, gegenübergestellt, wobei sich, wie zu erwarten, ein hohes Maß an Übereinstimmung zeigte, während die rein digitale Lösung hinsichtlich der Genauigkeit der analogen Lösung überlegen, letztere aber bezüglich der benötigten Rechenzeit jener weit voraus war.

10.3   Chemie

Die beiden folgenden Beispiele für den praktischen Einsatz elektronischer Analogrechner im Bereich der Chemie sind zusammen mit den in Abschnitt 10.12 ausgeführten

---

[90]Exakte numerische Lösungsverfahren zur Simulation von Halbleiterübergängen und Feldeffekttransistoren für den Einsatz mit speicherprogrammierten Digitalrechnern finden sich beispielsweise in [2] beschrieben.
[91]Siehe Abschnitt 10.1.6.1.

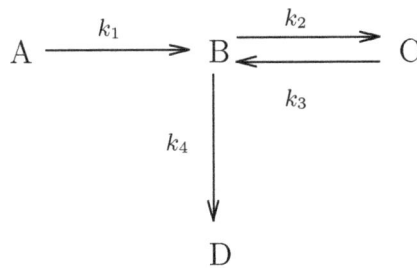

Abb. 10.18: *Einfaches Beispiel zur Reaktionskinetik (vergleiche [414][S. 3])*

Betrachtungen zu sehen, da eine Abgrenzung eher theoretischer Untersuchungen und solcher, die in den Bereich der praktisch angewandten Verfahrenstechnik fallen, schwer und prinzipell willkürlich bleiben muss.

10.3.1 Reaktionskinetik

Ein typisches und wesentliches Anwendungsgebiet elektronischer Analogrechner in der Chemie ist die Untersuchung von Fragen der Reaktionskinetik. Praktisch relevante und damit in der Regel komplexere chemische Reaktionen laufen in der Regel über eine Reihe von Schritten ab, in deren Verlauf aus einer gegebenen Menge eines Ausgangsproduktes ein Endprodukt synthetisiert wird, wobei der Einsatz eines Analogrechners vor allem dann von Interesse ist, wenn der zeitliche Verlauf einer solchen Reaktionskette betrachtet werden soll.

Im Folgenden wird beispielhaft ein Reaktionssystem der in Abbildung 10.18 dargestellten Form betrachtet[92] – beteiligt an der Reaktion sind, ausgehend von einer Ursprungssubstanz A, drei Folgeprodukte B, C und D, die sich gemäß den durch die Pfeile repräsentierten Richtungen und den zugehörigen Reaktionsraten k_1, k_2, k_3 und k_4 bilden.

Aus diesem Modell ergibt sich das folgende Differentialgleichungssystem, welches den Reaktionsablauf, beginnend bei einer Konzentration von 100% der Ausgangssubstanz A[93], beschreibt, wobei A, B, C und D die jeweiligen Konzentrationen der entsprechenden Substanzen innerhalb des Systems bezeichnen:

$$\dot{A} = -k_1 A$$
$$\dot{B} = k_1 A - k_2 B - k_4 B + k_3 C$$
$$\dot{C} = k_2 B - k_3 C$$
$$\dot{D} = k_4 B$$

Aus diesen Gleichungen lässt sich direkt die in Abbildung 10.19 dargestellte Rechenschaltung ableiten, an deren Integriererausgängen direkt die gesuchten Konzentrationswerte A, B, C und D abgenommen werden können, wobei der Initialwert -1 des

---

[92] Siehe [414].
[93] Dies ist die Anfangsbedingung der Rechenschaltung.

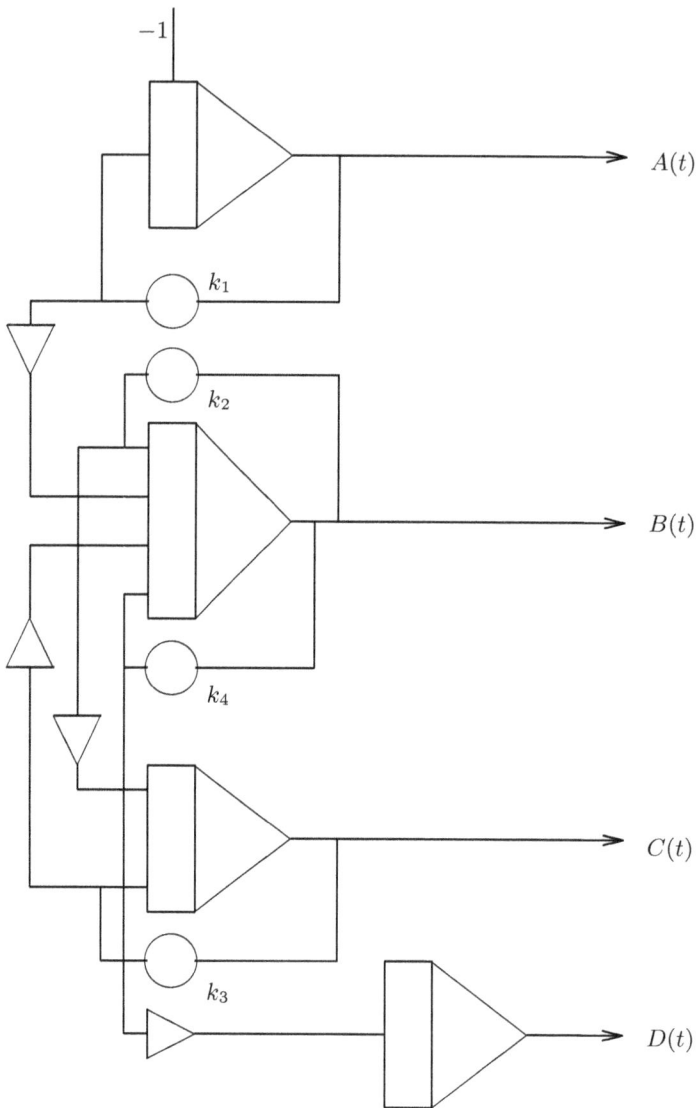

Abb. 10.19: *Rechenschaltung zur Reaktionskinetik (vergleiche [414][S. 4])*

obersten Integrierers die zuvor genannte Anfangsbedingung der betrachteten Reaktion repräsentiert.

Unter der Annahme, dass für die Reaktionskonstanten $k_1 = k_2 = k_3 = k_4 = $ const. gilt, ergibt sich der in Abbildung 10.20 dargestellte zeitliche Konzentrationsverlauf für die vier Reaktionspartner A, B, C und D.

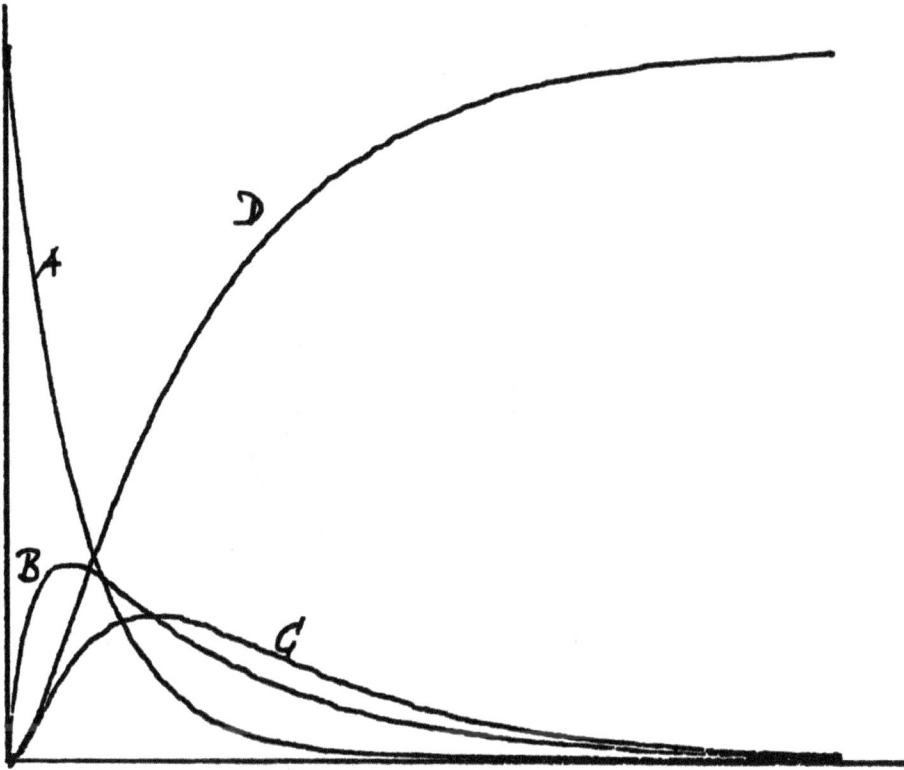

Abb. 10.20: *Simulationsergebnisse zur Reaktionskinetik (nach [414][S. 7])*

Weiterführende und komplexere Beispiele zur Behandlung von Fragestellungen aus dem Bereich der Reaktionskinetik finden sich beispielsweise beiSHANG-I CHENG[94], der sich mit Vorgängen der Polymerisationskinetik beschäftigt, bei BASSANO, LENNON und VIGNES, die sich mit der Bestimmung von Prozessparametern bei einer Methanchlorierung befassen[95], beziehungsweise bei W. FRED RAMIREZ[96], der ein ausgearbeitetes Beispiel der Simulation einer Benzenchlorierung angibt.

10.3.2 Quantenchemie

Die Quantenchemie[97] stellt ein weiteres Gebiet dar, in welchem Analogrechner, vor allem in der Form direkter Analogierechner, mit großem Gewinn zum Einsatz kamen. Zentrales Element der Quantenchemie ist die Schrödingergleichung[98], deren Lösungen Wellenfunktionen sind, welche die Aufenthaltswahrscheinlichkeit von Elementarteilchen

---

[94]Siehe [86].

[95]Siehe [28].

[96]Siehe [469][S. 74 ff.].

[97]Eine Vielzahl interessanter Hintergrundinformationen zur Geschichte und Entwicklung der Quantenchemie findet sich beispielsweise in [13].

[98]Siehe beispielsweise [464][S. 103 ff.].

$$\frac{\hbar^2}{2m}\frac{h_2 h_3}{h_1}\frac{\Delta u^2 \Delta u^3}{\Delta u^1}$$

$$\frac{\hbar^2}{2m}\frac{h_1 h_3}{h_2}\frac{\Delta u^1 \Delta u^3}{\Delta u^2}$$

$$\frac{\hbar^2}{2m}\frac{h_1 h_2}{h_3}\frac{\Delta u^1 \Delta u^2}{\Delta u^3}$$

$E h_1 h_2 h_3 \Delta u^1 \Delta u^2 \Delta u^3$

$V h_1 h_2 h_3 \Delta u^1 \Delta u^2 \Delta u^3$

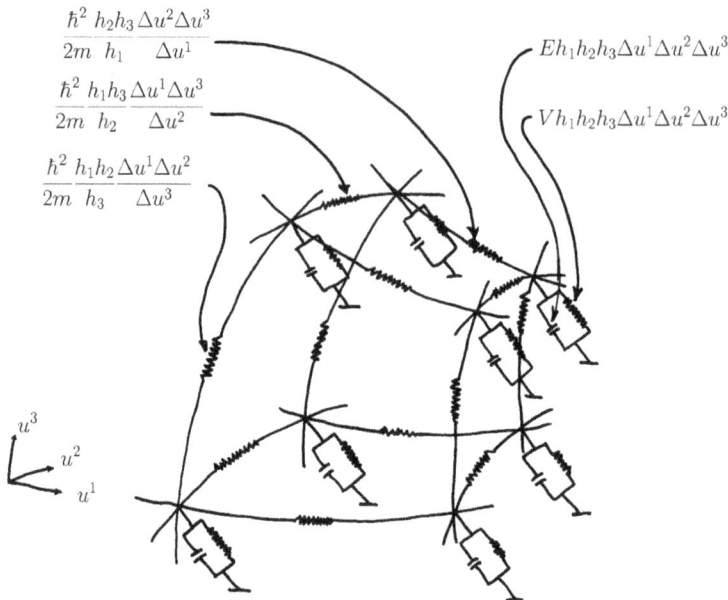

Abb. 10.21: *Analogiemodell der Schrödingergleichung mit drei unabhängigen Variablen (vergleiche [255][Fig. 7])*

im Ortsraum beschreiben. Mit ihrer Hilfe können entsprechend beispielsweise Aussagen über die Stabilität und Struktur von Molekülen etc. getroffen werden, so dass ihrer Lösung hohes Interesse entgegengebracht wird, was bereits Mitte der 1940er Jahre zur Entwicklung spezieller Analogierechner führte.

Bereits im Jahre 1944 schlug GABRIEL KRON analogelektronische Schaltkreise zur Modellierung der Schrödingergleichung unter verschiedenen Randbedingungen vor. Ein Beispiel hierfür stellt Abbildung 10.21 anhand eines Modells zur Lösung der Schrödingergleichung mit drei unabhängigen Variablen dar[99].

Direkte Analogierechner blieben für die Behandlung quantenmechanischer Fragestellungen lange Zeit führend, wie auch ein von HANS KUHN entwickelter und im Jahre 1953 beschriebener[100] mechanischer Analogrechner zeigt:

> *Es ist daher beabsichtigt, die [...] akustische Analogierechenmaschine[101]*
> *zur Untersuchung der Zustände von π-Elektronen in Molekülen zu verwenden und ferner ein elektrisches Analogiegerät zu benützen, um den Einfluss*

---

[99]Diese Arbeiten auf dem Gebiet der Quantenchemie veranlassten GABRIEL KRON in der Folge zur Entwicklung allgemeiner einsetzbarer direkter Analogierechner (siehe beispielsweise [256] sowie [255]).

[100]Siehe [258][S. 60].

[101]Hierbei handelte es sich um einen direkten mechanischen Analogrechner, der aus einer Vielzahl in einer Reihe angeordneter Massen m bestand, die jeweils durch Schraubenfedern mit Federkonstanten s_i an einem Träger dergestalt befestigt waren und geführt wurden, dass sie nur rein vertikale Schwingungen ausführen konnten, während sie untereinander durch horizontal angeordnete Blattfedern mit gleichen Federkonstanten verkoppelt wurden (siehe [463][S. 291 f.]).

des Potentialverlaufs entlang einer kompliziert gestalteten Molekülkette zu untersuchen (diese Möglichkeit ergibt sich auf Grund der Tatsache, daß bei Betrachtung gewisser elektrischer Siebketten dieselbe Differentialgleichung auftritt, welche auch das Verhalten von π-Elektronen in einem Feld veränderlicher potentieller Energie beschreibt).

10.4 Mechanik und Maschinenbau

Eines der Hauptanwendungsgebiete elektronischer Analogrechner stellen die Bereiche Mechanik und Maschinenbau dar, die von jeher stark mathematisch geprägt sind und in welchen schnell Fragestellungen auftreten, deren rechnerische Behandlung ohne maschinelle Hilfe nicht oder nur mit unvertretbar hohem Aufwand möglich ist. Aufgrund der Vielzahl technisch und damit wirtschaftlich interessanter Fragestellungen aus diesen Bereichen können die folgenden Abschnitte nur einen oberflächlichen Eindruck der möglichen Einsatzgebiete des analogen Rechnens in diesem Zusammenhang vermitteln[102].

10.4.1 Schwingungen und Vibrationen

Der Behandlung schwingender Systeme kommt eine zentrale Rolle im Bereich der Technik zu – sei es in Fällen, in welchen Schwingungen unerwünscht sind und entsprechend gezielt vermieden, gedämpft oder ausgelöscht werden sollen, oder in Bereichen, in welchen das Schwingen einzelner Teile einer komplexen Apparatur Grundlage für deren Funktionsfähigkeit ist – SANKAR und HARGREAVES schreiben hierzu[103]:

The control of vibration in mechanical systems is a serious and challenging design problem.

Unerwünschte Schwingungen treten beispielsweise während des Fluges von Flugkörpern unterschiedlichster Formen auf – bei Raketen mit Flüssigkeitstriebwerken gehört hierzu beispielsweise der gefürchtete *Pogoeffekt*[104], bei welchem es sich um ein Resonanzphänomen handelt, das seine Ursache in Druckschwankungen innerhalb des Treibstoffsystems hat, die wiederum zu nicht konstantem Schub der Triebwerke führen, was wiederum wechselnde, auf die Rakete wirkende Beschleunigungskräfte zur Folge hat, wodurch die Druckschwankungen im ungünstigsten Fall verstärkt werden etc. Im Extremfall können hierbei Kräfte auftreten, die zur strukturellen Instabilität der Trägerrakete und damit zum Totalverlust einer Mission führen.

Andere Systeme, beispielsweise sogenannte *Rüttelförderer*, setzen im Gegensatz hierzu Schwingungen bestimmter Bauelemente gezielt ein, während andere Maschinenteile diesen gegenüber stabil bleiben müssen.

In allen technisch relevanten Fällen handelt es sich um schwingende Mehrmassensysteme, deren Verhalten durch gekoppelte Differentialgleichungen beschrieben werden kann,

---

[102]Eine schöne Sammlung praktischer Beispiele aus den Bereichen Mechanik und Maschinenbau findet sich beispielsweise bei MAHRENHOLTZ (siehe [284]).
[103]Siehe [501][S. 11.].
[104]Siehe beispielsweise [46][S. 360 ff.] beziehungsweise [605][S. 83 ff.].

was ihre Behandlung mit Hilfe elektronischer Analogrechner nahe legt[105] – eine ausführliche Darstellung geben beispielsweise MACDUFF und CURRERI[106] beziehungsweise TSE, MORSE und HINKLE[107]. Auch die Untersuchung des Verhaltens eingespannter, durchhängender und schwingender Tragwerksstrukturen fällt in diesen Bereich[108].

10.4.1.1   Stoßdämpferentwicklung

Eine interessante Hybridrechneranwendung zeigen SANKAR und HARGREAVES[109] anhand eines Optimierungsproblems im Zusammenhang mit der Entwicklung von Stoßdämpfern auf. Ziel ihrer Arbeiten ist die Optimierung eines Stoßdämpfers hinsichtlich minimaler Beschleunigungskräfte $a < a_{max}$, die auf das zu dämpfende Bauteil wirken, bei gleichzeitig minimaler freier Wegstrecke $s < s_{max}$ unter Zugrundelegung einer impulsartigen Anregung des Systems. Die hierfür notwendige Parametervariierung wird mit Hilfe eines Hybridrechners unter Einsatz eines Simplexverfahrens durchgeführt, an dessen Ende eine passende Parametrisierung des Stoßdämpfers für gegebene Rahmenbedingungen a_{max}, s_{max} etc. steht.

Verkompliziert werden derartige Betrachtungen, wenn zusätzlich trockene Reibung der schwingenden und in ihrer Bewegung zu dämpfenden Masse Berücksichtigung finden muss, da hier der Einsatz stark nichtlinearer Rechenelemente unabdingbar ist[110].

Eine interessante Untersuchung beschreiben MEZENCEV und LEPEIX[111], die sich mit der Entwicklung eines adaptiven hydropneumatischen Dämpfersystems für den Einsatz in Schiffsantrieben beschäftigen. Ziel dieser Untersuchungen ist die Verringerung von Vibrationen, die durch den Propellerantrieb eines Schiffes auf den Schiffskörper übertragen werden, durch den Einsatz eines variablen Dämpfersystems, das mit einer selbsttätigen Regelung ausgestattet ist.

10.4.1.2   Erdbebensimulation

Ebenfalls in den Bereich der Simulation von Schwingungen komplexer Strukturen fallen Fragen der Bauphysik, wobei hier vor allem das Verhalten hoher Gebäudestrukturen unter der Einwirkung von Bodenbewegungen, wie sie bei Erdbeben auftreten, von Interesse ist[112].

Im Folgenden wird exemplarisch die Untersuchung des Schwingungsverhaltens eines zweistöckigen Gebäudes mit Hilfe eines elektronischen Analogrechners dargestellt[113].

---

[105]Siehe beispielsweise die Abschnitte 5.3.2 sowie 5.3.5 sowie [359].

[106]Siehe [282].

[107]Siehe [578].

[108]Siehe unter anderem [206][S. 416 ff.].

[109]Siehe [501].

[110]Siehe beispielsweise [381].

[111]Siehe [317].

[112]Die Mehrzahl aller durch Erdbeben verursachten Gebäudeschäden ist im Wesentlichen auf zwei Oberflächenwellentypen, sogenannte *Love*- beziehungsweise *Rayleigh*-Wellen zurückzuführen, da diese einen hohen Anteil horizontaler Bodenbewegungen aufweisen, durch welche hohe Strukturen wie beispielsweise Wolkenkratzer zu entsprechenden Schwingungen angeregt werden (siehe beispielsweise [580][S. 33 f.]).

[113]Siehe [385][S. 17]. Eine ähnliche Simulation beschreiben JAMES, SMITH und WOLFORD in [208][S. 168 ff.] anhand eines dreigeschossigen Gebäudes.

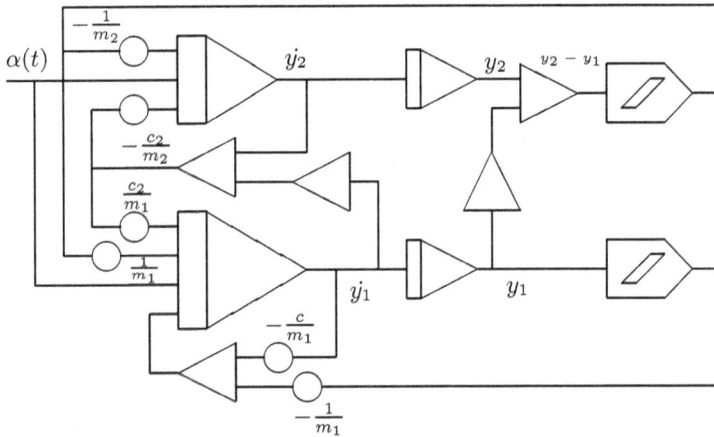

Abb. 10.22: *Simulation des Verhaltens eines zweistöckigen Gebäudes unter Einwirkung horizontaler Bodenbewegungen (vergleiche [385][S. 17])*

Das Gebäude selbst wird hierbei als gekoppelter Mehrmassenschwinger betrachtet, wobei vereinfachend jede Zwischendecke als Masse aufgefasst wird, während die jene verbindenden vertikalen Wandelemente als Feder-Dämpfer-Systeme interpretiert werden.

Für ein zweistöckiges Gebäude mit den Geschossdeckenmassen m_1 und m_2 sowie den Feder- beziehungsweise Dämpferkonstanten s_1, s_2 respektive d_1 und d_2 ergeben sich die beiden folgenden gekoppelten Differentialgleichungen als Simulationsgrundlage, wobei y_1 und y_2 den horizontalen Auslenkungen der beiden Massen m_1 und m_2 entsprechend den beiden Geschossdecken bezogen auf den Untergrund entsprechen:

$$m_1\ddot{y}_1 + d_1\dot{y}_1 + d_2(\dot{y}_1 - \dot{y}_2) + s_1 y_1 + s_2(y_1 - y_2) = m_1\alpha(t) \tag{10.13}$$

$$m_2\ddot{y}_2 + d_2(\dot{y}_2 - \dot{y}_1) + s_2(y_1 - y_1) = m_2\alpha(t) \tag{10.14}$$

$\alpha(t)$ repräsentiert hierbei den zeitlichen Verlauf der interessierenden horizontalen Erdbebenwellen, welche das Gebäude an seiner Basis zu Schwingungen anregen. Insgesamt lässt sich aus den Gleichungen (10.13) und (10.14) die in Abbildung 10.22 dargestellte Rechenschaltung ableiten[114], wobei zu beachten ist, dass die hier eingesetzte Anlage des Typs Hitachi 200X Summierer und Integrierer mit komplementären Ausgängen besitzt, so dass nur aus den Bezeichnungen in der Rechenschaltung ersichtlich ist, ob eine Operation eine implizite Vorzeichenumkehr mit sich bringt oder nicht. Darüberhinaus kommen zwei Funktionsgeber zur Erzeugung von Hysteresefunktionen zum Einsatz, um die nichtlineare Steifigkeit der Gebäudestruktur nachzubilden, was in den obigen Gleichungen nicht zum Ausdruck kommt.

Die Resultate einer praktisch ausgeführten Gebäudesimulation gemäß dieser Rechenschaltung zeigt Bild 10.23 – ausgehend von einer durch Messung eines realen Erdbebens gewonnenen Anregungsfunktion $\alpha(t)$ werden die relativen horizontalen Auslenkungen

---

[114]Analog hierzu lassen sich natürlich auch höhere Gebäudestrukturen behandeln.

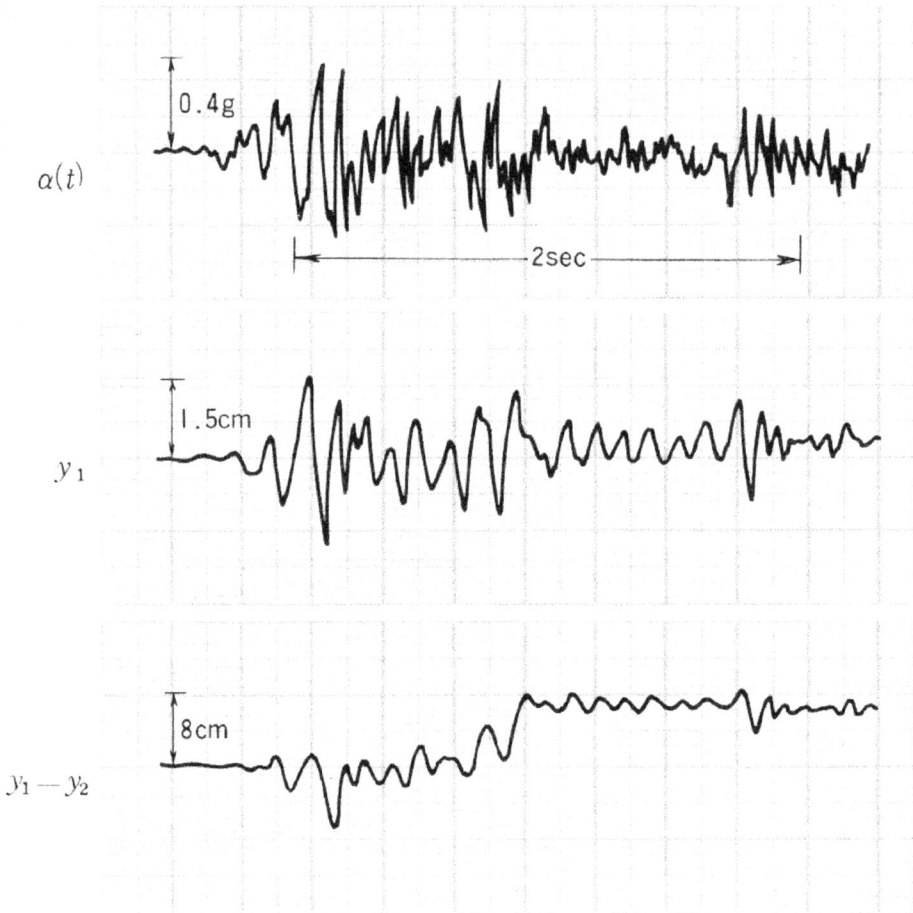

Abb. 10.23: *Ausgeführte Simulation der bei einem Erdbeben auftretenden Gebäudeschwingungen (nach [385][S. 17])*

der beiden Geschossdecken des betrachteten zweistöckigen Gebäudes, y_1 beziehungsweise $y_1 - y_2$ bestimmt.

Einen interessanten Spezialanalogrechner für derartige Untersuchungen entwickelte Hitachi[115] in den späten 1960er Jahren in Form des $SERAC$[116], der als interessantes Merkmal einen photoelektrischen Kurvenabtaster aufwies, mit dessen Hilfe direkt grafisch aufgezeichnete Seismogramme als Grundlage für Simulationsläufe herangezogen werden konnten[117].

---

[115]Siehe [387][S. 6 ff.]

[116]Kurz für *S*trong *E*arthquake *R*esponse *A*nalog *C*omputer

[117]Die Mehrzahl aller seismischen Messstationen dieser Zeit verfügte über direktschreibende Instrumente – eine elektronische Aufzeichnung, sei es in analoger oder digitalisierter Form mit Hilfe entsprechender Magnetbandgeräte oder ähnlichem, war die Ausnahme.

10.4.2 Rotierende Systeme

Der Behandlung und Beherrschung (schnell) rotierender Systeme kommt nicht zuletzt im Bereich der Energie-, Antriebs- und Zentrifugentechnik große Bedeutung zu, wobei in der Regel sowohl Fragen der Wirtschaftlichkeit als auch solche der Sicherheit im Vordergrund stehen.

10.4.2.1 Lager

Zentrales Element aller rotierender Systeme sind sogenannte *Lager*, welche rotierenden Maschinenteilen, meist in Form von Achsen oder Wellen, Halt geben. Die hierbei auftretenden Probleme sind vielfältiger Natur – beispielsweise treten bei langen, rotierenden Wellen, wie sie bei Turbinen in der Energietechnik üblich sind, mitunter schwer zu beherrschende Biegeschwingungen auf, die entsprechende Kräfte auf die meist über die gesamte Länge der Welle verteilt angeordneten Lager ausüben und diese hierdurch in unzulässiger Weise belasten und im Extremfall zerstören können[118].

Ebenfalls von großem Interesse ist die Untersuchung des Verhaltens unterschiedlicher Lagertypen. Einfache Lager sind in der Regel nicht in der Lage, sehr hohe Rotationsgeschwindigkeiten zu unterstützen, da hierbei unter anderem Wirbel in den Schmierfilmen erzeugt werden, die bis hin zum Filmabriss mit damit einhergehender starker Reibung und Überhitzung führen können. Aus diesem Grunde kommen gerade im Gas- und Dampfturbinenbau hydrodynamische Lager zum Einsatz, deren analogrechentechnische Behandlung unter anderem MCLEAN und HAHN beziehungsweise RIGER und THOMAS[119] darstellen.

Noch höhere Umdrehungszahlen beziehungsweise Rotormassen, wie sie beispielsweise bei Spinnzentrifugen in der Textiltechnik, Zerhackern für Molekularstrahlen, Turbomolekularpumpen[120], Ultrazentrifugen für die Anreicherung bestimmter Isotope oder auch Schwungradenergiespeichern auftreten, erfordern eine gänzlich andere Lagertechnologie in Form sogenannter *Magnetlager*[121], bei denen zwischen *aktiven* und *passiven* Magnetlagern unterschieden wird.

Passive Magnetlager, die auf dem Einsatz von Permanentmagneten beruhen, wurden in den 1960er Jahren entwickelt[122] und zeichnen sich aufgrund des Fehlens einer aktiven Regelung vor allem durch eine hohe Betriebssicherheit aus, während aktive Magnetlager meist ausschließlich oder zumindest unterstützend einen elektronischen Regelkreis, bestehend aus Lagesensoren, einer Regelschaltung sowie Elektromagneten zur Lagebeeinflussung des Lagergutes einsetzen. Vor allem in der Entwicklung derartiger Lagertechnologien kamen häufig elektronische Analogrechner zum Einsatz, wobei nicht zuletzt die Regelkreise aktiver Magnetlager eine Vielzahl von Fragestellungen aufwarfen, die mitunter den Einsatz eines Analogrechners anstelle der eigentlichen Regelelektronik nach sich zogen, um so anhand realer Hardware das Verhalten des Lagers optimieren zu können, wobei die Echtzeitfähigkeit des Analogrechners einen mitunter bis heute

---

[118]Siehe hierzu unter anderem [482].
[119]Siehe [297] beziehungsweise [482].
[120]Eine in [131][S. 33] beispielhaft genannte Turbomolekularpumpe erreicht eine Nenndrehzahl von 51600 s^{-1} bei einem Rotorgewicht von 1.7 kg.
[121]Siehe beispielsweise [132] sowie [131].
[122]Siehe [131][S. 2].

von speicherprogrammierten Digitalrechnern nicht erreichten Vorteil diesen gegenüber darstellt.

Eine interessante Fragestellung behandelt OKAH-AVAE in [435], wo die Frage untersucht wird, wie sich Querrisse einer Welle an ihren Lagerpunkten auswirken – Ziel dieser Arbeit ist die Entwicklung einer Methode zur automatischen frühzeitigen Erkennung von Wellenschäden beispielsweise in großen Turbinenanlagen zur Vermeidung großer Anlagenschäden im Fehlerfall. Die mit Hilfe einer analogrechnerbasierten Simulation gewonnenen Ergebnisse konnten mit realen Messdaten, die an einer Welle eines Turbogenerators mit Riss gewonnen werden konnten, verglichen werden und wiesen ein hohes Maß an Übereinstimmung auf[123].

10.4.2.2   Kompressoren

Auch Kompressorsysteme wurden mit Hilfe elektronischer Analogrechner untersucht, wobei ausgefeilte Simulationen, wie die von DAVIS und CORRIPIO[124], nicht nur das mechanische Kompressorsystem an sich betrachten, sondern auch das nicht ideale Verhalten des Prozessgases, das durch die zugrundeliegenden Gasgleichungen modelliert wird, in die Simulation einbeziehen, um so präzise Vorhersagen beispielsweise über den Wirkungsgrad bestimmter Kompressorgeometrien gewinnen zu können. Darüberhinaus wurden häufig auch Regelsysteme für turbinengetriebene, mehrstufige Zentrifugalkompressoren mit Hilfe analoger Rechentechniken behandelt[125].

10.4.2.3   Kurbeltriebe

Eine Mittlerrolle im Zusammenhang mit rotierenden Systemen nehmen *Kurbeltriebe* oder auch *Kurbelschleifen*, die zur Gruppe der sogenannten *Kurbeltriebe*[126] gehören, überall dort ein, wo eine vorhandene Rotationsbewegung in eine Linearbewegung eines Schubgestänges oder umgekehrt umgesetzt werden soll, was beispielsweise in Antriebssystemen von Kolbenpumpen oder -kompressoren eine häufige Aufgabenstellung darstellt[127].

Im einfachsten Fall besitzt eine solche Kurbelschleife die Gestalt eines analogen harmonischen Funktionsgenerators[128], so dass eine Rotationsbewegung in eine linear verlaufende Bewegung einer Schubstange mit rein harmonischem Amplitudenverlauf umgesetzt wird. Eine solch einfache Vorrichtung ist jedoch aufgrund der ungünstigen Kräfteverhältnisse an der Lagerstelle zwischen Wellenkurbel und Schwingstange in der Regel für praktische Anwendungen ungeeignet, so dass komplexere Formen von Kurbeltrieben zum Einsatz gelangen, die eine rechnerische Bestimmung der auftretenden Geschwindigkeiten und Beschleunigungen der Schubstange sowie der allgemeinen Bewegungsabläufe der weiteren an der Konstruktion beteiligten Maschinenelemente mit einfachen analytischen Mitteln oftmals nicht mit vertretbarem Aufwand erlauben[129] und den Einsatz eines Analogrechners zu ihrer Behandlung nahelegen.

---

[123]Siehe [435][S. 198].

[124]Siehe [95] – im Mittelpunkt der Betrachtungen stehen hier Zentrifugalkompressoren.

[125]Siehe beispielsweise [512].

[126]Siehe beispielsweise [201][S. 82 ff.].

[127]Siehe hierzu beispielsweise [284][S. 129 ff.] und [284][S. 79 ff.].

[128]Siehe beispielsweise Abschnitt 2.5, Abbildung 2.15.

[129]Ein einfaches Beispiel für die Simulation eines solchen Kurbeltriebes findet sich unter anderem in [391].

10.4.3 Materialwissenschaft

Auch im weiten Feld der Materialwissenschaften konnten sich analoge und hybride Rechenanlagen über einen großen Zeitraum hinweg erfolgreich gegenüber rein digitalen Lösungen behaupten, wie die folgenden Beispiele zeigen.

10.4.3.1 Nicht destruktives Testen

In vielen Fällen, in welchen ein destruktiver Test eines Systems, sei es aus Kostengründen, aus Gründen der Sicherheit oder anderen, nicht möglich ist, besteht oftmals die Möglichkeit, nicht destruktive Tests in Form von analog- beziehungsweise hybridrechnerbasierten Simulationen durchzuführen[130]. LANDAUER beschreibt hierfür geeignete Fälle exemplarisch wie folgt[131]:

> A speeding automobile goes out of control on a test track and crashes violently. A reactor vessel ruptures at a process plant when unstable conditions are reached. Or, a 650-MW generator loses bearing lubricant and goes into uncontrollable vibration. Each of these occurrences represents destructive testing at its best [...] or worst.

In der Mehrzahl der technisch relevanten Untersuchungen kamen Hybridrechner zum Einsatz, deren Digitalteil in der Hauptsache die Erzeugung von Funktionen mehrerer Veränderlicher sowie die automatische Variation von Prozessparametern oblag. In einer Reihe von Fällen wurde auch reale Hardware in das Simulationssystem mit einbezogen[132].

10.4.3.2 Plastomechanik

Bereits im Jahre 1956 wurde im Auftrag der Sharon Steel Corporation durch General Electric ein vollständiges Walzwerk mit Hilfe eines Analogrechners vor Bau und Inbetriebnahme simuliert und optimiert. Als ein Ergebnis dieser Untersuchungen verfügte das resultierende Walzwerk über eine sogenannte *Tune-Up Time*[133] von nur einem Tag, während herkömmliche Walzwerke zu dieser Zeit über Werte zwischen sieben und zehn Tagen verfügten[134].

Maßgeblich für die rechnerische Behandlung von Walzvorgängen ist die sogenannte *Karmannsche Differentialgleichung*, deren Untersuchung mit Hilfe elektronischer Analogrechner beispielsweise in [338] dargestellt wird[135]. Eine Sonderform des Walzens in Form des sogenannten *Schleppwalzens*, bei welchem Walze und Walzgut aufeinander

---

[130] In der Mehrzahl dieser Fälle werden heute Techniken aus dem Bereich der finiten Elemente eingesetzt, was jedoch die Verfügbarkeit digitaler Verarbeitungsleistung in einem Maße voraussetzt, das erst in jüngster Zeit die hierzu notwendigen Rechner weite Verbreitung erlangen ließ.

[131] Siehe [261].

[132] Siehe beispielsweise [261].

[133] Hierbei handelt es sich um die Zeitspanne, die zwischen der Änderung von Parametern und der Wiederaufnahme des Regelbetriebes verstreicht.

[134] Siehe [351].

[135] Ein praktisches Beispiel unter Verwendung eines Hybridrechners geben GOLTEN und REES in [154]. Die mathematischen Grundlagen der beim Kaltwalzen stattfindenden Prozesse werden beispielsweise von HEIDEPRIM in [175] dargestellt.

reiben und nur an der Fließscheide gleiche Geschwindigkeit besitzen, behandelt MAH-RENHOLTZ[136].

Interessant sind auch Fragestellungen im Zusammenhang mit der Drehzahlregelung von Walzwerkantrieben, mit denen sich unter anderem WOLFGANG H. ROHDE in seiner Dissertation[137] und einer Reihe weiterer Arbeiten[138] auseinandersetzt.

Auch andere Formen der plastischen Verformung können mit Hilfe elektronischer Analogrechner behandelt werden[139], so befasst sich beispielsweise MAHRENHOLTZ mit der Simulation des Drahtziehens durch eine ballige Ziehdüse, wobei im Mittelpunkt die Untersuchung der Auswirkungen unterschiedlicher Düsenformen auf die im Verlauf des Ziehvorganges auftretenden Kräfte steht[140]. Ein einfaches Beispiel für die Untersuchung der Kraft- und Druckverhältnisse in Spritzgussmaschinen findet sich bei RAMIREZ[141], während JAMES, SMITH und WOLFORD die Verformung einer dünnen Platte, die der Druckwelle einer Explosion ausgesetzt ist[142], untersuchen[143]. Abschließend sei noch die Behandlung von bei Schneidevorgängen auftretenden Scherkräften genannt, bei denen die Bestimmung der während eines Schervorganges verrichteten Arbeit im Zentrum des Interesses steht[144].

10.4.4   Pneumatik und Hydraulik

In vielen Zweigen der Industrie werden, vor allem in explosionsgefährdeten Bereichen, pneumatisch oder hydraulisch betätigte Schalt-, Steuer- und Entscheidungselemente eingesetzt, bei deren Entwicklung oftmals analoge und hybride Rechenanlagen zum Einsatz gelangten. Beispielsweise beschreibt COHEN[145] die Entwicklung eines pneumatischen Relais' mit Hilfe eines Hybridrechners, während komplexe Schaltglieder aus dem Bereich der Fluidik von HANNIGAN untersucht wurden[146]. Die Untersuchung hydraulischer Systeme mit Hilfe elektronischer Analogrechner wird unter anderem von SANKAR und SVOBODA[147] behandelt, allgemeinen Fragen zu Flüssigkeitsströmungen widmen sich NOLAN beziehungsweise auch AMELING, der sich vor allem mit Rohrnetzberechnungen und -simulationen befasst[148].

Fragen der Hydraulik in einem größeren Maßstab wurden ebenfalls mit Hilfe von Analogierechnern behandelt, wobei sowohl Anlagen auf Basis direkter Analogien als auch

---

[136]Siehe [284][S. 122 ff.].

[137]Siehe [491].

[138]Vergleiche *Stahl und Eisen* sowie [492] beziehungsweise [504] – hier wird unter anderem das von der Schloemann-Siemag AG für die Simulation von Walzwerkhauptantrieben eingesetzte Hybridrechnersystem beschrieben.

[139]Siehe z.B. [440].

[140]Siehe [284][S. 117 ff.].

[141]Siehe [469][S. 22 f.].

[142]Derartige Betrachtungen sind beispielsweise bei Untersuchungen im Bereich der gezielten Materialverformung durch den Einsatz von Explosivstoffen notwendig.

[143]Siehe [208][S. 175 ff.].

[144]Hierbei ist die Durchführung einer Differentiation innerhalb der Rechenschaltung notwendig, wofür eine auf einem Integrierer beruhende Trickschaltung verwendet wird (siehe [377]).

[145]Siehe [89].

[146]Siehe [168] – Gegenstand der Betrachtungen ist hier ein Fluidikverstärkerelement.

[147]Siehe [502].

[148]Vergleiche [431] resp. [9].

indirekte Systeme zum Einsatz gelangten. Ein schönes Beispiel hierfür stellt der von Hitachi entwickelte elektronische Flutsimulator dar, mit dessen Hilfe das Verhalten komplexer Wasserlaufsysteme in der Natur simuliert werden kann[149]. Komplexe, künstliche hydraulische Systeme am Beispiel städtischer Abwassersysteme behandelt PAYNTER[150].

Von großem technischen und wirtschaftlichen Interesse war auch lange Zeit die Behandlung sogenannter *Wasserschloss*-Aufgaben[151], wobei in diesem Zusammenhang vor allem die Behandlung sogenannter *Wasserschlossschwingungen*[152] sowie die Untersuchung sogenannter *Druckstoßerscheinungen*[153] im Mittelpunkt des Interesses stehen.

Exemplarisch für derartige Wasserschlossaufgaben sei im Folgenden das *Differentialwasserschloss* nach JOHNSON[154] genannt, das, im Unterschied zu einem herkömmlichen Wasserschloss, welches im einfachsten Falle lediglich die Form eines oben offenen und an seiner Unterseite mit einem Rohr verbundenen Ausgleichsgefäßes besitzt, über ein innerhalb des Ausgleichsbehälters angeordnetes Steigrohr verfügt, mit dessen Hilfe ein deutlich verbessertes Dämpfungsverhalten von Spiegelschwingungen erzielt werden kann. Abbildung 10.24 zeigt schematisch den Aufbau eines solchen Differentialwasserschlosses – wesentliche Parameter sind neben seinem Volumen die Form des Ausgleichsgefäßes sowie Ausbildung und Größe der jeweiligen Anschlussstücke. Ausgabeparameter einer Simulation sind die beiden Wasserspiegelhöhen z_1 beziehungsweise z_2.

Ein solches Differentialwasserschloss kann durch die Differentialgleichungen

$$z_2 - z_1 = \varepsilon_1 \left(\frac{F_1}{t} \dot{z}_1 \right)^2 \text{sign} \left(\dot{z}_1 \right)$$

$$F_1 \dot{z}_1 + F_2 \dot{z}_2 = f \left(v_a - v \right)$$

$$\dot{v} = \frac{g}{L} \left(z_2 - \varepsilon v |v| \right)$$

beschrieben werden[155], aus denen sich die in Abbildung 10.25 dargestellte Rechenschaltung ergibt[156].

---

[149]Siehe [387][S. 1 ff.].

[150]Siehe [446][S. 239 ff.].

[151]Bei einem Wasserschloss handelt es sich (vergleiche [583][S. 135]) um ein „*Konstruktionselement, das beim Bau von Wasserkraftanlagen als Dämpfungsglied bei Betriebsmanövern verwendet wird.*" Notwendig wird der Einsatz solcher Wasserschlösser beziehungsweise Druckausgleichstanks durch instationäre Rohrströmungen, wie sie beispielsweise beim plötzlichen Öffnen oder Schließen eines Schiebers auftreten können. Ohne geeignete Dämpfungsmaßnahmen können die hieraus resultierenden starken Druckstöße massive Beschädigungen der betroffenen Rohrleitungssysteme und Installationen nach sich ziehen.

[152]Bei solchen Wasserschlossschwingungen handelt es sich um Spiegelbewegungen im Wasserschloss mit freier Oberfläche.

[153]Hierbei handelt es sich um hochfrequente Schwingungen, bei denen „*infolge der Kompressibilität des Gesamtsystems Änderungen im Durchsatz Verdichtungsstöße auslösen, die sich mit hoher Geschwindigkeit ausbreiten*" (siehe [583][S. 135]).

[154]Siehe [216].

[155]Siehe [312][S. 76] sowie allgemein [311].

[156]Man beachte den Einsatz nichtlinearer Elemente für die Bildung der Signum- sowie Betragsfunktion.

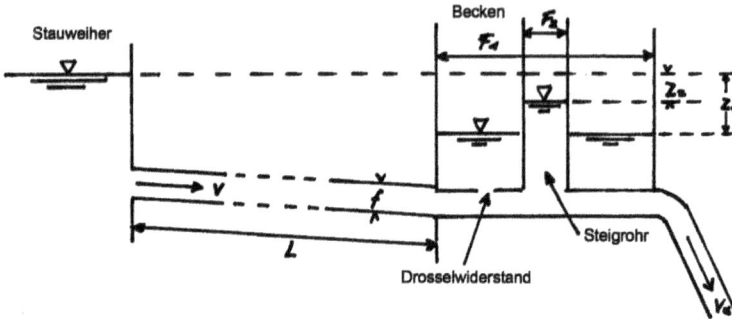

Abb. 10.24: *Differentialwasserschloss (vergleiche [312][S. 76])*

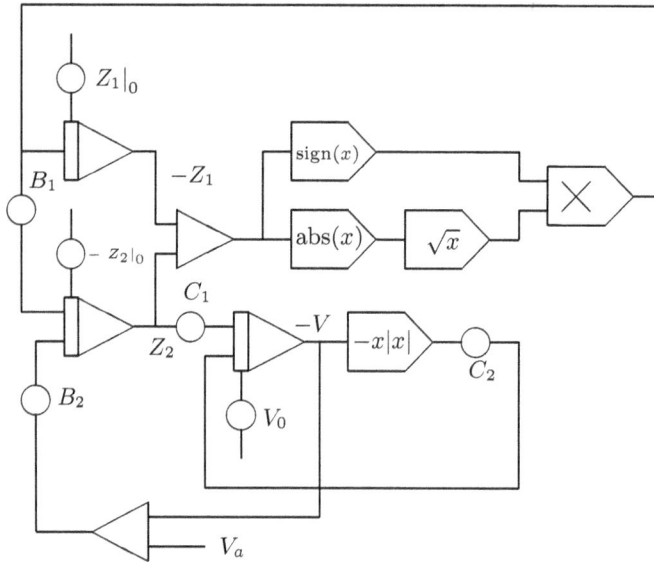

Abb. 10.25: *Rechenschaltung zum Differentialwasserschloss (vergleiche [312][S. 76])*

Das Ergebnis eines Simulationslaufes über einen Zeitraum von 100 Sekunden zeigen die Abbildungen 10.26 und 10.27 – dargestellt ist jeweils der zeitliche Verlauf des Wasserspiegels des Ausgleichsgefäßes, z_1, beziehungsweise die Wasserstandshöhe innerhalb des Steigrohres, z_2.

Ein komplexeres Beispiel für derartige Untersuchungen findet sich beispielsweise bei JACKSON[157] – hier wird das Verhalten eines konkreten Differentialwasserschlosses am Beispiel des „Apalachia surge tanks" der „Tennessee Valley Authority" betrachtet. Wei-

---

[157]Siehe [206][S. 403 ff.].

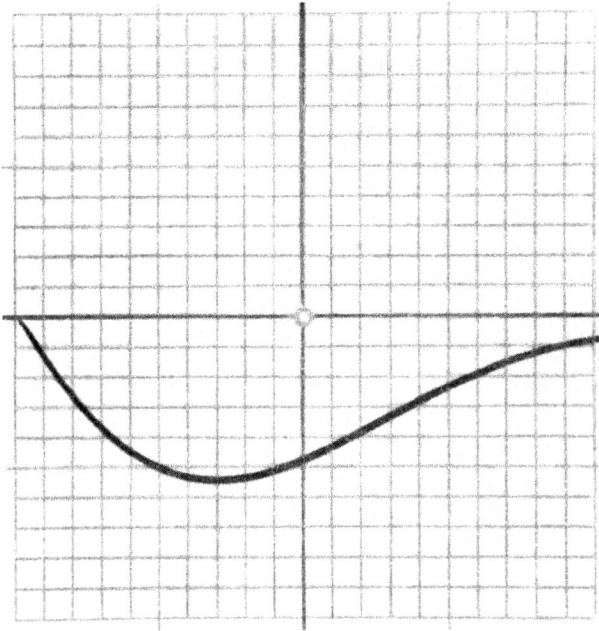

Abb. 10.26: *Verlauf der Wasserhöhe z_1 für $0 \leq t \leq 100$ s (nach [312][S. 77])*

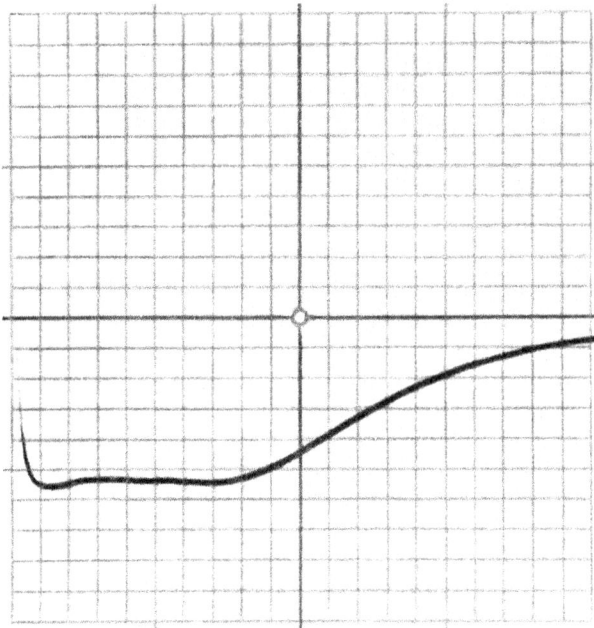

Abb. 10.27: *Verlauf der Wasserhöhe z_2 für $0 \leq t \leq 100$ s (nach [312][S. 77])*

tere allgemeine Informationen zur Behandlung von Druckstoßproblemen finden sich
beispielsweise bei PAYNTER[158] sowie bei JAMES, SMITH und WOLFORD[159]. Interessant
sind auch die Arbeiten ANDOs über die Auslegung von Druckausgleichstanks für Was-
serkraftwerke mit Hilfe elektronischer Analogrechner[160] sowie die Simulation eines geschlossenen Wasserkreislaufes in einem thermischen Kraftwerk durch SORONDO und
WILSON[161]. Besondere Schwierigkeiten bereitet in diesem Zusammenhang in erster Linie das sehr schnelle Anlaufen von Hochleistungspumpen, die im vorliegenden Fall in
einem Zeitraum von 3.5 Sekunden aus dem Stand zu voller Leistung hochlaufen können, was entsprechende Druckschwankungen und -wellen innerhalb des weitverzweigten,
insgesamt etwa 4 km Länge umfassenden Rohrleitungssystems nach sich zieht.

Ein weiteres Beispiel für die Untersuchung hydrodynamischer Vorgänge stellt BARTH[162]
anhand einer Simulation des Schmelzeschwappens in einem Konverter zum Erschmelzen
von Stahl dar. Von Interesse ist hier nicht allein der Schwappvorgang an sich, der beim
Kippen des mit flüssigem Stahl gefüllten Konverters eingeleitet wird, sondern nicht zuletzt auch dessen Auswirkungen auf die elektronische Regelung zur Ansteuerung der
für die Kippbewegung des Konverters zuständigen Motoren. Zur Untersuchung dieser
Zusammenhänge wurden sowohl ein direktes Analogiemodell in Form eines maßstäb-
lich verkleinerten Konvertermodells als auch eine Simulation mit Hilfe eines indirekten
elektronischen Analogrechners verwendet.

10.4.5 Steuerung von Werkzeugmaschinen

Auch im Bereich der Steuerung von Werkzeugmaschinen kamen Analogrechner sowohl
bei der Projektierung als auch bei der Implementation dieser Systeme und Anlagen zum
Einsatz. Ein schönes Beispiel für den Einsatz analoger Rechentechniken innerhalb von
Steuerungen für Werkzeugmaschinen beschreibt JOHNSON[163] – Gegenstand seiner Betrachtungen ist ein am „Lewis Flight Propulsion Laboratory" der NACA, dem Vorläufer
der heutigen NASA, entwickelter analoger mechanischer kubischer Interpolator, der in
einer Fräse für die Fertigung von Turbinenschaufeln Verwendung fand. Dieser Interpolator nutzte drei mechanische Integrierer ähnlich Abbildung 2.12 (siehe Abschnitt 2.3.4),
um ein Polynom dritten Grades zu erzeugen, das durch vier vorgegebene, äquidistante
Stützstellen verläuft.

Eine direkte Analogie kam in einem ebenfalls von der NACA entwickelten Spline-
Interpolator zum Einsatz, der auch für die Steuerung von Fräsen eingesetzt wurde[164].
Grundelement hierbei war ein flexibler Metallstreifen, der durch an festen Stützstel-
len montierte Servomotoren ausgelenkt werden konnte[165] und zwischen den solcher-
maßen festgelegten Stützstellenwerten eine natürliche Spline-Interpolation vollzog. Die
Abtastung des interpolierenden Metallstreifens geschah in der Folge mit Hilfe zweier

---

[158]Siehe [447] und [448].

[159]Siehe [208][S. 184 ff.].

[160]Vergleiche [14].

[161]Siehe [535].

[162]Siehe [27][S. 600 f.].

[163]Siehe [215].

[164]Siehe [215].

[165]Die Einstellung dieser Servomotoren geschah mit Hilfe von in Form von Lochkarten vorgegeben
Werten, die auf drei Dezimalstellen genau angegeben werden konnten und auf ein Servosystem wirkten.

Servosysteme, von denen eines mit Hilfe einer Messfunkenstrecke einen berührungs-frei arbeitenden Tastkopf in kontantem Abstand zum Metallstreifen hielt, während das andere für das Verfahren dieses Abtastsystems synchron zur Werkstückposition sorgte.

10.4.6 Servosysteme

Auch die bereits in den vorangegangenen Abschnitten wiederholt erwähnten Servosysteme wurden mehrheitlich unter Zuhilfenahme analoger Rechentechniken untersucht. Ein *Servosystem* besteht in der Regel aus einem Aktuator, beispielsweise einem Motor, einem Sensor sowie einem – meist elektronischen – Regelkreis, mit dessen Hilfe, ausgehend von den Messdaten des Sensors sowie einem vorgegebenen Sollwert, der Aktuator in geeigneter Weise angesteuert wird, um beispielsweise die Winkelabweichung der Motorachse bezogen auf den Sollwert zu minimieren. Im Zusammenhang mit derartigen Anordnungen treten vielfältige Fragestellungen auf, die in der Mehrzahl aller Fälle gut mit Hilfe eines Analogrechners gelöst werden können. Hierunter fallen beispielsweise Stabilitätsuntersuchungen der Regelstrecke, aber auch Fragen nach der für das Erreichen einer bestimmten Obergrenze für die Abweichung des Istwertes von der Sollvorgabe benötigten Zeitspanne etc.

Im Allgemeinen wird zwischen linearen und nichtlinearen Servosystemen unterschieden – während die erstgenannten oftmals rein analytischen Methoden zugänglich sind, verschließen sich Systeme der zweiten Klasse diesen in der Regel, was sie für die Behandlung mit Analogrechnern in besonderem Maße geeignet erscheinen lässt. Nichtlineare Servosysteme beinhalten beispielsweise Aktuatorelemente, die nur zwei Zustände einnehmen können, wie dies beispielsweise bei den meisten Rückstoßtriebwerken in der Luft- und Raumfahrttechnik der Fall ist. Auch hydraulische Schaltelemente innerhalb eines Regelkreises ziehen ein nichtlineares Verhalten desselben nach sich.

Eine sehr schöne Darstellung verschiedener Techniken zur Untersuchung von Servosystemen beider Typen findet sich beispielsweise bei MCLEOD[166] sowie bei KORN und KORN[167], während die Untersuchung von Instabilitäten bei Servosystemen mit Hilfe elektronischer Analogrechner unter anderem in [300][S. 297 f.] behandelt wird.

Ein schönes praktisches Beispiel für die Untersuchung eines komplexen Servosystems gibt VON THUN[168] anhand der Untersuchung der Lageregelung einer Antenne für den Einsatz im Bereich der Radioastronomie. Solche Antennen, bei denen es sich in der Regel um Parabolantennen handelt, bringen eine hohe Windlast mit sich, was bereits bei geringen Windgeschwindigkeiten zu enormen, auf das Servosystem einwirkenden Störkräften führt. Zudem erfordert der Einsatz eines Antennensystems in der Radioastronomie eine hohe Positioniergenauigkeit, die oft lediglich Abweichungen von maximal fünf Bogensekunden erlaubt. Darüber hinaus muss das Lageregelungssystem ein aktives Nachführen der Antenne ermöglichen, was je nach Bahnkurve des beobachteten Objektes auch nichtlineare Geschwindigkeitsverläufe erforderlich macht.

---

[166] Siehe [298].
[167] Siehe [243][S. 92 ff.].
[168] Vergleiche [590].

10.5   Kerntechnik

Obwohl Fragestellungen aus dem Bereich der Kerntechnik oftmals aufgrund der bei
ihrer Behandlung auftretenden extremen Größenordnungsschwankungen einzelner Variablen mitunter nur mit entweder großem mathematischem oder entsprechend hohem
technischem Aufwand mit Hilfe elektronischer Analogrechner darstellbar sind, erfreuten
sich solche Techniken dennoch weiter Verbreitung, wobei nicht zuletzt die Möglichkeit
zur Rechnung in Echtzeit beziehungsweise zur Zeitdehnung oder auch -streckung Vorteile bot, da viele Effekte in diesem Bereich natürlicherweise mitunter in extrem kurzen
Zeitspannen ablaufen und sich so einer direkten Beobachtung entziehen oder sich im anderen Extrem über vergleichsweise lange Zeiträume erstrecken, die dann entsprechend
mit einem Analogrechner in zeitlicher Raffung betrachtet werden können.

Die folgenden Beispiele stellen nur einen Ausschnitt der technisch und historisch relevanten Einsatzgebiete elektronischer Analogrechner dar[169].

10.5.1   Forschung

Gerade in den Bereichen Grundlagenforschung und Anlagenprojektierung waren elektronische Analogrechner über lange Zeit hinweg unersetzbare Hilfsmittel zur Untersuchung
der in der Regel komplexen Fragestellungen, die sich in der Mehrzahl aller Fälle einer
experimentellen Untersuchung nicht zuletzt aus Kosten- und Sicherheitsgründen nicht
direkt erschlossen.

Typische Beispiele hierfür sind Untersuchungen zur Bildung von Dampfblasen in Kühlkreisläufen[170], zum zeitlichen und räumlichen Verlauf des Neutronenflusses innerhalb
eines Reaktorkernes[171], zum Verlauf der Kettenreaktionen im Kern unter Berücksichtigung komplexer Einflüsse wie temperaturbedingter Geometrieänderungen des Cores,
Dopplereffekten usf.[172], zur Simulation verzögerter Neutronen[173] oder auch zum Wär-
metransport bei Druckwasserreaktoren[174].

Die meisten dieser Fragestellungen machen Gebrauch von der Möglichkeit einer Zeitdehnung, um schnell ablaufende Effekte in der Simulation näher untersuchen zu können.

---

[169]Ausführlichere Betrachtungen finden sich vor allem in [133] sowie [93], während sich eine schöne
und kurzgefasste Einführung in die wesentlichen Aspekte der Reaktorphysik in [288] findet, worauf an
dieser Stelle verwiesen sei.

[170]Gerade die Untersuchung der Bildung von Natrium-Dampfblasen war im Zusammenhang mit der
Entwicklung schneller Brutreaktoren von großem Interesse (siehe hierzu beispielsweise [135][S. 19 f.]).

[171]Siehe [328] – hier finden sich auch einfache passive Netzwerke sowie komplexe Rückführungsnetz-
werke beschrieben, mit deren Hilfe Neutronenflusssimulationen durchgeführt werden können.

[172]Einfache Beispiele zur Modellierung von Kettenreaktionen gibt Sydow an (siehe [554][S. 225 f.].

[173]Vergleiche [554][S. 226 f.].

[174]Siehe [554][S. 230 ff.].

Typische Beispiele für Fragestellungen, welche meist unter Zeitraffung durchgeführt wurden, sind Simulationen zur Xenon-Vergiftung[175] oder auch allgemeinere Simulationen von Regelvorgängen[176].

Ein Beispiel für die Komplexität von Fragestellungen im Bereich der Kerntechnik zeigt Abbildung 10.28 anhand einer Rechenschaltung zur Untersuchung der Stabilität eines Reaktors am Beispiel eines Reaktors in Hanford. Ziel der Simulation ist die Modellierung des Reaktorverhaltens in einem Störfall, in welchem in einem abgeschalteten Reaktor ein nicht beherrschbarer Druckverlust im Primärkreislauf und zusätzlich eine Reaktivitätszunahme durch die Produktion kurzlebiger Spaltprodukte eintreten[177]. Die hiermit durchgeführten Rechnungen zeigen Leistungszuwächse zum Teil über drei Zehnerpotenzen hinweg im Zeitraum von nur etwa einer Sekunde[178].

Ein weiteres interessantes und komplexes Beispiel aus diesem Umfeld beschreiben HANSEN und EATON[179] anhand einer detaillierten Studie zum dynamischen Verhalten eines natriumgekühlten Reaktors mit Dampfüberhitzung, wobei sogar hydraulische Effekte der unterschiedlichen Kühlmedien in den Rohrleitungen Berücksichtigung finden.

10.5.2 Training

Neben solchen Anwendungsgebieten im Bereich der Grundlagenforschung, bei welchen einzelne Aspekte eines Reaktors oder ähnlicher Konstruktionen untersucht werden, wurden elektronische Analogrechner auch als Herzstück komplexer Simulationsanlagen eingesetzt, welche in der Hauptsache für das Training von Bedienungsmannschaften[180] Einsatz fanden, um mit ihrer Hilfe vor allem kritische Betriebszustände des Reaktors nachzubilden.

---

[175]Während des Betriebes eines thermischen, d.h. mit langsamen Neutronen arbeitenden Kernreaktors bilden sich in unterschiedlich starkem Maße Isotope mit nicht vernachlässigbarem thermischem Einfangquerschnitt, welche die für die Aufrechterhaltung der Kettenreaktion notwendigen Neutronen einfangen, was sich bis hin zum Abbruch der Kettenreaktion bremsend auf diese auswirken kann. Solche Isotope werden als *Reaktorgifte* bezeichnet. Beispiele für Simulationen in diesem Zusammenhang finden sich unter anderem in [133][S. 72 ff.] oder auch [554][S. 233 f.].

[176]Siehe hierzu beispielsweise [554][S. 234 ff.], aber auch [134] sowie [61] beziehungsweise [526]. Bei der Behandlung einer Reihe kerntechnisch relevanter Regelungsvorgänge treten partielle Differentialgleichungen auf, für deren Lösung ohne die Verwendung von Differenzenquotienten SANATHANAN und FERGUSON (siehe [500]) spezielle Techniken entwickelten.

[177]Eine ähnliche Situation ergab sich am 26.4.1986 in Tschernobyl nicht zuletzt durch eine konstruktive Besonderheit der verwendeten Regelstäbe, die an ihrem unteren Ende aus Moderatormaterial bestanden und so beim Einfahren in den Kern nach vollständigem vorherigem Auszug zunächst zu einem Reaktivitätszuwachs führten, der bekanntlich nicht beherrscht werden konnte.

[178]Siehe [217]. Derartige Werteänderung von Rechenvariablen stellen für rein analoge Lösungen in der Regel die Obergrenze des technisch Handhabbaren dar, so dass derartige Simulationen oft in mehreren Teilabschnitten mit dazwischenliegender Reskalierung durchgeführt werden.

[179]Siehe [169].

[180]Meist als *Reaktorfahrer* bezeichnet.

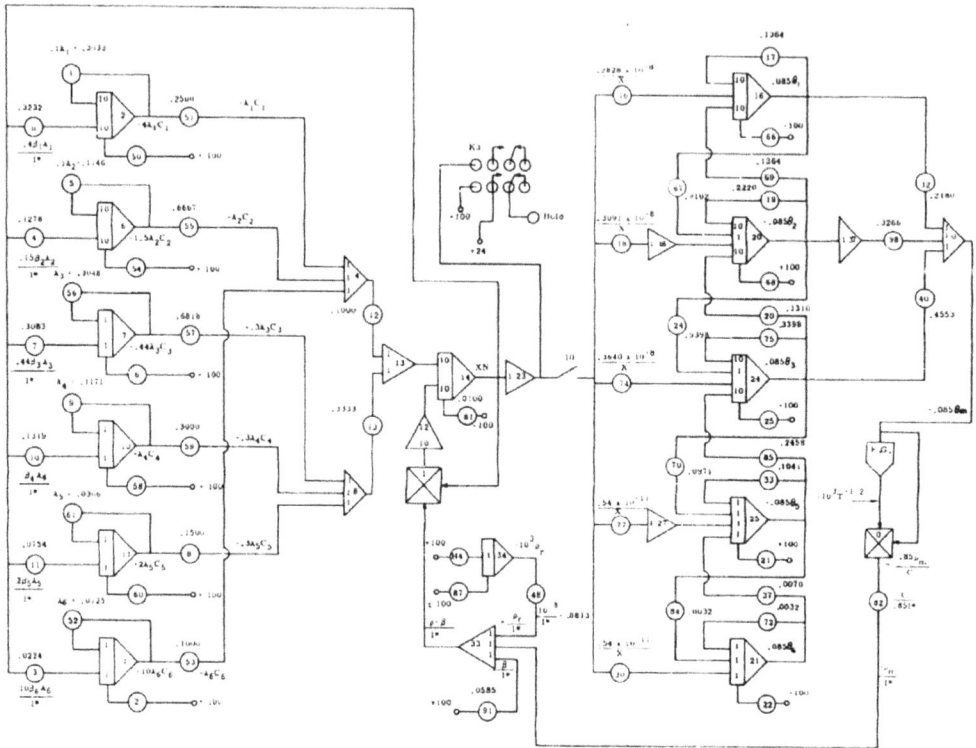

Abb. 10.28: *Rechenschaltung zur Reaktivitätssimulation (nach [217][S. 17])*

Eines der frühesten Beispiele einer solchen Simulationsanlage, in der alle auftretenden Betriebszustände eines Kernreaktors mit allen ihn umgebenden Aggregaten dargestellt werden konnten, ist die Trainingsanlage für die Bedienungsmannschaften des Kernreaktors der N. S. Savannah[181], die in [401] wie folgt beschrieben wird:

> *Through the use of an operator's control console identical to the one aboard the SAVANNAH, the two PACE 231R[182] General-Purpose Analog Computers [allow...], trainees [to] acquire operating experience just as if they were actually on board the ship.*
>
> *The analog computers, which are programmed to represent the complete reactor kinetics, as well as primary and secondary heat balances, activate all the recording instruments and dials on the control panel and respond to the student's manipulation of the operating controls just as the real reactor would.*

---

[181]Bei der N. S. Savannah, die ihren Stapellauf am 21.7.1959 absolvierte, handelt es sich um das weltweit erste nuklear betriebene Handelsschiff – [382] umschreibt die Dimension der Anlage durch den Vergleich der Höhe des Dampferzeugers, der pro Stunde 4.9 Millionen Pfund Sattdampf zu erzeugen im Stande war, was für die Versorgung einer „*Stadt mit ca. 5 Millionen Einwohnern*" ausreichend wäre, mit einem „*22-stöckigen Haus*".

[182]Siehe Abschnitt 6.2.

Abb. 10.29: *Reaktorsimulator von AEG mit Analogrechner RA 463 (nach [138])*

Neben diesen direkt den zu trainierenden Mitarbeitern zugänglichen Instrumenten und
Bedienelementen verfügte der genannte Simulator zusätzlich über ein Steuerpult für
Instruktoren, mit dessen Hilfe beliebige Betriebs- und Fehlerzustände simuliert werden konnten, um auch unvorhersehbare Ereignisse in den Trainingsablauf einbinden zu
können.

Einen weniger umfangreichen Reaktorsimulator zeigt Abbildung 10.29 anhand eines
AEG-Simulators, dessen Herzstück ein Telefunken-Analogrechner des Typs RA 463/2[183]
bildet. Die rechts von der Bildmitte dargestellten Instrumente und Bedienelemente entsprechen direkt der Anordnung des realen Reaktorfahrstandes, die Eingriffsmöglichkei-
ten für Instruktoren sind nicht dargestellt[184].

10.5.3 Steuerung

Auch in der Steuerung und Regelung kerntechnischer Anlagen wurden elektronische
Analogrechner in Form festverdrahteter Steuerungssysteme eingesetzt, was einerseits
durch die Vielzahl ein- beziehungsweise ausgehender Signale, die in der Mehrzahl der
Fälle, bedingt durch die verwendete Sensorik sowie die Leitstandinstrumentierung, in
analogelektronischer Ausprägung vorlagen, sowie andererseits durch die bereits vorhandenen Erfahrungen in der Simulation derartiger Anlagen mit Hilfe von Analogrechnern
begründet war.

---

[183]Siehe Abschnitt 6.1.

[184]Den Stand der Reaktorsimulationstechnik für Lehr- und Ausbildungszwecke im Jahr 1996 beschreiben GROENEVELD, BANNISTER, ESTES und JOHNSEN (siehe [161]) anhand eines digitalen Simulationssystems, das zeitgleich mehrere Trainingsläufe unterstützt.

Abb. 10.30: *Typische Analogrechenmodule von General Dynamics, die in der Steuerung eines Kernreaktors Verwendung fanden*

Abbildung 10.30 zeigt exemplarisch einige Bausteine eines solchen Steuerrechners, wie er in den 1960er Jahren in einem Kernreaktor im Einsatz war. Die Verschaltung der Module untereinander erfolgte durch die auf den Modulrückseiten angeordneten Steckverbinder, während die Buchsen auf den Frontplatten nur für Wartungs- beziehungsweise Reparaturzwecke Verwendung fanden[185].

10.6   Biologie und Medizin

Im Bereich der Biologie und Medizin konnten sich elektronische Analogrechner nicht zuletzt aus dem Grunde behaupten und zur Gewinnung grundlegender Erkenntnisse beitragen, dass biologische Systeme stets auch aus der Sicht der Regelungstechnik und Ingenieurwissenschaften betrachtet werden können, wie folgendes Zitat nach ALBRECHT[186] deutlich macht:

---

[185] Auch diese analogen Steuerrechner wurden in der Regel mit Hilfe elektronischer Analogrechner entwickelt – ein schönes Beispiel hierzu findet sich bei CAMERON und TILLER (siehe [74]) in Form einer simulationsbasierten Untersuchung zum Verhalten von Reaktorregelungen, wie sie in den Reaktoren von Hanford eingesetzt wurden.

[186] Siehe [4][S. 1].

[. . .] der lebende Organismus verfügt über zahlreiche Vorrichtungen zur Regelung seiner Organe; es liegt daher nahe, die mathematischen Methoden der Regelungstechnik auch auf biologische Regelsysteme anzuwenden, um ihren Aufbau zu untersuchen und ihre Gesetzmäßigkeiten zu verstehen. [. . .] Um optimale Informationen über die dynamische Struktur einer biologischen Regelstrecke zu erhalten, werden ihr Messwerte [. . .] entnommen [. . .] Aus dem experimentellen Material versucht man Differentialgleichungen über den dynamischen Aufbau des Systems abzuleiten [. . .] Die so gewonnene mathematische Formulierung der biologischen Regelstrecke gestattet dann eine Simulation auf einem Analogrechner.

Ähnlich sieht dies LUNDERSTÄDT[187]:

[Es] ist festzustellen, daß auch zunehmend ingenieurmäßige Denk- und Vorgehensweisen in der Medizin Bedeutung gewinnen, die zum Verständnis der Funktionen und Funktionsabläufe von Organen und Organgruppen nützlich sind. Bei Kenntnis geeigneter mathematischer Modelle werden so vor allem im Rahmen von Simulationen Möglichkeiten eröffnet, die das Experiment in vielen Fällen zu ersetzen vermögen.

Die folgenden Abschnitte stellen exemplarisch einige wenige Gebiete im Bereich der Biologie und Medizin vor, in welchen elektronische Analogrechner häufig zum Einsatz kamen, wobei aufgrund ihrer Komplexität nur wenige Beispiele ausgearbeitet werden.

10.6.1 Ökosysteme und Populationsdynamik

Bereits Abschnitt 5.3.3 betrachtete die Behandlung eines abgeschlossenen, einfachen Ökosystems, welches aus nur zwei Teilnehmern ohne weitere äußere Einflüsse bestand. Solche Einschränkungen gelten naturgemäß für reale Ökosysteme nicht, was Simulationen entsprechend verkompliziert – dennoch ist die Durchführung derartiger rechnerischer Untersuchungen unerlässlich, da praktische Experimente mit Ökosystemen in fast allen Fällen ausgeschlossen sind.

Ein interessantes Beispiel für die Simulation eines komplexeren Systems beschreiben HARRIETT B. RIGAS und ANDREW M. JURASZEK[188] anhand der Betrachtung eines aquatischen Ökosystems, in welchem die von Phytoplankton über Zooplankton bis hin zu Lachsen reichende Nahrungskette unter Berücksichtigung einer Vielzahl äußerer Effekte wie jahreszeitlicher Schwankungen der Sonneneinstrahlintensität und -dauer, dem Eintrag zivilisationsbedingter gelöster Nährstoffe in Form von Phosphaten, wie sie in Waschmitteln zum Einsatz gelangten und zum Teil noch heute gelangen und anderen untersucht werden, was in Form eines Systems aus vier gekoppelten Differentialgleichungen abgebildet wurde.

Technisch interessant ist die Feststellung, dass RIGAS und JURASZEK zunächst eine rein digitale Simulation auf einem Großrechner des Typs IBM 360/67 mit angeschlossenem

---

[187] Siehe [281][S. 1].
[188] Siehe [484].

Grafiksystem IBM 2250 umsetzten, dann jedoch einen neuen Ansatz unter Verwendung einer mittelgroßen Hybridrechenanlage verfolgten, was seine Ursache vor allem in den großen Anforderungen hinsichtlich der benötigen Rechenzeit und des Speicherplatzbedarfs sowie der Notwendigkeit einer interaktiven grafischen Darstellung des Simulationsverlaufes hatte, was wie folgt beschrieben wird[189]:

> *[...] The initial programming was laborious and the memory requirements were such that the use of the model was restricted to certain hours of the day. Eventually, rental on the CRT[190] was terminated and the interactive capability was lost. At about the same time, a small hybrid computer[191] became available and the development of an interactive hybrid computer model of the same system became a reasonable alternative.*

Im weiteren Verlauf zeigte sich, dass die Hybridrechnervariante der zunächst verfolgten Implementation auf einem speicherprogrammierten Digitalrechner in fast allen Punkten überlegen war, wobei sich auch die naturgemäß geringere Rechengenauigkeit des Hybridrechners nicht negativ auf das Verhalten des simulierten aquatischen Ökosystems auswirkte.

10.6.2 Stoffwechseluntersuchungen

Auch im Bereich der Untersuchung von Stoffwechselvorgängen können Methoden des analogen Rechnens eingesetzt werden, wie folgendes Zitat nach HABERMEHL[192] zeigt:

> *Metabolische Studien in experimenteller und klinischer Medizin können von der Anwendung pharmakokinetischer Prinzipien entscheidend profitieren. Eine Simulierung von Kompartment-Systemen zum Studium funktioneller Abläufe im Organismus ist eine wichtige Voraussetzung zum quantitativen Verständnis derartiger Vorgänge. [...] Pharmakokinetische Studien speziell mit Analog-Computern sind nicht zuletzt dadurch stimuliert worden, daß neben den modernen Labormethoden vor allem die radioaktive Tracertechnik[193] in zunehmendem Maße zur Verfügung stand.*

Gegenstand der Betrachtungen in diesem Umfeld sind Verteilungsfragen in sogenannten *Mehrkammersystemen*, die aus mehreren untereinander verbundenen Kammern oder *Kompartments* bestehen, in welchen sich eine radioaktiv markierte Substanz, deren Verstoffwechselung verfolgt und untersucht werden soll, verteilen kann, wobei als Modellparameter der Kammern die Verbindungen der Kammern untereinander, die Substanzflüsse von einer Kammer zu den ihr benachbarten Kammern sowie die jeweiligen Kammervolumina und -innendrücke dienen.

---

[189][484][S. 95].
[190]Kurz für *C*athode *R*ay *T*ube – gemeint ist in diesem Zusammenhang das Grafikterminal IBM 2250.
[191]Hierbei handelte es sich um ein Hybridsystem des Typs EAI 690 (siehe [484][S. 95]).
[192][163][S. 7].
[193]Hierbei werden Stoffwechselvorgänge durch Verfolgen radioaktiv markierter Substanzen untersucht.

Weitere typische Modellparameter betreffen den Stofftransport sowie eventuelle Stoff-
bindungsvorgänge im Gesamtsystem – wesentliche Faktoren sind hier vor allem Konvek-
tions-, Diffusions-, Filtrations- und Adsorptionsvorgänge sowie chemische Reaktionen
der betrachteten Substanzen untereinander beziehungsweise enzymatisch angeregte Um-
setzungsvorgänge.

Derartige Mehrkammermodelle zur Untersuchung von Fragestellungen der Pharmako-
kinetik und anderen lassen sich entsprechend durch gekoppelte Differentialgleichungen
beschreiben, die rein analytischen Methoden in der Regel unzugänglich sind, wobei
die Vielzahl von Parametern und gegebenenfalls zu betrachtende äußere Einflüsse den
Einsatz von Hybridrechnern nahelegt, deren Digitalteil diese Parametervariationen kontrollieren beziehungsweise zur Nachbildung globaler Modelleigenschaften genutzt werden kann. Eine Vielzahl praktischer und vergleichsweise einfacher Modelle findet sich
bei HABERMEHL, GRAUL und WOLTER[194].

10.6.3   Kardiovaskulärsysteme

Betrachtet man einen Blutkreislauf, lässt sich auch dieser zwanglos in Form eines derartigen Mehrkammermodelles nachbilden, mit dessen Hilfe beispielsweise Folgen von
Verletzungen, Stofftransporte innerhalb des Körpers etc. untersucht werden können[195],
die hiermit auch einer Darstellung auf elektronischen Analogrechnern zugänglich sind.
Neben solchen indirekten Analogien kamen stellenweise auch direkte Analogien in Form
hydraulischer Kreislaufnachbildungen[196] mit entsprechenden Druck- und Durchflussauf-
nehmern zum Einsatz, die im Folgenden jedoch nicht näher behandelt werden.

Ein weiteres Einsatzgebiet elektronischer Analogrechner im Zusammenhang mit Fragen des Herzkreislaufsystems ist die Aufbereitung von Elektrokardiogrammdaten, die
sowohl online als auch offline vorgenommen wurde. Von besonderem Interesse ist hier
die Durchführung von Operationen wie Spitzendetektion[197], Hoch- und Tiefpassfilter,
Jitter-Bestimmung usf.[198]

Im Folgenden soll ein herausgegriffenes Beispiel des Einsatzes von Analogrechnern im
Bereich der Herzkreislaufsysteme anhand der Untersuchung der respiratorischen Arrhythmie näher betrachtet werden.

Bei der sogenannten *respiratorischen Arrhythmie* handelt es sich um die Abhängigkeit
der Herzfrequenz von der Atmung – die zwischen zwei Herzschlägen liegende Zeitspanne Δt verringert sich während des Einatmens und verlängert sich während des Aus-
atmens. Zuerst wurde dieser Zusammenhang von MANFRED CLYMES mit Hilfe eines
elektronischen Analogrechners untersucht[199] und in der Folge von ALBRECHT erneut
betrachtet[200].

---

[194]Siehe [163].

[195]Ein Beispiel für ein Siebenkammermodell findet sich beispielsweise in [41].

[196]Siehe beispielsweise [543][S. 43].

[197]Meist wird beispielsweise die prominente R-Zacke des Elektrokardiogramms für die Bestimmung
grundlegender Zeitwerte herangezogen.

[198]Ähnliche Datenaufbereitungsaufgaben, die häufig mit Hilfe elektronischer Analog- beziehungsweise
Hybridrechner behandelt wurden, finden sich auch im Bereich der Neurologie beispielsweise in Form
von Spektraldichtebestimmungen von EEG-Aufzeichnungen (siehe [123][S. 30]).

[199]Siehe [88].

[200]Siehe [4] – diesen Ausführungen folgt der vorliegende Abschnitt im Wesentlichen.

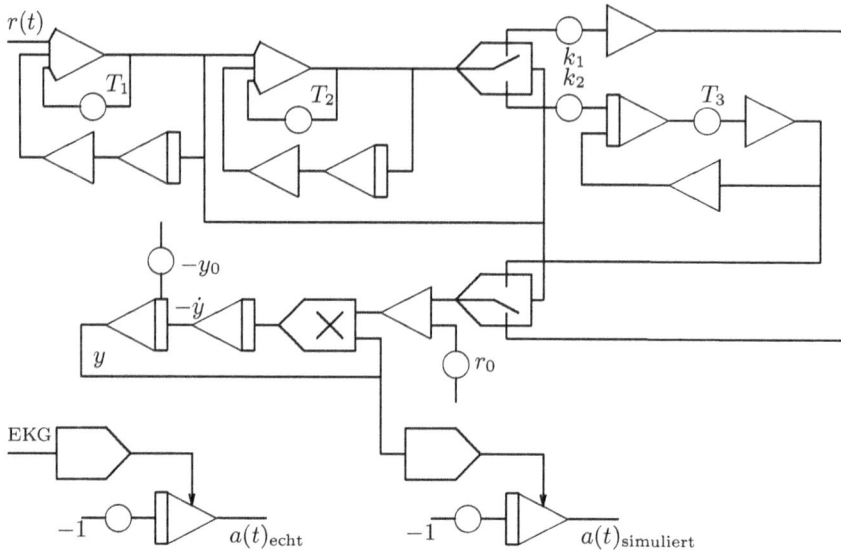

Abb. 10.31: *Rechenschaltung zur Simulation der respiratorischen Arrhythmie (vergleiche [4][S. 2])*

Von Interesse bei der Untersuchung dieser Regelkreisbeeinflussung durch Atmungsaktivitäten ist der zeitliche Verlauf des Herztaktes $a(t)$ in Abhängigkeit von der Atmungsaktivität eines Probanden. Die in Abbildung 10.31 dargestellte Rechenschaltung zeigt in ihrem linken unteren Bildabschnitt einen durch ein extern eingespeistes EKG-Signal gesteuerten Integrierer, mit dessen Hilfe aus einem realen EKG die Funktion $a(t)$ für einen bestimmten Probanden gewonnen werden kann[201].

Ziel einer Simulation mit Hilfe eines elektronischen Analogrechners ist nun die Modellierung des die Herzfrequenz und damit $a(t)$ bestimmenden Regelkreises mit anschließendem quantitativem Vergleich der solchermaßen bestimmten Daten mit entsprechenden Messungen an Probanden.

Vereinfacht betrachtet wird das Herz im Wesentlichen durch den sogenannten *Sinusknoten* mit einem Taktsignal versorgt, wobei dieser durch den Nervus Vagus in seiner Frequenz beeinflusst werden kann[202]. Insgesamt lässt sich die Tätigkeit des Sinusknotens durch eine Differentialgleichung der Form

$$\ddot{y} = -(r_0 - v)y \tag{10.15}$$

beschreiben, wobei r_0 die Grundfrequenz des durch den Sinusknoten generierten Signals bestimmt, während $v(t)$ eine durch den Nervus Vagus verursachte Verringerung dieser

---

[201] Hierbei wird der Integrierer zu Beginn eines jeden Herzschlages, der technisch am einfachsten durch Auswerten der R-Zacke des Elektrokardiogramms bestimmt werden kann, in den Pause-Zustand versetzt, in welchem er den Anfangswert 0 annimmt. Direkt im Anschluss hieran startet eine Integration, so dass die Ausgangsspannung des Integrierers zu Beginn des nächsten Pausenzyklus' dem Wert $a(t)$ für den eben verstrichenen Herzschlag entspricht.

[202] Neben dem Sinusknoten existieren weitere Signalgeneratoren im Herzen, namentlich der *AV-Knoten* sowie das *His-Bündel*.

Frequenz repräsentiert. Interessant ist also die Frage, wie $v(t)$ von der Atmungsaktivität abhängt. Entsprechende Untersuchungen führten auf die in der linken oberen Bildmitte von Abbildung 10.31 dargestellte Rechenschaltung zur Gewinnung von $v(t)$ aus der Atmungsaktivität $r(t)$, die beispielsweise mit Hilfe eines um die Brust eines Probanden geschlungenen Dehnungssensors bestimmt werden kann.

Der mit Hilfe dieser Teilrechenschaltung gewonnene Wert $r_0 - v(t)$ dient in der Folge zur Kontrolle der in der rechten unteren Bildhälfte dargestellten Teilrechenschaltung zur Lösung der Differentialgleichung (10.15). Die beiden Werte $a(t)_{\text{echt}}$ beziehungsweise $a(t)_{\text{simuliert}}$ können nun, da sie beide auf von einem Probanden gelieferten Messdaten beruhen, direkt miteinander verglichen werden, was ein wertvolles Hilfsmittel zur Bestimmung der gesuchten Regelkreisparameter darstellt.

10.6.4 CO_2-Regulation

Ein weiteres schönes Beispiel für die Untersuchung komplexer Regelkreise des tierischen oder menschlichen Organismus' mit Hilfe elektronischer Analogrechner findet sich bei STEWART[203] in Form der Simulation der CO_2-Regulation innerhalb der Lunge. Modellparameter des durch gekoppelte nichtlineare Differentialgleichungen beschriebenen Systems sind vor allem das Alveolarvolumen, die als mit konstanter Rate zirkulierend angenommene Blutmenge sowie das letztlich versorgende und CO_2 abgebende Gewebe.

10.6.5   Pupillenregelung

Auch der Mechanismus zur Regelung der Pupillenweite kann, wie das folgende Beispiel zeigt, mit Hilfe eines Analog- beziehungsweise im vorliegenden Falle eines Hybridrechners untersucht werden – die Ausführungen folgen hierbei [143][S. 157 ff], [257] und vor allem [281].

Zunächst dient die als bekannt vorausgesetzte Übertragungsfunktion der Pupille im Bereich von etwa 0 Hz bis 4 Hz[204] als Ausgangspunkt der folgenden Betrachtungen. Für diese Übertragungsfunktion gilt

$$G_0(s) = K \frac{e^{-T_t s}}{(1 + Ts)^3},$$

so dass sich für die durch die Pupille auf die Netzhaut fallende Lichtmenge $Y(s)$ zunächst direkt $Y(s) = G_0(s)W(s)$ ergibt, wobei $W(s)$ der einfallenden Lichtmenge entspricht. Erreicht nun die Übertragungsfunktion einen stationären Zustand, d.h. gilt $G_0(s) = \text{const.}$, würde die Netzhaut bei konstantem Strahlungseinfall beschädigt werden, so dass offensichtlich auch die auf die Netzhaut eintreffende Lichtmenge $Y(s)$ in den Pupillenregelkreis einfließen muss, woraus sich

---

[203]Siehe [543][S. 46 f.].

[204]Die Bezeichnung der Variablen folgt im weiteren Verlauf den im Bereich der Regelungstechnik üblichen Gepflogenheiten, wobei W einen Eingangswert, G eine Übertragungsfunktion und Y einen Ausgangswert darstellen.

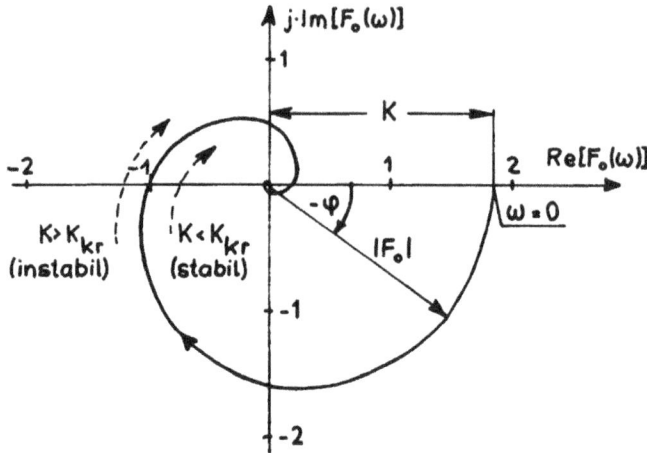

Abb. 10.32: *Ortskurve der Pupillendynamik (vergleiche [281][S.2])*

$$Y(s) = \frac{G_0(s)}{1 + G_0(s)} W(s)$$

ergibt.

Interessant ist nun die Frage nach der Stabilität eines solchen Regelkreises, die vom Totzeitglied $e^{-T_t s}$ abhängt. Abbildung 10.32 zeigt die Ortskurve dieses Pupillenregelkreises, wobei $F_0(i\omega) = G_0(s)|_{s=i\omega}$ entspricht.

Gemäß des speziellen Nyquist-Kriteriums muss für das Vorliegen von Stabilität des Regelkreises die Ortskurve stets rechts des Punktes $(-1, 0)$ verlaufen[205], woraus sich mit experimentell bestimmten typischen Werten $T_t = 0.18$ s und $T = 0.1$ s eine maximale theoretische Verstärkung K_{Kr} als obere Grenze der Verstärkung des Regelkreises für ein stabiles Verhalten ableiten lässt[206]. Wird diese Grenzverstärkung K_{Kr} überschritten, gerät der Regelkreis in Schwingungen – ein Fehler, dem das Krankheitsbild des *hippus pupillae* entspricht.

Abbildung 10.33 zeigt eine Rechenschaltung zur Simulation der Pupillenregelung gemäß obiger Übertragungsfunktion, bei welcher die Frage nach dem dynamischen Verhalten der Regelung im Vordergrund steht[207].

Eine Reihe mit Hilfe dieser Rechenschaltung errechneter zeitlicher Lichteinfallsverläufe auf die Netzhaut nach Anlegen eines Sprungimpulses, d.h. bei einem plötzlich in das Auge einfallenden Lichtreiz konstanter Größe, bei unterschiedlichen Verstärkungsfaktoren

---

[205]Siehe hierzu beispielsweise [65][S. 594 f.].

[206]Allgemein muss die Übertragungsfunktion $G_0(s)$ Tiefpasscharakter besitzen, um das spezielle Nyquist-Kriterium überhaupt anwenden zu können.

[207]Zur Untersuchung des dynamischen Verhaltens eines Regelkreises wird oft dessen sogenannte *Sprungantwort*, d.h. das von ihm gelieferte Ausgangssignal für ein sprunghaft verlaufendes Eingangssignal, betrachtet.

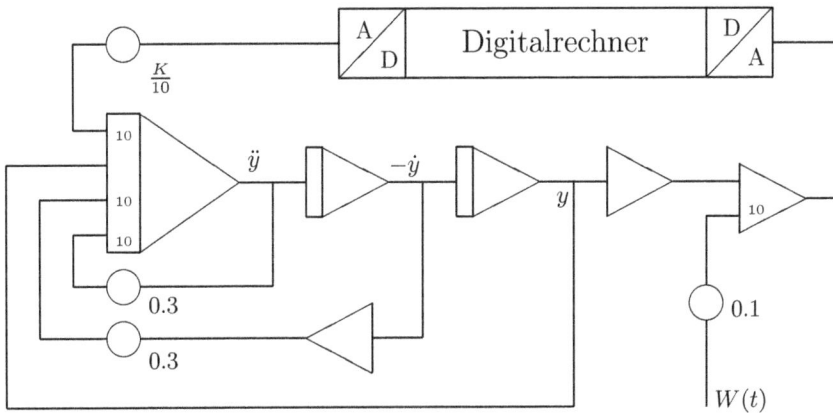

Abb. 10.33: *Rechenschaltung zur Simulation der Pupillenregelung (vergleiche [281][S. 4])*

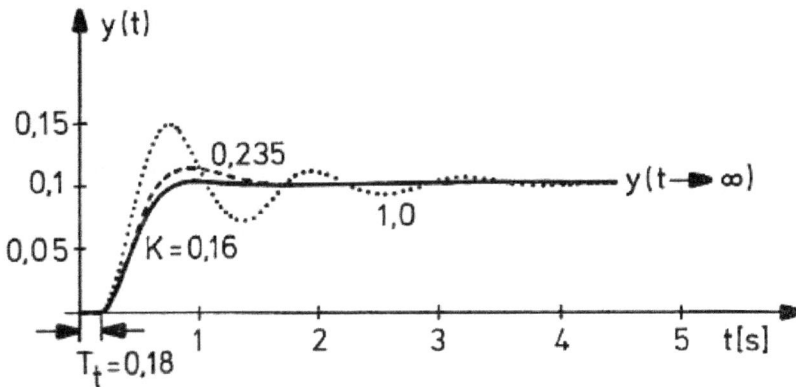

Abb. 10.34: *Ergebnisse der Simulation der Pupillenregelung (nach [281][S. 4])*

K und jeweils unterschiedlicher Dämpfung des Regelkreises zeigt Abbildung 10.34[208]. Deutlich sichtbar ist das Einschwingverhalten des Regelkreises bei großer Verstärkung und geringer Dämpfung, welches sich entsprechend in einem Pupillenzittern bemerkbar macht.

10.6.6 Neurophysiologie

Auch auf mikroskopischen Skalen kann der Einsatz eines elektronischen Analogrechners Erkenntnisgewinne im Bereich der Biologie beziehungsweise Medizin nach sich ziehen, wie folgendes Beispiel aus der Neurophysiologie zeigt. Gegenstand der Betrachtungen ist die Frage nach der Entstehung und Weiterleitung von Impulsen in Nervenzellen.

---

[208] Die verwendeten Werte für Verstärkung und Dämpfung betragen im Einzelnen 0.16 und 0.77, 0.235 und 0.71 sowie zuletzt 1 und 0.25.

Bereits 1952 untersuchten HODGKIN und HUXLEY anhand des Riesenaxons des Tintenfisches die Entstehung und Weiterleitung von Aktionspotentialen in Nervenzellen[209]. Diese Aktionspotentiale beruhen auf Potentialdifferenzen, die auf die Ungleichverteilung von Ionen beiderseits einer Zellmembran zurückgehen, welche wiederum auf die Aktivität von Ionenkanälen und -pumpen innerhalb dieser Membran zurückzuführen ist[210].

Experimentelle Ergebnisse erlaubten die Formulierung des Verhaltens eines Axons bei Erregung und entsprechend auch der Reizweiterleitung in Form der folgenden Differentialgleichung[211]

$$C\dot{V} = -g_{\mathrm{Na}}m^2h(V - V_{\mathrm{Na}}) - g_{\mathrm{K}}n^4(V - V_{\mathrm{K}}) - g_{\mathrm{L}}(V - V_{\mathrm{L}}) + I_a,$$

wobei die g_i die Leitfähigkeit der an der Reaktion beteiligten Natrium- beziehungsweise Kaliumionen sowie einen Leckstrom bezeichnen, während die Teilausdrücke $(V - V_i)$ entsprechend Differenzen zum Gleichgewichtspotential der V_i repräsentieren. Die auftretenden Koeffizienten $0 \leq m, h, n \leq 1$ werden hierbei gemäß

$$\dot{m} = \alpha_m(V)(1 - m) - \beta_m(V)m$$
$$\dot{h} = \alpha_h(V)(1 - h) - \beta_h(V)h \text{ und}$$
$$\dot{n} = \alpha_n(V)(1 - n) - \beta_n(V)n$$

bestimmt[212]. Dieses als *Hodgkin-Huxley-Modell* bezeichnete Gleichungssystem ist in der Lage, eine Vielzahl experimenteller Beobachtungen zu erklären und zu deuten, weist jedoch als Nachteil mit vier Dimensionen ein hohes Maß an Komplexität auf. Abbildung 10.35 zeigt RICHARD FITZHUGH[213] bei der Untersuchung der Hodgkin-Huxley-Gleichungen mit Hilfe eines elektronischen Analogrechners[214].

10.6.7 Epidemiologie

Ein einfaches Beispiel für die Anwendung elektronischer Analogrechner im Bereich der Epidemiologie findet sich in [385][S. 14]. Behandelt wird hier eine abgeschlossene Population von 1000 Individuen, von denen zehn mit einer ansteckenden Krankheit infiziert

---

[209]Hierfür eignet sich das Tintenfischriesenaxon allein aufgrund seiner Länge und seines Durchmessers, die bis zu 10 cm beziehungsweise 1 mm betragen können, was seinen Grund im Fehlen einer Myelinscheide hat, was durch einen hohen Durchmesser des Axons kompensiert werden muss, um eine bestimmte Mindestreizweiterleitungsgeschwindigkeit zu gewährleisten, die für das Überleben des Tintenfisches ausschlaggebend ist, da hiervon die von ihm erzielbaren Reaktionszeiten und damit der Erfolg von Fluchtbewegungen abhängen, hervorragend.

[210]Für allgemeine Informationen zu Aufbau und Funktionsweise von Nervenzellen sei an dieser Stelle auf [110] verwiesen.

[211]Siehe [63][S. 3].

[212]$\alpha_i(V)$ und $\beta_i(V)$ sind hierbei experimentell bestimmte Funktionen.

[213]Geb. 30.3.1922.

[214]In der Folge entwickelten FITZHUGH und NAGUMO ein vereinfachtes Modell, das qualitativ in weiten Bereichen dem Hodgkin-Huxley-Modell entspricht, jedoch nur zweidimensional ist und damit direkt grafisch im Phasenraum dargestellt werden kann. Die beiden Differentialgleichungen dieses *FitzHugh-Nagumo-Modells* lauten $\dot{v} = v(a - v)(v - 1) + w - I_a$ und $\dot{w} = bv - \gamma w$ (siehe [63][S. 4]). Eine schöne Darstellung der Untersuchung des ursprünglichen Hodgkin-Huxley-Modells mit Hilfe eines elektronischen Analogrechners findet sich beispielsweise in [38].

Abb. 10.35: RICHARD FITZHUGH *löst die Hodgkin-Huxley-Gleichungen mit Hilfe eines Beckman Analogrechners (Quelle:* IZHIKEVICH E. M. *and* FITZHUGH R. *(2006), FitzHugh-Nagumo-Model, Scholarpedia, mit freundlicher Genehmigung von* DR. IZHIKEVICH*)*

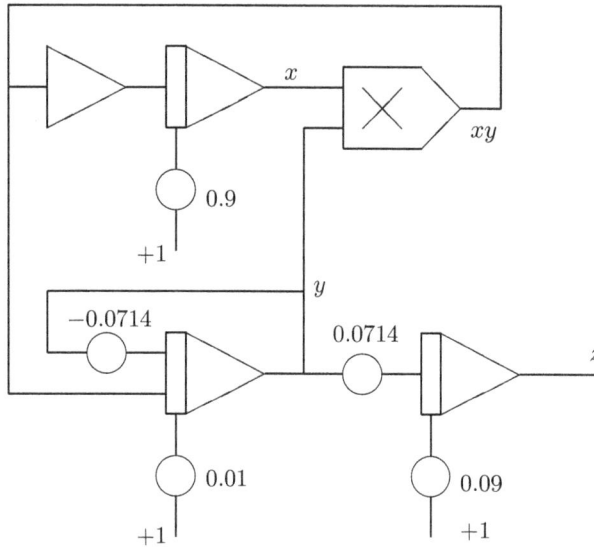

Abb. 10.36: *Rechenschaltung zur Untersuchung des Ausbreitungsverhaltens einer Epidemie (vergleiche [385][S. 14])*

wurden, wobei jeder Infizierte pro Tag $\frac{1}{1000}$ der nicht immunen Individuen infiziert. Von den zu Beginn nicht infizierten 990 Individuen sind 90 immun, während die verbleibenden 900 dem Erreger nichts entgegenzusetzen haben. Die Krankheit verläuft nicht tödlich und immunisiert von ihr befallene Individuen.

Aus diesen Voraussetzungen ergeben sich die folgenden Gleichungen, wobei x die Anzahl infektiöser, y die Anzahl erkrankter und z die Anzahl immuner Individuen repräsentieren:

$$\dot{x} = \frac{xy}{1000}$$
$$\dot{y} = \frac{xy}{1000} - \frac{y}{14}$$
$$\dot{z} = \frac{y}{14}$$

Nach geeigneter Skalierung lässt sich hieraus die in Abbildung 10.36 dargestellte Rechenschaltung ableiten, mit deren Hilfe die in Bild 10.37 gezeigten zeitlichen Verläufe der betrachteten Problemvariablen bestimmt wurden[215].

---

[215]Auch hier kam ein System des Typs Hitachi 200X zum Einsatz, dessen Rechenelemente sowohl über invertierende als auch nichtinvertierende Ausgänge verfügen, was beim Lesen der Rechenschaltung entsprechend zu berücksichtigen ist.

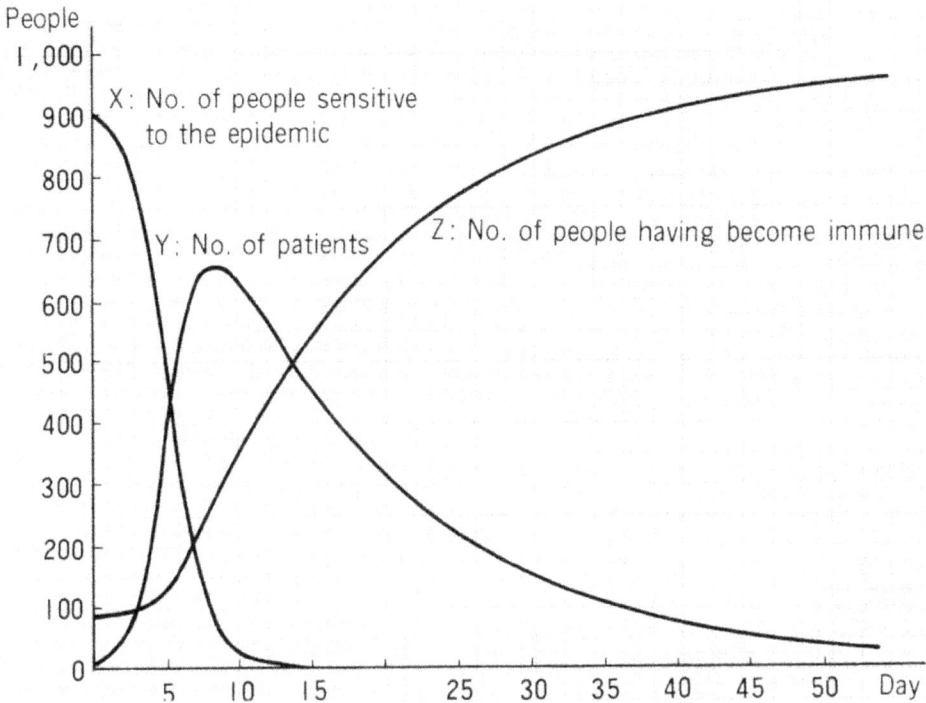

Abb. 10.37: *Ergebnisse der Simulation des Ausbreitungsverhaltens einer Epidemie (nach [385][S. 14])*

10.6.8 Luft- und Raumfahrtmedizin

Makroskopisch ist der Gegenstand der Betrachtung in der Regel bei Anwendungen elektronischer Analogrechner im Bereich der Luft- und Raumfahrtmedizin, steht hier doch in der Regel der Gesamtorganismus eines Piloten beziehungsweise Raumfahrers im Mittelpunkt des Interesses.

Eine interessante Studie zur Auswirkung extremer Beschleunigungen, wie sie beispielsweise bei der Benutzung von Schleudersitzen auftreten, auf Menschen findet sich bei PAYNTER[216] – hier wird auch ein Spezialanalogrechner vorgestellt, mit dessen Hilfe Beschleunigungseffekte auf Organismen simuliert werden können. Derartige Untersuchungen waren vor allem für die Entwicklung praktisch verwendbarer Schleudersitze und anderer Rettungssysteme grundlegend, da die bei ihrem Einsatz auftretenden Beschleunigungskräfte schnell in Größenordnungen reichen, welche die maximale Belastbarkeit von Rückenwirbeln oder inneren Organen überschreiten[217].

---

[216]Siehe [446].

[217]Ziel der meisten Untersuchungen ist die Frage, welchen zeitlichen Verlauf die beim Abschuss eines Schleudersitzes auftretenden Kräfte nehmen sollen, um verletzende oder gar tödliche Wirkungen sicher ausschließen zu können. Die Behandlung solcher Fragestellungen fällt in den Bereich der sogenannten *Body Dynamics* (siehe [445][S. 272]).

Ebenfalls in das Gebiet der Luft- und Raumfahrtmedizin fällt die Steuerung komplexer Zentrifugen zur experimentellen Untersuchung der Auswirkungen unterschiedlicher Beschleunigungsverläufe auf Probanden. Da derartige Zentrifugen in der Regel aus einer in mehreren Achsen drehbaren, am Ende eines mit variabler Winkelgeschwindigkeit rotierenden Auslegers montierten Gondel, in welcher sich der Proband befindet, bestehen, stellt sich im Betrieb die Frage nach der Steuerung der Gondel sowie des Auslegers zur Erzielung bestimmter Beschleunigungsverläufe.

Die Lösung dieser Aufgabe ist technisch ausgesprochen aufwändig, was in erster Linie auf die unterschiedlichen Bezugskoordinatensysteme eines solchen Zentrifugensystems zurückzuführen ist, deren rechnerische Behandlung für die Steuerung der Zentrifuge eine Vielzahl von Resolvern und trigonometrischen Funktionsgebern notwendig macht, so dass große Forschungszentrifugen in der Regel über eigene Analog- oder Hybridrechenanlagen zur Steuerung der jeweiligen Versuchsabläufe verfügten[218].

10.6.9   Bewegungsapparate

Den Abschluss des vorliegenden Abschnittes über Einsatzgebiete elektronischer Analogrechner im Bereich der Biologie und Medizin macht ein Beispiel zur Untersuchung der Funktionsweise von Bewegungsapparaten. Erste Arbeiten hierzu führten TOMOVIC und KARPLUS bereits im Jahre 1961 durch[219]. Allgemein sind zwei wesentliche Ansatzpunkte für die Betrachtung von Bewegungsapparaten möglich: Zum einen kann die Bewegung von Extremitäten durch Aufzeichnung von Trajektorien bestimmter Punkte, beispielsweise Hüfte, Knie und Fußgelenk, und Abbildung derselben durch Differentialgleichungen beschrieben werden. Zum anderen – dies stellt auch den von TOMOVIC und KARPLUS verfolgten Ansatz dar – kann man vermuten, dass der Informationsfluss zur Steuerung der Extremitäten minimal gehalten wird, was eine gewisse Autarkie der Extremität, beispielsweise in Form einer Rückenmarkssteuerung, voraussetzt[220].

Ein Beispiel für ein auf dieser Annahme beruhendes und mit Hilfe entsprechender auf elektronischen Analogrechnern durchgeführten Simulationen konzipiertes Modell zeigt Abbildung 10.38 in Form eines Vierfüßers[221], dessen Extremitäten jeweils durch ihnen zugeordnete kleine Steuerrechner kontrolliert werden, so dass die eigentliche Steuerung der Fortbewegung nur mehr einfache Kommandos erforderlich macht.

10.7   Geologie und Meereskunde

Auch in den Bereichen der Geologie sowie der Meereskunde kamen elektronische Analogrechner zum Einsatz, wie die folgenden Beispiele exemplarisch zeigen.

---

[218]Siehe [546].
[219]Siehe [574].
[220]Prinzip der *maximalen Autonomie* (siehe beispielsweise [33][S. 417]).
[221]Auch als *Quadruped* bezeichnet.

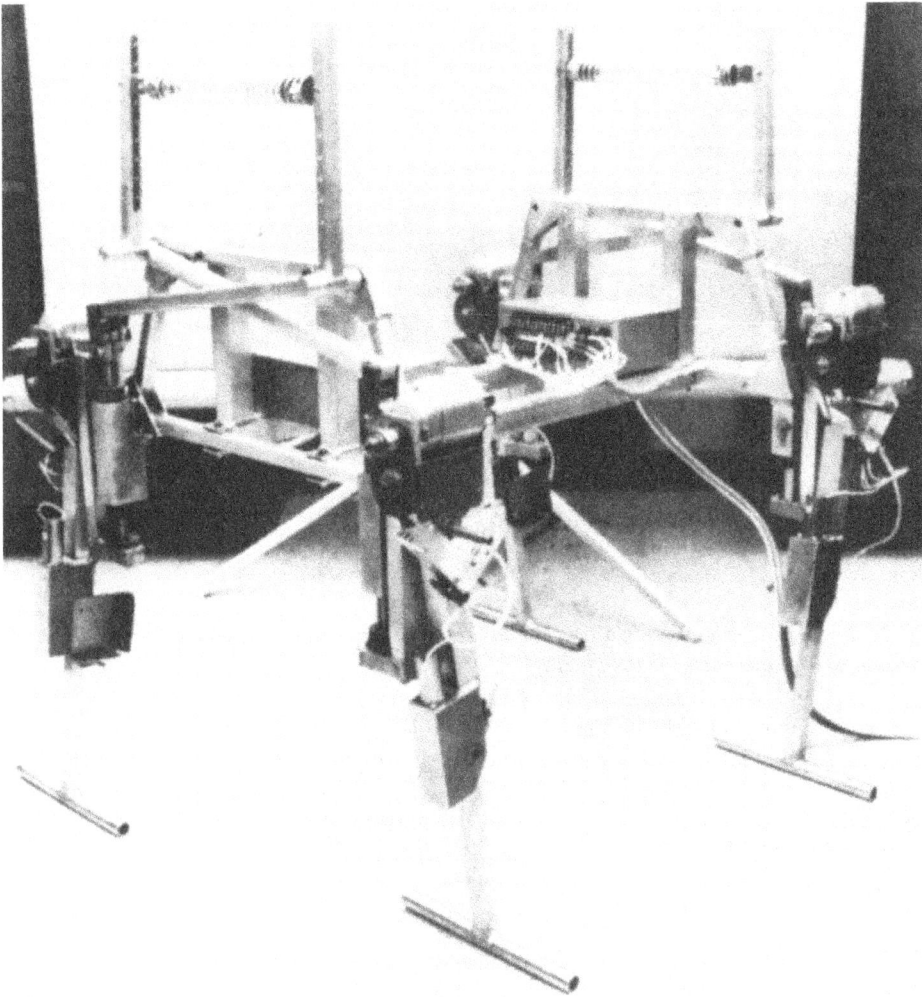

Abb. 10.38: *Prototyp eines Quadruped (nach [33][S. 419], reprinted with permission of John Wiley & Sons, Inc.)*

10.7.1 Bodenschätze

Von hohem wirtschaftlichem Interesse sind naturgemäß alle Fragestellungen, die sich mit dem Aufspüren sowie dem Abbau von Bodenschätzen befassen, was spätestens seit den 1950er Jahren auch den Einsatz elektronischer Rechenanlagen, sowohl analoger als auch digitaler Natur, zur Unterstützung von Fördervorhaben beziehungsweise zur Auswertung von Messdaten im Vorfeld derartiger Unternehmungen nach sich zog.

Während in der Lagerstättensuche vornehmlich die Auswertung seismischer Messdaten im Vordergrund steht, worauf Abschnitt 10.7.2 eingeht, kommen bei der Behandlung von Problemen der Fördertechnik beziehungsweise des Abbaus flüssiger oder gasförmiger

Abb. 10.39: *ZI-S-System zur Untersuchung hydraulischer Fragestellungen im Umfeld der Lagerstättenforschung (nach [581][S. 1812])*

Bodenschätze vor allem Methoden aus dem Bereich der Hydrodynamik zur Anwendung. So kam in der Sowjetunion bereits im Jahre 1958 im *All-Union Scientific Research Oil-Gas Institute* das in Abbildung 10.39 dargestellte umfangreiche Analogrechensystem *ZI-S* bei der Untersuchung von Erdöl- und Erdgaslagerstätten zum Einsatz[222], bei dem es sich im Wesentlichen um ein dreidimensionales passives Netzwerk aus Widerständen und Kondensatoren mit etwa 20000 Knoten, das von einer Reihe aktiver Komponenten, d.h. Operationsverstärkern, unterstützt wurde, handelte[223].

Grundlage zur Entwicklung dieses Systems waren die bei der Untersuchung von Öl- und Gaslagerstätten zur Anwendung gelangenden Differentialgleichungen der Form

$$\frac{\partial}{\partial x}\left(A_1(x,y)\frac{\partial P}{\partial x}\right) + \frac{\partial}{\partial y}\left(A_2(x,y)\frac{\partial P}{\partial y}\right) = 0$$

beziehungsweise

$$\frac{\partial}{\partial x}\left(A_1(x,y)\frac{\partial P}{\partial x}\right) + \frac{\partial}{\partial y}\left(A_2(x,y)\frac{\partial P}{\partial y}\right) = A(x,y)\frac{\partial P}{\partial t},$$

wobei x und y Koordinaten innerhalb der Lagerstätte, P Drücke und A_i Durchlässigkeiten der verschiedenen Untergrundschichten beschreiben.

Interessant sind nun einerseits im Vorfeld geplanter Fördermaßnahmen die Untersuchung der optimalen Aufstellung und Verteilung fördertechnischer Anlagen sowie auch

---

[222]Siehe [581].
[223]Somit stellt das ZI-S-System eine spezialisierte direkte Analogierechenanlage dar.

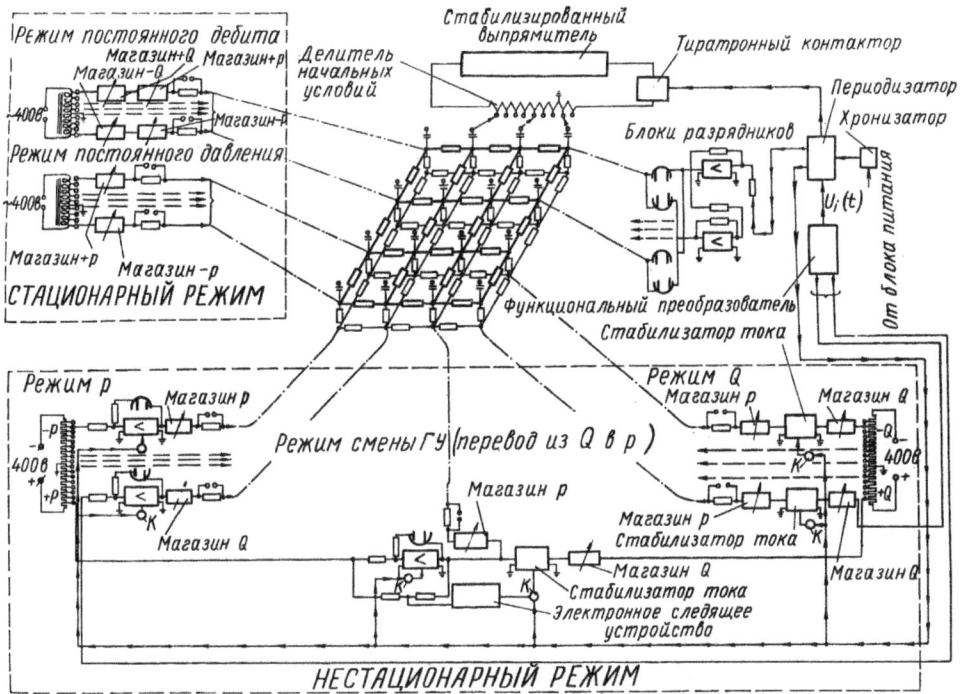

Abb. 10.40: *Aufbau des ZI-S-Systems (siehe [581][S. 1813])*

begleitend zur eigentlichen Förderung die Lösung von Optimierungsfragen hinsichtlich geplanter Fördermengen. Durch die räumlich in der Regel große Ausdehnung von Öl- beziehungsweise Gaslagerstätten, aber auch durch die komplizierten hydraulischen Verhältnisse innerhalb von Lagerstätten gestalten sich solche Untersuchungen in der Regel ausgesprochen schwierig, so dass sie ohne die Zuhilfenahme elektronischer Rechenanlagen einer Lösung in aller Regel nicht zugänglich sind.

Mit Hilfe des ZI-S-Systems konnten bei hinreichend guter Auflösung[224] Lagerstätten mit einem Radius von bis zu 120 km bei gleichzeitiger Betrachtung von maximal 750 Förderstellen untersucht werden. Einen Eindruck der inneren Struktur des Simulationssystems gibt Abbildung 10.40 – Herzstück ist die Simulation der Lagerstätte selbst, die, in der Bildmitte dargestellt, im Wesentlichen auf einem dreidimensionalen, passiven Netzwerk aus Widerständen und Kondensatoren beruht, mit deren Hilfe sowohl Massenflüsse innerhalb der Lagerstätte als auch Massenträgheitseffekte abgebildet werden können. Die weiteren dargestellten Einheiten dienen im Wesentlichen zur Simulation der betrachteten Förderstellen.

---

[224]Diese wird durch die aufgrund der festen Struktur der passiven Rechennetzwerke festgelegte Diskretisierung des Ausgangsproblems bestimmt.

10.7.2   Seismologie

Die Suche nach Bodenschätzen beruht in vielen Fällen auf seismologischen Untersuchungen, in deren Verlauf beispielsweise Sprengungen in Bohrlöchern vorgenommen werden, wobei die hiervon ausgelösten seismischen Wellen mit Hilfe einer Vielzahl von Messaufnehmern in der Umgebung des zu untersuchenden Gebietes aufgenommen werden, um aus diesen Daten Rückschlüsse über die jeweilige Bodenstruktur zu ziehen.

Die erfolgreiche Anwendung eines solchen Verfahrens setzt zunächst vergleichsweise gute Kenntnisse über die Ausbreitungsgeschwindigkeiten der verschiedenen Typen seismischer Wellen in den am jeweiligen Untersuchungsort anzutreffenden Gesteinsschichten voraus. Vor allem Verwitterungsschichten[225] müssen hinsichtlich der durch sie bedingten Laufzeitverzögerungen seismischer Signale entsprechend berücksichtigt werden, was WILLIAM T. EVANS[226] in den frühen 1950er Jahren zur Entwicklung eines einfachen Spezialanalogrechners[227] veranlasste, mit dessen Hilfe entsprechende Laufzeitkorrekturen berechnet werden können.

Hierzu werden mit Hilfe zweier in Bohrlöcher eingebrachter Sprengladungen sowie drei Geophonen A, B und C, die sich direkt über dem ersten Bohrloch, auf halber Strecke zwischen den Bohrlöchern sowie direkt über dem zweiten Bohrloch befinden, die Parameter T_{AB}, T_{CB}, T_{AC}, T_{CA} sowie T_{UP_1} und T_{UP_2} bestimmt, welche die Laufzeiten der Kompressionswellen in Millisekunden von der ersten beziehungsweise zweiten Sprengladung zum Sensor B, von der ersten Ladung zum Sensor C beziehungsweise umgekehrt von der zweiten Ladung zum Sensor A sowie die direkten Laufzeiten der von einer Sprengung verursachten Kompressionswellen zu dem jeweils über ihr angeordneten Sensor repräsentieren. Hiermit ergibt sich die Verwitterungskorrekturgleichung zu

$$4T_{wb} = 2T_{AB} + 2T_{CB} + T_{UP_1} \frac{V_2}{V_2 - V_1} + T_{UP_2} \frac{V_2}{V_2 - V_1} - T_{AC} - T_{CA}$$
$$- \frac{D_{SH_1}}{V_2 - V_1} - \frac{D_{SH_2}}{V_2 - V_1},$$

wobei D_{SH_1} und D_{SH_2} die Tiefen der beiden Bohrlöcher, V_1 beziehungsweise V_2 die Ausbreitungsgeschwindigkeiten in der Verwitterungsschicht resp. dem darunterliegenden Gestein und T_{wb} den gesuchten zeitlichen Korrekturterm darstellen.

Der Wert T_{wb} kann nun mit Hilfe eines speziellen Analogrechners nach Einstellen der experimentell bestimmten Parameter T_{AB}, T_{CB}, T_{AC}, T_{CA}, T_{UP_1} und T_{UP_2} an einer Reihe von Koeffizientenpotentiometern direkt bestimmt werden, wobei der Korrekturterm direkt in Millisekunden auf einem Zeigerinstrument zur Anzeige gebracht wird[228].

---

[225] Hierbei handelt es sich um oberflächennahe Gesteinsschichten, die, bedingt durch Rissbildungen etc., eine abnorm geringe Ausbreitungsgeschwindigkeit seismischer Wellen aufweisen.
[226] Zum Zeitpunkt der Patenteinreichung war WILLIAM T. EVANS Mitarbeiter der in Philadelpia ansässigen Sun Oil Company, was das Interesse dieses Geschäftsbereiches an Rechentechniken zur Auswertung beziehungsweise Aufbereitung von Seismogrammen zeigt.
[227] Siehe [119].
[228] Hinsichtlich seiner Schaltung (siehe [119][Fig. 2]) ähnelt dieser Rechner stark dem von USHAKOV (siehe Abschnitt 10.1.10 sowie [582]) beschriebenen Kleinstanalogrechner BPRR-2 zur Behandlung von Optimierungsaufgaben, der im Wesentlichen Gleichungen eines sehr ähnlichen Typs löst.

Allgemeiner einsetzbar sind die von GEORGE H. SUTTON und PAUL W. POMEROY beschriebenen Techniken zur Analyse und Aufbereitung seismischer Messdaten mit Hilfe elektronischer Analogrechner[229]. Behandelt werden hier grundlegende Verfahren zur Filterung, zur Spektralanalyse[230] sowie zur Eliminierung unvermeidbarer instrumenteninduzierter Effekte. Bemerkenswert ist auch ein dort dargestellter Vergleich der Ergebnisse einer analogrechnerbasierten Fourieranalyse mit ähnlichen, jedoch mit Hilfe eines speicherprogrammierten Digitalrechners durchgeführten Analysen. Darüberhinaus stellen SUTTON und POMEROY ein Verfahren zur Ableitung einzelner Horizontalbewegungskomponenten aus mehrkanalig aufgezeichneten Seismogrammen vor, das im Wesentlichen auf trigonometrischen Funktionsgebern beruht und auch für Echtzeitanwendungen einsetzbar ist.

10.7.3   Ausbreitung von Schallwellen

Artverwandte Fragestellungen treten auch in der Meereskunde bei der Untersuchung des Ausbreitungsverhaltens von Schallwellen im Wasser unter Berücksichtigung einer Vielzahl von Parametern wie Bodenform, Temperatur- und Salzkonzentrationsunterschiede, Schichtbildungen im Wasser etc. auf, die ebenfalls mit Hilfe elektronischer Analogrechner untersucht werden können[231].

Solche Fragestellungen werden meist mit Hilfe sogenannter *Ray Tracing*-Techniken behandelt, bei welchen die räumliche Ausbreitung einzelner Strahlen durch ein oder mehrere Medien hindurch unter Beachtung der entsprechend geltenden Reflexions- und Refraktionsgesetze simuliert und untersucht wird.

Ein auf einem kleinen elektronischen Analogrechner des Typs EAI TR-10[232] basierendes System zur Untersuchung der Ausbreitungswege von Schallwellen in Ozeanen wurde bereits 1966 von LIGHT, BADGER und BARNES[233] vorgestellt. Zur Behandlung dieser Fragestellung ist eine nichtlineare Differentialgleichung zweiten Grades zu lösen, was im vorliegenden Fall mit Hilfe von lediglich 17 Rechenverstärkern möglich ist, wobei die Abbildung des zugrundeliegenden Meeresbodenprofils mit Hilfe spezieller Funktionsgeber geschieht.

Abbildung 10.41 zeigt das Gesamtsystem: Auf der linken Seite ist der eigentliche Tischanalogrechner EAI TR-10 mit einem oben auf liegenden Digitalvoltmeter zu erkennen, in der Bildmitte sind die speziellen Funktionsgeber zur Profilgenerierung sichtbar, während die rechte Bildseite von dem zur Ausgabe verwendeten Plotter dominiert wird.

Einen typischen Ausbreitungsverlauf einer simulierten Schallwelle bei gegebenem, zerklüftetem Meeresboden und örtlich unterschiedlichen Salzkonzentrationen des Meerwassers zeigt exemplarisch Abbildung 10.42. Die Durchführung dieser Rechnung nahm lediglich 10 bis 15 Minuten in Anspruch[234].

---

[229]Siehe [551].

[230]Siehe Abschnitt 10.1.7.

[231]Derartige Untersuchungen sind nicht zuletzt für militärische Anwendungsbereiche von großem Interesse, man denke nur an aktive und passive Sonarsysteme, an die Auswertung von Daten, die von Hydrophonketten geliefert Aufschluss über Schiffsbewegungen liefern können etc. Nähere Informationen hierzu finden sich in [121][S. 469 ff.].

[232]Siehe Abschnitt 6.5.

[233]Siehe [273].

[234]Siehe [273][S. 719].

Abb. 10.41: *Der Ray Tracer von* LIGHT, BADGER *und* BARNES *(©IEEE 1966, nach [273][S. 724])*

10.8   Wirtschaftswissenschaften

Einer der ersten, der mit Hilfe von Analogierechenanlagen grundlegende Fragestellungen im Zusammenhang mit Volkswirtschaften untersuchte, war der Ökonom ALBAN WILLIAM PHILLIPS[235], der vor allem durch die nach ihm benannte *Phillips-Kurve*, welche die Arbeitslosenquote auf der einen sowie das Lohnwachstum einer Ökonomie auf der anderen Seite in einen linearen Zusammenhang bringt und eines der Hauptkonzepte der Makroökonomie darstellt[236], berühmt wurde.

Sicherlich bedingt durch sein Studium der Ingenieurwissenschaften wurde es ihm möglich, den Bereich der Wirtschaftswissenschaften in einem zuvor ungekannten Ausmaß aus Sicht der Regelungstechnik zu betrachten und zu beschreiben, was in der Folge die Entwicklung von Analogiemodellen nach sich zog, anhand derer grundlegende Zusammenhänge wirtschaftlicher Kreisläufe in entsprechender Zeitraffung untersucht und anschaulich gemacht werden konnten, die sich einer direkten Betrachtung beziehungsweise Manipulation in der Realität entziehen.

Bereits Ende der 1940er Jahre entwickelte er an der *London School of Economics* mit *MONIAC*[237] einen hydraulischen Analogrechner, der erstmalig die Untersuchung komplexer Zusammenhänge innerhalb von Volkswirtschaften ermöglichte.

---

[235]1914–1975
[236]Siehe beispielsweise [259].
[237]Kurz für *MO*netary *N*ational *I*ncome *A*utomatic *C*omputer.

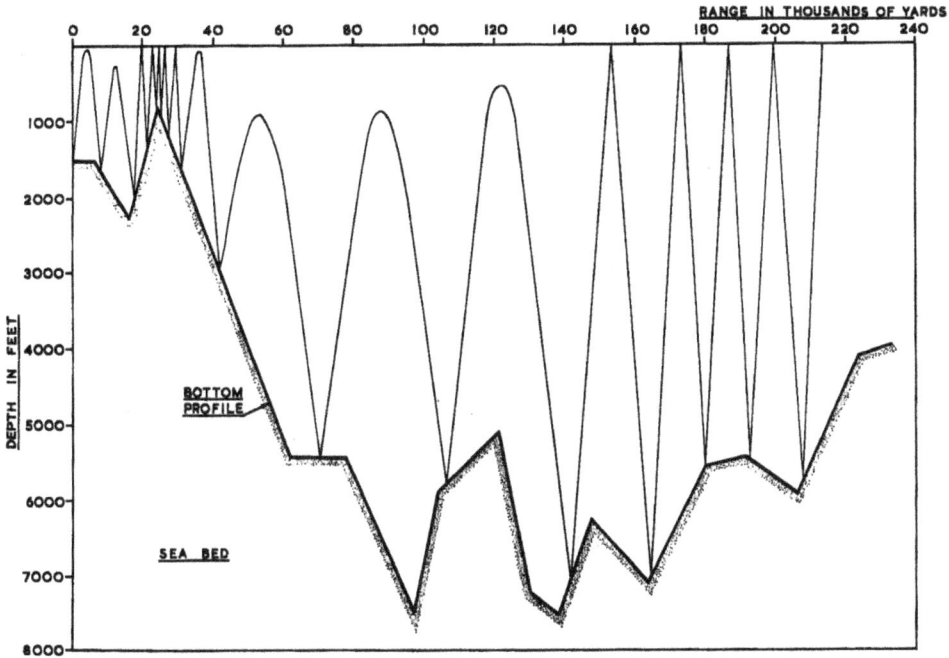

Abb. 10.42: *Ausbreitungsverlauf einer Schallwelle nach* LIGHT, BADGER *und* BARNES (©*IEEE 1966, siehe [273][S. 724]*)

Abbildung 10.43 zeigt schematisch den Aufbau des etwa zwei Meter hohen und einein-halb Meter breiten Systems[238], das scherzhaft auch als *Financephalograph* bezeichnet wurde, und von dem im Laufe der Jahre mehr als zehn Exemplare gebaut wurden, die vereinzelt über Jahrzehnte hinweg in der Forschung, aufgrund der hohen Anschaulich-keit ihrer Funktionsweise aber auch und vor allem in der Lehre eingesetzt wurden[239]. Der durch gefärbtes Wasser abgebildete Geldkreislauf innerhalb der simulierten Volks-wirtschaft kann in diesem Modell durch neun Parameter kontrolliert werden, die bei-spielsweise Steuerlasten, Ausgaben der Regierung für die Verbesserung von Importen oder Exporten etc. repräsentieren.

In den frühern 1950er Jahren setzte PHILLIPS neben seinen eigenen hydraulischen Ana-logrechnern auch einen elektronischen Analogrechner am *National Physical Laboratory* sowie einen frühen speicherprogrammierten Digitalrechner zur Untersuchung makroöko-nomischer Modelle ein[240]. Interessant ist an dieser Stelle zu bemerken, dass PHILLIPS

---

[238] Siehe hierzu vor allem [455], [553], [76] sowie auch [417].

[239] Der PHILLIPSsche Ökonomierechner fand – nicht zuletzt aufgrund seines beeindruckenden Äusseren – auch Eingang in Satiremagazine seiner Zeit (beispielsweise veröffentlichte das britische Magazin Punch eine entsprechende Karikatur, siehe [553][S. 16].) sowie in die neuzeitliche Fantasy-Literatur. So wurde beispielsweise der hydraulische Analogrechner „Blupper" in TERRY PRATCHETTs *Schöne Scheine* (siehe [461][S. 67 ff.]) direkt durch das im Londoner Science Museum ausgestellte MONIAC-System inspiriert.

[240] Siehe [553][S. 17].

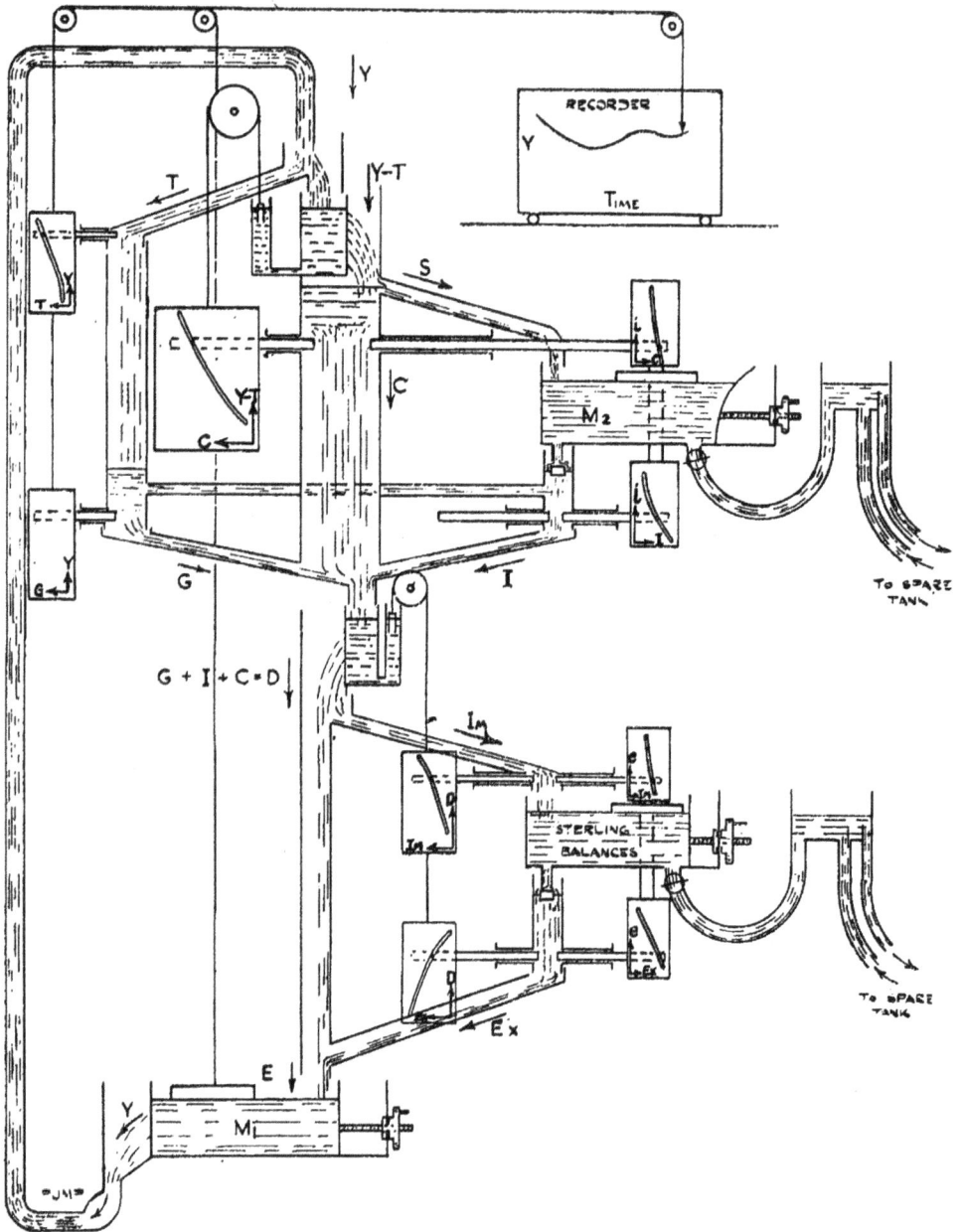

Abb. 10.43: *Ökonomiemodell nach* Phillips *(siehe [455][S. 302])*

dem Analogrechner vor allem aus Gründen der höheren Anschaulichkeit den Vorzug gab, obwohl der Digitalrechner diesem hinsichtlich der erzielbaren Genauigkeit weit überlegen war – seine Analogiemodelle charakterisierte er als ausgelegt für „*exposition rather than accurate calculation*"[241].

Auch in den Folgejahren erfreuten sich analoge Simulationen sowohl mikro- als auch makroökonomischer Systeme gerade wegen der hohen Interaktivität elektronischer Analogrechner vergleichsweise großer Beliebtheit, wobei vor allem sozialistische und kommunistische Systeme aus ideologischen und strategischen Gründen dazu neigten, Waren- und Wirtschaftskreisläufe aus einer sehr analytischen Sichtweise heraus zu betrachten, um hieraus praktisch brauchbare Vorhersagen für die Planung langfristiger Produktionszyklen herleiten zu können. Ein schönes Beispiel hierzu findet sich bei HÜLSEN-BERG, KIESSLING und SCHÖNBORN[242] in Form der Simulation eines Produktions-Lager-Verbrauchersystems mit Hilfe eines elektronischen Analogrechners[243].

10.9 Energietechnik

Vor der mittlerweile nahezu flächendeckenden Verbreitung leistungsfähiger und zuverlässiger speicherprogrammierter Digitalrechner konnte eine Vielzahl sowohl technisch als auch kommerziell wesentlicher Fragestellungen auf dem Gebiet der elektrischen Energietechnik nur mit Hilfe elektronischer Analogrechner behandelt und gelöst werden, wie die folgenden Abschnitte anhand einer Reihe exemplarischer Beispiele zeigen[244].

10.9.1 Generatoren

KAJ JUSLIN beschreibt in [219] eine auf einem Hybridrechner basierende Simulation zur Untersuchung des Verhaltens von Generatoren, die idealisiert unendlich weit ausgedehnte Leitungsnetze speisen, deren Hauptverbraucher Asynchronmaschinen darstellen[245]. Die Komplexität dieser Fragestellung liegt vor allem in den elektrischen Eigenschaften der meist für sehr hohe Leistungen ausgelegten Asynchronmaschinen begründet, die je nach Betriebszustand unterschiedliche Lasten im Netz repräsentieren[246], was entsprechend Berücksichtigung finden muss.

JUSLIN betrachtet in dieser Simulation vor allem die Auswirkungen unterschiedlicher Maschinenparameter sowohl bezüglich der Generatoren als auch hinsichtlich der simulierten Asynchronmaschinen auf Strom- und Spannungsverläufe in schweren Fehlerfäl-

---

[241]Siehe [553][S. 17].

[242]Siehe [200].

[243]Für weitere Beispiele sei an dieser Stelle auf [184], [254] und [206][S. 363 ff.] verwiesen.

[244]Allgemein weist NORONHA (siehe [432]) darauf hin, dass eine Vielzahl von Fragestellungen im Bereich der elektrischen Energietechnik nicht nur mit hohem apparativem, zeitlichem und finanziellem Aufwand, sondern in der Mehrzahl der Fälle auch nur unter Inkaufnahme mitunter hoher Risiken an realen Einrichtungen untersucht werden kann.

[245]Diese Annahmen sind vor allem für Gebiete mit starker industrieller Nutzung realistisch, so dass die gemachten Einschränkungen nicht zu schwerwiegend sind.

[246]Beispielsweise stellt sich eine Asynchronmaschine im Moment des Anlaufes, d.h. bei noch stehendem Läufer, gegenüber dem Versorgungsnetz als Transformator mit Sekundärschluss dar, während dieser Effekt mit steigender Drehzahl abnimmt.

len. Hieraus werden Kontrollparameter zur Sicherstellung eines möglichst stabilen Netz-
betriebes abgeleitet, wobei auch der Einfluss der Asynchronmotoren auf im Netzverbund
auftretende Oszillationen Berücksichtigung findet.

10.9.2   Transformatoren

Auch auf den ersten Blick einfache Bauelemente der Energietechnik, wie sie beispielsweise in Form von Transformatoren vorliegen, werfen in praktischen Anwendungen schnell
Fragen auf, die nur experimentell oder durch Simulation zu lösen sind. Da in vielen Fällen, vor allem solchen der Energietechnik, experimentelle Untersuchungen nicht oder
nur mit hohem Aufwand möglich sind, gelangten auch dort analoge Techniken zum
Einsatz.

Ein Beispiel hierfür ist die in [139] beziehungsweise in [343] beschriebene Simulation
der bei einem Transformator mit gemischt ohmsch-induktiver beziehungsweise ohmsch-
kapazitiver Last auftretenden zeitlichen Primär- beziehungsweise Sekundärstromver-
läufe. Hierbei wird der Transformator selbst sowohl primär- als auch sekundärseitig
zunächst als Reihenschaltung einer Induktivität mit einem rein ohmschen Widerstand
beschrieben, wobei auch die auftretenden Streuinduktivitäten sowie die Magnetisie-
rungskurve des Transformatorkernes berücksichtigt werden, wobei letztere mit Hilfe
eines Funktionsgebers abgebildet wird[247].

10.9.3   Wechselrichter und Gleichrichtersysteme

Wesentlich komplexer gestaltet sich die Untersuchung von Fragen, die bei der Behandlung aktiver Baugruppen, wie sie beispielsweise sogenannte *gesteuerte Gleichrichter*[248],
Wechselrichter[249] oder auch *Frequenzumrichter*[250] darstellen, auftreten, da bei diesen
Einrichtungen in hohem Maße nichtlineare Eigenschaften von Bauelementen ausgenutzt
werden, was einer analytischen Behandlung entgegensteht.

Ein schönes Beispiel für die Modellierung eines gesteuerten Dreiphasengleichrichters
mit Hilfe eines elektronischen Analogrechners beschreiben EYMAN und KOLCHEV in
[120][251]. Auch TISDALE befasst sich in [569] ausführlich mit der Abbildung der Eigenschaften sowie des Verhaltens gesteuerter Gleichrichtersysteme. In [333] untersuchen

---

[247]Interessant ist an diesem Beispiel, dass die auftretenden Gleichungen an zwei Stellen nur mit Hilfe
einer impliziten Technik unter Verwendung offener Verstärker (siehe Abschnitt 4.3.1) gelöst werden
können.

[248]Im Unterschied zu einem herkömmlichen Gleichrichter verwendet ein gesteuerter Gleichrichter aktive Elemente wie beispielsweise Thyristoren mit einer entsprechenden Ansteuerelektronik anstelle einfacher Dioden.

[249]Wie der Name bereits andeutet, handelt es sich hierbei um Einrichtungen, mit deren Hilfe meist
ein Gleichstrom in einen Wechselstrom umgewandelt werden kann, wobei als aktive Schaltelemente
in der Regel sogenannte *Thyristoren*, früher auch gasgefüllte Röhren in Form von *Thyratronen*, zum
Einsatz kommen. Allgemeine Informationen zu solchen, auch als *Stromrichter* bezeichneten Geräten
finden sich unter anderem bei EISENACK (siehe [114]).

[250]Diese werden meist zur stufenlosen Drehzahlregelung von Synchronmaschinen eingesetzt und bestehen im Wesentlichen aus einem von einem Wechselrichter gefolgten Gleichrichter.

[251]Eine ähnliche Aufgabenstellung, wenngleich mit etwas allgemeinerem Hintergrund, behandeln
BLUM und GLESNER, siehe [48].

NAVA-SEGURA und FRERIS einen gesteuerten Dreiphasengleichrichter unter besonderer Berücksichtigung möglicher Fehlersituationen, wie sie beispielsweise in Form defekter Thyristoren vorliegen können.

Den umgekehrten Weg der Umwandlung eines Gleichstromes in Wechsel- oder Drehstrom mit Hilfe gesteuerter Thyristorbrücken behandeln unter anderem allgemein KRAUSE[252], FORNEL, HAPIOT, FARINES und HECTOR am Beispiel eines Frequenzumrichters für den Einsatz mit Asynchronmaschinen großer Leistung[253], BELLINI, CERRI und CARLI am Beispiel eines Wechselrichtersystems zum Einsatz im Zusammenhang mit elektromechanischen Aktuatorsystemen[254] sowie WINARNO, JALADE und GOUYON, die sich mit den speziellen Fragen, welche der Einsatz von Wechselrichtern in Photovoltaikanlagen mit sich bringt, befassen[255].

Die Kombination von gesteuerten Gleichrichtern mit Wechselrichtern findet sich vor allem im Bereich der Gleichstromübertragung, mit der in der Regel unterschiedliche Drehstromnetze miteinander verkoppelt werden[256]. SADEK, der sich in [499] mit der Simulation derartiger Übertragungsstrecken sowie den mit ihnen verbundenen Umrichterstationen mit Hilfe von Hybridrechnern befasst, bemerkt allgemein hierzu[257]:

> *Die [...] HGÜ[258] stellt ein kompliziertes dynamisches Gebilde mit starken nicht linearen Eigenschaften dar, das sich nicht geschlossen mathematisch beschreiben läßt.*

Interessant in diesem Zusammenhang ist auch eine Arbeit von BORCHARDT, LEVY und MAASS[259], die sich mit der Simulation eines komplexen Wechselrichtersystems auf einer Hybridrechenanlage des Typs Telefunken HRS 860[260] beschäftigt. Gegenstand dieser Arbeit ist die komplexe Ansteuerung der Synchrotronmagnete des DESY[261], zu deren ordnungsgemäßem Betrieb eine Überlagerung einer 50 Hz-Wechselspannung mit einer 200 Hz-Wechselspannung notwendig ist. Die Modellierung dieses 200 Hz-Wechselrichters mit Hilfe eines Hybridrechners wurde notwendig, da Messungen und Experimente an dem bereits produktiv genutzten System nicht möglich waren, ohne hierbei mit den Strahlzeiten des Synchrotrons in unzulässiger Weise zu kollidieren. Um dennoch Weiterentwicklungen durchführen zu können, wurde ein detailliertes Hybridrechnermodell geschaffen, das auch Effekte wie die Eigenzündung von Thyristoren unter bestimmten Bedingungen etc. berücksichtigte. Dem Digitalteil des verwendeten Hybridrechners kommt hierbei vor allem die Aufgabe der Simulation der Frequenzregelung des Wechselrichtersystems zu, während dessen Dynamik auf dem Analogteil abgebildet wird.

---

[252]Siehe [250].

[253]Vergleiche [126].

[254]Siehe [39].

[255]Siehe [603].

[256]Grundlagen derartiger Hochspannungs-Gleichstromübertragungseinrichtungen werden unter anderem in [327][S. 281 ff.] behandelt.

[257]Siehe [499][S. 360].

[258]Kurz für *H*ochspannungs-*G*leichstrom-*Ü*bertragung.

[259]Siehe [53].

[260]Siehe Abschnitt 7.1.

[261]Kurz für *D*eutsches *E*lektronen-*SY*nchrotron.

Ebenfalls bemerkenswert ist eine Arbeit von Borchardt und Zajíček[262] zur Untersuchung typischer Fehlerszenarien im Zusammenhang mit Wechselrichtern, in deren Mittelpunkt die Entwicklung geeigneter Schutzmechanismen für das betroffene Wechselrichtersystem steht.

10.9.4 Übertragungsleitungen

Bedingt durch die auftretenden Spannungen und Ströme sowie die räumlich mitunter extreme Ausdehnung treten bei der Projektierung, aber auch bei Betrieb und Wartung von Hochspannungsleitungssystemen Fragen auf, die den Einsatz elektronischer Analogrechner zu ihrer Behandlung notwendig werden ließen[263].

Ein Beispiel hierfür findet sich bei Thomas, der sich in [562] mit der analogen Simulation elektrischer Übertragungsleitungen unter besonderer Berücksichtigung von Wanderwellenphänomenen beschäftigt. Interessant ist in diesem Zusammenhang die Verwendung analoger Verzögerungsglieder zur Nachbildung der Laufzeitbedingungen in räumlich stark ausgedehnten Leitungssystemen. Vorgeschlagen wird hierfür die Verwendung analoger Bandlaufwerke oder alternativ einer *Kondensatormühle*[264] beziehungsweise des Digitalteiles eines Hybridrechners. Die in [562] dargestellte Simulationstechnik ist älteren, in der Regel auf der Verwendung passiver Netzwerke aus T- beziehungsweise π-Gliedern beruhenden Ansätzen sowohl hinsichtlich der erzielbaren Ortsauflösung als auch bezüglich der einfachen Parametrisierung überlegen.

10.9.5 Elektrische Versorgungsnetze

Wesentlich komplexer werden die Probleme, wenn nicht mehr nur voneinander unabhängige Leitungssysteme, sondern ganze elektrische Netzwerke betrachtet werden, da die sich hierbei ergebenden Abhängigkeiten zwischen mitunter räumlich weit voneinander entfernten und vergleichsweise unkoordiniert arbeitenden Netzsegmenten schnell auf mathematisch nicht geschlossen zu lösende Fragestellungen führen. Eine schöne Übersicht über die historische Entwicklung der analogen Simulationstechnik im Bereich elektrischer Versorgungsnetze und der damit verbundenen speziellen Fragen findet sich bei Krause[265].

10.9.5.1 Netzsimulation

Wie bereits in Abschnitt 1.2 erwähnt, wurde bereits um das Jahr 1925 im Zuge der zunehmend flächendeckenden Versorgung der Vereinigten Staaten von Amerika mit elek-

---

[262] Siehe [56].

[263] Einen schönen Überblick über den Einsatz von Hybridrechnern in diesem Zusammenhang gibt Baun (siehe [30]).

[264] Bei einer solchen Anordnung handelt es sich im Wesentlichen um eine rotierende Trommel, an deren Außenseite Kontaktflächen angebracht sind, die wiederum zu innerhalb der Trommel montierten Kondensatoren führen, die auf einer Seite elektrisch zusammengefasst und an Masse gelegt sind. Mit Hilfe entsprechender Schleifkontakte können während der Rotation der Trommel Spannungswerte sukzessive in Kondensatoren gespeichert und wieder ausgelesen werden, wobei die Abtastgeschwindigkeit von der Winkelgeschwindigkeit der Trommelachse und die maximale erzielbare Verzögerungszeit hiervon sowie von den Leckströmen der Kondensatoren und der Anzahl von Kondensatoren des gesamten Aufbaues abhängen.

[265] Siehe [251] sowie [252].

trischer Energie ein direkt arbeitender analoger Netzwerksimulator entwickelt, zu dem NOLAN Folgendes bemerkt[266]:

> *Network analyzers have been used to solve quickly the many and various problems concerned with the operation of power systems. They are practical, adjustable miniature power systems. They can be used to analyze results during the progress of a system study and therefore play an active part in system planning as well as checking the performance of completed systems.*

Neben solchen direkten Analogierechenanlagen kamen schnell indirekt arbeitende elektronische Analogrechner zum Einsatz, da sich mit ihrer Hilfe ein wesentlich breiteres Spektrum unterschiedlicher und sich in der Regel ständig erweiternder Aufgabenstellungen bearbeiten lässt. Abbildung 10.44 zeigt exemplarisch einen solchen elektronischen Allzweckanalogrechner des Typs *EASE 1032*[267], der bei der *Bonneville Power Administration* zur Simulation elektrischer Netzwerke Verwendung fand.

Dieser Umstieg brachte jedoch eine Reihe von Problemen mit sich, wobei die Bildung algebraischer Schleifen[268] am häufigsten auftritt. Während derartige Strukturen in Rechenschaltungen passiver, direkter Analogrechner aufgrund des Fehlens aktiver Rechenelemente, wie sie Operationsverstärker darstellen, keine Schwierigkeiten mit sich bringen, da entstehende Schwingungen durch die stets unter 1 liegende Gesamtverstärkung des Systems wie im realen Stromnetz ebenfalls schnell auf unkritische Werte gedämpft werden, invalidiert das Auftreten solcher Schleifen in einer Rechenschaltung für einen indirekt arbeitenden elektronischen Analogrechner die hiermit gewonnenen Lösungen in der Regel vollständig. Mit allgemeinen Ansätzen zur Vermeidung der Entstehung derartiger algebraischer Schleifen im Zusammenhang mit Netzwerksimulationen befasst sich beispielsweise GILOI[269].

Beispielhaft für typische Fragestellungen, die mit Hilfe derartiger Analogrechensysteme behandelt wurden, seien im Folgenden die Arbeiten von MICHAELS, TESSMER und MULLER[270], die sich mit der Simulation eines komplexen, aus fünf Generatoren und etwa einem Dutzend Hochspannungsübertragungsleitungen bestehenden Versorgungssystems befassen, die unter anderem für das Training von Schaltwartenoperateuren eingesetzt wurde, sowie von ENNS, GIRAS und CARLSON, die ein hybrides Simulationssystem beschreiben, das in der Lage ist, den Zustand eines aus 181 getrennten Bussen bestehenden Energieverteilungssystems in 20 Sekunden aus einem Satz von Anfangsparametern zu bestimmen, während eine entsprechende Simulation nur unter Zuhilfenahme des Digitalteiles des verwendeten Hybridrechners hierfür einen Rechenzeitbedarf von etwa 30 Minuten aufweist[271], genannt.

Besonderes Augenmerk wird bei der Simulation elektrischer Versorgungsnetzwerke neben solchen umfassenden Netzsimulationen auch auf die Untersuchung der Auswirkun-

---

[266]Siehe [431][S. 111 f.].

[267]Hersteller der *EASE*-Baureihe, kurz für *Electronic Analog Simulation Equipment*, war die Firma Beckman Instruments, Inc.

[268]Siehe Abschnitt 10.1.6.1.

[269]Siehe [141] sowie [145][S. 326 ff.].

[270]Siehe [320] beziehungsweise [319].

[271]Siehe [116].

Abb. 10.44: *EASE 1032-Analogrechner, wie er bei der Bonneville Power Administration bei der Untersuchung von Stabilitätsfragen elektrischer Versorgungsnetzwerke zum Einsatz gelangte (siehe [349])*

gen transienter Störungen gelegt. Beispielsweise beschäftigen sich THOMAS und HE-DIN[272] mit den Auswirkungen von Schaltspitzen, wobei hier sowohl durch normale, betriebsbedingte Schaltvorgänge, aber auch durch Leiterseilbrüche, Kurzschlüsse und andere Ursachen ausgelöste Über- beziehungsweise Unterspannungen sowie -ströme betrachtet werden. Ähnlich zu der bereits genannten Arbeit [562] von THOMAS bildet auch hier eine analoge Verzögerungseinheit das Herzstück der Simulation[273]. Speziell mit der analogen Simulation transienter Störungen, wie sie in der Folge von Blitzeinschlägen in Umspannwerken auftreten, befassen sich HEDIN und PRIEST[274].

---

[272]Siehe [560].

[273]Im vorliegenden Fall kam eine Kondensatormühle mit 24 Kanälen zum Einsatz.

[274]Siehe [174].

Interessant sind auch die Arbeiten von THOMAS, WELLE, HEDIN, WEISHAUPT, KIL-
GOUR und KARNOWSKI[275], die sich mit der Simulation sowohl kapazitiv als auch induktiv vermittelter Übersprechvorgänge zwischen über weite Strecken parallel verlaufenden, nicht überkreuzten Hochspannungsleitungen befassen[276]. Exemplarisch wird in
diesen Arbeiten ein aus einem 500 kV- sowie zwei 250 kV-Drehstromnetzen bestehendes System betrachtet, dessen Leitungen über eine Strecke von 126 km parallel über
gemeinsame Masten geführt werden. Die Komplexität dieser Simulationsaufgabe wird
daran deutlich, dass zu ihrer Behandlung ein elektronischer Analogrechner zum Einsatz
kam und hierbei fast vollständig ausgenutzt wurde, der über 180 Rechenverstärker, 350
Koeffizientenpotentiometer und 24 Verzögerungselemente verfügte.

Das große Interesse, das derartigen Simulationstechniken von Seiten der Energiever-
sorger entgegen gebracht wurde, zeigt sich auch in einer Arbeit von JANAC[277] aus dem
Jahre 1976, in welcher ein hypothetischer *Hybrid Computer Power Simulator*, kurz *HCS*,
vorgestellt wird, dessen Herzstück im Wesentlichen ein mit speziellen Rechenelementen,
die besonders mit Blick auf die im Rahmen derartiger Netzsimulationen auftretenden
Fragestellungen ausgelegt sein sollten, ausgestatteter elektronischer Analogrechner bildete[278]. Im Unterschied zu herkömmlichen Analogrechnern sollte dieses hybride Simulationssystem jedoch zusätzlich über ein automatisches Programmierfeld verfügen, so
dass die Umsetzung einer Rechenschaltung keine manuellen Verdrahtungstätigkeiten
nach sich ziehen sollte, sondern vollständig unter der Kontrolle des Digitalteiles der
Anlage vollzogen werden könnte[279].

10.9.5.2 Frequenzsteuerung, Netzsynchronisation und Verbundnetzregelung

Während bei den zuvor beschriebenen Einsatzgebieten meist ein mehr oder weniger
in einem statischen Zustand befindliches Netzwerk, bestehend aus elektrischen Versor-
gungsleitungen, unter Berücksichtigung kurzfristiger Störeinflüsse im Mittelpunkt des
Interesses stand, wurden auch Fragen, die sich in den Bereichen der Frequenzsteuerung
von Energieversorgungsnetzen, der Netzsynchronisation sowie der Verbundnetzregelung
ergeben, erfolgreich mit Hilfe elektronischer Analogrechner behandelt.

Zu der besonderen Schwierigkeit bei der simulationstechnischen Behandlung gekoppelter
Teilnetze bemerkt beispielsweise PAYNTER[280]:

---

[275] Siehe [563] beziehungsweise [561].

[276] Da mit steigenden Spannungen sowohl der technische als auch hiermit einhergehend der finanzielle
Aufwand, den Leiterseilüberkreuzungen mit sich bringen, steigt, ist das Vorliegen von parallel zuein-
ander über weite Strecken verlaufenden Hoch- und Höchstspannungsleitungen ein häufig auftretender
Fall.

[277] Zu diesem Zeitpunkt war KAREL JANAC Mitarbeiter von Electronic Associates, Inc. (siehe Abschnitt 6.2).

[278] Siehe [210].

[279] Derartige, auch als *Autopatch* bezeichnete, automatische Programmierfelder auf der Basis elektromagnetischer oder elektronischer Kreuzschienenverteiler beziehungsweise sogenannter *Hannauer
Schaltmatrizen* wurden im Verlauf der Jahre mehrfach und von unterschiedlichen Entwicklern und
Herstellern vorgeschlagen. Ihre kommerziell nutzbare Umsetzung scheiterte jedoch in allen Fällen an
der immensen Komplexität eines solchen zuverlässig arbeitenden, leicht wartbaren und darüberhinaus
flexiblen Schaltsystems.

[280] Siehe [449][S. 229].

[...] the original problem is fundamentally complex due to the multiplicity of generally disparate machines and regulators coupled together by a large number of „elastic" links.

Im weiteren Verlauf von PAYNTERS Arbeit werden die Grundzüge eines bereits im Jahre 1947 am MIT[281] begonnenen Programmes zur Untersuchung spezieller Fragen in diesen Bereichen mit Hilfe direkt und indirekt arbeitender elektronischer Analogrechner dargestellt.

Eine interessante, stark fachbereichsübergreifende Studie beschreiben KRAUSE, HOLLOPETER und TRIEZENBERG[282], die sich mit Achsverwindungen an Generatorsätzen bei Synchronisationsfehlern während Netzaufschaltungen befassen.

Fragen der Untersuchung von Verbundnetzregelungen behandelt beispielsweise SYDOW[283] anhand des Beispieles der Ausregelung von Störungen in einem aus zwei gekoppelten Teilnetzen bestehenden Verbundnetzwerk, wobei jedes Teilnetzwerk in der Lage sein soll, Störungen ungeachtet ihrer Herkunft aus dem eigenen oder dem jeweils anderen Teilnetz auszugleichen. Hierbei tritt das Problem auf, dass jedes Netz entsprechend über eigene Regeleinrichtungen verfügt, die sich, bedingt durch die Kopplung der Netze untereinander, wechselseitig beeinflussen, wobei jedoch unter allen Umständen ein Aufschaukeln von Fehlersituationen vermieden werden muss. Die sich hierbei ergebenden Fragestellungen sind mathematisch nicht geschlossen lösbar und eignen sich hervorragend für eine Behandlung mit Hilfe von Analogrechnern.

10.9.6 Betrieb von Kraftwerken

Während viele der zuvor erwähnten Fragestellungen in erster Linie bei der Auslegung und Projektierung elektrischer Energieversorgungsnetzwerke von Belang sind, kann auch mit Gewinn beim täglichen Betrieb von Kraftwerken Gebrauch von analogen Rechentechniken gemacht werden. Eine der zentralen Fragestellungen beim Betrieb derartiger Anlagen ist die nach der optimalen Betriebsplanung beziehungsweise nach dem optimalen Einsatz der zur Verfügung stehenden Energieträger und Betriebsstoffe.

Ein Beispiel hierfür findet sich unter anderem bei PERERA[284], der sich mit der Berechnung derartiger optimaler Betriebsstrategien für hydrothermale Kraftwerke befasst. Grundlage hierfür sind die von CHANDLER, DANDENO, GLIMN und KIRCHMAYER[285] entwickelten sogenannten *coordination equations*. Ziel ist, eine durch den aktuellen Bedarf der Verbraucher definierte Lastgrenze bei gleichzeitig minimalen Betriebskosten in keinem Fall zu unterschreiten.

Allgemeine Grundlagen solcher Untersuchungen mit Hilfe elektronischer Analogrechner behandelt WASHBURN[286]. Die hier zur Anwendung gelangenden Rechner werden meist als *Electronic Dispatch Computer*, kurz *EDC*, bezeichnet und erlaubten bereits früh

---

[281]Kurz für *M*assachusetts *I*nstitute of *T*echnology.
[282]Siehe [253].
[283]Siehe [554][S. 214 ff.].
[284]Siehe [451].
[285]Siehe [83].
[286]Siehe [595].

Einsparungen in einer Größenordnung, die auch die Anschaffung umfangreicher Analogrechenanlagen zur Unterstützung und Planung des Kraftwerksbetriebes rechtfertigte. Bereits 1962 erwähnt WASHBURN hierzu[287]:

> *Estimated annual fuel savings obtainable with EDC's may approach $50 per megawatt installed. For a typical 1,000-megawatt system this saving can amount to $30,000 to $50,000 per year and thus may warrant an investment of $250,000.*

Ein Beispiel für einen solchen Analogrechner zeigt Abbildung 10.45 anhand des Goodyear *Power Dispatch Computer*s, der jährlich bis zu $200,000 einzusparen half[288].

10.10 Elektronik und Nachrichtentechnik

Mehr noch als im Bereich der elektrischen Energietechnik fanden elektronische Analogrechner Verwendung in fast allen Zweigen der Elektronik beziehungsweise Nachrichtentechnik, was im Wesentlichen auf die seit Beginn des Zweiten Weltkrieges sprunghaft gewachsene Komplexität elektronischer und nachrichtentechnischer Einrichtungen zurückzuführen ist, wie auch KETTEL, KLEY, MANGOLD, MAUNZ, MEYER-BRÖTZ, OHNSORGE und SCHÜRMANN anmerken[289]:

> *Ob man beim Konzept für ein Gerät oder eine Anlage sich ganz auf Erfahrung und Berechnung verlassen muß, oder ob seine Richtigkeit und Zweckmäßigkeit zusätzlich mit Hilfe von Labormustern auch noch praktisch erprobt werden kann, hängt ganz wesentlich vom Umfang des Gerätes oder der Anlage ab. Diese Möglichkeit verschwindet in dem Maße, wie die nachrichtentechnischen Geräte und Systeme an Komplexität zunehmen. In gleichem Maße wird ihre völlige Berechenbarkeit um so dringender.*

Diese Forderung nach „*völlige[r] Berechenbarkeit*" sorgte in der Folge dafür, dass mitunter sogar spezielle Analogrechner für die Behandlung sehr eng umrissener Themengebiete der Elektronik entwickelt wurden, wie der folgende Abschnitt exemplarisch zeigt.

10.10.1 Schaltungssimulation

Während die Simulation von Schaltungen aus passiven Bauteilen in der Regel keine besonderen Schwierigkeiten mit sich bringt, stellen Schaltungen mit aktiven Bauelementen, vor allem in Form einfacher Bipolartransistoren, bereits Anforderungen, die

---

[287] Siehe [595][S. 5-155].

[288] Siehe [399]. Ein praktisches Beispiel für die Lösung einer Optimierungsaufgabe im Zusammenhang mit dem Betrieb eines Heizkraftwerkes findet sich in [179][S. 224 ff.].

[289] Siehe hierzu [231][S. 3]. Diese Arbeit gibt darüber hinaus einen schönen Überblick über Anwendungsgebiete elektronischer Rechenanlagen im Bereich der Nachrichtentechnik, wobei elektronische Analogrechner jedoch nur neben Hybridrechnern und herkömmlichen speicherprogrammierten Digitalrechnern behandelt werden.

Abb. 10.45: *Der GEDA Power Dispatch Computer (nach [399])*

nur mit hohem Aufwand zu bewältigen sind. Ein schönes Beispiel hierzu findet sich bei RANFFT und REIN[290], die einen für den besonderen Fall der Transientenanalyse in bipolaren Transistorschaltungen, die nicht im Sättigungsbereich der Transistoren arbeiten, entwickelten speziellen elektronischen Analogrechner beschreiben, der vor allem eine extreme Zeitdehnung ermöglicht, mit deren Hilfe Transienten, die sich im Bereich unter 10^{-9} Sekunden abspielen, sicher simuliert und analysiert werden können.

---

[290]Siehe [467].

Zur Verwendung herkömmlicher Allzweckanalogrechner für diesen Einsatzzweck merken die Autoren Folgendes zur Entscheidung für die Entwicklung eines Spezialanalogrechners an[291]:

> *Standard analog computers are normally not well suited for simulation of transistor circuits.*

Bezüglich des technischen Aufwandes, der für die Simulation von Transistorschaltungen im Allgemeinen mit Hilfe herkömmlicher elektronischer Analogrechner betrieben werden muss, bemerkt entsprechend BALABAN[292], dass „[...] *a six to eight transistor circuit can be patched on a large analog computer*".

Die Vorteile des Einsatzes des von RANFFT und REIN entwickelten analogen Simulationsrechners werden wie folgt beschrieben[293]:

> *Its advantages, when compared to the usual digital computer simulation, are low costs, simple operation, and short simulation time, allowing a fast man-machine dialog. This simulation method has already been successfully used in the design of several high-speed integrated circuits.*

Auch hier steht, wie so oft, im Vergleich mit einem speicherprogrammierten Digitalrechner neben der hohen Rechengeschwindigkeit eines elektronischen Analogrechners auch das hohe Maß an Interaktivität im Vordergrund, das einen wesentlich intuitiveren Zugang zu den jeweils behandelten Fragestellungen ermöglicht, als es in der damaligen Zeit bei einer rein digitalen Technik realisierbar gewesen wäre.

Die Kosten ihrer Entwicklung beziffern die Autoren für ein aus 20 Transistormodellen, 12 Modellen für die Simulation von Schottky-Dioden, 24 Widerständen und zwei Strom- beziehungsweise Spannungsquellen bestehendes System auf $3,600 (Stand 1977), was zu dieser Zeit etwa den Kosten von 100 bis 200 Transientenanalysen mit Hilfe eines speicherprogrammierten Digitalrechners entsprach.

Ein weiteres Beispiel für den Einsatz analoger Rechentechniken im Bereich der Schaltungssimulation beschreibt BALABAN[294] anhand des *HYPAC*-Systems[295], bei dem es sich im Wesentlichen um eine Hybridrechenanlage handelt, auf deren analogem Teil einige wenige Grundelemente der jeweils zu simulierenden Schaltung nachgebildet werden, die in der Folge in einem Zeitmultiplexbetrieb unter Steuerung des zugeordneten Digitalteiles zu einer nahezu beliebig umfangreichen Schaltungssimulation zusammengefasst werden[296].

---

[291] Siehe [467][S. 76].
[292] Siehe [25][S. 771].
[293] Siehe [467][S. 76].
[294] Siehe [25].
[295] Kurz für *HY*brid *PAC*TOLUS, vergleiche auch Abschnitt 9.1.
[296] Eine solche Nutzung analoger Rechenkomponenten für verschiedene Teilaufgabenstellungen in einer einzigen, sehr viel umfangreicheren Fragestellung durch Verwendung eines Digitalrechners zur Speicherung von Zwischenergebnissen und zur Koordination der Betriebsmodi der analogen Teilrechenschaltungen erlaubt – zumindest im Prinzip – die Behandlung beliebig umfangreicher Probleme mit Hilfe auch kleiner Analogrechner, womit eine der Haupteinschränkungen analoger Rechenanlagen unter Inkaufnahme entsprechender Geschwindigkeitseinbußen umgangen werden kann.

10.10.2 Spektralanalyse, Frequenzgangbestimmung und Resonanzuntersuchungen

Der Einsatz elektronischer Analogrechner zur Durchführung von Fourieranalysen, denen nicht zuletzt im Bereich der Nachrichtentechnik eine tragende Rolle zukommt, wurde bereits in Abschnitt 10.1.7 kurz dargestellt[297].

Eine typische Anordnung zur Bestimmung von Frequenzgängen sowohl von Schaltungen, die als Laborprototypen vorliegen, als auch von Schaltungen, die vollständig als Simulation auf einem Analogrechner realisiert wurden[298], geben BARD[299] sowie GILOI und LAUBER[300] an. Herzstück der dort beschriebenen Anordnungen ist im Wesentlichen stets ein auf einem Verzögerungsglied basierender Spitzenwertgleichrichter[301], mit dessen Hilfe unter Verwendung einer Gleitfrequenz[302] als Eingangssignal der Prototypenschaltung beziehungsweise der simulierten Schaltung deren Frequenzgang direkt mit Hilfe eines Schreibers oder Oszilloskops aufgezeichnet werden kann[303].

Ein interessantes Verfahren zur Bestimmung von Übertragungsfunktionen linearer, sinusförmig erregter Übertragungssysteme mit Hilfe elektronischer Analogrechner gibt SCHÜSSLER an[304]. Zur Anwendung kommt hier ein Abtastverfahren, bei dem mit Hilfe geeignet gesteuerter Integrierer, die als analoge Speicher eingesetzt werden, die Ausgangsspannung des simulierten und zu untersuchenden Systems zu bestimmten, vorher festgelegten Zeitpunkten erfasst und gespeichert wird, um in der Folge hieraus eine Ortskurvendarstellung des Übertragungssystems zu gewinnen.

10.10.3 Filterentwurf

Unter Verwendung derartiger Techniken lassen sich auch durch mehr oder minder gezielte Experimente mit Hilfe eines Analogrechners Filterschaltungen mit bestimmten Charakteristiken entwerfen. Ein Beispiel hierfür findet sich bei LARROWE[305], der sich mit dem Entwurf von Bandpass-Quadraturfiltern[306] befasst.

Neben direkten Probierverfahren können elektronische Analogrechner jedoch auch zur direkten Lösung der zur Berechnung eines Filters eingesetzten Gleichungen Verwen-

---

[297] Siehe auch [230][S. 166 ff.].

[298] Je nach Komplexität und in Frage kommenden Frequenzbändern muss zwischen der vollständigen Schaltungssimulation oder der Verwendung eines Prototypenaufbaus gewählt werden, wobei der Simulation durch die Möglichkeit der Zeitdehnung oder -raffung in der Mehrzahl der Fälle der Vorzug gegeben wurde.

[299] Siehe [26].

[300] Siehe [145][S. 212 f.].

[301] Siehe auch [554][S. 265 f.].

[302] Siehe Abschnitt 5.3.1.3.

[303] In diesem Zusammenhang ist im Übrigen zu bemerken, dass nur bei linearen Systemen der Frequenzgang von der Amplitude des jeweils betrachteten Eingangssignals unabhängig ist. Bei nichtlinearen Systemen hängt der Frequenzgang direkt von der Amplitude des Eingangssignals ab, so dass hier eine Behandlung häufig nur durch Simulation sowie Messung möglich ist (siehe z.B. [26][S. 29]).

[304] Siehe [511].

[305] Siehe [265].

[306] Hierbei handelt es sich im Wesentlichen um einen aus zwei Teilfiltern zusammengesetzten Bandpass mit zwei Ausgängen, an welchen zwei um $\frac{\pi}{2}$ gegeneinander versetzte Signale abgenommen werden können.

dung finden, wobei sich ein ausgesprochen interessantes Beispiel hierfür bei GILOI[307] in Form der Berechnung *Wienerscher Optimalfilter*[308] mit Hilfe eines elektronischen Analogrechners findet. Zur Entwicklung derartiger Filter ist die Lösung einer bestimmten Integralgleichung[309] erforderlich, wozu sich DR. GILOI wie folgt[310] erinnert:

> *Ich kannte den Analogrechner als eine Maschine zum Lösen von Differentialgleichungen, aber mit Sicherheit war er keine Maschine zum Lösen von Integralgleichungen. Andererseits verstand ich, dass die Wiener-Hopf-Integralgleichung [...] etwas mit der Gewichtsfunktion eines Übertragungssystems zu tun hatte, und Übertragungssysteme ließen sich auf dem Analogrechner behandeln. [...] Wie ich schnell erkannte, bestand das Problem darin, dass bei dem mathematischen Ansatz von Wiener zunächst von der Gewichtsfunktion des idealen Prediktors ausgegangen wird. Diese besteht aus zwei Teilfunktionen: dem (kausalen) Teil für $t > 0$ und dem (nicht kausalen) Teil für $t < 0$. [...] Das Problem dabei war, dass die nicht kausale Teilfunktion [...] auf ein instabiles Übertragungssystem führte, das sich auf dem Rechner natürlich nicht realisieren ließ. [Mir kam dann] die Idee, durch die einfache Transformation $t \rightarrow -t$ das nicht kausale System stabil zu machen. Das heißt, man konnte auch diesen Teil berechnen, wenn man die Zeit rückwärts laufen ließ. Auf dem Analogrechner bedeutete dies, dass man die Systemantwort speichern und dann rückwärts wieder einlesen musste, was technisch kein Problem war.*

10.10.4 Modulatoren und Demodulatoren

Zum Abschluss des Abschnittes über den Einsatz elektronischer Analogrechner im Bereich der Elektronik und Nachrichtentechnik seien einige Arbeiten zur Entwicklung von Demodulatoren und Phasendetektoren unter Verwendung derartiger Rechenanlagen angeführt.

MANSKE befasst sich ausführlich mit der Simulation von Phasendetektoren und Frequenzdiskriminatoren für Empfängerschaltungen mit Hilfe elektronischer Analogrechner, denen hierbei sowohl die eigentliche Simulation der zu untersuchenden Schaltung als auch die Auswertung der Simulationsergebnisse zukamen[311]. Die Simulation eines Kommunikationssystems auf Basis frequenzmodulierter Übertragung auf einem Analogrechner beschreibt HU[312].

Mit der Projektierung von Modulatoren und Demodulatoren unter Verwendung eines elektronischen Analogrechners für den Einsatz in der Fernmesstechnik befasst sich unter

---

[307]Siehe [140].

[308]Bei einem solchen Filter handelt es sich um eine Approximation eines akausalen, d.h. „vorhersagenden" und naturgemäß nicht existenten Filters, wobei diese Approximation den zeitlichen Mittelwert des Fehlerquadrates zwischen dem idealen Ausgangssignal des akausalen Filters und dem real erzielbaren Signal minimiert.

[309]Vergleiche Abschnitt 5.1.4.

[310]Persönliche Mitteilung an den Autor.

[311]Siehe [287]. Ähnliche Techniken beschreibt JOHNSON in [214][S. 235 f.].

[312]Siehe [199].

anderem KETTEL[313], wobei hier eine Pulslängenmodulation auf Basis eines symmetrischen Sägezahnverfahrens behandelt wird.

10.11 Mess-, Steuer- und Regeltechnik

Die Bereiche der Mess-, Steuer- und Regeltechnik bieten naturgemäß ein weites Anwendungsfeld für analoge und hybride Rechentechniken, wie beispielsweise ein Übersichtsartikel von KETTEL[314] zeigt, der sich mit typischen Einsatzgebieten elektronischer Analogrechner im Bereich der Messtechnik und Nachrichtenverarbeitung[315] befasst. Allgemein wird dort bemerkt:

> *Ein vorhandener Analogrechner ist nicht nur ein Rechengerät, das z.B. die Berechnung eines Regelsystems erlaubt, sondern es kann ebensogut, vor allem wenn es klein und transportabel ist, als elektrischer Regler in ein Regelsystem eingefügt werden, damit in Verbindung mit der echten Regelstrecke der Regler optimal dimensioniert werden kann.*

Die in den folgenden Abschnitten genannten Beispiele sind bei weitem nicht erschöpfend, geben jedoch einen Eindruck von der Breite typischer Aufgabengebiete, die mit Hilfe elektronischer Analogrechner in diesem Umfeld erfolgreich bearbeitet wurden.

10.11.1 Datenerfassung und -verarbeitung

Im Jahre 1961 stellte das Unternehmen *Rohde und Schwarz* unter der Bezeichnung *TRS-2* ein System zur Erfassung und Verarbeitung von Messwerten vor, das im Wesentlichen aus einem Messgrundgerät mit integriertem Modulträger bestand, welcher in der Lage war, Standardanalogrechenmodule des Herstellers EAI aufzunehmen, und wie folgt beworben wurde[316]:

> *Messen – datenverarbeiten – auswerten mit Analogrechner-Bauelementen durch transistorisierte und röhrenbestückte Kleingeräte mit variabler Programmierung und auf Wunsch mit fester spezieller Programmierung in auswechselbaren Einschüben.*

Je nach geplantem Einsatzzweck konnte das System in einer freikonfigurierbaren Variante oder alternativ auch vorverdrahtet für die Behandlung eines bestimmten Problems eingesetzt werden. Abbildung 10.46 zeigt ein solches System des Typs TRS-2 mit zwei zerhackerstabilisierten Doppeloperationsverstärkern, einem Doppelkoeffizientenpotentiometer sowie einem weiteren Einschub mit untereinander verbundenen Buchsen sowie festen Widerständen.

---

[313]Siehe [230][S. 170 f.].
[314]Siehe [230].
[315]Bei *Nachrichten* im Sinne KETTELs handelt es sich hierbei um „*Messwerte [,die] in technischen Prozessen auftreten*" (siehe [230][S. 165]).
[316]Siehe [396].

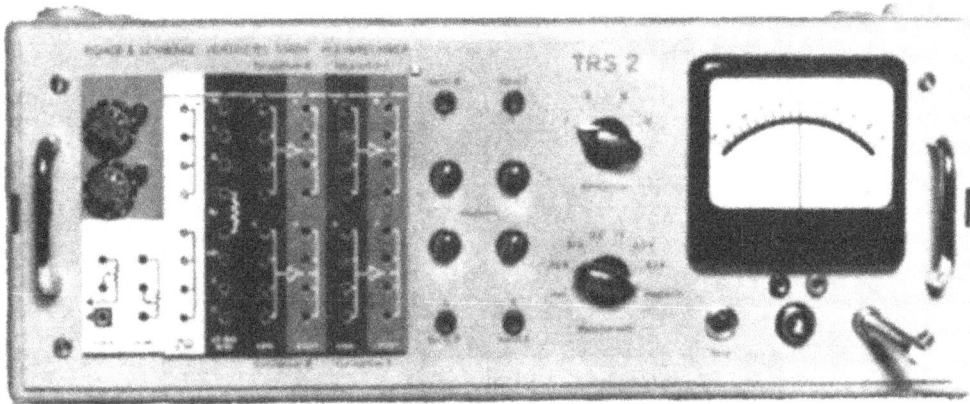

Abb. 10.46: *Datenerfassungs- und -verarbeitungssystem TRS-2 von Rohde und Schwarz (cf. [396])*

10.11.2 Korrelationsanalyse

Den Einsatz elektronischer Hybridrechner für Offlinekorrelationsanalysen nicht stationärer Signale behandeln WIERWILLE und KNIGHT[317] anhand der Durchführung einer Autokorrelationsanalyse auf Basis von Vibrationsdaten einer Raketenstufe, wobei die Autoren diesem Verfahren ein rein digitales Verfahren, das auf einem speicherprogrammierten Allzweckdigitalrechner implementiert wurde, vergleichend gegenüber stellen.

10.11.3 Regelkreise

Ein schönes Beispiel für den Einsatz elektronischer Analogrechner bei der Untersuchung und Entwicklung von Regelkreisen beschreiben JANSSEN und ENSING[318] anhand eines im Wesentlichen aus drei Grundeinheiten bestehenden elektronischen Spezialanalogrechners.

Bestandteile dieses Systems sind ein Modell der zu betrachtenden Regelstrecke selbst, ein Modell des zu kontrollierenden Prozesses sowie eine Ausgabeeinheit mit Oszilloskop und gegebenenfalls zusätzlichen Messinstrumenten beziehungsweise Schreibern. Bemerkenswert an der Implementation dieses Systems ist die Verwendung eines passiven analogen Verzögerungselementes zur Abbildung typischer Verzögerungen, wie sie innerhalb technischer Prozesse vielfach auftreten. Dieses Verzögerungselement besteht aus einer Vielzahl kleiner, aus Kapazitäten und Induktivitäten zusammengesetzter Teilabschnitte, deren jeder mit einem nach außen geführten Abgriff versehen ist, so dass innerhalb bestimmter Grenzen mit feiner Granularität beliebige Verzögerungswerte realisiert werden können.

Die grundlegenden Techniken des Einsatzes elektronischer Analogrechner zur Simulation und Untersuchung industrieller Mess- und Regelsysteme behandeln JAMES, SMITH

---

[317]Siehe [601].
[318]Siehe [212].

und WOLFORD[319] anhand einfacher Beispiele wie einer Zweipunktregelung, eines Proportionalreglers sowie einer komplexeren Servoschaltung[320].

AMMON und SCHNEIDER beschreiben die Simulation einer Drehzahlregelung, die durch Beeinflussung des Motorfeldes wirkt, mit Hilfe eines Analogrechners, wobei hier[321] sehr schön der Übergang vom Wirkschaltbild des Ursprungsproblems über ein typisches Strukturbild der Regelungstechnik hin zu einer praktisch umsetzbaren und normierten Rechenschaltung dargestellt wird[322].

Ein komplexes Beispiel für den Einsatz von Analogrechnern in der Planung industrieller Regelungssysteme behandelt SYDOW anhand des Beispieles einer Papiermaschinenregelung[323]. Im betrachteten Prozess durchläuft eine Rohpapierbahn eine aus Siebpartie, Nasspressenpartie und Trockenpartie bestehende Produktionsstrecke, wobei vor allem die Steuerung der insgesamt 40 dampfbeheizten, rotierenden Zylinderwalzen der Trockenpartie in Abhängigkeit der Sollpapierdicke am Ausgang der Strecke als Kontrollparameter des Regelkreises untersucht wird.

Während diese Beispiele stets das Verhalten elektronischer Regler mit Hilfe eines elektronischen Analogons zum Gegenstand ihrer Betrachtungen haben, befassen sich KOENIG und SCHULTZ[324] mit der Bestimmung von Auslegungsparametern für rein mechanisch arbeitende Fliehkraftregler mit Hilfe elektronischer Analogrechner, wobei als konkretes Beispiel die Drehzahlregelung eines Generatorsatzes in einem Hydrokraftwerk betrachtet wird.

10.11.3.1 Servosysteme

Besondere Herausforderungen stellen in der Regel Servosysteme an die mathematische Modellierung und rechentechnische Simulation, wenn hierbei komplexe Übertragungsfunktionen sowie kurze Reaktionszeiten der Regelstrecke realisiert werden sollen. Ein Beispiel hierfür findet sich bei CALDWELL und RIDEOUT[325], die sich mit der Untersuchung gedämpfter, nichtlinearer Servosysteme mit Hilfe elektronischer Analogrechner beschäftigen. Derartige Untersuchungen waren und sind von großem Interesse bei der Projektierung praktisch einsetzbarer Servosysteme, da ein nichtlineares Verhalten in der Regel unabdingbar ist, um zum einen bei nur geringen Einstellfehlern die Gefahr eines Überschwingens des Systems zu minimieren, während zum anderen bei großen Abweichungen des Istwertes von der Sollgröße ein entsprechend rasches Reagieren des Systems gewährleistet sein muss[326].

---

[319] Siehe [208][S. 215 ff.].

[320] Weitere Beispiele der Simulation einfacher Regelsysteme sowie eine Aufstellung typischer Grundelemente technischer Prozesse mit zugehörigen Rechenschaltungen für Analogrechner findet sich bei WORLEY (siehe [606]).

[321] Siehe [12].

[322] Ein ähnlich anschauliches Beispiel findet sich bei LOTZ (siehe [276]), der die Simulation der Regelung eines Hydrauliksystems betrachtet.

[323] Siehe [554][S. 211 ff.].

[324] Siehe [240].

[325] Siehe [73].

[326] Allgemeine Betrachtungen zur Simulation derartiger Systeme finden sich auch bei HURST (siehe [204]).

10.11.3.2 Abtastsysteme

Eine Vielzahl technisch relevanter Regelungssysteme verwendet sogenannte *Abtastsysteme* im Eingang der Regelstrecke. Hierbei handelt es sich um Regelkreise, die im Unterschied zu kontinuierlich vergleichenden Systemen einen aus dem zu regelnden Prozess gewonnenen Istwert nur zu bestimmten Zeitpunkten auslesen und den so gewonnenen Wert zum Vergleich mit einem vorgegebenen Sollwert heranziehen.

Die Simulation derartiger Systeme, die in der Praxis weite Verbreitung gefunden haben, mit Hilfe elektronischer Analogrechner, stellt aufgrund der Notwendigkeit, einen Abtast- und Haltekreis nachbilden zu müssen, etwas untypische Anforderungen, die vor allem mit hybriden Rechnersystemen gut erfüllt werden können. Beispiele hierfür behandeln unter anderem SCHNEIDER[327] sowie SIMONS, HARDEN und MONTE[328].

10.11.3.3 Dedizierte Rechner in Regelanwendungen

Neben dem Einsatz elektronischer Analogrechner in der Planungsphase komplexer mess-, steuer- und regelungstechnischer Anlagen wurden und werden zum Teil auch heute noch derartige Rechner in Form dedizierter Spezialrechner als Bestandteile umfangreicher Regelungssysteme eingesetzt.

Eines der einfachsten Beispiele hierfür stellt der um 1788 von JAMES WATT zur Regelung der von ihm konstruierten Dampfmaschine entwickelte Fliehkraftregler dar[329], dessen mögliche Berechnung und Dimensionierung mit Hilfe elektronischer Analogrechner bereits zuvor erwähnt wurde[330]. Durch die Verwendung entsprechender Steuergestänge, die eine Multiplikation der auf das zu regelnde System in der Folge wirkenden Steuergröße mit einem einstellbaren, jedoch für einen Maschinenlauf festen Wert ermöglichen, ergibt sich ein, wenn auch einfacher, Spezialanalogrechner, der untrennbar mit dem ihm zugeordneten Prozess verknüpft ist.

Naheliegenderweise wurden analoge elektronische Rechenelemente bereits früh für den Aufbau derartiger dedizierter Steuerrechner genutzt, wie folgendes Zitat von KORN und KORN aus dem Jahr 1956 zeigt[331]:

> *D-c analog representation of automatic control systems has proved to be a powerful aid in the design of prototype models and pilot plants and in the determination of starting procedures and of optimum controller settings after changes in raw materials or other conditions. But the utility of d-c analog techniques for automatic control applications is not restricted to computations of this type. Special-purpose d-c analog computers, which may often be conveniently assembled from the standard components of commercially available machines, can themselves serve as control-system elements in many applications suited to their characteristics.*

---

[327] Siehe [505].

[328] Siehe [531].

[329] Ähnliche Einrichtungen kamen bereits in früheren Jahren in Windmühlen zum Einsatz, worauf JAMES WATT von seinem damaligen Geschäftspartner MATTHEW BOULTON aufmerksam gemacht wurde, was wiederum zur Folge hatte, dass für diese Entwicklung kein Patentschutz beantragt wurde (siehe beispielsweise [106][S. 34 ff.]).

[330] Vergleiche Abschnitt 10.11.3.

[331] Siehe [243][S. 109 f.].

Auch RUNGE erwähnt lediglich vier Jahre später das Potential eingebetteter elektronischer Analogrechner für die Mess-, Steuer- und Regelungstechnik[332]:

> So dient die Analogrechentechnik nicht nur dem Studium funktioneller Zusammenhänge, sondern wird auch in festverdrahteten Geräten für spezielle technische Aufgaben eingesetzt. Um mit E. KETTELs Worten zu reden: „Es gibt kaum einen Bereich in Wissenschaft und Technik, der keine Anwendungsmöglichkeit für den Analogrechner böte."

Ein schönes Beispiel hierfür stellen die bereits in Abschnitt 10.5.3 abgebildeten Analogrechnermodule des Herstellers General Dynamics dar, die typischerweise in der Steuerung und Regelung kerntechnischer Anlagen zum Einsatz gelangten[333].

Auch Telefunken bot die ursprünglich für die Analogrechner der Typen RAT 700 beziehungsweise RA 800[334] entwickelten, volltransistorisierten Rechenverstärker sowohl einzeln als auch in vorverdrahteten Baugruppen zu je 15 Stück zusammengefasst als „Regler und Messwertwandler" an[335].

Auf solchen Rechenelementen beruhende Grundschaltungen elektronischer Regler mit Rückführung behandelt beispielsweise WEITNER[336] – ein Beispiel für einen solchen elektronischen Regler, der eine freie Parametrisierung der proportionalen, integrierenden und differentiellen Terme in weiten Grenzen erlaubt, zeigt Abbildung 10.47 anhand des Reglers *Mark IV*[337]. Diese Variabilität erschloss dem Regler eine Vielzahl möglicher Anwendungsgebiete, die zuvor jeweils eigene Speziallösungen erforderten.

Einen interessanten Spezialverstärker beschreiben KINZEL und SENGEWITZ[338] in Form eines radizierenden Verstärkers, der für die Berechnung von Einspritzkennwerten für die Regelung großer Dieselmotoren Verwendung fand.

10.12   Verfahrenstechnik

Eine Vielzahl sowohl technisch als auch kommerziell interessanter Fragestellungen, die einer Behandlung mit Hilfe elektronischer Analog- und Hybridrechner zugänglich sind und über lange Zeit mit derartigen Hilfsmitteln untersucht wurden, findet sich in dem gemeinhin als Verfahrenstechnik bezeichneten Gebiet, in welches unter anderem die Entwicklung geeigneter Verfahren, Prozesse und Anlagen für die Durchführung chemischer Synthesen in großtechnischem Maßstab fällt[339].

---

[332]Siehe [498].

[333]Eine Einführung in die Grundlagen und Technik von Prozessrechenanlagen mit Blick auf elektronische Analogrechner geben beispielsweise LUDWIG und KAPLICK (siehe [279]).

[334]Vergleiche Abschnitte 6.3 sowie 6.4.

[335]Siehe [383].

[336]Siehe [598]. An anderer Stelle (siehe [597]) beschreibt WEITNER einen *Modellregelkreis*, der als Instruktionsmodell für Ausbildungszwecke zum Einsatz gelangen sollte, um „die schwierige Materie der Regelvorgänge besser verständlich zu machen" (siehe [597][S. 105]).

[337]Siehe [361][S. 134 ff.].

[338]Siehe [237] sowie [238].

[339]Kein solcher Prozess kann ohne geeignete Mess-, Steuer- und Regelmechanismen umgesetzt werden, so dass die im vorangegangenen Abschnitt angeführten Beispiele auch als Bestandteile der Verfahrenstechnik angesehen werden können.

Abb. 10.47: *Der elektronische PID-Regler „Mark IV" (nach [361][S. 134])*

Die Bedeutung elektronischer Analog- und Hybridrechner in diesem Bereich macht folgendes Zitat von HOLST deutlich[340], das einen für die Geschichte der elektronischen Analogrechentechnik ausgesprochen langen Zeitraum betrachtet und die Entwicklung der installierten Anlagenkapazität bei Foxboro, einem Unternehmen, das sich vor allem mit Fragen der Prozessinstrumentierung und -steuerung beschäftigt, darstellt:

> *Analog computing capacity [at Foxboro] has increased from some 8-10 operational amplifiers in 1938 to more than 150 thirty years later.*

Tabelle 10.1 vermittelt einen guten Eindruck vom Umfang typischer Analogrechenanlagen, wie sie bei Unternehmen der chemischen Industrie in der Zeit zwischen 1950 und 1961 installiert und eingesetzt wurden. Die größten hier aufgeführten Systeme entsprechen hinsichtlich ihres Umfanges großen Systemen, wie sie in der Luft- und Raumfahrttechnik, den anspruchvollsten Anwendungsgebieten des elektronischen Analogrechnens überhaupt, zum Einsatz gelangten.

Derartig große Installationen elektronischer Analogrechner blieben nicht allein auf die westliche Welt der Vereinigten Staaten von Amerika und Europa beschränkt – auch in nichtwestlichen Ländern, namentlich der Sowjetunion, kamen Analogrechner in großer

---

[340] Siehe [195][S. 316 f.].

Unternehmen	Jahr	Anzahl Verstärker	Hersteller
Dow Chemical Co.			
Midland Division	1954	20	Beckman (Berkeley)
	1961	140	EAI
Texas Division	1956	30	Daystrom (Heath)
	1961	80	Philbrick
E. I. du Pont de Nemours & Co.			
Newark, Del.	1950	30	Beckman (Berkeley)
	1955	50	Beckman (Berkeley)
	1958	120	EAI
	1960	300	EAI
Experimental Station,	1960	70	Computer Systems
Wilmington, Del.			
Monsanto Chemical Co.			
St. Louis, Mo.	1957	116	EAI
	1958	24	EAI
	1959	88	EAI
Ohio Oil Co.			
Denver, Colorado	1957	56	EAI
Humble Oil & Refining Co.			
Baytown, Texas	1960	80	EAI
	1961	80	EAI
Baton Rouge, La.	1959	80	EAI
	1960	40	EAI
Esso Research & Engineering Co.			
Florham Park, N.J.	1959	40	EAI
	1959	40	EAI
	1960	80	EAI
	1960	80	EAI
American Oil Co.			
Whiting, Ind.	1955	–	EAI
	1957	168	EAI
Standard Oil Co.			
Cleveland, Ohio	1955	90	Beckman (Berkeley)
	1957	10	Beckman (Berkeley)
	1961	170	Beckman (Berkeley)
Union Carbide Olefins Co.			
South Charleston	1956	30	EAI
	1958	60	EAI
	1959	60	EAI
Thiokol Chemical Corp.			
Brigham City, Utah	1959	168	EAI
Phillips Petroleum Co.			
Bartlesville, Okla.	1959	80	EAI
	1960	80	EAI
Chemstrand Corp.			
Decatur, Ala.	1960	80	EAI
Shell Oil Co.			
Shell Chemical Corp.	1960	120	EAI
Development Corp.	1956	24	Goodyear
	1957	24	Goodyear
	1960	10	Donner Scientific
	1960	10	Donner Scientific
Hercules Powder Co.			
Wilmington, Del.	1960	44	Beckman (Berkeley)
Daystrom, Inc.			
La Jolla, Calif.	1960	100	Computer Systems

Tabelle 10.1: *Analogrechnerinstallationen in petrochemischen Betrieben der Vereinigten Staaten von Amerika bis 1961 (nach [77][S. 356])*

Zahl und umfangreichen Ausbaustufen bei der Untersuchung verfahrenstechnischer Fragestellungen zum Einsatz, wie beispielsweise bei USHAKOV deutlich wird[341].

Allgemeine Grundlagen des Einsatzes elektronischer Analog- sowie Hybridrechenanlagen auf dem Gebiet der Verfahrenstechnik finden sich beispielsweise bei HOLST[342] sowie bei RAMIREZ[343], wo vor allem eine Vielzahl ausgearbeiter Fallbeispiele behandelt wird.

10.12.1 Mischtanks, Wärmetauscher, Verdampfer, Kolonnen

Mischtanks, Wärmetauscher, Verdampfer und Kolonnen gehören zu den wesentlichen Grundelementen verfahrenstechnischer Anlagen, was zur Folge hat, dass der Simulation und Untersuchung ihres Verhaltens mit Hilfe von Analog- beziehungsweise Hybridrechnern bereits früh großes Interesse entgegengebracht wurde.

Die vergleichsweise einfachsten Verhältnisse finden sich bei Mischtanks, wozu sich eine Sammlung von Simulationsbeispielen unter Berücksichtigung von Heizanlagen und Rührwerken bei RAMIREZ findet[344].

Komplexer sind die Verhältnisse bereits bei Wärmetauschern und Verdampfern, da hier stark unterschiedliche Anlagenausprägungen, beispielsweise Gegenstrom- beziehungsweise Gleichstromkonfigurationen, berücksichtigt werden müssen und überdies schnell Probleme auftreten, deren Lösung auf die Behandlung partieller Differentialgleichungen führt[345]. Ein schönes Beispiel für die Simulation eines Verdampfers mit Hilfe einer Hybridrechenanlage des Typs *EAI 590* findet sich bei OLIVER, SEBORG und GISHER[346], während CARLSON[347] die Hybridsimulation eines Wärmetauscher-Reaktorsystems beschreibt, die als Grundlage für die Entwicklung eines Wärmetauschersteuerungssystems Einsatz fand[348].

Die Simulation des sehr komplexen Systems eines Flugstaubreaktors, wie er beispielsweise für die Durchführung einer *Fischer-Tropsch-Synthese*[349] Verwendung findet, mit Hilfe eines Analogrechners des Typs *EAI 680*, beschreibt GOVINDARAO[350]. Eine besondere

---

[341]Siehe [581] sowie [582].

[342]Siehe [195].

[343]Siehe [469].

[344]Siehe [469][S. 4 ff.] sowie [469][S. 43 ff.].

[345]Die für die Simulation derartiger Anlagen notwendigen Grundlagen werden beispielsweise bei BILLET behandelt (siehe [44].)

[346]Siehe [436].

[347]Siehe [78].

[348]Für die mathematischen Grundlagen der Simulation von Wärmetauschern sei an dieser Stelle auf [508] verwiesen.

[349]Hierbei handelt es sich um ein 1925 von FRANZ FISCHER und HANS TROPSCH entwickeltes Verfahren zur Erzeugung längerkettiger Kohlenwasserstoffe aus sogenanntem Synthesegas, das mitunter auch als *Benzinsynthese* oder *Kogasinverfahren* bezeichnet wird und vor allem während des Zweiten Weltkrieges in Deutschland Anwendung in großtechnischem Maßstab fand. Zu den Grundlagen dieser Technik sei auf HENGLEIN verwiesen (siehe [181][S. 411 ff.]).

[350]Siehe [155].

Herausforderung stellt bei dieser Simulationsaufgabe die Tatsache dar, dass in dem betrachteten Reaktor zeitgleich sowohl gasförmige, flüssige und feste Phasen unterschiedlicher Reaktionsteilnehmer zu berücksichtigen sind[351].

Insgesamt erforderte die Umsetzung dieser Simulation 33 Integrierer, 12 analoge Speicher, 13 Summierer, 10 Inverter[352], 18 Multiplizierer, 80 Koeffizientenpotentiometer sowie eine Reihe digitaler Steuerelemente zur Kontrolle des Rechenablaufes.

Auch sogenannte *Rektifizierkolonnen*[353] wurden mit Erfolg mit Hilfe elektronischer Analogrechner hinsichtlich ihres Verhaltens sowie ihrer Einbettung in komplexere industrielle Prozesse untersucht[354].

Ein schönes Beispiel zur Simulation einer dreibödigen Rektifizierkolonne mit Hilfe eines elektronischen Analogrechners findet sich in [368]. Ein etwas komplexeres Beispiel in Form der Simulation einer Kolonne mit fünf Böden beschreiben WILLIAMS, JOHNSON und ROSE[355], woraus auch Abbildung 10.48, welche das strukturelle Modell der betrachteten Rektifizierkolonne mit den unterschiedlichen Substanzflüssen zwischen den einzelnen Böden etc. zeigt, entnommen ist[356]. Anhand dieser Abbildung wird deutlich, welchen Aufwand bereits die Simulation hinsichtlich der Anzahl ihrer Böden unrealistisch kleiner Kolonnen nach sich zieht, wenn alle auftretenden Stoffdurchmischungen und Phasenübergänge in ausreichendem Maße Berücksichtigung finden sollen.

Ein ähnliches System, jedoch mit sechs Kolonnenböden, beschreibt RAMIREZ[357] – hier findet sich auch[358] die Behandlung der Materialbalance bei einer Alkoholdestillation beschrieben.

Alle diese Beispiele behandeln aus Gründen der Anschaulichkeit Kolonnen mit einer, wie bereits bemerkt, unrealistisch geringen Anzahl von Böden, wobei zudem nur die Trennung einfacher Zweistoffgemische betrachtet wird – praktisch eingesetzte Kolonnen besitzen im Gegensatz hierzu bis zu 100 Böden und werden in der Regel mit komplexen Stoffgemischen beaufschlagt, was eine vollständige Simulation mit Hilfe eines elektronischen Analogrechners in der Regel allein aus Gründen des bei praktisch ausgeführten

---

[351]Grundlagen der Simulation chemischer Reaktoren im Allgemeinen mit Hilfe von Analogrechnern finden sich beispielsweise bei STARNICK (siehe [539]).

[352]Einige Hersteller elektronischer Analogrechner sahen neben Summierern auch als *Inverter* oder *Umkehrverstärker* bezeichnete Rechenelemente vor, die bezüglich ihrer Schaltung im Wesentlichen einem Summierer entsprechen, jedoch nur einen einzigen Eingang mit Gewichtung 1 besitzen und ausschließlich zur Vorzeichenumkehr von Variablen beziehungsweise mitunter auch als Ausgangsverstärker anderer Rechenelemente, beispielsweise Parabelmultiplizierer, Verwendung finden.

[353]Auch als *Rektifikationskolonnen* bezeichnete Einrichtung zur Trennung von Stoffgemischen durch Hintereinanderschaltung einer Vielzahl einzelner Destillationsvorgänge innerhalb einer als *Kolonne* bezeichneten, vertikal angeordneten Apparatur, die über Trennböden oder eine Füllung mit sogenannten *Füllkörpern* verfügt, durch welche ein inniger Kontakt des Destillationsdampfes mit der flüssigen Phase des zu trennenden Stoffgemisches erzielt wird. Im *Kopf* sowie auf einzelnen Böden der Kolonne findet ein Kondensationsprozess statt, während ein im *Sumpf* angebrachter Verdampfer das Stoffgemisch in die Gasphase überführt. Eine Einführung in die Technik derartiger Trennkolonnen findet sich beispielsweise bei BILLET (siehe [45]).

[354]Siehe hierzu allgemein [509] sowie RAMIREZ, [469][S. 113 ff.].

[355]Siehe [602].

[356]Ein ähnliches Beispiel findet sich auch bei WORLEY beschrieben (siehe [606][S. 5-80 ff.]).

[357]Siehe [469][S.28 ff.].

[358]Siehe [469][S. 31 ff.].

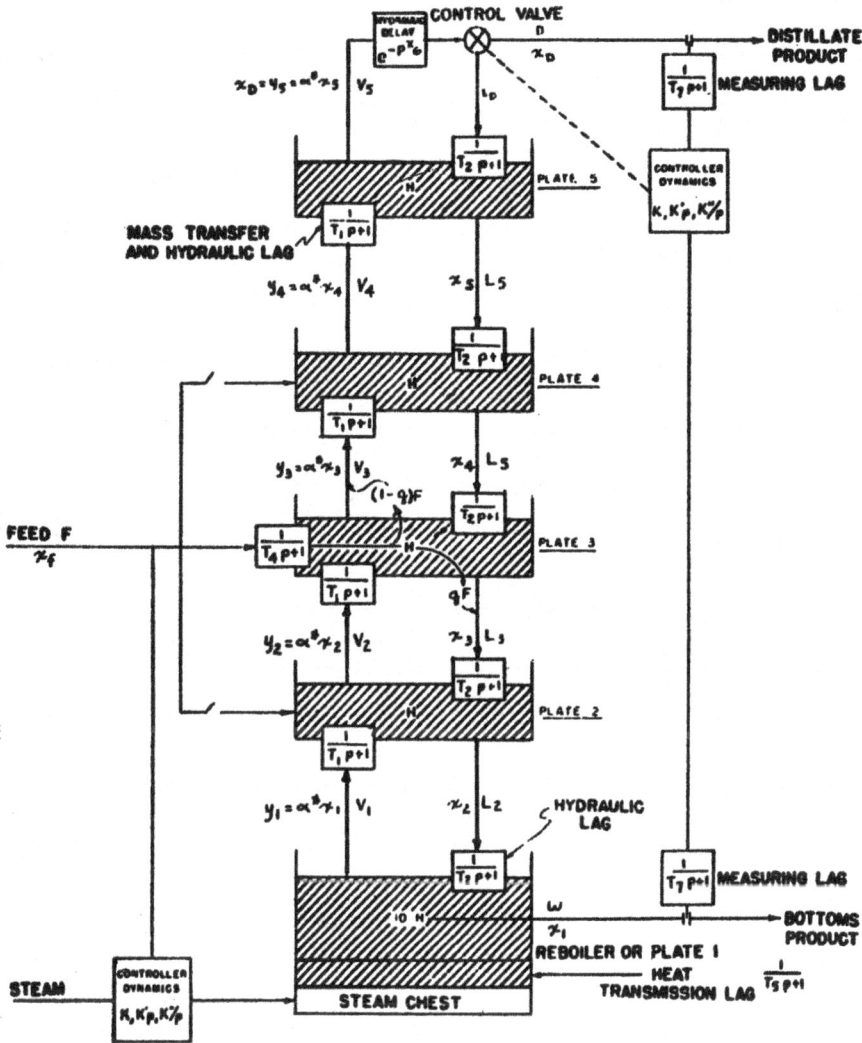

Abb. 10.48: *Modell einer 5-bödigen Destillationskolonne (nach [602][S. 93])*

Anlagen zur Verfügung stehenden Rechenelementeumfanges unmöglich macht[359]. Allein die von WILLIAMS, JOHNSON und ROSE beschriebene Simulation einer fünfbödigen Kolonne benötigte 84 Rechenverstärker, 16 Servomultiplizierer sowie eine Vielzahl weiterer Rechenelemente – Anforderungen, denen nur große Analogrechnerinstallationen gerecht wurden[360].

---

[359]Denkbar wäre hier jedoch der Einsatz einer Hybridrechenanlage mit einer dem in Abschnitt 10.10.1 beschriebenen HYPAC-System ähnlichen Struktur, bei welcher eine vergleichsweise geringe Anzahl analoger Rechenelemente mit Hilfe eines Digitalrechners in einer Art Zeitmultiplex betrieben wird.
[360]Siehe [602][S. 93].

10.12.2 Prozesssimulation

Neben einzelnen Grundelementen verfahrenstechnischer Anlagen, wie sie in Form der eben genannten Beispiele existieren, wurden auch ganze Anlagen simuliert, um beispielsweise ihr Verhalten in Situationen, die an realen Systemen nicht experimentell untersucht werden können, oder Fragen hinsichtlich möglicher Prozessoptimierungen näher zu beleuchten. Bereits 1964 stellte EAI auf der *Systems Engineering Conference* ein vollständiges Prozesssteuerungs- und -simulationssystem auf der Basis eines Analogrechners des Typs *TR 48*[361] vor[362].

Ein praktisches Beispiel für die Simulation vollständiger Prozesse findet sich bei LEWIS, der die Simuation eines komplexen Lösungsmittelrückgewinnungsprozesses mit Hilfe eines elektronischen Analogrechners beschreibt[363]. Interessant an dieser Simulation ist neben dem schieren Umfang der Rechenschaltung nicht zuletzt die Verwendung eines analogen Verzögerungselementes mit variabler Verzögerungsdauer zur Nachbildung der unterschiedlichen Durchlaufzeiten von Produkten durch einzelne Anlagenteile[364]. Insgesamt benötigte die von LEWIS beschriebene Simulation zu ihrer Umsetzung 120 umschaltbare Summierer/Integrierer, 120 Begrenzer[365], 48 Summierer, 28 Servomultiplizierer, 16 Fotoformer[366], 300 Koeffizientenpotentiometer sowie 186 externe Polystyrenkondensatoren mit einer Kapazität von 1 μF[367], was wiederum deutlich macht, dass die Simulation komplexer Anlagenteile oder ganzer verfahrenstechnischer Prozesse oft mit einem Aufwand einhergeht, der eine erfolgreiche Behandlung mit Hilfe eines Analogrechners entweder nur unter extrem vereinfachten Umständen oder in seltenen Fällen, in denen eine Analogrechenanlage ungewöhnlich großen Umfanges zur Verfügung stand, zuließ.

GRAEFE, NENONEN und STROBELE behandeln in [156] den Einsatz elektronischer Hybridrechner für die Simulation kombinierter diskreter und kontinuierlicher Prozesse unter anderem am Beispiel einer Kupferhütte unter Berücksichtigung der diskreten Materialflüsse zwischen den einzelnen Prozessschritten.

---

[361]Hierbei handelt es sich um einen transistorisierten Analogrechner von EAI, der in der maximalen Ausbaustufe über 48 Rechenverstärker verfügt.

[362]Siehe [372].

[363]Siehe [272].

[364]Die hier verwendeten Verzögerungsglieder beruhen auf der häufig angewandten Pade'-Approximation (siehe Abschnitt 4.9), die jedoch in einer abgewandelten Form eingesetzt wird, um in gewissen Grenzen variable Verzögerungszeiten zu ermöglichen.

[365]Hierbei handelt es sich um Rechenelemente, mit deren Hilfe eine Variable auf einen Minimum- und/oder einen Maximumwert beschränkt werden kann – Grundlage einer technischen Umsetzung derartiger Rechenelemente sind in der Regel geeignet vorgespannte Dioden im Rückführungszweig eines Operationsverstärkers.

[366]Ein Fotoformer stellt einen Funktionsgeber dar, bei welchem die zu generierende Funktion in Form eines geschwärzten, auf eine durchsichtige Folie gezeichneten Grafen vor der Anzeigeröhre eines Oszilloskops befestigt wird. Mit Hilfe einer geeigneten Servoschaltung, die von einem vor dem Oszillografenschirm angebrachten Fotomultiplier angesteuert wird, wird in der Folge der Lichtpunkt auf der Anzeigeröhre des Oszilloskops in seiner y-Koordinate dergestalt gesteuert, dass er für eine von außen vorgegebene x-Koordinate stets auf der Grenzlinie zwischen der Kurve der zu erzeugenden Funktion und der durchsichtigen Folie zu liegen kommt. Fotoformer zeichnen sich, vor allem im Vergleich mit Servofunktionsgebern, auf der einen Seite durch eine vergleichsweise hohe Bandbreite, auf der anderen Seite jedoch durch eine recht geringe Genauigkeit aus, die selten besser als etwa ein Prozent ist.

[367]Diese wurden hauptsächlich zur Bildung der Verzögerungselemente genutzt.

10.12.3 Adaptive Regelungen

Hohe technische und kommerzielle Bedeutung kommt den bereits in den 1960er Jahren entwickelten *adaptiven Regelungssystemen* zu, die zu einem gewissen Grad in der Lage sind, sich an wechselnde Eigenschaften des zu kontrollierenden Prozesses anzupassen. Bedingt durch die hohe Komplexität derartiger Anlagen ist eine mathematisch geschlossene Beschreibung in der Regel nicht möglich, so dass zu ihrer Behandlung häufig elektronische Analogrechner eingesetzt wurden.

Ein interessantes Beispiel beschreibt POWELL anhand der Simulation eines adaptiven Reglers, der in zwei Zeitskalen betrieben wird[368]. Hierbei wird ein mit kurzer Zeitkonstante laufender Prediktor dazu eingesetzt, das künftige Verhalten des zugrundeliegenden, zu regelnden Systems vorherzusagen, während ein zweites, in Echtzeit laufendes Regelungssystem die Resultate dieses Prediktors nach je einem Vorhersagelauf als Grundlage für das nächste Regelungszeitintervall verwendet.

10.12.4 Parameterbestimmung und -optimierung

Bei der Bestimmung optimaler Prozess- und Regelungsparameter handelt es sich im Wesentlichen um Optimierungsprobleme, wie sie bereits in Abschnitt 10.1.10 angesprochen wurden, wobei die Komplexität derartiger Untersuchungen im Bereich der Verfahrenstechnik oft weit über andere Optimierungsaufgaben hinausgeht.

Ein interessantes Verfahren zum Vergleich unterschiedlicher mathematischer Methoden zur Bestimung von Parametern realer verfahrenstechnischer Anlagen untereinander mit Hilfe eines Analogrechners in Beziehung zu setzen und zu vergleichen, beschreibt KOPACEK[369]. Gerade die Modellierung vorhandener Anlagen erfordert die Kenntnis einer Vielzahl von Parametern, die auf unterschiedliche Weisen aus realen Daten oder Laboruntersuchungen gewonnen werden können. Mit Hilfe der vorgeschlagenen Technik können verschiedene solcher Verfahren an sich miteinander verglichen werden, wobei mit Hilfe stochastischer Techniken generierte künstliche Messwerte zugrunde gelegt werden.

Eine Vielzahl sowohl kontinuierlich als auch diskret arbeitender Optimierungsverfahren für den Einsatz zur Prozessparameteroptimierung mit Hilfe elektronischer Analog- und Hybridrechner beschreiben beispielsweise TROCH und RATTAY, WOŹNIAKOWSKI, GRÖBNER sowie JAMSHIDI[370]. Ein praktisches Beispiel für die Optimierung von Betriebsparametern eines chemischen Prozesses findet sich bei KRAMER[371]. Allgemein macht die Mehrzahl aller Verfahren zur Parameteroptimierung im Bereich der Verfahrenstechnik Gebrauch von iterativen Ansätzen, die vor allem mit Hilfe von Hybridrechnern, deren Digitalteil in der Regel die Aufgabe der Parametervariation zukommt, während der Analogteil die Simulation des betrachteten Prozesses übernimmt, umgesetzt werden[372].

---

[368] Siehe [460].
[369] Siehe [245].
[370] Siehe [576], [607], [160] beziehungsweise [209].
[371] Siehe [247] sowie [248].
[372] Ein Beispiel hierzu findet sich bei O'NEILL (siehe [437]).

Eine interessante Arbeit zur Abschätzung von Betriebsparametern industrieller Prozesse mit Hilfe elektronischer Analogrechner findet sich bei PICENI und EYKHOFF[373], wobei dort großer Wert auf die Unterscheidung zwischen dem a priori vorliegenden strukturellen Wissen über den zugrundeliegenden Prozess und den a posteriori aus Messdaten gewonnenen Informationen gelegt wird, die für die Entwicklung eines tragfähigen Modells, das wiederum als Grundlage für die Parameterschätzung dient, zum Einsatz kommen.

Eine hervorragende Ausarbeitung des gesamten Themenkomplexes der optimalen Prozesssteuerung findet sich in [542], während MIURA, TSUDA und IWATA allgemein den Einsatz elektronischer Hybridrechner für die Optimierung von Prozesssteuerungen nach dem Maximumprinzip beschreiben[374].

Eine interessante Variation üblicher Optimierungsverfahren, bei welcher Parameter quasi nur binär, d.h. in zwei möglichen Ausprägungen, modifiziert werden, was den großen Vorteil mit sich bringt, auf Multiplizierer zur Parametervariation verzichten zu können und an ihrer Stelle einfache und kostengünstige elektronische Schalter einsetzen zu können, beschreibt O'GRADY[375]. Gerade bei Optimierungsproblemen in der Verfahrenstechnik, die häufig von einer großen Anzahl von Parametern abhängen, ermöglicht ein solches Verfahren eine rechentechnische Behandlung auf Analog- und Hybridrechnern, die sonst derartigen Techniken nicht zugänglich wären.

KORN und KOSAKO[376] beschreiben ein Verfahren zur Parametervariation bei Optimierungsproblemen durch den Einsatz eines physikalischen Zufalls- oder auch eines Pseudozufallsgenerators, mit dessen Hilfe der Parametersatz zwischen je zwei repetierenden Rechenläufen des Analogrechners variiert wird[377]. Ergibt sich aus einer solchen Variation eine Verbesserung des Gesamtverhaltens des Systems, wird der Parametersatz gespeichert und dient als Grundlage für weitere derartige Variationen[378].

In diesem Zusammenhang ist eine Untersuchung von TACKER und LINTON bemerkenswert, die zeigen, dass Prozesssteuerungssysteme, bei deren Entwicklung deterministisch variierte Parameter zum Einsatz kamen, Systemen, die mit Hilfe stochastisch gestörter Realdaten entwickelt wurden, in der Praxis unterlegen sind[379].

10.12.4.1 Nichtlineare Regelkreise

Eine Vielzahl technischer Regelungssysteme besitzt ein nichtlineares Verhalten, was unter anderem die sonst typische Verwendung einer Sprungfunktion als Eingabevariable zur Untersuchung des Verhaltens eines solchen Regelkreises unbrauchbar macht, so dass zur Behandlung derartiger Systeme komplexere Methoden, wie beispielsweise Phasen-

---

[373]Siehe [456].
[374]Siehe [326] sowie die Anmerkungen hierzu von JOSEPH S. ROSKO (siehe [494]). Ähnliche Untersuchungen finden sich auch bei FEILMEIER (siehe [123][S. 259 ff.]) sowie bei MICHAELS und GOURISHANKAR (siehe [318]).
[375]Siehe [433].
[376]Siehe [244].
[377]Siehe auch Abschnitt 10.1.9.
[378]Ein solches Verfahren nimmt bereits Grundelemente des genetischen Programmierens vorweg.
[379]Siehe [557].

plots und andere, eingesetzt werden müssen[380], was oftmals den Einsatz von Analog-
beziehungsweise Hybridrechnern zur Untersuchung solcher Systeme erforderlich machte.

Ein praktisch ausgeführtes Beispiel für die Bestimmung optimaler Parameter für ein
derartiges nichtlineares Regelungssystem mit Hilfe eines elektronischen Analogrechners
des Typs EAI 231R[381] beschreiben SURYANARAYANAN und SOUDACK[382].

10.13 Verkehrssysteme

Auch Verkehrssysteme aller möglichen Arten bieten eine Vielzahl praktischer Einsatzbereiche für elektronische Analog- und Hybridrechner, wobei neben direkt auf der Hand
liegenden Untersuchungen schwingender Mehrmassensysteme mit komplexen Feder- und
Dämpferkonstellationen, wie sie bei vielen Fahrzeugen vorliegen, auch spezifischere Fragestellungen, wie sie beispielsweise im Rahmen der Entwicklung automatischer Getriebe
für Kraftfahrzeuge oder auch der Entwicklung von Antiblockiersystemen auftreten, mit
Erfolg mit Hilfe entsprechender Rechenanlagen behandelt wurden, wie die Beispiele der
sich anschließenden Abschnitte exemplarisch zeigen.

10.13.1 Automobiltechnik

Bis in die 1980er Jahre waren elektronische Analog- und Hybridrechner aus den
Forschungs- und Entwicklungslaboratorien der führenden Automobilhersteller nicht
wegzudenken, da eine Vielzahl von Fragestellungen, die beim Entwurf neuer Fahrzeuge
auftreten, aus Kosten- beziehungsweise Sicherheitsgründen nicht ausschließlich mit Hilfe von Messungen an Modellen gelöst werden können und in großem Maße den Einsatz
komplexer und umfangreicher Simulationstechniken erforderlich machen.

10.13.1.1 Rundlaufprüfung von Rädern

Ein schönes Beispiel für den Einsatz eines elektronischen Analogrechners zur Echtzeit-
aufbereitung von Messwerten, wie sie häufig in der Fertigungskontrolle auftreten, wird
in [411] anhand von Rundlaufprüfungen von Rädern beschrieben. Bei einer solchen Prüfung wird der sogenannte *Höhenschlag*[383] des zu untersuchenden Rades beispielsweise
mit Hilfe eines Abstandssensors gemessen, der in festem Abstand zur Antriebsachse des
Rades montiert ist, um welche das Rad während der Prüfung rotiert.

Die sich hieraus ergebenden Messwerte können in der Folge beispielsweise einer Spektralanalyse[384] unterworfen werden, die mit Hilfe eines Analogrechners implementiert
wurde, um Rückschlüsse auf die Qualität des Produktionsprozesses oder auch typische,
hierbei auftretende Fehlerquellen ziehen zu können.

---

[380]Derartige Methoden können umgekehrt auch bei der Untersuchung einfacher linearer Regelungssysteme Verwendung finden. Grundlegende Techniken zur Behandlung derartiger linearer Regelungssysteme beschreibt beispielsweise STOUT (siehe [547]).

[381]Siehe Abschnitt 6.2.

[382]Siehe [550].

[383]Mit diesem Begriff wird der Radius eines Rades bezeichnet.

[384]Siehe Abschnitt 10.10.2.

10.13.1.2 Federungs- und Stoßdämpfersysteme

Wie bereits zuvor erwähnt, bieten Automobile eine Vielzahl von Fragestellungen im Zusammenhang mit der Untersuchung und Behandlung unerwünschter Vibrationen und Schwingungen, die naturgemäß mit analogen Rechentechniken hervorragend untersucht werden können.

Bereits 1958 entstand in den Vereinigten Staaten die Notwendigkeit einer vollumfänglichen Simulation des dynamischen Verhaltens von Automobilen, wie folgendes Zitat nach KOHR zeigt[385]:

> However, the general trend toward heavier cars with softer tires and the increasing adoption of power steering and air suspensions calls for a complete dynamic analysis of the automobile with a view to gaining a basic understanding of the automobile's behaviour on the road.

Allein für die Untersuchung von Automobilfederungen kamen mitunter Simulationen mit bis zu sieben Freiheitsgraden zum Einsatz[386], wobei auch das nichtlineare Federungsverhalten von Reifen und Stoßdämpfern mit Hilfe entsprechend eingestellter Funktionsgeber abgebildet wurde. Die der jeweiligen Simulation zugrundeliegende Fahrbahn mit den ihr eigenen Unebenheiten wurde im Vorfeld der Rechnung entweder synthetisch generiert oder durch Messungen an realen Fahrbahnen erzeugt. In beiden Fällen wurde mit Hilfe von Magnetbandlaufwerken eine Aufzeichnung der Fahrbahnstruktur erstellt, die bei der sich anschließenden, eigentlichen Fahrzeugsimulation als Eingabe diente. Durch zwei oder mehrere voneinander unabhängige und versetzt angeordnete Leseköpfe konnte die verzögerte Anregung der verschiedenen Radsätze des zu simulierenden Fahrzeuges berücksichtig werden.

Ein einfaches Beispiel für eine solche Simulation eines als Dreimassenschwinger modellierten Fahrzeuges findet sich beispielsweise bei SYDOW[387], während ROUTH einen schönen Überblick über besondere Schwierigkeiten der analogen Simulation von Federungssystemen bei Baggern und anderen Schwerlastfahrzeugen gibt[388].

Bedingt durch die große Praxisnähe und hohe Anschaulichkeit derartiger Simulationsrechnungen warb beispielsweise auch Telefunken auf der Hannovermesse des Jahres 1965 mit einer derartigen Schwingungssimulation mit ansprechender grafischer Darstellung des schwingenden Fahrzeuges für die Leistungsfähigkeit ihrer Tischanalogrechner. Abbildung 10.49 zeigt diese von DR. GILOI umgesetzte Simulation eines, bedingt durch die vergleichsweise geringe Anzahl an zur Verfügung stehenden Rechenelementen, in Form eines Zweimassenschwingers simulierten Fahrzeuges[389]. In Anbetracht der Möglichkeiten des Jahres 1965 ist der Eindruck, den eine solche Rechnung in Echtzeit mit grafischer Ausgabe auf das Fachpublikum ausübte, leicht vorstellbar[390].

---

[385] ROBERT H. KOHR (Vehicle Dynamics Section, Engineering Mechanics Department of the General Motors Research Staff at Warren, Michigan), in [307][S. 1994].

[386] Siehe [307][S. 1994].

[387] Siehe [554][S. 245 ff.].

[388] Siehe [307][S. 1992].

[389] Zum Einsatz gelangte hier ein Tischanalogrechner des Typs RAT 700, wie er in Abschnitt 6.3 beschrieben wurde.

[390] Auch die in Abschnitt 5.3.5 beschriebene Schwingungssimulation wurde durch diese Abbildung angeregt.

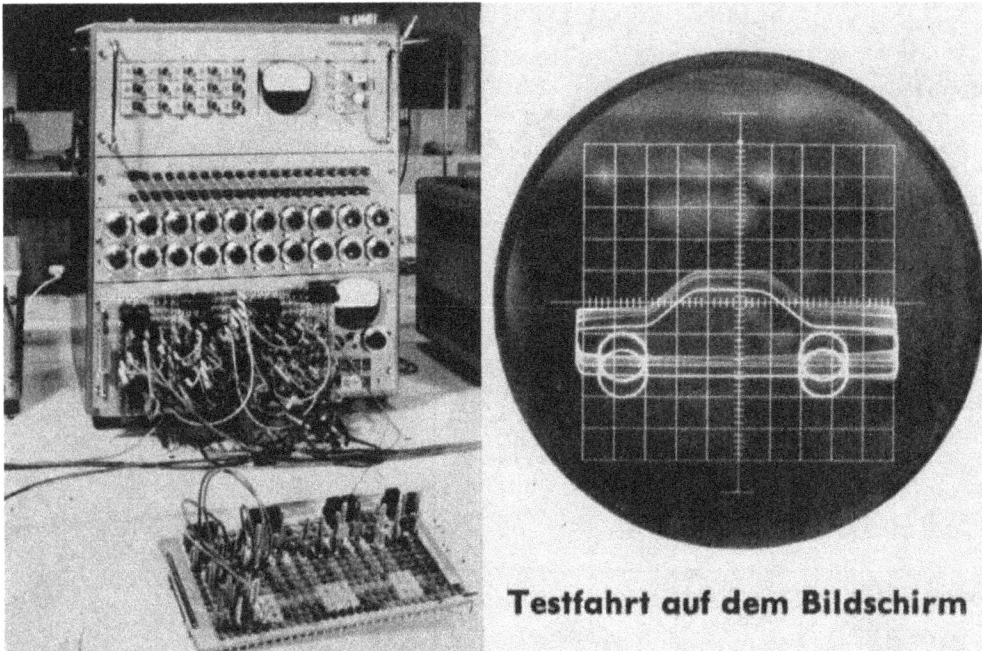

Testfahrt auf dem Bildschirm

Abb. 10.49: DR. GILOIs *Simulation einer Automobilfederung auf dem Tischrechner RAT 700 (cf. [36][S. 41])*

10.13.1.3 Lenksysteme

Von großem Interesse war auch die Simulation des Lenkverhaltens von Kraftfahrzeugen, der vor allem bei der Entwicklung servounterstützter Lenksysteme, die in den Vereinigten Staaten von Amerika bereits in den 1950er Jahren weite Verbreitung fanden, große Bedeutung zukam.

Einen für derartige Untersuchungen entwickelten speziellen elektronischen Analogrechner zeigt Abbildung 10.50 in Form eines bei General Motors entwickelten Lenksystemsimulators[391], der die Untersuchung des Gier-, Roll- und Schlupfverhaltens gelenkter Kraftfahrzeuge erlaubte, wobei sich bereits dieses einfache Modell, das als Ausgabemedium ein Modellfahrzeug innerhalb vorgegebener und beschränkter Grenzen bewegen konnte, als durchaus wertvoll für praktische Anwendungen erwies, wie folgendes Zitat, das sich auf das gezeigte Modell bezieht, zeigt[392]:

> *As a result of this work, an understanding has been gained of the effects of the various car parameters on the car's lateral response. In addition, a number of general observations have been made: Yaw and sideslip are strongly coupled, but there is only a weak coupling linking the roll to the yaw and sideslip. However, this weak coupling is often the reason that a particular automobile is stable or unstable, particulary in yaw.*

---

[391] Siehe [307][S. 1992 ff.].

[392] Siehe ROBERT H. KOHR (Vehicle Dynamics Section, Engineering Mechanics Department of the General Motors Research Staff at Warren, Michigan), in [307][S. 1995].

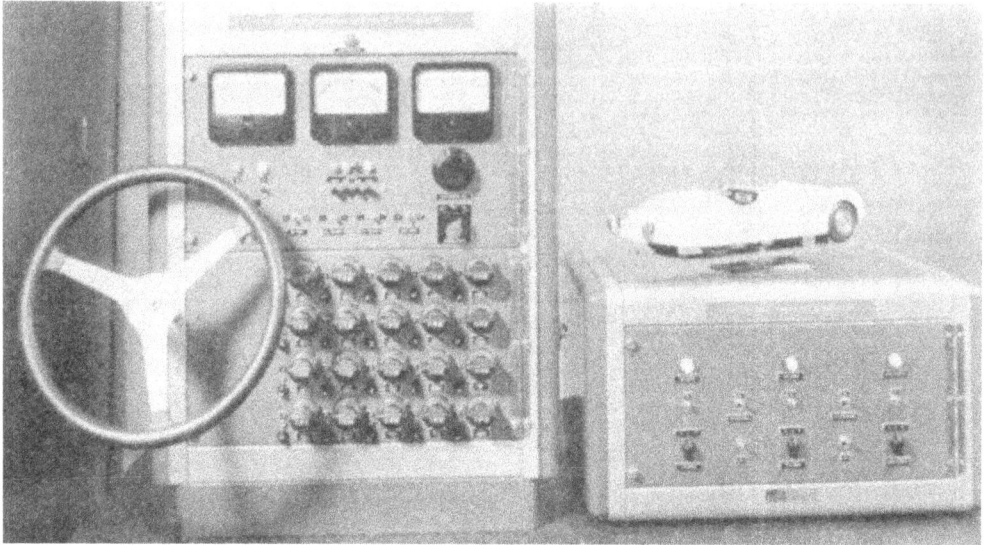

Abb. 10.50: *Einfacher Lenksystemsimulator (siehe [307][S. 1995])*

10.13.1.4 Getriebeentwicklung

Auch bei der Entwicklung von Getrieben, vornehmlich Automatikgetrieben, wurden häufig elektronische Analogrechner eingesetzt[393], wobei die Abbildung des unstetigen Verhaltens des Getriebes während der Schaltmomente besondere Anforderungen stellt und in Fällen, in welchen keine Hybridrechenanlage zur Verfügung steht, in der Regel mit Hilfe einer Vielzahl von Komparatoren abgebildet wird.

Das folgende Beispiel[394] stellt etwas vereinfacht die Simulation eines Kraftfahrzeuges mit einem vierstufigen Automatikgetriebe dar, wobei das Beschleunigungsverhalten des Fahrzeuges bei maximaler Motorleistung betrachtet werden soll. Allgemein gilt die Kräftegleichung

$$m\ddot{x} = F_{\text{Antrieb}} - F_{\text{Luftwiderstand}} - F_{\text{Rollwiderstand}} - F_{\text{Geländesteigung}},$$

wobei im Folgenden zur Vereinfachung $F_{\text{Rollwiderstand}}$ und $F_{\text{Geländesteigung}}$ vernachlässigt werden, so dass sich entsprechend

$$m\ddot{x} - F_{\text{Antrieb}} + F_{\text{Luftwiderstand}} = 0$$

beziehungsweise ausführlicher

$$m\ddot{x} - \frac{\eta i J_k}{r} M(n) + C c_{\text{w}} A v^2 = 0 \tag{10.16}$$

---

[393]Beispielsweise wurde bei Daimler Benz eine Anlage des Typs RA 800H (siehe Abschnitt 6.4) sowohl für die Entwicklung automatischer Getriebe als auch von Antiblockiersystemen eingesetzt (persönliche Mitteilung Herrn BERND ACKERS an den Autor, 23.8.2007).

[394]Siehe [348].

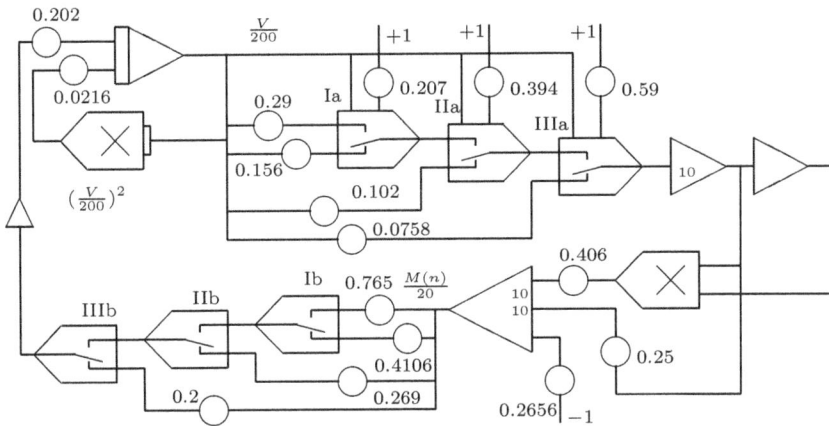

Abb. 10.51: *Rechenschaltung zur Simulation eines Kraftfahrzeuges mit Viergangautomatikgetriebe (vergleiche [348][S. 5])*

ergibt, wobei $m = 1120$ die Masse des Fahrzeuges, $\eta = 0.9$ den Wirkungsgrad, $i = 4.11$ die Achsübersetzung, J_k die Übersetzungsverhältnisse der vier Getriebestufen, r den Raddurchmesser, $M(n) = 5.306 + 50n - 81.25n^2$ das von der Drehzahl n abhängige Drehmoment des Motors und $C c_w A v^2$ den Luftwiderstand, welcher durch $0.003421 v^2$ angenähert wird, repräsentieren. Die Übersetzungsverhältnisse J_k der vier Gänge seien

$$J_1 = 3.8346,$$
$$J_2 = 2.0526,$$
$$J_3 = 1.345 \text{ und}$$
$$J_4 = 1,$$

wobei das Getriebe jeweils bei Erreichen einer Drehzahl von $n = 6000 \text{ min}^{-1}$ in den nächsthöheren Gang schaltet, was den folgenden Geschwindigkeiten entspricht:

$$v_1 = 41.4 \ \frac{\text{km}}{\text{h}}$$
$$v_2 = 78.8 \ \frac{\text{km}}{\text{h}}$$
$$v_3 = 118 \ \frac{\text{km}}{\text{h}}$$

Aus Gleichung (10.16) kann nun unter Zugrundelegung der beschriebenen Näherungen die in Abbildung 10.51 dargestellte Rechenschaltung hergeleitet werden – die drei mit römischen Zahlen gekennzeichneten Komparatorgruppen dienen hierbei der Nachbildung der getriebebedingten Schaltunstetigkeiten.

Abbildung 10.52 zeigt das Resultat eines mit Hilfe dieser Rechenschaltung durchgeführten Simulationslaufes – abgetragen sind hierbei von oben nach unten der zeitliche Verlauf des Drehmomentes, der Drehzahl sowie der Geschwindigkeit des Kraftfahrzeuges mit dem beschriebenen Automatikgetriebe.

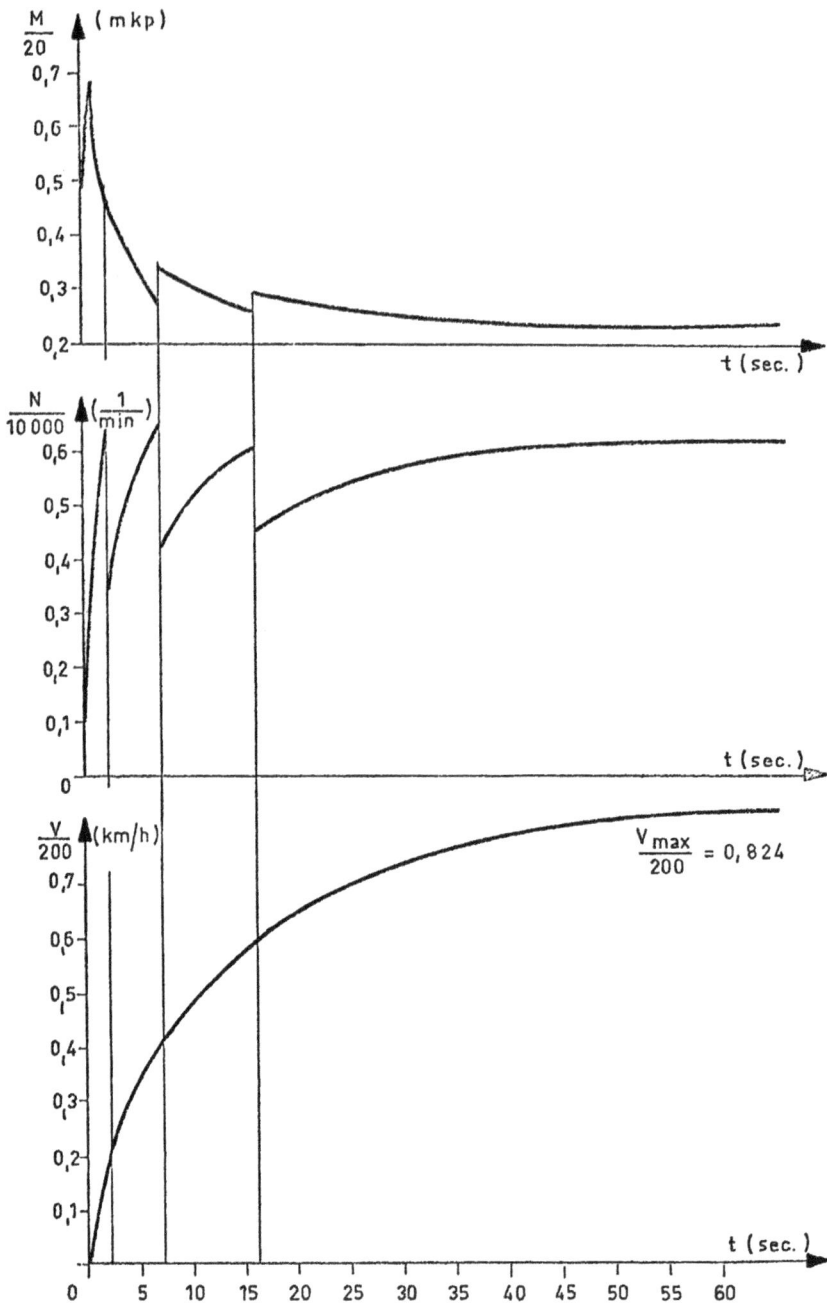

Abb. 10.52: *Ergebnis der Simulation eines Kraftfahrzeuges mit Viergangautomatikgetriebe (nach [348][S. 4])*

10.13.1.5 Verkehrsflusssimulation

Interessanterweise wurden mitunter auch im Grunde eher diskrete Fragestellungen, wie die der Simulation von Verkehrssystemen und Verkehrsflüssen[395], mit analogen Rechentechniken untersucht, wobei hier die besonderen Vorteile hybrider Rechenanlagen, allen voran ihre Möglichkeit zur Speicherung von Werten sowie zur Abbildung von Verzögerungsfunktionen, in besonderem Maße Einsatz fanden.

Beispielsweise beschreibt LANDAUER die Simulation eines als *Personal Rapid Transit System* bezeichneten, schienengebundenen Verkehrssystems mit Hilfe eines EAI-Hybridrechners[396]. Die Simulation des komplexen Verkehrssystemes selbst umfasst hierbei 40 Stationen, 600 Fahrzeuge, die jeweils 12 Passagiere gleichzeitig zu befördern in der Lage sind, 10 Kreuzungen sowie 23 Weichen, wobei im Zentrum der Betrachtungen Fragen nach der Auslastung des Netzwerkes zur Vermeidung von Stauungen sowie das Fahrzeugverhalten an Kreuzungen beziehungsweise einfachen Weichen mit dem Ziel, einen optimalen Fahrplan und optimale Kreuzungs- sowie Weichensteuerungsverfahren zu entwickeln, stehen.

Ein wesentlich einfacheres System beschreibt JACKSON anhand der Simulation einer Ampelkreuzung mit Hilfe eines elektronischen Analogrechners, wobei hier die Entwicklung einer optimalen Steuerung der Ampelanlage das Ziel der Untersuchung darstellt[397]. Freie Parameter dieser Untersuchung sind neben dem Eintreffen von Fahrzeugen an der Kreuzung auch deren Brems- beziehungsweise Beschleunigungsverhalten bei Übergang des Signals von „grün" zu „rot" beziehungsweise umgekehrt.

10.13.2 Schienenfahrzeuge

Auch die Entwicklung von Schienenfahrzeugen bietet eine Vielzahl möglicher Anwendungsgebiete für Analog- und Hybridrechner. Beispiele hierfür finden sich bei ROEDEL[398], der konkret die Simulation des beim Zusammenkuppeln von Eisenbahnwaggons unvermeidlichen Zusammenstoßes der beteiligten Zugabschnitte, sowie die Untersuchung des dynamischen Verhaltens von Güterwaggons, die direkt mit Frachtcontainern beladen werden können, beschreibt.

Abbildung 10.53 zeigt den bei der *Pullman-Standard Car Manufacturing Company* in der ersten Hälfte der 1950er Jahre installierten elektronischen Analogrecher, der für die Untersuchung typischer Fragestellungen, wie sie bei der Entwicklung von Schienenfahrzeugen auftreten, genutzt wurde.

10.13.2.1 Dynamisches Verhalten von Schienenfahrzeugen

Der Simulation des dynamischen Verhaltens von Schienenfahrzeugen kommt eine hohe kommerzielle Bedeutung zu, die vor allem durch die ständig steigenden Nutzlast- und

---

[395]Ein schöner Überblick über die grundlegenden Techniken zur rechentechnischen Behandlung derartiger Simulationsaufgaben findet sich beispielsweise bei CZERNY (siehe [92]), wobei dort jedoch im Wesentlichen digitale Techniken zum Einsatz gelangen.
[396]Siehe [260].
[397]Siehe [206][S. 371 ff.].
[398]Siehe [489].

Abb. 10.53: *Analogrechnerinstallation der Pullman-Standard Car Manufacturing Company (nach [488][S. 42])*

Geschwindigkeitsforderungen von Kundenseite gefördert wird, wobei in diesem Zusammenhang vor allem die Untersuchung der Querbewegungen der einzelnen Radsätze eines Schienenfahrzeuges bei Kurvenfahrt und bei Durchfahren von Weichen in Bezug auf die führende Schiene von großem Interesse ist[399].

Die Komplexität dieser Aufgabenstellung, die oftmals zwischen 17 und 23 Freiheitsgrade aufweist[400], beschreiben die Autoren wie folgt[401]:

> *A railroad freight vehicle is a complex dynamic system consisting of numerous interrelated physical components [...] Comprehensive models for such a system will generally consist of a large number on nonlinear simultaneous differential equations with complicated functional relationships between the variables to be integrated. The computer implementation of these models will require a significant amount of computer resource to run.*

Die Simulation nur eines einzelnen Radsatzes, wie er bei Schienenfahrzeugen üblicherweise zum Einsatz kommt, mit fünf Freiheitsgraden mit Hilfe eines Hybridrechners beschreiben MALSTROM, HELLER und KHAN[402].

---

[399]Siehe hierzu HELLER, MALSTROM und LAW in [180].
[400]Siehe [180][S. 39].
[401]Siehe [180][S. 2].
[402]Siehe [286].

10.13.2.2 Der Ablaufberg

Die Untersuchung der Bewegung eines Eisenbahnwaggons auf einem Verschiebebahnhof mit sogenanntem *Ablaufberg*[403], wobei hier neben den Eigenschaften des Wagens an sich auch Windeinflüsse Berücksichtigung finden, behandeln GILOI und LAUBER[404].

10.13.2.3 Triebwagensimulation

Die Simulation von Bremsvorgängen bei Gleichstromlokomotiven mit Hilfe eines elektronischen Analogrechners behandelt SYDOW[405], wobei auf der einen Seite sowohl *Widerstands-* als auch *Nutzbremsungen*[406] Gegenstand der Betrachtungen sind, während auf der anderen Seite zwischen *Verzögerungs-* und *Gefällebremsen*[407] unterschieden wird. Hierbei werden sogenannte *Schaltpläne* ermittelt, welche die unterschiedlichen Schaltungen der Triebwagenmotoren als Motoren beziehungsweise Generatoren bei mehrstufigen Bremsvorgängen beschreiben.

10.13.3 Luftkissenfahrzeuge und Magnetschwebebahnen

Auch Luftkissenfahrzeuge und Magnetschwebebahnen zeichnen sich bei ihrer Entwicklung durch das Auftreten komplexer Fragestellungen aus, die mitunter nur mit Hilfe analoger Rechentechniken erfolgreich behandelt werden konnten, wie die folgenden Beispiele zeigen.

Beispielsweise beschreibt LEATHERWOOD die Simulation und Analyse eines schienengebundenen Luftkissenfahrzeuges[408] auf einem elektronischen Analogrechner, dem hierbei die Modellierung der Luftkissendynamik zukommt, um auf dieser Basis ein aktives Regelungssystem für das Luftkissenfahrzeug entwerfen zu können[409].

THALER, NELSON und GERBA beschreiben den Aufbau eines Simulators für ein 3000 t-Luftkissenfahrzeug, der eine direkte Interaktion mit dem simulierten System zu Forschungs- und Trainingszwecken zulässt, wobei hier interessanterweise die eigentliche Simulation mit Hilfe dreier speicherprogrammierter Digitalrechner durchgeführt

---

[403]Ein an einen zusammenzustellenden Zug anzukoppelnder Wagen wird in der Regel bis an den Ablaufpunkt eines Ablaufberges gefahren, von wo aus er unter Einwirkung der Schwerkraft selbsttätig in den Bahnhof einfährt und unter der Wucht des Aufpralls auf den am Fußpunkt des Ablaufberges stehenden Zug an diesen ankoppelt (siehe auch [370]).

[404]Siehe [145][S. 45 ff]

[405]Siehe [554][S. 238 ff.].

[406]Bei einer einfachen Widerstandsbremsung wird die überschüssige Bewegungsenergie des Schienenfahrzeuges über Hochlastwiderstände in Wärme umgewandelt, wobei in der Regel der Fahrmotor als Generator geschaltet wird, wohingegen bei der Nutzbremsung die erzeugte elektrische Energie beim Bremsvorgang wieder in das Bahnstromnetz eingespeist wird.

[407]Das sogenannte Verzögerungsbremsen dient dazu, das Fahrzeug bis zum Stillstand abzubremsen, während eine Gefällebremse nur die Einhaltung einer vorgegebenen Höchstgeschwindigkeit auf Gefällestrecken ermöglicht.

[408]Aus verkehrstechnischer Sicht bieten derartige Fahrzeuge gegenüber anderen radgebundenen Schienentransportystemen eine Reihe von Vorteilen, von denen nur die gleichmäßige Kraftverteilung auf das Schienensystem, eine hohe dynamische Stabilität, extrem niedrige Reibung und damit einhergehend ein hoher Wirkungsgrad genannt seien.

[409]Siehe [267].

wird, während der eingesetzte Analogrechner des Typs CI-5000[410] in erster Linie als Schnittstellensystem für die Einbindung des Bedieners in die Simulation dient[411].

In Grundzügen vergleichbar mit Luftkissenfahrzeugen, obwohl hinsichtlich der notwendigen Regelungstechnik deutlich komplexer, sind Magnetschwebebahnen, bei denen eine aktive Regelung des eingesetzten Linearmotors unabdingbar ist, was vor allem bei Zügen, die aus mehreren Wagen bestehen, aufgrund der mechanischen Kopplung der einzelnen Wagen miteinander zu analytisch nicht lösbaren Fragestellungen führt, was auch auf diesem Gebiet den Einsatz umfangreicher elektronischer Analogrechenanlagen nach sich zog.

Ein Beispiel hierfür beschreibt MEISINGER[412] anhand der Simulation einer Magnetschwebebahn, wie sie bei der *Messerschmitt Bölkow Blohm GmbH* in den 1970er Jahren im Rahmen der Entwicklung eines elektrodynamisch schwebenden Hochgeschwindigkeitszuges durchgeführt wurden. Gegenstand dieser Simulation ist ein stark vereinfachtes Einmassensystem, das elektromagnetisch über ein elastisches Trägersystem geführt wird, wobei bemerkenswerterweise auch die Durchbiegung der Träger selbst in der Simulation Berücksichtigung findet.

10.13.4   Schifffahrtstechnik

Auch die Schifffahrtstechnik profitierte in hohem Maße von der Anwendung analoger und hybrider Rechentechniken bei der Behandlung typischer Fragestellungen aus den Bereichen der Schiffsdynamik, der Antriebstechnik und anderen, wie die folgenden Abschnitte zeigen.

10.13.4.1   Bootsbewegungen und Bootsstabilisation

Der Untersuchung der Bewegungen eines Bootes in unruhiger See kommt in vielerlei Hinsicht eine große Bedeutung zu. Neben kommerziellen Interessen, die Möglichkeit von Be- und Entladevorgängen unter entsprechenden Bedingungen betreffend, sind auch militärisch relevante Fragestellungen hiermit verbunden.

Die Simulation derartiger Schiffsbewegungen in unruhiger See mit Hilfe eines Hybridrechners beschreibt MASLO[413], wobei unter anderem die Einflüsse der Schiffslänge, verglichen mit dem Abstand je zweier Wellenkämme, sowie der Schiffsgeschwindigkeit, verglichen mit der Wellengeschwindigkeit als Parameter der Simulation untersucht werden. Die hierbei auftretenden partiellen Differentialgleichungen werden übrigens im Unterschied zu den meisten zuvor beschriebenen Verfahren, welche meist eine räumliche Diskretisierung des zu behandelnden Problems vornehmen, mit Hilfe einer als *CSDT*[414] bezeichneten Technik behandelt, wobei eine Zeitdiskretisierung unter Verwendung des Digitalteiles des Hybridrechners zur Speicherung von Werten durchgeführt wird.

Die Komplexität der Aufgabenstellung wird deutlich, wenn der notwendige technische Aufwand der Simulation in Betracht gezogen wird. Insgesamt wurden, abgesehen von

---

[410]Siehe auch Abschnitt 7.1.
[411]Siehe [558].
[412]Siehe [310].
[413]Siehe [292].
[414]Kurz für *C*ontinuous *S*pace *D*iscrete *T*ime.

dem Einsatz des Digitalteiles des verwendeten Hybridrechnersystems, für die Untersuchung von MASLO 22 Integrierer, 42 Summierer, 28 Umkehrverstärker, 75 Koeffizientenpotentiometer, 30 Komparatoren, 15 Analog-Digital-Umsetzer sowie neun Digital-Analog-Wandler benötigt.

Ein interessantes Problem behandeln GLUMINEAU und MECENZEV anhand der Untersuchung des Verhaltens eines Öltankers, der während des Beladevorganges an einem Punkt verankert und zugleich Wind-, Strömungs- und Welleneffekten unterworfen ist, wodurch der Beladungsvorgang nach Möglichkeit nicht gestört werden darf[415]. Die hier in Frage kommenden Kräfte zeichnen sich uneingeschränkt durch Frequenzen aus, die unterhalb von $\frac{1}{200}$ Hz liegen[416], so dass hier die Zeitraffungsmöglichkeit elektronischer Analogrechner vorteilhaft eingesetzt werden kann.

10.13.4.2 Antriebstechnik

Die Untersuchung eines aus der Luftfahrttechnik entlehnten Treibstoffförderungssystems für den Einsatz auf Schiffen mit Hilfe eines umfangreichen EAI-Hybridrechnersystems beschreiben HORLING, MAHMOUD und HANNIGAN[417], wobei auch das Zeitverhalten einer rein digitalen Simulation betrachtet wird, die auf einem Großrechner des Typs CDC 6800 mit einem Zehntel beziehungsweise auf einer UNIVAC 1110 mit einem Hundertstel der realen Geschwindigkeit ablief, während die hybride Simulationstechnik Ergebnisse in Echtzeit generieren konnte.

Eine interessante Untersuchung führte THOMPSON bezüglich des Einsatzes unterschiedlicher Antriebssysteme für Kriegsschiffe durch, wobei ein mit zwei Dieselmotoren sowie einer Gasturbine ausgerüstetes Schiff Gegenstand der Betrachtungen ist[418]. Hierbei interessieren beispielsweise der Übergang von einem Antriebssystem zum anderen in laufender Fahrt[419] sowie die hierfür notwendigen Steuer- und Regelsysteme, um einen möglichst nahtlosen Übergang von einer Antriebsart zur anderen ohne Schubeinbrüche unter allen denkbaren Betriebszuständen zu gewährleisten.

10.13.4.3 Schiffssimulatoren

Sowohl Forschungs- als auch Ausbildungsstätten setzten komplexe Schiffssimulatoren auf der Basis elektronischer Analog- beziehungsweise in der Mehrzahl der Fälle Hybridrechner ein, um nicht nur Einzelprobleme aus dem Bereich der Schiffstechnik, sondern Gesamtsysteme in ihrem Zusammenwirken mit der Umwelt zu untersuchen[420].

---

[415] Siehe [149].

[416] Höherfrequente Signalanteile wirken sich aufgrund der entsprechend niedrigen Eigenfrequenz des Tankers nur in vernachlässigbarem Maße aus.

[417] Siehe [196].

[418] Siehe [564].

[419] Im vorliegenden Beispiel wird der Dieselantrieb vor allem für langsame und mittelschnelle Fahrt genutzt, während die Gasturbine erst bei hohen Geschwindigkeiten zum Einsatz kommt.

[420] Die allgemeinen Anforderungen an derartige hybridrechnerbasierte Schiffssimulatoren zusammen mit den notwendigen mathematischen Grundlagen finden sich bei McCALLUM beschrieben (siehe [294]). Eine sehr einfache U-Boot-Simulation mit nur einem Freiheitsgrad und der Möglichkeit zu manuellen Eingriffen während der Simulation stellt JACKSON dar (siehe [206][S. 384 ff.]).

Eine komplexe Sturmbootsimulation für das Training von Steuermännern des Sturm-bootes *LCM-6*[421] behandelt KAPLAN[422]. Von Interesse ist hier vor allem das dynamische Verhalten des Bootes in der Brandung bei Landungsmanövern.

Da für das Training ein möglichst realistisches Verhalten des Modells erforderlich ist, wird bei dieser Simulation besonderer Wert auf die Generierung typischer Wellen und ihrer Überlagerungen gelegt, die besonders in küstennahen Abschnitten durch Reflexi-onserscheinungen kompliziert werden. Die Simulation der Wellen obliegt im beschrie-benen Fall dem Digitalteil einer Hybridrechenanlage[423], während dem Analogteil die Simulation der aus der Interaktion des Schiffes mit den Wellen resultierenden Schiffsbe-wegung in sechs Freiheitsgraden unter Berücksichtigung der Steuer- und Antriebskräfte zukommt.

10.13.4.4 Torpedosimulation

Den Abschluss des vorliegenden Abschnittes über die Anwendung elektronischer Analog-rechner in der Schiffahrtstechnik bildet das folgende Beispiel einer umfangreichen Torpe-dosimulation. Die reale Erprobung von Torpedos während ihrer Entwicklung, aber auch zu Übungszwecken stellt hohe Anforderungen hinsichtlich des zu betreibenden Aufwan-des und ist darüberhinaus von einer Vielzahl externer Einflüsse, wie Wetter, Wellengang und Wasserschichtungen abhängig, die in der Regel nicht explizit kontrolliert werden können, so dass ein Großteil derartiger Untersuchungen mit Hilfe von Simulatoren auf der Basis elektronischer Analog- beziehungsweise Hybridrechner durchgeführt wurde.

Ein Beispiel hierfür beschreibt LOWE vom Naval Undersea Center[424], wo bereits seit den frühen 1950er Jahren analoge Rechentechniken zur Untersuchung von Fragestel-lungen im Zusammenhang mit der Torpedoentwicklung eingesetzt wurden[425]. Allein der Umfang der an dieser Einrichtung zur Verfügung stehenden analogen und digitalen Rechenanlagen vermittelt einen Eindruck von der Komplexität derartiger Fragestellun-gen. Insgesamt standen zu Beginn der 1970er Jahre zwei transistorisierte Analogrechner des Typs EAI 8800[426] mit jeweils 350 Rechenverstärkern sowie drei ältere Modelle des Typs EAI 231R[427] mit je 250 Rechenverstärkern und zwei große Digitalrechner der Ty-pen UNIVAC 1110 und UNIVAC 1230 zur Verfügung. Das System UNIVAC 1110 war hierbei über 64 Analog-Digital- und 120 Digital-Analog-Wandler mit dem Analogrech-nerkomplex verbunden, während der Kontrolle der Anlage des Typs UNIVAC 1230 nur 32 Analog-Digital- und 24 Digital-Analog-Konverter unterlagen.

---

[421]Kurzbezeichnung für *Landing Craft Mechanized* – die Ausprägung LCM-6 wurde oftmals auch als „*Mike Boat*" bezeichnet.

[422]Siehe [222].

[423]Eine solche Simulation ist ein schönes Beispiel für die Behandlung stochastischer Größen mit Hilfe eines Analog- beziehungsweise Hybridrechners.

[424]San Diego, California.

[425]Siehe [278].

[426]Hierbei handelt es sich um eine der wenigen volltransistorierten Analogrechenanlagen mit einer Maschinenspannung von ± 100 V, was trotz des im Vergleich mit konventionelleren Techniken auf der Grundlage von Maschinenspannungen von ± 10 V deutlich höheren Aufwandes vor allem im Hinblick auf die hierdurch geringfügig gesteigerte Rechengenauigkeit in gewissen Fällen wünschenswert erschien. Zusätzlich vereinfachte dies die Einbeziehung eines solchen Analogrechners in ein bestehendes Umfeld mit röhrenbestückten Analogrechnern, welche in der Regel stets mit Rechenspannungen von ± 100 V operierten.

[427]Siehe Abschnitt 6.2.

Mit dieser Ausrüstung war es möglich, zeitgleich zwei Torpedosimulationen unter Echt-
zeitbedingungen durchzuführen, wobei neben dem Torpedo, dem Ziel sowie der in der
Regel akustisch arbeitenden Zielführungsanlage des Torpedos[428] auch Effekte wie die
Geräuschentwicklung des Zieles, des Torpedos und die Auswirkungen möglicher Störmaßnahmen Berücksichtigung fanden.

10.14 Luftfahrttechnik

Eines der Hauptanwendungsgebiete elektronischer Analogrechner sind die der Luftfahrttechnik zuzuordnenden Bereiche mit den ihnen eigenen, in der Regel hochkomplexen
Fragestellungen, die in der Mehrzahl aller Fälle zudem schwer zu erfüllende Echtzeit-
forderungen mit sich bringen. FEILMEIER bemerkt hierzu[429]:

> *Die Haupteinsatzgebiete dieser frühen Analogrechner liegen vornehmlich
> – Firmennamen wie Boeing, Goodyear und Reeves deuten dies an – auf dem
> Gebiet der Luft- und Raumfahrt, sowie der Verteidigungstechnik.*

Trotz dieser typischerweise mit Hilfe von Analog- und Hybridrechnern gut zu erfül-
lenden Aufgabenstellungen bringen gerade diese Aufgabestellungen jedoch besondere
Schwierigkeiten mit sich, die mit elektronischen Analogrechnern nicht ohne weiteres
gelöst werden können[430]:

- Die Hauptschwierigkeit stellen hierbei die oftmals extremen Wertebereiche dar,
  die einzelne, an einer Rechnung beziehungsweise Simulation beteiligte Variablen
  überstreichen können.

- Typischerweise erfordert die Behandlung von Fragestellungen aus dem Bereich der
  Luftfahrttechnik die Durchführung einer Vielzahl von Koordinatensystemopera-
  tionen wie Rotationen oder Umwandlungen kartesischer Koordinaten in polare
  etc., was mit einem hohen apparativen Aufwand einhergeht und entsprechend
  teure und umfangreiche Anlagen notwendig macht[431].

- Darüberhinaus ist oft die Generierung von Funktionen von mehr als einer Veränderlichen erforderlich, was mit den typischen Mitteln eines elektronischen Analogrechners nur mit großem apparativem Aufwand und unter Inkaufnahme einer
  sehr zeitaufwändigen Konfiguration möglich ist[432].

Diese Punkte legen nun auf den ersten Blick eher den Einsatz rein digital arbeitender
Systeme nahe, was jedoch aufgrund der zuvor genannten Anforderungen ebenfalls nicht

---

[428]Hierbei wurden auch die Auswirkungen von Schichtbildungen unterschiedlichen Salzgehaltes im
Ozean etc. berücksichtigt.

[429]Vergleiche [123][S. 19].

[430]Siehe hierzu beispielsweise [519].

[431]Trotzdem werden oft mehr Resolver, trigonometrische Funktionsgeber und Multiplizierer benötigt,
als auch umfangreiche Anlagen beinhalteten, so dass in diesen Fällen mit geeigneten Vereinfachungen
gearbeitet werden muss.

[432]Siehe hierzu beispielsweise [118][S. 62 ff.].

zielführend ist[433], so dass die Entwicklung der in Abschnitt 7.1 beschriebenen Hybrid-rechner ihren Ausgangspunkt in Forschungszentren der Luft- und Raumfahrttechnik nahm, um die Vorteile analoger und speicherprogrammierter digitaler Rechentechniken zu vereinigen.

Die Bedeutung elektronischer Analog- und Hybridrechner für die Luft- und Raumfahrt kann aus heutiger Sicht nicht überschätzt werden – bereits in den 1960er Jahren wurde dies klar gesehen, wie folgendes Zitat[434] zeigt:

> EHRICKE ([112]) believes that the accelerated development of American Missiles would not have been possible without computers[435].

Die folgenden Abschnitte stellen eine Reihe typischer relevanter Beispiele für den Einsatz von Analog- und Hybridrechnern im Bereich der Luftfahrttechnik dar, wie sie, begin-nend mit den frühen 1950er und endend mit den späten 1980er Jahren unverzichtbarer Bestandteil in Forschung, Entwicklung und Ausbildung waren[436].

10.14.1 Flugtische

In der Frühzeit des elektronischen Analogrechnens standen nur Anlagen vergleichsweise geringen Umfanges zur Verfügung, so dass die Modellbildung zur Lösung komplexer Fragestellungen mehr direkte Komponenten enthielt, als dies in späterer Zeit der Fall war. Darüberhinaus erfordert eine Reihe von Fragestellungen vor allem im Bereich der Flugreglerentwicklung die Einbindung realer Hardware in Simulationen, um deren Ver-halten unter wechselnden, aber genau definierten Bedingungen untersuchen zu können.

Ein typisches Beispiel hierfür stellen sogenannte *Flugtische* dar, bei welchen es sich um in ein, zwei oder drei Achsen kontrolliert bewegbare Plattformen handelt, die als Baugruppenträger für die Montage von in eine Simulation einzubindenden Flugkörper-instrumenten dienen. Einer der ersten solchen Flugtische wurde in Form eines sogenann-ten *Schwingtisches* bereits während der Entwicklung der Steuerung der A4-Rakete[437] als Bestandteil eines in Peenemünde entwickelten elektromechanischen Simulators ein-gesetzt[438], woran sich HELMUT HOELZER wie folgt erinnert[439]:

---

[433]Erschwerend kommt hierbei hinzu, dass eine Vielzahl von Simulationsaufgaben im Bereich der Luft-fahrttechnik die Einbeziehung realer Flughardware in eine Simulation erfordert, wofür elektronische Analogrechner aufgrund ihrer Arbeitsweise prädestiniert sind, während Digitalrechner hierfür den Ein-satz komplexer Wandlerschaltungen erforderlich machen. TOMAYKO bemerkt hierzu (siehe [572][Kapitel 9]): „*Analog computers commonly supported simulation in the 1950s and early 1960s. Having the ad-vantage of great speed, the electronic analog computer fit well into the analog world of the aircraft cockpit and its displays.*"

[434]Siehe [270][S. 2].

[435]Hiermit sind (elektronische) Analogrechner gemeint.

[436]Allgemeine Grundlagen der Flugkörpertechnik und -entwicklung finden sich beispielsweise bei As-HLEY (siehe [19]), worauf an dieser Stelle verwiesen sei.

[437]Siehe Abschnitt 3.2.1.

[438]Siehe hierzu beispielsweise [263][S. 249 ff.] sowie [571][S. 233].

[439]Siehe [190][S. 18].

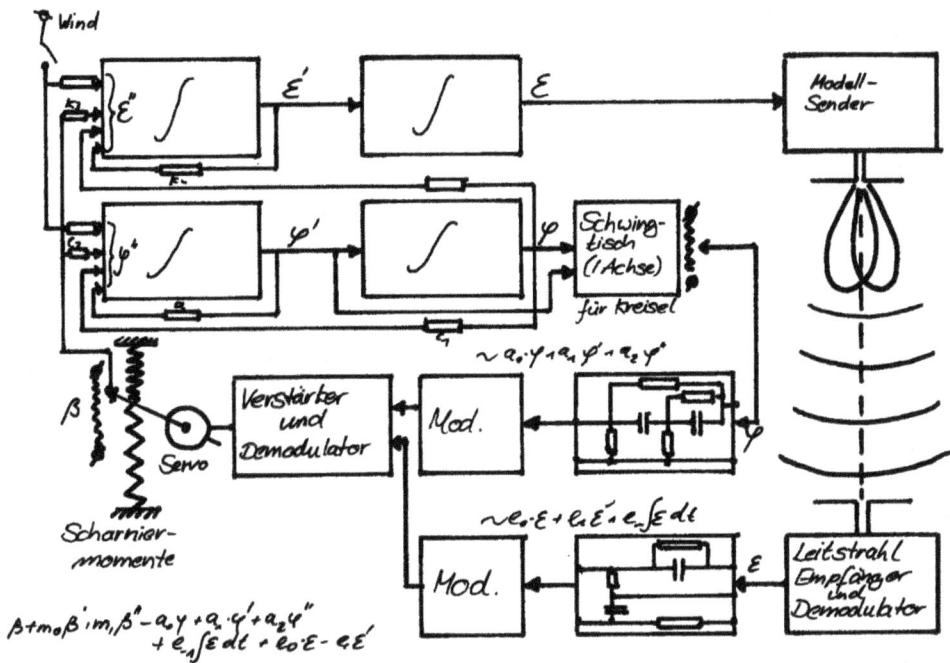

Abb. 10.54: „Modell zur Untersuchung der Fern- und Selbststeuerung" *der A4-Rakete mit Schwingtisch (vergleiche [571][S. 232] beziehungsweise [190][Fig. 12])*

> *Um den Lage-Kreisel selbst in dem Aufbau zu haben, war es nötig, einen Schwingtisch zu bauen, auf dem er montiert werden konnte. Dieser Schwingtisch wurde angetrieben von der Lagegeschwindigkeit; er führte die Integration zur Lage selbst durch, wurde aber von einem elektronischen Integrator überwacht, der parallel zu ihm arbeitete. Der original Fernsteuerungs-HF-Empfänger war auch in der Simulation eingeschlossen. Er empfing die Signale, die von einem Simulator der Sendestation geliefert wurden. Links im Diagramm (Abb. [10.54]) sieht man die original hydraulischen Servomotoren mit Federn belastet, um die Scharniermomente der Strahlruder der Rakete zu simulieren.*

Abbildung 10.54 zeigt schematisch den Aufbau der Simulation der A4-Raketensteuerung mit dem Schwingtisch als zentralem Element mit den um ihn herum angeordneten Analogrechnerkomponenten[440]. Von diesem Simulator wurden in Peenemünde mehrere Exemplare gebaut und eingesetzt, von denen eines nach dem Ende des Zweiten Weltkrieges den Weg in die Vereinigten Staaten von Amerika fand und dort noch bis Mitte

---

[440]Siehe Abschnitt 3.2.2.

	Achse		
	Roll	Nick	Gier
Maximale Auslenkung	$\pm 120°$	$\pm 120°$	$\pm 90°$
v_{max}	$250° s^{-1}$	$150° s^{-1}$	$125° s^{-1}$
v_{min}	$0.008° s^{-1}$	$0.008° s^{-1}$	$0.008° s^{-1}$
Positioniergenauigkeit	$0.1°$	$0.1°$	$0.1°$

Tabelle 10.2: *Geschwindigkeits- und Beschleunigungseckdaten des in Abbildung 10.55 dargestellten Flugtisches (nach [394])*

der 1950er Jahre im Redstone Arsenal betrieben und bei der Entwicklung der Redstone-Rakete verwendet wurde[441].

Die Einbeziehung realer Flugkörperkomponenten in Simulationen entwickelte sich zu einem wichtigen Werkzeug im Zusammenhang mit dem Einsatz elektronischer Analog- und Hybridrechner als Simulationswerkzeuge, so dass Flugtische in den Folgejahren zunehmend weiter entwickelt wurden, um beispielsweise Rotationen um drei Achsen bei gleichzeitig präziser Positionssteuerung bei möglichst großer Montagefläche und Traglast zu ermöglichen[442].

Abbildung 10.55 zeigt einen solchen typischen, hydraulisch angetriebenen, 3-Achsen-Flugtisch, wie er bei der *MBB Aircraft Division* in den 1970er Jahren eingesetzt wurde. Hergestellt wurde dieser Flugtisch von *California Technical Industries* und erlaubte die Montage von Instrumenten bei einer maximalen Nutzlast von 15 kp. Tabelle 10.2 listet die wesentlichen Geschwindigkeits- und Beschleunigungseckdaten dieses Systems auf, die auch die Simulation von Teilaspekten von Höchstleistungsflugkörpern unter realistischen Bedingungen in Zusammenarbeit mit einem Analogrechner erlaubten.

10.14.2 Fahrgestelle

Die Entwicklung zuverlässiger Fahrgestelle für Hochleistungsflugzeuge warf ebenfalls eine Vielzahl von Problemen auf, die ohne den Einsatz umfangreicher Analogrechner-systeme nicht oder nur unter Inkaufnahme immenser Kosten und Risiken hätten gelöst werden können[443]. Bereits im Jahre 1953 wurde am *Wright Air Development Center*[444] unter der Leitung von Professor W. J. MORELAND mit der Simulation von Fahrwerks-schwingungen unter Verwendung elektronischer Analogrechner begonnen[445]. Die hierbei untersuchten Fahrwerke wurden durch lineare Differentialgleichungssysteme siebter

---

[441]Siehe [263][S. 251] sowie [190][S. 19].

[442]Grundlagen derartiger Flugtische und ähnlicher Einrichtungen zur Unterstützung partieller Systemtests und -simulationen finden sich beispielsweise bei BAUER (siehe [32]) beziehungsweise bei McLEOD (siehe [302][S. 877 ff.]).

[443]Eines der frühesten Beispiele hierfür ist die Messerschmitt Me 262, deren Konstruktion 1939 begann, und die unter anderem von einer Vielzahl von Problemen im Bereich des Fahrgestelles geplagt war. Unter anderem mussten beispielsweise Flatterbremsen und spezielle Dämpfer entwickelt werden, um unerwünschte und gefährliche Schwingungen der Bugradaufhängung zu vermeiden etc. (siehe beispielsweise RADINGER – [465][S. 40, 52, 90]).

[444]Dayton, Ohio.

[445]Siehe [307][S. 1995].

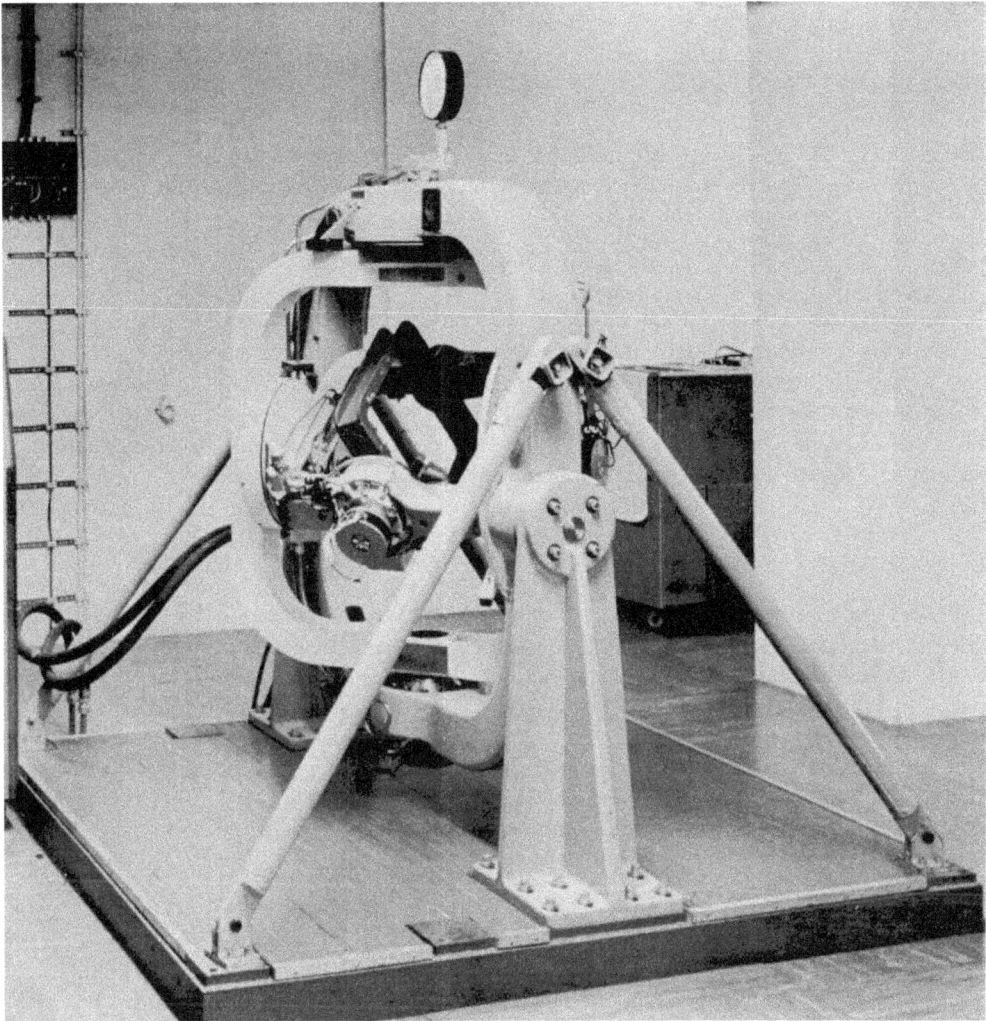

Abb. 10.55: *3-Achsen-Flugtisch (nach [394])*

Ordnung mit vier Freiheitsgraden beschrieben, die über insgesamt 14 freie Parameter verfügten[446].

Durch gezielte Parametervariation, die in Ermangelung eines Hybridrechners manuell erfolgte, konnten für unterschiedliche Fahrwerkskonfigurationen und Auslegungen Stabilitätskarten erstellt werden, die als Basis für sich anschließende Feldversuche mit

---

[446]Erschwerend kommt bei derartigen Simulationen hinzu, dass Fahrgestelldämpfer in der Regel dergestalt ausgelegt werden, dass für die beiden möglichen Bewegungsrichtungen unterschiedliche Dämpfungskonstanten wirksam werden (siehe beispielsweise [214][S. 223]).

Ingenieursmodellen dienten, die wiederum Voraussetzung für die Bestimmung der endgültig zu fertigenden Produktionsvariante eines Fahrwerkes waren. Den Erfolg dieser Methode zeigt folgendes Zitat[447]:

> *For the past three years all new landing gear designs have been evaluated according to Professor* MORELAND*'s method, thus eliminating the dangers that accompany violent shimmy.*

10.14.3 Fangseilsysteme

Neben den typischen hohen Anforderungen an das Fahrwerk eines Höchstleistungsflugzeuges werfen flugzeugträgergestützte Flugkörper neben der Notwendigkeit eines Katapultstartsystemes zusätzlich das Problem auf, nach dem Aufsetzen innerhalb kürzester Zeit und Strecke von einer hohen Anfluggeschwindigkeit bis zum Stillstand gebremst werden zu müssen, um ein Hinausschießen über das Schiffsdeck zu verhindern. Diese Anforderungen können mit herkömmlichen, in das Fahrwerk integrierten Bremssystemen nicht erfüllt werden, so dass eine zusätzliche Bremstechnik in Form eines sogenannten *Fangseilsystems* zum Einsatz gelangen muss.

Hierbei handelt es sich um ein[448] quer über das Flugdeck gespanntes, beiderseits in Form eines Flaschenzuges mit eingebauten Federelementen gelagertes Seil, in welches nach dem Aufsetzen eines Flugzeuges ein an diesem montierter Haken einrastet, wodurch Seil und Flugzeug miteinander gekoppelt werden. Durch geeignete Dimensionierung der im Gesamtsystem integrierten Federn und Dämpfer muss in der Folge sichergestellt werden, dass das Flugzeug innerhalb des kurzen zur Verfügung stehenden Bremsweges sicher abgebremst wird, ohne dass hierbei unzulässig hohe negative Beschleunigungen auftreten, die zu strukturellen Schäden des Flugzeuges, zu Verletzungen des Piloten oder zu Schäden am Fangseilsystem selbst führen können.

Eine sehr schön ausgearbeitete Darstellung einer solchen, von der *All American Engineering Co.* durchgeführten Simulation eines Fangseilsystems findet sich in CARLSON, HANNAUER, CAREY und HOLSBERG[449]. In dieser Studie werden zwei unterschiedliche Flugzeugtypen betrachtet, deren Massen zwischen 6 und 20 beziehungsweise bis zu 23 Tonnen betragen können, während sich die Anfluggeschwindigkeiten auf 180 bis 260 beziehungsweise 220 bis 329 $\frac{km}{h}$ belaufen können[450]. Ausgehend von diesen Rahmendaten ist das Ziel der Simulation, geeignete Parameter für die Auslegung eines Fangseilsystemes gegebener Geometrie und Abmessungen zu bestimmen, so dass dieses unter allen möglichen Betriebsbedingungen einfliegende Flugzeuge sicher fängt und bis zum Stillstand abbremst.

---

[447]Siehe [307][S. 1996].

[448]In der Regel verfügt ein Flugzeugträger über mehrere Fangseile, um auch in Fällen, in denen der Aufsetzpunkt eines einfliegenden Flugzeuges nach hinten verschoben ist, dieses sicher abbremsen zu können.

[449]Siehe [77][S. 296 ff.].

[450]Hierbei handelt es sich zum einen um Düsenjäger und zum anderen um leichte Bomber.

10.14.4 Triebwerksentwicklung

Auch während der Entwicklung von Triebwerken wurde in großem Maße Gebrauch von analogen Rechentechniken gemacht, wie exemplarisch die bei JACKSON[451] beschriebene Simulation eines mit Nachbrenner versehenen Turbostrahltriebwerkes mit variabler Auslassdüsengeometrie sowie den zugehörigen Steuer- und Regeleinrichtungen zeigt. Problematisch ist bei derartigen Simulationen neben der schieren Komplexität der Fragestellung im Hinblick auf die Anzahl benötigter Rechenelemente auch die Notwendigkeit, Funktionen von mehreren, häufig auch mehr als zwei, Veränderlichen abzubilden.

Ein weiteres schönes, wenngleich stark vereinfachtes Beispiel einer Strahltriebwerkssimulation findet sich auch bei SCHWEIZER[452].

10.14.5 Hubschrauberrotoren

Die Untersuchung der dynamischen Eigenschaften von Hubschrauberrotoren und ihrer Komponenten, wobei hier oftmals die eigentlichen Rotorblätter im Vordergrund stehen, beschreibt beispielsweise DIXON[453] anhand einer ursprünglich von MACNEAL vorgestellten Studie. Von besonderem Interesse bei der Untersuchung von Rotorblättern sind vor allem Biege- und Torsionserscheinungen, die auf eine Vielzahl partieller Differentialgleichungen führen und damit für die Behandlung mit Hilfe herkömmlicher Analogrechner in nur sehr eingeschränktem Maße geeignet sind.

Die von MACNEAL und DIXON beschriebene Technik basiert auf einem passiven, direkten Analogrechner, der gewisse Ähnlichkeit mit den in Abschnitt 10.2.4 dargestellten Systemen HETAC beziehungsweise des *Electronic Analog Frost Computor* aufweist und wie folgt beschrieben wird[454]:

> *The direct analog computer consists of an assemblage of passive electrical circuit elements (resistors, capacitors, inductors and transformers), amplifiers, signal generators and control equipment. [...] The electrical analogy for the bending of beams has great importance in the direct analog method of dynamic analysis for lifting surfaces, since many lifting surfaces can be replaced by lifting lines with bending and torsional flexibility. This is certainly true of the helicopter rotor blade which characteristically has a very large span-to-chord ratio.*

Das direkte Analogiemodell für ein derartiges Hubschrauberrotorblatt umfasst etwa 100 Induktivitäten sowie etwa 50 Widerstände und Kondensatoren und gestattet die Simulation eines in sieben diskrete Abschnitte unterteilten Rotorblattes hinsichtlich während seines Betriebes auftretender Biege- und Torsionsschwingungen.

---

[451]Siehe [206][S. 426 ff.].
[452]Siehe [515][S. 422 ff.].
[453]Siehe [303][S. 1222 f.].
[454]Siehe [303][S. 1222].

10.14.6 Flugleitsysteme

Ein interessantes Einsatzgebiet elektronischer Analogrechner stellen Simulationen komplexer Mensch-Maschine-Systeme dar, wie sie beispielsweise in Form von Flugleitzentralen oder auch Kommandozentren militärischer Anlagen vorliegen. Beispielsweise beschreibt BOB YEAGER von EAI eine in Zusammenarbeit mit dem *Wright Air Development Center* und Psychologen entwickelte Simulation einer Flugleitzentrale, wobei das Verhalten der in die Simulation eingebundenen Personen im Mittelpunkt des Interesses stand, während den analogen und digitalen Simulationsrechnern die Aufgabe der Generierung und Anzeige realistischer Flugbewegungen zufiel[455]:

> *The system provides an estimate of how the humans' alertness, judgment, and dexterity will affect otherwise automatic operations, and it thus can access the reasonableness of tasks assigned to people in relation to their ability to perform them.*

Nahezu alle Simulationen, die menschliche Bediener einbeziehen, zeichnen sich durch eine nur geringe Wiederholbarkeit aus, so dass für die Generierung verlässlicher Datensätze in der Regel eine Vielzahl von Simulationsläufen unter gleichbleibenden Ausgangsbedingungen notwendig ist. Derartige Voraussetzungen können mit Hilfe eines Hybridrechneransatzes wie dem von YEAGER beschriebenen leicht gewährleistet werden, wobei gegenüber herkömmlichen psychologischen Untersuchungen als Vorteile eine kurze Vorbereitungszeit vor einem durchzuführenden Simulationslauf sowie die Möglichkeit automatischer und zeitnaher Auswertungen von Messergebnissen mit Hilfe des Digitalrechners zu nennen sind.

10.14.7 Flugsimulation

Eines der faszinierendsten und hinsichtlich seiner historischen Bedeutung nicht zu überschätzenden Einsatzgebiete analoger und hybrider Rechenanlagen im Bereich der Luftfahrttechnik stellt die Simulation vollständiger Flugkörper mit oder ohne Einbeziehung realer Piloten dar. Die Komplexität derartiger Aufgabenstellungen in Verbindung mit der Vielzahl zu berücksichtigender Parameter und komplexer Bewegungsabläufe mit meist sechs Freiheitsgraden stellte bis in die 1980er Jahre hinein Anforderungen an die eingesetzte Rechentechnik, die von rein digital arbeitenden Systemen nicht erfüllt werden konnten, so dass sich in diesem Bereich Analog- und Hybridrechner früher und länger als auf anderen Gebieten erfolgreich gegenüber speicherprogrammierten Digitalrechnern behaupten konnten[456].

Abbildung 10.56 zeigt sehr schön den Aufbau einer typischen Flugsimulationsanlage der 1950er und 1960er Jahre, in deren Mittelpunkt ein möglichst realistisch ausgerüstetes Cockpit des zu untersuchenden Flugkörpers steht, während die eigentliche Simulation einem elektronischen Analogrechner obliegt. Neben der Klärung rein technischer Fragestellungen im Zusammenhang mit dem jeweils betrachteten Flugzeugmodell dienten

---

[455]Siehe [305][S. 1543].

[456]Eine gute Einführung in die mathematischen und analogrechentechnischen Grundlagen der Flugsimulation findet sich bei BAUER (siehe [31]).

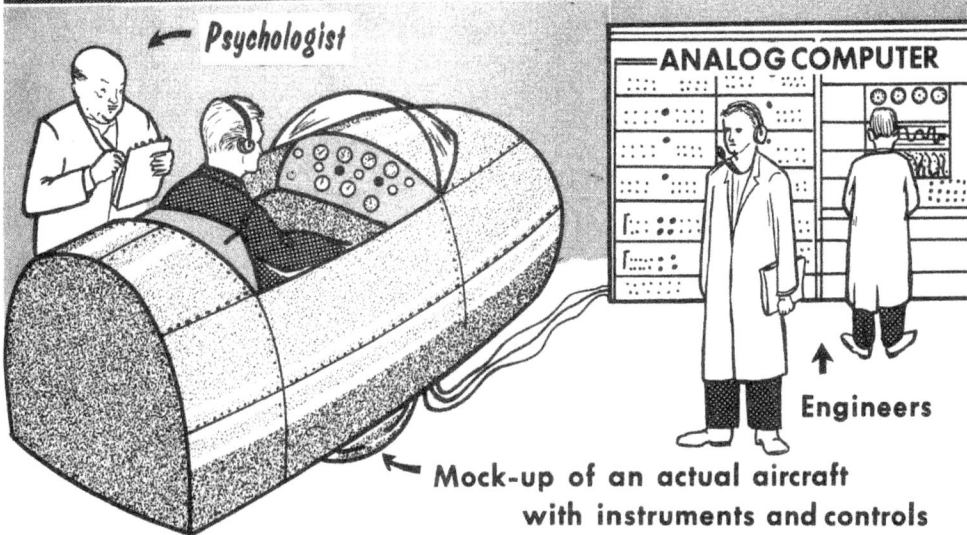

With an ANALOG COMPUTER a NEW AIRCRAFT can be FLOWN before it is BUILT

Psychologist

ANALOG COMPUTER

Engineers

Mock-up of an actual aircraft with instruments and controls

Abb. 10.56: Flugsimulation mit Hilfe eines Analogrechners (nach [577][S. 3-75])

derartige Simulationen in vielen Fällen auch der Klärung psychologischer Fragestellungen, zu denen unter anderem Untersuchungen des Verhaltens von Piloten in Stresssituationen ebenso gehörten wie die Optimierung der Cockpitinstrumentierung etc.

Trotz des häufig immens großen technischen und damit einhergehend auch finanziellen Aufwandes, welchen die für ausgefeilte Flugsimulationen notwendige analoge Rechentechnik mit sich brachte, überwogen doch stets die Vorteile der Simulation gegenüber Experimenten mit unausgereiften Fluggeräten, wie auch folgendes Zitat aus dem Jahre 1956[457] zeigt:

> The operation of a flight simulator on the ground is vastly cheaper as well as safer than operation of actual aircraft.

Ausgehend von solchen Betrachtungen erwarb die US-Air Force auf Anregung der NACA[458] bereits in den frühen 1950er Jahren einen *GEDA*-Analogrechner[459], was den

---

[457]Siehe [243][S. 119] – hier ([243][S. 115 ff.]) findet sich auch eine schöne Einführung in die mathematischen Grundlagen der Behandlung von Flugkörperproblemen mit Hilfe elektronischer Analogrechner.

[458]Kurz für *National Advisory Committee for Aeronautics* – eine staatliche Organisation der Vereinigten Staaten von Amerika, die sich der Grundlagenforschung im Bereich der Luft- und Raumfahrt widmete und mit dem *National Aeronautics and Space Act* im Jahre 1958 in die NASA (kurz für *National Aeronautics and Space Administration*) überging.

[459]Kurz für *Goodyear Electronic Differential Analyzer* – für weitere Informationen siehe [170][S. 147].

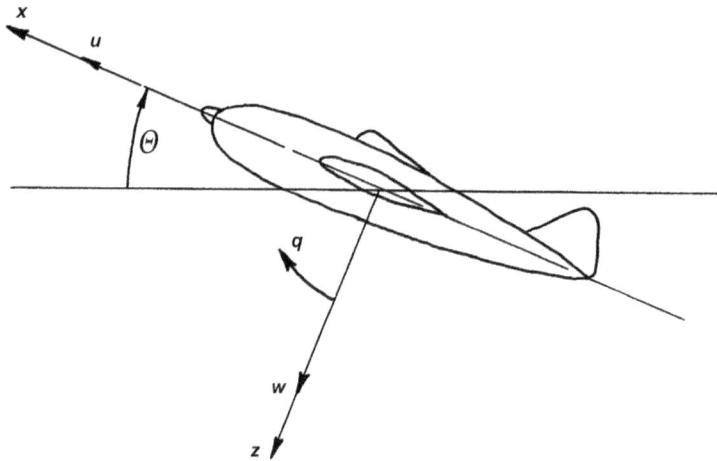

Abb. 10.57: *Longitudinalbewegung eines Flugzeuges (vergleiche [596][S. 40])*

Grundstein zu einer Reihe großer Analog- und später auch Digitalrechenzentren leg-te[460], deren Bedeutung für die Entwicklung der Luft- und Raumfahrttechnik nicht unterschätzt werden darf.

Als einführendes Beispiel für eine einfache Flugsimulation diene im Folgenden die Betrachtung der Longitudinalbewegung eines Flugzeuges, wie sie in Abbildung 10.57 dargestellt ist[461]. Hierbei bezeichne u die Fluggeschwindigkeit entlang der x-Achse, Θ die Inklination, während q die Winkelgeschwindigkeit des Flugzeuges um die y-Achse repräsentiert.

Im Folgenden soll eine Simulation der Longitudinalbewegung des Flugzeuges durchgeführt werden, als deren einziger Eingabeparameter η der Anstellwinkel des Höhenruders dient. Mit den obigen Bezeichnungen ergibt sich[462]

$$m(\dot{u} + w_0 q) = -mg\cos(\Theta_0)\Theta + uX_u + wX_x \tag{10.17}$$

$$m(\dot{w} + u_0 q) = -mg\sin(\Theta_0)\Theta + uZ_u + wZ_w \tag{10.18}$$

$$B\dot{q} = wM_w + qM_q + \eta M_\eta, \tag{10.19}$$

wobei Θ_0 die Ausgangsinklination, Θ die Änderung dieses Winkels, u_0 und w_0 die Ausgangsgeschwindigkeitskomponenten längs der x- beziehungs z-Achse, u und w entsprechend die Änderungen dieser Werte, q die Winkelgeschwindigkeit um die y-Achse, m die Masse des Flugzeuges, B das Trägheitsmoment um die y-Achse, g die Erdbeschleunigung, η den Anstellwinkel des Höhenruders, X_u und X_w beziehungsweise Z_u und Z_w die aerodynamisch wirkenden Kräfte entlang der x- beziehungsweise z-Achse

---

[460] Eine wundervolle Darstellung dieser Entwicklung findet sich in „Black Magic and Gremlins: Analog Flight Simulations at NASA's Flight Research Center"(siehe [594]). Die Haupteinsatzgebiete von Analogrechnern im Bereich der Flugsimulation bei Autonetics im Jahre 1958 beschreibt [299][S. 122].

[461] Die folgenden Ausführungen folgen einem Beispiel von WASS (siehe [596][S. 39 ff.]).

[462] Siehe [596][S. 39].

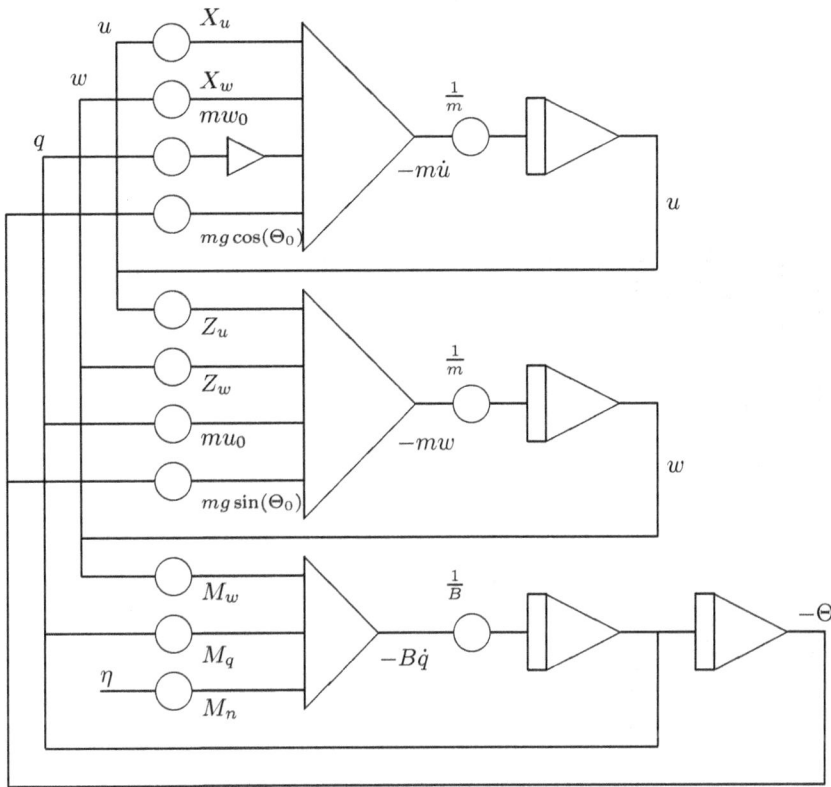

Abb. 10.58: *Simulation eines Flugzeuges entsprechend Abbildung 10.57 (vergleiche [596][S. 40])*

bezogen auf u und w und schlussendlich M_w, M_q sowie M_η die Momente um die y-Achse bezüglich w, q und η darstellen.

Aus den Gleichungen (10.17), (10.18) und (10.19) ergibt sich in der Folge die in Abbildung 10.58 dargestellte Rechenschaltung mit η als Eingabeparameter, mit deren Hilfe die aus Änderungen des Anstellwinkels des Höhenruders resultierenden Änderungen der Variablen u, w, q etc. bestimmt werden können.

Ausgehend von dieser Rechenschaltung kann nun beispielsweise ein einfacher Autopilot, mit dessen Hilfe beispielsweise eine fixe, negative Inklination, wie sie unter anderem für einen automatischen Landeanflug nötig ist, konstant gehalten werden kann, entwickelt und erprobt werden[463]. Zunächst ergibt sich für die Beschleunigung des Flugzeuges bezüglich der z-Achse $\ddot{z} = \dot{w} - u_0 q$, wobei sowohl $\dot{w}$ als auch $u_0 q$ zwanglos aus der Rechenschaltung nach Abbildung 10.58 entnommen werden können.

---

[463]Eine ausführlichere Darstellung der Behandlung von Fragestellungen, wie sie bei der Entwicklung von Autopiloten auftreten, mit Hilfe elektronischer Analogrechner findet sich beispielsweise bei KORN und KORN (siehe [243][S. 128 ff.]).

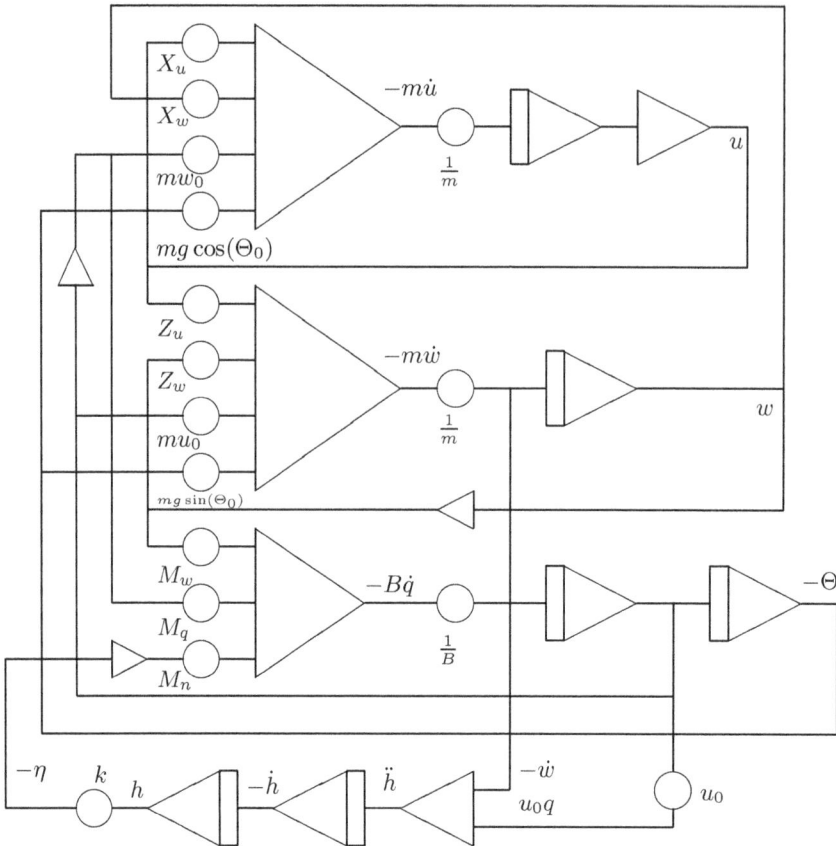

Abb. 10.59: *Simulation eines einfachen Flugzeuges nach Abbildung 10.57 mit Autopilot (vergleiche [596][S. 43])*

$\ddot{z}$ kann, etwas vereinfacht und unter der Voraussetzung, hinreichend klein zu sein, als Grundlage für das gewünschte Korrektursignal zur Steuerung des Höhenruders verwendet werden. Zusammen mit einem Proportionalitätsfaktor k, welcher von der Empfindlichkeit der Steuerung abhängt, ergibt sich für den gesuchten Höhenruderanstellwinkel

$$\eta = k \iint \dot{w} - u_0 q \; \mathrm{d}t \; \mathrm{d}t.$$

Die Berechnung dieses Wertes erfolgt ausgehend von den in der ursprünglichen Rechenschaltung verfügbaren Werten $\dot{w}$ sowie $u_0 q$ mit Hilfe der im unteren Bildteil von Abbildung 10.59 dargestellten, aus einem Summierer, zwei Integrierern sowie einem Koeffizientenglied bestehenden Teilrechenschaltung.

Bereits dieses einfache Beispiel einer Flugsimulation lässt den für die Behandlung komplexerer Szenarien mit bis zu sechs Freiheitsgraden notwendigen technischen Aufwand erahnen, in dessen Folge die größten Analogrechenanlagen auch im Bereich der Luft-

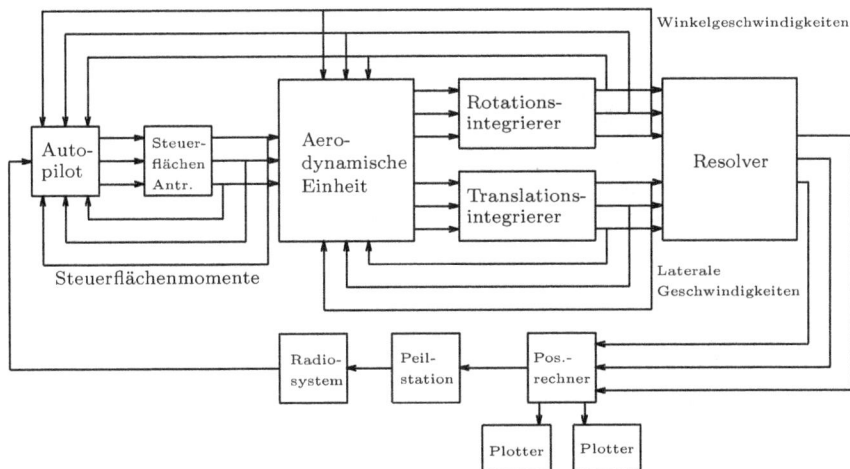

Abb. 10.60: *Blockdiagramm des TRIDAC-Systems (vergleiche [596][S. 215])*

und Raumfahrttechnik entstanden[464]. Ein eindrucksvolles Beispiel hierfür ist die britische *TRIDAC*-Anlage[465] des *Royal Aircraft Establishments*, die am 8. Oktober 1954 offiziell eingeweiht und wie folgt beschrieben wurde[466]:

> He was introducing Tridac [...] which is ten times larger than anything else of its kind in this country and one of the biggest computers in the world. It has been installed by the Ministry of Supply at a cost of about £ 750000 and within its massive form – the equipment would fill six ordinary three-bedroomed houses – there are mechanical computing elements which need 400-horse power to drive them. The total electricity consumption would light a small town. As an example of its capacity, in 20 seconds Tridac could achieve as much as 100 girls using calculating machines in eight hours.

TRIDAC zählt bis heute sowohl hinsichtlich der bloßen Anzahl zur Verfügung stehender Rechenelemente, als auch – und vor allem – bezüglich seiner physischen Abmessungen zu den größten elektronischen Analogrechnern überhaupt. Abbildung 10.60 zeigt ein typisches Blockdiagramm des Gesamtsystems – im Gegensatz zu einem wirklichen Allzweckanalogrechner waren TRIDACs Rechenelemente bereits zu größeren Blöcken zusammengefasst, innerhalb derer sie zwar frei verschaltet werden konnten, die aber als Blöcke stets festen Aufgaben in der Simulation von Flugkörpern zugeordnet waren.

Den Mittelpunkt von TRIDAC, sowohl in Abbildung 10.60 als auch hinsichtlich der ausgeübten Funktion, bilden die sogenannte *aerodynamic unit* sowie die direkt mit ihr

---

[464]Eine hervorragende Einführung in die mathematische Modellierung von Flugkörpern als Grundlage für Simulationen findet sich in [523] sowie mit Schwerpunkt auf den Besonderheiten, die im Rahmen einer Problembehandlung mit Hilfe elektronischer Analogrechner zu berücksichtigen sind, in [517]. Ein ausgeführtes Beispiel einer Flugdynamiksimulation mit Hilfe eines Hybridrechners beschreibt [516].

[465]Die Bezeichnung *TRIDAC* leitet sich von der Langbezeichnung *three-dimensional analogue computer* her (siehe [596][S. 213]).

[466]Siehe [418].

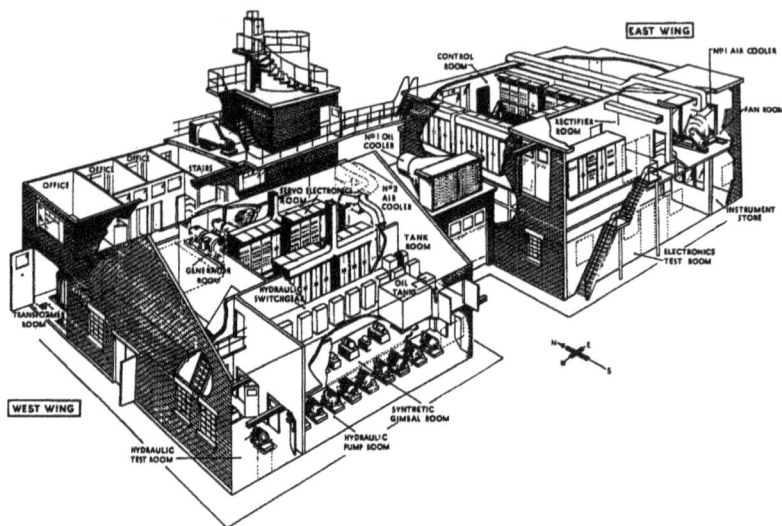

Abb. 10.61: *Aufbau des TRIDAC-Systems (nach [596][S. 214])*

verbundenen Integriererblöcke zur Berechnung von Rotations- und Translationsbewegungen des betrachteten Flugkörpers. Die Ausgabewerte dieser Blockgruppe dienen ihrerseits als Eingabe für eine Gruppe von Resolvern, mit deren Hilfe Koordinatensystemtransformationen durchgeführt wurden, deren Ausgabewerte wiederum als Eingaben für ein zu simulierendes Funkleitsystem dienen, welches wiederum auf einen ebenfalls simulierten Autopiloten aufgeschaltet ist, über welchen die Schleife zur aerodynamic unit gebildet wird.

Einen Eindruck der immensen Größe von TRIDAC vermittelt Abbildung 10.61 – das System belegte einen eigens hierfür errichteten Gebäudekomplex, dessen Westflügel in der Hauptsache die Vielzahl unterschiedlicher hydraulischer Servosysteme zusammen mit den für ihren Betrieb notwendigen Hilfseinrichtungen wie Ölpumpen, Öltanks, Servosteuerelektronik etc. beherbergte, während der in Abbildung 10.62 dargestellte Kontrollraum im Ostflügel untergebracht war.

Alles in allem bestand TRIDAC aus etwa 650 driftstabilisierten Rechenverstärkern[467] sowie einer Vielzahl hydraulisch angetriebener Funktionsgeber und Resolver, deren Antrieb allein die in obigem Zitat erwähnten 400 *horse powers* benötigte[468].

Enger umgrenzte Fragestellungen im Zusammenhang mit der Simulation von Flugkörpern konnten jedoch auch mit deutlich geringerem apparativem Aufwand erfolgreich behandelt werden, wie Abbildung 10.63 anhand einer Trägheitskopplungssimulation zeigt, wie sie 1955 an der NACA *High-Speed Flight Station*, kurz *HSFS*, im Bereich *Dynamic Stability and Analysis* im Rahmen der Entwicklung des Bell-X-2-Flugzeuges

---

[467]Ein Großteil dieser Verstärker setzte einfache Zerhackerrelais ein, wie sie bereits von GOLDBERG vorgeschlagen wurden (siehe [152]), während einige Verstärker auch sogenannte *magnetic modulators* einsetzen (siehe [596][S. 213, S. 88 f.]).

[468]Das gesamte TRIDAC-System besaß eine Anschlussleistung von ca. 650 kW (siehe [596][S. 215]).

Abb. 10.62: *Kontrollraum des TRIDAC-Systems (nach [596][Fig. 141])*

durchgeführt wurde – bei den im Hintergrund sichtbaren Analogrechnern handelt es sich um zwei der bereits erwähnten GEDA-Systeme. In dieser Abbildung kommt die große Interaktivität analoger Rechentechniken gut zum Ausdruck, wurde doch ein sogenanntes *Man-in-the-Loop*-System implementiert, bei welchem ein Bediener mit Hilfe eines Steuerknüppels direkten Einfluss auf das Verhalten des simulierten Flugkörpers nehmen und in Echtzeit dessen Reaktion auf einem Sichtgerät verfolgen konnte.

Bild 10.64 zeigt den Umfang der GEDA-Analogrechnerinstallation der NACA High-Speed Flight Station im Jahre 1956. Neben den eigentlichen Analogrechnern findet sich hier auch eine Reihe typischer Ausgabegeräte dieser Zeit, wie (x, y)-Schreiber (Bildmitte) sowie ein Vielkanal t, y-Schreiber (linkes unteres Bildviertel) neben einer einfachen Nachbildung eines Flugzeuginstrumentenpanels.

Bedingt durch die im Laufe der Jahre steigende Erfahrung im Bereich der analogen Flugkörpersimulation auf der einen sowie die zunehmend zuverlässigeren, kleineren und preiswerteren Rechenelemente auf der anderen Seite, wurden im Bereich sowohl der kommerziellen Luft- und Raumfahrttechnik als auch im Bereich der Grundlagenforschung zunehmend größere Simulationsanlagen projektiert und umgesetzt, die hinsichtlich ihrer Genauigkeit, des Rechenelementeumfanges sowie ihrer Universalität TRIDAC schnell in den Schatten stellten.

Abb. 10.63: *Trägheitskopplungssimulation – im Hintergrund GEDA-Analogrechner, am Steuerknüppel* RICHARD E. DAY *(NASA photo E-1841, siehe [594][S. 6])*

Abb. 10.64: *Die GEDA-Analogrechner der NACA, Oktober 1956 (NASA photo E-2626, siehe [594][S. 7])*

Abb. 10.65: *Der Tactical Avionics System Simulator, ca. 1968 (nach* BRUCE BAKER, *30. Oktober 2006, persönliche Mitteilung an den Autor)*

Ein schönes Beispiel für eine solche Anlage stellt der in Abbildung 10.65 dargestellte Rechnerkomplex des *Tactical Avionics System Simulators*[469], kurz *TASS*, dar. Herzstück der Anlage ist eine Reihe Analogrechner des Typs EAI 231R[470], ein speicherprogrammierter Digitalrechner des Typs DOS-350[471], ein DDP-24-System sowie ein im Bild unten links zu erkennender Digitalrechner des Typs EAI-8400[472].

Eine weitere analoge Großrechenanlage, die im Bereich der Luftfahrttechnik zum Einsatz kam, zeigt Abbildung 10.66 in Form einer Systems des Typs Beckmann *EASE 2133*, wie es in den 1970er Jahren bei Messerschmitt Bölkow Blohm installiert war. Das gezeigte System verfügt über 520 Rechenverstärker, 72 Multiplizierer, 64 Funktionsgeber, zehn Sinus- beziehungsweise Cosinus-Generatoren, 24 Begrenzer, 240 Servopotentiometer, 112 manuelle Koeffizientenpotentiometer und eine Vielzahl digitaler Rechenglieder,

---

[469] Stand ca. 1968.

[470] Zwei dieser Systeme waren mit der sogenannten *MLG*, kurz für *Memory and Logic Group* ausgerüstet, was in der Bezeichnung EAI 231R-V zum Ausdruck kommt.

[471] Ein DOS-350 zusammen mit einem 231R(-V) bildete einen Hybridrechner *HYDAC 2000*.

[472] Hierbei handelt es sich um ein 32-Bit-Gleitkommasystem.

Abb. 10.66: *Beckmann-EASE 2133-Anlage bei MBB Aircraft Division (nach [394])*

was die Behandlung extrem anspruchsvoller Simulationsaufgaben mit einer Vielzahl von Freiheitsgraden ermöglichte.

Ein ähnliches, wenngleich noch deutlich umfangreicheres Analogrechensystem kam im Verlauf der Entwicklung des Senkrechtstarters[473] VJ 101C-X2 bei der MBB Aircraft Division zum Einsatz. Abbildung 10.67 zeigt das zugehörige, stark vereinfachte Blockdiagramm, dessen Umsetzung mehr als 1000 Rechenverstärker und damit eine Analogrechenanlage von etwa doppeltem Umfang wie der in Abbildung 10.66 dargestellten erforderte[474].

Ein spezielles, wenngleich für diesen Einsatzbereich typisches Ausgabegerät zeigt Abbildung 10.68 in Form eines sogenannten *Dreiachsensimulators*, der, direkt mit dem Analogrechner verbunden, in der Lage ist, in beschränktem Maße Translations- und Rotationsbewegungen einer Flugzeugkanzel nachzubilden. Allgemeine Informationen zur Implementation derartiger Bewegungssimulatoren finden sich bei SCHWEIZER[475]. Bedingt durch den naturgemäß stark eingeschränkten Bewegungsspielraum solcher Simulatoren – vor allem in Bezug auf translatorische Bewegungen – ist die Ausnutzung von Wahrnehmungsschwächen des Piloten zur Erzeugung eines plausiblen Lage- und Beschleunigungseindruckes notwendig[476].

---

[473]Senkrechtstartende Flugzeuge werden in der Regel als *VTOL*-Flugzeuge bezeichnet – kurz für *V*ertical *T*ake *Off* and *L*anding.

[474]Eine ebenso umfangreiche wie eindrucksvolle Auflistung vornehmlich analoger und hybrider Simulationseinrichtungen aus dem Jahre 1971 findet sich bei PIRRELLO, HARDIN, CAPELLUPO und HARRISON beschrieben (siehe [458]).

[475]Siehe [518].

[476]Die für die Entwicklung derartiger Anlagen notwendigen Grundlagen des menschlichen Vestibularapparates werden beispielsweise in [518][S. 536 ff.] behandelt.

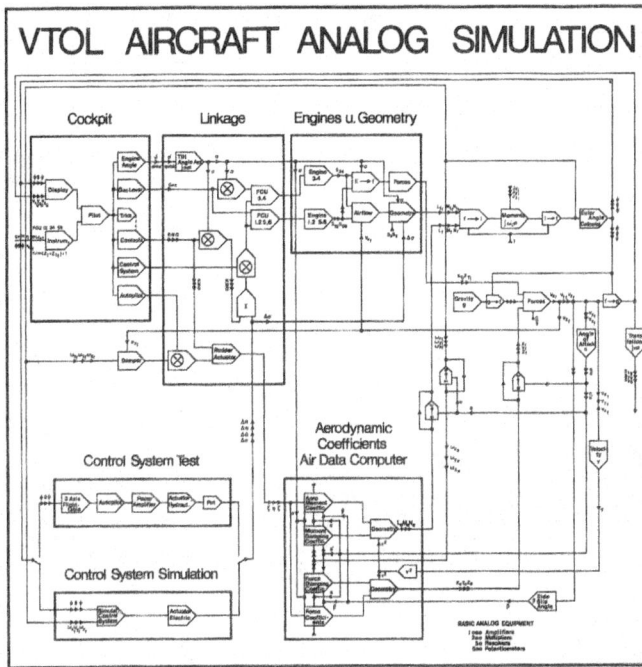

Abb. 10.67: *Struktur des bei der MBB Aircraft Division während der Entwicklung der VJ101 X2 eingesetzten Simulationssystemes (nach [394])*

Die mit Hilfe analoger Simulationen erzielbare Vorhersagegenauigkeit bezüglich des Verhaltens realer Flugkörper zeigt sich in tragischer Weise anhand des am 27. September 1956 von Milburn G. Apt[477] durchgeführten Testfluges einer Bell X-2, in dessen Vorfeld Richard E. Day[478] aufgrund entsprechender Simulationsergebnisse darauf hinwies, dass die X-2 bei Geschwindigkeiten um Mach 3 Stabilitätsprobleme zeigen würde[479]:

> *We showed him if he increased AOA*[480] *to about 5 degrees, he would start losing directional stability. He'd start this, and due to adverse aileron, he'd put in stick one way and the plane would yaw the other way [...] We showed* Apt *this, and he did it many times*[481].

Zu dieser Zeit besaßen Testpiloten wenig Vertrauen in die Resultate derartiger Flugsimulationen – Dick Day bemerkt hierzu[482]:

---

[477] US-Amerikanischer Testpilot, Spitzname „Mel", 9.4.1924–27.9.1956.

[478] Meist kurz *Dick Day* genannt, war Richard E. Day einer der führenden Köpfe der analogen Flugsimulationstechnik der NACA beziehungsweise später der NASA (siehe [170][S. 147]).

[479] Siehe [170][S. 148] sowie [594][S. 138 f.].

[480] Kurz für *Angle Of* Attack, *Anstellwinkel*.

[481] Siehe [594][S. 138].

[482] Siehe [594][S. 138].

Abb. 10.68: *Langzeitbelichtung eines typischen Dreiachsensimulators (MBB Aircraft Division, siehe [394])*

> *Well, the simulator was a new device that has never been used previously*
> *for training or flight planning. Most pilots had, in fact, expressed a certain*
> *amount of distrust in the device.*

Vielleicht bewog dieses tiefverwurzelte Misstrauen MEL APT dazu, trotz des mit Hilfe der GEDA-Analogrechner demonstrierten instabilen Flugverhaltens der X-2 und entgegen allen Ratschlägen ein bestimmtes Flugmanöver durchzuführen[483]. Wie erwartet und vorhergesagt trat im Verlauf seines Fluges das nämliche Verhalten auf, was aufgrund der hohen Beschleunigungswerte, die während des durch die Instabilität ausgelösten Trudelns der Maschine auftraten, zu einem Bewusstseinsverlust APTs führte, aus welchem er zu spät erwachte, um das Flugzeug noch erfolgreich abfangen zu können. Der resultierende, unausweichliche Absturz kostete ihn das Leben[484].

---

[483]Siehe [594][S. 139].

[484]Die im Vorfeld durchgeführte Simulation wurde im Anschluss an dieses Ereignis erneut durchgeführt, um Daten für die Beschreibung des Unfallherganges zu gewinnen (siehe [594][S. 140]).

Nicht zuletzt dieser tragische Unfall führte in der Folge dazu, dass kritische Testflüge akribisch in analogen Simulatoren durchexerziert wurden, um die Piloten auf alle denkbaren Flugzustände vorzubereiten. Das Ausmaß solcher Simulationen wird beispielsweise daran deutlich, dass NEIL A. ARMSTRONG für jeden seiner sieben Flüge mit der Bell X-15, die jeweils nur etwa zehn Minuten dauerten, etwa 50 bis 60 Stunden in einem Simulator trainierte[485].

Die Präzision, mit der Flugeigenschaften im weiteren Verlauf der Entwicklung mit Hilfe analoger Simulationstechniken nachgebildet werden konnten, verbunden mit den späteren Entwicklungen während des Raumfahrtprogrammes der Vereinigten Staaten, veranlassten beispielsweise NEIL A. ARMSTRONG zu der Bemerkung

> [...] our simulators in the space program were so much more sophisticated and accurate, and our preparation was so much more intense, that we convinced ourselves that the pilots could handle whatever situation we might encounter in flight[486].

10.14.7.1 Bilderzeugung

Gerade umfangreiche und detailgetreue Flugsimulationseinrichtungen mit in mehreren Achsen beweglichen Cockpit-Attrappen erfordern zur Aufrechterhaltung eines realen Flugeindruckes, der unter anderem für die erfolgreiche Untersuchung psychologischer Fragestellungen im Zusammenhang mit der Führung von Flugzeugen und anderem unerlässlich ist, die Erzeugung einer an die jeweils simulierte Bewegung des Flugkörpers angepassten Außensicht. Der Einsatz elektronischer Analog- und Hybridrechner für diesen Zweck scheidet in aller Regel allein aufgrund des Fehlens umfangreicher Speichermöglichkeiten sowie der Unmöglichkeit, detaillierte Abbildungen mit vertretbarem Aufwand zu generieren, aus. Ebenso erlaubten speicherprogrammierte Digitalrechner bis in die 1980er Jahre hinein keine Erzeugung von Rundumsichten in Echtzeit, wie sie für professionelle Flugsimulatoren erforderlich sind, so dass in Fällen, in denen der immense Aufwand hierfür gerechtfertigt werden konnte, was vor allem bei der Klärung militärisch relevanter Fragestellung im Bereich der Luftfahrt gegeben war, direkte Analogien

---

[485] Siehe [170][S. 150]. Eine sehr schöne Darstellung der für die X-15 verwendeten Simulationstechniken findet sich bei DAY (siehe [96]), während eine genaue Darstellung der hierbei eingesetzten Techniken einem Paper von MITCHELL, MAWSON und BULGER (siehe [325]) entnommen werden kann. Hierbei gelangten bereits sehr früh hybride Ansätze zum Einsatz, wobei mit Hilfe des Digitalrechners vor allem stabilitätsbestimmende Funktionen abgebildet wurden. STILLWELL (siehe [544]) beschreibt detailliert die analogrechnerbasierten Studien zum *reaction control system* der X-15, während allgemeine analoge Simulationen solcher Systeme von STILLWELL und DRAKE (siehe [545]) behandelt werden. Eine aus psychologischer Sicht interessante Bemerkung zur Instrumentierung von Flugsimulatoren findet sich in [304][S. 1387 f.]: „*Presenting the pilot with the necessary flight instruments was a problem of major concern. Originally galvanometer-type meter movements were used. This type of display seemed satisfactory to the analyst and engineers with no actual flight experience. However, serious objections were raised when experienced test pilots were asked to evaluate the simulator's performance. Even though the necessary information was being presented to the pilot, the unrealistic instruments distracted the pilot so much that they impeded his efforts to truly evaluate the flight condition.*" Eine interessante Technik zur Implementierung einer universellen grafischen Flugzustandsanzeige mit Hilfe eines elektronischen Analogrechners beschreibt SCHWEIZER in [520][S. 531 ff.]. Die Auswirkungen unterschiedlicher Darstellungsformen von Flugzustandsinformationen auf die Leistungen von Piloten behandelt [524][S. 561 ff.].

[486] Siehe [170][S. 148].

Abb. 10.69: *Bilderzeugung für eine Flugsimulation mit Hilfe eines 80 mal 40 Fuß großen Modells (nach [24][S. 10])*

in Form maßstabsgetreuer Modelle mit rechnergesteuerten Kameraführungssystemen zum Einsatz gelangten.

Ein typisches Beispiel für eine solche direkte Analogie in Form eines Terrainmodells zeigt Abbildung 10.69 anhand des am *Martin Marietta Simulation & Test Laboratory*, kurz *STL*, in den 1970er Jahren eingesetzten bildgebenden Systems, dessen Hauptbestandteil ein maßstabsgetreues Landschaftsmodell[487] von 80 mal 40 Fuß Größe darstellt, über welchem ein an einer Art Deckenkran montiertes und hiermit über dem Modell in allen drei Raumachsen verfahrbares Kamerasystem angeordnet ist[488]. Die Steuerung dieses Positionierungssystems obliegt dem analogen Flugsimulationssystem, das die Bewegungen des Flugkörpers nach entsprechender Skalierung in Bewegungen des Kamerakopfes über dem Modell umsetzt, um somit ein zum jeweiligen Zustand der

---

[487] Für normale Flugzeuge wurde ein Maßstab von 1200:1 verwendet, während Simulationen für Hubschrauber ein Verhältnis von 225:1 verwendeten (siehe [24][S. 9]).

[488] Einen Eindruck von der Größe des Modells vermittelt die am äußeren rechten Bildrand stehende Person.

Schrägentfernung	100000 ft
Höhe h	84 ft $\leq h \leq$ 12000 ft
Horizontalgeschwindigkeit	$\leq$ 12000 $\frac{ft}{s}$
Vertikalgeschwindigkeit	$\leq$ 7200 $\frac{ft}{s}$
Lateralgeschwindigkeit	$\leq$ 4800 $\frac{ft}{s}$

Tabelle 10.3: Rahmendaten des in Abildung 10.69 dargestellten Terrainmodells (siehe [24][S. 2])

Simulation passendes Außenbild zu erzeugen, wobei die in Tabelle 10.3 aufgeführten technischen Rahmendaten gelten[489].

Nur ausgesprochen umfangreiche Simulationsanlagen konnten die Konstruktion eines solchen Terrainmodells zur Bildgenerierung rechtfertigen, was auch der Umfang des zusammen mit dem in Abbildung 10.69 dargestellten Modell betriebenen Simulationsrechenzentrums belegt, das neben einem Digitalrechner des Typs SDS Sigma 5 mit drei Prozessoren über sechs Analogrechner EAI 231R-V verfügte, die zusammen 1496 Rechenverstärker, 276 Parabelmultiplizierer, 30 Resolver, 900 servogesteuerte Koeffizientenpotentiometer, 140 manuelle Koeffizientenpotentiometer, 120 Funktionsgeneratoren, 56 Digital-Analog-Wandler und 48 Analog-Digital-Konverter besaßen[490].

Ein Beispiel für den Bildeindruck aus einem Simulationscockpit heraus, der mit einem derartigen System erzielt werden konnte, zeigt Abbildung 10.70 anhand eines mit einem ähnlichen, bei der Messerschmitt Bölkow Blohm System GmbH in den 1970er Jahren installierten Systems. Allgemeine Grundlagen und Techniken derartiger Sichtsimulationssysteme finden sich beispielsweise bei SCHWEIZER[491] sowie, mit Schwerpunkt auf digitaler Bilderzeugung, in [520].

10.14.8 In-flight-Simulationen

Trotz des immensen apparativen Umfanges der im Zusammenhang mit Flugsimulationen in den Bereichen der Forschung, Entwicklung und Ausbildung eingesetzten Analog- und Hybridrechenanlagen, können manche Aspekte eines Flugzeuges nur unter deutlich realitätsnäheren Umständen untersucht werden als Simulationen sie zu erzeugen in der Lage sind.

Dies führte zur Entwicklung sogenannter *In-flight-Simulationen*, die mitunter auch als *fliegende Simulatoren* bezeichnet und von SCHWEIZER wie folgt beschrieben werden[492]:

> *Bei einem fliegenden Simulator wird das dynamische Verhalten eines vorhandenen* Basisflugzeuges[493] *durch regelungstechnische Mittel so verän-*

---

[489]Bei der dort genannten *Schrägentfernung*, die im englischsprachigen Raum als *slant range* bezeichnet wird, handelt es sich um die Radialentfernung beispielsweise eines Zielobjektes zu einer Radarstation. Zu den sanft geschwungenen Hügellandschaften bemerkt BAKER übrigens (siehe [24][S. 2]): „*Topography is rolling hills modeled after West Germany.*"

[490]Siehe [24][S. 5].

[491]Siehe [525][S. 394 ff.].

[492]Siehe [525][S. 396 f.].

[493]Mit diesem Begriff wird in der Regel das Simulationsflugzeug bezeichnet.

Abb. 10.70: *Beispiel einer mit Hilfe eines Modells ähnlich dem in Abbildung 10.69 erzeugten Sicht aus einem Simulatorcockpit – hierbei handelt es sich um den firmeneigenen Flughafen der MBB Aircraft Division (siehe [394])*

dert, daß es einem gewünschten zu simulierenden Flugzeug entspricht[494]. *Solche Flugzeuge sind auch unter dem Namen* Flugzeug variabler Stabilität *bekannt geworden.*

Im Wesentlichen handelt es sich bei einem solchen Simulationssystem also um ein Flugzeug, das mit Hilfe eines an Bord befindlichen Analog- oder Hybridrechners, der zwischen die im Cockpit angeordneten Steuerelemente und die verschiedenen Aktuatoren des Basisflugzeuges geschaltet ist, hinsichtlich seines dynamischen Verhaltens in weiten Grenzen modifiziert werden kann, um so das Flugverhalten anderer, unter Umständen noch rein hypothetischer Flugzeuge auf dieses Basisflugzeug abzubilden und mit seiner Hilfe im realen Flug erfahr- und untersuchbar zu machen[495].

Grundvoraussetzung für einen solchen In-flight-Simulator ist ein fly-by-wire-System, das entsprechende Eingriffe des Simulationsrechners in das Fluggeschehen erlaubt. Darüberhinaus werden entsprechende Aktuatoren zur Erzeugung künstlicher Pedal- und Steuerknüppelkräfte benötigt, um ein realistisches Steuergefühl hervorzurufen. Weiterhin müssen die Zustandsvektoren des Flugzeuges sowie die Anströmrichtung an allen relevanten Trag- und Steuerflächen bekannt sein, was den Einbau zusätzlicher Sensorik erfordert. Ein Sicherheitssystem, das eine direkte Umgehung des im Simulationsbetrieb zwischengeschalteten Steuerrechners ermöglicht, ist ebenfalls unumgänglich, wobei aus Sicherheitsgründen meist zwei Piloten mit getrennter Instrumentierung und Steuereinrichtungen eingesetzt werden, von denen einer für die Bedienung des Nominalflugzeuges verantwortlich ist, während der andere Pilot in Notsituationen eingreifen und direkt das Basisflugzeug kontrollieren kann.

Wichtig ist in diesem Zusammenhang die Feststellung, dass ein gegebenes Basisflugzeug naturgemäß nur Eigenschaften des Nominalflugzeuges abbilden kann, die zumindest prinzipiell im Bereich seiner eigenen flugtechnischen Eigenschaften liegen, so dass der Einsatzbereich derartiger flugzeuggestützter Simulationen pro Basisflugzeugmodell im Wesentlichen auf entsprechende Klassen von Nominalflugzeugen eingeschränkt ist[496].

Ein frühes Beispiel für ein solches Flugzeug variabler Stabilität stellt der *General Purpose Airborne Simulator*, kurz *GPAS*, dar[497], der auf Basis eines vom *NASA Flight Research Center* erworbenen Flugzeuges des Typs Lockheed JetStar beginnend im Jahr 1960 entwickelt wurde.

Zu den Risiken, die eine solche flugzeuggestützte Simulation naturgemäß mit sich bringt, erinnert sich einer der Programmierer des GPAS-Systems, BOB KEMPEL, wie folgt[498]:

*I remember the incident when we were airborne and we [*LARRY CAW *and* BOB KEMPEL*] were looking at different feedback schemes. [...] Well,*

---

[494]Dieses zu simulierende Flugzeug wird in der Regel als *Nominalflugzeug* bezeichnet.

[495]Allgemeine Grundlagen dieser Technik behandelt SCHWEIZER (siehe [521]).

[496]Besonders problematisch sind bauartbedingte Eigenheiten, wie beispielsweise die Höhe der Pilotenkanzel über dem Fahrgestell, die einen großen Einfluss auf den Flugzeugführungseindruck vor allem bei Start- und Landungsvorgängen besitzt. Aus diesem Grunde verfügten einige Basisflugzeuge über austauschbare Pilotenkanzeln, die nicht nur mit unterschiedlicher Instrumentierung ausgerüstet werden konnten, sondern darüberhinaus auch über unterschiedliche Geometrien verfügten (siehe beispielsweise [521][S. 551 f.]).

[497]Siehe [594][S. 59 ff.].

[498]Siehe [594][S. 64].

as you know, signs were sometimes confusing. FITZ FULTON *was the pilot. The sign on beta was wrong, and we ended up with a dynamically unstable airplane because of it. We turned on the system for* FITZ *to evaluate, and the airplane immediately began an oscillatory divergence!* LARRY *and I were in the back hollering to* FITZ *to turn it off, but* FITZ *was intrigued with the thing so he wanted to watch it as it diverged or maybe just teach us a lesson. He finally punched the thing off and* LARRY *and I sighed in relief.* LARRY *changed the beta-input sign, and we proceeded with the test*[499]*. [...] The JetStar was a fun airplane to fly in, but I always had a feeling of impending doom or something else going wrong.*

Auch der deutsche Flugzeughersteller Dornier plante die Entwicklung eines derartigen In-Flight-Simulators[500], wobei hier vor allem die Schaffung eines wirtschaftlichen und möglichst universell einsetzbaren Trainingsflugzeuges im Vordergrund stand, das sich je nach Bedarf wie eine Fiat G-91, ein Starfighter oder eine Phantom fliegen lassen konnte. In diese Entwicklung flossen nicht zuletzt auch Erfahrungen ein, die bei Dornier bereits während der Entwicklung des Senkrechtstarters DO-31 mit dem Einsatz hybrider Rechenanlagen zu Simulationszwecken gewonnen wurden[501].

Trotz der mittlerweile in Form speicherprogrammierter digitaler Rechner zur Verfügung stehenden immensen Rechenleistung erfordern einige Aspekte in den Bereichen der Forschung, Entwicklung, aber auch der Ausbildung in der Luftfahrt, die hinsichtlich ihrer Wirklichkeitstreue von anderen Simulationssystemen nicht erreicht werden können, noch immer In-flight-Simulationen. Ein Beispiel für eine aktuelle Entwicklung in diesem Bereich stellt das *Airborne Avionics Simulator System* dar, das von TZIDON und POLAK 1995 zum Patent eingereicht wurde und vollständig auf der Verwendung digitaler Systeme zur Abbildung unterschiedlicher Flugeigenschaften auf ein gegebenes Basisflugzeug beruht[502].

10.15   Raketentechnik

Auch die Raketentechnik bot vielfältige und umfangreiche Einsatzgebiete für elektronische Analog- und Hybridrechner, für welche im Folgenden einige wenige exemplarische Beispiele dargestellt werden.

10.15.1   Raketentriebwerke

Zu den Bauteilen flüssigkeitsgetriebener Raketen, die am schwersten direkten Untersuchungen zugänglich sind, zählen in erster Linie die Flüssigkeitstriebwerke selbst, wobei gerade jene die Mehrzahl aller Fragen bei der Entwicklung neuer Flugkörper aufwerfen –

---

[499] Die hierbei aufgetretenen Vibrationen veranlassten den Piloten eines begleitenden Beobachterflugzeuges, einen bevorstehenden Absturz zu befürchten: „STAN *told me [...] he just looked out of the window to see where they would crash as he believed the wings would be torn off.*" (Siehe [594][S. 64]).
[500] Siehe [549].
[501] Siehe [549][S. 122].
[502] Siehe [579].

vor allem, wenn es sich um Triebwerke handelt, die mehrfach gezündet werden müssen, was beispielsweise in der bemannten Raumfahrt eine häufig unverzichtbare Anforderung darstellt.

Ein Beispiel hierfür ist das *M-1*-Triebwerk, bei dem es sich um ein bei *Aerojet General* entwickeltes LH_2/LOX-Raketentriebwerk[503] handelt, das für den Einsatz in der von der NASA geplanten, jedoch von der Entwicklung der Saturn-Raketen überholten *NOVA*-Rakete vorgesehen war[504].

SZUCH, WENZEL und BAUMBICK beschreiben in einer umfangreichen Arbeit[505] die Simulation dieses M-1-Triebwerkes mit Hilfe eines elektronischen Analogrechners, wobei dieser hier in erster Linie zur Untersuchung und Klärung grundlegender Entwurfsfragen zum Einsatz kommt, während Detailfragen in der Folge durch digitale Techniken sowie Experimente mit realen Triebwerken gerklärt wurden[506]:

> *A computer simulation, when properly used, can be a powerful tool in guiding an engine development program. It provides an easy and economical means for evaluating various design approaches and forewarns the designer of possible problem areas before costly hardware is developed and subsequently scrapped. Once a qualitative design is established, the system may be „tuned" for optimum performance by varying the system parameters about their design values.*

Als typische Vorteile eines Analogrechners bei der Behandlung derartiger Fragestellungen gegenüber einem digitalen System nennen die Autoren neben der kontinuierlichen Arbeitsweise vor allem die Möglichkeit, interaktiv durch Verändern der Einstellung von Koeffizientenpotentiometern in eine laufende Rechnung eingreifen zu können, um auf diese Art und Weise ein „Gefühl" für das Verhalten des simulierten Gesamtsystems entwickeln zu können, was bei der Untersuchung derart komplexer und von einer Vielzahl voneinander abhängiger Parameter bestimmter Systeme einen enormen Vorteil darstellt. Von großer Bedeutung ist auch die Möglichkeit zur Zeitdehnung mit Hilfe eines Analogrechners, die bei der Untersuchung des M-1-Triebwerkes mit einem Faktor 100 zur Analyse der vor allem während des Startvorganges auftretenden Druck- und Temperaturtransienten mit Erfolg eingesetzt wurde[507].

Diese Simulation erforderte etwa 250 Rechenverstärker, 50 Multiplizierer, 20 einstellbare Diodenfunktionsgeber sowie fünf fest eingestellte Diodenfunktionsgeber, wobei als Ausgabemedien der Simulation Achtkanal-(t, y)-Schreiber zum Einsatz kamen, was den Aufwand zur rechentechnischen Behandlung derartiger Fragestellungen deutlich werden lässt.

---

[503]Bei den mit LH_2 beziehungsweise *LOX* bezeichneten Treibstoffen handelt es sich um flüssigen Wasserstoff (*Liquid* H_2) sowie flüssigen Sauerstoff (*Liquid* $Oxygen$).
[504]Siehe beispielsweisc [46][S. 59 f.]).
[505]Siehe [555].
[506]Zitat nach [555][S. 2].
[507]Siehe [555][S. 4].

10.15.2   Flugverhalten

Bei Simulationen des Flugverhaltens von Raketen stellen sich im Wesentlichen die gleichen Probleme, wie sie in Abschnitt 10.14 im Zusammenhang mit herkömmlichen Flugsimulationen dargestellt wurden, wobei jedoch ein Einbinden menschlicher Piloten in eine derartige Simulation in der Regel nicht notwendig ist, da die Mehrzahl aller Raketensysteme über eigene, automatische Steuerungssysteme verfügt, die direkt einer analogen Simulation zugänglich sind[508].

Der maschinelle Aufwand der Simulation des Flugverhaltens einer Lenkrakete unter Berücksichtigung von idealerweise sechs Freiheitsgraden ist ebenso groß wie bei der Untersuchung vergleichbarer Fragestellungen in der Luftfahrttechnik, wie ein bei JACKSON beschriebenes Beispiel einer im Rahmen des Projekts *Cyclone* mit Hilfe eines elektronischen Analogrechners des Typs *REAC* der *Reeves Instruments Corporation* durchgeführten Simulation zeigt, bei welcher 304 Operationsverstärker, 369 Koeffizientenpotentiometer, fünf einfache und 20 doppelte Servomultiplizierer, fünf einfache und drei doppelte Koordinatenwandler, 8 Diodenfunktionsgeneratoren und schließlich zwei Rauschgeneratoren zum Einsatz gelangten[509].

Einen Eindruck des Umfanges analoger und auch digitaler Rechenanlagen, die bei der Raketenentwicklung in den 1960er Jahren in den Vereinigten Staaten von Amerika zum Einsatz gelangten, gibt folgendes Zitat von BILSTEIN[510], das sich auf das *Marshal Space Flight Center* bezieht:

> *For modifications and installation of new equipment, MSFC spent over $ 2 000 000 after acquiring the site in the summer of 1962. The array of digital and analog computers for test, checkout, simulation and engineering studies made it one of the largest computer installations in the country.*

Die sehr detaillierte und umfangreiche Simulation der australischen Boden-Luft-Rakete *Red Duster* mit Hilfe der zum Teil für diesen Zweck weiterentwickelten Analogrechenanlage *AGWAC*[511] beschreibt BIGGS[512], wobei hier vor allem die Notwendigkeit, eine Vielzahl von Simulationsläufen in vergleichsweise kurzer Zeit durchzuführen, eine Behandlung der Fragestellung mit Hilfe herkömmlicher speicherprogrammierter Digitalrechner ausschloss, wie folgendes Zitat zeigt[513]:

> *Because of the random nature of some of the missile system inputs the prediction or extrapolation work may require a large number of runs. AGWAC should compute these runs in real time or something like real time,*

---

[508]Ein schöner Überblick über Raketen- und Flugzeugsteuerungssysteme mit Blick auf deren Untersuchung und Simulation mit Hilfe elektronischer Analogrechner findet sich bei JACKSON (siehe [206][S. 390 ff.]).

[509]Siehe [206][S. 393].

[510]Siehe [46][S. 72].

[511]Kurz für *Australian Guided Weapons Analogue Calculator*.

[512]Siehe [43]. In dieser Darstellung werden auch die mathematischen Grundlagen des Modells detailliert behandelt.

[513]Siehe [43][S. 6].

whereas fast digital machines at present available would be at least one hundred times slower[514].

10.15.3 Raketensteuerung

Wie bereits in Abschnitt 3.2.1 anhand des als Mischgerät bezeichneten analogen Bordrechners der A4-Rakete dargestellt, wurden elektronische Analogrechner auch direkt für die Steuerung von Raketen eingesetzt, wobei sowohl bord- als auch bodengestützte Systeme entwickelt und eingesetzt wurden, von denen in der Folge zwei historisch relevante Beispiele dargestellt werden.

10.15.3.1 Nike

Bereits im Jahre 1945 wurde in den Vereinigten Staaten von Amerika ein als *Nike* bezeichnetes Projekt ins Leben gerufen, dessen Ziel zunächst in der Entwicklung einer reinen Boden-Luft-Rakete zur Bekämpfung strategischer Bomber lag[515]:

> *Project Nike, named after the winged goddess of victory in Greek mythology, came into being in February 1945 when the U.S. Army Ordnance Corps and the Air Force asked Bell Laboratories to explore the possibilities of a new antiaircraft defense system to combat future enemy bombers invading friendly territory at such high speeds and high altitudes that conventional artillery cold not effectively cope with them.*

Bereits 1952 wurde deutlich, dass der taktische Nutzen dieses ersten, als *Nike-Ajax*[516] bezeichneten Systems, bedingt durch die immensen Fortschritte auf dem Gebiet der Flugzeugtechnik in den Jahren nach dem Zweiten Weltkrieg, erhebliche Einbußen erlitten hatte, was, beruhend auf Studien, die von 1952 bis 1954 durchgeführt wurden, 1954 die Entwicklung eines als *Nike-Hercules*[517] bezeichneten Nachfolgesystems auslöste, das auch in der Lage war, neben einem konventionellen auch einen atomaren Sprengkopf zu tragen, um hiermit auch gegen Bomberverbände mit Erfolg eingesetzt werden zu können[518]. Ein in den Folgejahren auf dieser Basis entwickeltes System *Nike-Zeus*[519] wurde unter anderem im Jahre 1963 erfolgreich bei Tests zur gezielten Zerstörung feindlicher Satelliten eingesetzt, worauf im Folgenden jedoch nicht näher eingegangen wird[520].

---

[514]AGWAC verfügte über mehr als 400 Rechenverstärker, zwanzig elektronische Multiplizierer, sechs Servomultiplizierer mit jeweils etwa 20 Potentiometern, sowie eine Vielzahl von Resolvern und anderen Spezialeinrichtungen zur Behandlung mehrdimensionaler Probleme (siehe [42]).

[515]Siehe [121][S. 370]. Dort sowie in [365] findet sich auch ein hervorragender Überblick über die Entwicklung des Nike-Ajax-Systems, das in [121][S. 163] wie folgt charakterisiert wird: „*The Nike-Ajax-System – developed for control of guided missiles as defense against the bombers of the immediate post-war period.*"

[516]Siehe [121][S. 384 ff.].

[517]Siehe [121][S. 388 ff.]. Dieses System wird in [121][S. 163] folgendermaßen charakterisiert und von seinem Vorgängersystem abgegrenzt: „*The Nike-Hercules system – developed for control of longer-range and more powerful guided missiles as defense against greatly improved bomber types.*"

[518]Siehe [354][S. 1-P2]. Dieses System wurde in der Folge weiter verfeinert, so dass es über einen längeren Zeitraum mit der Entwicklung im Flugzeugbau Schritt halten konnte und auch gegen fortgeschrittene elektronische Störmaßnahmen vergleichsweise unempfindlich gemacht wurde.

[519]Siehe [121][S. 410 ff.].

[520]Nähere Informationen hierzu finden sich in [121][S. 482 ff.].

Zur Steuerung von Raketensystemen wie Nike-Ajax oder Nike-Herkules können im Wesentlichen die drei im Folgenden dargestellten, fundamental unterschiedlichen Varianten zum Einsatz gelangen[521]:

1. Das sogenannte *Zielflugsystem*[522], bei dem die Zielführung des Flugkörpers vom Ziel emittierte Strahlung, meist entweder reflektierte elektromagnetische Wellen eines Radarsystems oder die Infrarotstrahlung des Antriebssystems, als Grundlage verwendet, wobei die eigentliche Steuerung im Flugkörper selbst untergebracht ist. Ein solches, auf Bodenunterstützung verzichtendes System, zeichnet sich einerseits durch hohe Autarkie, andererseits jedoch auch durch eine hohe Komplexität und damit einhergehend hohe Entwicklungs-, Anschaffungs- und Wartungskosten aus.

2. Das zweite, als *Strahlführungssystem*[523] bekannte Verfahren, verlagert einen Teil des Steuerungsaufwandes in eine Bodenstation, welche für Ziel- und Flugkörpererfassung und eine kontinuierliche Positionsbestimmung derselben zuständig ist, um, beruhend auf diesen Daten, einen Zielführungsradarstrahl zu generieren, welchem der Flugkörper bis zum Erreichen des Zieles folgt, was ebenfalls ein vergleichsweise komplexes Steuersystem im Flugkörper selbst mit den entsprechenden Nachteilen erforderlich macht.

3. Die dritte Variante, das *Kommandosteuersystem*[524], verlagert die eigentliche Steuerungsaufgabe fast vollständig in eine Bodenstation, welcher nicht allein die Aufgabe der Flugkörper- und Zielverfolgung, sondern nun auch die darauf beruhende Berechnung entsprechender Steuerkommandos für den Flugkörper, der in diesem Falle nur über einen einfachen Kommandoempfänger mit nachgeschalteten Steuerflächen verfügt, obliegt. Dieses System bringt als Nachteil mit sich, dass im einfachsten Fall zu einem Zeitpunkt nur jeweils ein Flugkörper gesteuert werden kann – als Vorteil ist die Tatsache zu sehen, dass die komplexe und teure Steuerelektronik nicht mit dem jeweiligen Flugkörper bei Erreichen und Zerstören des Ziels verloren geht, sondern sofort für die Kontrolle eines weiteren Anfluges zur Verfügung steht. Darüberhinaus erlaubt eine Bodeninstallation die Umsetzung mathematisch und technisch anspruchsvollerer Zielführungstechniken, die unter den Bedingungen einer Installation im Flugkörper selbst aufgrund von Platz-, Energie- und anderen Beschränkungen nicht realisierbar wären.

Für die Entwicklung der Nike-Systeme wurde die Entscheidung getroffen, die Steuerung entsprechend der dritten Variante als bodengestütztes Kommandosteuerungssystem auszulegen, um die Kosten für die eigentlichen Flugkörper gering zu halten und durch Umrüsten der Bodenkontrollstationen verbesserte Eigenschaften der hiervon kontrollierten Raketenbatterien zu erzielen, ohne im Idealfall die Flugkörper selbst modifizieren zu müssen. Zentrales Element dieser Bodenkontrollstationen stellte ein speziell für diesen Zweck entwickelter Analogrechner dar, der in Abbildung 10.71 im Betriebszustand beziehungsweise in Abbildung 10.72 mit zu Wartungszwecken entfernten Abdeckungen dargestellt ist.

---

[521]Siehe [354][S. 1-P2].
[522]Im englischen Sprachraum wird ein solches Steuerungssystem als *homing system* bezeichnet.
[523]Derartige Techniken werden als *beam rider system* bezeichnet.
[524]Auch als *command guidance system* bekannt.

Abb. 10.71: *Nike-Research-and-Development-Rechner ca. 1951 (siehe [121][S. 383])*

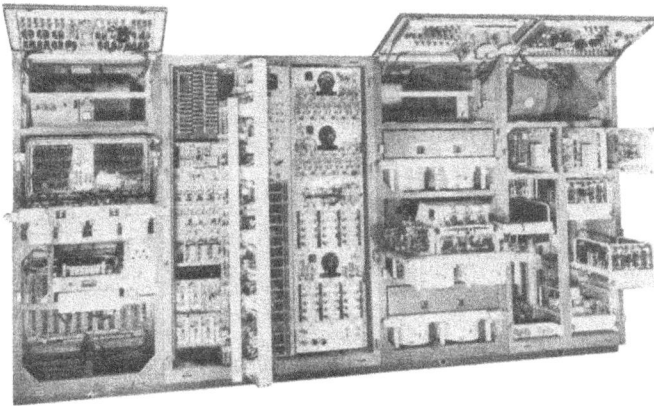

Abb. 10.72: *Nike-Research-and-Development-Rechner ca. 1951, Gehäuse geöffnet (siehe [121][S. 383])*

Abbildung 10.73 zeigt die Einbindung dieses Analogrechners in die Infrastruktur der Raketenstellung, die im Wesentlichen aus fünf Teilen besteht:

1. Einem Zielerkennungsradarsystem, bestehend aus einem hoch- und einem niedrigenergetischen Erfassungsradar[525], das für die Ersterfassung anfliegender Bomber oder Bomberverbände zuständig ist.

2. Einem Zielverfolgungs- und Zielentfernungsradar, mit dessen Hilfe die Bahnelemente einzelner, zu vernichtender Ziele bestimmt werden, wobei die initialen Einstellungsdaten für diese beiden Radarsysteme von HIPAR beziehungsweise LOPAR stammen.

3. Einem Raketenbahnverfolgungsradar, mit dessen Hilfe zum einen die Bahndaten des Abwehrflugkörpers bestimmt werden, während zum anderen die Komman-

---

[525]Diese beiden Radarsysteme werden als *HIPAR* beziehungsweise *LOPAR*, kurz für *High* beziehungsweise *Low Power Acquisition Radar*, bezeichnet.

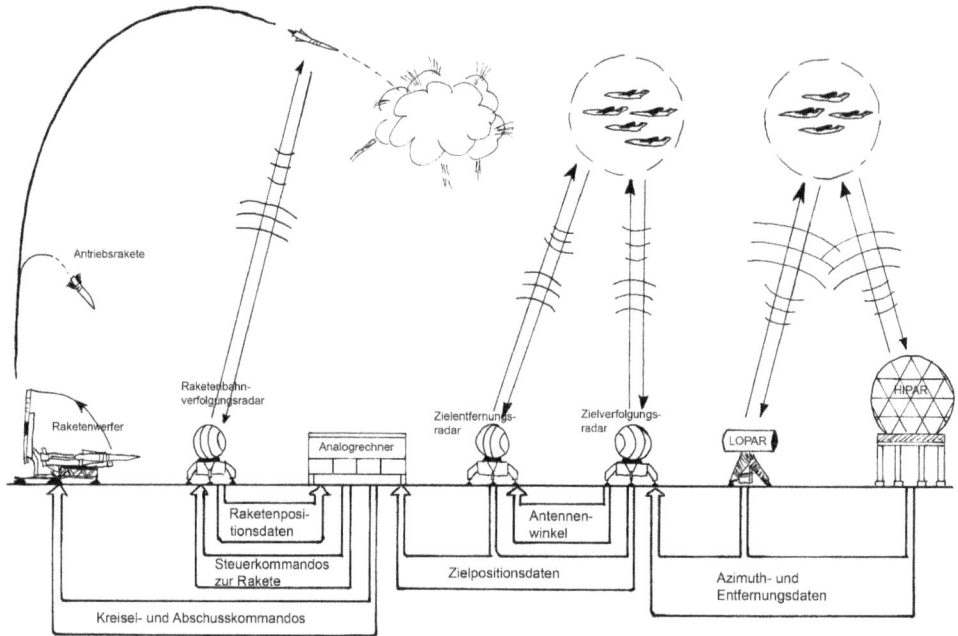

Abb. 10.73: *Aufbau einer Nike-Stellung (vergleiche [354][S. 1-P5])*

doübermittlung vom steuernden Rechner der Bodenstation zur Rakete ebenfalls
über diese Einrichtung stattfindet.

4. Einem Raketenwerfer zum Abschuss der Nike-Rakete sowie

5. dem zentralen Analogrechner, der, basierend auf den Bahndaten des Zieles sowie der Rakete, entsprechende Steuerkommandos an diese schickt, um das Ziel
   zuverlässig zu zerstören.

Der Analogrechner der Nike-Systeme war in der Lage, einen deutlich effizienteren Kurs
mit kürzerer Flugzeit bis zur Zielerreichung zu errechnen, als es beispielsweise bei einer
einfachen Hundekurve[526] der Fall ist[527]. Während bei einer einfachen, nicht voraus-
schauenden Steuerung, die auf eine Hundekurve führt, unter Umständen vom Zielobjekt
erfolgreich Ausweichkurse geflogen werden können, wurde diese Möglichkeit durch die
Steuerung der Rakete auf einem Kurs mit Vorhaltekomponente deutlich eingeschränkt,
was zu einer hohen Abschussquote des Systems führte.

---

[526]Hierbei verfolgt der Flugkörper das Ziel in jedem Moment dergestalt, dass er direkt auf es zusteuert.
Die hieraus resultierende Kurve wird gemeinhin als *Verfolgungskurve* oder auch auch als *Radiodrome*
bezeichnet und kann hinsichtlich der Wegstrecke leicht durch andere Leittechniken verbessert werden,
indem beispielsweise ein Vorhaltezielen zum Einsatz gelangt.

[527]Siehe [400][S. 4].

Eine solche Bahnsteuerung erfordert die Möglichkeit, bereits zurückliegende Bahnelemente sowohl des Zielflugkörpers als auch der anfliegenden Rakete zu speichern, um hierauf beruhend neue Steuerkommandos errechnen zu können. Ungewöhnlich ist die Verwendung von Differenzierern mit vergleichsweise großen Zeitkonstanten als Speicherelemente im steuernden Analogrechner der Nike-Systeme[528].

10.15.3.2 Polaris

Im Gegensatz zu Nike-Systemen, die vollumfänglich auf bodengestützten Analogrechenanlagen basierten, wurde bei den als *Polaris* bekannten Mittelstreckenraketen der Vereinigten Staaten von Amerika, die von U-Booten abgefeuert werden konnten, was enorme Beschränkungen sowohl hinsichtlich der Systemgröße als auch in Bezug auf die Möglichkeit einer Kommandoübertragung zu einer abgeschossenen Rakete mit sich brachte, ein bordgestütztes Navigationssystem eingesetzt, dessen Herzstück ein spezialisierter digitaler Differentialanalysator war[529].

Diese interessante Steuerungsvariante ist aus dem zeitlichen Zusammenhang, in welchem das Polaris-System entwickelt wurde, heraus zu verstehen: Die Entwicklung von Polaris begann im Jahre 1956, einer Zeit, in welcher analoge Techniken im Bereich der Raketensteuerung dominierend waren und einen Schwerpunkt der Arbeiten des *MIT Instrumentation Laboratory* bildeten. Aufgrund der besonderen Rahmenbedingungen, die an das Polaris-System gestellt wurden – neben den bereits genannten Beschränkungen sind hier vor allem hohe Anforderungen an die rechnerische Genauigkeit, die zum Erreichen der geforderten Zielgenauigkeit notwendig ist, zu nennen – kam der Einsatz eines herkömmlichen elektronischen Analogrechners an Bord der Rakete nicht in Frage.

Die geforderte Genauigkeit und Reproduzierbarkeit der Ergebnisse ließ sich am ehesten mit Hilfe digitaler Techniken erreichen – allerdings existierte zu dieser Zeit kein fertiges flugtaugliches Digitalsystem, das zudem die notwendige Größenbedingung erfüllte, so dass ein eigenes System entwickelt werden musste. Aufgrund der großen Erfahrung des MIT Instrumentation Laboratory mit analogen Rechentechniken lag die Entscheidung, einen digitalen Differentialanalysator für die Steuerung der Polaris-Rakete zu entwickeln[530], nahe, was in der Folge zur Entwicklung zweier, strukturell im Wesentlichen gleicher, rein digital arbeitender, in ihrem Aufbau jedoch einem Analogrechner entsprechender Steuerungssysteme führte.

Dieses Steuerungssystem verfügte über eine Wortlänge von 17 Bit, entsprechend einer Auflösung von etwa 10^{-5} sowie 12 Worte Speicher, die in Form von Shiftregistern ausgebildet waren, was der rein sequentiellen Arbeitsweise der gewählten Implementation entgegen kam. Das als *Polaris Mark 1 Computer* bezeichnete System benötigte ein Volumen von nur etwa 11000 cm^3 und beinhaltete etwa 500 NOR-Gatter in Germaniumtransistortechnik, wobei die Leistungsaufnahme etwa 80 W betrug, was bei der

---

[528]Siehe [400][S. 3]: „*[. . .] the computer needs a memory. [. . .] It must receive and remember position data for 4 seconds until it knows exactly the direction and speed of the motion involved. The memory of the computer lies in its differentiating circuits.*"

[529]Siehe Abschnitt 8.

[530]Vergleiche [165][S. 38 ff.].

Abb. 10.74: *Polaris-Mark-1-Steuerrechner (©The Charles Stark Draper Laboratory, Inc. All rights reserved. Reprinted with permission. Photograph No. 24565-C)*

kurzen gesteuerten Flugdauer einer Polaris-Rakete akzeptabel war. Abbildung 10.74 zeigt diese erste Implementationsvariante des Polaris-Steuerrechners[531].

Eine spätere Neuimplementation dieses ersten DDAs, die als wesentliche Neuerungen die Verwendung von Siliziumtransistoren sowie eine deutlich verbesserte Packungstechnik mit sich brachte, kam mit einem Viertel des Volumens sowie der halben Leistungsaufnahme dieses Rechners aus. Der Prototyp dieses Rechners ist in Abbildung 10.75 dargestellt – ein System vergleichbarer Rechenleistung auf Basis eines speicherprogrammierten Digitalrechners hätte nicht in einem derart geringen Volumen umgesetzt werden können.

---

[531]Die Umsetzung trigonometrischer Funktionen, die zur Rotation der im Navigationsmodell eingesetzten Koordinatensysteme sowie zur Koordinatenumwandlung etc. notwendig waren, erfolgte bei derartigen Systemen in der Regel auf Basis eines von JACK E. VOLDER für den Spezialdigitalrechner *CORDIC* (kurz für *CO*ordinate *R*otation *DI*gital *C*omputer) entwickelten Verfahrens. Nähere Informationen hierzu finden sich in [589]. Der erste erfolgreiche gesteuerte Flug einer solchen Polaris-Rakete fand bereits im Jahre 1959 statt (siehe [165][S. 43]).

Abb. 10.75: *Polaris-Mark-2-Steuerrechner (© The Charles Stark Draper Laboratory, Inc. All rights reserved. Reprinted with permission. Photograph No. 20660-C)*

10.16 Raumfahrttechnik

Auch in der Raumfahrttechnik hatten elektronische Analog- und Hybridrechner seit Beginn derartiger Unternehmungen einen festen Platz inne und waren für die erfolgreiche Durchführung früher Raumfahrtmissionen, wie sie beispielsweise das Projekt *Mercury*[532] ausmachten, unverzichtbar. Interessant ist eine Bemerkung Krafts zur Verwendung des Begriffes *dynamisch* im Zusammenhang mit dem Einsatz von Analogrechnern in den frühen Tagen der Raumfahrt, welcher über die Simulation dynamischer Systeme hinausgeht und zeigt, in welch starkem Maße in diesen Jahren umfangreiche konstruktive Änderungen an Raumflugkörpern nach der Auswertung von mit Hilfe analoger und hybrider Rechenanlagen gewonnenen Simulationsergebnissen durchgeführt wurden[533]:

> When we first used the word dynamic to describe the simulators, it meant that they acted pretty much like the real thing. But in practice dynamic also applied to design because we discovered things in simulations that needed to be changed.

---

[532]Siehe Abschnitt 10.16.4.
[533]Siehe [249][S. 209].

Im Folgenden werden einige Beispiele für den Einsatz elektronischer Analog- und Hybridrechner aus dem Bereich der Raumfahrttechnik dargestellt.

10.16.1 Trägerraketen und Startfenster

Die Simulation eines Satellitenstarts mit Hilfe einer zweistufigen Trägerrakete auf einem Analogrechner findet sich bei JACKSON[534] beschrieben, wobei hier von besonderem Interesse vor allem Fragestellungen zu möglichen Flugabbrüchen in der Folge unterschiedlicher Fehlerszenarien, wie sie beispielsweise in Form einer fehlerhaften Einsteuerung der zweiten Stufe, eines zu geringen Schubes der ersten Stufe etc. vorliegen können, sind.

Die Simulation einer vierstufigen, in Teilen der Saturn-V-Rakete ähnlichen, Trägerrakete beschreibt WALTMAN[535] anhand einer im Jahre 1959 am *Navy Aviation Medical Laboratory* durchgeführten Studie, in deren Mittelpunkt die Frage stand, ob ein Pilot, der in der Simulation in der Gondel einer präzise steuerbaren Zentrifuge untergebracht war, mit deren Hilfe Beschleunigungen von bis zu 14 G erreicht werden konnten, in der Lage ist, den Flug einer Rakete aktiv zu steuern und hierbei einen vorgegebenen Orbit zu erreichen.

SPECKHART und GREEN[536] beschreiben die Simulation einer dreistufigen Saturn-V-Rakete mit Hilfe des in Abschnitt 9.2 beschriebenen digitalen Simulationsprogrammes CSMP.

Auch für die Bestimmung von Startfenstern für Weltraummissionen kamen elektronische Analogrechner zum Einsatz, da es sich hierbei um eine komplexe Fragestellung handelt, die zudem von einer Vielzahl externer Parameter bestimmt wird, bei deren Behandlung vor allem die hohe Geschwindigkeit und Interaktivität elektronischer Analog- und Hybridrechner von Vorteil ist, wobei diese beiden Rechnerklassen vor allem für die Durchführung überschläger Rechnungen eingesetzt wurden, auf deren Grundlage im weiteren Verlauf präzise Lösungen mit Hilfe speicherprogrammierter Digitalrechner berechnet wurden.

Die besonderen Schwierigkeiten bei der Bestimmung geeigneter Startfenster für eine erfolgreiche Mondmission beschreibt beispielsweise WOODS[537] – hierbei ist unter anderem die Forderung nach einer Landung an einem Mondmorgen zu berücksichtigen, da dies neben geringen Oberflächentemperaturen auch ein für die Durchführung der eigentlichen Landung zwingend notwendiges gutes und kontrastreiches Bild der Mondoberfläche garantiert[538], woraus sich für einen gegebenen Landeplatz ein nur einmal im Monat auftretendes Landezeitfenster ergibt, das zwingend eingehalten werden muss. Ausgehend von diesem Landezeitfenster müssen nun durch Rückrechnung die Zeitpunkte und Schubvektoren für alle während der Reise notwendigen Kurskorrekturmanöver bestimmt werden. Weiterhin ist hierfür zu berücksichtigen, dass derartige Manöver in der Regel nur durchgeführt werden sollten, wenn eine uneingeschränkt gute Verbindung der Raumfähre zum Kontrollzentrum besteht, was aufgrund der Verteilung der Funkstel-

---

[534]Siehe [206][S. 261 ff.].
[535]Siehe [594][S. 34 f.].
[536]Siehe [537][S. 35 ff.].
[537]Siehe [605][S. 57 f.].
[538]Siehe [605][S. 104].

len auf der Erde wiederum Einfluss auf die möglichen Zeitpunkte der Korrekturmanöver besitzt. Zu guter Letzt ist zu berücksichtigen, dass die kryogenen Treibstoffe der S-IVB-Stufe des Raumschiffes einem nicht zu vernachlässigenden Verlust durch Verdampfen unterliegen, was wiederum die Forderung nach möglichst früh im Verlauf des Fluges stattfindenden Korrekturmanövern nach sich zieht etc.

Diese Vielzahl einschränkender Parameter erforderte analoge Rechentechniken zur überschlägigen Bestimmung möglicher Flugszenarien, um einige wenige geeignete Ausgangswerte für entsprechend präzise, aber mit hohem Zeitbedarf verbundene Detailrechnungen unter Zuhilfenahme speicherprogrammierter Digitalrechner zu bestimmen.

10.16.2 Umlaufbahnberechnungen und Steuermanöver

Auch die Berechnung von Umlaufbahnen und zu ihrer Erreichung beziehungsweise Veränderung notwendiger Steuermanöver ist – in erster Linie aufgrund der hierfür notwendigen Genauigkeitsanforderungen – nur unter gewissen Einschränkungen mit Hilfe von Analog- und Hybridrechnern möglich, wie folgendes Zitat zeigt[539]:

> *Die Genauigkeit eines Analogrechners reicht für die meisten Bahnberechnungen in der Raumfahrt nicht aus. Dies gilt für reine Keplerbahnen ebenso wie für Bahnen, bei denen auf den Raumflugkörper kurzfristige Schubimpulse oder ein kontinuierlicher Antrieb wirken, wenn viele Umläufe berechnet werden sollen oder ein großer Bereich des Abstands zwischen dem Flugkörper und der Zentralmasse zu erfassen ist. Man kann jedoch [...] zeigen, dass wenige (≈ 10) Umläufe dann für viele Zwecke mit hinreichender Genauigkeit berechnet werden können, wenn die Bahnkurve nur einen hinreichend kleinen Radiusbereich durchläuft.*

Allgemeine Grundlagen derartiger Berechnungen unter Echtzeitanforderungen finden sich unter anderem bei SCHWEIZER[540], während in [373] eine sehr schöne, illustrative Simulation der Umlaufbahn des frühen, passiven Satelliten *Echo 1* beschrieben wird[541]. Ein schönes Beispiel für die Optimierung einer Trajektorie einer von der Erde aus gestarteten Marssonde unter etwas vereinfachenden Annahmen wie koplanaren, konzentrischen Orbits, beschreibt DR. GILOI in [143][S. 161 ff.].

Ein wesentlich komplexeres Beispiel findet sich in [415] in Form der Simulation des Einsteuermanövers eines Satelliten ausgehend von einer Spiralbahn hin zu einem zuvor bestimmten Punkt auf der geostationären Bahn mit Hilfe eines elektrischen Marschtriebwerkes[542]. Da sich dieses Manöver, das sich mitunter über Zeiträume von Monaten

---

[539]Siehe [415][S. 1].

[540]Siehe [522].

[541]Interessant an dieser Beispielrechnung ist nicht zuletzt die detaillierte Darstellung sowohl der Erde mit eingeblendeten Meridianen als auch des Satelliten, was einen iterierenden Betrieb des verwendeten Analogrechners des Typs Telefunken RA 742 (siehe Abschnitt 6.7) unter der Kontrolle eines sogenannten Digitalzusatzes *DEX 102* voraussetzt.

[542]Beispiele für derartige elektrische Marschtriebwerke stellen die sogenannten *Plasmaantriebe*, bei welchen in der Regel ein Gas wie Wasserstoff durch einen Lichtbogen erhitzt und durch eine herkömmliche Düse ausgestoßen wird, oder auch *Ionentriebwerke*, bei denen ein Treibstoff mit hohem Atombeziehungsweise Molekulargewicht (beispielsweise Quecksilber oder Cäsium) ohne den Umweg über ein Plasma ionisiert und mit Hilfe eines elektrischen Feldes beschleunigt und ausgestoßen wird, dar.

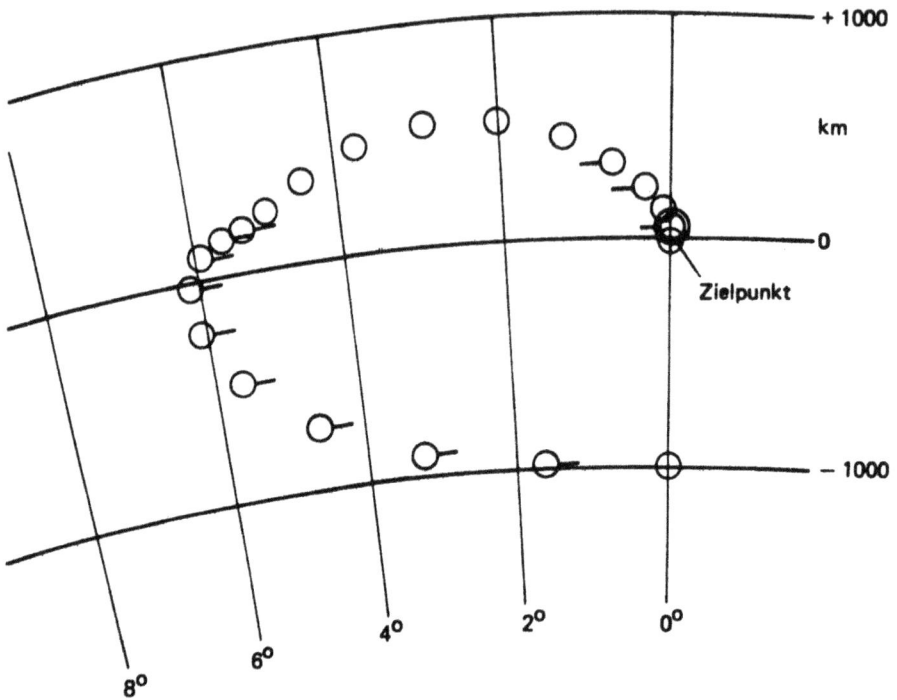

Abb. 10.76: *Einsteuerung des geostationären Satelliten (nach [415])*

erstrecken kann, nur in einem kleinen Bahnabschnitt abspielt, ist eine Behandlung mit hinreichender Genauigkeit auch auf einem elektronischen Analogrechner mit entsprechender Zeitraffung möglich.

Abbildung 10.76 zeigt die Einsteuerung dieses Satelliten von seiner Spiralbahn, auf welche er mit Hilfe des verwendeten Trägerraketensystems gebracht wurde, auf seine Zielposition in der geostationären Bahn, wobei der Kreis den Satelliten selbst darstellt, während der mitunter nach rechts oder links deutend eingezeichnete Strich den in die eine beziehungsweise andere Richtung wirkenden Betrieb des elektrischen Triebwerkes repräsentiert.

Nicht nur Bahn- und Einsteuersimulationen wurden mit Hilfe analoger und hybrider Rechenanlagen bearbeitet. Auch bei der Entwicklung der satelliteneigenen Lageregelungs- und -steuerungssysteme war der Einsatz derartiger Rechner unverzichtbar. Unter anderem wurde beispielsweise das Lageregelungssystem des Deutsch-Französischen Nachrichtensatelliten *Symphonie* mit Hilfe einer Hybridrechenanlage sowie eines den in Abschnitt 10.14.1 beschriebenen Flugtischen ähnlichen Dreiachsenservotisches mit zugehörigem Sonnen- und Erdsimulator simuliert[543]. Hierbei handelte es sich um die ers-

---

[543]Siehe REINEL, [474].

Systems 8600	524.9 s
DEC VAX	220.3 s
Cyper 203	25.6 s
Cray-1	10.5 s
AD-10	9.0 s

Tabelle 10.4: Typische Rechenzeiten einer reaction wheel-Simulation auf einer Reihe typischer Digitalrechner (nach [159][S. 4])

te europäische, rechnergestützte Satellitensimulationsanlage[544]. Die Verwendung eines Sonnen- und Erdsimulators für die Simulation dieses besonderen Lageregelungssystems war unabdingbar, da Sonnen- und Erdsensoren innerhalb des Satelliten als Grundlage für dessen Positionsbestimmung dienen.

Die Simulation eines sogenannten *reaction wheels*[545] beschreiben GRIERSON, LIPSKI und TIFFANY[546] mit Blick auf unterschiedliche Implementationsvarianten auf speicherprogrammierten Digitalrechnern im Vergleich mit einem Hybridrechner.

Problematisch bei einer solchen Simulation sind die, bedingt durch die hohe Winkelgeschwindigkeit der Kreiselmasse, in der Rechnung auftretenden hohen Frequenzen auf der einen Seite, denen auf der anderen Seite vergleichsweise lange Rechenintervalle gegenüber stehen, um die Orbitalmechanik und Satellitenbewegung abzubilden. Im beschriebenen Fall treten beispielsweise bei typischen Simulationszeiträumen von bis zu 15 Minuten Frequenzen von 4500 Hz auf.

Während die Simulation eines solchen Satellitenstabilisierungs- und -positionierungssystems mit Hilfe eines Hybridrechners in Echtzeit durchgeführt werden konnte, ergaben die Experimente der Autoren für einige typische speicherprogrammierte Digitalrechner die in Tabelle 10.4 angegebenen Zeiten, wobei die von der Cray-1 zur Verfügung gestellte Rechenleistung gerade ausreichte, die Simulation mit zehnfacher Zeitdehnung auszuführen[547].

---

[544]Standort des Systems war die *Deutsche Versuchsanstalt für Luft- und Raumfahrt*, kurz *DFVLR* in Oberpfaffenhofen. Als Vorbild diente eine ähnliche Simulationsanlage der General Electric Corp. (siehe [474][S. 470]).

[545]Hierbei handelt es sich um ein Kreiselsystem, das zur Stabilisierung und hochpräzisen Ausrichtung von Satelliten Verwendung findet. Herzstück ist eine mit hoher Drehzahl rotierende Kreiselmasse, die innerhalb des Satelliten kardanisch aufgehängt ist. Gezielte Positionsänderungen des Satelliten sind in der Folge durch entsprechendes motorisches Verdrehen der kardanischen Aufhängung im Bezug auf den Satellitenkörper möglich, wobei der Kreisel quasi als fester Bezugspunkt dient. Derartige Einrichtungen kamen beispielsweise im Weltraumteleskop *Hubble*, aber auch vielen anderen Satelliten, zum Einsatz.

[546]Siehe [159][S. 4].

[547]Das Hybridsystem war der Cray-1 somit um einen Faktor 10 hinsichtlich der erbrachten Rechenleistung überlegen. Bei dem in Tabelle 10.4 aufgeführten System *AD-10* handelt es sich um einen Multiprozessorrechner des Herstellers *Applied Dynamics*, der bezüglich seiner Architektur für die Behandlung von Problemen ausgelegt wurde, die typischerweise mit Hilfe eines elektronischen Analogrechners behandelt wurden.

Abb. 10.77: *Orbitalrendezvousmanöversimulation, Oktober 1959 (NASA photo E-5035, siehe [594][S. 107])*

10.16.3   Rendezvousmanöver

Nahezu alle Raumflüge außer den ersten Raumflugmissionen des Mercury-Projektes waren in mehr oder weniger großem Maße auf die zuverlässige Durchführung von Rendezvousmanövern, entweder automatisch oder von einem Piloten gesteuert, angewiesen. Beispielsweise wären die im Rahmen des Apollo-Projektes durchgeführten Mondlandungen ohne verlässliche Techniken zur Durchführung von Rendezvousoperationen nicht möglich gewesen[548].

Bereits in den späten 1950er Jahren wurden einfache Rendezvousmanöver mit Hilfe elektronischer Analogrechner simuliert, wie das in Abbildung 10.77 dargestellte Piloteninterface einer im Oktober 1959 von der NASA durchgeführten Simulation zeigt.

Der Wert solcher interaktiv nutzbaren Simulationen für die Entwicklung der bemannten Raumfahrt kann kaum überschätzt werden, wie beispielsweise folgendes Zitat nach HANSEN belegt[549]:

> *Without extensive simulator time, it is doubtful that any astronaut could ever have been truly ready to perform a space rendezvous. „Rendezvous simulation in Gemini was really quite good", ARMSTRONG notes. „We achieved fifty to sixty rendezvous simulations on the ground, about two-thirds of which were with some sort of emergency."*

---

[548]Zunächst favorisierte die NASA hierfür ein als Direktaufstiegsverfahren (*direct ascent*) bezeichnetes Vorgehen, das jedoch – nicht zuletzt unter dem Eindruck der im Rahmen des Gemini-Projektes erfolgreich durchgeführten Rendezvousmanöver – zugunsten eines koelliptischen Rendezvous fallengelassen wurde (siehe beispielsweise [605][S.293]).

[549]Siehe [170][S. 248].

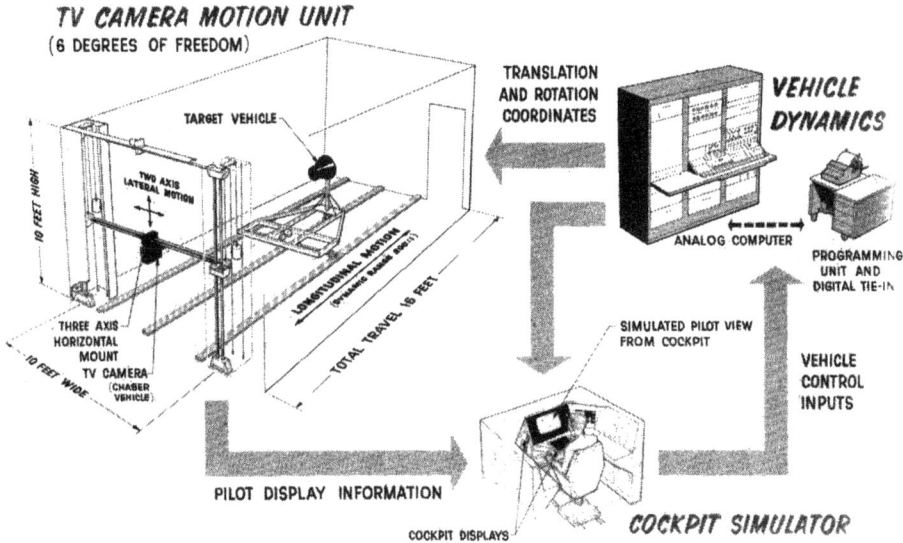

RENDEZVOUS & DOCKING SIMULATOR

Abb. 10.78: *Rendezvous- und Andocksimulator der TRW Systems Group (nach [33][S. 392],* *reprinted with permission of John Wiley & Sons, Inc.)*

BRISSENDEN, BURTON, FOUDRIAT und WHITTEN beschreiben ausführlich die Simulation eines pilotengesteuerten Rendezvousmanövers mit Hilfe eines elektronischen Analogrechners[550]. Von Interesse ist hierbei nicht allein die Untersuchung des Verhaltens des Raumflugkörpers bei Steuerung durch einen menschlichen Piloten, sondern auch die Entwicklung brauchbarer Anzeigeinstrumente, um manuell gesteuerte Rendezvousmanöver überhaupt möglich zu machen. Darüberhinaus wurden Untersuchungen angestellt, unter welchen Randbedingungen[551] derartige Rendezvous gerade noch beziehungsweise nicht mehr manuell durchzuführen sind.

Abbildung 10.78 zeigt ein bereits wesentlich komplexeres Rendezvoussimulationssystem auf Basis eines elektronischen Analogrechners, in dessen Mittelpunkt ein bildgebendes System ähnlich den in Abschnitt 10.14.7.1 dargestellten steht, das in den 1960er Jahren bei der *TRW Systems Group* zum Einsatz kam.

Die allgemeine Struktur eines umfangreichen hybriden Rendezvoussimulationssystems zeigt Abbildung 10.79 anhand eines in Zusammenarbeit der *McDonnel Aircraft Corporation* und IBM in den frühen 1960er Jahren[552] entwickelten Simulators, der unter anderem auch bei der Untersuchung verschiedener Flugphasen, wie etwa der Wiedereintrittsphase in die Erdatmosphäre, des Gemini-Projektes zum Einsatz kam[553].

---

[550]Siehe [62].

[551]Hierunter fallen beispielsweise Bahnfehler, nicht koplanare Orbits der beiden zu koppelnden Flugkörper, Fehler im Antriebs- und Steuerungssystem etc.

[552]Siehe [33][S. 391 ff.] sowie [207].

[553]Siehe [33][S. 394].

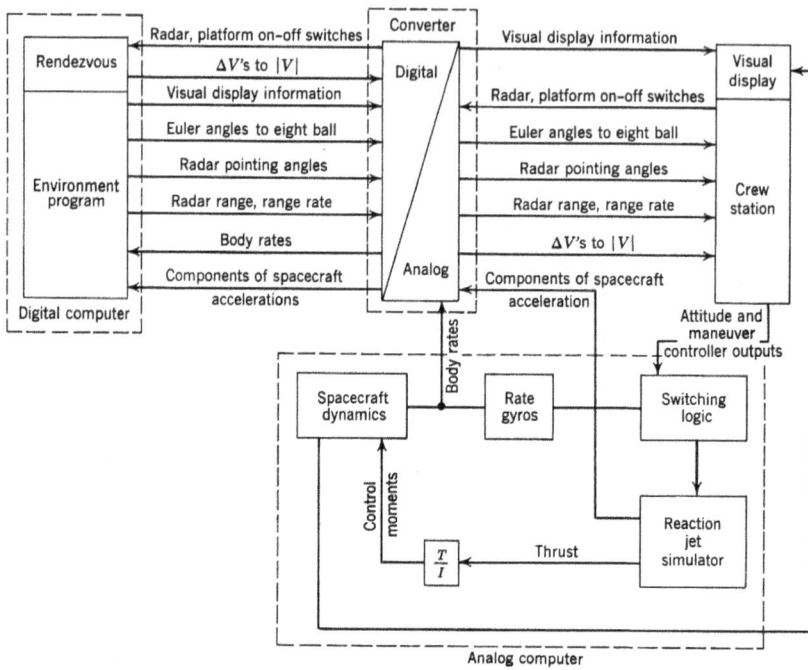

Abb. 10.79: *Aufbau einer hybriden Rendezvoussimulation (nach [33][S. 393], reprinted with permission of John Wiley & Sons, Inc.)*

10.16.4 Mercury, Gemini und Apollo

Sowohl im Vorfeld als auch während der Durchführung des als *Project Mercury* bezeichneten ersten Raumfahrtprogrammes der Vereinigten Staaten von Amerika war der Einsatz elektronischer Analog- und Hybridrechner unverzichtbar. Sowohl die verwendeten Trägerraketen der Typen *Redstone*[554] als auch *Atlas* erforderten während ihrer Entwicklung den Einsatz analoger Rechentechniken[555].

Den Einsatz elektronischer Analogrechner während der Entwicklung eines Steuerknüppels für die Lagesteuerung der Mercury-Kapsel durch ihren Piloten zeigt Abbildung 10.80 – die im Hintergrund sichtbaren Analogrechner des Herstellers Beckman dienen zur Simulation des dynamischen Verhaltens der Mercury-Kapsel in den unterschiedlichen Flugphasen, während der in die Simulation eingebundene Pilot mit Hilfe des vor

---

[554]Hierbei handelte es sich um eine Entwicklung des Teams um WERNHER VON BRAUN, das zu einem gewissen Teil auf der während des Zweiten Weltkrieges entwickelten A4-Rakete (siehe Abschnitt 3.2.1) beruhte.

[555]Das in Abschnitt 7.1 beschriebene ADDAVERTER-System zur Kopplung von Analog- und Digitalrechnern zur Bildung eines Hybridrechners wurde im Rahmen einer Simulationsstudie während der Entwicklung des Atlas-Trägerraketensystems entwickelt und legte somit einen der Grundsteine zur Entwicklung elektronischer Hybridrechner (siehe [353]).

Abb. 10.80: *Einsatz von Analogrechnern bei der Entwicklung des Steuerknüppels für die Mercury-Raumkapseln (Archiv des Autors)*

dem Pilotensitz montierten Steuerknüppels Einfluss auf das Lageregelungssystem der simulierten Raumkapsel nehmen kann[556].

Im Wesentlichen sind während eines Mercury-Fluges die folgenden verschiedenen Phasen zu berücksichtigen, die entweder automatisch mit Hilfe eines an Bord befindlichen analog arbeitenden Flugreglers oder manuell kontrolliert werden konnten[557]:

1. Dämpfung der Taumelbewegungen der Kapsel nach dem Absprengen von der Trägerrakete.

2. Orientierung der Kapsel in der Art, dass der Wärmeschild in Flugrichtung zeigt.

3. Konstanthalten des Nickwinkels auf $+14°$ während der Umläufe.

4. Regelung des Nickwinkels vor Zündung der Bremsraketen, während ihres Betriebes und nach erfolgtem Verlassen der Umlaufbahn.

5. Wiedereintritt und Landung.

---

[556] Eine detaillierte Beschreibung der Gesamtsysteme der Mercury-Raumkapseln findet sich in [409].
[557] Siehe [129][S. 209 f.].

Abb. 10.81: *Für das Project Mercury von den Bell Laboratories entwickelter Simulator (nach [121][S. 569])*

Im Gegensatz zu herkömmlichen atmosphärischen Flugkörpern erlauben Raumflugkörper, bedingt durch die extrem beschränkte Menge an zur Verfügung stehendem Treibstoff, keine kontinuierlich arbeitende Steuerung der Lageregelungstriebwerke. Diese werden vielmehr gepulst betrieben, wobei meist zwischen einigen wenigen verschiedenen Schubstärken gewählt werden kann. Diese Einschränkung stellt besondere Anforderungen sowohl an die simulationstechnische Behandlung derartiger Lageregelungssysteme als auch an die Entwicklung eines bordeigenen Analogrechners zur automatischen Steuerung der Raumkapsel[558].

Auch während der Vorbereitung der Mercury-Raumflüge kamen umfangreiche Simulationsanlagen sowohl für das Training der Astronauten als auch für das des Bodenstationspersonals zum Einsatz. Ein solches von den Bell Laboratories entwickeltes System zeigt Abbildung 10.81. In der Bildmitte ist im Vordergrund das Steuerpult für den Simulationsleiter zu erkennen, während in der Bildmitte im Hintergrund eine voll instrumentierte Mercury-Kapsel sichtbar ist; das Herz der Simulationsanlage bildet die hinten rechts im Bild dargestellte Analogrechenanlage des Typs EAI 231R[559].

---

[558]Siehe [129][S. 208 ff.] beziehungsweise [150][S. 118 f.].
[559]Siehe Abschnitt 6.2.

Im Rahmen des Nachfolgeprojektes *Gemini* kamen Analog- und Hybridrechenanlagen vor allem im Rahmen vorbereitender Untersuchungen für die geplanten Rendezvousmanöver zum Einsatz – ein Beispiel hierfür ist das System, dessen Struktur bereits in Abbildung 10.79 in Abschnitt 10.16.3 dargestellt wurde.

Eines der ausgefallensten Beispiele analoger beziehungsweise analog unterstützter Simulationstechniken stellt die In-flight-Simulation der im Rahmen des *Apollo*-Projektes eingesetzten Mondlandefähre dar. Hierbei handelte es sich um ein senkrechtstartendes Fluggerät, dessen Flugverhalten mit Hilfe eines analogen Reglers dergestalt modifiziert wurde, dass der Eindruck entstand, unter dem geringen Gravitionseinfluss des Mondes zu manövrieren[560]:

> *The notation of attacking the unique stability and control problems of a machine flying in the absence of an atmosphere, through an entirely different gravity field, „That was a natural thing for us, because in-flight simulation was our thing at Edwards“,* ARMSTRONG *relates. „We did lots and lots of in-flight simulations, trying to duplicate other vehicles, or duplicate trajectories, making something fly like something else.“*

Die Bedeutung sowohl analoger, hybrider als auch rein digitaler Simulationen für die Vorbereitung komplexer Raumflüge wird anhand der Zeiten deutlich, die beispielsweise NEIL A. ARMSTRONG beziehungsweise BUZZ ALDRIN während ihres Trainings für die Apollo-11-Mission in den unterschiedlichen Simulationseinrichtungen der NASA verbrachten. Dies waren insgesamt 581 Stunden für NEIL A. ARMSTRONG beziehungsweise 627 Stunden im Falle BUZZ ALDRINS[561].

10.17 Militärische Anwendungen

Fast alle zuvor genannten Anwendungsgebiete elektronischer Analog- und Hybridrechner sind auch aus Sicht möglicher militärischer Anwendungen von Interesse und wurden entsprechend auch genutzt[562]. Darüberhinaus treten gewisse Fragestellungen bei zivilen Applikationen nicht oder in nur sehr geringem Maße auf, die typisch für militärisch motivierte Fragestellungen sind, und von denen im Folgenden nur einige wenige kurz genannt werden sollen:

Ein interessantes Beispiel für den militärischen Einsatz elektronischer Analogrechner findet sich in [408][S. 13 ff.] in Form einer Untersuchung zur Auslegung eines Sicherungssystems für einen Geschosszünder, mit dessen Hilfe der eigentliche Zünder des Geschosses erst dann scharf geschaltet wird, wenn dieses einem Beschleunigungsverlauf ausgesetzt war, wie er beim Verschuss, nicht jedoch bei Unfällen, Verlastung etc. auftritt. Ein Problem bei derartigen Untersuchungen mit Hilfe elektronischer Analog- und Hybridrechner stellen die in der Regel extrem unterschiedlichen Wertebereiche der an

---

[560] Siehe [170][S. 314].
[561] Siehe [170][S. 378].
[562] In erster Linie gilt dies natürlich für Anwendungen in den Bereichen der Feuerleit-, Luft-, Raumfahrt- und Raketentechnik.

der Rechnung beteiligten Variablen dar, was mitunter starke Vereinfachungen oder auch extreme Zeitdehnungen erforderlich werden lässt.

Beispiele für die Berechnung von Geschossbahnen auf Analogrechnern geben neben anderen KORN und KORN[563] beziehungsweise JOHNSON[564] an. Wichtig bei solchen Untersuchungen ist vor allem die möglichst präzise Darstellung der am fliegenden Geschoss auftretenden aerodynamischen Effekte, was häufig die Bildung komplexer Funktionen mit damit einhergehendem, hohem technischen Aufwand notwendig macht.

Ein komplexes, in den späten 1970er Jahren entwickeltes Flaksimulationssystem, dessen Einsatzbereiche von der Entwicklung automatischer Flaksteuerungssysteme bis hin zum Training von Bedienmannschaften reicht, behandelt DEMOYER[565], während ein vollständiges, wenn auch zum Teil vereinfacht abgebildetes Schiffsgefecht unter Berücksichtigung der jeweiligen Schiffsbewegungen sowie von auf die Geschosse wirkenden Luftreibungseffekten Gegenstand der Betrachtungen bei WASS ist[566].

10.18　Ausbildung und Lehre

Gerade im Bereich der Ausbildung und Lehre verfügen elektronische Analogrechner über Eigenschaften, die sie gegenüber speicherprogrammierten Digitalrechnern deutlich überlegen machen, wie folgendes Zitat von WALTHER[567] deutlich macht[568]:

> *Hervorhebenswert ist die Anschaulichkeit, mit welcher das implizite Gegebensein einer Funktion durch eine Differentialgleichung, der Einfluss von Parametern und die Zusammenhänge der verschiedenen Größen untereinander zutage treten. Der Lernende gewinnt durch den Analogrechner über die formelmäßige Rechnung hinaus ein „Gefühl" für die Mathematik.*

Die Vermittlung eines solchen „Gefühles" für das Verhalten eines mathematischen Systems durch die hohe Interaktivität elektronischer Analogrechner ist die Grundlage dafür, dass vereinzelt noch heute derartige Rechner zu Ausbildungszwecken eingesetzt werden. Allgemeine Fragestellungen in diesem Zusammenhang behandelt beispielsweise GEORGE J. MARTIN[569], während für spezielle Fachgebiete an dieser Stelle beispielsweise auf [340], [339] und [341] (Mathematik), [443] (Simulation mechanischer Systeme), [334] (Ausbildung in der Mess- und Regeltechnik), [556] und [166] (Chemie) sowie [309] (Prozesssteuerung) verwiesen sei.

---

[563] Siehe [243][S. 110 ff.].
[564] Siehe [214][S. 175 ff.].
[565] Siehe [100].
[566] Siehe [596][S. 57 ff.].
[567] Siehe [592].
[568] Es existierten sogar *„Arbeitsgemeinschaften und Kurse Junger Naturforscher und Techniker der Deutschen Demokratischen Republik"*, für welche es ein eigenes Buch mit einer Einführung in die Analogrechentechnik gab (siehe [136]).
[569] Siehe [290] sowie [291].

10.19 Kunst, Musik und Unterhaltung

Auch in den Bereichen der Kunst, Musik und Unterhaltung wurden und werden zum Teil noch heute elektronische Analogrechner eingesetzt, wenngleich sie auch hier fast vollständig durch speicherprogrammierte Digitalrechner verdrängt wurden. Die folgenden Abschnitte beschreiben beispielhaft einige Einsatzgebiete des analogen Rechnens in diesen Themenfeldern.

10.19.1 Kunst

Im Jahre 1955 erhielt der Künstler HEINRICH HEIDERSBERGER[570] den Auftrag, ein Wandbild für die damals neuerrichtete Ingenieurschule in Wolfenbüttel anzufertigen[571], wobei er zunächst an den Formenreichtum der bekannten Lissajous-Figuren als Grundlage des Wandbildes dachte, um diesem einen Bezug zu den Inhalten der Lehrveranstaltungen der Ingenieurschule zu geben.

In der Folge dieser Überlegungen konstruierte HEIDERSBERGER einen sogenannten *Rhythmographen*, bei dem es sich letztlich um einen mechanischen Analogrechner[572] handelt, mit dessen Hilfe gedämpfte harmonische Schwingungen einander überlagert werden können, wobei die Aufzeichnung dieses Überlagerungsresultates mit Hilfe einer Lichtquelle auf Photopapier geschieht. BERND RODRIAN schreibt hierzu[573]:

> *Wie* LISSAJOUS *überlagerte* HEINRICH HEIDERSBERGER *gedämpfte harmonische Schwingungen. Im Gegensatz zu ihm kombinierte* HEIDERSBERGER *vier, anstatt zwei Schwingungen. So entstanden komplexe, plastischere Strukturen, denen er den Namen Rhythmogramme gab [...] Für seine filigran wirkenden Rhythmogramme nutzte* HEINRICH HEIDERSBERGER *eine sehr feine, punktförmige Lichtquelle, deren Strahl über eine Blende verkleinert wurde. In einem ca. ein Meter langen Tubus und einer weiteren Blende bündelte er den Lichtstrahl zu einem annähernd parallelen Lichtbündel, das auf den bewegten Oberflächenspiegel traf [...] Bei der Belichtung des Films zeichnete dieser wie die Spitze eines Stifts das Muster.*

Abbildung 10.82 zeigt HEINRICH HEIDERSBERGER bei der Arbeit am Rhythmographen, von dem nur etwa ein Drittel zu sehen ist. Das von rechts in das Bild hineinragende Rohr trägt an seinem linken Ende die in obigem Zitat erwähnte Blende und dient der Parallelisierung des zur Aufzeichnung verwendeten Lichtstrahles. Die komplexe Form des Rhythmographen an sich half, auch diesen selbst als Kunstwerk zu begreifen; BERND RODRIAN bemerkt beispielsweise zur 1999 begonnenen Wiederherstellung des Rhythmographen[574]:

---

[570]10.6.1906–14.7.2006
[571]Siehe [176][S. 7] beziehungsweise [192][S. 35].
[572]Eigentlich handelt es sich hierbei um einen harmonischen Synthesizer, wie er in Abschnitt 2.5 beschrieben wurde.
[573]Siehe [192][S. 9].
[574]Siehe [192][S. 11].

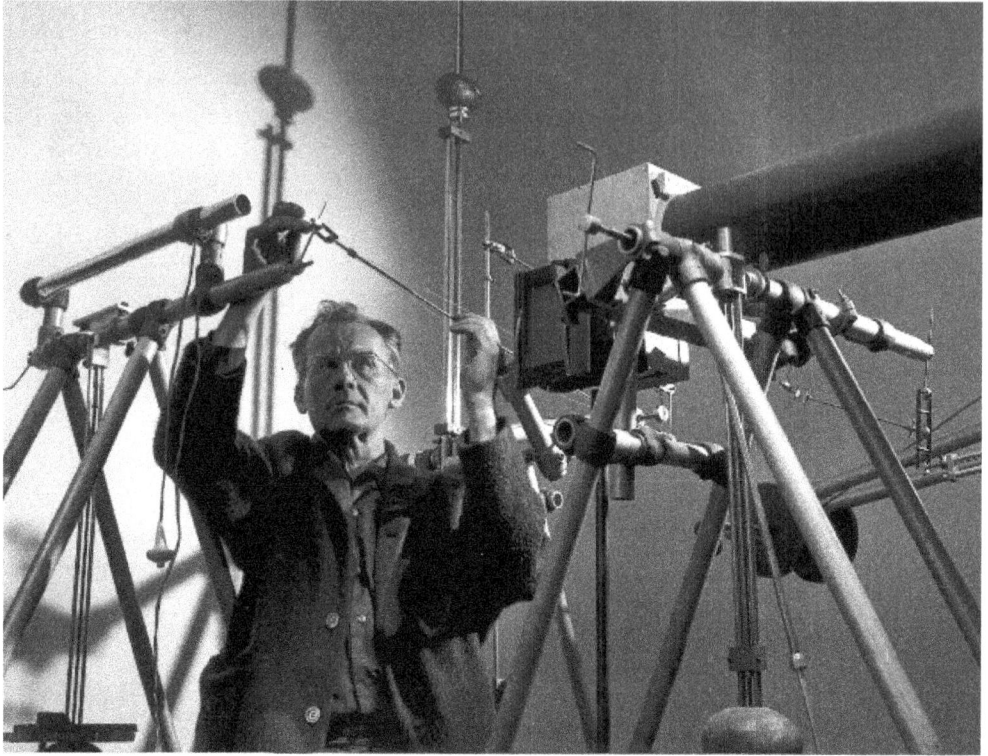

Abb. 10.82: HEIDERSBERGER *am Rhythmographen (Archiv Nr. 9179/1, Selbstportrait, Wolfsburg 1962), 1962 (mit freundlicher Genehmigung von* BENJAMIN HEIDERSBERGER*)*

> *Der skulpturale Charakter des Rhythmographen und seine in weiten Teilen wiederhergestellte Funktionsfähigkeit tragen zum Verständnis der einmaligen, abstrakten Lichtbildnisse* HEINRICH HEIDERSBERGER*s bei. Durch seine Raum greifende Dimension steht der Rhythmograph für sich [. . .]*

Bestimmend für die Struktur eines mit Hilfe des Rhythmographen generierten Bildes sind die Eigenfrequenzen der vier gekoppelten Pendel, ihre Anfangswerte, die Dämpfungskonstanten sowie die Phasenverschiebung der solchermaßen erzeugten harmonischen Grundfunktionen. Abbildung 10.83 zeigt exemplarisch ein typisches Rhythmogramm HEINRICH HEIDERSBERGERs[575].

Auch in der Populärkultur wurden HEIDERSBERGERS analogmechanisch erzeugte Rhythmogramme bekannt – beispielsweise verwendete der Südwestfunk Baden-Baden

---

[575]Über die Rhythmogramme schreibt HENRIKE JUNGE-GENT (siehe [176][S. 10]): „HEIDERSBERGERs *Rhythmogramme verkörpern den Stil der fünfziger Jahre in besonderem Maße. Sie transportieren die Leichtigkeit und Heiterkeit, den schwungvollen Optimismus jener Jahre des Aufbaus nach dem verheerenden Weltkrieg deutlicher und eindringlicher als ein Großteil der bildenden Kunst in Deutschland [. . .]"*

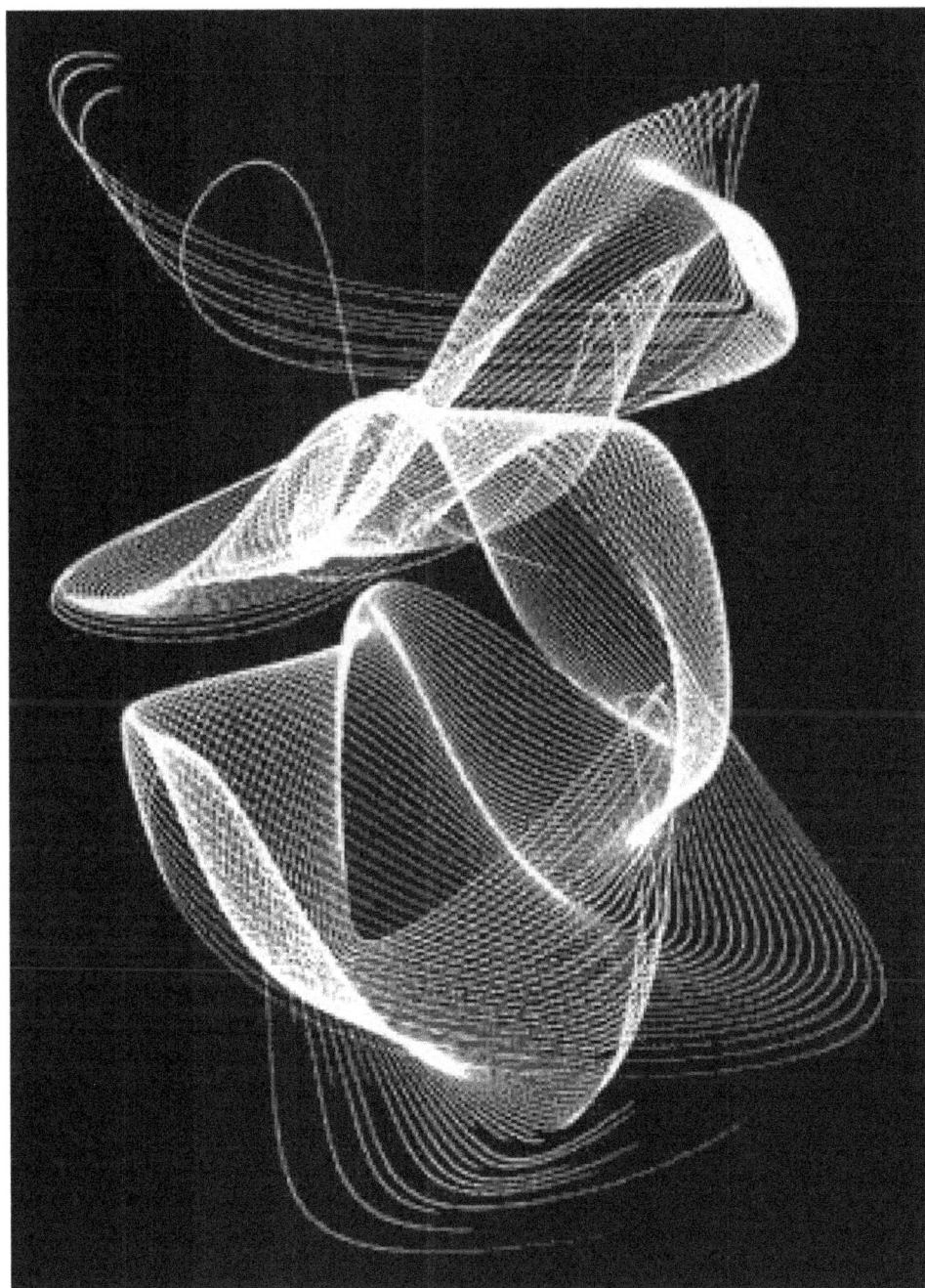

Abb. 10.83: *Prélude (Archiv Nr. 3782/247, Wolfsburg 1962), Rhythmogramm von* HEINRICH HEIDERSBERGER *(mit freundlicher Genehmigung von* BENJAMIN HEIDERSBERGER)

Abb. 10.84: *Die mit Pendeln erzeugten Rhythmogramme von* HEINRICH HEIDERSBERGER *werden mit einem von* BENJAMIN HEIDERSBERGER *konstruierten Analogrechner nachvollzogen (mit freundlicher Genehmigung von* BENJAMIN HEIDERSBERGER, *Photo:* BERND RODRIAN*).*

in den Jahren von 1956 bis 1968 das Rhythmogramm „Flache Schleife"[576] als Sendezeichen[577]. Eine moderne Inkarnation des mechanischen Analogrechners HEINRICH HEIDERSBERGERS entwickelte sein Sohn BENJAMIN HEIDERSBERGER in Form eines einfachen elektronischen Analogrechners, mit dessen Hilfe entsprechende Überlagerungen harmonischer Schwingungen erzeugt und mit Hilfe eines Oszilloskops dargestellt werden können, wie Abbildung 10.84 zeigt.

In dieser Hinsicht weit voraus war PROF. DR. HERBERT W. FRANKE[578], der bereits zu Beginn der 1960er Jahre mit rein analogelektronisch erzeugten Figuren experimentierte, von denen eine die Abbildung 10.85 zeigt – Grundlage war auch hier ein Spezialanalogrechner, der jedoch auch Integrations- und Differentiationsoperationen durchzuführen im Stande war[579].

---

[576] Archiv Nr. 3782/119.

[577] Siehe [176][S. 10] beziehungsweise [192][S. 36] sowie [410][S. 42 f.].

[578] 14.5.1927

[579] Siehe beispielsweise [410][S. 43] beziehungsweise auch [99].

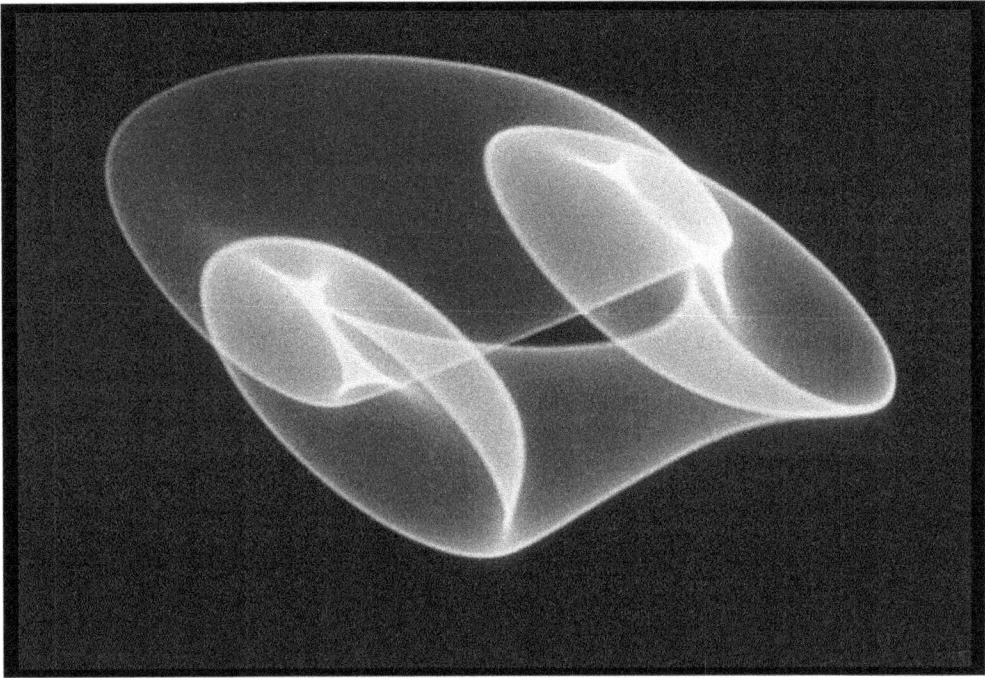

Abb. 10.85: *Eines der im Zeitraum zwischen 1961 und 1962 entstandenen Werke von* HERBERT W. FRANKE *(mit freundlicher Genehmigung des Künstlers)*

Im Gegensatz zu HEIDERSBERGERs rein mechanisch arbeitendem Rhythmographen erlaubte der elektronische Analogrechner HERBERT W. FRANKEs eine wesentlich höhere Interaktivität – die Auswirkungen von Parameteränderungen auf ein generiertes Bild werden sofort sichtbar, so dass ein direkter Einfluss des Künstlers auf das Kunstwerk möglich ist, während HEIDERSBERGERs Rhythmograph durch die Zwischenschaltung eines fotografischen Prozesses dies nicht erlaubt. Zu FRANKEs elektronischem Analogrechner und den mit seiner Hilfe erzeugten Bildern findet sich in [410][S. 43] folgendes Zitat, das die Faszination der Technik spüren lässt:

> *Es ist ein eindrucksvolles Erlebnis, das Zustandekommen elektronischer Grafik zu beobachten. Im verdunkelten Raum ist die leuchtende, grünliche Zeichnung des Elektronenstrahls die einzige Bewegung. Trägheitslos ändern sich die Bilder, ihre Vielfalt ist kaum auszuschöpfen. Sicher hat dieses elektronische Verfahren der Bilderzeugung größte Zukunft.*

10.19.2 Musik

Sieht man von analogelektronischen Schaltungen zur Klang- und Geräuscherzeugung, wie sie auf eine lange Geschichte zurückblicken können und bis heute in einigen Synthesizern eingesetzt werden, einmal ab, handelt es sich bei der Musik um ein Gebiet, in welchem elektronische Analogrechner zunächst nicht direkt in Erscheinung traten. Erst in jüngerer Zeit, seit Ende der 1980er Jahre, unternahm der niederländische Komponist und Musiker HANS J. KULK[580] – angeregt durch [16] – Experimente zur Klangerzeugung und Komposition unter Zuhilfenahme elektronischer Analogrechner[581], mit deren Hilfe Steuerspannungen für nachgeschaltete analoge Synthesizer gewonnen werden.

Die Ergebnisse dieser Forschungen wurden 1992 am Institut für Sonologie in Den Haag vorgestellt, wobei auch eine Livepräsentation gegeben wurde, um einen Eindruck von den Möglichkeiten des Einsatzes elektronischer Analogrechner im Bereich der Musik zu vermitteln[582]. Wie in vielen anderen Gebieten auch, steht hier nicht zuletzt das extreme Maß möglicher Interaktivität im Vordergrund der Betrachtungen, das es dem Künstler erlaubt, steuernd in das Entstehen eines Werkes einzugreifen und die Auswirkungen seines Tuns direkt zu erleben. Hierzu kommen in letzter Zeit speziell konstruierte Eingabegeräte, wie beispielsweise ein dreidimensional arbeitender Steuerknüppel zum Einsatz, mit deren Hilfe mehrere Parameter einer Rechenschaltung gleichzeitig beeinflusst werden können. HANS KULK bemerkt[583] zu seinen Untersuchungen hinsichtlich des Einsatzes elektronischer Analogrechner im Bereich der Musik Folgendes:

> *One main conclusion is that the use of an analog [...] computer in analog sound synthesis is very effective, [yet] has been highly ignored by the electronic music community for long, but is slowly gaining interest as the concepts of analog technique become valuable tools in current developments. The 1970s dual Hitachi 240 set-up in this sound synthesis lab will continue to be an inspiring and open system with still many hours of fun to come.*

10.19.3 Unterhaltung

Bemerkenswert ist auch, zu welch frühem Zeitpunkt elektronische Analogrechner für Unterhaltungszwecke eingesetzt wurden – die wohl erste derartige Anwendung beschreiben GOLDSMITH und MANN in einer am 25. Januar 1947 eingereichten und am 14. Dezember 1948 stattgegebenen Patentschrift mit dem Titel „Cathode-Ray Tube Amusement Device", in welcher ein einfacher Spezialanalogrechner beschrieben wird, mit dessen Hilfe eine Art Geschicklichkeitsspiel implementiert wird, das die Autoren wie folgt beschreiben[584]:

> *This invention relates to a device with which a game can be played. The game is of such a character that it requires care and skill in playing it or operating the device with which the game is played. Skill can be increased with practice and the exercise of care contributes to success.*

Herzstück der Erfindung ist ein Oszilloskop, auf dessen Bildschirm eines oder mehrere Ziele dargestellt wurden, die mit Hilfe eines Strahles, dessen Form und Länge variiert

---

[580]15.10.1962
[581]Hierbei gelangen zwei Rechner des Typs Hitachi 240 zum Einsatz.
[582]Mit Hilfe dieser Technik angefertigte Kompositionen finden sich beispielsweise auf der CD „tingel-tangel, ernste musik", Juni 2005.
[583]Persönliche Mitteilung an den Autor.
[584]Siehe [153].

werden konnten, getroffen werden mussten. Um ein scheinbar stehendes Bild zu erzeugen, arbeitete der entwickelte einfache elektronische Spezialanalogrechner repetierend. Für die Zieldarstellung schlagen GOLDSMITH und MANN die Verwendung kleiner Flugzeugsymbole vor, die auf der Anzeigeröhre des Oszilloskops befestigt werden können – auch die Darstellung einer Explosion bei einem Treffer wird als mögliche Erweiterung genannt. Aufgrund des Zeitpunktes der Patenteinreichung sowie der verwendeten Grundschaltungen ist zu vermuten, dass diese Erfindung ihren Ausgangspunkt in Trainingsgeräten für Bombenschützen des Zweiten Weltkrieges hatte – ein Erfolg blieb ihr wohl nicht zuletzt aufgrund des in erster Linie durch das verwendete Oszilloskop bedingten, vergleichsweise hohen apparativen Aufwandes versagt.

Vermutlich unabhängig hiervon entwickelte ein Mitarbeiter der *Brookhaven National Laboratories*, WILLIAM HIGINBOTHAM[585], im Jahre 1958 ein als *Tennis for Two* bekanntgewordenes Spiel, das für eine Veranstaltung im Rahmen der Öffentlichkeitsarbeit der Laboratorien als Publikumsattraktion eingesetzt wurde – hierzu erinnert sich HIGINBOTHAM wie folgt[586]:

> *I knew from past visitors days that people were not much interested in static exhibits, so for that year I came up with an idea for a hands-on display - a video tennis game.*

Das Spiel wurde etwas unerwartet ein durchschlagender Erfolg bei den Besuchern der Veranstaltung, doch die Relevanz der Idee eines interaktiven, elektronischen Spieles für zwei Spieler, die gegeneinander antreten konnten, wurde nicht erkannt[587]:

> *It was wildly successful, and* HIGINBOTHAM *could tell from the crowd reaction that he had designed something very special. „But if I had realized just how significant it was, I would have taken out a patent and the U.S. government would own it!" he said.*

Abbildung 10.86 zeigt den Stand des Instrumentierungslabors der BNL, für welche HIGINBOTHAM seinerzeit arbeitete und das am freistehenden Oszilloskop mit den davor liegenden beiden Steuereinheiten für die Spieler gut erkennbare, links im Bild dargestellte, Spiel entwickelte[588].

Die Entwicklung der Rechenschaltung zur Umsetzung des Spieles nahm etwa drei Wochen Zeit in Anspruch und erlaubte die simultane Darstellung des Spielballes an sich, einer Grundlinie sowie eines Netzes, an welchem der Ball abprallen konnte. Mit Hilfe der beiden Handsteuereinheiten konnten die Spieler Zeitpunkt und Stärke ihres Schlages beeinflussen. Ziel war es, den Ball so lange wie möglich innerhalb des Spielfeldes zu halten – verließ er dieses, konnte das Spiel durch Rücksetzen der Rechenschaltung auf ihre Anfangsbedingungen erneut gestartet werden. Abbildung 10.87 zeigt ein Standbild des

---

[585]25.10.1920–10.11.1994
[586]Siehe [423].
[587]Siehe [423].
[588]Links neben dem Oszillskop befindet sich der eigentliche, auf einem Systron-Donner-System basierende Analogrechner zur Implementation des Spieles.

Abb. 10.86: *Tag der offenen Tür der Brookhaven National Laboratories im Jahre 1958 – hier wurde erstmals* Tennis for two *einer größeren Öffentlichkeit vorgestellt (mit freundlicher Genehmigung der Brookhaven National Laboratories)*

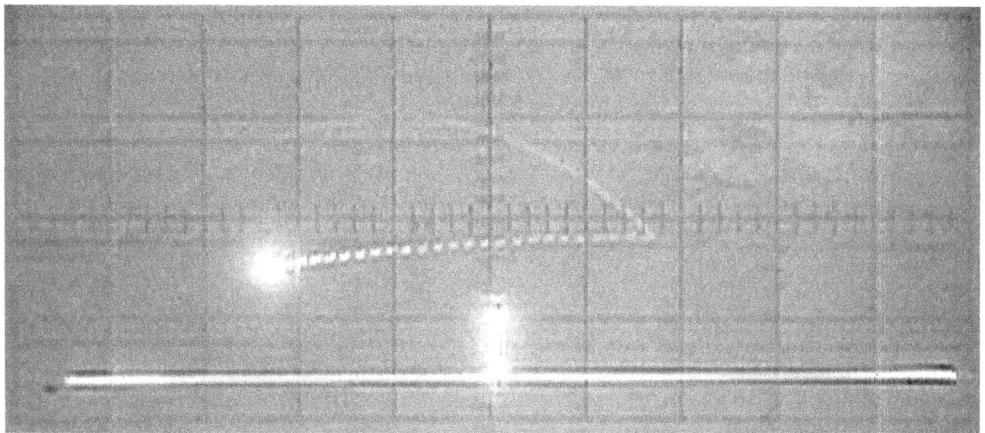

Abb. 10.87: *Erste interaktive Simulation eines Tennisspieles,* Tennis for two *(Quelle: Brookhaven National Laboratory, mit freundlicher Genehmigung)*

Spieles – gut zu erkennen ist die unterbrochene Nachleuchtspur des Spielballes, die durch die für die Darstellung der verschiedenen Spielelemente notwendige Strahlumschaltung entsteht[589].

---

[589]Diese Verwendung eines Oszilloskops als zentrales Ausgabegerät qualifiziert „Tennis for Two" – ebenso wie das von GOLDSMITH und MANN entwickelte Spiel – lediglich als Computer-, nicht jedoch als *Videospiel*, da ein solches als Anzeigegerät definitionsgemäß zwingend ein Fernsehgerät oder zumindest einen Bildschirm mit Rasterdarstellung voraussetzt.

10.20   Analogrechenzentren

Den Abschluss dieser Betrachtungen historisch relevanter Einsatzgebiete macht die Darstellung der vor allem in den 1950er und 1960er Jahren weit verbreiteten und Kunden zugänglichen Analogrechenzentren, die vor allem von den Herstellern analogelektronischer Analogrechner betrieben wurden und in größerer Zahl ins Leben gerufen wurden als vergleichbare Installationen mit speicherprogrammierten Digitalrechnern zur selben Zeit.

Während Hersteller speicherprogrammierter Digitalrechner mit ihren Rechenzentren oft in der Hauptsache das Interesse verbanden, bestehenden oder potentiellen Neukunden Neuentwicklungen im Betrieb vorzustellen und diesen die Gelegenheit zu geben, Programme auf den sie interessierenden Anlagen zu testen, um eine Kaufentscheidung herbeizuführen oder zumindest aktiv zu unterstützen, wurden auf den Systemen der Analogrechenzentren neben diesen Tätigkeiten auch in großem Maße Rechnungen und Simulationen im Kundenauftrag durchgeführt.

Im Unterschied zu einem herkömmlichen Digitalrechner, der meist für stark repetitive Tätigkeiten eingesetzt wird, man denke nur an Aufgaben im kaufmännischen Bereich, die beispielsweise Monatsabschlüsse, Gehaltszahlungen etc. umfassen, werden elektronische Analogrechner oft nur kurze Zeit für ein bestimmtes Problem eingesetzt. Ist dieses Problem mit ihrer Hilfe gelöst, steht die Anlage für neue Fragestellungen zur Verfügung. Dies hatte zur Folge, dass eine Vielzahl von Institutionen mit einem gewissen, eine bestimmte Grenze nicht überschreitenden Bedarf an analogen Simulationen, beziehungsweise Rechnungen, häufig nicht die für die Anschaffung einer solchen analogen Rechenanlage notwendigen Mittel akquirieren konnte, so dass konkrete Fragestellungen im Auftrag bei einem kommerziellen Analogrechenzentrum durchgeführt wurden, während solche einmaligen Aufträge im Bereich des digitalen Rechnens eher selten waren.

Bereits im Jahre 1957 wurde in Brüssel das erste europäische Analogrechenzentrum unter der Leitung von DR. BERNHARD MURPHY durch den Hersteller EAI eingeweiht[590]. Abbildung 10.88 zeigt die dort installierte und vollausgebaute Anlage des Typs Pace 96[591], die über 96 Rechenverstärker, 120 Potentiometer, 20 Servomultiplizierer, 4 elektronische Multiplizierer, 5 Funktionsgeneratoren für nichtlineare Funktionen, 2 Digital-Voltmeter, einen Zweikanal-X/Y-Schreiber, 2 tragbare X/Y-Schreiber, 2 Sechskanal-Rekorder und 2 Rauschgeneratoren verfügte und somit auch für etwas anspruchsvollere Aufgaben beispielsweise aus dem Bereich der Luft- und Raumfahrttechnik eingesetzt werden konnte.

Dieses Brüsseler Rechenzentrum der EAI wurde stets mit den neuesten Anlagen des Herstellers ausgerüstet und stellte somit einen Brückenkopf in Europa dar – bereits 1964 verfügte das Rechenzentrum über einen Hybridrechner HYDAC 2000, der aus einer

---

[590]Hierbei handelte es sich weltweit um das dritte derartige EAI-Rechenzentrum – die beiden anderen Installationen befanden sich in Princeton, New Jersey, sowie Los Angeles.

[591]Hierbei handelt es sich um ein Vorläufermodell des in Abschnitt 6.2 dargestellten Systems EAI 231R.

Abb. 10.88: *Die im ersten europäischen Analog-Rechenzentrum in Brüssel 1957 installierte Pace 96-Anlage (nach [378])*

EAI 231R-V[592] sowie dem Digitalsystem DOS 350 bestand. Abbildung 10.89 zeigt diese Installation im Brüsseler Rechenzentrum[593].

Auch andere namhafte Hersteller elektronischer Analogrechner unterhielten umfangreiche Analogrechenzentren, die ebenfalls in der Hauptsache zur Durchführung von Auftragsrechnungen eingesetzt wurden, obwohl bei Bedarf auch Kunden im Rahmen von Schulungsmaßnahmen mit neuen Techniken und Anlagen vertraut gemacht wurden. Abbildung 10.90 zeigt einen Blick in das *Los Angeles Computation Center* des Herstellers Beckman im Jahre 1958, das bereits im Jahr zuvor wie folgt beworben wurde[594]:

> *It will be available to business, industry and educational institutions for solution of complex problems relating to aircraft, jet engines, guided missiles and industrial processes.*

---

[592]Bei der 231R-V handelte es sich um ein 231R-Grundsystem (siehe Abschnitt 6.2), das über eine sogenannte *Memory and Logic Group* verfügte.

[593]Ein solches HYDAC-System im Wert von mehr als einer Million Dollar wurde unter anderem ebenfalls im Jahre 1964 von General Dynamics erworben, wo es in der Entwicklung des USAF/Navy-F-111-Überschalljets eingesetzt wurde (siehe [371]).

[594]Siehe [398].

Abb. 10.89: *Das im Brüsseler EAI-Rechenzentrum installierte HYDAC 2000-System (nach [374])*

Abb. 10.90: *EASE 1132-Analogrechner im Beckman/Berkeley Computation Center, das am 28. Februar 1958 in Los Angeles eröffnet wurde (nach [347])*

11 Zukunft und Chancen

11.1 Niedergang des Analogrechnens

Bereits in den frühen 1970er Jahren begann sich abzuzeichnen, dass elektronischen Analogrechnern künftig bestenfalls ein Nischendasein beschieden sein würde, da die enormen Fortschritte auf dem Gebiet der Digitalrechner den Eindruck zu erwecken im Stande waren, dass Digitalrechner hinreichender Leistungsfähigkeit und Speicherkapazität über kurz oder lang in der Lage sein würden, elektronische Analogrechner auch aus Bereichen, die extreme Anforderungen an die Rechengeschwindigkeit stellen, zu verdrängen.

Zu Beginn der 1970er Jahre musste beispielsweise NEIL A. ARMSTRONG, dem von seinem ehemaligen Betreuer, PROFESSOR KEN SPRINGER, angeboten wurde, seine vor der bemannten Mondlandung begonnene, aber nie zu Ende gebrachte Master-Arbeit über die Simulation des Überschallfluges zu vollenden, erkennen, dass dies aufgrund schlichter technischer Gegebenheiten nicht ohne weiteres möglich sein würde[1]:

> [...] NEIL [A. ARMSTRONG] *told him it would, in fact, be difficult to finish the thesis as originally conceived since all of the data had been generated in analog, and analog computers were not much available anymore.*

Die Anzeichen für ein absehbares Ende der Epoche des elektronischen Analogrechnens begannen sich gegen Ende der 1970er Jahre in einem Maße zu verdichten, dass auch Hersteller wie EAI die Augen vor dem sich massiv verändernden Markt nicht länger verschließen konnten. So findet sich beispielsweise in einer Veröffentlichung des EAI Mitarbeiters HENRY TISDALE aus dem Jahre 1981 folgende Passage[2]:

> *Special purpose simulations – such as piloted airplane simulators, power plant operator training simulators, and traffic control simulators – are implemented exclusively today by pure digital computers. There are strong arguments to support the choice of digital-only methods in these applications.*

Offensichtlich brachen bereits zu diesem Zeitpunkt nach nur etwas über dreißig Jahren des aktiven Einsatzes elektronischer Analogrechner große Marktsegmente durch das Vordringen digitaler Rechenanlagen weg – gerade der Bereich der Simulationstechnik in

---

[1]Siehe [170][S. 591] – die Fertigstellung der begonnenen Arbeit wurde ihm erlassen – ein Vortrag über seine Arbeiten im Rahmen des Apollo-Projektes wurde als ausreichend angesehen, ihm den für seine Berufung als Professor für „*aerospace engineering*" an der University of Cincinnati notwendigen Titel eines Master of Science zu verleihen.

[2]Siehe [570][S. 1].

Luft- und Raumfahrt stellte und stellt mit den immensen zu verarbeitenden Datenvolumina Anforderungen an die eingesetzte Rechnertechnologie, deren Beherrschung durch digitale Techniken als untrügliches Reifezeichen selbiger angesehen werden können.

Nichtsdestotrotz bestand noch zu diesem Zeitpunkt nicht unberechtigte Hoffnung, dass zumindest einige Nischen auch in Zukunft in die Domäne des Analogrechnens fallen würden, wie TISDALE in seinem Paper weiter ausführt. Insbesondere stellt er Betrachtungen über Anwendungsgebiete an, die einem numerischen Ansatz nicht direkt oder nur unter Inkaufnahme großer Schwierigkeiten offenstehen. Dies sind, seinen Ausführungen folgend, im Wesentlichen die Folgenden[3]:

- Anwendungen, die eine hohe Bandbreite hinsichtlich der elektronischen Signalverarbeitung benötigen – diese können mit rein digital arbeitenden Systemen nicht unbedingt adäquat behandelt werden[4].

- Eine Reihe praktischer technischer Probleme führt auf Differentialgleichungen, die ausgesprochen empfindlich auf die zum Einsatz gelangenden numerischen Lösungsverfahren reagieren, so dass bei einem digitalen Ansatz mitunter nicht oder nur schwer zwischen systemimmanenten Effekten und solchen, die durch den verwendeten Lösungsalgorithmus induziert wurden, unterschieden werden kann.

- Weiterhin kann die Untersuchung von Systemen, die beispielsweise Haft- beziehungsweise Gleitreibungsübergänge aufweisen oder nur verrauschte Messdaten zur Verfügung stellen, mit Hilfe digitaler Techniken aufgrund des quasi zu hohen Genauigkeitsgrades der eingesetzten Digitalrechner und Verfahren zu unrealistischen Ergebnissen führen, während ein Analogrechner aufgrund seiner Struktur als Analogon des zugrundeliegenden Problems selbst häufig realistischere Resultate liefert.

- Ein weiterer Punkt ist die Tatsache, dass die Zeitbasis eines digitalen Systems in der Regel feststeht und nicht ohne weiteres, wie es beim elektronischen Analogrechner einfach durch Umschalten der Integriererkapazitäten oder der Eingangsnetzwerke möglich ist, um ganze Größenordnungen verändert werden kann[5].

Darüberhinaus wirft TISDALE an gleicher Stelle den Punkt exzessiv hohen Speicherbedarfs digitaler Simulationstechniken, die Verzögerungsglieder enthalten, auf, der jedoch mittlerweile angesichts der heute standardmäßig zur Verfügung stehenden Speicherkapazitäten aktueller Digitalrechner getrost als überholt angesehen werden darf, während Entsprechendes für die restlichen oben genannten Punkte nicht oder nur eingeschränkt gilt.

Ein wesentlicher Nachteil digitaler Rechenanlagen im Vergleich mit Analogrechern findet in [570][S. 3] ebenfalls Beachtung und gilt unverändert auch heute und in Zukunft:

---

[3]Siehe [570][S. 2].

[4]Insbesondere sogenannte *Hardware-in-the-Loop*-Untersuchungen, bei denen reale Einrichtungen Bestandteil einer Simulation sind, erfordern häufig derartig hohe Bandbreiten, dass sie mitunter auch heute noch einem rein digitalen Ansatz nur schwer zugänglich sind.

[5]Ein besonderer Aspekt dieser Eigenschaft, nämlich die Auswirkungen unterschiedlich langer Abtastintervalle auf das Verhalten digitaler PI- und PID-Regler, wird von BADAVAS (siehe [23]) behandelt. CORRIPIO, SMITH und MURRILL beschreiben in [91] die Simulation der Frequenzantwort solcher digitaler Regler.

*Digital languages [...] obstruct the user's contact with the physical ana-
logy. In other words, the digital programmer becomes preoccupied with the
programming task and unfortunately loses sight of the analogy he hopes to
create. Hybrid techniques go hand-in-hand with Laplace and Fourier expres-
sions. The analogy is not only established, but the engineer's knowledge and
skill grows quickly, giving rise to innovations and breakthroughs.*

Die Bedeutung dieses Punktes kann keinesfalls überschätzt werden, da gerade im Bereich
der Ingenieurwissenschaften viele Errungenschaften nach wie vor auf den gesammelten
Erfahrungen der Ingenieure beruhen, wobei Lösungstechniken, wie sie das Analogrechnen bietet, den unvergleichbaren Vorteil einer direkten Analogiebildung besitzen, so dass
direkt Erfahrungen auf nur schwach abstrahierter Ebene mit dem Ursprungsproblem
gesammelt werden können. Der mittlerweile fast flächendeckende Einsatz rein numerischer Lösungsmethoden verschleiert in zunehmendem Maße die hinter einer technischen
Fragestellungen stehenden Zusammenhänge[6].

Folgendes Zitat von WALTMAN, das rückblickend die Arbeit mit großen Analogrechnerinstallationen für Luft- und Raumfahrtanwendungen beschreibt, zeigt, wie einzigartig
und prägend der Umgang mit Analogrechnern ist[7]:

*If Erector Sets and Tinkertoys were your kind of toys when you were
growing up, then analog computers were the things for you. This is what
made analog computers fun to program. It helped to be something of a ma-
sochist, too. I feel sorry for (digital) computer programmers who have never
had the chance to program an analog computer. Since I did both at the FRC,
I can easily say that programming a digital computer is boring compared to
programming an analog computer. They are as different as Tinkertoys and
Pick-Up Sticks.*

Trotz dieser genannten, wenn auch wenigen Vorteile, die analoge Rechenmethoden bieten, muss zum gegenwärtigen Zeitpunkt jedoch zugegeben werden, dass das elektronische Analogrechnen in der Form, wie es in der vorliegenden Arbeit beschrieben wurde,
auch aus Nischenanwendungen fast vollständig durch den massiven Einsatz von Digitalrechnern verdrängt wurde und Gefahr läuft, sowohl als Technik als auch als Methode
der Vergessenheit anheim zu fallen.

---

[6]Sehr schön sind in diesem Zusammenhang die im Spektrum der Wissenschaft erschienenen Artikel
„Rechnen mit Spaghetti" ([102]) und „Kuriose Analog-Computer" (siehe [103]), welche eine Vielzahl
komplexer Probleme vorstellen, die auf Digitalrechnern nicht oder nur mit extremem Aufwand und
hohem Abstraktionsgrad lösbar sind, während ein Analogrechner mit hoher Geschwindkeit und ebenfalls
hoher Anschaulichkeit korrekte Lösungen zu liefern im Stande ist. Auch DALE HOFFMAN stellt die
Anschaulichkeit und Leistungsfähigkeit analoger Lösungen in seinem Artikel „Smart Soap Bubbles Can
Do Calculus" (siehe [191]) in den Mittelpunkt seiner Betrachtungen.

[7]Siehe [594][S. 44].

11.2   Zukunft des Analogrechnens

Einen prinzipiellen, im vorangegangenen Abschnitt noch nicht genannten Vorteil gegenüber herkömmlichen, speicherprogrammierten Digitalrechnern besitzen analoge Rechenanlagen jedoch, wie DR. GILOI in folgendem Zitat ausführt[8]:

> *Hence, the day may come when we look at the present electronic analog computer as we look now at the obsolete mechanical differential analyzer. What will be preserved will certainly be the „analog" method of programming continuous system simulation problems on the digital computer and, possibly, the analog method of hardware parallel processing.*

Bei der inhärenten Parallelität analoger Rechentechniken, bei welcher alle an einer Problemlösung beteiligten Rechenelemente parallel zueinander arbeiten, handelt es sich um einen essentiellen und prinzipiellen Vorteil gegenüber Digitalrechnern[9], da sich hier Fragen nach Kommunikations- und Synchronisierungsoverhead in der Regel gar nicht, in Ausnahmefällen nur in sehr beschränktem Maße stellen. Auch Amdahls Law, der Geißel eines jeden Parallel- und Vektorrechners, sind Analogrechner aus diesem Grunde nicht oder nur am Rande unterworfen.

Dieser hohe Parallelitätsgrad, mit dem die einzelnen Rechenelemente eines Analogrechners an der Lösung einer Aufgabenstellung arbeiten, stellt sicherlich den größten Vorteil dieser zunehmend in Vergessenheit geratenden Technik dar, so dass allein aus diesem Grunde eine Wiedergeburt der grundlegenden Gedanken des Analogrechnens wünschenswert erscheint. Sehr optimistisch verleiht LEE RUBEL[10] in einer persönlichen Mitteilung an JONATHAN W. MILLS von der Indiana University diesem Wunsch im Jahre 1995 wie folgt Ausdruck:

> *The future of analog computing is unlimited. As a visionary, I see it eventually displacing digital computing, especially, in the beginning, in partial differential equations and as a model in neurobiology. It will take some decades for this to be done. In the meantime, it is a very rich and challenging field of investigation, although (or maybe because) it is not in the current fashion.*

Mit diesem Vorteil geht jedoch ein Nachteil Hand in Hand, der ebenfalls einer Betrachtung wert ist: Benötigt ein Problem zu seiner erfolgreichen Behandlung mit einem speicherprogrammierten Digitalrechner mehr Rechen- oder Speicherkapazität, als zu einem gegebenen Zeitpunkt zur Verfügung steht, kann in der Regel unter Inkaufnahme eines erhöhten Laufzeitbedarfes dennoch eine Lösung durch geeignete Partitionierung des Problems erreicht werden. Einem Analogrechner steht diese Technik nicht direkt zur Verfügung[11] – dafür kann die Rechenleistung eines Analogrechners im Prinzip durch

---

[8]Siehe [143][S. 25].
[9]Mit Ausnahme digitaler Differentialanalysatoren, wie sie in Abschnitt 8 behandelt wurden.
[10]1928–1995, Professor für Mathematik an der University of Illinois.
[11]Denkbar ist hier lediglich die Anwendung hybrider Techniken, mit deren Hilfe analoge Rechenelemente beispielsweise im Zeitmultiplex betrieben werden können.

Hinzunahme weiterer Rechenelemente nahezu unbegrenzt und zwanglos erweitert werden, so dass auf diese Art und Weise mit entsprechendem technischen und damit einhergehend finanziellem Aufwand auch hier eine Anpassung an steigende Problemgrößen möglich ist.

Beruhend auf Arbeiten RUBELs entwickelten JONATHAN W. MILLS et al. in den letzten Jahren analoge Zusatzprozessoren für den Einsatz mit herkömmlichen, speicherprogrammierten Digitalrechnern, die auf direkten Analogien, beispielsweise in Form leitfähiger Folien und anderem, beruhen[12]. Diese direkt analogen Zusatzprozessoren sind über eine Vielzahl Digital-Analog- und Analog-Digital-Wandler mit dem Digitalrechner verknüpft und in der Lage, diesen bei der Lösung geeigneter Fragestellungen beispielsweise mit Näherungslösungen zu versorgen[13].

Am erfolgversprechendsten für die Zukunft des analogen Rechnens als solchem sind jedoch sicherlich Ansätze zur Umsetzung analoger Rechentechniken mit Hilfe moderner, frei konfigurierbarer Logikbausteine, wie sie zum Beispiel in Form sogenannter *FPGAs*[14] vorliegen, in Gestalt digitaler Differentialanalysatoren[15]. Eine Reihe einfacher Beispiele hierfür stellte unter anderem BRUCE LAND in einer im Jahre 2007 an der Cornell University gehaltenen Vorlesung[16] anhand FPGA-basierter DDAs zur Lösung einfacher Differentialgleichungen zweiten Grades, aber auch komplexerer Fragestellungen wie dem in Abschnitt 10.6.6 dargestellten FitzHugh-Nagumo-Modell und anderer Anwendungen im Bereich der Neurophysiologie vor, was zeigt, dass der analoge Problemlösungsansatz an sich wenig von seiner Praktikabilität eingebüßt hat.

Basierend auf den in Abschnitt 8 dargestellten Techniken digitaler Differentialanalysatoren erlauben heutige Technologien weitaus komplexere und damit einhergehend auch entsprechend leistungsfähigere Implementationen. Bereits im Jahre 1978 wurde beispielsweise einem Patentantrag von OKADA et al. stattgegeben, welcher eine praktische DDA-Implementation beschreibt, die regen Gebrauch von zusätzlichen Registern macht (siehe [434]), um einen gegenüber herkömmlichen digitalen Differentialanalysatoren deutlichen Leistungszuwachs zu erzielen.

Zum Teil in diese Richtung gehen bereits moderne Techniken zur parallelen Datenverarbeitung mit Hilfe von FPGAs im Bereich der digitalen Signalverarbeitung, die vor allem mit dem unaufhaltsam voranschreitenden Ausbau moderner Kommunikationssysteme zunehmend an Bedeutung gewinnt, wobei hier vor allem Filter- und Analysefunktionen im Mittelpunkt des Interesses stehen[17].

Sehr interessant sind in diesem Zusammenhang auch die Arbeiten von SERGIO T. RIBEIRO, der eine sogenannte *Random-Pulse Machine* vorschlägt, bei der es sich um ein

---

[12]Nähere Informationen zu diesen als *Extended Analog Computer*, kurz *EAC*, bezeichneten Rechnern finden sich beispielsweise in [322] sowie [323].

[13]Als Beispiele derartiger Fragestellungen werden unter anderem Bild- und Zeichenerkennung sowie Mustergenerierung genannt.

[14]Kurz für *Field Programmable Gate Array*.

[15]Mögliche Implementationen auf dieser Basis könnten auch eine von MCGHEE und NILSEN (siehe [296]) vorgeschlagene Technik zur Erweiterung der Rechengenauigkeit digitaler Differentialanalysatoren zum Einsatz bringen.

[16]Siehe http://instruct1.cit.cornell.edu/Courses/ece576/DDA/index.htm (Stand 02.01.2008).

[17]Siehe beispielsweise [485] oder auch [127].

System aus digitalen Schaltgliedern handelt, das in der Lage ist, (zufällige) Pulsfolgen miteinander zu verknüpfen[18]. Offensichtlich ist hier die Analogie zu neuronalen Netzen, die in [478][S. 276] auch direkt erwähnt wird:

> *Yet there are certain analogies between this kind of machine and nervous systems which would be fascinating to explore.*

RIBEIRO entwickelt in dieser Arbeit grundlegende Rechenelemente, die jeweils auf Pulsströmen arbeiten. Sehr viel Weitblick lässt hier auch folgendes Zitat erkennen[19]:

> *Since random-pulse representation allows easy gating and routing of information flow with practically no deterioration of precision, there are also feasible structures, close to that of stored-connection differential analyzers and stored program computers. Such machines would still be analog in nature, and would process functions of time and one or two space variables instead of functions of time alone, as conventional differential analyzers do.*

Auch im Bereich digitaler Computergrafik könnten digitale Differentialanalysatoren in vielversprechender Weise eingesetzt werden. Bereits 1970 schlug DANIELSSON[20] die Verwendung typischer DDA-Techniken in diesem Zusammenhang, beispielsweise zur Berechnung und Darstellung von Kreisen etc., vor.

Vor übertriebenen Hoffnungen hinsichtlich erzielbarer Rechenleistungen auf Basis analoger Technologien muss jedoch gewarnt werden. Einen Kardinalfehler begeht beispielsweise HAVA T. SIEGELMANN in ihrem Buch „Neural Networks and Analog Computing – Beyond the Turing Limit"[21], dessen Titel bereits andeutet, dass SIEGELMANN die Meinung vertritt, Analogrechner seien prinzipiell in der Lage, Aufgaben zu lösen, die einer Turingmaschine nicht zugänglich sind. Ausgangspunkt seiner Betrachtungen sind hier neuronale Netze, deren Leistungsfähigkeit auf die nichtrationalen synaptischen Gewichte zurückgeführt wird[22]:

> *The classical computing paradigms are static; they include only rational constants and are bounded by the Turing power. Evolving machines, on the other hand, can tune their internal constants/parameters, possibly on some continuum where the values would not be measurable by an external observer.*

Abschließend bemerkt SIEGELMANN[23]:

> *[...] we propose that, in the realm of analog computation, our neural network be considered a standard model, functioning in a role parallel to that of the Turing machine in the Church-Turing thesis. As such, it becomes a point of departure for the development of alternative computing theories.*

---

[18]Siehe [478].
[19]Ebenfalls [478][S. 276].
[20]Siehe [94].
[21]Siehe [530].
[22]Siehe [530][S. 154].
[23]Siehe [530][S. 164].

So verlockend der Gedanke eines Analogrechners, der nicht den Beschränkungen hinsichtlich Entscheid- und Berechenbarkeit unterworfen ist, wie sie für Turingmaschinen gelten, ist, so falsch ist das hierfür von SIEGELMANN vorausgesetzte Vorhandensein reellwertiger Koeffizienten beziehungsweise Variablenausprägungen. Bei biologischen neuronalen Netzen findet die Informationsübertragung an synaptischen Spalten (stark vereinfacht betrachtet) durch den Transport synaptischer Bläschen statt, welche Neurotransmittersubstanzen enthalten. Allein durch die Kapselung dieser Substanzen in makroskopischen Bläschen findet eine Diskretisierung des Informationsflusses statt, so dass von reellwertigen Koeffizienten in biologischen Systemen im Grunde genommen keine Rede sein kann.

Gleiches gilt, wie bereits in Kapitel 1.2 dargestellt, auch für analogelektronische Analogrechner und vor allem natürlich für digitale Differentialanalysatoren, die – auf die eine oder andere Art – stets zumindest auf den Transport von Ladungen angewiesen sind, um Rechenoperationen ausführen zu können, so dass auch hier bestenfalls rationalwertige Koeffizienten möglich sind, was letztlich die Chancen für die Überwindung der Beschränktheit von Turingmaschinen zunichte macht.

Realistisch betrachtet liegt der größte und vielleicht von herkömmlichen Digitalrechnern niemals einzuholende Vorteil eines Analogrechners in der inhärenten Parallelität der Arbeitsweise der einzelnen Rechenelemente. Im Gegensatz zu einem herkömmlichen Digitalrechner kann die Kapazität eines Analogrechners in fast beliebiger Weise durch Hinzufügen zusätzlicher Rechenelemente gesteigert werden, wobei die Rechenleistung in der Regel linear von der Anzahl zur Verfügung stehender Rechenelemente abhängt – Abflachungen der Leistungskurve, wie sie bei landläufigen digitalen Parallelrechnern aufgrund steigenden Kommunikations- und Synchronisationsaufwandes auftreten, treten nicht oder in nur sehr geringem und meist vernachlässigbarem Maße auf. Die weiteren Vorteile analoger Rechentechniken, allen voran das hohe Maß an Anschaulichkeit sowie die hohe Interaktivität, sind ebenfalls in vielen Bereichen von Vorteil, aber letztlich für ein Überleben der Ideen und Techniken des analogen Rechnens nicht ausreichend.

Es bleibt zu hoffen, dass die Grundideen des Analogrechnens nicht in Vergessenheit geraten, sondern sich vielmehr befruchtend auf die Technik digitaler Rechenanlagen auswirken können. Mit dieser Hoffnung und einem Zitat, das als Inschrift das Standbild *Heritage* von JAMES EARL FRASER[24], welches am Federal Triangle, Constitution Ave. & 9th, in Washington DC steht, ziert, endet das vorliegende Buch:

> *The Heritage of the Past is the Seed that Brings Forth the Harvest of the Future.*

---

[24]1876–1953

Literaturverzeichnis

[1] Helmut Adler, *Elektronische Analogrechner*, VEB Deutscher Verlag der Wissenschaften, Berlin, 1968

[2] Lex A. Akers, „Simulation of semiconductor devices", in *SIMULATION*, August 1977, S. 33–41

[3] Peter Albrecht, „Über die Behandlung linearer partieller Differentialgleichungen auf einem hybriden Rechensystem", in *Elektronische Rechenanlagen*, Heft 6, 1968, S. 280–285

[4] Peter Albrecht, „Über die Simulation der respiratorischen Arrhythmie auf einem Analogrechner", technische Mitteilungen AEG-Telefunken, 2. Beiheft Datenverarbeitung, 1968, S. 13–15

[5] P. Albrecht, H. Lotz, „Einsatz der hybriden Präzisionsrechenanlage RA 770 zur automatischen Parameteroptimierung nach dem Gradientenverfahren", AEG-Telefunken, AFA 005 0670

[6] H. P. Aldrich, H. M. Paynter, „First Interim Report – Analytic Studies of Freezing and Thawing of Soils (for the Arctic Construction and Frost Effects Laboratory New England Division, Corps of Engineers)", in [446][S. 247–260]

[7] Walter Ameling, *Aufbau und Wirkungsweise elektronischer Analogrechner*, Vieweg Verlag, 1963

[8] W. Ameling, „Die Lösung partieller Differentialgleichungen und ihre Darstellungsmöglichkeiten auf dem elektronischen Analogrechner", in *elektronische datenverarbeitung*, Heft 5/1962, S. 197–215

[9] W. Ameling, „Der Einsatz des elektronischen Analogrechners zur Rohrnetzberechnung kompressibler und inkompressibler Stoffströme", in *Elektronische Rechenanlagen*, 4 (1962), Heft 3, S. 109–116

[10] W. Ameling, „Aufbau und Arbeitsweise des Hybrid-Rechners TRICE", in *Elektronische Rechenanlagen*, 5 (1963), Heft 1, S. 28–41

[11] W. Ameling, „Die Entwicklung verbesserter Ersatzschaltungen mit Hilfe der Differenzmethode", in *Elektronische Rechenanlagen*, 6 (1964), Heft 1, S. 35–41

[12] W. Ammon, G. Schneider, „Beispiele zur Lösung technischer Probleme mit dem Analogrechner", in *Elektronische Rechenanlagen*, 1 (1959), Heft 1, S. 29–34

[13] Udo Anders, „Early Ideas in the History of Quantum Chemistry", in http://www.quantum-chemistry-history.com, Stand 24.3.2008

[14] Joji Ando, „Simulation Study of Surge Tank System for Hydro Power Plant by Using Hybrid Electronic Computer", in *The Second International JSME Symposium Fluid Machinery and Fluidics*, Tokyo, September 1971, S. 259–147

[15] R. Apalovičová, „Simulation of MOS Transistor Structure on Hybrid Computer Systems", in Tagungsband *SIMULATION OF SYSTEMS '79*, S. 1013–1019

[16] Appleton, Perera, *The Development and Practice of Electronic Music*, Prentice-Hall, New Jersey, 1975

[17] Milton H. Aronson, „Slide Rules", in *Instruments and Automation*, November 1958, S. 1814–1816

[18] V. Aschoff, „Der Sternmodulator als Doppelgegentaktmodulator", in *Telegraphen-Fernsprech-Funk- und Fernsehtechnik*, Bd. 27, Heft 10, 1938, S. 379–383

[19] Holt Ashley, *Engineering Analysis of Flight Vehicles*, Dover Publications, Inc., New York, 1992, unveränderte Neuauflage der ersten Auflage von 1974

[20] Holt Ashley, Marten Landahl, *Aerodynamics of Wings and Bodies*, Dover Publications, Inc., New York, 1985, unveränderte Neuauflage der ersten Auflage von 1965

[21] Aude & Reipert, „Gezeitenrechenmaschine", Patentschrift Nr. 682836, Klasse 42m, Gruppe 36, A 78729 IX b/42 m, patentiert vom 6. März 1936 ab

[22] A. Baccigalupi, G. Savastano, „Simulation of Static Inverters", Istituto Elettrotecnico, Università di Napoli, Archiv des Autors

[23] Dr. Paul C. Badavas, „Microprocessor Simulation Reveals Control Sampling Differences", in *Control Engineering*, April 1981, S. 106–108

[24] Bruce Baker, „Martin-Marietta Aerospace Simulation & Test Laboratory", Handout for a talk delivered at a Simulation Councils Conference, San Francisco, 1978, Archiv des Autors

[25] Philip Balaban, „HYPAC – A hybrid-computer circuit simulation program", Bell Telephone Laboratories, Holmdel, New Jersey

[26] M. Bard, „Schaltung zur automatischen Aufzeichnung von Frequenzgängen mit Analogrechner und Koordinatenschreiber", in *Elektronische Rechenanlagen*, 7 (1965), Heft 1, S. 29-33

[27] H.-J. Barth, „Simulation im Maschinenbau zur Festigkeitsermittlung und zur Untersuchung physikalischer Zusammenhänge", in [506][S. 581–602]

[28] J. C. Bassano, Y. Lennon, J. Vignes, „An Identification of Parameters on a Hybrid-Computer", in *Trans. IMACS*, Vol. XVIII, No. 1, Jan. 1976, S. 3–7

[29] Roger R. Bate, Donald D. Mueller, Jerry E. White, *Fundamentals of Astrodynamics*, Dover Publications, Inc., 1971

[30] P. J. Baun Jr., „Hybrid Computers: Valuable Aids in Transmission Studies", in *Bell Laboratories Record*, June/July 1970, S. 181–185

[31] Louis Bauer, „Aircraft, Autopilot, and Missile Problems", in [205][S. 5-49 ff.]

[32] Louis Bauer, „Partial System Tests and Flight Tables", in [205][S. 5-64 ff.]

[33] George A. Bekey, Walter J. Karplus, *Hybrid Computation*, John Wiley & Sons, Inc., 1968

[34] Robert M. Beck, Max Palevsky, „The DDA", in *Instruments and Automation*, November 1958, S. 1836–1837

[35] Leslie Herbert Bedford, John Bell, Eric Miles Langham, „Electrical Fire Control Calculating Apparatus", United States Patent 2623692, Dec. 30, 1952

[36] E. Behrendt, „Wunschautos auf Knopfdruck", in *hobby – Das Magazin der Technik*, Nr. 6/65, S. 36–41

[37] H. Bell, Jr., V. C. Rideout, „Precision in High-Speed Electronic Differential Analyzers", in [446][S. 168–176]

[38] George A. Bekey, „Analog Simulation of Nerve Excitation", in [206][S. 436–444]

[39] Armando Bellini, Claudio Cerri, Alessandro de Carli, „A New Approach to the Simulation of Static Converter Drives", in *Annales de l'Association internationale pour le Calcul analogique*, No. 1, Janvier 1975, S. 3–7

[40] R. D. Benham (ed.), „Evaluation of Hybrid Computer Performance on a Cross Section of Scientific Problems", AEC Research & Development Report, BNWL-1278, UC-32, January 1970

[41] R. D. Benham, G. R. Taylor, „A PDP 11 Study of the Physiological Simulation Benchmark Experiment", in *DECUS PROCEEDINGS*, Fall 1973, S. 83–88

[42] P. R. Benyon, „The Australian Guided Weapons Analogue Computer AGWAC", Third International Conference on Analog Computation, Opatija, 4–9 September 1961

[43] A. G. Biggs, *Red Duster Acceptance Trials, Scientific Evaluation – A Mathematical Model of the Missile System Suitable for Analogue Computation*, Department of Supply, Australian Defence Scientific Service, Weapons Research Establishment, Report SAD 20, No. 8 J.S.T.U. D3

[44] Reinhard Billet, *Verdampfertechnik*, Bibliographisches Institut Mannheim, B.I.-Wissenschaftsverlag, 1965

[45] Reinhard Billet, *Trennkolonnen für die Verfahrenstechnik*, Bibliographisches Institut Zürich, B.I.-Wissenschaftsverlag, 1971

[46] Roger E. Bilstein, *Stages to Saturn – A Technological History of the Apollo/Saturn Launch Vehicles*, University Press of Florida, 2003

[47] George S. Black, Robert H. Peterson, „Electromechanical Resolver", United States Patent 2963696, Dec. 6, 1960

[48] Alfons Blum, Manfred Glesner, „Macromodeling Procedures for the Computer Simulation of Power Electronics Circuits", F.B. 12.2 Elektrotechnik, Universität des Saarlandes

[49] Dorothea M. Bohling, Lawrence A. O'Neill, „An Interactive Computer Approach to Tolerance Analysis", in *IEEE Transactions on Computers*, Vol. C-19, No. 1, January 1970, S. 10–16

[50] I. Borchardt, „Berechnung von Teilchenbahnen in einem magnetischen Horn am Analogrechner", DESY – H 11, Hamburg, 17.12.65

[51] Inge Borchardt, „Demonstrationsbeispiel: Elektrisch geladenes Teilchen im Magnetfeld", AEG-Telefunken, ADB 007

[52] I. Borchardt, „Strahloptische Gleichungen und ihre Verwendung im Analogrechenprogramm", DESY-Strahloptik, 1.4.66

[53] I. Borchardt, M. Levy, J. Maaß, „Untersuchungen über die Regelung des 200 Hz Wechselrichters für das flat-top-System des Synchrotrons mit der hybriden Rechenanlage HRS 860", Interner Bericht, DESY R1-77/01, June 1977

[54] I. Borchardt, P. Maier, F. Hultschig, „Simulation von Strahlführungssystemen auf dem hybriden Rechnersystem HRS 860", AEG Telefunken, Datenverarbeitung

[55] I. Borchardt, G. Ripken, „Zur Berechnung der Teilchenbahnen in einem Sextupolfeld", Hamburg, DESY – H 5, Hamburg, 24.5.65

[56] I. Borchardt, P. Zajíček, *Wechselrichter-Schutzprobleme*, Interner Bericht, DESY K-69/3, November 1969

[57] A. Borsei, G. Estrin, „An Analog Computer Study of the Dynamic Behaviour of Stressed Thin Ferromagnetic Films", Technical Report No. 62-37, University of California, Los Angeles

[58] G. C. Brack, „Maschine zur Lösung von Polynomgleichungen höheren Grades", in *Elektronische Rundschau*, 11. Jahrgang, Juni 1957, Heft 6, S. 183–187

[59] R. D. Brennan, H. Sano, „PACTOLUS – A digital simulator program for the IBM 1620", in *AFIPS Conference Proceedings, Fall Joint Computer Conference 26*, October 1964, S. 299–312

[60] R. D. Brennan, M. Y. Silberberg, „Two continuous system modeling programs", in *IBM SYSTEMS JOURNAL*, Vol. 6, No. 4, 1967, S. 242–266

[61] R. N. Brey, Jr., „Reactor Control", in *Instruments and Automation*, Vol. 31, April 1958, S. 630–635

[62] Roy F. Brissenden, Bert B. Burton, Edwin C. Foudriat, James B. Whitten, *Analog Simulation of a Pilot-Controlled Rendezvous*, Technical Note D-747, National Aeronautics and Space Administration Washington, April 1961

[63] Jens Brouwer, „Das FitzHugh-Nagumo Modell einer Nervenzelle", Universität Hamburg, Department Mathematik, 20.8.2007

[64] Frank M. Brown, „Comment on ,Canonical Programming of Nonlinear and Time-Varying Differential-Equations'", in *IEEE Transactions on Computers*, Vol. C-18, No. 6, June 1969, S. 566

[65] Heinrich Brungsberg, Gerhard Weitner, „Die Elektronik in der Steuerungs- und Regelungstechnik", in *Handbuch für Hochfrequenz- und Elektrotechniker*, IV. Band, Verlag für Radio-Foto-Kinotechnik GmbH, 1957, S. 571–658

[66] Lawrence T. Bryant, Louis C. Just, Gerard S. Pawlicki, *Introduction to Electronic Analogue Computing*, University of Chicago, July 1960, Reprinted August 1966

[67] E. Bühler, „Der Diodenschalter, das elektronische Analogon eines elektromagnetischen Relais", in *Elektronische Rundschau*, August 1958, 12. Jahrgang, Heft 8, S. 268–270

[68] Bureau of Naval Personnel (Hrsg.), *Fire Control Fundamentals – Rating Specialization Training Series*, 1953

[69] Bureau of Ordnance (Hrsg.), *Basic Fire Control Mechanisms*, OP 1140, September 1940

[70] Bureau of Ordnance (Hrsg.), *Basic Fire Control Mechanisms: Maintenance*, OP 1140 A, 1946

[71] Bureau of Ordnance Publication (Hrsg.), *Torpedo Data Computer, Mark 3, Mods. 5 to 12 inclusive*, June, 1944

[72] Vannevar Bush, „Profile Tracer", United States Patent 1048649, Dec. 31, 1912

[73] R. R. Caldwell, V. C. Rideout, „A Differential-Analyzer Study of Certain Nonlinearly Damped Servomechanisms", in [446][S. 193–198]

[74] W. D. Cameron, R. E. Tiller, „Analog Program in Reactor Speed of Control Systems", Technical Report, HW-69940, 1961 Jun. 14

[75] Joseph O. Campeau, „The Block-Oriented Computer", in *IEEE Transactions on Computers*, Vol. C-18, No. 8, August 1969, S. 706–718

[76] Charles Care, „A Chronology of Analogue Computing", in *The Rutherford Journal*, Volume 2, 2006–2007

[77] Alan Carlson, George Hannauer, Thomas Carey, Peter J. Holsberg, *Handbook of Analog Computation*, Electronic Associates, Inc., 1967

[78] Alan M. Carlson, „Hybrid Simulation of an Exchanger/Reactor Control System", in *EAI applications reference library*, 6.4.20h, October 1968

[79] Paul E. Ceruzzi, *Beyond the Limits – Flight Enters the Computer Age*, The MIT Press, 1989

[80] Shu-Kwan Chan, „The Serial Solution of the Diffusion Equation Using Nonstandard Hybrid Techniques", in *IEEE Transactions on Computers*, Vol. C-18, No. 9, September 1969, S. 786–799

[81] Britton Chance, „Electrical Amplitude Modulation", in [82][S. 389–426]

[82] Britton Chance, Vernon Hughes, Edward F. MacNichol, David Sayre, Frederic C. Williams (Hrsg.), *Waveforms*, McGraw-Hill Book Company, Inc., 1949

[83] W. G. Chandler, P. L. Dandeno, A. F. Glimn, „Short-range economic operation of a combined thermal and hydroelectric power system", in *AIEE Transactions*, Part 3, Vol. 80, May 1961, S. 1219–1228

[84] A. S. Charlesworth, J. R. Fletcher, *Systematic Analogue Computer Programming*, Pitman Publishing, Second Edition, 1974

[85] Wei Chen, Lawrence P. McNamee, „Iterative Solution of Large-Scale Systems by Hybrid Techniques", in *IEEE Transactions on Computers*, Vol. C-19, No. 10, October 1970, S. 879–889

[86] Shang-I Cheng, „Analog Simulation and Polymerization Kinetics", Archiv des Autors

[87] A. Ben Clymer, „The Mechanical Analog Computers of Hannibal Ford and William Newell", in *IEEE Annals of the History of Computing*, Vol. 15, No. 2, 1993, S. 19–34

[88] Manfred Clynes, „Respiratory control of heart rate: laws derived from analog computer simulation", in *IRE Transaction on Medical Electronics*, Jan. 1960, S. 2–14

[89] E. M. Cohen, „Hybrid Simulation-Aided Design of a Pneumatic Relay", Presented at the Regional Meeting, Eastern Simulation Councils Foxboro, Mass., September 23, 1971

[90] Heinz Conradis, *Nerven, Herz und Rechenschieber: Kurt Tank – Flieger, Forscher, Konstrukteur*, Musterschmidt-Verlag, 1955

[91] A. B. Corripio, C. L. Smith, P. W. Murrill, „Analog Simulation of Frequency Response of Digital Control Systems", Department of Chemical Engineering, Louisiana State University, Baton Rouge, Louisiana, Archiv des Autors

[92] G. Czerny, „Die Simulation von Verkehrssystemen", in [507][S. 145–172]

[93] S. Dagbjartsson, D. Emendörder, „Simulation in der Kernenergietechnik", in [506][S. 298–340]

[94] Per E. Danielsson, „Incremental Curve Generation", in *IEEE Transactions on Computers*, Vol. C-19, No. 9, September 1970, S. 781–793

[95] Frank T. Davis, Armando B. Corripio, „Dynamic Simulation of Variable Speed Centrifugal Compressors", ISA CPD 74105, 1974

[96] Richard E. Day, „Training Considerations During the X-15 Development", paper presented to the Training Advisory Committee of the National Security Industrial Association, Los Angeles, California, November 17, 1959

[97] Richard C. Dehmel, „Aircraft Trainer for Aerial Gunners", United States Patent 2471315, May 24, 1949

[98] Richard C. Dehmel, „Flight Training Apparatus for Computing Flight Conditions and Simulating Reaction of Forces on Pilots", United States Patent 2687580, Aug. 31, 1954

[99] Joseph Deken, *Computerbilder, Kreativität und Technik*, Birkhäuser Verlag, 1984

[100] R. DeMoyer Jr., „Interactive Anti-Aircraft Gun Fire Control Simulation: An Introduction to Hybrid Computation", in *EAI Product Information Bulletin*, February 18, 1980, Bulletin No. 023

[101] A. K. Dewdney, „Wa-Tor – Die kybernetische Sage vom Planeten Wa-Tor oder: Wie man die Populationsdynamik eines Ökosystems auf dem Computer simuliert.", in *Computer-Kurzweil*, Spektrum der Wissenschaft, 1987, S. 69–73

[102] A. K. Dewdney, „Rechnen mit Spaghetti – Wie der Spaghetti-Computer und andere kuriose Analoggeräte Probleme im Handumdrehen lösen, an welchen selbst die größten Digitalrechner scheitern.", in *Computer-Kurzweil*, Spektrum der Wissenschaft, 1988, S. 198–203

[103] A. K. Dewdney, „Kuriose Analog-Computer – Eine neue Kollektion von Analogrechnern für Heimwerker und eine vertiefte Diskussion ihrer Stärken und Schwächen im Vergleich zu Digitalrechnern.", in *Computer-Kurzweil*, Spektrum der Wissenschaft, 1988, S. 204–210

[104] H. d'Hoop, R. Monterosso, „SAHYB – A Program for Simulation of Analog and Hybrid Computers", in *IEEE Transactions on Electronic Computers*, Vol. EC-20, No. 3, June 1966, S. 381–382

[105] D. E. Dick, H. J. Wertz, „Analog and Digital Computation of Fourier Series and Integrals", in *IEEE Transactions on Electronic Computers*, Vol. EC-16, No. 1, February 1967, S. 8–13

[106] K. N. Dodd, *Analogue Computers*, The English Universities Press Ltd., 1969

[107] Fritz Dressler, „Das Dach", in *hobby – Das Magazin der Technik*, Nr. 8/72, S. 50 ff.

[108] H.-J. Dreyer, „Das Porträt – Alwin Walther", in *Elektronische Rechenanlagen*, 5 (1963), Heft 3, S. 107

[109] Tracy Dwayne Dungan, *V-2 – A Combat History of the First Ballistic Missile*, Westholme Publishing, 2005

[110] John Carew Eccles, *The Neurophysiological Basis of Mind*, Oxford at the Clarendon Press, 1953

[111] Bruno Eck, „Technische Strömungslehre", Springer-Verlag, Berlin/Göttingen/Heidelberg, 1954, 4. verbesserte Auflage

[112] Krafft A. Ehricke, *Space Flight – Environment and Celestial Mechanics*, D. Van Nostrand Company, Inc., Princeton, N. J., 1960

[113] Margarete Eichelbauer, *Der Rechenschieber – seine Geschichte und Funktionsweise*, http://www.rechenschieber.org/Eichelbauer.pdf, Stand 23. Dezember 2007

[114] H. Eisenack, „Nachbildung von Stromrichterschaltungen", in [506][S. 341–359]

[115] Gisela Engeln-Müllges, Fritz Reutter, *Formelsammlung zur Numerischen Mathematik mit C-Programmen*, Bibliographisches Institut Mannheim/Wien/Zürich, B.I.-Wissenschaftsverlag, 1987

[116] Mark Enns, Theo C. Giras, Norman R. Carlson, „Load Flows by Hybrid Computation for Power System Operation", IEEE, Paper No. 71 C 26-PWR-XII-A

[117] Dietrich Ernst, *Elektronische Analogrechner – Wirkungsweise und Anwendung*, R. Oldenbourg Verlag München, 1960

[118] I. I. Eterman, *Analogue Computers*, Pergamon Press, 1960

[119] William T. Evans, „Analog Computer to Determine Seismic Weathering Time Corrections", United States Patent 2884194, April 28, 1959

[120] Earl D. Eyman, Yevgeny V. Kolchev, „Universal Analog Computer Model for Three-Phase Controlled Rectifier Bridges", in *IEEE PES Winter Meeting & Tesla Symposium*, New York, N.Y., January 25-30, 1976, S. 1136–1144

[121] M. D. Fagen (Ed.), *A History of Engineering and Science in the Bell System – National Service in War and Peace (1925–1975)*, Bell Telephone Laboratories, Inc., First Printing, 1978

[122] K. Fay, *Kurzgefasste Bedienungsanleitung für den Telefunken Analogrechner RA 770*, SDB 59 Programmierinformation, April 1971, PI 7

[123] Manfred Feilmeier, *Hybridrechnen*, International Series of Numerical Mathematics, Vol. 2, Birkhäuser Verlag, 1974

[124] Stanley Fifer, „Analogue Computation – Theory, Techniques and Applications", Vol. III, McGraw-Hill Book Company, Inc., 1961

[125] Georges F. Forbes, *Digital Differential Analyzers*, Fourth Edition, 1957

[126] B. de Fornel, H. C. Hapiot, J. M. Farines, J. Hector, „Hybrid Simulation of a Current Fed Asynchronous Machine", in *Mathematics and Computers in Simulation*, XXIII (1981), S. 253–261

[127] Johannes Fottner, „Parallele Verdauung lässt Zahlenhunger wachsen", in *Elektronik*, 02, 23. Januar 2007, S. 48–52

[128] Helmar Frank (Hrsg.), *Kybernetische Maschinen*, S. Fischer Verlag, 1964

[129] Hans Martin Franke, *Flugregler-Systeme*, R. Oldenbourg Verlag München und Wien, 1968

[130] T. Freeth et al., „Decoding the ancient Greek astronomical calculator known as the Antikythera Mechanism", Nature 444, 30. November 2006, S. 587–591

[131] Johan K. Fremerey, „Permanentmagnetische Lager", Forschungszentrum Jülich, Institut für Grenzflächenforschung und Vakuumphysik, 0B30-A30

[132] Johan K. Fremerey, Karl Boden, „Active permanent magnet suspensions for scientific instruments", in *Journal of Physics E – Scientific Instruments*, February 1978, Vol. 11, No. 2, S. 106–113

[133] Willi Frisch, *Analogrechnen in der Kernreaktorrechnik*, G. Braun Karlsruhe, 1971

[134] Willi Frisch, *Stabilitätsprobleme bei dampfgekühlten schnellen Reaktoren*, Dissertation, Universität Karlsruhe, 1968

[135] Willi Frisch, G. Wilhelmi, *Dynamische Simulatoren in der Reaktorentwicklung – ein Vergleich*, Gesellschaft für Kernforschung mbH., Karlsruhe, Januar 1969, 8/69-1

[136] Karsten Frölich, „Analogrechner – Analogrechnermodelle", in *Informationen für die Arbeitsgemeinschaften und Kurse Junger Naturforscher und Techniker der Deutschen Demokratischen Republik*, Nr. 2, 1965

[137] Joseph Gerber, „The variable scale", in *Instruments and Automation*, November 1958, S. 1820–1823

[138] Robert Gerwin, „Atom-Strom für deutsche Städte", in *Hobby – Das Magazin der Technik*, Nr. 9, September 1958

[139] W. Giloi, „Behandlung von Transformatorproblemen mit dem Analogrechner", in *Telefunken Zeitung*, Jg. 33 (1960), Heft 129, S. 50

[140] W. Giloi, „Ein Verfahren zur Berechnung von Optimalfiltern auf dem Analogrechner", in *Elektronische Rechenanlagen*, 3 (1961), Heft 2, S. 61–65

[141] W. Giloi, „Über die Behandlung elektrischer und mechanischer Netzwerke auf dem Analogrechner", in *Elektronische Rechenanlagen*, 4 (1962), Heft 1, S. 27–35

[142] W. Giloi, „‚Hybride' Rechenanlagen – ein neues Konzept", in *Elektronische Rechenanlagen*, 5 (1963), Heft 6, S. 262–269

[143] W. K. Giloi, *Principles of Continuous System Simulation*, B. G. Teubner, Stuttgart, 1975

[144] W. Giloi, R. Herschel, *Rechenanleitung für Analogrechner*, Telefunken-Fachbuch, AFB 001

[145] Wolfgang Giloi, Rudolf Lauber, *Analogrechnen*, Springer-Verlag, 1963

[146] W. Giloi, „‚Hybride' Rechnersysteme", in *Telefunken Zeitung*, Jg. 39 (1966), Heft 1, S. 82–100

[147] W. Giloi, Autobiographie (unveröffentlicht), Kapitel IV, „Ingenieur bei AEG-Telefunken", Archiv des Autors

[148] W. Giloi, A. Kley, R. Herschel, G. Haußmann, P. Wiesenthal, „Aufbau und Anwendung des hybriden Analogrechners", in *Telefunken Zeitung*, Jg. 39 (1966), Heft 1, S. 66–81

[149] A. Glumineau, R. Mezencev, „Hybrid Simulation of a Tanker Moored at a Single Point Subjected to Effects of Wind, Current and Waves", in *10th IMACS World Congress on System Simulation and Scientific Computation*, 1982, S. 98–100

[150] Robert Godwin, Steve Whitfield (Hrsg.), *Sigma 7 – The Six Orbits of Walter M. Schirra*, The NASA Mission Reports, Apogee Books, 2003

[151] Edwin A. Goldberg, „Stabilization of Wideband DC Amplifiers for Zero and Gain", *RCA Review*, June 1950

[152] E. A. Goldberg et al., „Stabilized Direct Current Amplifier", United States Patent 2684999, July 27, 1954

[153] Thomas T. Goldsmith, Estle Ray Mann, „Cathode-Ray Tube Amusement Device", United States Patent 2455992, Dec. 14, 1948

[154] J. W. Golten, David Rees, „The Use of Hybrid Computing in the Analysis of Steel Rolling", in *IEEE Transactions on Electronic Computers*, Vol. EC-16, No. 6, December 1967, S. 717–722

[155] V. M. H. Govindarao, „Analog Simulation of an Isothermal Semibatch Bubble-Column Slurry Reactor", in *Annales de l'Association internationale pour le Calcul analogique*, No. 2, Avril 1975, S. 69–78

[156] P. W. U. Graefe, Leo K. Nenonen, „Simulation of combined discrete and continuous systems on a hybrid computer", in *SIMULATION*, May 1974, S. 129–137

[157] John W. Gray, „Direct-Coupled Amplifiers", in [586][S. 409–495]

[158] John W. Gray, Duncan MacRae, „Bombing Computer", United States Patent 2711856, June 28, 1955

[159] W. O. Grierson, D. B. Lipski, N. O. Tiffany, „Simulation Tools: Where can we go?", Archiv des Autors

[160] Prof. Dr. W. Gröbner, „Steuerungsprobleme mit Optimalbedingung", in *mtw – Zeitschrift für moderne Rechentechnik und Automation*, 2/61, S. 62–64

[161] B. J. Groeneveld, D. G. Bannister, K. R. Estes, M. R. Johnsen, „A Nuclear Training Simulator Implementing a Capability for Multiple, Concurrent-Training Sessions", Idaho National Engineering Laboratory, Report No. INEL-95-00643; CONF-960482-1, 1996 Feb. 01

[162] F. W. Gundlach, „Die Aufnahme von Potentialbildern mit dem elektrolytischen Trog – Mitteilungen aus dem Versuchslaboratorium der Julius Pintsch K.-G.", in *Funktechnische Monatshefte*, April 1941, S. 49–54

[163] A. Habermehl, E. H. Graul, H. Wolter, *Computer in der Nuklearmedizin – Die Anwendung des Analogrechners zur Untersuchung biologischer Systeme und Prozesse*, Dr. Alfred Hüthig Verlag Heidelberg, 1969

[164] Carroll R. Hall, Stephen J. Kahne, „Automated Scaling for Hybrid Computers", in *IEEE Transactions on Computers*, Vol. C-18, No. 5, May 1969, S. 416–423

[165] Eldon C. Hall, *Journey to the Moon: The History of the Apollo Guidance Computer*, American Institute of Aeronautics and Astronautics, Inc., 1996

[166] Eugene Hamori, „Use of the Analog Computer in Teaching Relaxation Kinetics", in *Journal of Chemical Education*, Volume 49, Number 1, January 1972, S. 39–43

[167] Howard Handler, „Monte Carlo Solution of Partial Differential Equations Using a Hybrid Computer", in *IEEE Transactions on Electronic Computers*, Vol. EC-16, No. 5, October 1967, S. 603–610

[168] Dr. Frank J. Hannigan, „Hybrid Computer Simulation of Fluidic Devices", Electronic Associates, Inc.

[169] P. D. Hansen, J. H. Eaton, „Control and Dynamics Performance of a Sodium Cooled Reactor Power System", MICROTECH RESEARCH COMPANY, Massachusetts, Report No. 171, December 28., 1959

[170] James R. Hansen, *First Man – The Life of Neil A. Armstrong*, Simon & Schuster UK, 2005

[171] R. T. Harnett, J. F. Sansom, L. M. Warshawsky, „MIDAS... An analog approach to digital computation", in *SIMULATION*, September 1963, S. 17–43

[172] Horton E. Harris, „New Techniques for Analog Computation", in *Instruments and Automation*, April 1957, S. 894–899

[173] Igor T. Hawryszkiewycz, „Microprogrammed Control in Problem-Oriented Languages", in *IEEE Transactions on Electronic Computers*, Vol. EC-16, No. 5, October 1967, S. 652–658

[174] Ronald A. Hedin, Kenneth W. Priest, „Progress in Hybrid Simulation of Power Systems", Archiv des Autors

[175] J. Heideprim, „Modelle und Simulation von Produktionsprozessen in der Stahlindustrie", in [506][S. 206–254]

[176] Heinrich Heidersberger, *Rhythmogramme*, CARGO Verlag

[177] Prof. Dr. J. Heinhold, „Die Anwendung des elektronischen Analogrechners in der Funktionentheorie", in *mtw – Zeitschrift für moderne Rechentechnik und Automation*, 4/61, S. 147–154

[178] Prof. Dr. J. Heinhold, „Konforme Abbildung mittels elektronischer Analogrechner", in *mtw – Zeitschrift für moderne Rechentechnik und Automation*, 1/59, S. 44–48

[179] Dr. Josef Heinhold, Dr. Ulrich Kulisch, *Analogrechnen – Eine Einführung*, Bibliographisches Institut Mannheim/Wien/Zürich, B.I.-Wissenschaftsverlag, 1969

[180] Rainer Heller, Carl W. Malstrom, E. Harry Law, „Hybrid Simulation of Rail Vehicle Lateral Dynamics", presented at *The 1976 Summer Computer Simulation Converence*, Washington, D.C., July 12–14, 1976

[181] F. A. Henglein, *Grundriß der Chemischen Technik*, Verlag Chemie, 1941

[182] R. F. Henry, „Random Noise Generation by Hybrid Computer", in *IEEE Transactions on Electronic Computers*, Vol. EC-16, No. 5, October 1967, S. 872–873

[183] Gerhard Hepcke, *The Radar War*, http://www.radarworld.org/radarwar.pdf, Stand 26.01.2007

[184] R. Herschel, „Automatische Optimisatoren", in *Elektronische Rechenanlagen*, 3 (1961), Heft 1, S. 30–36

[185] R. Herschel, „Analogrechenschaltungen für die Entwicklungskoeffizienten nach Orthogonalfunktionen", in *Elektronische Rechenanlagen*, 3 (1961), Heft 5, S. 212–217

[186] R. Herschel, „Zur Programmierung von hybriden Rechenanlagen in ALGOL", in *Telefunken Zeitung*, Jg. 39 (1966), Heft 1, S. 100–109

[187] W. H. C. Higgins, B. D. Holbrook, J. W. Emling, „Defense Research at Bell Laboratories", in *Annals of the History of Computing*, Volume 4, Number 3, July 1982, S. 218–236

[188] W. Hilberg, „Die Realisierung von Schaltern für beide Stromrichtungen mit Flächentransistoren", in *Elektronische Rundschau*, Dezember 1959, 13. Jahrgang, Heft 12, S. 438–440

[189] Helmut Hoelzer, *Anwendung elektrischer Netzwerke zur Lösung von Differentialgleichungen*, Dissertation TH Darmstadt, 1946

[190] Helmut Hoelzer, „50 Jahre Analogcomputer", Rede anlässlich des fünfzigsten Jubiläums des elektronischen Analogrechners im Senatssaal in Berlin, 12.5.1992, Manuskript aus dem Archiv der Familie Hoelzer-Beck

[191] Dale T. Hoffman, „Smart Soap Bubbles Can Do Calculus", in *The Mathematics Teacher*, Band 72, Heft 5, Mai 1979, S. 377–385

[192] Justin Hoffmann / Kunstverein Wolfsburg (Hg.), *Der Traum von der Zeichenmaschine – Heinrich Heidersbergers Rhythmogramme und die Computergrafik ihrer Zeit*, Kunstverein Wolfsburg, Kataloge #1/2006

[193] Per A. Holst, „George A. Philbrick and Polyphemus – The First Electronic Training Simulator", in *IEEE Annals of the History of Computing*, Vol. 4, No. 2, Apr.-June 1982, S. 143–156

[194] Per A. Holst, „Svein Rosseland and the Oslo Analyzer", in *IEEE Annals of the History of Computing*, Vol. 18, No. 4, Oct.-Dec. 1996, S. 16–26

[195] Per A. Holst, „Hybrid Computers in Process Control Research", The Simulation Center, The Foxboro Company, Archiv des Autors

[196] James E. Horling, Esmat Mahmout, Frank J. Hannigan, „Hardware-in-the-Loop Simulation for Evaluating Turbine Engine Fuel System Components", Archiv des Autors

[197] Patrick Horster, *Kryptologie*, Bibliographisches Institut Mannheim/Wien/Zürich, B. I.-Wissenschaftsverlag, 1985

[198] Robert M. Howe, „Solution of Partial Differential Equations", in [205][S. 5-110 ff.]

[199] Richard H. Hu, „Analog Computer Simulation of an FM Communication System", American Society for Engineering Education, Annual Conference, June 19–22, 1972

[200] Frieder Hülsenberg, Uwe Kießling, Hartmut Schönborn, *Beziehung zwischen Produktion, Lagerhaltung und Marktrealisation – dargestellt an einem Analogie-Rechenmodell für den Analogrechner MEDA T*, VEB Deutscher Verlag für Grundstoffindustrie, 1975

[201] Akademischer Verein Hütte, e.V. in Berlin (Hrsg.), „'Hütte' – Des Ingenieurs Taschenbuch", 25. neubearbeitete Auflage, II. Band, Berlin 1926, Verlag von Wilhelm Ernst & Sohn

[202] Ted Jume, Bob Koppany (Ed.), *The Oughtred Society Slide Rule Reference Manual*, Striking Impressions, Los Angeles, California, First Edition

[203] Herschel Hunt, „Use of the Slide Rule", in *Instruments and Automation*, November 1958, S. 1817–1818

[204] Charles J. Hurst, „Computer Simulation in a Mechanical Engineering Laboratory Program", Archiv des Autors

[205] Harry D. Huskey, Granino A. Korn, *Computer Handbook*, McGraw-Hill Book Company, Inc., 1962

[206] Albert S. Jackson, *Analog Computation*, McGraw-Hill Book Company, Inc., 1960

[207] C. A. Jacobsen, „The Application of the Hybrid Computer in Flight Simulation", in *Proc. IBM Scientific Symposium on Computer-Aided Experimentation*, 1966, S. 206–244

[208] M. L. James, G. M. Smith, J. C. Wolford, *Analog Computer Simulation of Engineering Systems*, Intext Educational Publishers, 1971, 3. Auflage

[209] M. Jamshidi, „Optimization of some Dynamic Industrial Control Processes by Analog Simulation", in *Trans. IMACS*, Vol. XVIII, No. 2, April 1976, S 93–100

[210] Karel Janac, „Control of Large Power Systems Based on Situation Recognition and High Speed Simulation", presented at 9th-Hawaii International Conference on System Sciences, January 6–8, 1976, University of Hawaii, Archiv des Autors

[211] R. M. Janoski, R. L. Schaefer, J. J. Skiles, „COBLOC – A Program for All-Digital Simulation of a Hybrid Computer", in *IEEE Transactions on Electronic Computers*, Vol. EC-15, No. 1, February 1966, S. 74–82

[212] J. M. L. Janssen, L. Ensing, „The Electro-Analogue, an Apparatus for Studying Regulating Systems", in [446][S. 147–161]

[213] Dieter von Jezierski, *Slide Rules – A Journey Through Three Centuries*, Astragal Press, Mendham, New Jersey, 2000

[214] Clarence L. Johnson, *Analog Computer Techniques*, McGraw-Hill Book Company, Inc., Second Edition, 1963

[215] E. Calvin Johnson, „Computers and Control", in [205][S. 21-62 ff.]

[216] R. D. Johnson, „The Differential Surge Tank", in *Transactions of the American Society of Civil Engineers*, Vol. LXXVIII, 1915

[217] E. D. Jones, *Power Excursion in a Hanford Reactor Due to a Positive Reactivity Ramp*, HW-71119, Hanford Atomic Products Corporation, Richland, Washington, September 20, 1961

[218] Walt Jung (Ed.), *Op Amp Applications Handbook*, Analog Devices Series

[219] Kaj Juslin, „Hybrid Computer Model for Synchronous and Asynchronous Motor Interaction Studies", Scandinavian Simulation Society annual meeting, 18–20th May, 1981 at Royal Institute of Technology, Stockholm

[220] Wilhelm Kämmerer, *Ziffernrechenautomaten*, Akademie-Verlag Berlin, 1960

[221] Stephen J. Kahne, „Sensitivity-Function Calculation in Linear Systems Using Time-Shared Analog Integration", in *IEEE Transactions on Computers*, Vol. C-17, No. 4, April, 1968, S. 375–279

[222] Paul Kaplan, „A Mathematical Model for Assault Boat Motions in Waves", Oceanics Inc., Plainview, New York, Archiv des Autors

[223] Walter J. Karplus, Richard A. Russell, „Increasing Digital Computer Efficiency with the Aid of Error-Correcting Analog Subroutines", in *IEEE Transactions on Computers*, Vol. C-20, No. 8, August 1972, S. 831–837

[224] Walter J. Karplus, *Analog Simulation – Solution of Field Problems*, McGraw-Hill Book Company, Inc., 1958

[225] Walter J. Karplus, Walter W. Soroka, *Analog Methods – Computation and Simulation*, McGraw-Hill Book Company, Inc., 1958

[226] J. Kella, „A Note on the Accuracy of Digital Differential Analyzers", in *IEEE Transactions on Electronic Computers*, Vol. EC-16, No. 2, April 1967, S. 230

[227] J. Kella, A. Shani, „On the Reversibility of Computations in a Digital Differential Analyzer", in *IEEE Transactions on Computers*, Vol. C-17, No. 3, 1968, S. 283–284

[228] C. N. Kerr, „Use of the Analog/Hybrid Computer in Boundary Layer and Convection Studies", American Society for Engineering Education, 86th Annual Conference, University of British Columbia, June 19–22, 1978

[229] C. N. Kerr, „Analog Solution of Free Convection Mass Transfer From Downward-Facing Horizontal Plates", in *Int. J. Heat Mass Transfer*, Vol. 23, 1980, S. 247–249

[230] E. Kettel, „Die Anwendungsmöglichkeiten der Analogrechentechnik in Meßtechnik und Nachrichtenverarbeitung", in *Telefunken Zeitung*, Jg. 33 (September 1960), Heft 129, S. 164–171

[231] E. Kettel, A. Kley, H. Mangold, R. Maunz, G. Meyer-Brötz, H. Ohnsorge, J. Schürmann, „Der Einsatz elektronischer Rechner für Aufgaben der nachrichtentechnischen Systemforschung", in *Telefunken Zeitung*, Jg. 40 (1967), Heft 1/2, S. 3–9

[232] E. Kettel, „Das Spektrum und die Empfangsverzerrungen einer Einseitenbandmodulation, bei der die Nachricht in der Enveloppe liegt", in *Telefunken Zeitung*, Jg. 40 (1967), Heft 1/2, S. 99–106

[233] E. Kettel, „Übersicht über die Rauschgrenze bei digitaler Übertragung", in *Telefunken Zeitung*, Jg. 40 (1967), Heft 1/2, S. 133–145

[234] Axel Kilian, *Quantencomputer*, http://www.iks.hs-merseburg.de/ kilian/ ak_Dateien/ak_lehre_Dateien/2007_SS/Quantencomputing/quantencomputer. pdf, Stand 16.08.2007

[235] Martin L. Klein, Frank K. Williams, Harry C. Morgan, „Digital Differential Analyzers", in *Instruments and Automation*, June 1957, S. 1105–1109

[236] Adolf Kley, „Analogrechner", in [128][S. 174–183]

[237] B. Kinzel, L. Sengewitz, „Radizierender Verstärker, insbesondere zur Verarbeitung von Einspritzwerten bei Dieselmotoren", in *Elektronische Rundschau*, Januar 1962, 16. Jahrgang, Heft 1, S. 21–23

[238] B. Kinzel, L. Sengewitz, „Erweiterter radizierender Verstärker", in *Elektronische Rundschau*, Mai 1962, 16. Jahrgang, Heft 5, S. 223

[239] A. Kley, E. Heim, K. Müller, P. Nieß, „Elektronische Schalter für die Integrierersteuerung", in *Telefunken Zeitung*, Jg. 39 (1966), Heft 1, S. 33–39

[240] Eldo C. Koenig, William C. Schultz, „How to Select Governor Parameters with Analog Computers", in [446][S. 237–238]

[241] Granino A. Korn, „Continuous-System Simulation and Analog Computers – From op-amp design to aerospace applications", in *IEEE Control Systems Magazine*, June 2005, S. 44–51

[242] Granino A. Korn, „Electronic Function Generators, Switching Circuits, and Random-Noise Generators", in [205][S. 3-62 ff.]

[243] Granino A. Korn, Theresa M. Korn, *Electronic Analog Computers (D-c Analog Computers)*, McGraw-Hill Book Company, Inc., 1956

[244] Granino A. Korn, H. Kosako, „A Proposed Hybrid-Computer Method for Functional Optimization", in *IEEE Transactions on Computers*, Vol. C-19, No. 2, February 1970, S. 149–153

[245] P. Kopacek, „Testing Various Identification Algorithms for Control Systems with Stochastically Varying Parameters by a Hybrid Computer", in *10th IMACS World Congress on System Simulation and Scientific Computation*, S. 69–71

[246] L. D. Kovach, H. F. Meissinger, „Solution of Algebraic Equations, Linear Programming, and Parameter Optimization", in [205][S. 5-133 ff.]

[247] H. Kramer, „Optimierung eines Regelkreises mit Tischanalogrechner und Digitalzusatz", in *elektronische datenverarbeitung*, (1968) 6, S. 293–297

[248] H. Kramer, „Parameteroptimierung mit einem hybriden Analogrechner an einem Beispiel aus der chemischen Reaktionskinetik", AEG-Telefunken, AFA 003 0570

[249] Chris Kraft, James L. Schefter, *Flight – My Life in Mission Control*, First Plume Printing, March 2002

[250] Paul C. Krause, „Applications of analog and hybrid computers in electric power research", in *SIMULATION*, August 1970, S. 73–79

[251] Paul C. Krause, „Hybrid Computation Techniques Applied to Power Systems Simulation", Purdue University, School of Electrical Engineering, November, 1971

[252] Paul C. Krause, „Applications of Analog and Hybrid Computation in Electric Power System Analysis", in *Proceedings of the IEEE*, Vol. 62, No. 7, July 1974, S. 994–1009

[253] P. C. Krause, W. C. Hollopeter, D. M. Triezenberg, „Sharp Torques During Out-Of-Phase Synchronization", in *IEEE Transactions on Power Apparatus and Systems*, Vol. PAS-96, No. 4, July/August 1977, S. 1318–1323

[254] H. Kregeloh, „Analogrechner und ihre Anwendung auf ein volkswirtschaftliches Modell", in *Mathematical Methods of Operations Research*, Springer-Verlag, Vol. 1, No. 1, Dezember 1956, S. 97–106

[255] Gabriel Kron, „Electric Circuit Models of the Schrödinger Equation", in *Physical Review*, Vol. 67, No. 1/2, January 1 and 15, 1945, S. 39–43

[256] Gabriel Kron, „Numerical Solution of Ordinary and Partial Differential Equations by Means of Equivalent Circuits", in *Journal of Applied Physics*, 16, 1945, S. 172–186

[257] H. Künkel, „Beitrag zu einer regeltheoretischen Analyse der Pupillenreflexdynamik", in *Kybernetik*, 1, 1961, S. 69–75

[258] Hans Kuhn, „Chemische Bindung und Zustände von Elektronen in Molekülen", in *Experientia*, Vol. 15, 1953, S. 41–61

[259] Jeffrey M. Lacker, John A. Weinberg, „Inflation and Unemployment: A Layperson's Guide to the Phillips Curve", in *2006 Annual Report*, The Federal Reserve Bank of Richmond, S. 4–26

[260] J. Paul Landauer, „Personal Rapid Transit (PRT) System Design by Hybrid Computation", in EAI Scientific Computation Report, No. SCR 74-17, November 11, 1974

[261] J. Paul Landauer, „Non-Destructive Destructive Testing", in *Industrial Research*, March 1975

[262] Thomas Lange, „Helmut Hoelzer – Inventor of the Electronic Analog Computer", in *The First Computers – History and Architecture (History of Computing)*, Rojas, Hashagen (Hrsg.), MIT Press, 2000, S. 323–348

[263] Thomas H. Lange, *Peenemünde – Analyse einer Technologieentwicklung im Dritten Reich*, Reihe *Technikgeschichte in Einzeldarstellungen*, VDI-Verlag, GmbH, Düsseldorf 2006

[264] Vernon L. Larrowe, „Direct Simulation – Bypasses Mathematics, Simplifies Analysis", in [446][S. 127–133]

[265] Vernon L. Larrowe, „Band-Pass Quadrature Filters", in *IEEE Transactions on Electronic Computers*, Vol. EC-15, No. 5, October 1966, S. 726–731

[266] R. J. Leake, H. L. Althaus, „DDA Scaling Graph", in *IEEE Transactions on Computers*, Vol. C-17, No. 1, January, 1968, S. 81–84

[267] Jack D. Leatherwood, „Analog Analysis of a Tracked Air-Cushion Vehicle", in *INSTRUMENTS and CONTROL SYSTEMS*, April 1972, S. 81–86

[268] Robert J. Lechner, „SAHYB-2: A Continuous System Simulation Language Compatible with FORTRAN-IV", in *IEEE Transactions on Computers*, Vol. C-17, No. 2, February, 1968, S. 187–188

[269] Johannes Lemburg, „Momentenrechner für Sportflugzeuge", http://www.lemburg.net/Momentenrechner.pdf, Stand 23. Dezember 2007

[270] Leon Levine, *Methods for Solving Engineering Problems Using Analog Computers*, McGraw-Hill Book Company, 1964

[271] John Ernest Lewin, „Area Measurement", United States Patent 3652842, Mar. 28, 1972

[272] Lloyd G. Lewis, „Simulation of a Solvent Recovery Process", in *Instruments and Automation*, Vol. 31, April 1958, S. 644–647

[273] L. Light, J. Badger, D. Barnes, „An Automatic Acoustic Ray Tracing Computer", in *IEEE Transactions on Electronic Computers*, Vol. EC-15, No. 5, October, 1966, S. 719–725

[274] Leon Henry Light, „Apparatus for Integration and Averaging", United States Patent 3906190, Sept. 16, 1975

[275] Wolfram-M. Lippe, *Die Geschichte der Rechenautomaten – von der Antike bis zur Neuzeit*, http://cs.uni-muenster.de/Studieren/Scripten /Lippe/geschichte/, Stand 20. Dezember 2007

[276] Hermann Lotz, „Einsatz des Analogrechners in der Regelungs- und Steuerungstechnik", in *Steuerungstechnik*, 2 (1969) 11, S. 430–435

[277] Clarence A. Lovell, David B. Parkinson, Bruce T. Weber, „Electrical Computing System", United States Patent 2404387, July 23, 1946

[278] William Lowe, „NUC Simulation Facility", Naval Undersea Center, San Diego, California, Archiv des Autors

[279] Manfred Ludwig, Klaus Kaplick, *Elektronische Analogrechner und Prozeßrechnereinsatz*, Reihe *Programmierung und Nutzung von Rechenanlagen, Teil 6*, Verlag „Die Wirtschaft", Berlin, 1974

[280] Jaroslav H. Lukes, „Oscillographic Examination of the Operation of Function Generators", in *IEEE Transactions on Electronic Computers*, Vol. EC-16, No. 2, April 1967, S. 133–139

[281] R. Lunderstädt, W. Menßen, „Regelmechanismus der menschlichen Pupille – Stabilität und Simulation", Dornier System GmbH, 1981

[282] John N. Macduff, John R. Curreri, *Vibration Control*, McGraw-Hill Book Company, Inc., 1958

[283] Donald M. MacKay, Michael E. Fisher, *Analogue Computing at Ultra-High Speed*, John Wiley & Sons Inc., 1962

[284] O. Mahrenholtz, *Analogrechnen in Maschinenbau und Mechanik*, Bibliographisches Institut, Mannheim/Zürich, 1968

[285] Stéphane Mallat, *a wavelet tour of signal processing*, Academic Press, 2. Auflage, 1999

[286] Carl W. Malstrom, Rainer Heller, Mohammad S. Khan, „Hybrid Computation – an Advanced Computation Tool for Simulating the Nonlinear Dynamic Response of Railroad Vehicles", Pre-Publication Copy of Submission to the Post Conference Proceedings, *Advanced Techniques in Track/Train Dynamics and Design Conference*, Chicago, Illinois, September 27 and 28, 1977

[287] R. A. Manske, „Computer Simulation of Narrowband Systems", in *IEEE Transactions on Computers*, Vol. C-17, No. 4, April, 1968, S. 301–308

[288] A. A. Markson, „Introduction to Reactor Physics", in *Instruments and Automation*, Vol. 31, April 1958, S. 616–623

[289] W. T. Marquitz, Y. Tokad, „On Improving the Analog Computer Solutions of Linear Systems", in *IEEE Transactions on Computers*, Vol. C-17, No. 3, March, 1968, S. 268–270

[290] George J. Martin, „Hybrid Computation in the Engineering College", in *Engineering Education*, January 1969, S. 395–400

[291] George J. Martin, „Analog and Hybrid Simulation in Science Education", in *Educational Technology*, April, 1972, S. 62–63

[292] Ronald M. Maslo, „Dynamic Response of a Ship in Waves", in EAI Scientific Computation Report, No. 74-14, September 20, 1974

[293] R. C. Master, R. L. Merrill, B. H. List, „Analogous Systems in Engineering Design", in [446][S. 134–145]

[294] I. R. McCallum, „Horses for Courses: The Mathematical Modelling Requirements of Maritime Simulators", Archiv des Autors

[295] Frank J. McDonal, „Wave Analysis", United States Patent 2752092, June 26, 1956

[296] Robert B. McGhee, Ragnar N. Nilsen, „The Extended Resolution Digital Differential Analyzer: A New Computing Structure for Solving Differential Equations", in *IEEE Transactions on Computers*, Vol. C-19, No. 1, January 1970, S. 1–9

[297] L. J. McLean, E. J. Hahn, „Simulation of the Transient Behaviour of a Rigid Rotor in Squeeze Film Supported Journal Bearings", 2nd AINSE Engineering Conference, 1977

[298] John McLeod, „Electronic-Analog-Computer Techniques for the Design of Servo Systems", in [205][S. 5-35 ff.]

[299] John H. McLeod, Suzette McLeod, „The Simulation Council Newsletter", in *Instruments and Automation*, Vol. 31, January 1958, S. 119–124

[300] John H. McLeod, Suzette McLeod, „The Simulation Council Newsletter", in *Instruments and Automation*, Vol. 31, February 1958, S. 297–300

[301] John H. McLeod, Suzette McLeod, „The Simulation Council Newsletter", in *Instruments and Automation*, Vol. 31, March 1958, S. 487–491

[302] John H. McLeod, Suzette McLeod, „The Simulation Council Newsletter", in *Instruments and Automation*, Vol. 31, May 1958, S. 877–881

[303] John H. McLeod, Suzette McLeod, „The Simulation Council Newsletter", in *Instruments and Automation*, Vol. 31, July 1958, S. 1219–1225

[304] John H. McLeod, Suzette McLeod, „The Simulation Council Newsletter", in *Instruments and Automation*, Vol. 31, August 1958, S. 1385–1390

[305] John H. McLeod, Suzette McLeod, „The Simulation Council Newsletter", in *Instruments and Automation*, Vol. 31, September 1958, S. 1543–1549

[306] John H. McLeod, Suzette McLeod, „The Simulation Council Newsletter", in *Instruments and Automation*, Vol. 31, October 1958, S. 1691–1694

[307] John H. McLeod, Suzette McLeod, „The Simulation Council Newsletter", in *Instruments and Automation*, Vol. 31, December 1958, S. 1991–1997

[308] John H. McLeod, Robert M. Leger, „Combined Analog and Digital Systems – Why, When, and How", in *Instruments and Automation*, June 1957, S. 1126–1130

[309] R. J. Medkeff, H. Matthews, „Solving process-control problems by ANALOG COMPUTER", in [446][S. 164–166]

[310] Reinhold Meisinger, „Analog Simulation of Magnetically Levitated Vehicles on Flexible Guideways", in *Simulation of Control-Systems*, I. Troch (ed.), North-Holland Publishing Company, 1978, S. 207–214

[311] P. Meissl, „Behandlung von Wasserschloßaufgaben mit Hilfe eines elektronischen Analogrechners, Teil 1", in *mtw – Zeitschrift für moderne Rechentechnik und Automation*, 1/60, S. 9–13

[312] P. Meissl, „Behandlung von Wasserschloßaufgaben mit Hilfe eines elektronischen Analogrechners, Teil 2", in *mtw – Zeitschrift für moderne Rechentechnik und Automation*, 2/60, S. 74–77

[313] G. Meyer-Brötz, „RA 800 – Ein transistorisierter Präzisions-Analogrechner", in *Telefunken Zeitung*, Jg. 33 (September 1960), Heft 129, S. 171–182

[314] G. Meyer-Brötz, „Die Messung von Kenngrößen stochastischer Prozesse mit dem elektronischen Analogrechner", in *Elektronische Rechenanlagen*, 4 (1962), Heft 3, S. 103–108

[315] G. Meyer-Brötz, A. Kley, W. Giloi, C. Haußmann, „Stand und Entwicklung der Technik der analogen und hybriden Rechner", in *Telefunken Zeitung*, Jg. 39 (1966), Heft 1, S. 4–16

[316] Dr.-Ing. W. Meyer zur Capellen, *Mathematische Instrumente*, Akademische Verlagsgesellschaft, Geest & Portig K.-G., 3, ergänzte Auflage, Leipzig 1949

[317] R. Mezencev, R. Lepeix, „Hybrid Simulation of a Non Linear Hydro Pneumatic Dampter for Ships", in *Simulation of Control Systems*, I. Troch (ed.), North-Holland Publishing Company, 1978, S. 135–137

[318] G. C. Michaels, V. Gourishankar, „Hybrid Computer Solution of Optimal Control Problems", in *IEEE Transactions on Computers*, Vol. C-20, No. 2, February 1971, S. 209–211

[319] Lawrence H. Michaels, „The AC/Hybrid Power System Simulator and its Role in System Security", Archiv des Autors

[320] Lawrence H. Michaels, William Tessmer, John Muller, „The On-Line Power System Simulator", Electronic Associates, Inc., Archiv des Autors

[321] Lowell S. Michels, *Description of BENDIX D-12 DIGITAL DIFFERENTIAL ANALYZER*, Bendix Computer Division, Bendix Aviation Corporation, 5630 Arbor Vitae Street, Los Angeles 45, California, March 13, 1954

[322] Jonathan W. Mills, „The Architecture of an Extended Analog Computer Core", Computer Science Department, Indiana University

[323] Jonathan W. Mills, Bryce Himebaugh, Brian Kopecky, Matt Parker, Craig Shue, Chris Weilemann, „'Empty Space' Computers: The Evolution of an Unconventional Supercomputer", in *CF06*, May 3-8, 2006, Ischia, Italy

[324] David A. Mindell, „Automation's Finest Hour: Bell Labs and Automatic Control in World War II", in *IEEE Control Systems*, December 1995, S. 72–78

[325] E. E. L. Mitchell, J. B. Mawson, J. Bulger, „A Generalized Hybrid Simulation for an Aerospace Vehicle", in *IEEE Transactions on Electronic Computers*, Vol. EC-15, No. 3, June 1966, S. 304–313

[326] Takeo Miura, Junji Tsuda, Junzo Iwata, „Hybrid Computer Solution of Optimal Control Problems by the Maximum Principle", in *IEEE Transactions on Electronic Computers*, Vol. EC-16, No. 5, October 1967, S. 666-670

[327] Gottfried Moeltgen, *Netzgeführte Stromrichter mit Thyristoren*, Siemens Aktiengesellschaft, Berlin, München, 3. Auflage, 1974

[328] E. Morrison, „Nuclear-Reactor Simulation", in [205][S. 5-87 ff.]

[329] James E. Morrison, *The Astrolabe*, Janus Publishing, 2007

[330] Walter A. Murphy, „Fire Control Computers – Their Development", in *Computers and Automation*, August 1960, Vol. 9, No. 8 & 8B, S. 14–18

[331] Robert Musil, *Der Mann ohne Eigenschaften*, Rowohlt Taschenbuch Verlag, 22. Auflage, April 2007

[332] Donald Nalley, „Z Transform and the Use of the Digital Differential Analyzer as a Peripheral Device to a General Purpose Computer", NASA Technical Memorandum, NASA TM X-53866, August 12, 1969

[333] A. Nava-Segura, L. L. Freris, „Hybrid Computer Simulation of DC Transmission Systems", Archiv des Autors

[334] Norman S. Nise, „Analog Computer Experiments for Undergraduate Courses in Network Analysis and Automatic Controls", Vol. II, No. 2, Archiv des Autors

[335] N. N., *8800 Scientific Computing System – System Description*, Electronic Associates Inc.

[336] N. N., *Analog Computer (PACE, Model 231R) – Operation Handbook*, International Business Machines Corporation, Federal Systems Division, Kingston, New York, September 1960

[337] N. N., Werbung „Analog Rechenmaschine"von Telefunken, in *Elektronische Rundschau*, Januar 1961, 15. Jahrgang, Heft 1, S. 35.

[338] N. N., „Analysis of Rolling Theory by Analog Computer – Karman's Differential Equation", in *Technical Information Series No. 8*, Hitachi Electronics, Ltd., 1968

[339] N. N., „Anwendung von Analogrechnern bei der Ausbildung im Rahmen der Oberschulen – Approximation von trigonometrischen Funktionen durch Reihenentwicklungen", Dornier

[340] N. N., „Anwendung von Analogrechnern bei der Ausbildung im Rahmen der Oberschulen – Kurvendiskussion", Dornier

[341] N. N., „Anwendung von Analogrechnern bei der Ausbildung im Rahmen der Oberschulen – Parameterdarstellung von geschlossenen Kurven", Dornier

[342] N. N., „Anwendungsbeispiele für Analogrechner – Beschaltung von Parabelmultiplizier-Netzwerken", Telefunken, 22. April 1966

[343] N. N., „Anwendungsbeispiele für Analogrechner – Transformator", Telefunken, 15. Oktober 1963

[344] N. N., „Anwendungsbeispiele für Analogrechner – Wärmeleitung", Telefunken, 15. Oktober 1963

[345] N. N., „Ball/Disc Integrator", in *Instruments and Automation*, April 1957, S. 769

[346] N. N., *Bendix Computer – Digital Differential Analyzer D-12*, Bendix Computer, 5630 Arbor Vitae Street, Los Angeles 45, California

[347] N. N., „Berkeley opens its new computer facility", in *Instruments and Automation*, February 1957, S. 288

[348] N. N., „Beschleunigung eines PKW mit automatischem Getriebe (vereinfacht)", Dornier

[349] N. N., „Bonneville Power Administration Solves Swing Equations with EASE", in *Instruments and Automation*, March 1957, S. 498

[350] N. N., „Calculating Machine is Built of Toy Parts", in *Modern Mechanics*, 8, 1935

[351] N. N., „Computer Designed Rolling Mill", in *Instruments and Automation*, Vol. 31, February 1958, S. 283

[352] N. N., „Computer Designs Cams", in *Instruments and Automation*, Vol. 31, January 1958, S. 234

[353] N. N., „Computers Linked in Study of Atlas Missile Flight", in *Computers and Automation*, February 1960, Vol. 9, No. 2B, S. 3

[354] N. N., *Correspondence Course of the U. S. Army Missile and Munitions Center and School – MMS Subcourse Number 150, Nike Radars and Computer*

[355] N. N., „Darstellung von Tragflügeln und ihren Stromlinien mit einem Analogrechner", AEG Telefunken

[356] N. N., *Das Gerät A4 Baureihe B, Teil III, Gerätebeschreibung V2*, OKH/Wa A/Wa Prüf, Anlage zu Bb.Nr 19/45 gK, 1.2.1945

[357] N. N., „Demonstrationsbeispiel Nr. 5, Ball im Kasten", AEG Telefunken

[358] N. N., „Demonstrationsbeispiele für Analogrechner RAT 740, Beispiel 2, Einfache Darstellung einer Planetenbahn", Mitteilungen der Fachabteilung Analogrechner, TELEFUNKEN, 10.1.66

[359] N. N., „Der Analogrechner als Hilfsmittel bei der Untersuchung des Schwingungsverhaltens von Mehrmassensystemen", Dornier

[360] N. N., „Der Digitalrechner EAI-640", in *Elektronische Rechenanlagen*, 12 (1970), Heft 2, S. 104-111

[361] N. N., „Der elektronische PID-Regler Mark IV", in *Elektronische Rundschau*, April 1958, 12. Jahrgang, Heft 4, S. 134–136

[362] N. N., *Der logarithmische Rechenschieber und sein Gebrauch*, Albert Nestler AG, 1936

[363] N. N., „Der Packard-Bell Digitalrechner PB-250", in *Elektronische Rechenanlagen*, 5 (1963), Heft 1, S. 45–47

[364] N. N., „Der Sirutor, ein neuer Kupferoxydul-Gleichrichter", in *Siemens-Zeitschrift*, Juli 1934, S. 256–257

[365] N. N., *Development, Production, and Deployment of the NIKE AJAX Guided Missile System, 1945 – 1959*, ARGMA, U.S. Army Ordnance Missile Command, Redstone Arsenal, Alabama, 1. Jan 1959

[366] N. N., „Die Beiträge dieses Heftes wurden geschrieben von", in *Elektronische Rechenanlagen*, 1 (1959), Heft 4, S. 206

[367] N. N., „Die Natur liebt Rundungen – Modelle aus Seifenhäuten lehren, wie man beim Bauen Material spart", in *National Geographic Deutschland*, Oktober 2000, S. 8–9

[368] N. N., „Distillation-Column Dynamic Characteristics", in *Instruments and Automation*, Vol. 31, August 1958, S. 1357–1359

[369] N. N., „Double Integral – Calculation of Volume of Cone", in *Technical Information Series No. 3*, Hitachi Electronics, Ltd., 1967

[370] N. N., „Durchs Nadelöhr und den Berg hinunter", in *Frankfurter Allgemeine Zeitung, Technik und Motor*, Dienstag, 11. Oktober 2005, Nr. 236, S. T1

[371] N. N., „EAI awarded contract for Hybrid Computing System", in *mtw – Zeitschrift für moderne Rechentechnik und Automation*, 4/64, S. 175

[372] N. N., „EAI to demonstrate complete computational and recording system for on-line process control", in *mtw – Zeitschrift für moderne Rechentechnik und Automation*, 4/64, S. 176

[373] N. N., „Echo I – Simulation der Umlaufbahn auf dem Analogrechner", AEG-Telefunken, ADB 004 0770

[374] N. N., „Electronic Associates, Inc., Europäisches Rechenzentrum für Analog- und Hybridrechentechnik", in *Elektronische Rechenanlagen*, 6 (1964), Heft 4, S. 214

[375] N. N., „Elektronischer Analogrechner RA 463/2", Telefunken, AH 5.2 Apr. 58

[376] N. N., „Elektronischer Resolver ERV 801", Telefunken Informationsblatt AIB 010

[377] N. N., „Ermittlung der Scherarbeit bei Materialprüfungen mit Hilfe eines Analogrechners", Dornier

[378] N. N., „Eröffnung des ersten europäischen Analog-Rechenzentrums", in *Elektronische Rundschau*, August 1957, 11. Jahrgang, Heft 8, S. 253

[379] N. N., „Evolution of a *Model* Kit of Tools – A Brief History of a Computor-Builder in Terms of Ideas & Instruments", George A. Philbrick Researches, Inc., 230 Congress St., Boston 10, Mass.

[380] N. N., „Extremely High-Speed Digital Computer", *Instruments and Automation*, Vol. 31, July 1958, S. 1238

[381] N. N., „Feder-Masse-System mit trockener Reibung", Dornier

[382] N. N., „For the Babcock & Wilcox Company...", Werbeveröffentlichung der Burroughs Corporation in *Computers and Automation*, June 1960, Vol. 9, No. 6, S. 8–9

[383] N. N., „Funktionsgruppen für die Analogrechentechnik", in *Elektronische Rechenanlagen*, 2 (1960), Heft 1, S. 43–44

[384] N. N., *HEATHKIT Bedienungsanleitung, Schulanalogrechner Modell EC-1-E*

[385] N. N., *Hitachi Analog Hybrid Computer – Hitachi-200X*, Hitachi Electronics, Ltd.

[386] N. N., „Integration", in *Instruments and Automation*, Vol. 31, November 1958, S. 1828–1830

[387] N. N., „Introduction to Simulator – Part 1", in *Technical Information Series No. 9*, Hitachi Electronics, Ltd., 1969

[388] N. N., „It's Small But Smart, This ‚Suitcase Brain'", in *Popular Mechanics*, 8, 1950

[389] N. N., „Kepler und die Atomphysik – Der Beschuß eines Atomkerns mit Alphateilchen auf einem Tischanalogrechner", Demonstrationsbeispiel 3, AEG-Telefunken, ADB 003 0570

[390] N. N., „Kupferoxydul-Detektor ‚Sirutor'", in *Siemens Technische Merkblätter*, C6, 2.11.40

[391] N. N., „Kurbeltrieb", Dornier

[392] N. N., „Kurzbeschreibung – Hybrider Präzisionsanalogrechner RA 770", AEG-TELEFUNKEN, Fachbereich Prozeßtechnik

[393] N. N., „Kurzbeschreibung – Hybrides Rechnersystem HRS 860", AEG-TELEFUNKEN, Fachbereich Informationstechnik, N41 AC 52 0473

[394] N. N., *MBB Simulation*, Firmenschrift Messerschmitt Bölkow Blohm GmbH, Unternehmensbereich Flugzeuge

[395] N. N., „Mechanical SUPER-BRAINS – Calculations in Higher Mathematics Performed by Complex Machinery", in *Everyday Science and Mechanics*, June 1932, S. 625, 678

[396] N. N., „Messen – Datenverarbeiten – Auswerten", Werbeanzeige in *Elektronische Rechenanlagen*, 3 (1961), Heft 1, S. 44

[397] N. N., „Neue Schaltungen mit dem Sirutor", in *Funkschau*, 1944, Heft 3, S. 44

[398] N. N., „New Data Handling Centers", in *Instruments and Automation*, April 1957, S. 608

[399] N. N., „New GEDA Power Dispatch Computer", in *Instruments and Automation*, Vol. 30, February 1957, S. 179

[400] N. N., *Nike I Systems – Nike I Computer, SAM Problem Analysis, Servo Loop Elements and Power Distribution*, TM9-5000-13, Department of the Army, May 1956

[401] N. N., „Nuclear Power Plant of N. S. Savannah simulated by Analog Computers", in *mtw – Zeitschrift für moderne Rechentechnik und Automation*, 3/64, S. 129

[402] N. N., *Operation Manual – Digital Differential Analyzer – Model D12*, Bendix Computer, 5630 Arbor Vitae Stress, Los Angeles 45, California, Copy No. 2, April 1954

[403] N. N., *PACE 231R analog computer*, Electronic Associates, Inc., Long Branch, New Jersey, Bulletin No. AC 6007

[404] N. N., *PACE TR-10 Transistorized Analog Computer – operator's handbook*, Electronic Associates, Inc., Long Branch, New Jersey

[405] N. N., *PACER 100 – Digital Computing System – Reference Manual*, Electronic Associates, Inc., Publ. No. 00 800.9127-0, July 1972

[406] N. N., „Perspektivische Darstellung von Rechenergebnissen mit Hilfe eines Analogrechners", AEG-TELEFUNKEN Datenverarbeitung

[407] N. N., Pressemitteilung über die Anschaffung dreier RA 800 Anlagen durch *Bölkow-Entwicklungen GmbH*, in *Elektronische Rechenanlagen*, 5 (1963), Heft 5, S. 201

[408] N. N., *Primer on Analog Computations and Examples for EAI-180 Series of Computers*, Electronic Associates, Inc., Bulletin No. 957051, 1966

[409] N. N., *Project Mercury Familiarization Manual – NASA Manned Satellite Capsule*, McDonnell Aircraft, 1. November 1961

[410] N. N., „Psychedelic – Explosion der Farben", in *hobby – Das Magazin der Technik*, Nr. 15/69, S. 36–45

[411] N. N., „Rundlaufprüfungen von Rädern mit Hilfe eines Analogrechners", Dornier

[412] N. N., „Schwingungsberechnung eines Zwei-Massen-Systems", AEG-Telefunken

[413] N. N., „Siemens & Halske auf der Funkausstellung 1934", in *Siemens-Zeitschrift*, Juli 1934, S. 291–295

[414] N. N., „Simulation reaktionskinetischer Probleme auf dem Analogrechner", Dornier

[415] N. N., „Steuermanöver eines Satelliten", AEG-Telefunken, AB 009/10 70

[416] N. N., *The HYCOMP Hybrid Analog/Digital Computing System*, Packard-Bell Computer

[417] N. N., „The Moniac – ‚Economics in thirty fascinating minutes'", in *Fortune*, March 1952, S. 101–102

[418] N. N., „The Royal Aircraft Establishment's analogue computer...", in *The Times*, October 8, 1954

[419] N. N., „Transistor-Analogrechner bei Telefunken", in *Elektronische Rechenanlagen*, 1 (1959), Heft 4, S. 200

[420] N. N., „Transistorisierter Präzisions-Analogrechner", in *Elektronische Rechenanlagen*, 2 (1960), Heft 2, S. 151

[421] N. N., „Transistorisierter Tisch-Analogrechner RAT 700", Telefunken, 1962

[422] N. N., „University Research Instrumentation", in *Instruments and Automation*, June 1957, S. 1120

[423] N. N., „Video Games – Did They Begin at Brookhaven?", http://www.osti.gov/accomplishments/videogame.html, Stand 20.11.2006

[424] N. N., *Rauschgenerator RG-1 – Beschreibung und Bedienungsanleitung*, Wandel und Goltermann, 1.12.67 Mr, 0.08.11.76 2346 GN v. 1939

[425] N. N., *Tischanalogrechner und Zusatzgeräte – Kurzbeschreibung*, AEG-TELEFUNKEN, Fachbereich Informationstechnik, N41 AC82 0274

[426] N. N., „Urcomputer zeigte Olympia-Daten", in *Frankfurter Allgemeine Zeitung*, Donnerstag, 31. Juli 2008, Nr. 177, S. 7

[427] N. N., „Wechselspannungs-Stabilisator WS-6", in *Elektronische Rundschau*, März 1955, 9. Jahrgang, Heft 3, S. 119

[428] N. N., „Wirbel um Hochhäuser", in *hobby – Das Magazin der Technik*, Nr. 26/72, S. 22–27

[429] N. N., „ZUSE Z 80 – Ein lochendes und druckendes Transistorzählwerk", in *mtw – Zeitschrift für moderne Rechentechnik und Automation*, 1/61, S. 33

[430] Michael J. Neufeld, *Von Braun – Dreamer of Space, Engineer of War*, Borzoi Book, Alfred A. Knopf, 2007

[431] John E. Nolan, „Analog Computers and their Application to Heat Transfer and Fluid Flow – Part 1, 2, 3", in [446][S. 109–126]

[432] Leo G. Noronha, „The Benefits of Analog Computation and Simulation in the Electrical Supply Industry", Archiv des Autors

[433] Emmett P. O'Grady, „Correlation Method for Computing Sensitivity Functions on a High-Speed Iterative Analog Computer", in *IEEE Transactions on Electronic Computers*, Vol. EC-16, No. 2, April 1967, S. 140–146

[434] Okada et al., „Digital Differential Analyzer", United States Patent 4106100, August 8, 1978

[435] B. E. Okah-Avae, „Analogue computer simulation of a rotor system containing a transverse crack", in *SIMULATION*, December 1978, S. 193–198

[436] W. Kent Oliver, Dale E. Seborg, D. Grant Gisher, „Hybrid Simulation of a Computer-Controlled Evaporator", in *SIMULATION*, September 1974, S. 77–84

[437] Lawrence A. O'Neill, „Iterative Analog Computation and the Representation of Signals", in *IEEE Transactions on Electronic Computers*, Vol. EC-16, No. 1, February 1967, S. 2–8

[438] Setuo Osuga, Hiroyuki Yamauchi, „OLBA – An Experimental On-Line Block Analysis System", in *Information Processing in Japan*, Vol. 11, 1971, S. 134–143

[439] A. Ott, „Zur Bestimmung des Korrelationskoeffizienten zweier Funktionen mit dem Analogrechner", in *Elektronische Rechenanlagen*, 6 (1964), Heft 3, S. 144-148

[440] V. M. Ovsyanko, „The Theory of Synthesis of Electronic Circuits of Linear and Non-linear Object of Structural Mechanics and Applied Elasticity Theory,,, in *14. seminář MEDA ANALOGOVÁ A HYBRIDNÍ VÝPOČETNÍ TECHNIKA*, S. 25–29

[441] Max Palevsky, „The Digital Differential Analyzer", in [205][S. 19-14 ff.]

[442] Christian Pantle, „Computer der Antike", Focus 49/2006, S 98

[443] William H. Park, James C. Wambold, „Teaching Digital and Hybrid Simulation of Mechanical Systems at the Graduate Level", Delivered during the Joint ACES/ASEE Session No. 3540 at the 1972 Annual Meeting of the American Society for Engineering Education at Texas Tech, Lubbock, Texas, June 19–22, 1972

[444] Victor Paschkis, Frederick L. Ryder, *Direct Analog Computers*, Interscience Publishers, 1968

[445] Peter R. Payne, „An Analog Computer which Determines Human Tolerance to Acceleration", in *39th Annual Astronautical Congress of the International Astronautical Federation*, Bangalore, 8-15 Oct. 1988, S. 271–300

[446] Henry M. Paynter (Ed.), *A Palimpsest on the Electronic Analog Art*, printed by Geo. A. Philbrick Researches Inc., AD 1955

[447] Henry M. Paynter, J. M. Asce, „Surge and Water Hammer Problems", in [446][S. 217–223]

[448] Henry M. Paynter, „Methods and Results from M.I.T. Studies in Unsteady Flow", in [446][S. 224–228]

[449] Henry M. Paynter, „A Discussion by H. M. Paynter of AIEE Paper 53 – 172", in [446][S. 229–232]

[450] Henry M. Paynter, „A Retrospective on Early Analysis and Simulation of Freeze and Thaw Dynamics", siehe http://www.me.utexas.edu/~lotario/paynter/hmp/PAYNTER_Permafrost.pdf, Stand 04.12.2008

[451] K. K. Y. Wije Perera, „Optimum generating schedule for a hydro-thermal power system / an analog computer solution to the short-range problem", in *SIMULATION*, April 1969, S. 191–199

[452] Hartmut Petzold, *Moderne Rechenkünstler – Die Industrialisierung der Rechentechnik in Deutschland*, Verlag C. H. Beck, 1992

[453] David J. Pfaltzgraff, „Analog Simulation of the Bouncing-Ball Problem", in *American Journal of Physics*, Volume 37, Number 10, October 1969, S. 1008–1013

[454] Theodor Pfeiffer, Stefan Maslowski, Günter Meyer-Brötz, Thomas Ricker, „Sternstunden der Telefunken-Forschung", in [559][S. 330–337]

[455] A. W. Phillips, „Mechanical Models in Economic Dynamics", in *Economica*, New Series, Vol. 17, No. 67, Aug. 1950, S. 283–305

[456] Hans A. L. Piceni, Pieter Eykhoff, „The Use of Hybrid Computers for System-Parameter Estimation", in *Annales de l'Association internationale pour le Calcul analogique*, No. 1, Janvier 1975, S. 9–22

[457] Donald A. Pierre, *Optimization Theory with Applications*, Dover Publications, Inc., New York, 1986

[458] C. J. Pirrello, R. D. Hardin, J. P. Capellupo, W. D. Harrison, *An Inventory of Aeronautical Ground Research Facilities – Volume IV – Engineering Flight Simulation Facilities*, National Aeronautics and Space Administration, Washington, D. C., November 1971, NASA CR-1877

[459] Dr. D. P. Popović, „Die Automatisierung des von Mieses'schen Iterationsverfahrens auf dem Analogrechner", in *mtw – Zeitschrift für moderne Rechentechnik und Automation*, 3/64, S. 104–110

[460] Fred O. Powell, „Analog simulation of an adaptive two-time-scale control system", Advanced Electronic Systems Research Department, Bell Aerospace Division of Textron, Buffalo, New York 14240

[461] Terry Pratchett, *Schöne Scheine*, Wilhelm Goldmann Verlag, München, 2007

[462] William H. Press, Saul A. Teukolsky, William T. Vetterling, Brian P. Flannery, *Numerical Recipes in Fortran 77 – The Art of Scientific Computing, Volume 1 of Fortran Numerical Recipes*, Cambridge University Press, Second Edition, 2001

[463] Heinzwerner Preuss, *Grundriss der Quantenchemie*, Bibliographisches Institut, Mannheim, 1962

[464] Heinwerner Preuss, *Quantentheoretische Chemie*, Bibliographisches Institut, Mannheim, 1965

[465] Willy Radinger, Walter Schick, *Me 262 – Entwicklung, Erprobung und Fertigung des ersten einsatzfähigen Düsenjägers der Welt*, AVIATIC Verlag GmbH, 3. Auflage, 1996

[466] John R. Ragazzini, Robert H. Randall, Frederick A. Russel, „Analysis of Problems in Dynamics by Electronic Circuits", in *Proceedings of the I.R.E*, Vol. 35, May 1847, S. 444 ff.

[467] Roland Ranfft, Hans-Martin Rein, „Analog simulation of bipolar-transistor circuits", in *SIMULATION*, September 1977, S. 75–78

[468] Rationalisierungskuratorium der Deutschen Wirtschaft (Hg.), *Automatisierung*, Carl Hanser Verlag, München, 1957

[469] W. Fred Ramirez, *Process Simulation*, D. C. Heath and Company, 1976

[470] Alfred G. Ratz, „Analog Computation of Fourier Series and Integrals", in *IEEE Transactions on Electronic Computers*, Vol. EC-16, No. 4, August 1967, S. 515

[471] H. Rechberger, „Zweite internationale Tagung für Analogierechentechnik", in *mtw – Zeitschrift für moderne Rechentechnik und Automation*, 1/59, S. 18–19

[472] Raymond M. Redheffer, „Computing Machine", United States Patent 2656102, Oct. 20, 1953

[473] Irving S. Reed, „The Dawn of the Computer Age", in *Engineering & Science*, No. 1, 2006, S. 7–12

[474] K. Reinel, „Bewegungssimulatoren für Raumfahrt-Lageregelungssysteme", in [506][S. 464–475]

[475] J. Reinfelds, „An electronic slide rule", in *Software Engineering: Education and Practice, 1998, Proceedings, 1998 International Conference*, S. 182–189

[476] Christian Renner, *Planimetrie – Ein Leitfaden mit reichhaltiger Aufgabensammlung*, Ehrenwirth Verlag München, 6. Auflage

[477] Fritz Reutter, Hermann Josef Neukirchen, Dietmar Sommer, *Herstellung konformer Abbildungen mit Hilfe des Analogrechners, Praktische Behandlung der Umströmung zweifach zusammenhängender Gebiete*, Westdeutscher Verlag, Köln und Opladen, 1968

[478] Sergio T. Ribeiro, „Random-Pulse Machines", in *IEEE Transactions on Electronic Computers*, Vol. EC-16, No. 3, June 1967, S. 261–276

[479] John E. Richardson, „System for Analogue Computing Utilizing Detectors and Modulators", United States Patent 2870960, Jan. 27, 1959

[480] Vincent C. Rideout, „Random-Prozess Studies", in [205][S. 5-94 ff.]

[481] Louis N. Ridenour (Ed.), *Radar System Engineering*, McGraw-Hill Book Company, Inc., 1947

[482] Neville F. Rieger, Charles H. Thomas Jr., „Some Recent Computer Studies on the Stability of Rotors in Fluid-Film Bearings", Rochester Institute of Technology, Mechanical Engineering Department, July, 1974

[483] Harriet Badaker Rigas, David J. Coombs, „Patch: Analog Computer Patching from a Digital Simulation Language", in *IEEE Transactions on Computers*, Vol. C-20, No. 10, October 1971, S. 1140–1146

[484] Harriett B. Rigas, Andrew M. Juraszek, „Some Approaches to the Design of a Model for an Aquatic Ecosystem", Archiv des Autors

[485] Sean Riley, „Parallel geht's schneller – Field Programmable Object Arrays – ein neuer Ansatz auf dem Gebiet der programmierbaren Logik", in *Elektronik*, 07, 3. April 2007, S. 44–48

[486] Tim Robinson, „The Meccano Set Computers", in *IEEE Control Systems Magazine*, June 2005, S. 74–83

[487] Tim Robinson, „Torque amplifiers in Meccano", `http://www.meccano.us/differential_analyzers/robinson_da/torque_amplifiers.pdf`, Stand 26.7.2005

[488] Jerry Roedel, „History and Nature of Analog Computors", in [446][S. 27–47]

[489] Jerry Roedel, „Application of an Analog Computer to Design Problems for Transportation Equipment", in [446][S. 199–215]

[490] Eberhard Rössler, *Die Torpedos der deutschen U-Boote*, Verlag E. S. Mittler & Sohn GmbH, 2005

[491] Wolfgang H. Rohde, *Beurteilung und Optimierung von Maschinensystemen in der Entwurfsphase – Dargestellt am Beispiel eines drehzahlgesteuerten Walzwerksantriebes*, Dissertation an der Technischen Universität Clausthal, 1977

[492] Wolfgang H. Rohde, Jürgen Stelbrink, „Auslegung und konstruktive Gestaltung von Antriebssystemen schwerer Walzwerke", in *Stahl und Eisen*, Heft 13/14/1981, S. 164–173

[493] Dr. Ing. D. Rose, „Der Einsatz elektronischer Großrechenautomaten bei der numerischen Ermittlung der Gezeiten und Gezeitenströme", in *mtw – Zeitschrift für moderne Rechentechnik und Automation*, 1/61, S. 9–14

[494] Joseph S. Rosko, „Comments on ,Hybrid Computer Solution of Optimal Control Problems by the Maximum Principle'", *IEEE Transactions on Computers*, Vol. C-17, No. 9, September 1968, S. 899

[495] Michael Roth, Renate Reif, Dietrich Reschke, *Programmbibliothek für elektronische Analogrechner – 149 erprobte Rechenschaltungen*, VEB Verlag Technik Berlin, 1970

[496] Mieczyslaw Rudnicki, „Analogrechner MEDA in der Lasertechnik", in *14. seminář MEDA ANALOGOVÁ A HYBRIDNÍ VÝPOČETNÍ TECHNIKA*, S. 53–55

[497] H. Rukop, K. Steimel, H. Rothe, „Röhren, Rundfunk und kurze Wellen", in *Telefunken Zeitung*, Jg. 26, Heft 100, S. 165–176

[498] Wilhelm T. Runge, „Analogrechner", in *Telefunken Zeitung*, Jg. 33 (September 1960), Heft 129, S. 4

[499] K. Sadek, „Nachbildung einer Hochspannungs-Gleichstrom-Übertragung", in [506][S. 360–388]

[500] C. K. Sanathanan, John D. Ferguson, „Hybrid Computation Techniques Inferred from Functional Analysis", in *IEEE Transactions on Computers*, Vol. C-20, No. 1, January 1971, S. 19–24

[501] Seshadri Sankar, David R. Hargreaves, „Hybrid computer optimization of a class of impact absorbers“, in *SIMULATION*, July 1979, S. 11–18

[502] S. Sankar, J. V. Svoboda, „Hybrid Computer in the Optimal Design of Hydro-Mechanical Systems“, in *Mathematics and Computers in Simulation*, XXII (1980), S. 353–367

[503] Albrecht Sauer, *Gezeiten – Ein Ausstellungsführer des Deutschen Schiffahrtsmuseums*, Deutsches Schiffahrtsmuseum

[504] Schloemann-Siemag AG, „Simulationstechnik im Schwermaschinenbau – Einsatz einer Analogrechenanlage für die Untersuchung und Berechnung von Maschinensystemen“, Sonderdruck der Schloemann-Siemag AG, 2/12.78

[505] G. Schneider, „Über die Nachbildung und Untersuchung von Abtastsystemen auf einem elektrischen Analogrechner“, in *Elektronische Rechenanlagen*, 2 (1960), Heft 1, S. 31–37

[506] Armin Schöne, *Simulation Technischer Systeme*, Band 2, Carl Hanser Verlag München Wien, 1976

[507] Armin Schöne, *Simulation Technischer Systeme*, Band 3, Carl Hanser Verlag München Wien, 1974

[508] A. Schöne, „Modelle von Wärmetauschern“, in [506][S. 7–27]

[509] A. Schöne, „Simulation verfahrenstechnischer Systeme mit Stoff- und Wärmeaustausch“, in [506][S. 28–50]

[510] F. Schröter, „Rückblicke und Ausblicke“, in *Telefunken Zeitung*, Jg. 39 (1966), Heft 3/4, S. 446–451

[511] W. Schüssler, „Messung des Frequenzverhaltens linearer Schaltungen am Analogrechner“, in *Elektronische Rundschau*, Heft 10, 1961, S. 471–477

[512] Harold M. Schultz, Roger K. Miyasaki, Thomas B. Liem, Richard A. Stanley, „Analog Simulation of Compressor Systems“, ISA CPD 74106, 1974

[513] Wolfgang Schwarz, *Analogprogrammierung – Theorie und Praxis des Programmierens für Analogrechner*, VEB Fachbuchverlag Leipzig, 1. Auflage, 1971

[514] Gunter Schwarze, „Nachruf – Dr.-Ing. Helmut Hoelzer“, in *cms-Journal*, Nr. 13, Januar 1997, S. 43–44

[515] G. Schweizer, „Beispiele für die Simulation von Luftfahrzeugen“, in [506][S. 414–426]

[516] G. Schweizer, „Der Aufbau der Hybridsimulation für das Strahlflugzeug“, in [506][S. 520–526]

[517] G. Schweizer, „Die Aufbereitung der Gleichungen des mathematischen Modells eines Flugzeugs zur Simulation auf dem Analogrechner“, in [506][S. 515–519]

[518] G. Schweizer, „Die Bewegungssimulation", in [506][S. 534–543]

[519] G. Schweizer, „Die Rechenanlagen für die Luft- und Raumfahrtsimulation", in [506][S. 476–490]

[520] G. Schweizer, „Die Sichtsimulation", in [506][S. 526–533]

[521] G. Schweizer, „Die Simulation im Flug (In-Flight-Simulation)", in [506][S. 544–554]

[522] G. Schweizer, „Das mathematische Modell für die Echtzeitsimulation von Erdsatelliten", in [506][S. 434–453]

[523] G. Schweizer, „Das mathematische Modell für die Simulation eines Flugzeugs", in [506][S. 399–413]

[524] G. Schweizer, „Das Systemglied ‚Mensch' in der Simulation", in [506][S. 555–580]

[525] G. Schweizer, „Simulationsprobleme aus der Luft- und Raumfahrt", in [506][S. 389–398]

[526] Clyde C. Scott, „Power Reactor Control", in *Instruments and Automation*, Vol. 31, April 1958, S. 636–637

[527] Jérôme Segal, „The Pigeon and the Predictor – Miscarriage of a Cyborg in spite of foundations support", in *American Foundations and Large Scale Research: Construction and Transfer of Knowledge*, G. Gemelli (Ed.), Bologna, 2001, Sammlung *Heuresis Storia della Scienza*, S. 131–157

[528] R. G. Selfridge, „Coding a general-purpose digital computer to operate as a differential analyzer", in *Proceedings of the Western Joint Computer Conference*, The Institute of Radio Engineers, New York, 1955, S. 82–84

[529] H. Seyferth, „Über die Behandlung partieller Differentialgleichungen auf dem elektronischen Analogrechner", in *Elektronische Rechenanlagen*, 2 (1960), Heft 2, S. 85–92

[530] Hava T. Siegelmann, *Neural Networks and Analog Computation – Beyond the Turing Limit*, Birkhäuser Verlag, 1999

[531] Fred O. Simons, Richard C. Harden, Sam J. Monte, „Perfected Analog/Hybrid Simulations of all Classes of Sampled-Data Systems", Archiv des Autors

[532] H. K. Skramstad, „A Combined Analog-Digital Differential Analyzer", in *Proc. EJCC*, Volume 16, December 1959, S. 94–101

[533] James S. Small, „General-Purpose Electronic Analog Computing: 1945 – 1965", in *IEEE Annals of the History of Computing*, Vol. 15, No. 2, 1993, S 8–18

[534] James S. Small, *The Analogue Alternative – The Electronic Analogue Computer in Britain and the USA, 1939–1975*, Routledge, 2001

[535] Victor J. Sorondo, George D. Wilson, „Hybrid Computer Simulation of a Circulating Water System", Archiv des Autors

[536] A. C. Soudack, „Canonical Programming of Nonlinear and Time-Varying Differential Equations", in *IEEE Transactions on Computers*, Vol. C-17, No. 4, April, 1968, S. 402

[537] Frank H. Speckhart, Walter L. Green, *A Guide to Using CSMP – The Continuous System Modeling Program – A Program for Simulating Physical Systems*, Prentice-Hall, Inc., 1976

[538] Ambros P. Speiser, *Digitale Rechenanlagen – Grundlagen / Schaltungstechnik / Arbeitsweise / Betriebssicherheit*, Springer-Verlag, Berlin/Göttingen/Heidelberg, 1961

[539] J. Starnick, „Simulation chemischer Reaktoren", in [506][S. 51–205]

[540] Marvin L. Stein, E. James Mundstock, „Sorting Implicit Outputs in Digital Simulation", in *IEEE Transactions on Computers*, Vol. C-19, No. 9, September 1970, S. 844–847

[541] W. W. Stepanow, *Lehrbuch der Differentialgleichungen*, VEB Deutscher Verlag der Wissenschaften Berlin, 1956

[542] Alain Steven, „A Hybrid Method for the Solving of Optimal Control Problems in a Real Time Environment", Electronic Associates Inc., Brussels, May 10, 1971, European Computation Center, Archiv des Autors

[543] Peter A. Stewart, „The Analog Computer as a Physiology Adjunct", in *The Physiologist*, 1979, Issue 1, S. 43–47

[544] Wendell H. Stillwell, „Studies of Reaction Controls", in *Control Studies, Part B, Studies of Reaction Controls*, NASA, Document ID 19930092438, 1956

[545] Wendell H. Stillwell, Hubert M. Drake, „Simulator Studies of Jet Reaction Controls for Use at High Altitude", NACA Research Memorandum, September 26, 1958

[546] John Stone, Ka-Cheung Taui, Eugene Pack, „Computer Control Study For a Manned Centrifuge", NASA Technical Report, F-B2300-1

[547] T. M. Stout, „Basic Analysis Methods for Nonlinear Control Systems", in *Instruments and Automation*, February 1957, S. 262–267

[548] Botho Stüwe, *Peenemünde West – Die Erprobungsstelle der Luftwaffe für geheime Fernlenkwaffen und deren Entwicklungsgeschichte*, Bechtermünz Verlag, 1998

[549] P. Suraki, „Ein Düsentrainer für alle Typen", in *hobby – Das Magazin der Technik*, Nr. 24/67, S. 117–124

[550] K. L. Suryanarayanan, A. C. Soudack, „Analog Computer Automatic Parameter Optimization of Nonlinear Control Systems with Specific Inputs", in *IEEE Transactions on Computers*, Vol. C-17, No. 8, August, 1968, S. 782–788

[551] George H. Sutton, Paul W. Pomeroy, „Analog Analyses of Seismograms Recorded on Magnetic Tape", in *Journal of Geophysical Research*, Vol. 68, No. 9, May 1, 1963, S. 2791–2815

[552] Antonin Svoboda, *Computing Mechanisms and Linkages*, McGraw-Hill Book Company, Inc., 1948

[553] Doron Swade, „The Phillips Economic Computer", in *Resurrection – The Bulletin of the Computer Conservation Society*, Issue Number 12, Summer 1995, S. 11–18

[554] Achim Sydow, *Programmierungstechnik für elektronische Analogrechner*, VEB Verlag Technik Berlin, 1964

[555] John R. Szuch, Leon M. Wenzel, Robert J. Baumbick, *Investigation of the Starting Characteristics of the M-1 Rocket Engine Using the Analog Computer*, NASA Technical Note TN D-3136, December 1965

[556] Frederick D. Tabbutt, „The Use of Analog Computers for Teaching Chemistry", in *Journal of Chemical Education*, Volume 44, Number 2, February 1967, S. 64–69

[557] Edgar C. Tacker, Thomas D. Linton, „Hybrid Simulation of an Optimal Stochastic Control System", Louisiana State University, Archiv des Autors

[558] G. J. Thaler, T. S. Nelson III, A. Gerba, „Real Time, Man-Interfaced Motion Analysis of a 3000 Ton Surface Effect Ship", in *Summer Computer Simulation Conference*, 1980, S. 593–598

[559] Erdmann Thiele (Hg.), *Telefunken nach 100 Jahren*, Nicolaische Verlagsbuchhandlung Berlin, 2. Auflage, 2003

[560] Charles H. Thomas, Ronald A. Hedin, „Switching Surges on Transmission Lines Studied by Differential Analyzer Simulation", IEEE, Paper No. 68 RP 4-PWR, 1968

[561] Charles H. Thomas, A. E. Kilgour, D. H. Welle, T. A. Karnowski, „Transient Performance Study of a Parallel HV and EHV Transmission System", Archiv des Autors

[562] Charles H. Thomas, „Transport Time-Delay Simulation for Transmission Line Representation", in *IEEE Transactions on Computers*, Vol. C-17, No. 3, March, 1968, S. 205–214

[563] C. H. Thomas, D. H. Welle, R. A. Hedin, R. W. Weishaupt, „Switching Surges on Parallel HV and EHV Untransposed Transmission Lines Studied by Analog Simulation", IEEE, Paper No. 71 TP 128-PWR

[564] R. V. Thompson, „Application of Hybrid Computer Simulation Techniques to Warship Propulsion Machinery Systems Design", Archiv des Autors

[565] William Thomson, „Mechanical Integration of linear differential equations of the second order with variable coefficients", Proceedings of the Royal Society, Volume 24, No. 167, S. 269-270, 1876

[566] Sir William Thomson, Lord Kelvin, „Tides„, *Evening Lecture To The British Association At The Southhampton Meeting*, Transkript siehe http://www.fordham.edu/halsall/mod/1882kelvin-tides.html, Stand 28.12.2007

[567] Sir William Thomson, Lord Kelvin, „The tidal gauge, tidal harmonic analyser, and tide predicter", in *Kelvin, Mathematical and Physical Papers*, Volume VI, Cambridge 1911, S. 272–305

[568] Bryan Thwaites (Ed.), *Incompressible Aerodynamics – An Account of the Theory and Observation of the Steady Flow of Incompressible Fluid past Aerofoils, Wings, and Other Bodies*, Dover Publications, Inc., New York, 1987

[569] Henry F. Tisdale, „How a Modern Analog Computer Duplicates Real-World Behaviour of a Thyristor-Controlled Rectifier Bridge", Electronic Associates, Inc., Archiv des Autors

[570] Henry F. Tisdale, „Hybrid Computers Retaining Favor with Controls & Design Engineers", in *EAI OPENERS*, Product Information Bulletin #048 – May, 1981

[571] James E. Tomayko, „Helmut Hoelzer's Fully Electronic Analog Computer", in *Annals of the History of Computing*, Volume 7, Number 3, July 1985, S. 227–240

[572] James E. Tomayko, „Computers in Spaceflight – The NASA Experience", CONTRACT NASW-3714, March 1988, http://history.nasa.gov/computers/Compspace.html, Stand Januar 2006

[573] James E. Tomayko, *Computers Take Flight – a History of NASA's Pioneering Digital Fly-By-Wire Project*, NASA SP-2000-4224, 2000

[574] R. Tomovic, W. J. Karplus, „Land Locomotion-Simulation and Control", in *Proc. 3rd AICA Conference on Analog Computation*, Opatija, Yugoslavia, 1961, S. 385–390

[575] Fritz Trenkle, *Die deutschen Funklenkverfahren bis 1945*, AEG-TELEFUNKEN AKTIENGESELLSCHAFT, 1982, Anlagentechnik, Geschäftsbereich Hochfrequenztechnik

[576] Inge Troch, „Eine neue Methode der Parameteroptimierung mit Anwendung auf Randwertaufgaben", in *14. seminář MEDA ANALOGOVÁ A HYBRIDNÍ VÝPOČETNÍ TECHNIKA*, S. 121–139

[577] Thos. D. Truitt, A. E. Rogers, *Basics of Analog Computers*, John F. Rider Publisher, Inc., New York, December 1960

[578] Francis S. Tse, Ivan E. Morse, Rolland T. Hinkle, *Mechanical Vibrations*, Allyn and Bacon, Inc., Boston, Second Printing, August 1964

[579] Aviv Tzidon, Menachem Polak, „Airborne Avionics Simulator System", United States Patent 5807109, Sep. 15, 1998

[580] Bernd Ulmann, *Grundlagen und Selbstbau geophysikalischer Meßinstrumente*, Der Andere Verlag, 2004

[581] V. B. Ushakov, „Soviet Trends in Computers for Control of Manufacturing Processes", in *Instruments and Automation*, November 1958, S. 1810–1813

[582] V. B. Ushakov, „Soviet Trends in Computers for Control of Manufacturing Processes", in *Instruments and Automation*, December 1958, S. 1960–1961

[583] F. Valentin, *Hydraulik II – Angewandte Hydromechanik*, Skript des Lehrstuhles für Hydraulik und Gewässerkunde der Technischen Universität München, Oktober 2003

[584] P. E. Valisalo, D. Bergquist, V. McGrew, „A Hybrid Computer Algorithm for Temperature Distribution Analysis of Irregular Two Dimensional Shapes", in *10th IMACS World Congress on System Simulation and Scientific Computation, 1982*, S. 17–19

[585] P. E. Valisalo, J. K. LeGro, „Hybrid Computer Utilization for System Optimization", Archiv des Autors

[586] George E. Valley, Henry Wallman (Ed.), *Vacuum Tube Amplifiers*, McGraw-Hill Book Company, Inc., 1948

[587] Robert Vichnevetsky, „Use of Functional Approximation Methods in the Computer Solution of Initial Value Partial Differential Equation Problems", in *IEEE Transactions on Computers*, Vol. C-18, No. 6, June 1969, S. 499–512

[588] J. Vocolides, „Über die Behandlung linearer algebraischer Gleichungssysteme mit Analogrechnern", in *Elektronische Rechenanlagen*, 2 (1960), Heft 3, S. 136–141

[589] Jack E. Volder, „The CORDIC Trigonometric Computing Technique", in *IRE Trans. Electron. Comput.*, EC-8, 1959, S. 330–334

[590] H. J. von Thun, „Simulation einer lagegeregelten Radiostern-Antenne auf dem hybriden Analogrechner", BBC-Mannheim, Zentrale Entwicklung für Elektronik, Abteilung Systemtechnik

[591] A. Walter, „Der volltransistorisierte Tischanalogrechner RAT 700", in *Telefunken Zeitung*, Jg. 33 (März 1960), Heft 127, S. 26–33

[592] A. Walther, „Geleitwort", in *Nachrichtentechnische Fachberichte*, Band 17, 1960, S. V

[593] Alwin Walther, Hans-Joachim Dreyer, „Die Integrieranlage IPM-Ott für gewöhnliche Differentialgleichungen", in *Naturwissenschaften*, Volume 36, Number 7, Juli 1949, S. 199–206

[594] Gene L. Waltman, *Black Magic and Gremlins: Analog Flight Simulation at NASA's Flight Research Center*, NASA History Division, Monographs in Aerospace History, Number 20, 2000

[595] R. P. Washburn, „Economic-Dispatch Computers for Power Systems", in [205][S. 5-155 ff.]

[596] C. A. A. Wass, *Introduction to Electronic Analogue Computers*, London, Pergamon Press Ltd., 1955

[597] G. Weitner, „Elektronischer Modellregelkreis", in *Elektronische Rundschau*, April 1956, 10. Jahrgang, Heft 4, S. 105–106

[598] G. Weitner, „Grundschaltungen elektronischer Regler mit Rückführung", in *Elektronische Rundschau*, September 1955, 9. Jahrgang, Heft 9, S. 320–323

[599] Kenneth P. Werrell, *The Evolution of the Cruise Missile*, Air University Press, Maxwell Air Force Base, Alabama, September 1985

[600] M. E. White, „An Analog Computer Technique for Solving a Class of Nonlinear Ordinary Differential Equations", in *IEEE Transactions on Electronic Computers*, Vol. EC-15, No. 2, April 1966, S. 157–163

[601] Walter W. Wierwille, James R. Knight, „Off-Line Correlation Analysis of Nonstationary Signals", in *IEEE Transactions on Computers*, Vol. C-17, No. 5, May, 1968, S. 525–536

[602] Theodore J. Williams, R. Curtis Johnson, Arthur Rose, „Computers in the Process Industries", in *Instruments and Automation*, Vol. 31, January 1958, S. 90–94

[603] H. Winarno, J. Jalade, J. P. Gouyon, „Hybrid Simulation of a Microprocessor Controlled Multi-Convertor", 10th IMACS World Congress on System Simulation and Scientific Computation, 1982, S. 23–25

[604] Helmut Winkler, *Elektronische Analogieanlagen*, Akademie-Verlag Berlin, 1961

[605] W. David Woods, *How Apollo Flew to the Moon*, Springer, Praxis Publishing Ltd., 2008

[606] Charles W. Worley, „Process-Control Applications", in [205][S. 5-71 ff.]

[607] Miroslav Woźniakowski, „Hybrid and Digital Simulation and Optimization of Dynamic Systems", in *14. seminář MEDA ANALOGOVÁ A HYBRIDNÍ VÝPOČETNÍ TECHNIKA*, S. 159–163

[608] G. Pascal Zachary, *Endless Frontier – Vannevar Bush, Engineer of the American Century*, The MIT Press, 1999

[609] K. Zeilinger, „Die Kurskoppelanlage der SNCAN als Beispiel eines Einzweckanalogrechners mit elektromechanischen Bauelementen", in *Elektronische Rundschau*, Dezember 1957, 11. Jahrgang, Heft 12, S. 363–366

Index

www.ingramcontent.com/pod-product-compliance
Lightning Source LLC
Chambersburg PA
CBHW081522190326
41458CB00015B/5435